《建筑节能工程施工质量验收规范》宣贯辅导教材

《建筑节能工程施工质量验收规范》编制组　编

中国建筑工业出版社

图书在版编目(CIP)数据

《建筑节能工程施工质量验收规范》宣贯辅导教材/《建筑节能工程施工质量验收规范》编制组编. —北京：中国建筑工业出版社，2007
ISBN 978-7-112-09311-3

Ⅰ.建… Ⅱ.建… Ⅲ.建筑热工—节能—工程验收—建筑规范—教材 Ⅳ.TU761.1-65

中国版本图书馆CIP数据核字(2007)第070104号

本书是对《建筑节能工程施工质量验收规范》条文的注释。共分四个部分，第一部分介绍《建筑节能工程施工质量验收规范》编制的概况；第二部分是对规范条文的详解，包括墙体节能工程，幕墙节能工程，门窗节能工程，屋面节能工程，地面节能工程，采暖节能工程，通风与空调节能工程，空调与采暖系统冷热源及管网节能工程，配电与照明节能工程，检测与控制节能工程，建筑节能工程现场实体检验，建筑节能分部工程质量验收，外墙节能构造钻芯检验方法，进场材料复验项目采用的试验设备与标准；第三部分介绍相关法律法规和政策；第四部分介绍相关标准规范。

本书适用于从事建筑节能、设计、施工、监理、检测、监督等技术和管理人员。

责任编辑：常　燕
责任设计：崔兰萍
责任校对：刘　钰　王雪竹

《建筑节能工程施工质量验收规范》
宣 贯 辅 导 教 材

《建筑节能工程施工质量验收规范》编制组　编

*

中国建筑工业出版社出版、发行(北京西郊百万庄)
各地新华书店、建筑书店经销
北京天成排版公司制版
北京云浩印刷有限责任公司印刷

*

开本：787×1092毫米　1/16　印张：41½　字数：1008千字
2007年6月第一版　2007年12月第五次印刷
印数：23001—33000册　定价：**68.00**元
ISBN 978-7-112-09311-3
(15975)

版权所有　翻印必究
如有印装质量问题，可寄本社退换
(邮政编码100037)

审定委员会

主　审：陈　重
副主审：杨　榕　袁振隆
审　核：杨瑾峰　朱长喜　梁俊强　王国英　陈国义
　　　　程志军　郎四维　徐　伟　邹　瑜

编写委员会

主　编：宋　波
编　委：张元勃　杨仕超　栾景阳　于晓明　孙述璞
　　　　金丽娜　李爱新　史新华　王　虹　韩　红
　　　　冯金秋
参编者：（按姓氏笔画顺序排列）
　　　　万树春　阮　华　刘锋钢　刘　晶　许锦峰
　　　　佟贵森　陈海岩　肖绪文　应柏平　张广志
　　　　张文库　吴兆军　杜永恒　杨西伟　杨　坤
　　　　杨秀云　杨　霁　胡跃林　姚　勇　赵诚颢
　　　　康玉范　徐凯讯　顾福林　黄　江　黄振利
　　　　黄　琰　涂逢祥　彭尚银　潘延平

关于加强《建筑节能工程施工质量验收规范》宣贯、实施及监督工作的通知

各省、自治区建设厅，直辖市建委，新疆生产建设兵团建设局，各有关单位：

根据《国务院关于做好建设节约型社会近期重点工作的通知》（国发〔2005〕21号）的要求，我部与国家质量监督检验检疫总局联合发布了《建筑节能工程施工质量验收规范》GB 50411—2007（以下简称《规范》），将于2007年10月1日起实行。为切实做好《规范》的宣贯、实施及监督工作，现将有关事项通知如下：

一、建筑节能标准是实现建筑节能的技术依据和基本准则，认真执行建筑节能标准是现阶段做好建筑节能工作的基本目标和要求。《规范》的发布实施，进一步完善了国家有关建筑节能的标准体系，不仅为建筑节能工程施工的质量验收提供了统一的技术要求，也为落实建筑节能设计标准和有关建筑节能的要求提供了有力的技术保障和具有可操作性的技术手段，对强化建筑节能管理，保障建筑节能工程质量，实现建筑节能的目标和要求等，都具有重要的意义和作用。各地要把《规范》的宣贯、实施及监督工作作为贯彻落实科学发展观、加强依法行政和推进建筑节能的一项重要工作，加强领导，在建筑活动中认真贯彻执行。

二、加强宣贯培训是确保有关人员准确理解、掌握并贯彻实施《规范》的基本要求。各地要结合实际，制定具体的宣贯培训方案，有组织、有计划地开展形式多样的宣贯培训活动，争取年内对有关施工单位、监理单位、工程质量监督以及建筑节能管理机构的主要管理人员和技术人员轮训一遍。参加《规范》培训人员的学时可计入个人继续教育学时。

三、各省、自治区、直辖市建设行政主管部门要加强对培训工作的领导和监督管理，切实提高培训质量，确保培训效果。要采取有效措施，防止出现以盈利为目的擅自举办宣贯班、研讨班、培训班等乱办班、乱收费等不良现象。

四、《规范》实施前，各省、自治区、直辖市建设行政主管部门的标准化管理机构，要按照《规范》的规定，对已批准发布的有关建筑节能施工质量验收的地方标准进行复审、修订或废止，并按照《工程建设地方标准化工作管理规定》的要求，报我部重新进行备案。对与《规范》规定不一致且没有重新备案的地方标准，自行废止，不得作为建筑节能工程施工或质量验收的依据。

五、《规范》实施后开工建设的民用建筑工程，以及已开工建设但建筑节能分部工程尚未开始施工的，应当严格按照《规范》的要求或相应的地方标准进行施工质量验收，不符合强制性条文规定或验收不合格的民用建筑工程，不得予以备案或交付使用。对《规范》实施前已开工建设且节能分部工程已开始施工的民用建筑工程，具备条件的，可以按照《规范》进行施工质量验收。

六、《规范》实施过程中，各地要严格按照《中华人民共和国节约能源法》、《建设工程质量管理条例》（国务院令第279号）、《民用建筑节能管理规定》（建设部令第143号）、《实施工程建设强制性标准监督规定》（建设部令第81号）等有关法律、法规的规定，明确

责任，加强对建筑工程施工、监理、质量监督、验收等各环节实施《规范》的监督管理，确保《规范》的贯彻执行。

七、各省、自治区、直辖市建设行政主管部门应当根据本地区的具体情况，适时开展《规范》实施情况的专项检查或抽查活动。对不执行或不严格执行《规范》的情况，要视情节轻重予以通报批评、责令整改或依法进行处罚。

八、为确保《规范》宣贯培训的质量和效果，我部将于2007年5月下旬召开《规范》发布宣贯会议，并委托中国建筑科学研究院举办师资培训班，组织《规范》编写组成员集中进行讲解，为各地开展标准培训活动提供师资力量。各省、自治区、直辖市建设行政主管部门要根据本地区宣贯培训工作的需要，统一选派5～10名师资人员参加培训。发布宣贯会议和师资培训的具体安排另行通知。

中华人民共和国建设部办公厅

2007年5月14日

前　言

根据《国务院关于做好建设节约型社会近期重点工作的通知》(国发〔2005〕21号)的要求，建设部组织制定并批准了《建筑节能工程施工质量验收规范》GB 50411—2007（以下简称该规范），于2007年1月与国家质量监督检验检疫总局联合发布，自2007年10月1日起实施。

党中央、国务院曾从战略高度明确指出：要大力发展节能省地环保型建筑，注重能源资源节约和合理利用，全面推广和普及节能技术，制定并强制推行更加严格的节能节水节材标准。建筑行业推行"节地、节能、节水、节材"的"四节"工作是落实科学发展观，缓解人口、资源、环境矛盾的重大举措，意义重大。制定和实施该规范，正是建筑领域认真贯彻落实党中央、国务院有关精神，大力发展节能省地环保型建筑，制定并强制推行更加严格的节能节水节材标准的一项重大举措。

目前，我国城乡既有建筑总面积达450多亿平方米，这些建筑在使用过程中，其采暖、空调、通风、炊事、照明、热水供应等方面不断地消耗大量的能源。建筑能耗已占全国总能耗近30%。据预测，到2020年，我国城乡还将新增建筑300亿平方米。能源问题已经成为制约经济和社会发展的重要因素，建筑能耗必将对我国的能源消耗造成长期的、巨大的影响。要解决建筑能耗问题，根本出路是坚持开发与节约并举、节约优先的方针，大力推进节能降耗，提高能源利用效率。

建筑节能是一项复杂的系统工程，涉及规划、设计、施工、使用维护和运行管理等方方面面，影响因素复杂，单独强调某一个方面，都难以综合实现建筑节能目标。通过建筑节能标准的制定并严格贯彻执行，可以统筹考虑各种因素，在节能技术要求和具体措施上做到全面覆盖、科学合理和协调配套。正是基于这种认识，自20世纪80年代，建设部就开始了建筑节能标准化的工作。围绕建筑节能，建设部组织制定并发布实施了一批针对建筑节能工程设计、检验、采暖通风与空调设计以及建筑照明等标准规范，基本涵盖了建筑节能的各个方面，强化了对建筑节能的技术要求，对指导建筑节能活动发挥了重要作用。但是这些标准规范涉及施工质量验收的内容很少。随着经济的发展，人民生活水平的提高，对节能建筑的质量和性能的要求也越来越高，建筑节能工程的质量已成为社会尤其是百姓关心的热点和焦点问题。为保证建筑节能工程的施工质量，迫切需要一部专门的标准。

从2005年开始，建设部组织中国建筑科学研究院等30多个单位的专家，开展了该规范的编制工作。从立项编制之日起，该规范就备受关注。2006年7月25日，该规范征求意见稿登载在建设部网站和中国建筑科学研究院网站上，公开向全国征求意见。编制组在广泛收集国内外有关标准和科研成果、深入开展调查研究的基础上，结合我国建筑工程中节能工程的设计、施工、验收和运行管理方面的实际，经过艰苦努力，编制完成了该规范，为我国推动建筑工程领域的节能打下了基础。

该规范是第一部以达到建筑节能设计要求为目标的施工质量验收规范，它具有五个明显的特征：一是明确了20个强制性条文。按照有关法律和行政法规，工程建设标准的强制性条文，必须严格执行，这些强制性条文既涉及过程控制、又有建筑设备专业的调试和检测，是建筑节能工程验收的重点；二是规定了对进场材料和设备的质量证明文件进行核查，并对各专业主要节能材料和设备在施工现场抽样复验，复验为见证取样送检；三是推出了工程验收前对外墙节能构造现场实体检验，严寒、寒冷和夏热冬冷地区的外窗气密性现场实体检验和建筑设备工程系统节能性能检测；四是将建筑节能工程作为一个完整的分部工程纳入建筑工程验收体系，使涉及建筑工程中节能的设计、施工、验收和管理等多个方面的技术要求有了充分的依据，形成从设计到施工和验收的闭合循环，使建筑节能工程质量得到控制；五是突出了以实现功能和性能要求为基础、以过程控制为主导、以现场检验为辅助的原则，结构完整，内容充实，对推进建筑节能目标的实现将发挥重要作用。

该规范使用的对象将是全方位的，是参与建筑节能工程施工活动各方主体必须要遵守的，是管理者对建筑节能工程建设、施工依法履行监督和管理职能的基本依据，同时也是建筑物的使用者判定建筑是否合格和正确使用建筑的基本要求。

为了配合该规范宣传、培训、实施以及监督工作的开展，我们组织中国建筑科学研究院等规范编制单位的有关专家，编制完成了《〈建筑节能工程施工质量验收规范〉宣贯辅导教材》，作为开展该规范师资培训和各省、自治区、直辖市建设行政主管部门培训工作的辅导资料。本教材全面系统地介绍了该规范的编制情况和技术要点，可以帮助工程建设管理和技术人员准确理解和把握该规范的有关内容，也可以作为有关人员理解、掌握该规范的参考材料。

建设部标准定额司

2007 年 5 月

目　次

第一部分　编制概况 ··· 1

第二部分　内容详解 ··· 13
    第1章　总则 ··· 15
    第2章　术语 ··· 17
    第3章　基本规定 ·· 18
    第4章　墙体节能工程 ·· 27
    第5章　幕墙节能工程 ·· 47
    第6章　门窗节能工程 ·· 65
    第7章　屋面节能工程 ·· 83
    第8章　地面节能工程 ·· 108
    第9章　采暖节能工程 ·· 125
    第10章　通风与空调节能工程 ·· 154
    第11章　空调与采暖系统冷热源及管网节能工程 ·································· 179
    第12章　配电与照明节能工程 ·· 192
    第13章　监测与控制节能工程 ·· 209
    第14章　建筑节能工程现场实体检验 ·· 231
    第15章　建筑节能分部工程质量验收 ·· 237
    第16章　外墙节能构造钻芯检验方法 ·· 242
    第17章　进场材料复验项目采用的试验设备与标准 ······························· 246

第三部分　相关法律法规和政策 ·· 247
    建设工程质量管理条例 ·· 249
    民用建筑节能管理规定 ·· 258
    实施工程建设强制性标准监督规定 ·· 261
    关于新建居住建筑严格执行节能设计标准的通知 ································· 264
    关于印发《"采用不符合工程建设强制性标准的新技术、新工艺、新材料核准"
    行政许可实施细则》的通知 ··· 267

第四部分　相关标准规范 ·· 273
    《公共建筑节能设计标准》GB 50189—2005 ······································· 275
    《民用建筑节能设计标准》（采暖居住建筑部分）JGJ 26—95 ·················· 299
    《住宅性能评定技术标准》GB/T 50362—2005 ···································· 316
    《住宅建筑规范》GB 50368—2005 ··· 356
    《建筑工程施工质量验收统一标准》GB 50300—2001 ·························· 377

《建筑装饰装修工程质量验收规范》GB 50210—2001 …………………………………… 396
《建筑给水排水及采暖工程施工质量验收规范》GB 50242—2002(摘录) …………… 446
《通风与空调工程施工质量验收规范》GB 50243—2002(摘录) ……………………… 493
《建筑电气工程施工质量验收规范》GB 50303—2002 …………………………………… 555
《智能建筑工程质量验收规范》GB 50339—2003(摘录) ………………………………… 597
《地面辐射供暖技术规程》JGJ 142—2004 ………………………………………………… 636

第一部分 编制概况

一、编制背景

由于我国正处在工业化和城镇化加快发展阶段,能源消耗强度较高,消费规模不断扩大,特别是高投入、高消耗、高污染的粗放型经济增长方式,加剧了能源供求矛盾和环境污染状况。尤其是近几年,经济增长方式转变滞后、高耗能行业增长过快,国内单位生产总值能耗上升,节能工作面临更大压力,形势十分严峻。

能源问题已经成为制约经济和社会发展的重要因素。我国要实现GDP到2020年比2000年翻两番的目标,钢铁、有色金属、石化、化工、水泥等高耗能重化工业将加速发展;随着生活水平的提高,消费结构升级,汽车和家用电器大量进入家庭;城镇化进程加快,建筑和生活用能大幅度上升。如果按照近三年能源消费增长趋势发展,到2020年能源需求量将高达40多亿吨标准煤。如此巨大的需求,在煤炭、石油和电力供应以及能源安全等方面都会带来严重的问题。按照能源中长期发展规划,在充分考虑节能因素的情况下,到2020年能源消费总量需要30亿吨标准煤。要满足这一需求,无论是增加国内能源供应还是利用国外资源,都面临着巨大的压力。能源基础设施建设投资大、周期长,还面临水资源和交通运输制约等一系列问题。能源需求的快速增长使能源资源的可供量、承载能力,以及国家能源安全面临严峻挑战。

我国建筑业发展迅速,除工业建筑外,城乡既有建筑总面积达450多亿平方米。据预测,到2020年,我国城乡还将新增建筑300亿平方米。但一些建筑在节能方面存在严重缺陷,由此产生的后果,不仅给使用者带来诸多不便,更主要的是造成了巨大的能源消耗甚至浪费。目前我国单位建筑面积采暖能耗相当于气候条件相近的发达国家的2~3倍。虽然陆续制定和颁布了各气候区建筑节能50%的设计标准,但全国城市每年新增建筑中达到节能建筑设计标准的不到5%。

要解决我国能源问题,根本出路是坚持开发与节约并举、节约优先的方针,大力推进节能降耗,提高能源利用效率。据专家分析,我国公共建筑和居住建筑全面执行节能50%的标准是现实可行的,与发达国家相比,即使在达到了节能50%的目标以后仍有节能潜力。

推进建筑节能,就需大力发展节能省地型建筑,推动新建住宅和公共建筑严格实施节能50%的设计标准,直辖市及有条件的地区要率先实施节能65%的标准;推动对既有建筑的节能改造;大力发展新型墙体材料。政府机构需大力提倡节能,抓好政府机构建筑物和采暖、空调、照明系统节能改造以及办公设备节能。

1. 我国建筑能耗现状

我国建筑包括工业建筑、农村居住建筑和城镇民用建筑。由于我国地域辽阔,气候条件差距较大,经济发展水平不平衡,故建筑能耗的形式也有不同,主要有以下几种:

(1) 我国北方城镇采暖能耗为建筑能源消耗的最大组成部分。北方城镇建筑采暖能耗过高,主要原因是围护结构保温不良(如:墙体、门窗、屋面、地面);供热系统效率不高,各输配环节热量损失严重;热源效率不高。

(2) 空调能耗巨大。北方空调主要用于夏季降温和过渡季节采暖;南方空调主要用于夏季降温和冬季采暖。空调能耗是建筑能源消耗的重要组成部分。

我国空调能耗之所以高,原因是:围护结构保温和隔热性能不良(如:墙体、门窗、屋面、地面);空调设备运行能效低;输配环节中末端设备热交换效率低;建筑物运行管理(如:门窗、洞口)。

(3) 大型公共建筑和政府机关办公建筑能耗由于设备和管理的原因也耗能巨大。

(4) 我国住宅与一般公共建筑还存在着除采暖空调以外的住宅能耗(如：照明、炊事、生活热水、室内温度即使低于10℃无采暖措施的需辅助采暖)。

(5) 我国农村建筑耗电和生活用标准煤。

(6) 预计到2020年，长江流域将有部分建筑需要采暖。如果该地区照搬北方集中供热形式耗能将巨大。

2. 我国建筑节能重点范围

北方建筑采暖能耗高、比例大，其围护结构和系统管理应该成为建筑节能的重点；建筑空调能耗高、比例大，体现在围护结构和系统管理上，应为建筑节能的重点；住宅与一般公共建筑能耗都呈增长趋势；大型公共建筑和政府机构能耗非常严重，因此节能的潜力很大；农村建筑能耗低，一定程度上呈现出商品能源替代非商品能源的趋势；作为传统非供暖区域的长江流域也有采暖的需求，需要有解决的方案。

3. 我国建筑发展的要求

我国正处在建筑业大发展的时期，建筑能耗的节约已经成为最大的节约项目，建筑节能应该成为全社会关注的焦点。

4. 工程质量的要求

从目前建筑物的墙体、幕墙、门窗、屋面和地面等设计和施工情况来看，工程的质量问题很严重。围护结构外墙的质量问题尤其令人担忧(图1-1)，供热采暖和空气调节、配电与照明、监测与控制工程更是耗能的重大隐患(图1-2)。

5. 建筑节能测试诊断提出的要求

多年来节能试点和节能诊断测试，无论是空调系统还是采暖系统检测诊断评估得出大型公共建筑和政府机构的节能潜力巨大。

6. 政府的要求

(1) 中央高度重视建筑节能工作，为了推动建筑节能工作的开展，2006年国务院下发了《关于加强节能工作的决定》[国发(2006)28号]。要求：初步建立起与社会主义市场经济体制相适应的比较完善的节能法规和标准体系、政策保障体系、技术支撑体系、监督管理体系，形成市场主体自觉节能的机制。推进建筑节能。大力发展节能省地型建筑，推动新建住宅和公共建筑严格实施节能50%的设计标准，直辖市及有条件的地区要率先实施节能65%的标准。推动既有建筑的节能改造。大力发展新型墙体材料。重点抓好政府机构建筑物和采暖、空调、照明系统节能改造以及办公设备节能，建立节能目标责任制和评价考核体系。

(2) 中央高度重视建筑节能工作，在国务院批准的《节能中长期专项规划》中，将建筑节能作为节能的重点领域，要求建筑节能在"十一五"期间要实现节约1亿吨标准煤的规划目标。这一目标既体现了建筑节能在国家能源节约战略中的重要地位，也体现了建筑节能工作所要完成的艰巨任务。

(3) 2007年，建设部部长汪光焘在全国建设工作会议上的报告《把握形势，明确任务，切实做好2007年建设工作》中指出：推进工程建设标准体制改革。起草工程建设标准化管理条例，完善工程建设标准化管理的法规制度和技术支撑体系，促进强制性条文向以功能性能为目标的全文强制性标准过渡。以房屋建筑为重点，修订完善《工程建设标准强制性条文(房屋建筑部分)》，按照《住宅建筑规范》的制定原则，加快编制全文强制的

图 1-1 围护结构外墙质量缺陷

(a)外墙龟裂；(b)外墙保温板连接处未填加保温材料；(c)外墙外保温材料脱落；
(d)外墙与墙体连接处保温材料不良；(e)外墙外保温红外检测热工缺陷

《城镇燃气技术规范》、《城市轨道交通技术规范》，创新工程建设技术法规与技术标准相结合的体制。按照《工程建设标准复审管理办法》的有关规定，完善标准的经常性复审修订制度，开展 2000 年及以前颁布的现行国家标准、行业标准的复审修订工作，减少标准内容的交叉重复，提高标准的质量和技术水平。

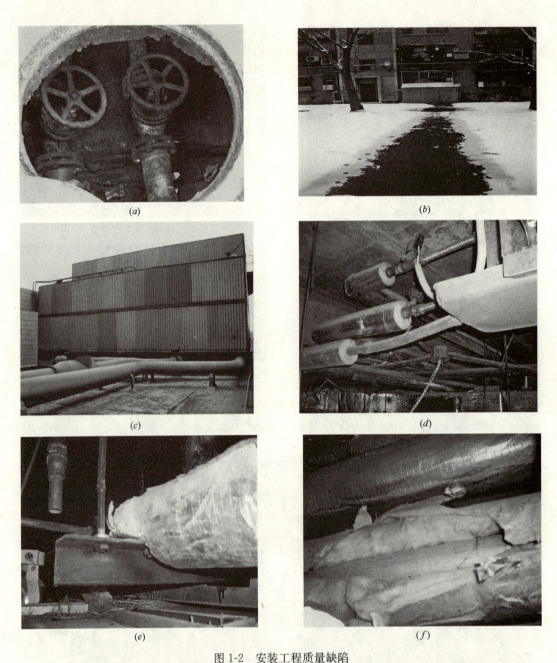

图 1-2 安装工程质量缺陷

(a)采暖热力入口未按设计进行安装；(b)采暖管道埋地部分保温不良；(c)冷却塔安装位置影响散热；
(d)风机盘管机组连接管道未做保温；(e)支吊架未安装绝热材料；(f)制冷管道保温材料开裂

以《建筑节能工程施工质量验收规范》、《钢铁工业资源综合利用设计规范》等一批重要标准的批准发布为契机，以"四节一环保"标准规范为重点，广泛开展标准的贯彻培训，提高全行业执行标准的能力和自觉性。以工程建设标准实施为重点，完善管理制度和工作机制，切实加大强制性标准实施的监管力度，确保强制性标准的贯彻实施。

7. 建筑节能标准基本情况

建设部从 80 年代中期开始关注建筑节能问题，1986 年发布了我国第一部居住建筑节能标准《北方地区居住建筑节能设计标准》。1992年发布了我国第一部公共建筑节能标准《旅游旅馆建筑热工与空气调节节能设计标准》。1998年《节约能源法》实施后，建筑节能标准编制工作力度加大，先后组织开展了夏热冬冷地区、夏热冬暖地区居住建筑节能设计、既有居住建筑节能改造、采暖通风、空调运行、墙体保温等十余项建筑节能标准。

2004年中央经济工作会议后，围绕贯彻落实胡锦涛总书记关于"制定并强制推行更加严格的节能、节水、节材标准"的讲话精神和《国务院今明两年能源资源节约工作要点》，建设部发布了《公共建筑节能设计标准》、《住宅建筑规范》等重要节能标准。并且组织开展了《建筑节能工程施工质量验收规范》、《绿色建筑评价标准》等民用建筑节能标准的编制。

二、任务来源及编制过程

贯彻落实《国务院关于做好建设节约型社会近期重点工作的通知》[国发(2005)21号]中完善资源节约标准的要求，根据建设部"关于印发《2005年工程建设标准规范制订、修订计划(第一批)》的通知"要求，由建设部组织中国建筑科学研究院等单位编制国家标准《建筑节能工程施工质量验收规范》。

编制组人员构成：设计、施工、生产企业、科研、检测、质量监督和墙改机构。

2005年7月26日在中国建筑科学研究院召开了国家标准《建筑节能工程施工质量验收规范》编制组成立暨第一次工作会议。建设部标准定额司、标准定额研究所、建研院科技处、建研院空调所领导以及编制组全体成员参加了会议。主编宋波介绍了标准编制的准备工作、人员配备、工作设想、编制大纲及分工、明确了编制进度计划，还就标准的重点和难点进行了阐述。如标准名称暂定为《建筑节能工程施工验收规范》；标准适用范围为民用建筑，即：公共建筑与居住建筑；标准编写范围是围护结构为建筑物外墙以内；暖通空调、配电与照明和监测与控制系统；关于抽样复验和见证取样检验按各专业统一研究；与系列验收规范的关系、与相关设计规范的关系、与检测技术标准的关系是对应和补充完善的关系。

编制组成员认真、细致地讨论了本标准编制的技术原则和标准的定位，对诸如标准名称的确定、材料设备检测、过程控制、与相关标准的关系、评价等问题进行了探讨。经过激烈地讨论，最后达成一致意见，形成了标准编制的目次、分工和进度计划。

2005年11月22日在广州召开了第二次工作会议。会议对北京、天津、上海、河南、唐山、浙江6省市的建筑节能施工验收规程进行了分析对比，统一了思想，重新确定了编制大纲，明确了主体内容和任务，决定分为围护结构组，暖通空调组，配电与照明和监测与控制组继续编写规范。

2006年3月12日在北京召开第三次编制工作会议。会议就一些热点和重点问题进行了讨论，如：规范中检验方法应量化，数据准确、清晰；规范中南方北方差异要写清楚，不要缺项，部分验收内容应按气候区域提出不同要求；施工验收规范应假设设计符合要求，工程交付使用之前，这期间的工作为施工验收。但设计规范缺项的要补充进来，相关施工质量验收规范缺少和没有的内容要补充进来，所有与节能有关的重要内容都要写进来；规范要有实用性、可操作性、定性、定量组合，尽可能多采用量化指标。

会议还安排了下一步工作计划：

通过网上和信函，向全国建筑业同行征求意见；

邀请包括围护结构、暖通空调、电气和监测与控制等专业的专家顾问和包括质量监督、监理、设计、施工单位、生产企业、科研、教学、墙改机构、检测机构等专业的技术人员召开研讨会。

2006年9月20日在哈尔滨召开第四次编制工作会议。会议的主要任务是处理征求来的意见，修改征求意见稿，准备送审稿。根据讨论的结果，对征求意见稿的内容进行了调整和改动。

2006年6月15日～7月1日 编制组共召开各专业负责人扩大会议9次。

图1-3 外墙节能构造钻芯检验试验
(a)钻孔试验芯样；(b)芯样直尺检查；(c)外墙钻孔试验；(d)外墙涂料饰面苯板保温钻孔试验；(e)外墙饰面砖钻孔试验；(f)外墙涂料饰面浆料保温钻孔试验

2006年1月7日～7月1日 在北京召开专业会23次、专题论证会3次。其中：围护结构组16次；配电与照明和监测与控制组5次；暖通空调组2次。各组除以会议形式外，网上交流和电话交流更是无法统计，通过激烈的争论、讨论形成了每一次的讨论稿。

2006年10月9日和10月11日 编制组在北京组织现场试验2次，进行外墙钻芯检验节能做法试验（图1-3），经过多种墙体、大量的钻孔取芯试验，确认该方法适用于检验带有保温层的外墙节能构造做法。因此修改了征求意见稿中的新建建筑进行外墙传热系数检测检验的要求，增加了附录C外墙节能构造钻芯检验方法作为建筑节能工程现场检验的一种手段。

2005年11月22日～2006年7月1日 组织座谈会8次。邀请在京的检测机构负责人座谈2次；邀请施工单位、设备及保温材料生产企业等国内外公司座谈6次。就建筑节能工程施工过程中可能遇到的各种问题做了讨论和预测，并提出了建议。

2006年8月1日～8月3日 在北京邀请专家召开3次研讨会。分别就围护结构、配电与照明和监测与控制、采暖与空调节能施工与验收进行研讨。

2006年9月4日 在北京邀请建筑业设计大师进行研讨。征求设计大师对规范的意见和今后执行规范的指导性建议。

2006年9月20日 在哈尔滨召开征求意见研讨会。质检、监理、检测机构、产品生产企业、施工单位等参加了会议，在听取行业内各方意见的基础上，最后形成了征求意见修改稿，为送审稿形成做了充分的准备。

2006年11月27日～28日 在北京召开了《建筑节能工程施工质量验收规范》送审稿审查会。

三、《规范》征求意见稿的处理

2006年7月25日在建设部网站和中国建筑科学研究院网站向全国征求意见。向全国共发出征求意见稿及征求意见通知372份（寄出248份，其他方式送出124份），其中：工程质量监督站109份，工程监理公司17份，设计研究单位10份，施工企业7份，外保温厂家15份，工程检测单位33份，院校6份，施工验收规范编制单位20份，开发应用单位1份，中国建筑科学研究院30份。

征求意见稿发出后，历时三个月，收到书面、网络、传真和电话回复177份。

根据意见回复情况，编制组在收集、整理、吸收和不断与相关领域专家讨论磋商的基础上，调整、修改意见稿，并形成送审稿。经中国建筑科学研究院建筑环境与节能研究院专家委员会审查批准后，于2006年11月27～28日在《建筑节能工程施工质量验收规范》送审稿审查会上交由审查委员会专家审查。

四、《规范》送审稿的审查意见和结论

根据建设部建标函〔2005〕84号文的要求，建设部标准定额司组织中国建筑科学研究院会同有关单位共同完成了国家标准《建筑节能工程施工质量验收规范》的送审稿。建设部标准定额司于2006年11月27～28日在北京组织、召开了标准审查会。会议成立了由11人组成的专家审查委员会。

会议听取了编制组对《规范》编制背景、编制工作过程、主要内容、重点审查内容、意见处理情况的系统介绍。逐章逐条并有重点地对送审稿进行了审查。经过认真讨论，提出了审查意见。

1. 编制组提交的《规范》送审稿条文及其条文说明、《规范》强制性条文、送审报告、征求意见处理汇总等资料较为齐全、内容较完整、结构较严谨、条理较清晰、数据较可信,符合标准审查的要求。

2. 会议认为,标准的主要特点为:

《规范》依据国家现行法律法规和相关标准,总结了近年来我国建筑工程中节能工程的设计、施工、验收和运行管理方面的实践经验和研究成果,借鉴了国际先进经验和做法,充分考虑了我国现阶段建筑节能工程的实际情况,突出了验收中的基本要求和重点,是第一部涉及多专业、以达到建筑节能设计要求为目标的施工验收规范。

《规范》以实现功能和性能要求为基础、以过程控制为主、以现场检验为辅,结构完整,内容充实,具有较强的科学性、完整性、协调性和可操作性,总体上达到了国际先进水平,对推进建筑节能目标的实现将发挥重要作用。

会议对《规范》送审稿提出了修改意见和建议:建议将名称定为:建筑节能工程施工质量验收规范;建议将第15.0.7条写进总则;建议对《建筑工程施工质量验收统一标准》GB 50300进行修订,把建筑节能工程纳入该体系,列为一个分部工程等。

3. 审查委员会一致通过了《规范》送审稿,会议要求编制组根据审查会议的意见,对送审稿进行进一步修改和完善,尽快形成报批稿上报建设部审批、发布,并希望抓紧做好规范实施的政策、技术准备工作。

五、《规范》的主要内容及特点

1. 主要内容

《规范》的主要内容为:①总则;②术语;③基本规定;④墙体节能工程;⑤幕墙节能工程;⑥门窗节能工程;⑦屋面节能工程;⑧地面节能工程;⑨采暖节能工程;⑩通风与空调节能工程;⑪空调与采暖系统冷热源及管网节能工程;⑫配电与照明节能工程;⑬监测与控制节能工程;⑭建筑节能工程现场实体检验;⑮建筑节能分部工程质量验收;以及附录A建筑节能工程进场材料和设备的复验项目;附录B建筑节能分部、分项工程和检验批的质量验收表;附录C外墙节能构造钻芯检验方法。

本规范共15章;3个附录;共244条,主控项目101条、一般项目43条。

其中:强制性条文20条,涉及结构和人身安全、环保、节能性能、功能方面。全文共10个方面的内容,4~13章文体为一般规定、主控项目、一般项目。规范的定位是对建筑节能材料设备的应用、建筑节能工程施工过程的控制和对建筑节能工程的施工结果进行验收。

2. 编制的指导思想

原则——技术先进、经济合理、安全适用和可操作性强;

一推——在建筑工程中推广装配化、工业化生产的产品、限制落后技术;

两少——复验数量要少,现场实体检验要少;

三合——由设计、施工、验收三个环节闭合控制节能质量;

四抓——抓设计文件执行力、抓进场材料设备质量、抓施工过程质量控制、抓系统调试与运行检测。

3. 特点

《建筑节能工程施工质量验收规范》具有五个明显的特征:

一是 20 个强制性条文。作为工程建设标准的强制性条文，必须严格执行，这些强制性条文既涉及过程控制，又有建筑设备专业的调试和检测，是建筑节能工程验收的重点。

二是规定对进场材料和设备的质量证明文件进行核查，并对各专业主要节能材料和设备在施工现场抽样复验，复验为见证取样送检。

三是推出工程验收前对外墙节能构造现场实体检验，严寒、寒冷和夏热冬冷地区的外窗气密性现场实体检验和建筑设备工程系统节能性能检测。

四是将建筑节能工程作为一个完整的分部工程纳入建筑工程验收体系，使涉及建筑工程中节能的设计、施工、验收和管理等多个方面的技术要求有法可依，形成从设计到施工和验收的闭合循环，使建筑节能工程质量得到控制。

五是突出了以实现功能和性能要求为基础、以过程控制为主导、以现场检验为辅助的原则，结构完整，内容充实，具有较强的科学性、完整性、协调性和可操作性，起到了对建筑节能工程质量控制和验收的作用，对推进建筑节能目标的实现将发挥重要作用。

第二部分 内容详解

第1章 总　　则

【概述】 规范的第1章"总则",通常从整体上叙述有关本项规范编制与实施的几个基本问题。主要内容为编制目的、依据、适用范围、各项规定的严格程度,以及执行本标准与执行其他标准规范之间的关系等基本事项。

本规范为了加强和统一节能工程质量验收而编制,目的在于使工程的节能效果达到设计要求。依据现行国家节能政策、法律法规和相关技术标准制订。适用于新建、改建和扩建工程中建筑节能工程的质量验收,既有建筑的节能改造可参照执行。

本规范规定了建筑节能工程质量验收的最低要求。全国各地的建筑节能验收工作都应遵守。本规范与其他相关验收规范的关系遵循"协调一致、互相补充"的原则,在施工和验收中均应执行。根据建设部办公厅建办标函〔2007〕302号通知的要求,各地对已批准发布的有关建筑节能施工质量验收的地方标准进行复审、修订或废止,重新报建设部备案。

为了贯彻国家建筑节能政策,节能验收具有"一票否决权"。任何单位工程的竣工验收应在建筑节能分部工程验收合格后方可进行。

【条文】 1.0.1　为了加强建筑节能工程的施工质量管理,统一建筑节能工程施工质量验收,提高建筑工程节能效果,依据现行国家有关工程质量和建筑节能的法律、法规、管理要求和相关技术标准,制订本规范。

【要点说明】 标准规范通常在第一条阐述制定本标准规范的目的和依据,以便使人们了解其意义、必要性和重要性。

制定节能验收规范的目的,是为了加强建筑节能工程的施工质量管理,统一建筑节能工程施工质量验收,提高建筑工程节能效果,最终使工程的节能性能达到设计要求。而制订的依据则是现行国家有关工程质量和建筑节能的法律、法规、管理要求和相关技术标准等。

近年来,我国已经制订了多项有关节能的设计、材料等标准,但是一直缺少针对节能工程的工艺标准和验收标准。考虑到技术的进步,工艺标准往往需要随着材料和设备的变化不断地改进和完善,故目前不可能也不需要制定有关工艺方面的国家标准,它可以由企业标准或地方标准解决。而制定节能工程验收的国家标准则十分必要。此前的节能验收主要由各地的地方标准解决,实际上处于分散和不统一状态。由此可知,统一建筑节能工程施工质量验收是本标准的重要责任与作用。

综合上述需要理解的是,作为验收标准,是从验收角度对施工质量提出要求和规定,不能也不应囊括对工程的全部要求。至少需要和相关的设计、材料、施工工艺、检验检测等标准配合使用。

【条文】1.0.2 本规范适用于新建、改建和扩建的民用建筑工程中墙体、幕墙、门窗、屋面、地面、采暖、通风与空调、空调与采暖系统的冷热源及管网、配电与照明、监测与控制等建筑节能工程施工质量的验收。

【要点说明】 本条界定规范的适用范围。任何一本规范与一部法律法规一样，均有其适用范围，不可能在任何地方任何情况下都适用。对于法规，也称为"调整范围"。我们学习和执行一本规范，首先应了解它的适用范围，以免用错。

本规范的适用范围，是新建、改建和扩建的民用建筑。在一个单位工程中，适用的具体范围是建筑工程中围护结构、设备等各个专业的建筑节能分项工程施工质量的验收。实际上，这个范围即是各个节能分项工程的名称，与规范中各章题目相同。

应注意，对于既有建筑节能改造工程，本规范的要求也是适用的。在目前国家尚无对于既有建筑节能改造工程专用规范之前，节能改造工程应遵守本规范的规定。

【条文】1.0.3 建筑节能工程中采用的工程技术文件、承包合同文件对工程质量的要求不得低于本规范的规定。

【要点说明】 阐述本规范各项规定的总体"水平"，即本规范各项验收要求的"严格程度"。由于这是一本适用于全国范围的验收规范，必须兼顾先进及落后地区的不同情况，故本规范与统一标准及各专业工程施工质量验收规范一样，各项规定的"严格程度"是最低要求，即"最起码的要求"。

【条文】1.0.4 建筑节能工程施工质量验收除应执行本规范外，尚应遵守《建筑工程施工质量验收统一标准》GB 50300、各专业工程施工质量验收规范和国家现行有关标准的规定。

【要点说明】 阐述本规范与其他相关验收规范的关系。这种关系遵守协调一致、互相补充的原则，即无论是本规范还是其他相应规范，在施工和验收中都应遵守，不得违反，不能顾此失彼。

【条文】1.0.5 单位工程竣工验收应在建筑节能分部工程验收合格后进行。

【要点说明】 本条文为强制性条文。根据国家规定，建设工程必须节能，节能达不到要求的建筑工程不得验收交付使用。因此，规定单位工程竣工验收应在建筑节能分部工程验收合格后方可进行。即建筑节能验收是单位工程验收的先决条件，具有"一票否决权"。2000版统一标准中未纳入节能分部工程，应在下次修订时完善。

第 2 章 术 语

【概述】 本章给出了 15 个术语，以帮助读者正确理解规范内容。对质量验收中出现的术语，如"见证取样送检"、"进场验收"、"进场复验"等，除应熟悉其含义外，还应了解与之相关的管理规定。

【要点说明】 本章术语是根据国家有关法规文件，并参考《质量管理和质量保证术语》GB/T 6583—1994、《统计方法应用国家标准汇编》、《采暖通风与空气调节术语标准》GB 50155—92 等资料中的相关规定进行定义的。

这些术语，一部分是出于本规范自身的需要，从质量验收的角度赋予其涵义；但也有一些术语，是引用其他标准中已经定义的术语，但其涵义按照本规范的需要作了表达上的适当修改。

规范中的术语，是为了满足该规范在表达上的需要，或为了帮助使用者方便准确地理解和执行规范。一本规范的术语均应在该规范的有关章节中被引用。

本规范的术语，主要作用是供本规范使用，但由于施工质量验收系列规范之间的有机联系，故本规范的术语，对建筑工程其他各专业质量验收规范也适用。

为了方便使用，以及适应加入 WTO 的需要，本规范对每一个术语都给出了相应的英文术语。应注意，本规范中给出的英文术语是推荐性的，不一定是国际上的标准术语，只能作为参考。如果在使用中发生争议，应该按照有关规定，以规范中的中文为准。

15 个术语的定义在规范的正文中已经叙述清楚，不再赘述。在此，仅对在建筑工程质量验收中出现的一些重要术语，加以简单介绍。

【条文】 见证取样送检　evidential test

施工单位在监理工程师或建设单位代表见证下，按照有关规定从施工现场随机抽取试样，送至有见证检测资质的检测机构进行检测的活动。

【要点说明】 近年来，"见证取样检测"的概念在建筑行业已为越来越多的人所熟悉。它通常是指在施工现场，按照预定的计划或约定，在监理单位或建设单位监督下，由施工单位有关人员现场取样，并送至具备相应资质的检测单位进行检测。显然，与常规试验相比，这种检测最大的特点是它的公正性。见证检测最早见于北京、上海、深圳等地。国务院《建设工程质量管理条例》将它上升为行政法规。为了完善这一做法，建设部专门颁发了建建字 [2000] 211 号文件，规定了 8 种材料、试件应当实行见证检测，而建筑节能工程使用的相关材料和设备没有纳入条例。本规范为提高建筑节能工程施工质量，将各专业几种涉及节能的材料设备列为"见证取样送检"项目。

第 3 章 基 本 规 定

【概述】 本章分为 4 节，其各项内容，是整本规范的纲领，分别给出建筑节能工程验收中"技术与管理"、"材料与设备"、"施工与控制"以及"验收的划分"等基本内容。应用中应理解本规范规定的施工现场均应做到"三有"规定：有标准、有体系、有制度；理解本标准规定的施工质量控制的基本要求即：对材料设备、工序间和施工过程质量进行控制；掌握建筑节能工程施工质量验收的基本要求，并能在实践中应用。

在技术与管理方面规范中写入了管理方面的规定，反映了强化质量管理与质量控制的新动向，是技术标准与管理标准互相结合的结果，代表了我国标准水平的提高，符合我国国情的变化。

我国以往的技术标准也有一些管理性要求，但数量很少。传统观念认为，技术标准主要是"管实物"，管好实物就达到了标准的目的。事实上，实物是行为的产物。实践证明，对重要行为如不加以控制，很难管好实物。更好的方法是既管实物，又管行为，即所谓"标本兼治"。随着改革开放和管理水平的提高，近年来，"管行为"的标准规范日益增多。如在工程建设领域中的工程监理规程、质量体系标准等均属此列。为了提高引起社会广泛关注的装饰装修工程质量，按照建设部的要求，验收系列规范中的《建筑装饰装修工程质量验收规范》GB 50210—2001 中纳入了许多重要的管理性内容。

本章首先规定的是管理方面的要求，规定任何一个施工现场，都必须做到"三有"，即："有标准、有体系、有制度"。掌握这些规定，应该认识到，这是科学管理方法在建筑施工中的体现，是按照现代管理理论对质量进行"预控"、"过程控制"和"检验控制"的有效手段。

"有标准"是指施工现场必须具备相应的标准。这是抓好工程质量的最基本条件。

"有体系"是要求每一个施工现场，都要树立靠体系管理质量的观念，并从组织上加以落实。施工单位应推行生产控制和合格控制的全过程质量控制，并有健全的质量管理体系。注意这些要求的内涵是不仅要有体系，这个体系还要能有效运行，即发挥实际作用。施工单位必须建立起内部自我完善机制，只有这样，施工单位的管理水平才能不断提高。这种自我完善机制主要是：施工单位通过内部的审核与管理者评审，找出质量管理体系中存在的问题和薄弱环节，并制定改进的措施和跟踪检查落实，使单位和项目的质量管理体系不断健全和完善。这项机制，是一个施工单位不断提高工程施工质量的基本保证。因此，无论是否贯标认证，都要树立起靠体系管质量的观念。

"有制度"是指建筑工程施工中制度必须健全。这种制度首先应该是一种"责任制度"。只有建立起必要的质量责任制度，才能对建筑工程施工的全过程进行有效的控制。施工中的制度，应包括原材料控制、工艺流程控制、施工操作控制、每道工序质量检查、各道相关工序间的交接检验以及专业工种之间交接环节的质量管理和控制要求等制度，此外还应包括满足施工图设计和功能要求的抽样检验制度等。

为了引导施工单位重视综合质量控制，本标准提出：应从施工技术、管理制度、工程质量控制和工程实际质量等方面制定企业综合质量控制的指标，并形成制度，以达到提高整体素质和经济效益的目的。

在技术管理方面，对于承担节能施工的企业资质、人员培训、施工中现场管理、设计变更、四新技术应用、编制施工方案、质量检测等做出了规定。

在材料设备质量控制方面，给出了材料进场验收的具体规定。规定重要材料和设备应实施进场复验。明确了材料复验的抽样数量、频率和项目参数。对复验规定应100%实行见证取样和送检，以提高试验的真实性和公正性。并对节能工程使用材料的燃烧性能、有害物质含量提出要求。对现场配制的保温砂浆、保温材料含水率等作出了规定。

在施工质量控制方面，规定建筑节能工程应按照经审查合格的设计文件和经审批的施工方案施工。提出对于采用相同建筑节能设计的房间应做样板间，确认后方可施工。规定节能施工作业环境应满足工艺要求，不宜在雨雪天气中露天施工等。

在施工过程控制上本章还根据现代质量控制理论的三个基本环节，结合建筑施工特点，具体规定了建筑节能工程施工质量控制的主要要求。现代质量控制理论的三个基本环节，是在长期的生产力发展过程中逐步完善起来的科学管理理论。

建筑节能工程施工质量控制的三个环节为：

1. 必须对用于建筑节能工程的主要材料和设备实行进场验收，并对技术资料进行核查，对重要建筑节能材料设备实行在施工现场抽样复验，复验应为见证取样送检。由于材料设备质量属于预控的范畴，所以，这实际上是对工程质量进行预控。

2. 必须控制每道施工工序的质量。工序质量通常应符合企业标准的要求。工序的质量控制之所以强调按企业标准执行，是考虑到企业标准的控制指标应严于行业和国家标准这一因素，这种工序质量的控制属于质量的过程控制。

3. 施工单位每道工序完成后除了自检、专职质量检查员检查外，还强调了工序交接检查。上道工序除了符合要求外，还应满足下道工序的施工条件和要求；同样，相关专业工序之间也应进行中间交接检验，使各工序间和各相关专业工程之间形成一个有机的整体。这种工序的检验实质上是质量的合格控制。

为了与其他专业验收规范协调一致，本规范将建筑节能确定为一个分部工程。并据此进行分项工程和检验批划分。规定建筑节能工程应按照分项工程进行验收，当分项工程的量较大时，可划分检验批进行验收。并规定节能验收应单独填写验收记录和单独组卷。

通过本章规定，为其后各章节进一步提出验收条件奠定了基础。

3.1 技术与管理

【条文】3.1.1 承担建筑节能工程的施工企业应具备相应的资质；施工现场应建立相应的质量管理体系、施工质量控制和检验制度，具有相应的施工技术标准。

【要点说明】 本条对承担建筑节能工程施工任务的施工企业提出资质要求。执行中，目前国家尚未制定专门的节能工程施工资质，故应按照国家现行规定具备相应的建筑工程承包的施工资质。如国家制定专门的节能工程施工资质，则应按照国家规定执行。

对施工现场的要求，本规范与统一标准及各专业验收规范一致。

本条要求施工现场具有相应的施工技术标准，指与施工有关的各种技术标准，包括工艺标准、验收标准以及与工程有关的材料标准、检验标准等；不仅包括国家、行业和地方标准，也可以包括与工程有关的企业标准、施工方案及作业指导书等。

【条文】3.1.2 设计变更不得降低建筑节能效果。当设计变更涉及建筑节能效果时，应经原施工图设计审查机构审查，在实施前应办理设计变更手续，并获得监理或建设单位的确认。

【要点说明】 本条文为强制性条文。由于材料供应、工艺改变等原因，建筑工程施工中可能需要改变节能设计。为了避免这些改变影响节能效果，本条对涉及节能的设计变更严格加以限制。

本条规定有三层含义：第一，任何有关节能的设计变更，均须事前办理设计变更手续；第二，有关节能的设计变更不应降低节能效果；第三，涉及节能效果的设计变更，除应由原设计单位认可外，还应报原负责节能设计审查机构审查方可确定。确定变更后，并应获得监理或建设单位的确认。

本条的设定增加了节能设计变更的难度，是为了尽可能维护已经审查确定的节能设计要求，减少不必要的节能设计变更。

【条文】3.1.3 建筑节能工程采用的新技术、新设备、新材料、新工艺，应按照有关规定进行评审、鉴定及备案。施工前应对新的或首次采用的施工工艺进行评价，并制定专门的施工技术方案。

【要点说明】 建筑节能工程采用的新技术、新设备、新材料、新工艺，通常称为"四新"技术。四新技术由于"新"，尚且没有标准可作为依据。对于四新技术的应用，应采取积极、慎重的态度。国家鼓励建筑节能工程施工中采用"四新"技术，但为了防止不成熟的技术或材料被应用到工程中，国家同时又规定了对于"四新"技术要进行科技成果鉴定、技术评审或实行备案等措施。具体做法是：应按照有关规定进行评审鉴定及备案方可采用，节能施工中应遵照执行。

此外，与四新技术类似的，还有新的或首次采用的施工工艺。考虑到建筑节能施工中涉及的新材料、新技术较多，对于从未有过的施工工艺，或者其他单位虽已做过但是本施工单位尚未做过的施工工艺，应进行"预演"并进行评价，需要时应调整参数再次演练，直至达到要求。施工前还应制定专门的施工技术方案以保证节能效果。

【条文】3.1.4 单位工程的施工组织设计应包括建筑节能工程施工内容。建筑节能工程施工前，施工单位应编制建筑节能工程施工方案并经监理（建设）单位审查批准。施工单位应对从事建筑节能工程施工作业的人员进行技术交底和必要的实际操作培训。

【要点说明】 单位工程的施工组织设计应包括建筑节能工程施工内容。建筑节能工程施工前，施工企业应编制建筑节能工程施工技术方案并经监理（建设）单位审查批准。施工单位应对从事建筑节能工程施工作业的专业人员进行技术交底和必要的实际操作培训。

鉴于建筑节能的重要性，每个工程的施工组织设计中均应列明有关本工程与节能施工有关的内容以便规划、组织和指导施工。施工前，施工企业还应专门编制建筑节能工程施工技术方案，经监理单位审批后实施。没有实行监理的工程则应由建设单位审批。

从事节能施工作业的人员操作技能对于节能施工效果影响较大，且许多节能材料和工艺某些施工人员可能并不熟悉，故应在节能施工前对相关人员进行技术交底和必要的实际操作培训，技术交底和培训均应留有记录。

【条文】3.1.5 建筑节能工程的质量检测，应由具备资质的检测机构承担。

【要点说明】 建筑节能效果只能通过检测数据来评价，因此检测结论的正确与否十分重要。目前建设部关于检测机构资质管理办法（第141号建设部令）中尚未包括节能专项检测资质，故目前承担建筑节能工程检测试验的检测机构应具备见证检测资质和节能试验项目的计量认证。待国家颁发节能专项检测资质后应按照相关规定执行。

3.2 材料与设备

【条文】3.2.1 建筑节能工程使用的材料、设备等，必须符合设计要求及国家有关标准的规定。严禁使用国家明令禁止使用与淘汰的材料和设备。

【要点说明】 材料、设备是节能工程的物质基础，通常在设计中规定或在合同中约定。凡设计有要求的应符合设计要求，同时也要符合国家有关产品质量标准的规定，此即对它们质量进行的"双控"。对于设计未提出要求或尚无国家和行业标准的材料和设备，则应该在合同中约定，或在施工方案中明确，并且应该得到监理或建设单位的同意或确认。这些材料和设备，虽然尚无国家和行业标准，但是应该有地方或企业标准。这些材料和设备必须符合地方或企业标准中的质量要求。

执行中应注意，由于采暖、空调系统及其他建筑机电设备的技术性能参数对于节能效果影响较大，故更应严格要求其符合国家有关标准的规定。近几年来，国家对于技术指标落后或质量存在较大问题的材料、设备明令禁止使用，节能工程施工应严格遵守这些规定，不得采购和使用。

本条特别提出的施工图设计要求，是指工程的设计要求，而非设备生产厂家对产品或设备的设计要求。

【条文】3.2.2 材料和设备进场验收应遵守下列规定：
1 对材料和设备的品种、规格、包装、外观和尺寸等进行检查验收，并应经监理工程师（建设单位代表）确认，形成相应的验收记录。
2 对材料和设备的质量证明文件进行核查，并应经监理工程师（建设单位代表）确认，纳入工程技术档案。进入施工现场用于节能工程的材料和设备均应具有出厂合格证、中文说明书及相关性能检测报告；定型产品和成套技术应有型式检验报告；进口材料和设备应按规定进行出入境商品检验。

3 对材料和设备应按照本规范附录 A 及各章的规定在施工现场抽样复验。复验应为见证取样送检。

【要点说明】 本条给出了材料和设备进场验收的具体规定。材料和设备的进场验收是把好材料合格关的重要环节，进场验收通常可分为三个步骤：

1 首先是对其品种、规格、包装、外观和尺寸等"可视质量"进行检查验收，并应经监理工程师或建设单位代表核准。进场验收应形成相应的质量记录。材料和设备的可视质量，指那些可以通过目视和简单的尺量、称重、敲击等方法进行检查的质量。

2 其次是对质量证明文件的检查。由于进场验收时对"可视质量"的检查只能核查材料和设备的外观质量，其内在质量难以判定，需由各种质量证明文件加以证明，故进场验收必须对材料和设备附带的质量证明文件进行检查。这些质量证明文件通常也称技术资料，主要包括质量合格证、中文说明书及相关性能检测报告、型式检验报告等；进口材料和设备应按规定进行出入境商品检验。这些质量证明文件应纳入工程技术档案。

3 对于建筑节能效果影响较大的部分材料和设备应实施抽样复验，以验证其质量是否符合要求。由于抽样复验需要花费较多的时间和费用，故复验数量、频率和参数应控制到最少，主要针对那些直接影响节能效果的材料、设备的部分参数。

本规范各章均提出了进场材料和设备的复验项目。为方便查找和使用，本规范将各章提出的材料、设备的复验项目汇总在附录 A 中，但是执行中仍应对照和满足各章的具体要求。参照建设部建建字〔2000〕211 号文件规定，重要的试验项目应实行见证取样和送检，以提高试验的真实性和公正性，本规范规定建筑节能工程进场材料和设备的复验应为见证取样送检。

【条文】3.2.3 建筑节能工程使用材料的燃烧性能等级和阻燃处理，应符合设计要求和国家现行标准《高层民用建筑设计防火规范》GB 50045、《建筑内部装修设计防火规范》GB 50222 和《建筑设计防火规范》GB 50016 等的规定。

【要点说明】 本条对建筑节能工程所使用材料的耐火性能作出规定。耐火性能是建筑工程最重要的性能之一，直接影响用户安全，故有必要加以强调。对材料耐火性能的具体要求，应由设计提出，并应符合相应标准的要求。

【条文】3.2.4 建筑节能工程使用的材料应符合国家现行有关标准对材料有害物质限量的规定，不得对室内外环境造成污染。

【要点说明】 为了保护环境，国家制定了建筑装饰材料有害物质限量标准，建筑节能工程使用的材料与建筑装饰材料类似，往往附着在结构的表面，容易造成污染，故规定这些材料应符合有害物质限量标准，不得对室内外环境造成污染。目前判断竣工工程室内环境是否污染通常按照《民用建筑室内环境污染控制规范》GB 50325的要求进行。

【条文】3.2.5 现场配制的材料如保温浆料、聚合物砂浆等，应按设计要求或试验室给出的配合比配制。当未给出要求时，应按照施工方案和产品说明书配制。

【要点说明】 现场配制的材料由于现场施工条件的限制，其质量较难保证。本条规定主要是为了防止现场配制的随意性，要求必须按设计要求或配合比配制，并规定了应遵守的关于配置要求的关系与顺序。即：首先应按设计要求或试验室给出的配合比进行现场配制。当无上述要求时，可以按照产品说明书配制。执行中应注意上述配置要求，均应具有可追溯性，并应写入施工方案中。不得按照经验或口头通知配置。

【条文】3.2.6 节能保温材料在施工使用时的含水率应符合设计要求、工艺要求及施工技术方案要求。当无上述要求时，节能保温材料在施工使用时的含水率不应大于正常施工环境湿度下的自然含水率，否则应采取降低含水率的措施。

【要点说明】 多数节能保温材料的含水率对节能效果有明显影响，但是这一情况在施工中未得到足够重视。本条规定了施工中控制节能保温材料含水率的原则。即节能保温材料在施工使用时的含水率应符合设计要求、工艺标准要求及施工技术方案要求。通常设计或工艺标准应给出材料的含水率要求，这些要求应该体现在施工技术方案中。但是目前缺少上述含水率要求的情况较多，考虑到施工管理水平的不同，本规范给出了控制含水率的基本原则亦即最低要求：节能保温材料的含水率不应大于正常施工环境湿度中的自然含水率，否则应采取降低含水率的措施。据此，雨期施工、材料泡水等情况下，应采取适当措施控制保温材料的含水率。

3.3 施工与控制

【条文】3.3.1 建筑节能工程应按照经审查合格的设计文件和经审批的施工方案施工。

【要点说明】 本条为强制性条文。是对节能工程施工的基本要求。设计文件和施工技术方案，是节能工程实际施工也是所有工程施工均应遵循的基本要求。对于设计文件应当经过设计审查机构的审查；施工技术方案则应通过建设或监理单位的审查。施工中的变更，同样应经过审查，见本规范相关章节。

【条文】3.3.2 建筑节能工程施工前，对于采用相同建筑节能设计的房间和构造做法，应在现场采用相同材料和工艺制作样板间或样板件，经有关各方确认后方可进行施工。

【要点说明】 制作样板间的方法是在长期施工中总结出来行之有效的方法。不仅可以直观地看到和评判其质量与工艺状况，还可以对材料、做法、效果等进行直接检查，并可以作为验收的实物标准。因此节能工程施工也应当借鉴和采用。样板间方法主要适用于重复采用同样建筑节能设计的房间和构造做法。制作时应采用相同材料和工艺在现场制作，经有关各方确认后方可进行施工。

施工中应注意，样板间或样板件的技术资料（材料、工艺、验收资料）应纳入工程技术档案。

【条文】3.3.3 建筑节能工程的施工作业环境和条件，应满足相关标准和施工工艺的要求。节能保温材料不宜在雨雪天气中露天施工。

【要点说明】 建筑节能工程的施工作业往往在主体结构完成后进行，其作业条件各不相同。部分节能材料对环境条件的要求较高，例如保温材料对环境湿度及施工时气候的要求等。这些要求多数在工艺标准或施工技术方案中加以规定，因此本条要求建筑节能工程的施工作业环境条件，应满足相关标准和施工工艺的要求。

3.4 验收的划分

【条文】3.4.1 建筑节能工程为单位建筑工程的一个分部工程。其分项工程和检验批的划分，应符合下列规定：

1 建筑节能分项工程应按照表3.4.1划分。

2 建筑节能工程应按照分项工程进行验收。当建筑节能分项工程的工程量较大时，可以将分项工程划分为若干个检验批进行验收。

3 当建筑节能工程验收无法按照上述要求划分分项工程或检验批时，可由建设、监理、施工等各方协商进行划分。但验收项目、验收内容、验收标准和验收记录均应遵守本规范的规定。

4 建筑节能分项工程和检验批的验收应单独填写验收记录，节能验收资料应单独组卷。

表3.4.1 建筑节能分项工程划分

序号	分项工程	主要验收内容
1	墙体节能工程	主体结构基层；保温材料；饰面层等
2	幕墙节能工程	主体结构基层；隔热材料；保温材料；隔汽层；幕墙玻璃；单元式幕墙板块；通风换气系统；遮阳设施；冷凝水收集排放系统等
3	门窗节能工程	门；窗；玻璃；遮阳设施等
4	屋面节能工程	基层；保温隔热层；保护层；防水层；面层等
5	地面节能工程	基层；保温隔热层；隔离层；保护层；防水层；面层等
6	采暖节能工程	系统制式；散热器；阀门与仪表；热力入口装置；保温材料；调试等
7	通风与空气调节节能工程	系统制式；通风与空调设备；阀门与仪表；绝热材料；调试等
8	空调与采暖系统的冷热源及管网节能工程	系统制式；冷热源设备；辅助设备；管网；阀门与仪表；绝热、保温材料；调试等

续表

序号	分项工程	主要验收内容
9	配电与照明节能工程	低压配电电源；照明光源、灯具；附属装置；控制功能；调试等
10	监测与控制节能工程	冷、热源系统的监测控制系统；空调水系统的监测控制系统；通风与空调系统的监测控制系统；监测与计量装置；供配电的监测控制系统；照明自动控制系统；综合控制系统等

【要点说明】 本条给出了建筑节能验收与其他已有的各个分部分项工程验收的关系，确定了节能验收在总体验收中的定位，故称之为验收的划分。

建筑节能验收本来属于专业验收的范畴，其许多验收内容与原有建筑工程的分部分项验收有交叉与重复，故对建筑节能工程验收的定位有一定困难。为了与已有的《建筑工程施工质量验收统一标准》GB 50300 和各专业验收规范一致，本规范将建筑节能工程作为单位建筑工程的一个分部工程来进行划分和验收，并规定了其包含的各分项工程划分的原则，主要有四项规定：

一是直接将节能分部工程划分为 10 个分项工程，给出了这 10 个分项工程名称及需要验收的主要内容。划分这些分项工程的原则与《建筑工程施工质量验收统一标准》GB 50300 和各专业工程施工质量验收规范原有的划分尽量一致。表 3.4.1 中的各个分项工程，是指"其节能性能"，这样理解就能够与原有的分部工程划分协调一致。

二是明确节能工程应按分项工程验收。由于节能工程验收内容复杂，综合性较强，验收内容如果对检验批直接给出易造成分散和混乱。故本规范的各项验收要求均直接对分项工程提出。当分项工程较大时，可以划分成检验批验收，其验收要求不变。本规范 15.0.3 条规定了建筑节能工程当以检验批进行验收时的合格条件：

1 检验批应按主控项目和一般项目验收；
2 主控项目应全部合格；
3 一般项目应合格；当采用计数检验时，至少应有 90% 以上的检查点合格，且其余检查点不得有严重缺陷；
4 应具有完整的施工操作依据和质量验收记录。

如果按分项直接验收，则合格条件就成为：

1 分项工程应按主控项目和一般项目验收；
2 主控项目应全部合格；
3 一般项目应合格；当采用计数检验时，至少应有 90% 以上的检查点合格，且其余检查点不得有严重缺陷；
4 应具有完整的施工操作依据和质量验收记录。

或简述为：

1 分项工程的质量应合格。又可详细表述为"主控项目全部合格，一般项目 90% 以上合格且没有严重缺陷"。
2 分项工程的质量验收记录应完整。

从实质上讲，按分项验收和按检验批验收其要求是一致的。因此有人说"分项工程实际就是一个大检验批"。

三是考虑到某些特殊情况下，节能验收的实际内容或情况难以按照上述要求进行划分和验收，如遇到某建筑物分期或局部进行节能改造时，不易划分分部、分项工程，此时允许采取建设、监理、设计、施工等各方协商一致的划分方式进行节能工程的验收。但验收项目、验收标准和验收记录均应遵守本规范的规定。

四是规定有关节能的项目应单独填写检查验收表格，作出节能项目验收记录并单独组卷，与建设部要求节能审图单列的规定一致。

第4章 墙体节能工程

【概述】 建筑节能验收共划分为 10 个分项工程，本章"墙体节能分项工程"为提出具体验收要求的第一个分项工程。墙体是整个围护结构的主要组成部分，其节能效果及节能质量验收具有重要意义。

本章格式与各专业验收规范保持一致，分为"一般规定"、"主控项目"、"一般项目"三节。本章共 29 条，分别叙述了墙体节能验收的基本要求，15 个主控项目和 8 个一般项目的验收要求。其中强制性条文 3 条。

本章第一节"一般规定"中，主要叙述了墙体节能验收的条件、内容、方法和隐蔽工程验收的项目等基本要求。特别对隐蔽工程验收提出了不仅要做文字记录还要拍摄图像资料的规定。对容易被忽视的节能保温定型产品或成套技术的型式检验报告，保温材料的防潮、防水措施等提出要求。并在 3.4.1 条规定的基础上，具体规定了墙体节能工程检验批的划分方法。

第二节"主控项目"中的 15 条要求是本章验收规定的核心内容。分别给出了对墙体节能材料的要求，重要材料进场复验的要求，基层处理和构造做法的要求等。以强制性条文的形式对保温隔热材料厚度、保温板材与基层的连接、保温浆料的施工及涉及安全的锚固件等作出了严格规定。

此外，本章第二节针对常见的预置保温板现浇混凝土墙体工艺、保温浆料性能、保温层的饰面层施工质量和墙体内设置的隔汽层提出验收要求。明确倡导外墙外保温工程不宜采用粘贴饰面砖做饰面层，并对采用时的安全性与耐久性提出严格规定。要求保温砌体采用保温砂浆砌筑并达到较高的灰缝饱满度。对现场安装的预制保温墙板的安装性能、结构性能、热工性能及与主体结构的连接作出规定。并对墙体上容易产生热桥的部位，要求采取节能处理措施。

本章第三节给出了 8 项一般性验收要求。主要是对材料与构件的外观和包装、铺贴加强网、墙体的热工缺陷、墙体保温板材的接缝、保温浆料的厚度与接槎、墙体上容易碰撞的特殊部位处理以及有机类保温材料的陈化时间等提出了要求。

第 4 章与其后有关围护结构的几章，不仅格式体例一致，验收的内容与要求也相互融会贯通。学习和执行这些规定，可相互对照、加深理解。

4.1 一般规定

【条文】 4.1.1 本章适用于采用板材、浆料、块材及预制复合墙板等墙体保温材料或构件的建筑墙体节能工程质量验收。

【要点说明】 本条规定了第 4 章墙体节能工程的适用范围。通常有实际技术要求的章节，均需要在其第一条列明本章的适用范围，正如同规范第 1 章需要列明整本规范的适用范围。本章提出的是建筑墙体节能工程质量验收的要求，而节能墙体有着许多不同的材料和做法，因此需要说明是否全部都适用还是具体适用于哪种。实际上，本条叙述的适用范围涵盖了目前所有的墙体节能做法，即各种做法全部都适用。如果遇到采用所列举的板材、浆料、块材及预制复合墙板外的其他节能材料的墙体，也应参照执行。

【条文】4.1.2 主体结构完成后进行施工的墙体节能工程，应在基层质量验收合格后施工，施工过程中应及时进行质量检查、隐蔽工程验收和检验批验收，施工完成后应进行墙体节能分项工程验收。与主体结构同时施工的墙体节能工程，应与主体结构一同验收。

【要点说明】 本条按照统一标准的规定，具体给出了墙体节能工程验收的程序性要求。按照不同施工工艺分为两种情况：

一种情况是墙体节能工程在主体结构完成后施工，对此类工程验收的程序为：在施工过程中应及时进行质量检查、隐蔽工程验收、相关检验批和分项工程验收，施工完成后应进行墙体节能子分部工程验收。大多数墙体节能工程都是在主体结构内侧或外侧表面增做保温层，故大多数墙体节能工程都属于这种情况。

另一种是与主体结构同时施工的墙体节能工程，如现浇夹心复合保温墙板等，对于此种施工工艺当然无法将节能工程和主体工程分开验收，只能与主体结构一同验收。验收时结构部分应符合相应的结构验收规范要求，而节能工程应符合本规范的要求。应注意"应与主体结构一同验收"是指时间上和验收程序上的"一同验收"，验收标准则应遵守各自的要求，不能混同。

【条文】4.1.3 墙体节能工程当采用外保温定型产品或成套技术时，其型式检验报告中应包括安全性和耐候性检验。

【要点说明】 墙体节能工程采用的外保温成套技术或产品，是由供应方配套提供。对于其生产过程中采用的材料、工艺，工程施工单位既无法控制，也难以在施工现场进行检查，耐久性在短期内更是难以判断，因此主要依靠厂方提供的型式检验报告加以证实。由厂方提供的这些型式检验报告十分重要，它不仅起着证明墙体节能工程采用的该种产品或成套技术的安全性和耐候性符合要求，同时还意味着厂家或供应方承担该产品或成套技术一旦出现问题时的法律责任。可见其型式检验报告十分重要。

安全性包括火灾情况下的安全性和使用的安全性两方面。对外保温系统的防火要求应符合相关的法律、法规和相关技术标准的要求。虽然外保温系统不作为承重结构使用，但仍要求其在正常荷载，如自重、温度、湿度和收缩以及主体结构位移和风力等引起的联合应力的作用下应保持稳定。目前测试的项目主要是抗风荷载性能和抗冲击性能。

耐久性要求外保温系统在温度、湿度和收缩的作用下应是稳定的。无论高温还是低温都将产生变形作用，我们希望这种变形不导致外保温的破坏。例如表面温度的变化，墙体在经受长时间太阳照射之后突然降雨所造成的温度急剧下降，或阳光照射部位与阴影部位之间的温差，均不应引起墙体破坏。目前测试的项目主要是耐候性和耐冻融性能。

根据国家对型式检验的要求，型式检验报告本应包含安全性能和耐久性能等检验内容，但是由于该2项检验费用较高，现实中发现部分不规范的型式检验报告检验项目不全，或使用过期失效的型式检验报告。当厂家或供应方不能提供安全性和耐久性的相关检验参数时，应由具备资格的检测机构予以补做。

关于安全性和耐候性的型式检验报告的有效期，应根据具体产品加以确定。建筑类构件或产品通常为1至2年，由产品标准或设计单位给出要求，也可由生产厂家确定。型式检验报告一般应注明有效期。

【条文】4.1.4 墙体节能工程应对下列部位或内容进行隐蔽工程验收，并应有详细的文字记录和必要的图像资料：
1 保温层附着的基层及其表面处理；
2 保温板粘结或固定；
3 锚固件；
4 增强网铺设；
5 墙体热桥部位处理；
6 预置保温板或预制保温墙板的板缝及构造节点；
7 现场喷涂或浇注有机类保温材料的界面；
8 被封闭的保温材料厚度；
9 保温隔热砌块填充墙体。

【要点说明】 本条列出墙体节能工程通常应该进行隐蔽工程验收的具体部位和内容，以规范隐蔽工程验收。当施工中出现本条未列出的内容时，应在施工组织设计、施工方案中对隐蔽工程验收内容加以补充。

需要注意本条规定要求隐蔽工程验收不仅应有详细的文字记录，还应有必要的图像资料。这是为了利用现代科技手段更好地记录隐蔽工程的真实情况。对于"必要"，可理解为"能够满足需要"及"通过图像能够证实被验收对象的情况"。通俗说，应有隐蔽工程全貌和有代表性的局部（放大）照片。其分辨率以能够表达清楚受检部位的情况为准。图像资料应作为隐蔽工程验收资料与文字资料一同归档保存。

注意图像资料不一定全部都是工程（部位）的照片，可以是材料、包装、操作等的实际记录。但是必须与所验收的隐蔽工程密切联系，必须真实且在验收时形成。

注意不应将"图像资料"理解为一定是"纸质"的"照片"，随着技术发展，也可以是数字形式的照片或连续的摄像记录等，可以采用纸质、电磁、胶卷或其他介质和方法储存。

【条文】4.1.5 墙体节能工程的保温材料在施工过程中应采取防潮、防水等保护措施。

【要点说明】 保温材料受潮或浸水后会严重影响其节能保温性能。在施工过程中保温材料受潮或浸水会将水分带入建筑物的保温体系中，会降低体系的节能效果并发生层间结露现象。因此本条要求保温材料在施工过程中应采取防潮、防水等保护措施。例如：保温材料应入库存放，雨雪天气应避免施工，铺设粘结保温板时基层应干燥等。

【条文】4.1.6 墙体节能工程验收的检验批划分应符合下列规定：
1 采用相同材料、工艺和施工做法的墙面，每500～1000m² 面积划分为一个检验批，不足500m²也为一个检验批。
2 检验批的划分也可根据与施工流程相一致且方便施工与验收的原则，由施工单位与监理(建设)单位共同商定。

【要点说明】 节能工程分项工程划分的方法和应遵守的原则已由本规范3.4.1条规定。如果分项工程的工程量较大，出现需要划分检验批的情况时，可按照本条规定进行。本条规定的原则与现行国家标准《建筑装饰装修工程质量验收规范》保持一致。

应注意墙体节能工程检验批的划分并非是惟一或绝对的。当遇到较为特殊的情况时，检验批的划分也可根据方便施工与验收的原则，由施工单位与监理(建设)单位共同商定。

4.2 主 控 项 目

【条文】4.2.1 用于墙体节能工程的材料、构件等，其品种、规格应符合设计要求和相关标准的规定。
检验方法：观察、尺量检查；核查质量证明文件。
检查数量：按进场批次，每批随机抽取3个试样进行检查；质量证明文件应按照其出厂检验批进行核查。

【要点说明】 本条是对墙体节能工程使用材料、构件的基本规定。本条的要求简单而明确，即要求材料、构件的品种、规格等应符合设计要求，不能随意改变和替代。

材料、构件的品种对于工程质量的影响是显而易见的，因此应符合设计和标准要求的规定，比较容易理解。规格对工程质量的影响，主要是针对构件而言。构件规格的改变，有可能影响到其安装性能，也有可能影响到整个保温系统的性能。

设计选用的材料和构件，是经过热工计算确定的，不允许随意改变或替代。但是在施工中对材料品种和构件规格的控制，仍不是一件简单的事。许多外观、包装、品名相似而性能相去甚远的材料充斥建材市场，有些材料的检验报告不真实甚至冒名顶替，都可能导致不符合设计要求的材料和构件用在节能工程上。因此必须认真对进场材料和构件进行检验和验收。

【检查与验收】 墙体节能工程使用的材料、构件品种、规格等是否符合设计要求，一般采用2种方法来确认：一是在材料、构件进场时通过目视、尺量和称重等方法检查；二是对其质量证明文件进行核查确认。检查数量为每种材料、构件按进场批次随机抽取3个试样进行检查。如果发现问题，应扩大抽查数量，最终确定该批材料、构件是否符合设要求。

【条文】4.2.2 墙体节能工程使用的保温隔热材料，其导热系数、密度、抗压强度或压缩强度、燃烧性能应符合设计要求。

检验方法：核查质量证明文件及进场复验报告。

检查数量：全数检查。

【要点说明】 本条为强制性条文。本条是在 4.2.1 条规定的基础上对材料节能性能提出的要求。从建筑节能角度看，墙体节能工程使用的保温隔热材料的许多性能都会影响节能效果，其中导热系数对节能效果具有举足轻重的影响。但是，墙体节能工程使用的保温隔热材料种类较多，如果仅仅对材料的导热系数提出要求还不能确保节能工程质量，而且仅依靠一个参数进行判断降低了发现材料质量缺陷的几率。隔热保温材料大多数是多孔、松软、低强度、低密度材料，其导热系数与密度、抗压强度或压缩强度相互关联，都对工程质量和节能效果具有重要影响。而且在测试中，往往可以通过数项参数的试验更好更全面地判断材料的内在质量。因此本条规定墙体节能工程使用的保温隔热材料，其导热系数、密度、抗压强度或压缩强度、燃烧性能等均应符合设计要求。对于建筑节能来说，本条的规定直接涉及节能效果，因此是关键性条款，被确定为强制性条文。

【检查与验收】 保温隔热材料的导热系数、密度、抗压强度或压缩强度和燃烧性能是否满足本条规定，主要依靠对各种质量证明文件的核查和进场复验。核查质量证明文件包括核查材料的出厂合格证、性能检测报告、构件的型式检验报告等。对有进场复验规定的要核查进场复验报告。本条中除材料的燃烧性能外均应进行进场复验，故均应核查复验报告。对材料燃烧性能，由于其试验成本较高，没有列为进场复试，控制其质量主要依靠核查其质量证明文件。对于新材料，除了应进行进场复验、核查进场复验报告外，还应检查是否通过技术鉴定，重点看其热工性能和燃烧性能的检验结果是否符合设计要求和本规范相关规定。

核查质量证明文件，看起来是一件容易事，但实际并非如此。不仅需要认真的精神，更需要经验和专业知识。通常核查时应注意以下几点：

1. 质量证明文件是否齐全。不同材料其质量文件要求不同，应核查合格证、检验报告、进口商品商检证明、复验报告、型式检验报告等是否都具备。

2. 文件的有效性。主要核查出具报告的单位是否具有相应的检测资质（资格）、文件的有效期、文件的日期、签字、印章等是否符合要求。

3. 文件的内容是否符合要求。主要是填写是否齐全、数据是否合理、结论是否明确和正确，以及各项质量证明文件之间是否有矛盾等。

应该注意，当上述质量证明文件和各种检测报告为复印件时，应加盖证明其真实性的相关单位印章和经手人员签字，并应注明原件存放处。有条件或有必要时，还应核对原件。

【条文】4.2.3 墙体节能工程采用的保温材料和粘结材料等，进场时应对其下列性能进行复验，复验应为见证取样送检：

    1 保温材料的导热系数、密度、抗压强度或压缩强度；

    2 粘结材料的粘结强度；

    3 增强网的力学性能、抗腐蚀性能。

    检验方法：随机抽样送检，核查复验报告。

    检查数量：同一厂家同一品种的产品，当单位工程建筑面积在 20000m^2 以下时各抽查不少于 3 次；当单位工程建筑面积在 20000m^2 以上时各抽查不少于 6 次。

    【要点说明】 本条列出墙体节能工程保温材料和粘结材料等进场复验的具体项目和参数要求。"进场复验"是为了确保重要材料的质量符合要求而采取的一种"特殊"措施。本来，各种进场材料有质量证明文件证明其质量，不应再出现问题。然而在目前我国建材市场不完善的实际情况下，仅凭质量证明文件有时并不可靠，不能确保重要材料的质量真正符合要求，故在国务院《建设工程质量管理条例》和建设部有关文件中，均规定了材料进场复验的措施。进场复验主要针对的是影响到结构安全、消防、环境保护等重要功能的材料，由于建筑节能的重要性，故也采取了进场复验措施。

    进场复验能提高材料质量的可靠性，但是将增加成本，故在能够确保材料质量的情况下，应尽可能减少复验的项目和参数。本条所确定的复验项目和参数即是在权衡两者之后确定的。具体针对 3 类材料分别作出规定：

    1 保温材料：质量参数有许多项，经筛选，复验主要针对导热系数、密度、抗压强度或压缩强度。导热系数、密度和抗压强度 3 项参数较易理解，压缩强度是针对受压缩变形较大的材料力学检验的一项参数，通常可理解为当材料的压缩率为 10% 时的抗压强度值。

    2 粘结材料：由于粘结强度影响安全，故主要复验其粘结强度。

    3 增强网：主要复验力学性能和抗腐蚀性能。

    【检查与验收】 复验采用的试验方法应遵守相应产品的试验方法标准。复验指标是否合格应依据设计要求和产品标准判定。复验抽样频率为：同一厂家的同一种类产品（不考虑规格）应至少抽样复验三次。不同厂家、不同种类（品种）的材料均应分别抽样进行复验。所谓种类，是指材质或材料品种。复验应为见证取样送检，由具备见证资质的检测机构进行试验。根据建设部 141 号令第 12 条规定，见证取样试验应由建设单位委托。

    本条检查数量的规定，是考虑到一般性建筑如住宅、商业的单体建筑面积多小于 20000m^2，而大于 20000m^2 的多为大型或超大型公共建筑，如写字楼、饭店等这些建筑体量大、耗能高，因此，应增加抽查次数，以控制材料质量，本条文中抽查"3 次"、"6 次"的规定，是指不必对每个检验批抽查，只需控制总的抽查次数即可。各次抽查宜针对不同的检验批进行，宜均匀分布。

    【条文】 4.2.4 严寒和寒冷地区外保温使用的粘结材料，其冻融试验结果应符合该地区最低气温环境的使用要求。

    检验方法：核查质量证明文件。

检查数量：全数检查。

【要点说明】 许多保温节能材料采用粘结的方法与主体结构连接。此时粘结材料的质量特别是粘结强度关系到安全，非常重要。严寒、寒冷地区的外保温粘结材料，由于处在较为严酷的气候条件下，反复冻融可能导致其强度降低或破坏其粘结牢固性，故对其增加了冻融试验要求。应注意本条所要求进行的冻融试验并未规定必须是进场复验，可以是进场复验，也可以是由材料生产、供应方进行或委托送检的试验。

外保温工程用粘结材料的冻融试验应按照相关标准进行。

【检查与验收】 严寒和寒冷地区外保温使用的粘结材料，其冻融试验可由生产或供应方委托通过计量认证具备产品检验资质的检验机构进行试验并出具报告。在施工现场检查验收时，除应核查粘接材料全部质量证明文件外，应对其冻融试验报告中的试验结果进行核查，证明该种粘接材料能够在该地区最低气温下正常使用。

【条文】 4.2.5 墙体节能工程施工前应按照设计和施工方案的要求对基层进行处理，处理后的基层应符合保温层施工方案的要求。

检验方法：对照设计和施工方案观察检查。核查隐蔽工程验收记录。

检查数量：全数检查。

【要点说明】 保温层所附着的墙面，通常可能是主体结构的表面(混凝土或砌体表面)。主体结构施工时，往往并未考虑保温材料粘结的要求，其平整度、光洁度以及施工过程中产生的粉尘等附着物和污渍可能会给节能保温材料的粘结带来困难。此外，保温材料本身表面情况也会影响到粘结效果，某些保温材料(例如 XPS 挤塑保温板)的表面比较光洁，如果不对保温板表面进行处理，很难粘结牢固。

正是由于上述原因，为了保证墙体节能材料能牢固地粘结在主体结构的表面，本条规定应对墙体基层表面按照设计要求或施工方案要求首先进行处理，然后再进行保温层施工。基层表面处理应列为保温节能施工的一个重要环节，对于保证安全和节能效果很重要。但是基层表面处理属于隐蔽工程，施工中容易被忽略，事后无法检查，故本条强调对基层表面进行的处理不能随意进行，应按照设计和施工方案的要求进行，以满足保温层施工工艺的需要。如果设计文件并未给出要求，则应在施工方案中提出明确要求。而无论设计文件是否给出要求，施工方案中均应提出明确要求。

【检查与验收】 本项检查方法比较简单，主要采用目视观察。由于检查方法简单，检查内容重要，故要求全数检查。验收时应对照设计要求或施工方案的要求检查，并应核查所有隐蔽工程验收记录。隐蔽工程验收时，应记录所有粘结表面是否进行了处理，处理的方法以及处理结果是否符合要求。按照 4.1.4 条规定，隐蔽工程应形成图像资料，图像资料除了拍照验收部位外，还可以拍摄界面剂本身(包装及文字等)、表面处理操作等内容。

【条文】4.2.6 墙体节能工程各层构造做法应符合设计要求，并应按照经过审批的施工方案施工。

检验方法：对照设计和施工方案观察检查；核查隐蔽工程验收记录。

检查数量：全数检查。

【要点说明】 墙体节能工程的各层构造做法是否符合设计要求，是能否保证节能效果的关键之一。施工中主要依靠目视观察各层构造做法，以证明施工是按照设计要求进行的，且主要工艺过程符合施工方案的要求。

由于施工是按照流水段进行的，故对于一个施工段的检查（观察）不能代表其他流水段，更不能代表所有构造做法。本条要求全数检查，即必须对每个施工段进行检查。

【检查与验收】 除面层外，墙体节能工程各层构造做法均为隐蔽工程，完工后难以检查。因此本条给出了两种检查方法：施工中应对照设计和施工方案观察检查，验收时应核查隐蔽工程验收记录。在施工过程中对于隐蔽工程的验收应该随做随验，并做好记录。施工中观察检查主要是观察墙体节能工程各层构造做法是否符合设计要求，以及施工工艺是否符合施工方案要求。验收时则应核查这些隐蔽工程验收记录是否齐全有效、填写完整。

【条文】4.2.7 墙体节能工程的施工，应符合下列规定：

1 保温隔热材料的厚度必须符合设计要求。

2 保温板材与基层及各构造层之间的粘结或连接必须牢固。粘结强度和连接方式应符合设计要求。保温板材与基层的粘接强度应进行现场拉拔试验。

3 保温浆料应分层施工。当采用保温浆料做外保温时，保温层与基层之间及各层之间的粘结必须牢固，不应脱层、空鼓和开裂。

4 当墙体节能工程的保温层采用预埋或后置锚固件固定时，锚固件数量、位置、锚固深度和拉拔力应符合设计要求。后置锚固件应进行锚固力现场拉拔试验。

检验方法：观察；手扳检查；保温材料厚度采用钢针插入或剖开尺量检查；粘接强度和锚固力核查试验报告；核查隐蔽工程验收记录。

检查数量：每个检验批抽查不少于3处。

【要点说明】 本条为强制性条文。对墙体节能工程施工提出4款基本要求，这些要求关系到安全和节能效果，十分重要。

1 保温隔热材料的厚度必须符合设计要求。

保温隔热材料的厚度直接影响节能效果，在节能设计中，是根据工程的实际条件经热工计算确定的。施工时必须保证其厚度不能减少。如果是保温板材，则在采购材料时就应对板厚和密度等进行检验，确保无误。如果是保温砂浆，则分层抹灰的总厚度必须达到设计要求。

但是由于保温隔热材料是隐蔽工程，过程中如不监控，完工后其厚度难以检查，造成了一些施工单位和施工人员不注意把关，有的甚至以劣充好，减少厚度以求降低成本，导致实际保温层厚度不够，保温效果降低，从而使建筑物出现结露、返潮、发霉、采暖温度过低等现象。

为此，本条将保温材料厚度列为强制性条文，强化控制其厚度。要求从材料采购到施工、验收各个环节，严格控制保温层厚度，确保其达到设计要求。本规范第 14 章还规定了钻芯法实体检验，严格检查控制，以确保保温层的厚度。

2 保温板材与基层及各构造层之间的粘结或连接必须牢固。粘结强度和连接方式应符合设计要求。保温板材与基层的粘结强度应做现场拉拔试验。

保温板材与基层的连接有多种方式。主要有粘接、机械锚固等。具体采用哪种连接方式由设计确定，施工单位应在施工方案中对工艺要求详细规定。本款规定无论采取哪种连接方式，都必须确保连接牢固，且粘结强度和连接方式应符合设计要求。为了检验是否牢固，应对保温板材与基层的粘结强度做现场拉拔试验。

现场拉拔试验可采用相关标准规定的方法。如 JGJ 144 或其他地方标准以上标准规定的方法。现场拉拔试验的目的是检验粘结强度是否能够满足保温层粘接牢固的要求。当设计给出粘结强度时应遵守设计要求，当设计无要求时，可参照《外墙外保温工程技术规程》JGJ 144 的规定，其粘结强度应不小于 0.1MPa。

3 保温浆料应分层施工。当采用保温浆料做外保温时，保温层与基层之间及各层之间的粘结必须牢固，不应脱层、空鼓和开裂。

保温浆料通常采用人工抹灰的方法施工。根据砂浆的工作性能，一次抹灰厚度不能过厚，否则容易出现空鼓、坠落、变形等情况。要达到设计要求的厚度，应分层施工。每层抹灰的具体厚度应根据砂浆性能、施工环境温度等经过试验确定，应写在施工方案中并进行技术交底。通常每层抹灰的厚度最大不宜超过 30mm。此外在施工方案和技术交底时还应说明各层抹灰的间隔时间，即对已抹灰层的硬化和湿度要求等。

对于保温浆料做外保温时各层之间粘结牢固的要求，是针对浆料保温层的特点规定的。浆料保温层主要依靠砂浆粘接力来保证不致脱落。粘接不牢如出现空鼓裂缝等时，其直接后果就是保温层可能脱落坠下，造成高处坠落物体的严重事故。故必须保证保温砂浆做外保温层时，各层之间粘接牢固。

4 当墙体节能工程的保温层采用预埋或后置锚固件固定时，锚固件数量、位置、锚固深度和拉拔力应符合设计要求。后置锚固件应进行锚固力现场拉拔试验。

保温层采用机械锚固时，无论是预埋件还是后置埋件，埋件的数量、位置、锚固深度和拉拔力是决定锚固效果的 4 个主要因素，也是直接涉及安全的 4 个因素。对这些因素设计通常会给出要求。预埋件施工方便，锚固效果也较好，由于在施工中已经进行了隐蔽工程验收，故通常可以不作拉拔力和锚固深度检验，保温施工时可仅检查其位置与数量。后置锚固件则应对 4 个要素都进行检查，锚固深度可在钻孔后随机抽查，锚固力应作现场拉拔试验。

【检查与验收】 本条要求检查与验收的方法有 2 种，一种是观察和手扳尺量检查，包括对保温材料厚度采用钢针插入或剖开后直接用尺量检查；另一种对粘结强度和锚固力首先进行隐蔽工程验收，然后进行试验并出具试验报告，验收时核查隐蔽工程验收记录和试验报告即可。

本条要求的粘结强度试验和锚固拉拔力试验，当施工企业试验室有能力时可由施工企业试验室承担，也可委托具备见证资质的检测机构进行试验。采用的试验方法可以在承包合同中约定，也可选择现行的行业标准、地方标准推荐的相关试验方法。

对于粘结强度试验和锚固拉拔力试验，本条规定了最少检查数量，即每个检验批抽查不应少于3处。具体抽样可按照所选用的标准执行。当标准未规定抽样数量或规定的抽样数量少于本条规定时，应按照本条的规定执行。试验结果应符合设计和有关标准的规定。

【条文】4.2.8 外墙采用预置保温板现场浇筑混凝土墙体时，保温板的验收应符合本规范第4.2.2条的规定；保温板的安装位置应正确、接缝严密，保温板在浇筑混凝土过程中不得移位、变形，保温板表面应采取界面处理措施，与混凝土粘结应牢固。

混凝土和模板的验收，应按《混凝土结构工程施工质量验收规范》GB 50204的相关规定执行。

检验方法：观察检查；核查隐蔽工程验收记录。

检查数量：全数检查。

【要点说明】 外墙采用预置保温板现场浇筑混凝土墙体属于外墙外保温。施工中除了保温材料本身质量外，容易出现的主要问题是保温板移位以及保温板与混凝土之间的粘接问题。故本条要求施工单位安装保温板时应做到位置正确、接缝严密，在浇筑混凝土过程中应采取措施并设专人照看以保证保温板不移位、变形、损坏。

在我国华北和北京地区，外墙采用预置保温板现场浇筑混凝土墙体做法大致有2种类型：一种称为"有网体系"，另一种称为"无网体系"。

"有网体系"是采用外表面带有梯形凹槽和带斜插钢丝的聚苯乙烯泡沫塑料板(简称聚苯板)，在聚苯板内外表面和钢丝网架上喷涂界面剂，将带钢丝网架的聚苯板安装在墙体钢筋之外，单片钢丝网架与穿过聚苯板的斜插钢丝焊接，或在聚苯板上插入经防锈处理的L形$\phi 6$钢筋，也可使用尼龙锚栓，与墙体钢筋绑扎连接牢固。然后安装内外大模板，浇注混凝土。拆模后，有网聚苯板与混凝土墙体连接成一体，在有网体系表面抹抗裂砂浆并做饰面层。

"无网体系"是采用内表面带有凹凸齿槽的聚苯板作为保温材料，聚苯板内外表面喷涂界面剂，安装在墙体钢筋之外。用尼龙螺栓将聚苯板与墙体钢筋绑扎连接牢固。然后安装内外大模板，浇注混凝土。拆模后，无网聚苯板与混凝土墙体连接成一体，在其表面抹抗裂砂浆并作涂料饰面层。

为了使预置保温板与现场浇筑的墙体混凝土紧密结合，除了聚苯板做有凹凸齿槽外，需要对预制保温板的板面使用界面剂进行处理。此外，预置保温板的位置固定很重要，必须保证在浇注混凝土过程中不能移位，保温板接缝处不能灌入混凝土。

【检查与验收】 本条的检验方法主要是在施工过程中观察检查。对隐蔽工程进行验收，形成详细的验收记录以及图像资料。保温工程验收时则核查隐蔽工程验收记录。

【条文】4.2.9 当外墙采用保温浆料做保温层时，应在施工中制作同条件养护试件，检测其导热系数、干密度和压缩强度。保温浆料的同条件试件应见证取样送检。

检验方法：核查试验报告。

检查数量：每个检验批应抽样制作同条件养护试块不少于3组。

【要点说明】 保温浆料又称保温砂浆，其全名为"胶粉聚苯颗粒保温浆料"。通常为双组分，将胶粉料和聚苯颗粒轻骨料分别用袋包装，使用时按一定比例要求加水拌制而成。

外墙保温层采用保温浆料做保温层时，保温浆料的配制在施工现场完成。由于施工现场的条件所限，保温浆料的配制及抹灰等均为人工操作，保温砂浆的配合比、搅拌时间、使用时间等一致性较差，施工质量不易控制。浆料保温层的保温性能主要依靠施工中制作的同条件试件来检验。本条要求在施工中应制作同条件养护试件，检测其导热系数、干密度和压缩强度等参数。保温浆料同条件试件试验应实行见证取样送检，由建设单位委托具备见证资质的检测机构进行试验。

【检查与验收】 制作同条件试件的目的，是为了检测保温砂浆的导热系数、干密度和压缩强度等参数，而各个参数的试验要求不同，因此制作的同条件试块也不相同。

测试干密度用的同条件试块的尺寸为300mm×300mm×300mm，养护时间为28d，试块数量为每个检验批至少制作1组，每组3块。测试干密度后的试件，按《绝热材料稳态热阻及有关特性的测定》GB/T 10294的规定测试导热系数。测试压缩强度用的同条件试块的尺寸为100mm×100mm×100mm，养护时间为28d，试块数量为每个检验批至少制作1组，每组5块。

【条文】 4.2.10 墙体节能工程各类饰面层的基层及面层施工，应符合设计和《建筑装饰装修工程质量验收规范》GB 50210的要求，并应符合下列规定：

1 饰面层施工的基层应无脱层、空鼓和裂缝，基层应平整、洁净，含水率应符合饰面层施工的要求。

2 外墙外保温工程不宜采用粘贴饰面砖做饰面层；当采用时，其安全性与耐久性必须符合设计要求。饰面砖应进行粘结强度拉拔试验，试验结果应符合设计和有关标准的规定。

3 外墙外保温工程的饰面层不得渗漏。当外墙外保温工程的饰面层采用饰面板开缝安装时，保温层表面应具有防水功能或采取其他防水措施。

4 外墙外保温层及饰面层与其他部位交接的收口处，应采取密封措施。
检验方法：观察检查。核查试验报告和隐蔽工程验收记录。
检查数量：全数检查。

【要点说明】 本条是对墙体节能工程的各类饰面层施工质量的规定。通常无论是内保温还是外保温，保温层都不能直接曝露在工程的表面，必须用饰面层加以装饰和保护。虽然饰面层本身并不是保温层的组成部分，但是由于它位于保温层表面，其施工工艺和质量与保温层就有了密切关系。本条提出除了应符合设计要求和《建筑装饰装修工程质量验收规范》GB 50210的规定外，还要遵守4项要求。提出这些要求的主要目的是防止外墙外保温出现安全和保温效果降低等问题。

第 1 款对饰面层的基层提出要求，工程实践证明，饰面层的质量在很大程度上取决于基层质量。但是实际上随着饰面层不同对于基层的要求也是不同的。本条提出的要求是多数情况下的通用要求。即要求饰面层的基层应无脱层、空鼓和裂缝，基层应平整、洁净，含水率应符合饰面层施工的要求，所有这些都是为了保证饰面层的施工质量。

第 2 款提出外墙外保温工程不宜采用粘贴饰面砖做饰面层的要求，是倡导改变目前许多外墙外保温工程经常采用饰面砖饰面的实际情况。众所周知，外墙外保温工程中的保温层强度一般较低，如果表面粘贴较重的饰面砖，使用年限较长后容易变形脱落，高层建筑这种危害更为严重，故本规范建议不宜采用。通常可采用厚度较薄、重量较轻、施工较容易的涂料作为饰面层。当一定要采用饰面砖时，则本条规定必须有保证保温层与饰面砖安全性与耐久性的措施。这些措施的有效性并应通过试验加以证明。

第 3 款提出不应渗漏的要求，是为保证保温效果而设置，是一条重要规定。外墙外保温工程的饰面层一旦渗漏，水分进入保温层内，将明显破坏保温效果。加之水分滞留在保温层内，难以散发，可能出现内墙结露、发霉等问题。如果北方地区经过冻融还可能造成安全问题。

特别是外墙外保温工程的饰面层，如果采用饰面板开缝安装时，雨水等很容易进入板后的保温层表面，故特别规定保温层表面应具有防水功能或采取其他相应的防水措施，以防止保温层浸水失效。在施工中如果遇到设计无此要求，应提出洽商解决。

第 4 款要求外墙外保温层及饰面层与其他部位交接的收口处，应采取密封措施，同样是考虑保温层及饰面层的防水和密封问题。这种防水和密封不仅影响保温效果，还将进而影响到外保温层的安全性和耐久性问题，应该引起我们重视。

【检查与验收】 本条的 4 款要求虽然各不相同，但是检验方法却基本相同。基本方法是观察检查。但是有些项目仅依靠观察不易发现问题，需要细致耐心地进行观察和判断。必要时可以辅之以其他方法。凡是隐蔽工程，在隐蔽前应进行隐蔽工程检查和验收，在检验批或分项工程验收时则应核查隐蔽工程验收记录。除饰面砖粘接外，其他项目的检查数量都应全数检查。

对于饰面砖粘结强度，应进行粘结强度拉拔试验。拉拔试验应按照《饰面转粘结强度检验规程》JGJ 110 的规定进行，试验结果应符合设计和有关标准的规定。

【条文】4.2.11 保温砌块砌筑的墙体，应采用具有保温功能的砂浆砌筑。砌筑砂浆的强度等级应符合设计要求。砌体的水平灰缝饱满度不应低于 90%，竖直灰缝饱满度不应低于 80%。

检验方法：对照设计核查施工方案和砌筑砂浆强度试验报告。用百格网检查灰缝砂浆饱满度。

检查数量：每楼层的每个施工段至少抽查一次，每次抽查 5 处，每处不少于 3 个砌块。

【要点说明】 保温砌块砌筑的墙体，其灰缝应采用具有保温功能的砂浆砌筑。因为如果采用普通砂浆，墙体的灰缝部位将成为热桥，严重降低墙体保温效果。通常设计会要求采用具有保温功能的砂浆砌筑。

即使保温砌体采用了保温砂浆砌筑，其灰缝的饱满度与密实性，对节能效果也有一定影响。无论是从砌体安全角度还是从节能角度，都要求砌体灰缝砂浆有较好的密实度和饱满度。而从节能角度，对于保温砌体灰缝砂浆饱满度的要求应严于普通灰缝。本条要求水平灰缝饱满度不应低于90%，竖直灰缝不应低于80%，相当于对小砌块的要求，实践证明是可行的。

【检查与验收】 本条规定的整个检查验收方法可以参照《砌体工程施工质量验收规范》GB 50203 相关章节的规定。对砂浆强度的检验方法，应对照设计核查施工方案和砌筑砂浆强度试验报告。保温砂浆强度试块的制作可以参照普通砂浆的要求。

对灰缝砂浆饱满度的检查，应使用百格网。百格网可以购买成品或使用有机玻璃自制。检查数量与普通砌体相同，即每楼层的每个施工段至少抽查一次，每次抽查5处，每处不少于3个砌块。

【条文】 4.2.12 采用预制保温墙板现场安装的墙体，应符合下列规定：
1 保温墙板应有型式检验报告，型式检验报告中应包含安装性能的检验；
2 保温墙板的结构性能、热工性能及与主体结构的连接方法应符合设计要求，与主体结构连接必须牢固；
3 保温墙板的板缝处理、构造节点及嵌缝做法应符合设计要求；
4 保温墙板板缝不得渗漏。

检验方法：核查型式检验报告、出厂检验报告、对照设计观察和淋水试验检查。核查隐蔽工程验收记录。

检查数量：型式检验报告、出厂检验报告全数检查；其他项目每个检验批抽查5%，并不少于3块(处)。

【要点说明】 采用预制保温墙板现场安装组成保温墙体，具有施工进度快、产品质量稳定、保温效果可靠等优点。其质量控制要点，包括预制保温墙板本身的质量，墙板安装的质量，板缝处理等。

预制保温墙板本身的质量包括结构性能、热工性能、安装性能等。这些均应由生产厂家负责，故厂家出具的型式检验报告中应有相应数据。人们往往比较重视预制保温墙板的结构性能和热工性能，而对安装性能则注意不够。本条为了保证预制保温墙板能够顺利安装，明确要求型式检验报告中尚应包含安装性能检验合格的信息。核查预制保温墙板的型式检验报告，应注意报告中提供的保温墙板的结构性能、热工性能、尺寸和安装性能是否齐全，是否都符合设计要求。

对于墙板与主体结构连接必须牢固的检查，首先应确定墙板与主体结构的连接方法应符合设计要求。其次，应对隐蔽工程验收记录进行核查，通过隐蔽工程验收记录判断连接质量是否牢固可靠，例如，埋件数量、焊接质量等是否满足要求。

保温墙板的板缝处理、构造节点及嵌缝做法等看似不太重要的细节，但是对安全和节能也有较大影响，故也应通过核查隐蔽工程验收记录证实其做法符合设计要求。

对于保温墙板板缝不得渗漏的规定，是考虑组装的预制墙板与整体制作的保温墙体相比更容易出现连接处渗漏问题。防止出现渗漏的关键是确保缝隙密封和处理质量。检查安装好的保温墙板板缝是否渗漏，虽可采取观察方法但是不易判断是否渗漏，因此可采用现场淋水试验的方法，对墙体板缝部位连续淋水1h不渗漏为合格。

【检查与验收】 本条的检验方法主要是核查型式检验报告、出厂检验报告和隐蔽工程验收记录。判断墙体是否渗漏应对照设计进行观察和淋水试验检查。

对资料核查的数量应为100%，即所有的型式检验报告、出厂检验报告和隐蔽工程验收记录都应核查，不应遗漏。判断墙体是否渗漏应对照设计进行观察和淋水试验检查。

其他进行实体抽样检查的每个检验批抽查5%，并不少于3块（处）。

【条文】 4.2.13 当设计要求在墙体内设置隔汽层时，隔汽层的位置、使用的材料及构造做法应符合设计要求和相关标准的规定。隔汽层应完整、严密，穿透隔汽层处应采取密封措施。隔汽层冷凝水排水构造应符合设计要求。

检验方法：对照设计观察检查，核查质量证明文件和隐蔽工程验收记录。

检查数量：每个检验批抽查5%，并不少于3处。

【要点说明】 墙体内隔汽层的作用，主要防止空气中的水分进入保温层造成保温效果下降，进而形成结露等问题。隔汽层面积大，又属于隐蔽工程，不仅施工时其质量容易忽视，而且其他工序施工时隔汽层也容易遭到破坏。本条针对隔汽层容易出现的破损、透气等问题，规定隔汽层设置的位置、使用的材料及构造做法，应符合设计要求和相关标准的规定。要求隔汽层应完整、严密，穿透隔汽层处应采取密封措施。隔汽层冷凝水排水构造应符合设计要求。由于隔汽层面积大，故不可能等待其全部完工后再一次验收，而应分批验收，施工过程中随做随验，并注意做好验收记录。

【检查与验收】 检验方法主要有2种：一是对照设计观察检查，二是核查质量证明文件和隐蔽工程验收记录。实际上，隔汽层质量控制与检查主要依靠隐蔽工程验收来把关。而隐蔽工程验收时的主要方法是对照设计仔细观察检查。发现问题要及时修补。

对隔汽层的检查为抽查。检查数量为每个检验批抽查5%并至少检查3处。检验批的划分则应按照4.1.6条的规定，即采用相同材料、工艺和施工做法的墙面，每500～1000㎡面积划分为一个检验批，不足500㎡也为一个检验批。当然检验批的划分也可根据与施工流程相一致且方便施工与验收的原则，由施工单位与监理（建设）单位共同商定。10%的规定是按照面积每个检验批应检查50～100㎡，至少检查3处是为了当检验批较小时保证最低检查数量。

【条文】 4.2.14 外墙或毗邻不采暖空间墙体上的门窗洞口四周的侧面，墙体上凸窗四周的侧面，应按设计要求采取节能保温措施。

检验方法：对照设计观察检查，必要时抽样剖开检查。核查隐蔽工程验收记录。

检查数量：每个检验批抽查5%，并不少于5个洞口。

【要点说明】 本条所指的门窗洞口四周墙侧面，是指窗洞口的侧面，即与外墙面垂直的4个小面。这些部位的保温施工较复杂，尤其是墙体上凸窗四周的侧面，容易出现热桥或保温层缺陷。因此，这些部位可以说是围护结构节能的"软肋"，处理不当会严重降低节能效果。在节能设计中，设计应给出需要采取的隔断热源或节能保温措施。但是有些设计单位对此不重视，或缺乏处理经验，未给出处理措施。当遇到设计未对上述部位提出要求时，施工单位应与设计、建设或监理单位联系，确认是否应采取处理措施。这时施工单位应在施工方案中明确这些部位的做法，避免返工。

【检查与验收】 检验方法主要是核查隐蔽工程验收记录。在隐蔽工程验收时应对照设计观察检查，查看上述部位是否进行了处理，保温层的厚度、拼缝以及拐角、缝隙等处的做法是否严密或密实，处理方法是否符合设计或施工方案的要求。如果已经隐蔽无法观察，亦无照片等可靠证明，则应随机选取一定数量部位剖开检查。

检查数量按照4.1.6条规定划分的检验批，每个检验批抽查5%，并不少于5个洞口。注意应随机抽样检查，被检查部位应尽可能均匀分布以便有较好的代表性。

【条文】4.2.15 严寒和寒冷地区外墙热桥部位，应按设计要求采取节能保温等隔断热桥措施。

检验方法：对照设计和施工方案观察检查。核查隐蔽工程验收记录。

检查数量：按不同热桥种类，每种抽查20%，并不少于5处。

【要点说明】 本条为强制性条文。所谓热桥，是指外围护结构上有热工缺陷的部位。在室内外温差作用下，这些部位会出现局部热流密集的现象。在室内采暖的情况下，该部位内表面温度较其他部位低，而在室内空调降温的情况下，该部位的内表面温度又较其他部位高。具有这种特征的部位，称为热桥。显然，从节能角度，应防止出现热桥。

围护结构中的热桥部位由于热流集中，对于总体保温隔热效果有不小影响。严寒和寒冷地区情况尤甚。故本条要求严寒和寒冷地区，均应按设计要求采取隔断热源或节能保温措施。当缺少设计要求时，应提出洽商，并在施工方案中对处理方案加以规定。本条特别针对严寒、寒冷地区的外墙热桥部位提出要求，不仅是因这些地区外墙的热桥，对于墙体总体保温效果影响相对较大，而且还因为这一问题尚未受到设计、施工、监理和建设单位的足够重视。执行本条要求时，在热桥处理完工后，除了隐蔽工程验收外，还可以采用热工成像设备进行扫描检查，热工成像设备检查可以辅助了解其处理措施是否有效。本条为主控项目，与4.3.3条列为一般项目的非严寒、寒冷地区的要求在严格程度上有区别。

【检查与验收】 检验方法主要是核查隐蔽工程验收记录。在隐蔽工程验收时应对照设计观察检查，查看上述部位是否进行了处理，热桥部位保温层的厚度、拼缝等处的做法是否符合设计和施工方案的要求。应对有代表性的部位典型做法拍照证实。如果已经隐蔽无法观察，亦无照片等可靠证明，则应随机选取一定数量部位剖开检查。

检查数量按照 4.1.6 条规定划分的检验批，并按不同热桥种类，每种抽查 20%，并不少于 5 处。一般情况下应随机抽样检查，被检查部位应尽可能均匀分布以便有较好的代表性。

4.3 一 般 项 目

【条文】4.3.1 进场节能保温材料与构件的外观和包装应完整无破损，符合设计要求和产品标准的规定。

检验方法：观察检查。

检查数量：全数检查。

【要点说明】 本条是对进入施工现场的节能保温材料与构件的外观和包装要求。节能保温材料与构件的内在质量当然是主要的，这些要求已经被列在主控项目中。而外观和包装要求则相对次要。但是外观和包装虽然没有主控项目那样重要，但是如果破损，则同样有可能影响到材料或构件的质量。施工中人们往往重视内部质量而忽视外观质量，因此本条规定，产品的外观和包装应符合设计要求和产品标准的规定。

本条的意思是：带有包装的产品，其包装应完整不破损；无包装的产品，其外观应符合产品标准的要求，例如构件外观应整洁，无污染与损坏；又例如松散材料的容器应完整无破损，以免杂质、水分等混入，影响松散材料的质量。

在大多数情况下，设计并不给出外观和包装要求，这些要求可能多数在产品标准或合同中提出，这时就要遵守这些要求，按照这些要求去验收。

【检查与验收】 对进入施工现场的节能保温材料与构件的外观和包装检查，主要是目视观察。有时，需要辅之以简单的尺量，包括平尺、方尺、靠尺等的测量。

对于外观质量缺陷可分为 2 种，产品自身缺陷和搬运中产生的缺陷。材料自身的缺陷较为复杂，主要是尺寸、翘曲、受潮变形变质等。搬运中产生的缺陷比较简单，通常有损坏、碰伤、裂缝或断裂等。验收材料时，产品自身缺陷和搬运中产生的缺陷都应检查。

【条文】4.3.2 当采用加强网作为防止开裂的措施时，加强网的铺贴和搭接应符合设计和施工方案的要求。砂浆抹压应密实，不得空鼓，加强网不得皱褶、外露。

检验方法：观察检查；核查隐蔽工程验收记录。

检查数量：每个检验批抽查不少于 5 处，每处不少于 $2m^2$。

【要点说明】 加强网在节能工程中通常用在容易开裂的部位如面层、拐角等部位的砂浆中预防其开裂，并增强其整体性。加强网按照制作材料可分为金属网、耐碱玻璃纤维网格布两类。保温层的饰面层，常使用防裂砂浆作为保护层和装饰层，其厚度一般只有几毫米到十几毫米。这样薄的抹面层置于轻质的保温层表面，容易开裂。施工中在抹面砂浆层如果增加加强网，防裂效果就会大大增强。

本条对于加强网施工的要求，主要针对耐碱玻璃纤维网格布。其施工工艺为：抹灰时在底层抹灰中铺贴一层加强网，继续抹灰将加强网压入砂浆中。加强网铺贴要连续、平整，不得皱褶、外露。需要搭接时应有30～50mm左右的搭接长度。抹灰时应用力将加强网压入砂浆中不使外露，砂浆要压实，不允许空鼓。由于加强网属于隐蔽工程（隐蔽在砂浆中），其质量缺陷完工后难以发现，故施工中应加强管理和严格要求。

保温工程中使用的玻璃纤维网格布因为其长期处于水泥基砂浆的碱性环境中，故应采用耐碱型的，否则容易受到侵蚀腐烂。

【检查与验收】 检验方法主要是核查隐蔽工程验收记录。在隐蔽工程验收时应对照设计和施工方案中的工艺要求观察检查，查看饰面层是否都压入了加强网，饰面层的厚度是否符合设计和施工方案的要求。加强网铺贴是否平整连续，其搭接尺寸是否符合要求，压入砂浆后有无外露，砂浆有无空鼓等。如果已经隐蔽无法观察，亦无照片等可靠证明，则应随机选取一定数量部位剖开检查。

检查数量按照4.1.6条规定划分的检验批，每个检验批随机抽查不少于5处，每处不少于$2m^2$。

【条文】4.3.3 设置空调的房间，其外墙热桥部位应按设计要求采取隔断热桥措施。
检验方法：对照设计和施工方案观察检查。核查隐蔽工程验收记录。
检查数量：按不同热桥种类，每种抽查10%，并不少于5处。

【要点说明】 本条要求的内容与4.2.15条要求的内容相同，所不同的是本条针对的不是严寒和寒冷地区，而是所有设置空调的房间。热桥对房间节能造成的影响，与所处地区环境有关。当所处地区环境的室内外温差不大时，影响较小；而当所处地区环境造成室内外温差较大时，热桥的影响就会明显增大。

外墙热桥多是墙体内部以及附墙或挑出的各种部件、构造等造成。这些部位或构件均应按设计要求采取隔断热源或节能保温措施。当缺少设计要求时，应提出办理洽商，或按照施工技术方案进行处理。

【检查与验收】 本条的检验方法与4.2.15条相同，即主要是核查隐蔽工程验收记录。在隐蔽工程验收时应对照设计观察检查，查看上述部位是否进行了处理，热桥部位保温层的厚度、拼缝等处的做法是否符合设计和施工方案的要求。应对有代表性的部位典型做法拍照证实。如果已经隐蔽无法观察，亦无照片等可靠证明，则应随机选取一定数量部位剖开检查。完工后宜采用热工成像设备进行扫描检查，辅助了解其处理措施是否有效。

检查数量比4.2.15条要求的稍少。按照4.1.6条规定划分的检验批进行抽检，按不同热桥种类每种抽查10%，并不少于5处。一般情况下应随机抽样检查，被检查部位应尽可能均匀分布以便有较好的代表性。

【条文】4.3.4 施工产生的墙体缺陷，如穿墙套管、脚手眼、孔洞等，应按照施工方案采取隔断热桥措施，不得影响墙体热工性能。

检验方法：对照施工方案观察检查。

检查数量：全数检查。

【要点说明】 本条要求从节能的角度消除墙体上由施工造成的热工缺陷。内容和理由与4.2.15、4.3.3条要求的内容基本相同，所不同的是本条针对的是施工造成的墙体缺陷。注意施工造成的墙体缺陷有其自己的特点，主要是不可预知性，即设计图纸上无法预知，设计也不会出具弥补措施，只能由施工单位自行处理。如果处理不好将来难以发现。施工单位在墙体施工前，应专门制定消除外墙热桥的措施，并在技术交底中加以明确。施工中应对施工产生的墙体缺陷，如穿墙套管、脚手眼、孔洞等随时填塞密实，并按照施工方案采取隔断热桥措施进行处理，这种处理应列为隐蔽工程验收并应加以记录。完工后宜采用热工成像设备进行扫描检查，辅助了解其处理措施是否有效。

【检查与验收】 本条的检验方法与4.2.15条相同，即主要是核查隐蔽工程验收记录。在隐蔽工程验收时应对照施工方案观察检查，查看上述部位是否进行了处理，热桥部位保温层的厚度、拼缝等处的做法是否符合施工方案的要求。检查数量为全数检查。

【条文】 4.3.5 墙体保温板材接缝方法应符合施工方案要求。保温板接缝应平整严密。

检验方法：观察检查。

检查数量：每个检验批抽查10%，并不少于5处。

【要点说明】 墙体保温板材的接缝方法，各地做法有所不同。部分地区要求接缝处使用胶粘剂粘接，另外一些地区则要求保温板接缝处不粘接，只要将接缝挤严并将保温板牢固固定即可。工程实践证明上述2种做法均可，其效果并无不同。因此各地可根据当地的规定在施工方案中规定。实际上对于保温板的接缝来说，最主要的是要挤紧、可靠固定并使接缝处平整严密，以免在抹灰或浇筑混凝土时砂浆或水泥浆进入缝隙内。

【检查与验收】 检验方法主要是核查隐蔽工程验收记录。在隐蔽工程验收时应对保温板拼缝、粘贴、固定等对照施工方案观察检查，重点查看板缝部位处理是否符合施工方案要求，拼缝处的做法是否符合施工方案的要求。检查数量为每个检验批抽查10%，并不少于5处。

【条文】 4.3.6 墙体采用保温浆料时，保温浆料层宜连续施工；保温浆料厚度应均匀、接茬应平顺密实。

检验方法：观察、尺量检查。

检查数量：每个检验批抽查10%，并不少于10处。

【要点说明】 从施工工艺角度看，除砂浆成分、配制过程和厚度要求外，保温浆料的抹灰与普通装饰抹灰并无太大不同。保温浆料层的施工，包括对基层和面层的要求、对接茬的要求、对分层厚度和压实的要求等，均应按照普通抹灰工艺的要求执行，其检验也与普通砂浆类似。本条要求保温浆料要连续施工，是防止先后施工的砂浆其保温性能出现差异。要求保温浆料厚度均匀、接茬平顺密实是要保证良好一致的保温效果。但是保温砂浆施工由人工作业，要保持厚度均匀并不容易，施工中应采取冲筋、分层抹灰、刮平、压实等一系列工序。要求接茬平顺密实，因为如果接缝处不密实，不仅容易形成热桥缺陷，而且还容易造成保温砂浆在接缝处出现空鼓开裂甚至脱落。

【检查与验收】 对保温砂浆的施工、接缝、平整顺直密实等采用观察检查的方法。对保温砂浆的厚度用尺量检查。检查数量为每个检验批抽查10％，并不少于10处。

【条文】4.3.7 墙体上容易碰撞的阳角、门窗洞口及不同材料基体的交接处等特殊部位，其保温层应采取防止开裂和破损的加强措施。
检验方法：观察检查；核查隐蔽工程验收记录。
检查数量：按不同部位，每类抽查10％，并不少于5处。

【要点说明】 本条针对容易碰撞、破损的保温层特殊部位要求采取加强措施，防止被损坏。具体防止开裂和破损的加强措施通常由设计或施工技术方案确定。
与普通砂浆相比，保温砂浆强度相对较低。墙体上容易碰撞损伤的阳角、门窗洞口及不同材料基体的交接处等特殊部位，如果不采取防止开裂和破损的加强措施，则很可能在使用中受到外力碰撞造成损伤。
采取的加强措施通常有：在面层砂浆中增做加强网，采用强度较高的材料做表层，在这些部位的表面另外增加金属或木质防护层（如护角）等。这些措施应该由设计给出。如未给出，施工单位应提出洽商，根据洽商意见将选择的加强措施写入施工方案，按照执行。

【检查与验收】 对上述易损部位的加强措施，多数都属于隐蔽工程，应进行隐蔽工程验收。因此检验方法主要是核查隐蔽工程验收记录。隐蔽工程验收时，应观察确定的加强措施是否实施，并应拍照证实。检查数量是按不同部位，每类抽查10％，并不少于5处。

【条文】4.3.8 采用现场喷涂或模板浇注的有机类保温材料做外保温时，有机类保温材料应达到陈化时间后方可进行下道工序施工。
检查方法：对照施工方案和产品说明书进行检查。
检查数量：全数检查。

【要点说明】 有机类保温材料的陈化，也称"熟化"，是该种材料的一个特点。由于有机类保温材料的体积稳定性会随时间发生变化，成形后需经过一定时间才趋于稳定，故本条提出了对有机类保温材料喷涂或浇注后应达到陈化时间后方可进行下道工序施工的规定。其具体陈化时间的长短，可根据不同有机类保温材料的产品说明书确定。
如果未达到陈化时间就进行下道工序施工，则用作保温的有机材料很可能开裂，不仅使其保温性能大打折扣，而且如果有饰面层时，饰面层也可能随之开裂。

【检查与验收】 对有机类保温材料陈化时间的检查可分为2个步骤：首先应对照施工方案和产品说明书，明确该类有机类保温材料的具体陈化时间。然后对现场使用的有机类保温材料是否达到陈化时间进行检查。但是仅凭观察不易判断有机类保温材料是否达到陈化时间，故应检查该材料喷涂或浇注日期，然后判断是否达到陈化时间。只有达到陈化时间后方可进行下道工序施工。检查数量为全部有机类保温材料的陈化时间都应检查，即全数检查。

第5章 幕墙节能工程

【概述】 随着城市建设的现代化，越来越多的建筑使用建筑幕墙。建筑幕墙以其美观、轻质、耐久、易维修等优良特性被建筑师、建筑业主所亲睐。在钢结构建筑和超高层建筑中，已经不大可能再使用砌块或混凝土板等重质围护结构了，对于这些建筑，建筑幕墙是最好的选择。虽然大量使用玻璃幕墙对建筑节能非常不利，但在建筑中结合使用金属幕墙、石材幕墙、人造板材幕墙等能很好的解决节能问题，达到既轻质、美观，又满足节能的要求。

本章格式与各专业验收规范保持一致，分为"一般规定"、"主控项目"、"一般项目"三节。本章共20条，分别叙述了幕墙节能验收的基本要求，9个主控项目和5个一般项目的验收要求。其中强制性条文1条。

建筑幕墙包括玻璃幕墙（透明幕墙）、金属幕墙、石材幕墙及其他板材幕墙，种类非常多。虽然建筑幕墙的种类繁多，但作为建筑的围护结构，在建筑节能的要求方面还是有一定的共性，节能标准对其性能指标也有着明确的要求。

玻璃幕墙的可视部分属于透明幕墙。对于透明幕墙，节能设计标准中对其有遮阳系数、传热系数、可见光透射比、气密性能等相关要求。为了保证幕墙的正常使用功能，在热工方面对玻璃幕墙还有抗结露要求、通风换气要求等。

玻璃幕墙的不可视部分，以及金属幕墙、石材幕墙、人造板材幕墙等，都属于非透明幕墙。对于非透明幕墙，建筑节能的指标要求主要是传热系数。但同时，考虑到建筑节能问题，还需要在热工方面有相应要求，包括避免幕墙内部或室内表面出现结露，冷凝水污损室内装饰或功能构件等。

所有这些要求需要在幕墙的深化设计中去体现，需要满足要求的材料、配件、附件来保证，需要高质量的施工安装来实现。

本章就是围绕着这些要求，实现这些要求所应该采用的材料、配件、附件，以及应该达到的施工、安装质量水平等，按照施工质量验收的要求而编制的。

本章的幕墙节能工程质量验收包括了以下内容：

1) 对幕墙节能工程隐蔽验收的要求。

2) 对幕墙材料、配件、附件、构件的质量要求，包括保温材料、玻璃、遮阳构件、单元式幕墙板块、密封条、隔热型材等。

3) 对幕墙材料、配件、附件、构件的见证取样、复验的要求。

4) 对幕墙气密性能的要求，实验室送样检测的要求。

5) 对幕墙热工构造的要求，包括保温材料的安装、隔汽层、幕墙周边与墙体的接缝处保温材料的填充、构造缝、结构缝、热桥部位、断热节点、单元式幕墙板块间的接缝构造、冷凝水收集和排放构造等。

6) 对施工安装的要求，包括保温材料固定、隔断热桥节能施工、隔汽层施工、幕墙的通风换气装置安装、玻璃安装、遮阳设施安装、冷凝水收集和排放系统的安装等。

5.1 一般规定

【条文】 5.1.1 本章适用于透明和非透明的各类建筑幕墙的节能工程质量验收。

【要点说明】《公共建筑节能设计标准》GB 50189 中把幕墙划分成透明幕墙和非透明幕墙。玻璃幕墙属于透明幕墙，与建筑外窗在节能方面有着共同的指标要求。但玻璃幕墙的节能要求与外窗有着很明显的不同，玻璃幕墙往往与其他的非透明幕墙是一体的，不可分离。非透明幕墙虽然与墙体有着一样的节能指标要求，但由于其构造的特殊性，施工与墙体有着很大的不同，所以不适合与墙体的施工验收放在一起。

另外，由于建筑幕墙的设计施工往往是另外进行专业分包，施工验收按照《建筑装饰装修工程质量验收规范》GB 50210 进行，而且也往往是先单独验收，所以建筑幕墙的节能验收也应该单列。

建筑幕墙的节能相关性能指标主要是传热系数、遮阳系数、气密性能。

在幕墙的物理性能分级标准中，幕墙整体的传热系数分级指标 K 见表 5.1.1-1：

表 5.1.1-1 建筑幕墙传热系数分级

分级代号	1	2	3	4	5	6	7	8
分级指标值 $K[W/(m^2 \cdot K)]$	$K \geq 5.0$	$5.0 > K \geq 4.0$	$4.0 > K \geq 3.0$	$3.0 > K \geq 2.5$	$2.5 > K \geq 2.0$	$2.0 > K \geq 1.5$	$1.5 > K \geq 1.0$	$K < 1.0$

注：8 级时需同时标注 K 的测试值。

对于玻璃幕墙，单独给出遮阳系数分级。玻璃幕墙的遮阳系数应符合：a)遮阳系数应按相关规范进行设计计算；b)玻璃幕墙的遮阳系数分级指标 SC 应符合表 5.1.1-2 的要求。

表 5.1.1-2 玻璃幕墙遮阳系数分级

分级代号	1	2	3	4	5	6	7	8
分级指标值 SC	$0.9 \geq SC > 0.8$	$0.8 \geq SC > 0.7$	$0.7 \geq SC > 0.6$	$0.6 \geq SC > 0.5$	$0.5 \geq SC > 0.4$	$0.4 \geq SC > 0.3$	$0.3 \geq SC > 0.2$	$SC \leq 0.2$

注 1：8 级时需同时标注 SC 的测试值。
注 2：玻璃幕墙遮阳系数＝玻璃系统遮阳系数×外遮阳系数×$\left(1-\dfrac{\text{非透光部分面积}}{\text{玻璃幕墙总面积}}\right)$。

开启部分气密性能分级指标 q_L 应符合表 5.1.1-3 的要求。

表 5.1.1-3 建筑幕墙开启部分气密性能分级

分级代号	1	2	3	4
分级指标值 $q_L[m^3/(m \cdot h)]$	$4.0 \geq q_L > 2.5$	$2.5 \geq q_L > 1.5$	$1.5 \geq q_L > 0.5$	$q_L \leq 0.5$

幕墙整体(含开启部分)气密性能分级指标 q_A 应符合表 5.1.1-4 的要求。

表 5.1.1-4　建筑幕墙整体气密性能分级

分级代号	1	2	3	4
分级指标值 $q_A[m^3/(m^2 \cdot h)]$	$4.0 \geqslant q_A > 2.0$	$2.0 \geqslant q_A > 1.2$	$1.2 \geqslant q_A > 0.5$	$q_A \leqslant 0.5$

遮阳系数主要是透明幕墙的性能，而传热系数则是透明幕墙和非透明幕墙均有的要求。对透明幕墙的要求在节能设计标准中与对窗的要求是一致的，而非透明幕墙的要求与墙体一致。虽然节能指标上是如此要求，但幕墙与门窗、墙体的构造完全不同，实际施工深化设计中的要求也是不一样的，验收时也应有完全不同的要求，这在规范的执行过程中应引起充分的重视。

由于幕墙兼有墙体、门窗的功能，因而，对墙体的有关要求和门窗的有关要求，同样对幕墙也是对应的。但是，幕墙往往也与实体墙、屋面等很难分离，互相影响，因而幕墙的节能工程还包括了与周边的连接、密封问题、结露问题等。本章幕墙节能工程的验收要求是围绕着这些问题而展开。

【条文】5.1.2　附着于主体结构上的隔汽层、保温层应在主体结构工程质量验收合格后施工。施工过程中应及时进行质量检查、隐蔽工程验收和检验批验收，施工完成后应进行幕墙节能分项工程验收。

【要点说明】有些幕墙的非透明部分的隔汽层附着在建筑主体的实体墙上。如在主体结构上涂防水涂料，喷涂防水剂，铺设防水卷材等。有些幕墙的保温层也附着在建筑主体的实体墙上。这些保温层在铺设时需要主体结构的墙面已经施工完毕，主体结构有平整的施工面。对于这类建筑幕墙，隔汽层和保温材料需要在实体墙的墙面质量满足要求后才能进行施工作业，否则保温材料可能粘贴不牢固，隔汽层（或防水层）附着不理想。另外，主体结构往往是土建单位施工，幕墙是分包，在施工中若不是进行分阶段验收，出现质量问题容易发生纠纷。

幕墙的施工、安装是实现幕墙设计的关键环节。只有设计在施工中落实了，施工质量满足要求了，节能工程才能真正落到实处。本验收规范非常重视过程控制，而且幕墙的节能性能指标一般都是无法在验收时进行现场测试的，所以更要进行过程控制。

幕墙的每道施工工序也可能对下一个工序甚至整个工程的质量有影响，因此应进行检验批的及时验收。幕墙节能的分项工程验收应在施工完毕后进行。幕墙各个阶段的施工可能使前一个阶段施工部分隐蔽，重要的部位应在隐蔽前进行隐蔽验收。需要进行隐蔽验收的部位按照5.1.4条的规定。

【条文】5.1.3　当幕墙节能工程采用隔热型材时，隔热型材生产厂家应提供型材所使用的隔热材料的力学性能和热变形性能试验报告。

【要点说明】虽然因为安全问题，幕墙行业已经不太主张在幕墙中使用隔热型材，但铝合金隔热型材、钢隔热型材在一些幕墙工程中已经得到应用。隔热型材的隔热材料一般是尼龙或发泡的树脂材料等。这些材料是很特殊的，既要保证足够的强度，又要有较小的导热系数,还要满足幕墙型材在尺寸方面的苛刻要求。从安全的角度而言,型材的力学性能是非常重要的,对于有机材料,其热变形性能也非常重要。型材的力学性能主要包括抗剪强度和抗拉强度等;热变形性能包括热膨胀系数、热变形温度等。

在隔热型材中,隔热条是非常关键的。一般,隔热条应采用聚酰胺尼龙66,但市面上部分型材却有采用PVC做的隔热条,这对幕墙带来了很大的安全隐患。PVC隔热条和尼龙66隔热条的比较见表5.1.3:

表5.1.3 PVC隔热条和尼龙66隔热条的比较

序号	项目	PVC隔热条	尼龙66隔热条
1	主要材料	PVC+钛白粉	PA66+GF
2	密度(g/cm³)	1.1~1.4	1.3
3	抗拉强度(N/mm²)	20	≥24(门窗);≥30(幕墙)
4	导热系数[W/(m·K)]	0.17	0.30~0.35
5	热变形温度(℃)	80	120~250

从上表可以看到,PVC隔热条的主要问题是抗拉强度低,热变形温度低。所以,通过进行型材抗剪强度和抗拉强度以及热变形温度的测试,可以了解到隔热条的情况。隔热型材的隔热条由于已经成型,导热系数很难测量,只可以采用测试原料的办法,而这往往是不现实的。

另外,由于玻璃幕墙的安全性问题,行业已经不鼓励直接用隔热型材作为幕墙的主要结构构件(如立柱、横梁、单元式幕墙框等)。一般建议在幕墙固定玻璃的紧固件采取隔断热桥的措施,如采用尼龙的过渡连接件、尼龙垫块等。所以,在幕墙的隔热工程中应严格控制隔热型材的质量,避免出现安全问题。

【条文】5.1.4 幕墙节能工程施工中应对下列部位或项目进行隐蔽工程验收,并应有详细的文字记录和必要的图象资料:
1 被封闭的保温材料厚度和保温材料的固定;
2 幕墙周边与墙体的接缝处保温材料的填充;
3 构造缝、结构缝;
4 隔汽层;
5 热桥部位、断热节点;
6 单元式幕墙板块间的接缝构造;
7 冷凝水收集和排放构造;
8 幕墙的通风换气装置。

【要点说明】 对建筑幕墙节能工程施工进行隐蔽工程验收是非常重要的。这样一方面可以确保节能工程的施工质量,另一方面可以避免工程质量纠纷。

《金属与石材幕墙工程技术规范》JGJ 133规定,幕墙安装施工应对下列项目进行验收:
1 主体结构与立柱、立柱与横梁连接节点安装及防腐处理;

2 幕墙的防火、保温安装；

3 幕墙的伸缩缝、沉降缝、防震缝及阴阳角的安装；

4 幕墙的防雷节点的安装；

5 幕墙的封口安装。

《玻璃幕墙工程技术规范》JGJ 102 规定，玻璃幕墙工程应在安装施工中完成下列隐蔽项目的现场验收：

1 预埋件或后置螺栓连接件；

2 构件与主体结构的连接节点；

3 幕墙四周、幕墙内表面与主体结构之间的封堵；

4 幕墙伸缩缝、沉降缝、防震缝及墙面转角节点；

5 隐框玻璃板块的固定；

6 幕墙防雷连接节点；

7 幕墙防火、隔烟节点；

8 单元式幕墙的封口节点。

本规范是专门针对节能工程的验收规范，因而，幕墙工程除进行以上隐蔽工程验收外，还应强调进行本条规定的隐蔽工程验收项目。

在非透明幕墙中，幕墙保温材料的固定是否牢固，可以直接影响到节能效果。如果固定不牢固，保温材料可能会脱离，从而造成部分部位无保温材料。另外，如果采用彩釉玻璃一类的材料作为幕墙的外饰面板，保温材料直接贴到玻璃很容易使得玻璃的温度不均匀，从而玻璃更加容易自爆。

幕墙保温材料可以粘贴于幕墙面板上。许多铝板幕墙都是这样固定超细玻璃棉保温材料的，固定后用铝箔密封。

保温材料也有的固定在幕墙的背板上。幕墙背板位于幕墙面板后侧，一般采用镀锌钢板或铝合金板。幕墙背板多数用于室内侧的密封。在节能方面，背板可以一方面用于固定保温材料，另一方面也起到密封或隔汽层的作用。

保温材料的厚度必须得到保证，否则节能指标很难满足要求。保温材料越厚，传热系数越小，所以要严格控制，厚度不得小于设计值。

幕墙周边与墙体接缝处保温的填充，幕墙的构造缝、沉降缝、热桥部位、断热节点等，这些部位虽然不是幕墙能耗的主要部位，但处理不好，也会大大影响幕墙的节能。这些部位主要是密封问题和热桥问题。密封问题对于冬季节能非常重要，热桥则容易引起结露和发霉，所以必须将这些部位处理好。

幕墙的构造缝、沉降缝等缝隙，保温、密封均很重要，应该严格按照设计施工安装。一般这些缝隙应安装保温材料和密封材料，即使在南方炎热地区也不应忽视保温材料的安装。

幕墙的隔汽层、凝结水收集和排放构造等都是为了避免非透明幕墙部位结露，结露的水渗漏到室内，让室内的装饰发霉、变色、腐烂等。一般如果非透明幕墙保温层的隔汽好，幕墙与室内侧墙体之间的空间内就不会有凝结水。但为了确保凝结水不破坏室内的装饰，不影响室内环境，许多幕墙设置了冷凝水收集、排放系统。

幕墙的热桥部位往往出现在面板的连接或固定部位、幕墙与主体结构连接部位、管道或构件穿越幕墙面板的部位等。大量热桥的出现会增加幕墙的室内外传热量,应该避免。而个别的热桥,虽然对传热影响不大,但在冬天容易引起结露,也应该注意。在这些部位采取一定的隔断热桥的措施是非常有必要的,这些部位的处理应该符合设计的要求。

单元式幕墙板块间的缝隙的密封是非常重要的。由于单元间的缝隙处理不好,安装完成后再去进行修复特别困难,所以应该特别注意施工质量。这里质量不好,不仅会使得气密性能差,还常常引起雨水渗漏。

许多幕墙安装有通风换气装置。通风换气装置能使建筑室内达到足够的新风量,同时也可以使得房间在空调不启动的情况下达到一定的舒适度。虽然通风换气装置往往耗能,但舒适的室内环境可以使得我们少开空调制冷,因而通风换气装置是非常有必要的。

一般,以上这些部位在幕墙施工完毕后都将隐蔽,所以,为了方便以后的质量验收,应该及时进行隐蔽工程验收。

【条文】5.1.5 幕墙节能工程使用的保温材料在安装过程中应采取防潮、防水等保护措施。

【要点说明】 幕墙节能工程的保温材料中,有许多都是多孔材料,很容易因潮湿而变质或改变性状。比如岩棉板、玻璃棉板容易受潮而松散,膨胀珍珠岩板受潮后导热系数会增大等。所以在安装过程中应采取防潮、防水等保护措施,避免上述情况发生。

一般在施工工地,保温材料安装好以后,应及时安装面板,并及时密封面板之间的缝隙。如果面板一时无法封闭,则应采用塑料薄膜等材料覆盖保护保温材料,确保雨水不渗入保温材料中。

【条文】5.1.6 幕墙节能工程检验批划分,可按照《建筑装饰装修工程质量验收规范》GB 50210 的规定执行。

【要点说明】 因为希望把幕墙节能工程贯穿与幕墙施工过程中,而将其融入到幕墙工程的一般工程验收之中可以方便执行,所以检验批的划分也就可以基本按照《建筑装饰装修工程质量验收规范》GB 50210—2001 的第 9.1.5 规定。

按照《建筑装饰装修工程质量验收规范》第 9.1.5 规定,建筑幕墙各分项工程的检验批应按下列规定划分:

1 相同设计、材料、工艺和施工条件的幕墙工程每 500~1000m² 应划分为一个检验批,不足 500m² 也应划分为一个检验批;
2 同一单位工程的不连续的幕墙工程应单独划分检验批;
3 对于异型或有特殊要求的幕墙,检验批的划分应根据幕墙的结构、工艺特点及幕墙工程规模,由监理单位(或建设单位)和施工单位协商确定。

检查数量应符合下列规定:
1 每个检验批每 100m² 应至少抽查一处,每处不得小于 10m²;
2 对于异型或有特殊要求的幕墙工程,应根据幕墙的结构和工艺特点,由监理单位(或建设单位)和施工单位协商确定。

《玻璃幕墙工程技术规范》11.1.4条规定：玻璃幕墙工程质量检验应进行观感检验和抽样检验，并应按下列规定划分检验批，每幅玻璃幕墙均应检验。

1 相同设计、材料、工艺和施工条件的玻璃幕墙工程每500～1000m²为一个检验批，不足500m²应划分为一个检验批。每个检验批每100m²应至少抽查一处，每处不得少于10m²；

2 同一单位工程的不连续的幕墙工程应单独划分检验批；

3 对于异形或有特殊要求的幕墙，检验批的划分应根据幕墙的结构、工艺特点及幕墙工程的规模，宜由监理单位、建设单位和施工单位协商确定。

两个规范的规定是一致的。本验收标准也采用这一划分规定，在相关验收检查时再进行细分，以便更加符合实际情况，操作性更强。

5.2 主控项目

【条文】5.2.1 用于幕墙节能工程的材料、构件等，其品种、规格应符合设计要求和相关标准的规定。

检验方法：观察、尺量检查；核查质量证明文件。

检查数量：按进场批次，每批随机抽取3个试样进行检查；质量证明文件应按照其出厂检验批进行核查。

【要点说明】 用于幕墙节能工程的各种材料、构件和组件等的品种、规格符合设计要求和相关现行国家产品标准和工程技术规范的规定，这是一般性的要求，应该得到满足。

幕墙玻璃是决定玻璃幕墙节能性能的关键构件，玻璃品种应采用设计的品种。幕墙玻璃的品种信息主要内容包括：

1) 结构：单片、中空、夹胶、中空夹胶等；

2) 单片玻璃品种：透明、吸热、镀膜（包括镀膜编号）等；

3) 中空玻璃：气体间层的尺寸、气体品种、玻璃间隔条等。

幕墙玻璃的外观质量和性能应符合的相关现行国家标准、行业标准有：

《幕墙用钢化玻璃与半钢化玻璃》GB/T 17841

《夹层玻璃》GB 9962

《中空玻璃》GB/T 11944

《浮法玻璃》GB 11614

《着色玻璃》GB/T 18701

《镀膜玻璃 第一部分 阳光控制镀膜玻璃》GB/T 18915.1

《镀膜玻璃 第二部分 低辐射镀膜玻璃》GB/T 18915.2

中空玻璃第一道密封用丁基热熔密封胶，应符合现行行业标准《中空玻璃用丁基热熔密封胶》JC/T 914的规定。不承受荷载的第二道密封胶应符合现行行业标准《中空玻璃用弹性密封胶》JC/T 486的规定；隐框或半隐框玻璃幕墙用中空玻璃的第二道密封胶除应符合《中空玻璃用弹性密封胶》JC/T 486的规定外，尚应符合结构密封胶的有关规定。

幕墙中使用的保温材料的种类、规格、尺寸、干密度、导热系数等与非透明幕墙的传热系数关系重大,应该严格按照设计要求使用,不可用错。幕墙的隔热保温材料,宜采用岩棉、矿棉、玻璃棉、防火板等不燃或难燃材料。

隔热型材的隔热条、隔热材料(一般为发泡材料)等,隔热条的尺寸和隔热条的导热系数对框的传热系数影响很大,所以隔热条的类型、标称尺寸必须符合设计的要求。铝合金隔热型材应符合下列标准的要求:

《建筑用隔热铝合金型材　穿条式》JG/T 175—2005

《铝合金建筑型材　第6部分:隔热型材》GB 5237.6—2004

幕墙的密封条是确保幕墙密封性能好的关键材料。密封材料要保证足够的弹性(硬度适中、弹性恢复好)、耐久性。

密封胶条应符合以下现行国家标准的规定:

《建筑橡胶密封垫预成型实心硫化的结构密封垫用材料规范》HB/T 3099

《工业用橡胶板》GB/T 5574

幕墙开启扇的周边缝隙宜采用氯丁橡胶、三元乙丙橡胶或硅橡胶密封条制品密封。

密封条的尺寸是幕墙设计时确定下来的,应与型材、安装间隙相配套。如果尺寸不满足要求,要么大了合不拢,要么小了漏风。

幕墙所采用密封胶的型号应该符合设计的要求,因为不同的密封胶有不同的性能。密封胶的批号、有效期也非常重要,应符合选用的要求,因为这些参数与胶与粘结材料的相容性有关,有效期与保证密封胶的密封、粘结性能有直接的关系。玻璃幕墙的非承重胶缝应采用硅酮建筑密封胶。

幕墙的遮阳构件种类繁多,如百叶、遮阳板、遮阳挡板、卷帘、花格等。对于遮阳构件,其尺寸直接关系到遮阳效果。如果尺寸不够大,必然不能按照设计的预期而遮住阳光。遮阳构件所用的材料也是非常重要的。材料的光学性能、材质、耐久性等均很重要,所以材料应为所设计的材料。遮阳构件的构造关系到结构安全、灵活性、活动范围等,应该按照设计的构造制造遮阳构件。

幕墙的型材配合也非常重要,型材的编号不能发生错误,否则会影响幕墙的密封性能。

【检查与验收】　本条要求的检验方法主要是观察、核对和核查质量证明文件。

对于外观可以辨认的材料,采用观察可以进行一般的核查。对于尺寸规格问题,可以采用尺量检查,如中空玻璃厚度可采用游标卡尺测量。检查质量证明文件,主要是与设计进行核对。当设计没有规定与节能相关的性能时,应与相关的标准进行核对。质量证明文件应按照出厂检验批进行核查。

检查和测量的数量按进场批次,每批随机抽取3个试样进行检查,质量证明文件应按照其出厂检验批进行核查。

验收时,主要查进场验收记录和质量证明文件。

【条文】5.2.2　幕墙节能工程使用的保温隔热材料,其导热系数、密度、燃烧性能应符合设计要求。幕墙玻璃的传热系数、遮阳系数、可见光透射比、中空玻璃露点应符合设计要求。

检验方法：核查质量证明文件和复验报告。
检查数量：全数核查。

【要点说明】 本条文为强制性条文。幕墙材料、构配件等的热工性能是保证幕墙节能指标的关键，所以必须满足要求。材料的热工性能主要是导热系数，许多单一材料的构件也是如此，但尺寸也是热工性能的重要部分，其综合指标反映在最终的幕墙传热系数中。复合材料和复合构件的整体性能则主要是热阻。有些幕墙采用隔热附件来隔断热桥，而不是采用隔热型材。这些隔热附件往往是垫块、连接件之类。对隔热附件，其导热系数也应该不大于产品标准的要求。

单一材料的导热系数需要采用导热系数仪来测量。测量导热系数应由专业的实验室进行，不同的测试方法往往会导致不同的结果，应采用相应材料的产品标准所规定的方法。复合材料和构件的热阻或最终幕墙的传热系数往往只能依靠计算确定。即将发布的《建筑门窗玻璃幕墙热工计算规程》对幕墙的热工计算问题提供了详细的计算方法。

玻璃的传热系数、遮阳系数、可见光透射比对于玻璃幕墙都是主要的节能指标要求，更应该强制满足设计要求，中空玻璃露点应满足产品标准要求，以保证产品的质量和性能的耐久性。

测量玻璃系统的相关热工参数应采用测试和计算相结合的办法。首先应测量组成玻璃系统的单片玻璃的全太阳光谱范围内的透射比、前反射比、后反射比和两个表面的远红外半球发射率，然后采用行业标准《建筑门窗玻璃幕墙热工计算规程》提供的方法计算玻璃的传热系数、遮阳系数、可见光透射比。

中空玻璃的露点测试主要是测试玻璃中空层的密封状况。测试方法采用《中空玻璃》GB/T 11944 中提供的方法。

【检查与验收】 本条文单独将节能相关的性能提出作为强制性条文，检验按照相关的条款，核查质量证明文件和复验报告，并要求全数核查。相关的条文包括第 5.2.1 条和第 5.2.3 条。

验收时主要看证明文件和复验报告中的相关性能指标是否满足要求。

【条文】 5.2.3 幕墙节能工程使用的材料、构件等进场时，应对其下列性能进行复验，复验应为见证取样送检：

1 保温材料：导热系数、密度。
2 幕墙玻璃：可见光透射比、传热系数、遮阳系数、中空玻璃露点。
3 隔热型材：抗拉强度、抗剪强度。

检验方法：进场时抽样复验，验收时核查复验报告。
检查数量：同一厂家的同一种产品抽查不少于一组。

【要点说明】 非透明幕墙保温材料的导热系数非常重要，必须严格控制。而且，保温材料的导热系数达到设计值往往也并不困难，所以应严格要求不大于设计值。保温材料的密度与导热系数有很大关系，而且密度偏差过大，往往意味着材料的性能也发生了很大的变化。

常见的保温材料板材的密度和导热系数范围见表5.2.3-1：

表5.2.3-1　常见的保温材料板材的密度和导热系数

材 料 名 称	干密度 ρ_0 (kg/m³)	导热系数 λ [W/(m·K)]
沥青玻璃棉板	80~100	0.045
沥青矿渣棉板	120~160	0.050
矿棉、岩棉、玻璃棉板	80以下 80~200	0.050 0.045
泡沫玻璃块	140	0.058

幕墙玻璃是决定玻璃幕墙节能性能的关键构件。玻璃的传热系数越大，对节能越不利；遮阳系数越大，对夏季空调的节能越不利；严寒、寒冷地区由于冬季很冷，且采暖期较长，全年计算能耗遮阳系数越小，能耗反而越高；可见光透射比对自然采光很重要，可见光透射比越大，对采光越有利。

中空玻璃露点是反映中空玻璃产品密封性能的重要指标，露点不满足要求，产品的密封则不合格，其节能性能必然受到很大的影响。

隔热型材的力学性能非常重要，直接关系到幕墙的安全，所以应符合设计要求和相关产品标准的规定（见表5.2.3-2）。不能因为节能而影响到幕墙的结构安全，所以要对型材的力学性能进行复验。

表5.2.3-2　隔热型材的横向抗拉强度和抗剪强度值

测 试 条 件	分　类	
	W(门窗)(N/mm)	CW(幕墙)(N/mm)
试验室温(常温)(23±2)℃	$Q \geqslant 24$ $T \geqslant 24$	$Q \geqslant 30$ $T \geqslant 30$
高温(90±2)℃		
低温-(30±2)℃		
高温持久负荷试验	$Q \geqslant 24$	$Q \geqslant 30$

注：1. 用于幕墙的隔热型材应通过计算验证力学性能和挠度。
　　2. 隔热型材剪切失效后不影响其横向抗拉强度。
　　3. 如果有特殊需求由供需双方协商确定。

【检查与验收】　材料的导热系数应采用导热系数仪测量，并应由专业实验室进行。不同的材料可能应采用不同的方法测试，所以应采用相应材料的产品标准规定的方法。许多材料的导热系数均可采用护框平板法进行测量。

幕墙玻璃的节能指标不能直接测量，一般应对单片玻璃进行取样。按照《建筑玻璃可见光透射比、太阳光直接透射比、太阳能总透射比、紫外线透射比及有关窗玻璃参数的测定》GB/T 2680测量单片玻璃的全太阳光谱参数和玻璃表面的远红外线半球发射率。取得单片玻璃的有关光谱数据和表面发射率后，根据玻璃的结构尺寸，按照《建筑门窗玻璃幕墙热工计算规程》，可以计算得到玻璃的传热系数、遮阳系数和可见光透射比。

玻璃的光学性能测试采取随机抽样，样品与实物对比。抽样的单片玻璃应根据光谱仪的要求确定切割尺寸或试件样品尺寸。

中空玻璃的露点测量比较简单,方法见《中空玻璃》。用温度达到－50℃的铜杯放置在玻璃表面,达到一定时间后查看中空玻璃内部是否结露。

隔热型材的力学性能测量应采用《建筑用隔热铝合金型材 穿条式》JG/T 175—2005 规定的方法。

检查数量:按照同一厂家的同一种产品抽查不少于一组。

验收时核查检验报告,查看检验数据是否满足节能设计的要求。

【条文】 5.2.4 幕墙的气密性能应符合设计规定的等级要求。当幕墙面积大于3000m²或建筑外墙面积的50%时,应现场抽取材料和配件,在检测试验室安装制作试件进行气密性能检测,检测结果应符合设计规定的等级要求。

密封条应镶嵌牢固、位置正确、对接严密。单元幕墙板块之间的密封应符合设计要求。开启扇应关闭严密。

检验方法:观察及启闭检查。核查隐蔽工程验收记录、幕墙气密性能检测报告、见证记录。

气密性能检测试件应包括幕墙的典型单元、典型拼缝、典型可开启部分。试件应按照幕墙工程施工图进行设计。试样设计应经建筑设计单位项目负责人、监理工程师同意并确认。气密性能的检测应按照国家现行有关标准的规定执行。

检查数量:核查全部质量证明文件和性能检测报告。现场观察及启闭检查按检验批抽查 30%,并不少于 5 件(处)。气密性能检测应对一个单位工程中面积超过 1000m² 的每一种幕墙均抽取一个试件进行检测。

【要点说明】 建筑幕墙的气密性能指标是幕墙节能的重要指标。一般幕墙设计均规定有气密性能的等级要求,幕墙产品应该符合要求。根据即将发布的国家标准《建筑幕墙》,幕墙的气密性能指标应满足相关节能标准的要求,即符合《公共建筑节能设计标准》GB 50189、《民用建筑节能设计标准(采暖居住建筑部分)》JGJ 26、《夏热冬冷地区居住建筑节能设计标准》JGJ 134、《夏热冬暖地区居住建筑节能设计标准》JGJ 75 的有关规定。一般情况可按表 5.2.4 确定。

表5.2.4 建筑幕墙气密性能设计指标一般规定

地区分类	建筑层数、高度	气密性能分级	气密性能指标小于	
			开启部分 q_L [m³/(m·h)]	幕墙整体 q_A [m³/(m·h)]
夏热冬暖地区	10 层以下	2	2.5	2.0
	10 层及以上	3	1.5	1.2
其他地区	7 层以下	2	2.5	2.0
	7 层及以上	3	1.5	1.2

由于建筑幕墙的气密性能与节能关系重大,所以当所设计的建筑幕墙面积超过一定量后,应该对幕墙的气密性能进行检测。但是,由于幕墙是特殊的产品,其性能需要现场的

安装工艺来保证,所以一般要求进行建筑幕墙的三个性能(气密、水密、抗风压性能)的检测。然而,多大面积的幕墙需要检测,有关国家标准和行业标准一直都没有规定。本标准规定,当幕墙面积大于建筑外墙面积50%或3000m^2时,应现场抽取材料和配件,在检测实验室安装制作试件进行气密性能检测。这对幕墙检测数量问题作出了明确的规定,方便执行。

在保证幕墙气密性能的材料中,密封条很重要,所以要求镶嵌牢固、位置正确、对接严密。单元幕墙板块之间的密封一般采用密封条。单元板块间的缝隙有水平缝和竖向缝,而且还有水平缝和竖向缝交叉处的"十"字缝,为了保证这些缝隙的密封,单元式幕墙都有专门的密封设计,所以施工时应该严格按照设计进行安装。第一方面,需要密封条完整,尺寸满足要求;第二方面,单元板块必须安装到位,缝隙的尺寸不能偏大;第三方面,板块之间还需要在少数部位加装一些附件,并进行注胶密封,保证特殊部位的密封。

幕墙的开启扇是幕墙密封的另一关键部件。《建筑装饰装修工程质量验收规范》规定:幕墙开启窗的配件应齐全,安装应牢固,安装位置和开启方向、角度应正确;开启应灵活,关闭应严密。幕墙的开启扇关闭时位置到位,密封条压缩合适,开启扇方能关闭严密,方能保证开启窗、部分的气密性能。由于幕墙的开启扇一般是平开窗或悬窗,气密性能比较好,只要关闭严密,即可以保证其设计的密封性能。

【检查与验收】 当幕墙面积大于建筑外墙面积50%或3000m^2时,应现场抽取材料和配件,在检测试验室安装制作试件进行气密性能检测。气密性能检测应对一个单位工程中面积超过1000m^2的每一种幕墙均抽取一个试件进行检测。由于一栋建筑中的幕墙往往比较复杂,可能由多种幕墙组合成组合幕墙,也可能是多幅不同的幕墙。对于组合幕墙,只需要进行一个试件的检测即可;而对于不同幕墙幅面,则要求分别进行检测。对于面积比较小的幅面,则可以不分开对其进行检测。

气密性能检测试件应包括幕墙的典型单元、典型拼缝、典型可开启部分。试件应按照幕墙工程施工图进行设计。试样设计应经建筑设计单位项目负责人、监理工程师同意并确认。气密性能的检测按照国家标准《建筑幕墙气密、水密、抗风压性能检测方法》执行,检测应在专业实验室进行。在检测试件的设计制作中,应满足下列要求:

1) 试件规格、型号和材料等应与生产厂家所提供图样一致,试件的安装应符合设计要求,不得加设任何特殊附件或采取其他措施,试件应干燥。

2) 试件宽度最少应包括一个承受设计荷载的竖向承力构件。试件高度一般应最少包括一个层高,并在竖向上要有两处或两处以上和承重结构相连接,试件的安装和受力状况应和实际相符。

3) 单元式幕墙应至少包括一个与实际工程相符的典型十字缝,并有一个单元的四边形成与实际工程相同的接缝。

4) 试件应包括典型的竖向接缝、水平接缝和可开启部分,并使试件上可开启部分占试件总面积的比例与实际工程接近。

幕墙整体的气密性能在验收时主要核查性能检测报告、见证记录等。

幕墙密封条安装和开启部分密封的检查主要采用现场抽样观测的方法,数量按检验批抽查30%并不少于5件(处)。验收时,核查隐蔽工程验收记录、施工检验记录。

【条文】5.2.5　幕墙节能工程使用的保温材料,其厚度应符合设计要求,安装牢固,且不得松脱。

检验方法：对保温板或保温层采取针插法或剖开法,尺量厚度;手扳检查。

检查数量：按检验批抽查30%,并不少于5处。

【要点说明】　在非透明幕墙中,保温材料是保证幕墙达到节能设计要求的关键。保温材料的厚度越厚,保温隔热性能越好,所以应严格控制保温材料的厚度,使其不小于设计值。

幕墙保温材料的固定是否牢固,直接影响到节能的效果。如果固定不牢,容易造成部分部位无保温材料。另外,也可能影响彩釉玻璃一类外饰面板材料的安全。

【检查与验收】　由于幕墙材料一般比较松散,采取针插法即可检测厚度。有些板材比较硬,可采用剖开法检测厚度。测量厚度可采用钢直尺、游标卡尺等。

数量按检验批抽查30%,并不少于5处。

厚度的测量应在保温材料铺设后及时进行,验收时查检验记录、隐蔽工程验收记录。

【条文】5.2.6　遮阳设施的安装位置应满足设计要求。遮阳设施的安装应牢固。

检验方法：观察;尺量;手扳检查。

检查数量：检查全数的10%,并不少于5处;牢固程度全数检查。

【要点说明】　幕墙的遮阳设施若要满足节能的要求,一般应该安置在室外。由于对太阳光的遮挡是按照太阳的高度角和方位角来设计的,所以遮阳设施的安装位置对于遮阳而言非常重要。只有安装在合适位置、合适尺寸的遮阳装置,才能满足节能的设计要求。

由于遮阳设施一般安装在室外,而且是突出建筑物的构件,遮阳设施很容易受到风荷载的吹袭。遮阳设施的抗风问题在遮阳设施的应用中一直是热门问题,我国的《建筑结构荷载规范》对这个问题没有很明确的规定。在工程中,大型的遮阳设施的抗风往往需要进行专门的研究。所以,在设计安装遮阳设施的时候应考虑到各个方面的因素,合理设计,牢固安装。

【检查与验收】　遮阳设施的安装位置采用钢直尺、钢卷尺测量,误差一般应控制在30mm以内。遮阳设施的角度也应符合设计要求。安装位置的检查应检查全数的30%,并不少于5处。

遮阳设施的牢固程度通过观察连接紧固件,手扳大致检查等。遮阳设施不能有松动现象,紧固件应符合设计要求,紧固件所固定处的承载能力应满足设计要求。由于遮阳设施的安全问题非常重要,所以要进行全数的检查。由于安全问题很重要,在实施中如有必要,可以进行现场荷载试验,以确定遮阳板的固定是否满足要求。

验收时,核查施工安装的检验记录或测试报告。

【条文】5.2.7　幕墙工程热桥部位的隔断热桥措施应符合设计要求,断热节点的连接应牢固。

检验方法：对照幕墙节能设计文件，观察检查。

检查数量：按检验批抽查30%，并不少于5处。

【要点说明】 幕墙工程热桥部位的隔断热桥措施是幕墙节能设计的重要内容，在完成了幕墙面板中部的传热系数和遮阳系数设计的情况下，隔断热桥则成为主要矛盾。这些节点设计如果不理想，首要的问题是容易引起结露。如果大面积的热桥问题处理不当，则会增大幕墙的实际传热系数，使得通过幕墙的热损耗大大增加。判断隔断热桥措施是否可靠主要是看固体的传热路径是否被有效隔断，这些路径包括：金属型材截面、金属连接件、螺钉等紧固件、中空玻璃边缘的间隔条等。

型材截面的断热节点主要是通过采用隔热型材或隔热垫来实现，其安全性取决于型材的隔热条、发泡材料或连接紧固件。通过幕墙连接件、螺钉等紧固件的热桥则需要进行转换连接的方式，通过一个尼龙件或类似材料的附件进行连接的转换，隔断固体的热传递途径。由于这些转换连接都多了一个连接，所以其是否牢固则成为安全隐患问题，应进行相关的检查和确认。这些节点应该经过严格的计算，在现场应按照设计进行检查。

【检查与验收】 本项检验的主要方法是对照幕墙热工性能设计的文件，对相关节点进行观察检查，必要时采用尺量。检查的内容包括：

1) 隔热型材中隔热条的尺寸等；
2) 隔热垫的尺寸和连接紧固件等；
3) 中空玻璃的间隔条采用特殊材料时应进行抽样检查；
4) 隔热垫、隔热紧固件的数量、位置是否符合设计要求等。

检查数量按照检验批抽查30%，并不少于5处。

验收时核查隐蔽工程验收记录。

【条文】5.2.8 幕墙隔汽层应完整、严密、位置正确，穿透隔汽层处的节点构造应采取密封措施。

检验方法：观察检查。

检查数量：按检验批抽查30%并不少于5处。

【要点说明】 非透明幕墙设置隔汽层是为了避免幕墙部位内部结露，结露的水很容易使保温材料发生性状的改变，如果结冰，则问题更加严重。如果非透明幕墙保温层的隔汽好，幕墙与室内侧墙体之间的空间内就不会有凝结水，为了实现这个目标，隔汽层必须完整，隔汽层必须在保温材料靠近水蒸气气压较高的一侧（冬季为室内）。如果隔汽层放错了位置，不但起不到隔汽作用，反而有可能使结露加剧。一般冬季比较容易结露，所以隔汽层应放在保温材料靠近室内的一侧。

幕墙的非透明部分常常有许多需要穿透隔汽层的部件，如连接件等。对这些节点构造采取密封措施很重要，应该进行密封处理，以保证隔汽层的完整。

【检查与验收】 本项检验的主要方法是对照幕墙设计文件，对相关节点进行观察检查。检查的内容包括：
1) 隔汽层设置的位置是否正确；
2) 隔汽层是否完整、严密；
3) 穿透隔汽层的部位是否进行了密封处理。
检查数量按照检验批抽查30%，并不少于5处。
验收时核查隐蔽工程验收记录。

【条文】 5.2.9 冷凝水的收集和排放应通畅，并不得渗漏。
检验方法：通水试验、观察检查。
检查数量：按检验批抽查30%并不少于5处。

【要点说明】 幕墙的凝结水收集和排放构造是为了避免幕墙结露的水渗漏到室内，避免室内的装饰发霉、变色、腐烂等。为了确保凝结水不破坏室内的装饰，不影响室内环境，冷凝水收集、排放系统应该发挥有效的作用。为了验证冷凝水的收集和排放，可以进行一定的试验。

冷凝水的收集系统应该包括收集槽、集流管和排水口等。在严寒寒冷地区，排水管应该在室内温度较高的区域内，往室外的排水口应进行必要的保温处理，避免结冰而堵塞排水口。

【检查与验收】 本项检验的主要方法是对照幕墙设计文件，对相关节点进行观察检查，并辅助以一定的通水试验。检查的内容包括：
1) 是否按照设计要求正确设置冷凝水的收集槽；
2) 集流管和排水管连接是否符合要求；
3) 排水口的设置是否符合要求。
通水试验应在观察检查的基础上进行。对于观察检查合格的部位，抽取一定的完整系统进行通水试验。通水试验可在可能产生冷凝水的部位淋少量水，观察水的流向以及排水管和接头处是否发生渗漏。
检查数量按照检验批抽查30%，并不少于5处。
验收时核查隐蔽工程验收记录。

5.3 一 般 项 目

【条文】 5.3.1 镀(贴)膜玻璃的安装方向、位置应正确。中空玻璃应采用双道密封。中空玻璃的均压管应密封处理。
检验方法：观察，检查施工记录。
检查数量：每个检验批抽查10%并不少于5件(处)。

【要点说明】 镀(贴)膜玻璃在节能方面有两方面的作用，一方面是遮阳，另一方面是降低传热系数。对于遮阳而言，镀膜可以反射阳光或吸收阳光，所以镀膜一般应放在靠近室外的玻璃上。为了避免镀膜层的老化，镀膜面一般在中空玻璃内部，单层玻璃应将镀膜置于室内侧。对于低辐射玻璃（Low-E 玻璃），低辐射膜应该置于中空玻璃内部。《玻璃幕墙工程技术规范》JGJ 102 规定，玻璃幕墙采用单片低辐射镀膜玻璃时，应使用在线热喷涂低辐射镀膜玻璃；离线镀膜的低辐射镀膜玻璃宜加工成中空玻璃使用，且镀膜面应朝向中空气体层。

《玻璃幕墙工程技术规范》JGJ 102 规定，幕墙的中空玻璃应采用双道密封。明框幕墙的中空玻璃应采用聚硫密封胶及丁基密封胶；隐框和半隐框幕墙的中空玻璃应采用硅酮结构密封胶及丁基密封胶；镀膜面应在中空玻璃的第 2 或第 3 面上。目前制作中空玻璃一般均应采用双道密封。因为一般来说密封胶的水蒸气渗透阻还不足够保证中空玻璃内部空气不受潮，需要再加一道丁基胶密封。有些暖边间隔条将密封和间隔两个功能置于一身，本身的密封效果很好，可以不受到此限制，实际上这样的间隔条本身就有双道密封的效果。中空玻璃的间隔铝框可采用连续折弯型或插角型，不得使用热熔型间隔胶条。间隔铝框中的干燥剂宜采用专用设备装填。

为了保证中空玻璃在长途（尤其是海拔高度、温度相差悬殊）运输过程中玻璃不至于损坏，或者保证中空玻璃不至于因生产环境和使用环境相差甚远而出现损坏或变形，许多中空玻璃设有均压管。在玻璃安装完成之后，为了确保中空玻璃的密封，均压管应进行密封处理。

【检查与验收】 本项目的检验方法主要是观察。通过将现场安装玻璃与留样样品进行对比观察，可以检查玻璃的镀膜面是否安装正确。中空玻璃的双道密封和均压管是否密封也可以通过观察得以检验。这些检验有些是在安装前或施工过程中就需要检验的，完成后难以看到。

本项目的检查数量为每个检验批抽查 30%，并不少于 5 件（处）。

在验收时，应检查施工记录，核查施工过程中的检验记录。

【条文】 5.3.2 单元式幕墙板块组装应符合下列要求：
1 密封条：规格正确，长度无负偏差，接缝的搭接符合设计要求；
2 保温材料：固定牢固，厚度符合设计要求；
3 隔汽层：密封完整、严密；
4 冷凝水排水系统通畅，无渗漏。

检验方法：观察检查；手扳检查；尺量；通水试验。

检查数量：每个检验批抽查 10%并不少于 5 件（处）。

【要点说明】 单元式幕墙板块是在工厂内组装完成运送到现场的。运送到现场的单元板块一般都将密封条、保温材料、隔汽层、冷凝水收集装置都安装完毕（或者在吊装前安装好）。所以幕墙板块到现场后或安装前，应对这些安装好的部分进行检查。

密封条的尺寸规格正确，才能保证缝隙的配合和密封。密封条的长度应该有富余，避免安装时密封条因损坏或弹性收缩而搭接不到位。密封条接缝处应按照设计要求进行必要的处理，保证搭接处的密封效果。

许多单元式幕墙的保温材料到达现场后已经固定完毕，所以在吊装前应进行必要的检验。保温材料的安装应该牢固，其厚度应符合设计要求。否则，应视为单元加工不符合节能要求。

同样，安装好的隔汽层、冷凝水排水系统应进行检验，隔汽层应密封完整、严密，排水系统应通畅，无渗漏。

【检查与验收】 单元板块的检验方法主要是观察检查，密封条的规格可以用游标卡尺测量或与样品对比，固定牢固与否可采用手扳检查，冷凝水系统可进行通水试验。

检查数量应为每个检验批抽查10%，并不少于5件(处)。

验收时核查单元板块检验单。

【条文】 5.3.3 幕墙与周边墙体间的接缝处应采用弹性闭孔材料填充饱满，并应采用耐候胶密封胶密封。

检查方法：观察检查。

检查数量：每个检验批抽查10%并不少于5件(处)。

【要点说明】 幕墙周边与墙体缝隙部位虽然不是幕墙能耗的主要部位，但处理不好，也会大大影响幕墙的节能。由于幕墙边缘一般都是金属边框，所以存在热桥问题，应采用弹性闭孔材料填充饱满。弹性闭孔材料一般为泡沫棒，填塞后可用密封胶密封。但有些幕墙采用小块的金属板封边，这样的构造应注意热桥问题，金属板空隙间应采用岩棉等保温材料填充饱满。在夏热冬暖地区，由于保温不是主要问题，所以缝隙填充的材料可以不是保温材料，但仍然需要考虑弹性和水密性能。

另外，幕墙有气密、水密性能要求，所以应采用耐候胶进行密封。耐候胶应能与墙体的饰面材料很好粘结，以保证周边的水密性。

【检查与验收】 此项检验的方法主要是观察检查，必要时可以剖开检查。

检查的数量为每个检验批抽查10%，并不少于5件(处)。

验收时应核查隐蔽工程验收记录。

【条文】 5.3.4 伸缩缝、沉降缝、防震缝的保温或密封做法应符合设计要求。

检验方法：对照设计文件观察检查。

检查数量：每个检验批抽查10%并不少于10件(处)。

【要点说明】 幕墙的构造缝、沉降缝、热桥部位、断热节点等，处理不好，也会影响到幕墙的节能和产生结露。这些部位主要是密封问题和热桥问题，密封问题对于冬季节能非常重要，热桥则容易引起结露。

幕墙的缝隙多采用活动的错位搭接或采用伸缩性强的构件。对于面板的错位搭接，密封是非常重要的问题，应仔细对照设计图纸检查。当采用伸缩构件(如风琴板)时，伸缩构件的连接和密封应进行检查。

【检查与验收】 此项检验的方法主要是观察检查，必要时可以拆开检查。
检查的数量为每个检验批抽查 10%，并不少于 10 件(处)。
验收时应核查隐蔽工程验收记录。

【条文】5.3.5 活动遮阳设施的调节机构应灵活，并应能调节到位。
检验方法：现场调节试验，观察检查。
检查数量：每个检验批抽查 10%并不少于 10 件(处)。

【要点说明】 活动遮阳是幕墙上采用较多的一种遮阳形式。活动遮阳设施的调节机构是保证活动遮阳设施发挥作用的重要部件。这些部件应灵活，能够将遮阳板、百叶等调节到位，才能使遮阳设施发挥最大的作用。

【检查与验收】 本项目的检验方法是进行现场调节试验，在试验中观察检查。此项试验可直接利用遮阳设施的调节装置进行，每个遮阳设施来回反复运动 5 次以上即可。运动过程中应观察其极限范围是否满足设计要求，角度调节是否满足要求等。
本项检查数量为每个检验批抽查 10%，并不少于 10 件(处)。
验收时应核查试验记录。

第6章 门窗节能工程

【概述】 门窗是建筑的开口，是满足建筑采光、通风要求的重要功能部件，也是建筑与室外交流、沟通的重要通道。随着城市建设的现代化，建筑的门窗也越来越现代化。然而，建筑的现代化却带来了门窗面积的大幅度增加，这对节能是很不利的。一方面，由于门窗的传热系数大大高于墙体，所以门窗面积的增加肯定会增加采暖能耗；另一方面，太阳可以通过门窗玻璃直接进入室内，从而增加夏季空调的负荷，增大空调能耗。

但是，大面积采用玻璃的确可以增加建筑的现代感，使建筑透亮，我们不可能因为节能而过分限制开窗的面积。而且，随着玻璃制造技术的进步，玻璃的保温能力和遮阳能力也大幅度提高了，这也为大面积开窗创造了条件。另外，在南方炎热地区，自然通风也是非常有效的节能措施，大面积的开窗有利于自然通风。所以，一味限制开窗面积是没有必要的，关键是在门窗中采取必要的、满足要求的节能措施。

建筑门窗的种类很多，门窗的品种按型材分，大致包括：铝合金门窗、隔热铝合金门窗、塑料门窗、木门窗、铝木复合门窗、钢门窗、不锈钢门窗、隔热钢门窗、隔热不锈钢门窗、玻璃钢门窗等。门窗以开启形式可分为推拉、平开、平开推拉、上悬、平开下悬、中悬、折叠等多种形式。

门窗中采用的玻璃品种也比较丰富。从结构讲，玻璃种类有单层玻璃、中空玻璃、三层中空玻璃、夹层玻璃、夹层中空玻璃等；单片玻璃又分为透明玻璃、吸热玻璃、镀膜玻璃（包括 Low-E 玻璃、阳光控制型镀膜玻璃）等。

为了满足夏季的节能要求，门窗外侧经常设计有遮阳设施。一般遮阳设施的形式有水平遮阳板、垂直遮阳板、卷帘遮阳、百叶遮阳、带百叶中空玻璃、外推拉百叶窗等。

对于门窗，建筑节能设计标准中对其有遮阳系数、传热系数、可见光透射比、气密性能等相关要求。为了保证正常使用功能，在热工方面对门窗还有抗结露要求、通风换气要求等。

所有这些要求需要在门窗工程的深化设计中去体现，需要满足要求的门窗产品来保证，需要高质量的安装来实现。

本章就是围绕这些要求，实现这些要求所应该采用的门窗，以及应该达到的安装质量水平等，按照施工质量验收的要求而编制。

本章格式与各专业验收规范保持一致，分为"一般规定"、"主控项目"、"一般项目"三节。本章共19条，分别叙述了墙体节能验收的基本要求，11个主控项目和3个一般项目的验收要求。其中：强制性条文1条。

本章的门窗节能工程质量验收包括了以下内容：

1) 对门窗节能工程隐蔽验收的要求。

2) 对门窗的性能要求，包括其气密性能、传热系数、遮阳系数、可见光透射比、中空玻璃露点等。

3) 对门窗及其关键的配件或材料的见证取样、复验的要求。
4) 对特殊部位门窗气密性能的要求,现场实体检测的要求。
5) 对门窗热工构造的要求,包括门窗与墙体的接缝处保温材料的填充、金属副框等。
6) 对门窗安装的要求,包括玻璃安装、遮阳设施安装等。

6.1 一 般 规 定

【条文】6.1.1 本章适用于建筑外门窗节能工程的质量验收,包括金属门窗、塑料门窗、木质门窗、各种复合门窗、特种门窗、天窗以及门窗玻璃安装等节能工程。

【要点说明】 与围护结构节能关系最大的是与室外空气接触的门窗,包括普通门窗、凸窗、天窗、倾斜窗以及不封闭阳台的门连窗等。从制作的材料分,外门窗的品种包括铝合金门窗、彩钢门窗、不锈钢门窗、铝木复合门窗、塑料门窗、木门窗、玻璃钢门窗等。门窗的节能指标包括传热系数、遮阳系数、可见光透射比、气密性能、抗结露性能等。本章所指的门窗节能工程,是涉及到以上这些指标的有关材料、产品的控制,以及门窗施工质量验收过程中的相关内容。

《民用建筑节能设计标准(采暖居住建筑部分)》、《夏热冬冷地区居住建筑节能设计标准》、《夏热冬暖地区居住建筑节能设计标准》三个住宅节能设计标准均对门窗提出了要求,见表6.1.1-1~表6.1.1-7。

表 6.1.1-1 不同地区采暖居住建筑外门窗传热系数限值 $K[W/(m^2 \cdot K)]$

采暖期室外平均温度(℃)	代表性城市	外墙传热系数 体形系数 ≤0.3	外墙传热系数 体形系数 >0.3	不采暖楼梯间户门	窗户(含阳台门上部)	阳台门下部门芯板	外门
2.0~1.0	郑州、洛阳、宝鸡、徐州	1.10 1.40	0.80 1.10	2.70	4.70 4.00	1.70	—
0.9~0.0	西安、拉萨、济南、青岛、安阳	1.00 1.28	0.70 1.00	2.70	4.70 4.00	1.70	—
-0.1~-1.0	石家庄、德州、晋城、天水	0.92 1.20	0.60 0.86	2.00	4.70 4.00	1.70	—
-1.1~-2.0	北京、天津、大连、阳泉、平凉	0.90 1.16	0.55 0.82	2.70	4.70 4.00	1.70	—
-2.1~-3.0	兰州、太原、唐山、阿坝、喀什	0.85 1.10	0.62 0.78	2.70	4.70 4.00	1.70	—
-3.1~-4.0	西宁、银川、丹东	0.75	0.65		4.00	1.70	—
-4.1~-5.0	张家口、鞍山、酒泉、伊宁、吐鲁番	0.68	0.60	2.00	3.00	1.35	—
-5.1~-6.0	沈阳、大同、本溪、阜新、哈密	0.68	0.56	1.50	3.00	1.35	—
-6.1~-7.0	呼和浩特、抚顺、大柴旦	0.65	0.50	—	3.00	1.35	2.50

续表

采暖期室外平均温度(℃)	代表性城市	外墙传热系数 体形系数≤0.3	外墙传热系数 体形系数>0.3	不采暖楼梯间户门	窗户(含阳台门上部)	阳台门下部门芯板	外门
−7.1～−8.0	延吉、通辽、通化、四平	0.65	0.50	—	2.50	1.35	2.50
−8.1～−9.0	长春、乌鲁木齐	0.56	0.45	—	2.50	1.35	2.50
−9.1～−10.0	哈尔滨、牡丹江、克拉玛依	0.52	0.40	—	2.50	1.35	2.50
−10.1～−11.0	佳木斯、安达、齐齐哈尔、富锦	0.52	0.40	—	2.50	1.35	2.50
−11.1～−12.0	海伦、博克图	0.52	0.40	—	2.00	1.35	2.50
−12.1～−14.5	伊春、呼玛、海拉尔、满洲里	0.52	0.40	—	2.00	1.35	2.50

注：表中外墙的传热系数限值系指考虑周边热桥影响后的外墙平均传热系数。

表6.1.1-2 夏热冬冷地区不同朝向、不同窗墙面积比的外窗传热系数 K [W/(m²·K)]

朝向	室外环境条件	外窗的传热系数 K [W/(m²·K)]				
		窗墙面积比≤0.25	窗墙面积比>0.25且≤0.3	窗墙面积比>0.30且≤0.35	窗墙面积比>0.35且≤0.45	窗墙面积比>0.45且≤0.5
北（偏东60°到偏西60°范围）	冬季最冷月室外平均气温>5℃	4.7	4.7	3.2	2.5	—
	冬季最冷月室外平均气温≥5℃	4.7	3.2	3.2	2.5	—
东、西（东或西偏北30°到偏南60°范围）	无外遮阳措施	4.7	3.2	—	—	—
	有外遮阳（其太阳辐射透过率≤20%）	4.7	3.2	3.2	2.5	2.5
南（偏东30°到偏西30°范围）		4.7	4.7	3.2	2.5	2.5

表6.1.1-3 夏热冬暖地区北区居住建筑建筑物外窗平均传热系数和平均综合遮阳系数限值

建筑物外墙平均	建筑物平均综合遮阳系数 S_W	建筑物外窗平均传热系数 K [W/(m²·K)]				
		平均窗墙面积比 C_M≤0.25	平均窗墙面积比 0.25<C_M≤0.3	平均窗墙面积比 0.3<C_M≤0.35	平均窗墙面积比 0.35<C_M≤0.4	平均窗墙面积比 0.4<C_M≤0.45
K≤2.0 D≥3.0	0.9	≤2.0	—	—	—	—
	0.8	≤2.5	—	—	—	—
	0.7	≤3.0	≤2.0	≤2.0	—	—

续表

建筑物外墙平均	建筑物平均综合遮阳系数 S_W	建筑物外窗平均传热系数 $K[W/(m^2·K)]$				
		平均窗墙面积比 $C_M≤0.25$	平均窗墙面积比 $0.25<C_M≤0.3$	平均窗墙面积比 $0.3<C_M≤0.35$	平均窗墙面积比 $0.35<C_M≤0.4$	平均窗墙面积比 $0.4<C_M≤0.45$
$K≤2.0$ $D≥3.0$	0.6	≤3.0	≤2.5	≤2.5	≤2.0	—
	0.5	≤3.5	≤2.5	≤2.5	≤2.0	≤2.0
	0.4	≤3.5	≤3.0	≤3.0	≤2.5	≤2.5
	0.3	≤4.0	≤3.0	≤3.0	≤2.5	≤2.5
	0.2	≤4.0	≤3.5	≤3.0	≤3.0	≤3.0
$K≤1.5$ $D≥3.0$	0.9	≤5.0	≤3.5	≤2.5	—	—
	0.8	≤5.5	≤4.0	≤3.0	≤2.0	—
	0.7	≤6.0	≤4.5	≤3.5	≤2.5	≤2.0
	0.6	≤6.5	≤5.0	≤4.0	≤3.0	≤3.0
	0.5	≤6.5	≤5.0	≤4.5	≤3.5	≤3.5
	0.4	≤6.5	≤5.5	≤4.5	≤4.0	≤3.5
	0.3	≤6.5	≤5.5	≤5.0	≤4.0	≤4.0
	0.2	≤6.5	≤6.0	≤5.0	≤4.0	≤4.0
$K≤1.0$ $D≥2.5$ 或 $K≤0.7$	0.9	≤6.5	≤6.5	≤4.0	≤2.5	—
	0.8	≤6.5	≤6.5	≤5.0	≤3.5	≤2.5
	0.7	≤6.5	≤6.5	≤5.5	≤4.5	≤3.5
	0.6	≤6.5	≤6.5	≤6.5	≤4.5	≤4.0
	0.5	≤6.5	≤6.5	≤6.5	≤5.0	≤4.5
	0.4	≤6.5	≤6.5	≤6.5	≤5.5	≤5.0
	0.3	≤6.5	≤6.5	≤6.5	≤5.5	≤5.0
	0.2	≤6.5	≤6.5	≤6.5	≤6.0	≤5.5

表6.1.1-4 夏热冬暖地区南区居住建筑建筑物外窗平均综合遮阳系数限值

建筑物外墙平均 K 值($ρ≤0.8$)	外窗的综合遮阳系数 S_W				
	平均窗墙面积比 $C_M≤0.25$	平均窗墙面积比 $0.25<C_M≤0.3$	平均窗墙面积比 $0.3<C_M≤0.35$	平均窗墙面积比 $0.35<C_M≤0.4$	平均窗墙面积比 $0.4<C_M≤0.45$
$K≤2.0$,$D≥3.0$	≤0.6	≤0.5	≤0.4	≤0.4	≤0.3
$K≤1.5$,$D≥3.0$	≤0.8	≤0.7	≤0.6	≤0.5	≤0.4
$K≤1.0$,$D≥2.5$ 或 $K≤0.7$	≤0.9	≤0.8	≤0.7	≤0.6	≤0.5

注：1. 本条文所指的外窗包括阳台门。
2. 南区居住建筑的节能设计对外窗的传热系数不作规定。
3. $ρ$ 为外墙外表面的太阳辐射吸收系数。

《公共建筑节能设计标准》对门窗有如下要求：

表 6.1.1-5 严寒地区公共建筑门窗传热系数限值 K [W/(m²·K)]

单一朝向外窗（包括透明幕墙）		传热系数	
		体形系数≤0.3	0.3＜体形系数≤0.4
严寒地区 A 区	窗墙面积比≤0.2	≤3.0	≤2.7
	0.2＜窗墙面积比≤0.3	≤2.8	≤2.5
	0.3＜窗墙面积比≤0.4	≤2.5	≤2.2
	0.4＜窗墙面积比≤0.5	≤2.0	≤1.7
	0.5＜窗墙面积比≤0.7	≤1.7	≤1.5
	屋顶透明部分	≤2.5	
严寒地区 B 区	窗墙面积比≤0.2	≤3.2	≤2.8
	0.2＜窗墙面积比≤0.3	≤2.9	≤2.5
	0.3＜窗墙面积比≤0.4	≤2.6	≤2.2
	0.4＜窗墙面积比≤0.5	≤2.1	≤1.8
	0.5＜窗墙面积比≤0.7	≤1.8	≤1.6
	屋顶透明部分	≤2.6	

表 6.1.1-6 寒冷地区公共建筑门窗节能性能指标限值

单一朝向外窗（包括透明幕墙）		体形系数≤0.3 传热系数 K [W/(m²·K)]		0.3＜体形系数≤0.4 传热系数 K [W/(m²·K)]	
		传热系数 K [W/(m²·K)]	遮阳系数 SC（东、南、西向/北向）	传热系数 K [W/(m²·K)]	遮阳系数 SC（东、南、西向/北向）
寒冷地区	窗墙面积比≤0.2	≤3.5	—	≤3.0	—
	0.2＜窗墙面积比≤0.3	≤3.0	—	≤2.5	—
	0.3＜窗墙面积比≤0.4	≤2.7	≤0.70/—	≤2.3	≤0.70/—
	0.4＜窗墙面积比≤0.5	≤2.3	≤0.60/—	≤2.0	≤0.60/—
	0.5＜窗墙面积比≤0.7	≤2.0	≤0.50/—	≤1.8	≤0.50/—
	屋顶透明部分	≤2.7	≤0.50	≤2.7	≤0.50

注：有外遮阳时，遮阳系数＝玻璃的遮阳系数×外遮阳的遮阳系数；无外遮阳时，遮阳系数＝玻璃的遮阳系数

表 6.1.1-7 夏热冬冷、夏热冬暖地区公共建筑门窗节能性能指标限值

单一朝向外窗（包括透明幕墙）		传热系数 K [W/(m²·K)]	遮阳系数 SC（东、南、西向/北向）
夏热冬冷地区	窗墙面积比≤0.2	≤4.7	—
	0.2＜窗墙面积比≤0.3	≤3.5	≤0.55/—
	0.3＜窗墙面积比≤0.4	≤3.0	≤0.50/0.60
	0.4＜窗墙面积比≤0.5	≤2.8	≤0.45/0.55

续表

单一朝向外窗(包括透明幕墙)		传热系数 K [W/(m²·K)]	遮阳系数 SC(东、南、西向/北向)
夏热冬冷地区	0.5<窗墙面积比≤0.7	≤2.5	≤0.40/0.50
	屋顶透明部分	≤3.0	≤0.40
夏热冬暖地区	窗墙面积比≤0.2	≤6.5	—
	0.2<窗墙面积比≤0.3	≤4.7	≤0.50/0.60
	0.3<窗墙面积比≤0.4	≤3.5	≤0.45/0.55
	0.4<窗墙面积比≤0.5	≤3.0	≤0.40/0.50
	0.5<窗墙面积比≤0.7	≤3.0	≤0.35/0.45
	屋顶透明部分	≤3.5	≤0.35

注：有外遮阳时，遮阳系数＝玻璃的遮阳系数×外遮阳的遮阳系数；无外遮阳时，遮阳系数＝玻璃的遮阳系数

建筑外门窗的节能相关性能指标主要是传热系数、遮阳系数、气密性能。建筑外窗气密性能分级应符合表6.1.1-8的规定。

表6.1.1-8 外窗气密性能分级

分 级	2	3	4	5
单位缝长指标值 q_1(m³/m·h)	4.0≥q_1>2.5	2.5≥q_1>1.5	1.5≥q_1>0.5	q_1≤0.5
单位面积指标值 q_2(m³/m²·h)	12≥q_2>7.5	7.5≥q_2>4.5	4.5≥q_2>1.5	q_2≤1.5

注：本表摘自《建筑外窗气密性能分级及检测方法》GB/T 7107—2002。

建筑外窗热工性能分级见表6.1.1-9。

表6.1.1-9 外窗保温性能分级

分 级	3	4	5	6	7	8	9	10
指标值 K [W/(m²·K)]	5.0>K ≥4.5	4.5>K ≥4.0	4.0>K ≥3.5	3.5>K ≥3.0	3.0>K ≥2.5	2.5>K ≥2.0	2.0>K ≥1.5	1.5>K ≥1.0

注：本表摘自《建筑外窗保温性能分级及检测方法》GB/T 8484—2002。

传热系数和遮阳系数都是外门窗的主要节能性能。门窗与玻璃幕墙虽然在节能性能要求上相同，但构造很不一样，实际施工中的施工工艺要求也不一样，验收时也应有不同的要求，这在规范执行过程中应引起充分的重视。

【条文】6.1.2 建筑门窗进场后，应对其外观、品种、规格及附件等进行检查验收，对质量证明文件进行核查。

【要点说明】 门窗的品种、规格及附件等均与节能性能有关，所以应进行检查验收，并对质量证明文件进行核查。门窗的品种、规格与节能有直接的关系，不同的产品有不同的性能。如塑料窗和隔热铝合金窗配合中空玻璃，其传热系数一般就比较小。通过外观的观察，可以大致区分门窗的品种和质量的好坏。

门窗的品种从型材分，包括：铝合金门窗、隔热铝合金门窗、塑料门窗、木门窗、铝木复合门窗、钢门窗、不锈钢门窗、隔热钢门窗、隔热不锈钢门窗、玻璃钢门窗等。

门窗开启形式分为：推拉、平开、平开推拉、上悬、平开下悬、中悬、折叠等多种形式。

玻璃种类有：单层玻璃、中空玻璃、三层中空玻璃、夹层玻璃、夹层中空玻璃，单层镀膜玻璃、镀膜中空玻璃、Low-E中空玻璃、阳光控制型单层玻璃、阳光控制型中空玻璃等。

遮阳形式有：卷帘外遮阳、百叶外遮阳、带百叶中空玻璃、外推拉百叶等。

核查门窗质量证明文件，可以核对门窗的品种、性能参数等是否与设计要求一致。通过对质量证明文件的核查，可以确定产品是否得到生产企业的合格保证。

【条文】6.1.3 建筑外门窗工程施工中，应对门窗框与墙体接缝处的保温填充做法进行隐蔽工程验收，并应有隐蔽工程验收记录和必要的图像资料。

【要点说明】 门窗框与墙体缝隙虽然不是能耗的主要部位，但处理不好，会大大影响门窗的节能。这些部位主要是密封问题和热桥问题。密封问题对于冬季节能非常重要，热桥则容易引起结露和发霉，所以必须将这些部位处理好。工程施工中应对这些部位进行隐蔽工程验收。

处理门窗与墙体之间的缝隙有多种方法。对于南方夏热冬暖地区，缝隙的处理主要是防水，所以一般采用塞缝和密封胶密封处理即可。对于需要保温的其他地区，则应考虑缝隙处理带来的热桥问题，处理不好，容易在这些部位造成结露。

处理门窗缝隙的保温，现在多采用现场注发泡胶，然后采用密封胶密封防水。《塑料门窗安装及验收规程》JGJ 103—96要求，窗框与洞口之间的伸缩缝内腔应采用闭孔泡沫塑料、发泡聚苯乙烯等弹性材料分层填塞，填塞不宜过紧。

《建筑装饰装修工程质量验收规范》GB 50210—2001要求塑料门窗框与墙体间缝隙采用闭孔弹性材料填嵌饱满，表面应采用密封胶密封。密封胶应粘结牢固，表面应光滑、顺直、无裂纹。对于金属门窗，要求金属门窗的防腐处理及填嵌、密封处理应符合设计要求。金属门窗框与墙体之间的缝隙应填嵌饱满，并采用密封胶密封。密封胶表面应光滑、顺直、无裂纹。

【条文】6.1.4 建筑外门窗工程的检验批应按下列规定划分：

1 同一厂家的同一品种、类型、规格的门窗及门窗玻璃每100樘划分为一个检验批，不足100樘也为一个检验批。

2 同一厂家的同一品种、类型和规格的特种门每50樘划分为一个检验批，不足50樘也为一个检验批。

3 对于异型或有特殊要求的门窗，检验批的划分应根据其特点和数量，由监理（建设）单位和施工单位协商确定。

【要点说明】 为了使门窗工程的节能验收可以与其他施工质量验收统一，本规范基本按照《建筑装饰装修工程质量验收规范》GB 50210—2001中规定。

该规范规定，门窗各分项工程的检验批应按下列规定划分：

1 同一品种、类型和规格的木门窗、金属门窗、塑料门窗及门窗玻璃每100樘应划分为一个检验批，不足100樘也应划分为一个检验批。

2 同一品种、类型和规格的特种门每50樘应划分为一个检验批，不足50樘也应划分为一个检验批。

【条文】6.1.5 建筑外门窗工程的检查数量应符合下列规定：

1 建筑门窗每个检验批应抽查5%，并不少于3樘，不足3樘时应全数检查；高层建筑的外窗，每个检验批应抽查10%，并不少于6樘，不足6樘时应全数检查。

2 特种门每个检验批应抽查50%，并不少于10樘，不足10樘时应全数检查。

【要点说明】 本规范基本按照《建筑装饰装修工程质量验收规范》GB 50210—2001中规定。

该规范对检查数量作下列规定：

1 木门窗、金属门窗、塑料门窗及门窗玻璃，每个检验批应至少抽查5%，并不得少于3樘，不足3樘时应全数检查；高层建筑的外窗，每个检验批应至少抽查10%，并不得少于6樘，不足6樘时应全数检查。

2 特种门每个检验批应至少抽查50%，并不得少于10樘，不足10樘时应全数检查。

6.2 主 控 项 目

【条文】6.2.1 建筑外门窗的品种、规格应符合设计要求和相关标准的规定。

检验方法：观察、尺量检查；核查质量证明文件。

检查数量：按本规范第6.1.5条执行；质量证明文件应按照其出厂检验批进行核查。

【要点说明】 建筑外门窗的品种、规格符合设计要求和相关标准的规定，这是一般性的要求，应该得到满足。门窗的品种一般包含了型材、玻璃等主要材料的信息，也包含一定的性能信息，规格包含了尺寸、分格信息等。

门窗的品种中包含了型材、玻璃等主要材料的信息，也隐含着各种配件、附件的信息。不同型材和不同玻璃组合有不同的节能性能，参考数据见表6.2.1。

表6.2.1 不同型材和不同玻璃组合的门窗性能表

玻 璃	普通铝合金窗		断热铝合金窗		PVC塑料窗	
	K [W/(m^2·K)]	SC	K [W/(m^2·K)]	SC	K [W/(m^2·K)]	SC
透明玻璃(5~6mm)	6.0	0.9~0.8	5.5	0.85	4.7	0.8
吸热玻璃	6.0	0.7~0.65	5.5	0.65	4.7	0.65

续表

玻 璃	普通铝合金窗		断热铝合金窗		PVC塑料窗	
	K [W/(m²·K)]	SC	K [W/(m²·K)]	SC	K [W/(m²·K)]	SC
热反射镀膜玻璃	5.5	0.55~0.25	5.0	0.5~0.25	4.5	0.50~0.25
遮阳型Low-E玻璃	5.0	0.55~0.45	4.5	0.5~0.4	4.5	0.50~0.4
透明中空玻璃	4.0	0.75	3.5~3.0	0.7	3.0~2.5	0.7
Low-E中空玻璃（充特殊气体时传热系数取小值）	3.5	0.55~0.3	3.0~2.0	0.5~0.25	2.5~2.0	0.5~0.25

注：表中仅是部分玻璃与不同型材组合的数据。表中热工参数为各种窗型中较有代表性的数据，不同厂家、玻璃种类以及型材系列品种都有可能有较大浮动，具体数值应以法定检测机构的检测值或模拟计算报告为准。

从上表可以看到，不同种类的门窗，热工性能相差很大。

另外，门窗不同的开启形式、采用不同的密封方式，其气密性能和热工性能指标均可能不同。门窗规格大小不同，热工性能就会发生变化。如大窗的玻璃面积相对多，传热系数受框的影响就小一些，而遮阳系数就会大一些。所以应该核查门窗的品种、规格。检查门窗的规格可以采用测量门窗的特征尺寸的办法。

通过对门窗质量证明文件的核查，可以核对门窗的品种、性能参数等是否与设计要求一致。通过对质量证明文件的核查，可以确定产品是否得到生产企业的合格保证。门窗的质量证明文件一般可包括：

1) 产品合格证；
2) 性能检测报告或门窗节能标识证书；
3) 玻璃合格证明文件；
4) 型材合格证明文件等。

【检查与验收】 门窗的特征尺寸采用尺量检查；产品外观质量采用目测观察；门窗的品种、规格等技术资料和性能检测报告等质量文件与实物一一核查。

检查数量按进场批次和出厂检验批，按本规范第6.1.5条执行进行检查，相关质量证明文件按出厂检验批进行核查。

验收的内容主要包括：门窗的品种、规格是否正确，外观质量是否符合要求，质量证明文件是否齐全，是否满足设计要求和节能标准的规定。

【条文】6.2.2 建筑外窗的气密性、保温性能、中空玻璃露点、玻璃遮阳系数和可见光透射比应符合设计要求。

检验方法：核查质量证明文件和复验报告。

检查数量：全数核查。

【要点说明】 本条为强制性条文。建筑外门窗的气密性、保温性能(传热系数)、中空玻璃露点、玻璃遮阳系数和可见光透射比都是重要的节能指标,所以应符合强制的要求。

一定规格尺寸门窗的传热系数可以通过实验室测试确定,这可以通过核查检测报告来检验。但实际工程中,门窗的尺寸是很多的,各种尺寸门窗的传热系数只能依靠计算确定。即将发布的《建筑门窗玻璃幕墙热工计算规程》对门窗的热工计算问题提供了详细的计算方法。

玻璃的遮阳系数、可见光透射比对于门窗都是主要的节能指标要求,更应该强制满足设计要求。中空玻璃露点应满足产品标准要求,以保证产品的质量和性能的耐久性。

测试门窗的传热系数应采用《建筑外窗保温性能分级及检测方法》GB/T 8484,测试气密性能应采用《建筑外窗气密性能分级及检测方法》GB/T 7107。建设部正在试行门窗的节能性能标识,标识证书亦可以作为质量证明文件,其中的指标可作为性能证明。

测量玻璃系统的相关热工参数应采用测试和计算相结合的办法。首先应测量组成玻璃系统的单片玻璃的全太阳光谱范围内的透射比、前反射比、后反射比和两个表面的远红外半球发射率,然后采用行业标准《建筑门窗玻璃幕墙热工计算规程》提供的方法计算玻璃的遮阳系数、可见光透射比。

中空玻璃的露点测试主要是测试玻璃中空层的密封状况。测试方法采用《中空玻璃》中提供的方法。

【检查与验收】 本条的检验主要是核查,核查门窗、玻璃等产品质量证明文件,以及按照6.2.3条进行的复验而出具的复验报告。核对的内容为外门窗的气密性、保温性能(传热系数)、中空玻璃露点、玻璃遮阳系数和可见光透射比等。

检查核对应覆盖所有的外门窗品种。

验收内容:门窗的性能指标是否符合设计要求。

【条文】6.2.3 建筑外窗进入施工现场时,应按地区类别对其下列性能进行复验,复验应为见证取样送检:

1 严寒、寒冷地区:气密性、传热系数和中空玻璃露点;
2 夏热冬冷地区:气密性、传热系数、玻璃遮阳系数、可见光透射比、中空玻璃露点;
3 夏热冬暖地区:气密性、玻璃遮阳系数、可见光透射比、中空玻璃露点。

检验方法:随机抽样送检;核查复验报告。

检查数量:同一厂家同一品种同一类型的产品各抽查不少于3樘(件)。

【要点说明】 为了保证进入工程用的门窗质量达到标准,保证门窗的性能,需要在建筑外窗进入施工现场时进行复验。

由于在严寒、寒冷、夏热冬冷地区对门窗保温节能性能要求更高,门窗容易结露,所以需要对门窗的气密性能、传热系数进行复验。

夏热冬暖地区由于夏天阳光强烈,太阳辐射对建筑能耗的影响很大,主要考虑门窗的夏季隔热，所以仅对气密性能进行复验。

玻璃的遮阳系数、可见光透射比以及中空玻璃的露点是建筑玻璃的基本性能，应该进行复验。因为在夏热冬冷和夏热冬暖地区，遮阳系数是非常重要的。

测试门窗的传热系数应采用《建筑外窗保温性能分级及检测方法》GB/T 8484。复验时应取一定尺寸的标准试件，送实验室进行测试。如果所检验的门窗品种进行了门窗节能指标的标识，应核对标识证书中的产品主要材料、构配件是否与现场所用的一致。如果一致，可采用标识证书中的参数。

测试气密性能应采用《建筑外窗气密性能分级及检测方法》GB/T 7107。如果该门窗品种进行了门窗节能指标的标识，在核对了产品主要材料、构配件以后，可直接采用标识证书中的参数。

测量玻璃系统的相关热工参数应采用测试和计算相结合的办法。首先应测量组成玻璃系统的单片玻璃的性能，然后采用行业标准《建筑门窗玻璃幕墙热工计算规程》计算。单片玻璃应进行抽样，按照实验室的要求取相应大小的玻璃片，送实验室测试。计算中空玻璃的相关参数应由实验室一并进行，并在玻璃检测报告中给出计算结果。

中空玻璃的露点测试采用《中空玻璃》GB/T 11944 中提供的方法。测试的结果满足产品标准的要求，说明中空玻璃的密封性能满足要求。

【检查与验收】 本条的检验主要是抽样进行实验室测试。测试门窗或玻璃的相关参数必须委托专业实验室，由实验室出具复验报告。

检验的内容为外门窗的气密性、保温性能（传热系数）、中空玻璃露点、玻璃遮阳系数和可见光透射比等。内容应根据所在地的气候分区进行选择。

复验的品种应覆盖主要的外门窗品种。检验的数量是同一厂家同一品种同一类型的产品应各抽查不少于 3 樘。

验收内容：核查复验报告，核对门窗的性能指标是否符合设计要求。

【条文】6.2.4 建筑门窗采用的玻璃品种应符合设计要求。中空玻璃应采用双道密封。

检验方法：观察检查；核查质量证明文件。

检查数量：按本规范第 6.1.5 条执行。

【要点说明】 门窗的节能很大程度上取决于门窗所用玻璃的形式（如单玻、双玻、三玻等）、种类（普通平板玻璃、浮法玻璃）及加工工艺（如单道密封、双道密封等），为了达到节能要求，建筑门窗采用的玻璃品种应符合设计要求。

为了提高保温性能，玻璃可以镀 Low-E 膜，中空层内还可以充惰性气体。

为了降低遮阳系数，可以采用特殊的玻璃，玻璃也可以镀各种膜，包括采用吸热玻璃、热反射玻璃、遮阳型 Low-E 玻璃等。玻璃的品种应进行核对。

普通的中空玻璃应采用聚硫密封胶及丁基密封胶；隐框窗的中空玻璃应采用硅酮结构密封胶及丁基密封胶；镀膜面应在中空玻璃的第 2 或第 3 面上。目前制作中空玻璃一般均应采用双道密封。因为一般来说密封胶的水蒸气渗透阻还不足够保证中空玻璃内部空气不受潮，需要再加一道丁基胶密封。有些暖边间隔条将密封和间隔两个功能置于一身，本身的密封效果很好，可以不受到此限制，实际上这样的间隔条本身就有双道密封的效果。中空玻璃的间隔铝框可采用连续折弯型或插角型，不得使用热熔型间隔胶条。间隔铝框中的干燥剂宜采用专用设备装填。

【检查与验收】 本条的检验采用的方法主要是外观观察检查和核对产品的质量保证文件。

玻璃的品种可以通过与已经测试过的留样样品进行观察来检验。在质量证明文件中应核对玻璃的单片品种，镀膜玻璃应核对镀膜的编号是否与设计选择的一致。

中空玻璃的密封是否采用双道密封则主要通过观察。普通中空玻璃主要看是否有丁基胶密封和密封胶密封两道密封。

检验的玻璃品种应覆盖主要的品种。检查数量按进场批次和其出厂检验批，按本规范第6.1.5条执行进行检查，相关质量证明文件按其出厂检验批进行核查。

验收内容：核查玻璃验收检验单，核对玻璃品种是否符合设计要求。

【条文】6.2.5 金属外门窗隔断热桥措施应符合设计要求和产品标准的规定，金属副框的隔断热桥措施应与门窗框的隔断热桥措施相当。

检验方法：随机抽样，对照产品设计图纸，剖开或拆开检查。

检查数量：同一厂家同一品种同一类型的产品各抽查不少于1樘。金属副框的隔断热桥措施按检验批抽查30%。

【要点说明】 金属窗的隔热措施非常重要，直接关系到其传热系数的大小。金属框的隔断热桥措施一般采用穿条式隔热型材、注胶式隔热型材，也有部分采用连接点断热措施。所以验收时应检查金属外门窗隔断热桥措施是否符合设计要求和产品标准的规定。

隔热型材的隔热条、隔热材料（一般为发泡材料）等，隔热条的尺寸和隔热条的导热系数对框的传热系数影响很大，所以隔热条的类型、标称尺寸必须符合设计的要求。铝合金隔热型材应符合下列标准的要求：

《建筑用隔热铝合金型材 穿条式》JG/T 175—2005
《铝合金建筑型材 第6部分：隔热型材》GB 5237.6—2004

检验这些隔热措施主要采用观察，必要时只能剖开检查，应核对所采取的隔热措施是否与设计图纸中的一致。检验时应采用游标卡尺测量隔热处的几何尺寸，核对其是否与图纸和性能检验报告中的一致。

有些金属门窗采用先安装副框的干法安装方法。这种方法因可以在土建基本施工完成后安装门窗，因而门窗的外观质量得到了很好的保护。但金属副框经常会形成新的热桥，应该引起足够的重视。这样，在严寒、寒冷和夏热冬冷地区，金属副框的隔热措施就很重要了。这些部位可以采用发泡材料进行填充，使得金属副框不同时直接接触室外和室内的金属窗框。为了达到隔热效果，不至于影响门窗的热工性能，隔热措施应与窗的隔热措施效果相当。

【检查与验收】 本条的检验采用的方法主要是观察检查和核对设计图纸文件，隔热的尺寸可采用游标卡尺测量。一些已经隐蔽的部位可采用剖开检查的方式。

检验的内容主要包括：型材的隔热措施、金属副框的隔热措施。

门窗检验的数量是同一厂家同一品种同一类型的产品应各抽查不少于3樘。金属副框按照第6.1.5条的检验数量进行检验。

验收内容：核查门窗进场检验单，核查金属副框的隐蔽检验验收单。

【条文】6.2.6 严寒、寒冷、夏热冬冷地区的建筑外窗，应对其气密性能做现场实体检验，检测结果应满足设计要求。

检验方法：随机抽样现场检验。

检查数量：同一厂家同一品种同一类型的产品各抽查不少于3樘。

【要点说明】 严寒、寒冷、夏热冬冷地区建筑外窗的气密性能是影响节能效果的重要检测项目。为了保证应用到工程的产品质量，本标准要求对这两种外窗的气密性做现场实体检验。

现场检验门窗的气密性能应采用《建筑门窗气密、水密、抗风压现场检测方法》。推拉窗现场检验尚比较方便，凸窗、转角窗的现场检验有一定难度，需要另外固定检测支架。在现场检验时应注意检测时的天气条件，不要因建筑外部的风引起过大的测量误差。所以不能在超过3级风的天气测试。高层建筑应在基本无风的天气进行测试。

【检查与验收】 本条的检验采用的方法主要是抽样现场测试。

检验的内容：门窗的气密性能。

现场检验的数量是同一厂家同一品种同一类型的产品应各抽查不少于3樘。

验收内容：核查测试报告，核对气密性能是否达到节能设计标准和设计要求。

【条文】6.2.7 外门窗框或副框与洞口之间的间隙应采用弹性闭孔材料填充饱满，并使用密封胶密封；外门窗框与副框之间的缝隙应使用密封胶密封。

检验方法：观察检查；核查隐蔽工程验收记录。

检查数量：全数检查。

【要点说明】 外门窗框与副框之间以及门窗框或副框与洞口之间间隙的密封也是影响建筑节能的一个重要因素，控制不好，容易导致透水、形成热桥，所以应该对缝隙的填充进行要求。这些部位主要是密封问题和热桥问题。密封问题对于冬季节能非常重要，热桥则容易引起结露和发霉，所以必须将这些部位处理好。工程施工中应对这些部位进行隐蔽工程验收。

处理门窗与墙体之间的缝隙有多种方法。对于南方夏热冬暖地区，缝隙的处理主要是防水，所以一般采用塞缝和密封胶密封处理即可。对于需要保温的其他地区，则应考虑缝隙处理带来的热桥问题，处理不好，容易在这些部位造成结露。

处理门窗缝隙的保温，现在多采用现场注发泡胶，然后采用密封胶密封防水。《塑料门窗安装及验收规程》JGJ 103—96 要求，窗框与洞口之间的伸缩缝内腔应采用闭孔泡沫塑料、发泡聚苯乙烯等弹性材料分层填塞，填塞不宜过紧。

现场检验主要采用观察检查的手段，针对所检验的部位，核对门窗安装节点构造设计，看是否满足要求。

【检查与验收】 本条的检验采用的方法主要是观察检查和核对设计图纸文件，一些已经隐蔽的部位可采用剖开检查的方式。

检验内容：外门窗框或副框与洞口之间的间隙填充是否满足要求。

检验数量：要求进行全数检查。

验收内容：核查门窗安装的隐蔽检验验收单。

【条文】 6.2.8 严寒、寒冷地区的外门安装，应按照设计要求采取保温、密封等节能措施。

检验方法：观察检查。

检查数量：全数检查。

【要点说明】 严寒、寒冷地区的外门主要是指居住建筑的户门，公共建筑的常开出入门等。这些外门节能也很重要，设计中一般均会采取保温、密封等节能措施。这些措施一般是采用门斗，公共建筑往往采用旋转门、自动门等。由于这些门需要经常的活动，活动频率高，其密封措施也比较特殊。

由于这些外门在一个单位工程中一般不多，而往往又不太容易做好，因而要求全数检查。检查的方法主要是观察和核对节能设计。

【检查与验收】 本条的检验采用的方法主要是现场观察检查。

检验的内容：外门的节能措施。

现场检验数量：全部检查。

验收内容：核查现场检验单，核对措施是否符合设计要求。

【条文】 6.2.9 外窗遮阳设施的性能、尺寸应符合设计和产品标准要求；遮阳设施的安装应位置正确、牢固，满足安全和使用功能的要求。

检验方法：核查质量证明文件；观察、尺量、手扳检查。

检查数量：按本规范第 6.1.5 条执行；安装牢固程度全数检查。

【要点说明】 在夏季炎热的地区应用外窗遮阳设施是很好的节能措施。遮阳设施的性能主要是其遮挡阳光的能力，这与其形状、尺寸、颜色、透光性能等均有很大关系，还与其调节能力有关，这些性能均应符合设计要求。

遮阳构件种类繁多，如百叶、遮阳板、遮阳挡板、卷帘、花格等。对于遮阳构件，其尺寸直接关系到遮阳效果。如果尺寸不够大，必然不能按照设计的预期而遮住阳光。遮阳构件所用的材料也是非常重要的。材料的光学性能、材质、耐久性等均很重要，所以材料应为所设计的材料。遮阳构件的构造关系到其结构安全、灵活性、活动范围等，应该按照设计的构造制造遮阳的构件。

遮阳设施主要是遮挡太阳的直射，这与位置有很大的关系。目前，遮阳系数的计算主要由建筑设计完成，建筑设计图中对遮阳设施的位置以及遮阳设施的形状有明确的图纸或要求。为保证达到遮阳设计要求，遮阳设施的安装应安装在正确的位置。

由于遮阳设施安装在室外效果好，而室外往往有较大的风荷载，所以遮阳设施的牢固问题非常重要。在目前北方普遍采用外墙外保温的情况下，活动外遮阳设施的固定往往成了难以解决的问题。所以，遮阳设施在设计中应进行荷载核算，保证遮阳设施自身的安全。

【检查与验收】 本条的检验采用的方法主要是核查遮阳设施的质量证明文件、观察检查、量尺寸、量位置、手扳检查其牢固程度。

检验的内容：质量证明文件，必要时包括性能检测报告；测量遮阳构件的尺寸、位置；现场观察检查遮阳构件的外观质量；遮阳设施的牢固程度，必要时可根据设计要求进行现场荷载测试。

现场检验数量：按照第6.1.5条的检验数量的30％抽查，安装牢固程度应全部检查，测试按照测试方案进行。

验收内容：核查构件进场验收检验单，现场检验单，核对是否符合设计要求。

【条文】 6.2.10 特种门的性能应符合设计和产品标准要求；特种门安装中的节能措施，应符合设计要求。

检验方法：核查质量证明文件；观察、尺量检查。

检查数量：全数检查。

【要点说明】 特种门与节能有关的的性能主要是密封性能和保温性能。对于人员出入频繁的门，其自动启闭、阻挡空气渗透的性能也很重要。自动启闭的门有旋转门、平移推拉门等，有的出入口采用消防逃生门。这些特殊品种的门，其产品的性能也有其特殊性。对照设计文件和产品质量证明文件，核对这些产品的性能是否符合要求。

另外，特种门的安装也有其特殊的要求，安装后应保证门的密封性能和启闭的灵活性。安装中采取的相应措施非常重要，施工一定要按照产品设计的要求施工。

【检查与验收】 本条的检验采用的方法主要是核查质量证明文件、观察检查、量尺寸等。

检验的内容：质量证明文件，必要时包括性能检测报告；测量门的规格尺寸；现场观察检查门的外观质量；门的安装是否符合设计要求，安装是否牢固、到位，必要时可根据设计要求进行现场启闭测试。

现场检验数量：全部检查，测试按照测试方案进行。

验收内容：核查构件进场验收检验单，现场检验单，核对是否符合设计要求。

【条文】 6.2.11 天窗安装的位置、坡度应正确，封闭严密，嵌缝处不得渗漏。

检验方法：观察、尺量检查；淋水检查。
检查数量：按本规范第6.1.5条执行。

【要点说明】 天窗与节能有关的性能均与普通门窗类似，因而，天窗的传热系数、遮阳系数、可见光透射比、气密性能等均应该满足普通门窗的要求，前面的条款均应得到满足。

天窗与普通窗最大的不同是安装的角度。由于角度的不同往往会导致在水密性方面的巨大差别，所以天窗的安装位置、坡度等均应正确，可保证雨水密封的性能。安装后的天窗应保证封闭严密，不渗漏雨水。

天窗的检验主要采用观察和尺量检测的方式，水密性可采用现场淋水的方法。现场淋水可以采用喷水头喷水的方式。

【检查与验收】 本条的检验采用的方法主要是观察检查、量尺寸、现场进行淋水试验等。

检验的内容：测量天窗的规格尺寸；现场观察检查天窗的外观质量；天窗的安装是否符合设计要求，安装是否符合坡度的要求，并进行现场淋水测试。

现场检验数量：按照第6.1.5条的检验数量，淋水测试按照测试方案进行。

验收内容：核查现场检验单，核对是否符合设计要求，现场淋水测试是否不渗漏。

6.3 一 般 项 目

【条文】6.3.1 门窗扇密封条和玻璃镶嵌的密封条，其物理性能应符合相关标准中的规定。密封条安装位置应正确，镶嵌牢固，不得脱槽，接头处不得开裂。关闭门窗时密封条应接触严密。

检验方法：观察检查。
检查数量：全数检查。

【要点说明】 门窗扇和玻璃的密封条的安装及性能对门窗节能有很大影响，使用中经常出现由于断裂、收缩、低温变硬等缺陷造成门窗渗水、漏气。所以塑料门窗密封条质量应该符合《塑料门窗密封条》GB/T 12002标准的要求。铝合金门窗的密封条经常采用的品种有三元乙丙橡胶、氯丁橡胶条、硅橡胶条等。密封胶条应符合国家现行标准《建筑橡胶密封垫预成型实心硫化的结构密封垫用材料规范》HB/T 3099及《工业用橡胶板》GB/T 5574的规定。

门窗开启部位的密封条尤其重要。平开窗主要采用各种空心的橡胶密封条，而推拉窗则有采用带胶片毛条，或采用空心橡胶条。

密封条安装完整、位置正确、镶嵌牢固对于保证门窗的密封性能均很重要。保障密封条的完整性对于密封质量也是非常关键的，所以密封条不能开裂。

关闭门窗时应能保证密封条的接触严密，不脱槽。这就要求安装好后，门窗关闭时密封条应能保持被压缩的状态。毛条的压缩应超过10%以上，橡胶密封条应保持与铝型材紧密接触。

【检查与验收】 本条的检验采用的方法主要是核查密封条的质量证明文件、观察检查密封条的安装质量和窗扇安装的质量。

检验的内容：质量证明文件，且包括物理性能检测报告；现场观察检查密封条的外观质量；观察密封条的安装是否符合要求，安装是否牢固，接头处是否开裂，关闭后密封条是否处于被压缩状态或与型材紧密接触。

现场检验数量：采用巡查全部检查，重点门窗应详细检验记录。

验收内容：核查现场检验单，核对是否符合要求。

【条文】6.3.2 门窗镀(贴)膜玻璃的安装方向应正确，中空玻璃的均压管应密封处理。

检验方法：观察检查。

检查数量：全数检查。

【要点说明】 镀(贴)膜玻璃在节能方面有两方面的作用，一方面是遮阳，另一方面是降低传热系数。膜层位置与节能的性能和中空玻璃的耐久性均有关。对于遮阳而言，镀膜可以反射阳光或吸收阳光，所以镀膜一般应放在靠近室外的玻璃上。为了避免镀膜层的老化，镀膜面一般在中空玻璃内部，单层玻璃应将镀膜置于室内侧。对于低辐射玻璃(Low-E玻璃)，低辐射膜应该置于中空玻璃内部。采用单片低辐射镀膜玻璃时，应使用在线热喷涂低辐射镀膜玻璃；离线镀膜的低辐射镀膜玻璃宜加工成中空玻璃使用，且镀膜面应朝向中空气体层。有颜色的镀膜很容易通过对比留样样品而得知是否正确。

为了保证中空玻璃在长途(尤其是海拔高度、温度相差悬殊)运输过程中玻璃不至于损坏，或者保证中空玻璃不至于因生产环境和使用环境相差甚远而出现损坏或变形，许多中空玻璃设有均压管。在玻璃安装完成之后，为了确保中空玻璃的密封，均压管应进行密封处理。

【检查与验收】 本条的检验采用的方法主要是观察检查。

检验的内容：现场观察检查玻璃的安装方向；验收玻璃时检查均压管(如有设置)是否在安装前被封闭。

现场检验数量：按照巡查的方式全部检查，重点部位仔细检查。

验收内容：核查现场检验单，核对是否符合要求。

【条文】6.3.3 外门窗遮阳设施调节应灵活、能调节到位。

检验方法：现场调节试验检查。

检查数量：全数检查。

【要点说明】 活动遮阳设施的调节机构是保证活动遮阳设施发挥作用的重要部件。这些部件应灵活，能够将遮阳板等调节到位。遮阳设施的调节机构种类繁多，各种机构的要求都不一样。如有撑杆机构、导轨机构、线控机构等等。调节遮阳设施有用人工的,也有采用电动的。有卷帘形式,有线拉控形式等多种多样。

测试遮阳构件的灵活、可靠,可采用试验的方法。试验应直接采用该遮阳装置的调节方式进行。

【检查与验收】 本条的检验采用的方法主要是现场试验的方法,每个遮阳设施至少一个来回的试验,重点部位应测试10次以上。

检验的内容:遮阳装置的调节功能是否满足设计要求,遮阳设施的调节是否到位。

现场检验数量:全部检查,重点测试按照测试方案进行。

验收内容:核查现场检验单,核对是否符合要求。

第7章 屋面节能工程

【概述】 屋面节能是建筑物围护结构节能的主要部分，在建筑物围护结构中，墙体传热约占围护结构传热的25%～30%，门窗传热约占建筑围护结构传热的25%，屋面传热约占建筑物围护结构的6～10%，对于多层建筑约占10%，高层建筑约占6%，而别墅等低屋建筑要占12%以上，因此搞好屋面建筑节能是建筑围护结构节能的重要组成部分。搞好建筑屋面保温与隔热不仅是建筑节能的需要，也是改善顶层建筑室内热环境的需要。过去由于我国经济水平较低，对建筑物室内热环境不够重视，对于屋面仅注意其防水性能，而不注重保温隔热，致使北方寒冷、严寒地区顶层建筑的冬季室温要比中间层低2～3℃，黄河流域以南的夏热冬冷地区和夏热冬暖地区顶层建筑夏季室温要比中间层高2～3℃。在北方采暖地区为了提高顶层间温度，通过增加散热器数量的办法来实现，通常要增加20%～30%。在商品房中，建筑物顶层的价格要比中间层低很多，最主要的原因是其室内热环境太差，既使现在改变了屋面保温效果，在人们的观念中还担心顶层建筑的室内热环境。

本章屋面节能工程的验收内容包括三个部分共15条，第一节为一般规定，对影响屋面施工质量的一般共性问题提供具体的规定要求。第二节为主控项目共8条，是这一章的核心，其中还有一条为强制条文，必须认真严格执行，这一节对需要控制的项目明确了质量要求、验收检查方法和验收数量，这些规定和内容都必须严格遵守，在施工过程中必须严格按规定认真检查。重点应该把好两点，一是进场材料的质量性能；二是施工过程中的施工质量。第三节是对一般项目提出的要求和规定共3条，虽然是一般项目，但也要认真执行，否则也会影响节能效果。

7.1 一 般 规 定

【条文】 7.1.1 本章适用于建筑屋面节能工程，包括采用松散保温材料、现浇保温材料、喷涂保温材料、板材、块材等保温隔热材料的屋面节能工程的质量验收。

【要点说明】 本条规定了建筑屋面节能工程验收适用范围，包括采用松散、现浇板块等保温隔热材料施工的平屋面、坡屋面、倒置式屋面、架空屋面、种植屋面、蓄水屋面、采光屋面等。

松散保温隔热材料是指用炉渣、膨胀蛭石、水渣、膨胀珍珠岩、矿物棉、锯末等干铺而成，目前松散材料已很少用于屋面保温。

板块保温隔热材料是用松散保温隔热材料或化学合成聚酯与合成橡胶类材料加工制成。如泡沫混凝土板、蛭石板、矿物棉板、软木板及有机纤维板(木丝板、刨花板、甘蔗板)、绝热用模压聚苯乙烯泡沫塑料板(EPS板)、加气混凝土块、挤压聚苯乙烯泡沫塑料板(XPS板)、硬质聚氨酯泡沫塑料，其中挤压聚苯乙烯泡沫塑料板(XPS板)是目前最为理想屋面保温隔热材料，其特点是抗压强度高，吸水率低，导热系数小，施工方便，已被广泛用于各类屋面保温隔热工程中。

现浇保温材料主要是近几年发展起来的，如聚氨脂现场发泡喷涂，泡沫混凝土。

建筑屋面按结构型式可分为平屋面和坡屋面，从节能效果看坡屋面的节能效果要好于平屋面。坡屋面的保温大多在屋面瓦的下面粘贴XPS聚苯板类材料进行保温，屋面瓦作为保温材料的保护层。对于一些特殊的公共建筑也采用金属面保温夹芯板(芯板材料有EPS、XPS、PU)。平屋面按保温层所处的位置不同又可分为常规保温屋面和倒置式保温屋面。

按照屋面保温、隔热的作用和效果又可分为保温屋面和隔热屋面，保温屋面主要有松散材料保温屋面、板状材料保温屋面和整体现浇保温屋面。隔热屋面包括架空隔热屋面、种植隔热屋面和蓄水隔热屋面。

倒置式屋面、种植屋面、蓄水屋面的主要特点如下：

倒置式屋面

节能屋面构造一般由结构层、保温隔热层、找坡层、找平层和防水层等组成，倒置式屋面是将传统屋面构造中保温隔热层与防水层"颠倒"，保温隔热层置于防水层之上。故有"倒置"之称，所以称"侧铺式"或"倒置式"屋面。

1. 倒置式屋面主要特点

（1）保护防水层免受外界损伤；

（2）可以有效延长防水层使用年限；

（3）施工简便，利于翻修。

在倒置式屋面中，保温材料对防水层起到了保护作用、延缓老化、延长使用年限，同时还具有施工简便、速度快、耐久性好，可在冬期或雨期施工等优点。宜在通风较好的建筑物上采用，不宜在严寒地区采用。

倒置式屋面的构造要求保温隔热层应采用吸水率低的材料，如聚苯乙烯泡沫板，沥青膨胀珍珠岩等，而且在保温隔热层上应用混凝土、水泥砂浆或干铺卵石等做保护层，以免保温隔热材料受到破坏。保护层用混凝土板或地砖等材料时，可用水泥砂浆铺砌，用卵石作保护层时，在卵石与保温隔热材料层间应铺一层耐穿刺且耐久性防腐性能好的纤维织物。

2. 倒置式屋面的施工应注意

（1）应选用吸水率低的保温材料。如聚苯泡沫板、现浇硬质聚氨酯泡沫材料、泡沫玻璃等；

（2）要求防水层表面应平整，避免有积水现象，否则积水处于防水层与保温层之间，对屋面防水与保温效果均有不良影响。平屋顶排水坡度增大到3%，以防积水；

（3）铺设板状保温材料时，拼缝应严密，铺设应平稳；

（4）铺设保护层，应避免损坏保温层和防水层；

（5）铺设卵石保护层，卵石应分布均匀，防止超厚，以免增大屋面荷载；

（6）当用聚苯乙烯泡沫塑料等轻质材料做保温层时，上面应用混凝土预制块或水泥砂浆做保护层。

种植屋面

种植屋面是利用屋顶种一些植物，在遮挡太阳辐射热的同时还吸收这些热量用于植物的光合作用、蒸腾作用和呼吸作用，把照射到屋顶的太阳辐射转化为植物的生物能量和空气的有益成分，实现太阳辐射热的资源性转化。因此，屋面温度变化较小，隔热保温性能优良，是一种生态型的节能屋面。

种植屋面又分为有土种植屋面、无土种植屋面和蓄水种植屋面。适用于夏热冬冷地区和华南地区。

种植屋面不仅为建筑的屋面起到保温隔热的效果，而且还有美化建筑，点缀环境的作用。在进行种植屋面设计和施工时应注意以下几个主要问题：

（1）种植屋面一般由结构层、找平层、防水层、蓄水层、滤水层、种植层等构造层组成；

（2）种植屋面应采用整体浇筑或预制装配的钢筋混凝土屋面板作结构层，其质量应符合国家现行各相关规范的要求。在考虑结构层设计时，要以屋顶允许承载重量为依据，必须做到屋顶允许承载量≥一定厚度种植屋面最大湿度重量＋一定厚度排水物质重量＋其他物质重量；

（3）防水层应采用设置涂膜防水层和配筋细石混凝土刚性防水层两道防线的复合防水设防的做法，以确保其防水质量，做到不渗不漏；

（4）在结构层上做找平层，找平层宜采1∶3水泥砂浆，其厚度根据屋面基层种类（按照屋面工程技术规范）规定为15～30mm，找平层应坚实平整。找平层宜留设分格缝，缝宽为20mm，并嵌填密封材料，分格缝最大间距为6m；

（5）种植屋面的植土不能太厚，植物扎根远不如地面，因此，栽培植物宜选择长日照的浅根植物，如各种花卉、草等，一般不宜种植根深的植物；

（6）种植屋面坡度不宜大于3%，以免种植介质流失；

（7）四周挡墙下的泄水孔不得堵塞，应能保证排除积水，满足房屋建筑的使用功能。

蓄水屋面

蓄水屋面是在刚性防水屋面上蓄一层水用来提高屋顶的隔热能力。水在屋顶上能起隔热作用是利用水比热大的特点，主要是水在蒸发时要吸收大量的汽化热，而这些热量大部分从屋面所吸收的太阳辐射中摄取，有效的减弱了屋面的传热量，降低了屋面的内表面温度，是一种较好的隔热措施。

蓄水屋面主要特点：

（1）利用良好的隔热性能，利用太阳辐射加热水温，其隔热效果十分显著。

（2）刚性防水层不干缩。

（3）刚性防水层变形小。

（4）密封材料使用寿命长。

蓄水屋顶也存在一些缺点，在夜里屋顶蓄水后外表面温度始终高于无水屋面，这时很难利用屋顶散热；且屋顶蓄水也增加了屋顶静荷重。为防止渗水，还要加强屋面的引水措施。

【条文】7.1.2 屋面保温隔热工程的施工，应在基层质量验收合格后进行。施工过程中应及时进行质量检查、隐蔽工程验收和检验批验收，施工完成后应进行屋面节能分项工程验收。

【要点说明】 本条首先对屋面保温隔热工程施工条件提出了明确的要求，要求敷设保温隔热层的基层质量必须达到合格，基层的质量不仅影响屋面工程质量，而且对保温隔热的质量也有直接的影响，保温隔热敷设后已无法对基层再处理。特别是倒置式屋面，其防水层等均处于保温层下面，在进行保温层施工前，必须确保防水层质量合格，达到合格质量检验标准，经业主、施工、监理以及设计单位共同验收后才可以进行施工。

其次本条要求在进行保温层施工过程中，应对每道工序每个施工环节，特别是关键工序的质量控制点应进行认真严格的检查，在进行隐蔽之前，应按检验批进行隐蔽验收，如目前常用XPS板（也包括EPS板）铺设完毕进行下道工序前，应对其铺设的是否平整、板缝的间隙是否符合要求，是否进行了填充、保温材料种类以及厚度是否符合要求等进行检查验收。整个屋面保温工程完成后应按分项工程进行验收。其结果做为单位节能工程的一个分项。

【条文】7.1.3 屋面保温隔热工程应对下列部位进行隐蔽工程验收，并应有详细的文字记录和必要的图像资料：
1 基层；
2 保温层的敷设方式、厚度；板材缝隙填充质量；
3 屋面热桥部位；
4 隔汽层。

【要点说明】 在建筑围护结构中，屋面的构造最为复杂，它具有保温隔热、防雨防水、承受水雪荷载或上人荷载等功能。无论是平屋面、坡屋面还是正置式屋面、倒置式屋面、屋面的构造层次均5～6层以上，主要有结构层、隔汽层、找坡层、保温层、防水层以及防护层等，后一层覆盖前一层，层层隐蔽，前一层的质量对后一层有直接影响，后一层施工完成后也无对前一层进行检查，因此在进行后一层施工前应对前一层施工质量进行隐蔽验收。对于影响节能保温效果的隐蔽验收主要包括：①基层；②保温层的敷设方式、厚度及缝隙填充质量；③屋面热桥部位；④隔汽层。对于常规保温屋面基层是指结构层上部的找平层或找坡层，在进行保温层施工前，基层应平整，坡度要正确，表面要干燥，对于采用XPS等板材类保温材料进行保温时基层的平整度非常重要。对于倒置式保温隔热屋面基层是指防水层，防水层的平整度、坡度对倒置式保温隔热屋面的保温隔热效果影响也很大。无论采用哪种材料做倒置屋面的保护层都会有雨水透过保温层，如果保温层下面的防水排水坡度不正确，表面不平整，有坑洼，渗漏透过保温层的雨水将无法排除，使保温层处潮湿状态，这将影响其保温效果，在北方寒冷和严寒地区，冬季的雪水或者秋季积存的雨水有可能在保温层和防水层之间形成结冰层。

在北方严寒和寒冷地区，当室内空气湿度大于75%时（如浴室等），为了防止保温隔热材料通过室内潮湿空气受潮，在保温层结构层之间增加了隔汽层，隔汽层的施工质量对于上部保温层的保温效果非常重要,如果隔汽层所使用材料达不到设计要求,施工过程中材料接缝密封不严,湿气将进入保温层,不仅影响效果,而且可能造成保温层因结冻或湿汽膨胀而造成破坏。

屋面热桥部位如女儿墙、檐沟。这些部位在以往的施工过程只注重其防水,而不注重保温,在整个建筑围护结构未进行节能保温时,由于墙体中圈梁、构造柱、楼板等部位的热桥比屋面大的多,即使室内冬季有结露,也主要表现在墙体的热桥部位。但当墙体采用外墙外保温后,这些热桥部位也就不存在了,这对屋面热桥的影响也就显现出来了,如果处理不当,将会在热桥部位产生结露,这不仅影响了节能保温效果,而且因结露发霉变黑,影响使用效果。

【条文】7.1.4 屋面保温隔热层施工完成后,应及时进行找平层和防水层的施工,避免保温层受潮、浸泡或受损。

【要点说明】 屋面保温隔热层施工完成后的防潮处理非常重要,特别是易吸潮的保温隔热材料。因为保温材料受潮后,其孔隙中存在水蒸气和水,而水的导热系数($\lambda=0.5$)比静态空气的导热系数($\lambda=0.02$)要大 20 多倍,因此材料的导热系数也必然增大。若材料孔隙中的水分受冻成冰,冰的导热系数($\lambda=2.0$)相当于水的导热系数的 4 倍,则材料的导热系数更大。黑龙江省低温建筑科学研究所对加气混凝土导热系数与含水率的关系进行测试,其结果见表 7.1.4。

表 7.1.4 加气混凝土导热系数与含水率的关系

含水率 ω(%)	导热系数 λ [W/(m·K)]	含水率 ω(%)	导热系数 λ [W/(m·K)]
0	0.13	15	0.21
5	0.16	20	0.24
10	0.19		

上述情况说明,当材料的含水率增加 1%时,其导热系数则相应增大 5%左右;而当材料的含水率从干燥状态($\omega=0$)增加到 20%时,其导热系数则几乎增大一倍。还需特别指出的是:材料在干燥状态下,其导热系数是随着温度的降低而减少;而材料在潮湿状态下,当温度降到 0℃以下,其中的水分冷却成冰,则材料的导热系数必然增大。

含水率对导热系数的影响颇大,特别是负温度下更使导热系数增大,为保证建筑物的保温效果,在保温隔热层施工完成后,应尽快进行防水层施工,在施工过程中应防止保温层受潮。

7.2 主 控 项 目

【条文】7.2.1 用于屋面节能工程的保温隔热材料,其品种、规格应符合设计要求和相关标准的规定。

检验方法:观察、尺量检查;核查质量证明文件。
检查数量:按进场批次,每批随机抽取 3 个试样进行检查;质量证明文件应按照其出厂检验批进行核查。

【要点说明】 保温材料进场一定要认真检查保温材料的品种、规格、不得随意更改，必须与设计要求一致，在材料的品种上一般情况不会错，但在规格上很容易出错，这里有主观的，也有客观的，特别是有的材料供应商或者施工单位为了自己的经济利益以次充好，总认为屋面保温不会出现安全方面的质量事故，常以劣质的材料来代替合格的材料，因此在材料进场时要认真检查。首先目测其外观、形状、颜色，用尺子测量其厚度尺寸，用称称取一定体积的重量计算其密度，然后对照其产品使用说明书和设计文件要求进行核对。材料进场时一定要检查产品出厂合格证、使用说明、产品质量检验报告以及型式试验报告，对于新材料、新产品还要核对其产品的技术鉴定报告，推广应用证明，以及经技术监督部门或建设行政主管部门备案的产品技术标准。对于有些地方还要检查是否具备节能产品认证的证书。所有上述这些文件和证明都需要盖供应商和生产企业的公章，对于复印件要更加严格地审核。

用于屋面的保温隔热的材料很多，保温材料一般为轻质、疏松、多孔或纤维的材料，按其形状可分为以下三种类型：

1. 松散保温材料

常用的松散材料有膨胀蛭石（粒径3～15mm）、膨胀珍珠岩、矿棉、岩棉、玻璃棉、炉渣（粒径3～15mm）等。

2. 整体现浇保温材料

采用泡沫混凝土、聚氨酯现场发泡喷涂材料，整体浇筑在需保温的部位。

3. 板状保温材料

如挤压聚苯乙烯泡沫塑料板（XPS板）、模压聚苯乙烯泡沫塑料板（EPS板）、加气混凝土板、泡沫混凝土板、膨胀珍珠岩板、膨胀蛭石板、矿棉板、岩棉板、木丝板、刨花板、甘蔗板等。有机纤维材的保温性能一般较无机板材为好，但耐久性较差，只有在通风条件良好、不易腐烂的情况下使用才较为适宜。目前应用最广泛，经济适用，效果最好的是XPS板。

保温隔热材料的品种、性能及适用范围见表7.2.1。

表7.2.1 保温隔热材料的品种、性能及适用范围

材料名称	主要性能及特点	适用范围
泡沫塑料	挤压聚苯乙烯泡沫塑料板（XPS）是以聚苯乙烯树脂或其共聚物为主要成分，添加少量添加剂，通过加热挤塑成形而制成的具有闭孔结构的硬质泡沫塑料板材 表观密度≥35kg/m³，抗压强度0.15～0.25MPa，导热系数≤0.035W/(m·K)。具有密度大、压缩性高、导热系数小、吸水率低、水蒸气渗透系数小、很好的耐冻融性能和抗压缩蠕变性能等特点 模压聚苯乙烯泡沫塑料板（EPS）是用可发性聚苯乙烯珠粒经加热预发泡后，再放入模具中加热成型而制成的具有微闭孔结构的泡沫塑料 表观密度≥18kg/m³，抗压强度≥0.1MPa，导热系数≤0.041W/(m·K)。具有质轻、保温、隔热、吸声、防震、吸水性小、耐低温性好、耐酸碱性好等特点	屋面保温隔热层

续表

材料名称	主要性能及特点	适用范围
加气混凝土	加气混凝土是用钙质材料(水泥、石灰)、硅质材料(石英砂、粉煤灰、高炉矿渣等)和发气剂(铝粉、锌粉)等原料,经磨细、配料、搅拌、浇注、发气、静停、切割、蒸压等工序生产而成的轻质混凝土材料 表观密度 400～600kg/m³,导热系数为≤0.03W/(m·K)	屋面保温层
浮石	浮石为一种天然资源,在我国分布较广,蕴藏量较大,内蒙古、山西、黑龙江均是著名浮石产地 浮石堆积密度一般在 500～800kg/m³,空隙率为 45%～56%,浮石混凝土的导热系数为 0.116～0.21W/(m·K)	屋面保温层
硬质聚氨酯泡沫塑料	硬质聚氨酯泡沫塑料是以多元醇/多异氰酸酯为主要原料,加入发泡剂、抗老化剂等多种制剂,在屋面工程上直接喷涂发泡而成的一种保温材料 密度 35～40kg/m³,导热系数<0.03W/(m·K),压缩强度>150kPa。具有质量轻、导热系数小、压缩强度大等优点	屋面保温层
泡沫玻璃	泡沫玻璃是采用石英矿粉或废玻璃经煅烧形成独立闭孔的发泡体 表观密度≥150kg/m³,抗压强度≥0.4MPa,导热系数≤0.062W/(m·K),吸水率<0.5%,尺寸变化率在70℃经48h后≤0.5%。具有重量轻、抗压强度高、耐腐蚀、吸水率低、不变形,导热系数和膨胀系数小、不燃烧、不霉变等特点	屋面保温隔热层
微孔硅酸钙	微孔硅酸钙是以二氧化硅粉状材料、石灰、纷纷增强材料和水经搅拌、凝胶化成型、蒸压养护、干燥等工序制作而成 它具有容重轻、导热系数小、耐水性好、防水性能强等特点	用作房屋内墙、外墙、平顶的防火覆盖材料
泡沫混凝土	泡沫混凝土为一种人工制造的保温隔热材料。一种是水泥加入泡沫剂和水,经搅拌、成型、养护而成。另一种是用粉煤灰加入适量石灰、石膏及泡沫塑剂和水拌制而成,又称为硅酸盐泡沫混凝土。这两种混凝土具有多孔、轻质、保温、隔热、吸声等性能。其表观密度为 350～400kg/m³,抗压强度 0.3～0.5MPa,导热系数在 0.088～0.116W/(m·K)之间	屋面保温隔热层

【检查与验收】
一、检查
1. 检查方法
1)保温隔热材料的几何尺寸采用钢卷尺或钢板尺测量检查。
2)产品外观质量采用目测观察和手摸检查。观察其颜色、形状,手摸感觉其质感。
3)对照实物,检查每一种材料的技术资料和性能检测报告等质量文件是否齐全,内容是否完整。
2. 检查数量
按进场批次,每批随机抽取 3 个试样进行检查,相关质量证明文件按其出厂检验批进行核查。
3. 检查内容
1)对照设计文件,检查保温材料的种类、品种和规格是否与设计相符。

2) 保温隔热材料的外观、形状是否符合产品标准要求。

3) 用尺子测量其外形尺寸是否符合产品标准以及设计文件的要求，重点测量板块状保温隔热材料的厚度。

4) 检查产品出厂合格证、质量检测报告等质量证明文件与实物是否一致，核查有关质量文件是否在有效期之内。质量检测报告应包括材料的密度、导热系数、抗压(压缩)强度等。

5) 对有节能认证要求的地区，还要核查是否取得当地的节能产品认定证书或新产品推广应用证明。

二、验收

1. 验收条件

1) 保温材料的种类、品种和规格符合设计要求。

2) 保温隔热材料出厂质量证明文件和检查报告齐全。

3) 保温隔热材料的几何尺寸、形状符合设计要求，特别是板块状保温材料的厚度必须符合设计要求。

4) 对节能材料要求认定的地区，保温隔热材料供应商必须取得节能产品认定证书或新产品推广应用证明。

2. 验收结论

参加验收的人员包括：监理工程师，建设单位专业负责人，供应商代表，施工单位技术质量负责人，施工单位专业质量检查员、材料员。

满足验收条件的可以通过验收，否则不能通过验收。验收合格后必须形成文字记录，填写进场检验报告。验收人员签字齐全。

要点：产品进场的各种质量文件齐全，品种规格符合设计要求，防止以不合格、劣质产品用于屋面工程。

【条文】7.2.2 屋面节能工程使用的保温隔热材料，其导热系数、密度、抗压强度或压缩强度、燃烧性能应符合设计要求。

检验方法：核查质量证明文件及进场复验报告。

检查数量：全数检查。

【要点说明】 本条为强制性条文。在屋面保温工程中，保温材料的性能对于屋面保温隔热的效果起到决定性的作用。保温隔热材料的导热系数密度或干密度指标直接影响到屋面保温隔热效果，抗压强度或压缩强度影响到保温层的施工质量，燃烧性能是防止火灾隐患的重要条件。因此应对保温隔热材料的导热系数、密度或干密度、抗压强度或压缩强度及燃烧性能进行严格的控制，必须符合节能设计要求、产品标准要求以及相关施工技术规程要求。应检查材料的合格证、有效期内的产品性能检测报告及进场验收记录所代表的规格、型号和性能参数是否与设计要求和有关标准相符。

屋面常用板块状保温材料性能见表7.2.2-1。

表 7.2.2-1 屋面常用板块状保温材料性能表

序号	材料名称	表观密度 (kg/m³)	导热系数 [W/(m·K)]	强度 (MPa)	吸水率(%)	使用温度(℃)
1	模压聚苯乙烯泡沫板	15～30	0.041	10%压缩后 0.06～0.15	2～6	-80～75
2	挤压聚苯乙烯泡沫板	≥32	0.03	10%压缩后 0.15	≤1.5	-80～75
3	硬质聚氨酯泡沫塑料	≥30	0.027	10%压缩后 0.15	≤3	-200～130
4	泡沫玻璃	≥150	0.062	≥0.4	≤0.5	-200～500
5	松散膨胀珍珠岩	40～250	0.03～0.04		250	-200～800
6	水泥珍珠岩 1:8	510	0.073	0.5	120～220	
7	水泥珍珠岩 1:10	390	0.069	0.4	120～220	
8	水泥珍珠岩制品	300	0.08～0.12	0.3～0.8	120～220	650
9	水泥珍珠岩制品	500	0.063	0.3～0.8	120～220	650
10	憎水珍珠岩制品	200～250	0.056～0.08	0.5～0.7	憎水	-20～650
11	沥青珍珠岩	500	0.1～0.2	0.6～0.8		
12	松散膨胀蛭石	80～200	0.04～0.07		200	1000
13	水泥蛭石	400～600	0.08～0.12	0.3～0.6	120～220	650
14	微孔硅酸钙	250	0.06～0.068	0.5	87	650
15	矿棉保温板	130	0.035～0.047			600
16	加气混凝土	400～800	0.14～0.18	3	35～40	200
17	水泥聚苯板	240～350	0.04～0.1	0.3	30	
18	水泥泡沫混凝土	350～400	0.1～0.16			

注：15～18项系独立闭孔、低吸水率材料。

屋面常用松散保温材料的质量要求见表 7.2.2-2。

表 7.2.2-2 松散保温材料的质量要求

项目	膨胀蛭石	膨胀珍珠岩
粒径	3～15mm	≥0.15mm <0.15mm 的含量不大于8%
堆积密度(kg/m³)	≤300	≤120
导热系数 [W/(m·K)]	≤0.14	≤0.07

现场喷涂硬泡聚氨酯的物理性能应符合表 7.2.2-3 要求。

表 7.2.2-3 现场喷涂硬泡聚氨酯的物理性能

项 目	性 能 要 求			试验方法
	Ⅰ型	Ⅱ型	Ⅲ型	
密度，kg/m³	≥35	≥45	≥55	GB/T 6343—1995
导热系数，W/(m·K)	≤0.024	≤0.024	≤0.024	GB 3399—1982
压缩性能，屈服点时或形变10%时的压缩应力，kPa	≥150	≥200	≥300	GB 8813—1988
不透水性(无结)0.2MPa,30min	—	不透水	不透水	
尺寸稳定性(70℃,48h),%	≤1.5	≤1.5	≤1.0	GB 8811—1988
闭孔率,%	≥92	≥92	≥95	GB 10799—1989
吸水率,%	≤3	≤2	≤1	GB 8810—1988

泡沫混凝土技术性能指标见表 7.2.2-4。

表 7.2.2-4 泡沫混凝土技术性能指标

材料名称	表观密度(kg/m³)	导热系数[W/(m·K)]	强度(MPa)	吸水率(%)	干燥收缩值(mm/m)
泡沫混凝土	100～300	0.06～0.18	0.5～2.5	5%～10%	0.6～0.8

【检查与验收】

一、检查

1. 检查方法

对照标准和设计要求核查产品质量证明文件，重点核查材料进场质检报告。

2. 检查数量

全数核查进场复检报告和各批次产品质量证明文件。

3. 检查内容

保温隔热材料的导热系数(热阻)、密度、抗压强度或压缩强度、燃烧性能是否符合设计要求和相关产品标准要求。

二、验收

1. 验收条件

所有批次进场质检报告和质量证明文件所给出的保温材料导热系数、密度、抗压强度或压缩强度、燃烧性能均必须符合设计要求和相关产品标准要求。

2. 验收结论

参加验收的人员包括：监理工程师，建设单位专业负责人，供应商代表，施工单位技术质量负责人，施工单位专业质量检查员、材料员。

满足验收条件的可以通过验收，否则不能通过验收。验收合格后必须形成文字记录，填写进场检验报告。验收人员签字齐全。

要点：重点核查进场复检报告的导热系数、密度、抗压强度和燃烧性能，必须符合设计要求和标准双重要求。

【条文】7.2.3 屋面节能工程使用的保温隔热材料,进场时应对其导热系数、密度、抗压强度或压缩强度、燃烧性能进行复验,复验应为见证取样送检。

检验方法:随机抽样送检,核查复验报告。

检查数量:同一厂家同一品种的产品各抽查不少于3组。

【要点说明】 为了保证用于屋面保温隔热材料的质量,避免不合格材料用于屋面保温隔热工程,参照常规建筑工程材料进场验收办法,对进场的屋面保温隔热材料也由监理人员现场见证随机抽样送有资质的试验室,复验保温隔热材料的导热系数、密度、抗压强度或压缩强度、燃烧性能,复验结果作为屋面保温隔热工程质量验收的一个依据。

用于屋面节能工程的保温隔热材料,应按照相应标准要求的试验方法进行试验,测定其是否满足标准要求。保温隔热材料所涉及的标准和试验方法见表7.2.3。

表7.2.3 建筑屋面保温隔热材料标准

类 别	标 准 名 称	标 准 号
保温隔热材料	1.《绝热用模塑聚苯乙烯泡沫塑料》	GB/T 10801.1—2002
	2.《绝热用挤塑聚苯乙烯泡沫塑料(XPS)》	GB/T 10801.2—2002
	3.《建筑物隔热用硬质聚氨酯泡沫塑料》	QB/T 3806—99
	4.《绝热用岩棉、矿渣棉及其制品》	GB/T 11835—1998
	5.《建筑绝热用玻璃棉制品》	GB/T 17795—1999
	6.《绝热用玻璃棉及其制品》	GB/T 13350—2000
	7.《矿物棉喷涂绝热层》	JC/T 909—2003
	8.《泡沫玻璃绝热制品》	JC/T 647—2005
	9.《膨胀珍珠岩绝热制品》	GB/T 10303—2001
	10.《硅酸盐复合绝热涂料》	GB/T 17371—1998
	11.《蒸压加气混凝土板》	GB 15762—1995
	12.《蒸压加气混凝土块》	GB 11968—1997
	13.《金属面聚苯乙烯夹芯板》	JC 689—1998
	14.《膨胀蛭石制品》	JC442—91(1996)
保温隔热材料试验方法	1.《绝热材料稳态热阻及有关特性的测定 防护热板法》	GB 10294—88
	2.《绝热材料稳态热阻及有关特性的测定 热流计法》	GB 10295—88
	3.《建筑构件稳态热传递性质的测定 标定和防护热箱法》	GB/T 13475—92
	4.《建筑材料水蒸气透过性能试验方法》	GB/T 17146—1997
	5.《用便携式太阳反射计确定常温下太阳光反射比的》	ASTM C 1549—04
	6.《用便携式辐射计确定室温下材料辐射率的标准试验方法》	ASTM C 1371—04a
	7.《塑料试样状态调节和试验的标准环境》	GB/T 298—1998
	8.《泡沫塑料与橡胶 线性尺寸的测定》	GB/T 6342—1996
	9.《泡沫塑料和橡胶 表观(体积)密度的测定》	GB/T 6343—1995
	10.《硬质泡沫塑料吸水率试验方法》	GB 8810—88

续表

类　　别	标　准　名　称	标　准　号
保温隔热材料试验方法	11.《硬质泡沫塑料尺寸稳定性试验方法》	GB 8811—88
	12.《硬质泡沫塑料压缩试验方法》	GB 8813—88
	13.《硬质泡沫塑料水蒸气透过性能的测定》	QB/T 2411—98
	14.《保温材料憎水性试验方法》	GB 10299—88
	15.《矿物棉制品吸水性试验方法》	GB/T 16401—1996
	16.《加气混凝土导热系数试验方法》	JC 275—80(1996)
	17.《膨胀珍珠岩绝热制品试验方法》	GB 5486—85
	18.《塑料燃烧性能试验方法》	GB/T 2406—93
	19.《无机硬质绝热制品试验方法》	GB/T 5486—2001

【检查与验收】

一、检查

1. 检查方法

由监理人员现场见证随机抽样送有资质的单位试验检测。

2. 检查数量

同一厂家同一品种的产品各抽查不少于 3 次。

3. 检查内容

1）不同厂家、不同品种的保温隔热材料都进行不少于 3 次复检，复检报告齐全。

2）所有复检样品是否由监理人员现场见证随机抽样。

3）样品检验单位是否取得相应的检测资质。

二、验收

1. 验收条件

1）保温隔热材料进场复检的次数不少于 3 次。

2）是现场见证随机抽样。

3）检验的内容包括保温隔热材料的导热系数、密度、抗压强度或压缩强度及燃烧性能等。

4）检测单位取得了相应的资质。

2. 验收结论

参加验收的人员包括：监理工程师，建设单位专业负责人，供应商代表，施工单位技术质量负责人，施工单位专业质量检查员、材料员。

满足验收条件的可以通过验收，否则不能通过验收。验收合格后必须形成文字记录，填写进场检验报告。验收人员签字齐全。

要点：必须由监理工程师、施工人员、供应商代表共同见证取样，保证样品在送检时不被调换。所送检的试验室不仅要有检测能力，还必须取得检测资质。

【条文】7.2.4 屋面保温隔热层的敷设方式、厚度、缝隙填充质量及屋面热桥部位的保温隔热做法，必须符合设计要求和有关标准的规定。

检验方法：观察、尺量检查。

检查数量：每100m²抽查一处，每处10m²，整个屋面抽查不得少于3处。

【要点说明】 影响屋面保温隔热效果的主要因素除了保温隔热材料的性能以外，另一重要因素是保温隔热材料的厚度、敷设方式以及热桥部位的处理等。在一般情况下，只要保温隔热材料的热工性能(导热系数、密度或干密度)和厚度、敷设方式均达到设计标准要求，其保温隔热效果也基本上能达到设计要求。因此，在7.2.2条按主控项目对保温隔热材料的热工性能进行控制外，本条要求对保温隔热材料的厚度、敷设方式以及热桥部位也按主控项目进行验收。

保温层的敷设方式，缝隙填充质量应在施工过程中加以控制，并作为隐蔽工程进行检查验收。施工过程应按施工方案和技术要求进行施工。对于板块状保温材料，板材性能及施工后的含水率均要符合设计要求。施工时还要求基层平整、干净、干燥，板块铺设时要垫稳，铺平铺实以防压断，分层铺设的板块上下层应错缝，板间缝隙应用同类碎料嵌实。

对于松散保温材料施工铺设压实程度要先做试验，压实至什么程度，即每平方米多少千克，每次虚铺厚度和压实厚度，然后分层平整铺设压实至要求厚度。铺设的基层要干燥、干净，保温材料含水率不得超过设计规定和规范规定，更不能在施工过程中被雨淋或浸水。当施工过程中遇雨时应采取遮盖措施，并在保温层铺设后及时施工找平层，以免淋雨，检验时除控制材料性能和含水率，还要控制分层压实程度、表面平整度，厚度允许误差应在－5％～＋10％之间。

现喷硬质聚氨酯泡沫塑料保温层施工技术关键在：(1)严格计量：要根据设计图纸中对表观密度、压缩强度、导热系数的要求，在施工前做好配合比试验，在施工中严格计量；(2)严格控制保温层厚度，应随喷随检查，发现厚度不足时，应及时补喷；(3)气候要求：施工时环境气温宜为15～30℃，气温的高低，直接影响发泡的效果，尤其是气温过低时，聚氨酯不容易发泡。湿度的大小对硬质聚氨酯泡沫塑料的固结时间有很大关系，故规定湿度不宜大于85％。另外，风力大于三级时不宜喷涂。

对于屋面热桥部位如天沟、檐沟、女儿墙以及凸出屋面结构部位，均应作保温处理。否则，热桥将成为热流密集部位，特别是冬季时，当屋顶内表面温度低于室内空气露点温度时，将会在屋顶内表面形成水珠，即发生"结露现象"。这不仅降低了室内环境的舒适度，破坏了室内装饰，严重时将对人们正常的居住生活带来影响。热桥部位保温构造做法见图7.1～图7.6。

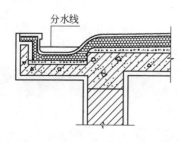

图7.1 屋面檐沟保温构造做法

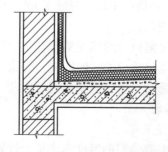

图7.2 山墙、女儿墙保温构造做法

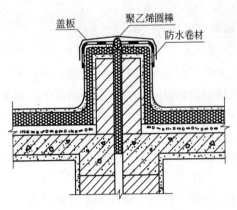

图 7.3 屋面变形缝保温构造做法

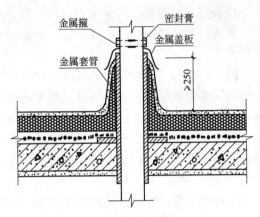

图 7.4 伸出屋面管道保温构造做法

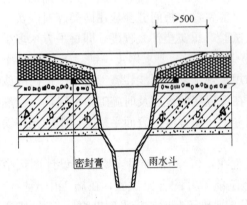

图 7.5 屋面直式水落口保温构造做法

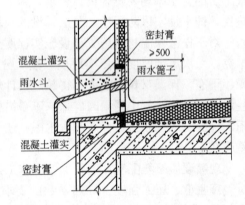

图 7.6 屋面横式水落口保温构造做法

【检查与验收】

一、检查

1. 检查方法

1) 保温隔热层的厚度可采用钢针插入后用尺测量,也可采用将保温切开用尺直接测量。

2) 敷设方式、缝隙填充质量采用目测观察检查。

2. 检查数量

每 100m² 抽样 1 处,每处 10m² 且整个屋面不少于 3 处。

3. 检查内容

1) 保温隔热层的厚度是否符合设计要求。

2) 保温隔热层的敷设方式、缝隙填充质量是否符合设计要求。

3) 屋面的热桥部位是否进行处理。

二、验收

1. 验收条件

1) 保温隔热层的厚度不小于设计要求。

2) 屋面热桥部位做法正确。

3) 保温隔热层的敷设方式符合设计要求，缝隙填充质量合格。

2. 验收结论

参加验收的人员包括：监理工程师，建设单位专业负责人，供应商代表，施工单位技术质量负责人，施工单位专业质量检查员、材料员。

满足验收条件的可以通过验收，否则不能通过验收。验收合格后必须形成文字记录，填写进场检验报告。验收人员签字齐全。

要点：重点检查(1)保温层的厚度，特别是松散材料和现场喷涂保温材料的厚度；(2)热桥部位保温层的构造做法。

【条文】7.2.5 屋面的通风隔热架空层，其架空高度、安装方式、通风口位置及尺寸应符合设计及有关标准要求。架空层内不得有杂物，架空面层应平整，不得有断裂和露筋等缺陷。

检验方法：观察、尺量检查。

检查数量：每100m²抽查一处，每处10m²，整个屋面抽查不得少于3处。

【要点说明】 架空通风屋顶在我国夏热冬冷地区广泛地采用，尤其是气候炎热多雨的夏季，这种屋面构造形式更显示出它的优越性。通风屋顶的原理是在屋顶设置通风间层，一方面利用通风间层的外层遮挡阳光，如设置带有封闭或通风的空间层遮阳板拦截了直接照射到屋顶的太阳辐射，使屋顶变成两次传热，避免太阳辐射直接作用在围护结构上；另一方面利用风压和热压的作用，尤其是自然通风，将遮阳板与空气接触的上下两个表面所吸收的太阳辐射转移到空气随风带走，风速越大，带走的热量越多，隔热效果也越好，大大地提高了屋盖的隔热能力，从而减少室外热作用对内表面的影响。

通风间层屋顶的优点有很多，如省料、质轻、材料层少，还有防雨、防漏、经济、易维修等。最主要的是构造简单，比实体材料隔热屋顶降温效果好。甚至一些瓦面屋顶也加砌架空瓦用以隔热，保证白天能隔热，晚上又易散热。主要设计要求如下：

1) 架空的高度一般在180~300mm，并要视屋面的宽度、坡度而定。如果屋面宽度超过10m时，应设通风屋脊，以加强通风强度。

2) 架空屋面的进风口应设在当地炎热季节最大频率风向的正压区，出风口设在负压区。

3) 铺设架空板前，应清扫屋面上的落灰、杂物，以保证隔热屋面气流畅通，但操作时不得损伤已完成的防水层。

4) 架空板支座底面的柔性防水层上应采取增设卷材或柔软材料的加强措施，以免损坏已完工的防水层。

5) 架空板的铺设应平整、稳固；缝隙宜采用水泥砂浆或水泥混合砂浆嵌填。

6) 架空隔热板距女儿墙不小于250mm，以利于通风，避免顶裂山墙。

7) 架空隔热制品支座底面的卷材及涂膜防水层上应采取加强措施，操作时不得损坏已完工的防水层。

施工要点：

1) 架空隔热层施工时，应先将屋面清扫干净，并根据架空板的尺寸，弹出支座中线。

2)在支座底面的卷材、涂膜防水层上应采取加强措施。支座宜采用水泥砂浆砌筑，其强度等级应为 M5。

3)铺设架空板时，应将灰浆刮平，随时扫净屋面防水层上的落灰、杂物等，以保证架空隔热层气流畅通。操作时不得损伤已完工的防水层。

4)架空板的铺设应平整、稳固；缝隙宜采用水泥砂浆或水泥混合砂浆嵌填，并应按设计要求留变形缝。

【检查与验收】

一、检查

1. 检查方法

1)通风隔热层的架空高度和通风口尺寸等采用尺量检查。

2)通风隔热层的安装方式和表观质量等采用目测观察检查。

2. 检查数量

每 $100m^2$ 抽查 1 处，每处 $10m^2$，整个屋面抽查 3 处以上。

3. 检查内容

1)检查架空层的高度、通风口尺寸等是否符合设计要求。

2)检查架空层的材料是否完整，架空面层是否平整、是否断裂。

3)检查架空层内部通风是否畅通，是否存留施工过程中的各种杂物。

二、验收

1. 验收条件

1)通风隔热层的架空高度、通风口尺寸均符合设计要求。

2)架空层应完整，不得有断裂和露筋现象。

3)架空层进风口的位置应符合设计要求。

4)架空层内部畅通、无杂物堵塞。

2. 验收结论

参加验收的人员包括：监理工程师，建设单位专业负责人，供应商代表，施工单位技术质量负责人，施工单位专业质量检查员、材料员。

满足验收条件的可以通过验收，否则不能通过验收。验收合格后必须形成文字记录，填写进场检验报告。验收人员签字齐全。

要点：影响架空隔热效果的主要因素有三个方面：一是架空层的高度、通风口的尺寸和架空通风安装方式；二是架空层材质的品质和架空层的完整性；三是架空层内应畅通，不得有杂物，因此在验收时一是检查架空层的型式，用尺测量架空层的设计是否符合设计要求，二是检查架空层的完整性，如果使用了有断裂和露筋等缺陷的制品，天长日久后会使隔热层受到破坏，对隔热效果带来不良的影响。三是检查架空层内不得残留施工过程中的各种杂物，确保架空层内气流畅通。

【条文】7.2.6 采光屋面的传热系数、遮阳系数、可见光透射比、气密性应符合设计要求。节点的构造做法应符合设计和相关标准的要求。采光屋面的可开启部分应按本规范第 6 章的要求验收。

检验方法：核查质量证明文件；观察检查。
检查数量：全数检查。

【要点说明】 本条是对采光屋面节能方面的基本要求，主要用于大型公共建筑。建筑围护结构中，屋面是节能的一个薄弱环节，而再采用透明的屋面，其保温隔热效果与实体屋面相比相关较大，公共建筑节能设计标准 GB 50189 要求屋面的传热系数应≤0.45W/(m²·K)，而透明屋顶的传热系数为 2.7W/(m²·K)（是指寒冷地区），两者相差 6 倍。其传热系数、遮阳系数、可见光透射比、气密性是影响采光屋面节能效果的主要因素，因此必须达到设计要求，不得随意降低，调整其性能参数。通过检查出厂合格证，型式试验报告，进场见证取样复检报告等进行验证。

【检查与验收】
一、检查
1. 检查方法
1) 核查采光屋面供应商提供出厂检验报告、型式试验报告以及进场复检报告。
2) 目测观察检查其节点构造做法。
3) 采光屋面的传热系数、可见光透射比及气密性按本规范第 6 章的要求进行复检。
2. 检查数量
1) 进场复检的数量按本规范第 6 章的要求。
2) 质量证明文件核查和节点构造检查全数检查。
3. 检查内容
1) 核查采光屋面的传热系数、遮阳系数、可见光透射比及气密性是否符合设计要求和《公共建筑节能设计标准》GB 50189 标准要求。
2) 检查采光屋面的节点构造是否符合设计要求。
二、验收
1. 验收条件
1) 采光屋面的传热系数、遮阳系数、可见光透射比及气密性均应符合设计要求。
2) 采光屋面的节点构造做法均应符合设计要求。
2. 验收结论
参加验收的人员包括：监理工程师，建设单位专业负责人，供应商代表，施工单位技术质量负责人，施工单位专业质量检查员、材料员。

满足验收条件的可以通过验收，否则不能通过验收。验收合格后必须形成文字记录，填写进场检验报告。验收人员签字齐全。

要点：检查采光屋面的传热系数、遮阳系数、可见光透射比以及气密性既要符合设计要求，又要符合《公共建筑节能设计标准》GB 50189 要求。

【条文】 7.2.7 采光屋面的安装应牢固，坡度正确，封闭严密，嵌缝处不得渗漏。
检验方法：观察、尺量检查；淋水检查；核查隐蔽工程验收记录。
检查数量：全数检查。

【要点说明】 本条对采光屋面的安装质量提出具体要求，主要是安装要牢固，封闭要严密，嵌缝处要填充严密，不得渗漏，采用观察、尺量检查其安装牢固性能和坡度，通过淋水试验检查其严密性能，并核查其隐蔽验收记录。采光屋面是主要公共建筑，数量不多，并且很重要，所以要全数检查。

【检查与验收】
一、检查
1. 检查方法
1）对于安装牢固性采用目测观察、手摸搬动检查。
2）对于安装坡度、位置采用尺量检查。
3）对于封闭性能采用现场淋水试验检查。
2. 检查数量
全数检查。
3. 检查内容
1）检查采光屋面的安装是否牢固。
2）检查采光屋面安装坡度、位置尺寸是否正确。
3）检查其密封性能是否良好。
二、验收
1. 验收条件
1）采光屋面的安装必须牢固可靠，应能承受风、雨雪等各种荷载。
2）其安装坡度正确，符合设计要求。
3）所有缝隙封闭严密，不得渗漏。
4）所有隐蔽工程验收记录合格。
2. 验收结论
参加验收的人员包括：监理工程师，建设单位专业负责人，供应商代表，施工单位技术质量负责人，施工单位专业质量检查员、材料员。
满足验收条件的可以通过验收，否则不能通过验收。验收合格后必须形成文字记录，填写进场检验报告。验收人员签字齐全。
要点：通过现场淋水试验检查其水密性能。

【条文】 7.2.8 屋面的隔汽层位置应符合设计要求，隔汽层应完整、严密。
检验方法：对照设计观察检查；核查隐蔽工程验收记录。
检查数量：每100m²抽查一处，每处10m²，整个屋面抽查不得少于3处。

【要点说明】 本条要求在施工过程中要保证屋面隔汽位置、完整性、严密性应符合设计要求。
国家标准《屋面工程技术规程》GB 50345—2004规定，在纬度40°以北地区且室内空气湿度大于75%，或其他地区室内空气湿度常年大于80%时，若采用吸湿性保温材料做保温层，应选用气密性、水密性好的防水卷材或防水涂料做隔汽层。

隔汽层应沿墙面向上铺设,并与屋面的防水层相连接,形成全封闭的整体。

这是因为在我国纬度40°以北冬季取暖地区(寒冷地区),室内空气湿度大于75%时就会发生结露,潮汽会通过屋面板渗到保温层中,而常年室内空气湿度大于80%的建筑,也同样会出现此类现象。

为了防止室内水蒸气通过屋面板渗透到保温层内,隔汽层的材料不但要求防水,还要求隔绝蒸汽的渗透,故规定隔汽层应采用气密性、水密性好的材料。根据实践,隔汽层被保温层、找平层等埋压,为了提高抵抗基层的变形能力,隔汽层的卷材铺贴宜采用空铺法。

一般隔汽层在混凝土屋面上,先刷一道冷底子油,待其干燥后再刷一道热沥青,即成隔汽层。隔汽层的位置应设在结构层上,保温层下。隔汽层铺设要求:

(1) 隔汽层应选用水密性、气密性好的防水材料。可采用单层防水卷材铺贴,不宜用气密性不好的水乳型薄质涂料。

(2) 涂刷冷底子油前,应用水冲洗混凝土基面,不得留有杂物、浮土。基面必须干燥、平整,如有坑洼不平,可用1:25水泥砂浆抹平。

(3) 当用沥青基防水涂料做隔气层时,其耐热度应比室内或室外的最高温度高出20~25℃。

(4) 热沥青需涂刷均匀,厚度不超过2mm,涂刷温度在180~200℃之间。

(5) 隔汽层应涂刷至拐角立墙离基层150mm部位。

(6) 屋面泛水处,隔汽层应沿墙面向上连续铺设,高出保温层上表面不得小于150mm,以便严密封闭保温层。

【检查与验收】
一、检查
1. 检查方法
1) 隐蔽工程验收时,对照设计要求,现场观察检查。
2) 竣工验收时,核查所有隐蔽工程验收记录。
2. 检查数量
1) 隐蔽工程验收时,每100m^2抽查1处,每处10m^2,且整个屋面抽查不少于3处。
2) 竣工验收时,全数核查隐蔽工程验收记录。
3. 检查内容
检查隔汽层的位置、完整性及严密性是否符合设计要求。
二、验收
1. 验收条件
隔汽层应完整无损,封闭严密,隔汽层的位置应符合设计要求,具有隔断湿空气进入保温层的功能。
2. 验收结论
参加验收的人员包括:监理工程师,建设单位专业负责人,供应商代表,施工单位技术质量负责人,施工单位专业质量检查员、材料员。

满足验收条件的可以通过验收,否则不能通过验收。验收合格后必须形成文字记录,填写进场检验报告。验收人员签字齐全。

要点：对于室内湿度大于75%的建筑屋面应重点检查其隔汽性能，重点核查施工过程。

7.3 一般项目

【条文】7.3.1 屋面保温隔热层应按施工方案施工，并应符合下列规定：

1 松散材料应分层敷设、按要求压实、表面平整、坡向正确；

2 现场采用喷、浇、抹等工艺施工的保温层，其配合比应计量准确，搅拌均匀、分层连续施工，表面平整，坡向正确。

3 板材应粘贴牢固、缝隙严密、平整。

检验方法：观察、尺量、称重检查。

检查数量：每100m²抽查一处，每处10m²，整个屋面抽查不得少于3处。

【要点说明】 保温层的铺设应按本条文规定检查保温层施工质量，应保证表面平整、坡向正确、铺设牢固、缝隙严密、对现场配料的还要检查配料记录。

松散材料保温层铺设要求

1）松散保温层的基层应平整、干燥、洁净、无裂缝、蜂窝。接触保温层的木结构应作防腐处理。

2）松散保温材料应分层铺设，并适当压实，每层虚铺厚度不宜大于150mm，压实程度与厚度经试验确定，其厚度与设计厚度的允许偏差为±5%，且不得大于4mm。保温层含水率不得超过规定要求，若超过规定要求，应将材料晾干或烘干。采用锯木屑或稻草壳有机材料时，应作防腐处理。松散材料保温层含水率应视胶结材料的不同而异，但不得超过规定要求。炉渣应过筛，并仅作辅助材料。

3）压实后不得直接在保温层上行车或堆放重物，施工人员宜穿软底鞋。

4）为了准确控制铺设的厚度，可在屋面上每隔1m摆放保温层厚度的木条作为厚度标准。

5）保温层施工完成后，应及时进行下道工序，抹找平层和防水层施工。雨期施工时，应采取遮盖措施，防止雨淋。

6）铺抹找平层时，可在松散保温层铺一层塑料膜等隔水物，以阻止砂浆中水分被吸收，造成砂浆缺水，强度降低。

7）下雨和5级风以上时，不得铺设松散保温层。

板状材料保温层铺设要求

1）板状材料保温层的基层应平整、干燥和干净。

2）板状保温材料应紧靠在需保温的基层表面上，并应铺平垫稳。

3）分层铺设的板块上下层接缝应相互错开，板间缝隙应采用同类材料嵌填密实。

4）干铺的板状保温材料，应紧靠在需保温的基层表面上，并应铺平垫稳。分层铺设的块体上下层接缝应相互错开，接缝处应用同类材料碎屑填嵌密实。

5）粘贴的板状保温材料，应贴严、铺平。分层铺设的板块上下层接缝应相互错开，板缝间或缺角处应用碎屑加胶料拌匀填补严密。

6) 用玛琋脂及其他胶结材料粘贴时，板状保温材料相互之间及基层之间应满涂胶结材料，以便相互粘牢。

7) 玛琋脂的加热不应高于240℃，使用温度不宜低于190℃；用水泥砂浆粘贴时，板间缝隙应用保温灰浆填实并勾缝。保温灰浆的配合比一般为1∶1∶10（水泥∶石灰膏∶同类保温材料的碎粒，体积比）。

8) 干铺的保温层可在负温下进行，用沥青胶结材料粘贴的板状材料，用在气温不低于-20℃时施工；用水泥砂浆铺贴的板状材料，可在气温不低于5℃时施工，如气温低于上述温度，应采取保温措施。

9) 粘贴的板状保温材料应贴严、粘牢。

【检查与验收】

一、检查

1. 检查方法

1) 现场目测观察及用手触摸检查，检查与施工方案的一致性。

2) 对于平整度、坡向和保温层厚度采用尺量检查。

3) 对于压实性能采用取样称重检查。

2. 检查数量

每 $100m^2$ 抽查1处，每处 $10m^2$，整个屋面抽查不得少于3处。

3. 检查内容

1) 对于松散材料检查其表面平整性、坡向及压实性是否符合设计要求，当厚度大于150mm后，是否分层敷设。

2) 对于板块状材料检查其缝隙的严密性和平整度，对聚苯板类材料还要检查其粘贴的牢固性。

3) 对于现场喷、浇、抹等工艺施工的保温层，检查其表面平整性、坡向是否正确。

4) 检查其是否按施工方案施工。

二、验收

1. 验收条件

1) 施工过程必须严格按经过批准的施工方案施工。

2) 要用松散材料时，其压实性能必须符合设计要求，不得过松或过实。表面应平整，坡向应符合设计要求。当厚度大于150mm时，必须分层施工。

3) 采用板块状材料时，其接缝要严密，缝隙间要填充严密，表面应平整，坡向应正确。

4) 采用现场喷、浇、抹等工艺施工时，其材料配比应符合施工工艺要求，表面应平整，坡向应正确。

2. 验收结论

参加验收的人员包括：监理工程师，建设单位专业负责人，供应商代表，施工单位技术质量负责人，施工单位专业质量检查员、材料员。

满足验收条件的可以通过验收，否则不能通过验收。验收合格后必须形成文字记录，填写进场检验报告。验收人员签字齐全。

【条文】 7.3.2 金属板保温夹芯屋面应铺装牢固、接口严密、表面洁净、坡向正确。
检验方法：观察、尺量检查；核查隐蔽工程验收记录。
检查数量：全数检查。

【要点说明】 本条要求金属面保温夹芯屋面板的安装应牢固，接口应严密，坡向应正确，检查方法是观察与尺量，应重点检查其接口的气密性和穿钉的密封性，不得渗水。

金属面保温夹芯板是将内外压型钢板与中间层自燃性硬质聚氨酯泡沫或聚苯乙烯泡沫塑料保温板料通过自动成型机，用高强度胶粘剂将三者粘合，经加压、修边、开槽、落料而成的板材，具有自重轻，导热系数低、保温效果好、抗腐蚀能力强、安装施工方便等优点，除主要用于工业厂房屋顶外，近几年已开始用于一些公共建筑。

【检查与验收】
一、检查
1. 检查方法
1）目测检查板材接口处密封性能，用手触摸铺装牢固性。
2）尺量检查坡度。
3）核查隐蔽工程验收记录。
2. 检查数量
全数检查。
3. 检查内容
1）板缝接合处的严密性、接口处的搭接性能及防水性能。
2）检查坡度是否符合要求。
3）检查屋面板安装是否牢固。
二、验收
1. 验收条件
1）板缝接口处必须严密，缝隙应按要求填充密实，接口搭接正确，不透水，不透气。
2）屋面板的坡向正确，利于水雨排放。
3）屋面板安装牢固、可靠。
2. 验收结论
参加验收的人员包括：监理工程师，建设单位专业负责人，供应商代表，施工单位技术质量负责人，施工单位专业质量检查员、材料员。

满足验收条件的可以通过验收，否则不能通过验收。验收合格后必须形成文字记录，填写进场检验报告。验收人员签字齐全。

【条文】 7.3.3 坡屋面、内架空屋面当采用敷设于屋面内侧的保温材料做保温隔热层时，保温隔热层应有防潮措施，其表面应有保护层，保护层的做法应符合设计要求。
检验方法：观察检查；核查隐蔽工程验收记录。

检查数量：每100m²抽查一处，每处10m²，整个屋面抽查不得少于3处。

【要点说明】 当屋面的保温层敷设于屋面内侧时，如果保温层未进行密闭防潮处理，室内空气中湿气将渗入保温层，并在保温层与屋面基层之间结露，这不仅增大了保温导热系数，降低节能效果，而且由于受潮之后还容易产生细菌，最严重的可能会有水溢出，因此必须对保温材料采取有效防潮措施，使之与室内的空气隔绝。

【检查与验收】

一、检查

1. 检查方法

观察检查；核查隐蔽工程验收记录。

2. 检查数量

每100m²抽查1处，每处10m²，整个屋面抽查不得少于3处。

3. 检查内容

1) 核查是否有防潮措施。

2) 核查保护层的可靠性和完整性。

二、验收

1. 验收条件

1) 防潮措施符合设计要求。

2) 保护层完整、可靠、封闭严密。

2. 验收结论

参加验收的人员包括：监理工程师，建设单位专业负责人，供应商代表，施工单位技术质量负责人，施工单位专业质量检查员、材料员。

满足验收条件的可以通过验收，否则不能通过验收。验收合格后必须形成文字记录，填写进场检验报告。验收人员签字齐全。

屋面节能工程验收要点：

1. 设计文件、质量验收资料、复检报告、隐蔽验收资料要齐全。

2. 把好原材料进场验收、复检关；要核查进场材料的规格、品种符合设计要求和产品标准要求，避免有的材料供应商以次充好，抽样复检材料一定要随机抽样，要有代表性；要防止抽样样本在送试验室过程中被调换；要检查保温材料的导热系数、抗压（或压缩）强度以及阻燃性能等有关资料，确定其完全符合要求。

3. 要加强施工过程隐蔽部位的验收，重点是保温层的厚度，特别是松散类材料保温层和现场喷涂浇注的保温层。

4. 要保证保温材料施工过程中不受潮、不淋雨水。

5. 要控制好天沟、檐沟、女儿墙以及凸出屋面结构部位等热桥部位的保温处理，这些部位在施工过程中比较复杂，不像铺平面那么简单，所以有的施工单位为省工、省时，而不对热桥部位进行处理，这些部位处理不好很容易结露。

6. 当采用金属夹芯保温板做屋面时，板缝之间的填充是非常重要。如果填充不密实，板缝将会形成非常严重的热桥，当屋顶内表面温度低于室内空气露点温度时，就会严重结露。

7. 对倒置式保温屋面，其基层一定要平整，不能有坑洼，排水坡度一定要正确，保温材料缝隙一定要符合设计要求。

8. 对于寒冷、严寒地区，当室内空气湿度较大时，要注意防潮层的施工质量。

表 B.0.3　屋面检验批质量验收记录表

编号：

工程名称			分项工程名称		验收部位	
施工单位				专业工长		项目经理
施工执行标准名称及编号						
分包单位				分包项目经理		施工班组长
验收规范规定				施工单位检查评定记录		监理（建设）单位验收记录
主控项目	1	材料进场	质量文件	第7.2.1条		
			外观检验			
			主要性能指标	第7.2.2条		
			取样复检	第7.2.3条		
	2	保温层	保温层厚度	第7.2.4条		
			敷设方式及缝隙填充			
			热桥部位的处理			
	3	架隔热层	架空高度	第7.2.5条		
			通风口尺寸			
			安装方式			
			架空层浇注			
	4	采光屋面	主要性能指标	第7.2.6条		
			安装牢固性能			
			坡度	第7.2.7条		
			封闭性能			
	5	隔汽层	隔汽层的位置	第7.2.8条		
			隔汽层的完整性和严密性			
施工单位检查评定结果			项目专业质量检查员：			年　月　日
监理(建设)单位验收结论			（建设单位项目专业技术负责人）：			年　月　日

表 B.0.3 屋面检验批质量验收记录表

编号：

工程名称				分项工程名称			验收部位	
施工单位					专业工长		项目经理	
施工执行标准名称及编号								
分包单位					分包项目经理		施工班组长	
验收规范规定						施工单位检查评定记录	监理（建设）单位验收记录	
一般项目	1	保温层施工质量	分层敷设	第7.3.1条				
			压实质量					
			表面平整度					
			坡向					
			配合比					
			板贴牢固性					
	2	金属层保温夹芯板施工质量	安装牢固性	第7.3.2条				
			接口处严密性					
			坡向					
	3	防潮层质量	防潮层的位置	第7.3.3条				
			保护层的做法					
施工单位检查评定结果				项目专业质量检查员： 年 月 日				
监理（建设）单位验收结论				（建设单位项目专业技术负责人）： 年 月 日				

第8章 地面节能工程

【概述】 在建筑围护结构中，通过建筑地面向外传导的热(冷)量约占围护结构传热量的3%～5%，对于我国北方严寒地区，在保温措施不到位的情况下所占的比例更高。地面节能主要包括三部分：一是直接接触土壤的地面，二是与室外空气接触的架空楼板底面，三是地下室(±0以下)、半地下室与土壤接触的外墙。与土壤接触的地面和外墙主要是针对北方寒冷和严寒地区，对于夏热冬冷地区和夏热冬暖地区的居住建筑节能设计标准《夏热冬冷地区居住建筑节能设计标准》JGJ 134—2001和《夏热冬暖地区居住建筑节能设计标准》JGJ 75—2003中对土壤接触的地面和外墙的传热系数(热阻)没有规定。在以往的建筑设计和施工过程中，对地面的保温问题一直没有得到重视，特别是寒冷和夏热冬冷地区根本不重视地面以及与室外空气接触地面的节能。如某一夏热冬冷地区一个办公综合楼工程，底层为架空停车场，二层以上为办公建筑。建筑设计要求架空楼板应粉刷5cm保温浆料，而在节能检查时发现根本没有采用节能措施，还是按以往常规做法在基层找平后直接刷涂料。这些不节能的情况非常普遍，因此必须加强地面节能工程验收。

本章验收内容包括三个部分共14条。第一部分为一般规定，规定了本章的适用范围，明确地面节能工程的施工应在主体和基层质量验收合格后进行，施工过程应进行质量检查，做好隐蔽工程验收，并对基层、被封闭的保温材料厚度、热桥部位等重要隐蔽部位的验收资料提出了具体的要求。第二部分是主控项目9条，是这一章的核心，首先对材料的进场检查、复检提出了明确的要求，其核心是通过对材料进场见证取样复检，确保保温材料的导热系数等主要性能指标符合标准要求。其次对施工过程的质量要求和验收内容做了具体的规定和要求。第三部分是一般项目1条。

本章格式与各专业验收规范保持一致，分为"一般规定"、"主控项目"、"一般项目"三节。本章共29条，分别叙述了墙体节能验收的基本要求，15个主控项目和8个一般项目的验收要求。其中：强制性条文3条。

8.1 一般规定

【条文】 8.1.1 本章适用于建筑地面节能工程的质量验收。包括底面接触室外空气、土壤或毗邻不采暖空间的地面节能工程。

【要点说明】 本条明确了本章的适用范围，本条所讲的建筑室内地面节能工程是指包括采暖空调房间接触土壤的地面、采暖地下室与土壤接触的地面、采暖地下室与土壤接触的外墙、不采暖地下室上面的楼板、不采暖车库上面的楼板、接触室外空气或外挑楼板的地面。

从建筑节能角度讲，上述地面可分为三类：一是接触土壤地面，包括建筑底层无地下室或半地下室地坪直接接触土壤的地面和采暖地下室或半地下室与土壤直接接触的地面。这类地面的性能要求主要是针对寒冷和严寒地区。但过去各地对这一部分节能都不够重视，特别是寒冷地区基本上没有采取什么保温措施，致使一部分能量从地面散放掉。二是采暖地下室与土壤接触的外墙。这一类主要是针对寒冷和严寒地区，特别是严寒地区一定要引起重视，因为这一地区冬季冻土层的深度都在 0.5m 以上，有的地区可能达到 1m。三是楼地面，包括不采暖地下室(半地下室)上面的楼板、不采暖车库上面的楼板、直接接触室外空气楼板的地面。在这一类地面中，以往只是严寒地区对直接接触室外空气的地面采取了一定的措施，其他地区对其重视的都不够，特别是不采暖冻土层上面的楼板(地面)，即使有的设计要求进行保温，而施工过程中都给省略。因此必须要求这些地区的节能应严格按设计标准进行设计，更重要的是要按图施工，保证施工质量，符合节能要求。

【条文】8.1.2 地面节能工程的施工，应在主体或基层质量验收合格后进行。施工过程中应及时进行质量检查、隐蔽工程验收和检验批验收，施工完成后应进行地面节能分项工程验收。

【要点说明】 本条首先对地面保温隔热工程施工条件提出了明确的要求，要求敷设保温隔热层的基层质量必须达到合格，基层的质量不仅影响地面工程质量，而且对保温隔热的质量也有直接的影响，保温隔热敷设后已无法对基层再处理。其次本条要求在进行保温层施工过程中，应对每道工序每个施工环节，特别是关键工序的质量控制点应进行认真严格的检查，在进行隐蔽之前，应按检验批进行隐蔽验收，如目前常用 XPS 板(也包括 EPS 板)铺设完毕进行下道工序前，应对其铺设的是否平整、板缝的间隙是否符合要求，是否进行了填充、保温材料种类以及厚度是否符合要求等进行检查验收。整个地面保温工程完成后应按分项工程进行验收。其结果做为单位节能工程的一个分项。

【条文】8.1.3 地面节能工程应对下列部位进行隐蔽工程验收，并应有详细的文字记录和必要的图像资料：

1 基层；
2 被封闭的保温材料厚度；
3 保温材料粘结；
4 隔断热桥部位。

【要点说明】 在建筑围护结构中，地面具有保温、防潮、承受人、物各种荷载等功能。地面的构造层有结构层、保温层、防潮层以及保护层等，后一层覆盖前一层，层层隐蔽，前一层的质量对后一层有直接影响，后一层施工完成后也要对前一层进行检查，因此在进行后一层施工前应对前一层施工质量进行隐蔽验收。本条对将影响地面保温隔热效果的隐蔽部位提出隐蔽验收要求。主要包括：①基层；②保温层厚度；③保温材料与基层的粘结强度；④地面热桥部位，因为这些部位被后道工序隐蔽覆盖后无法检查和处理，因此在被隐蔽覆盖前必须进行验收，只有合格后才能进行后序施工。对于常规保温地面基层是指结构层上部的找平层，在进行保温层施工前，基层应平整，表面要干燥，对于采用

XPS(EPS)等板材类保温材料进行保温时基层的平整度非常重要。

为了防止保温材料因受土壤潮气而受潮，在保温层结构层之间增加了隔离层，隔离层的施工质量对于上部保温层的保温效果非常重要，如果隔离层所采用材料达不到设计要求，施工过程中材料接缝密封不严，潮气将进入保温层，不仅将影响效果，而且可能造成保温层因结冻或湿汽膨胀而造成破坏。

【条文】8.1.4 地面节能分项工程检验批划分应符合下列规定：

1 检验批可按施工段或变形缝划分；

2 当面积超过 200m² 时，每 200m² 可划分为一个检验批，不足 200m² 也为一个检验批；

3 不同构造做法的地面节能工程应单独划分检验批。

【要点说明】 本条参照《建筑地面工程施工质量验收规范》GB 50209 的有关规定，给出了地面节能工程检验批划分的原则和方法，并对检验批抽查数量作出基本规定。

8.2 主控项目

【条文】8.2.1 用于地面节能工程的保温材料，其品种、规格应符合设计要求和相关标准的规定。

检验方法：观察、尺量或称重检查；核查质量证明文件。

检查数量：按进场批次，每批随机抽取 3 个试样进行检查；质量证明文件应按照其出厂检验批进行核查。

【要点说明】 在保温材料进场前一定要认真检查保温材料的品种、规格、不得随意更改，必须与设计要求一致，有的材料供应商或者施工单位为了自己的经济利益以次充好，常以劣质的材料来代替合格的材料，因此在材料进场时要认真检查。首先目测其外观、形状、颜色，用尺子测量其厚度尺寸，用称称取一定体积的重量计算其密度，然后对照其产品使用说明书和设计文件要求进行核对。材料进场时一定要检查产品出厂合格证、使用说明、产品质量检验报告以及型式试验报告，对于新材料、新产品还要核对其产品的技术鉴定报告，推广应用证明，以及经技术监督部门或建设行政主管部门备案的产品技术标准。对于有些地方还要检查是否具备节能产品认证的证书。所有上述这些文件和证明都需要盖供应商和生产企业的公章，对于复印件要更加严格地审核。

用于地面的保温隔热的材料很多，按其形状可分为以下三种类型：

1. 松散保温材料

常用的松散材料有膨胀蛭石（粒径 3～15mm）、膨胀珍珠岩、矿棉、岩棉、玻璃棉、炉渣（粒径 3～15mm）等。

2. 整体保温材料

通常用水泥或沥青等胶结材料与松散材料拌合，整体浇筑在需保温的部位，如沥青膨胀珍珠岩、水泥膨胀珍珠岩、水泥膨胀蛭石、水泥炉渣等。

3. 板状保温材料

如聚苯乙烯板(XPS)(EPS)、加气混凝土板、泡沫混凝土板、膨胀珍珠岩板、膨胀蛭石板、矿棉板、岩棉板、木丝板、刨花板、甘蔗板等。

保温隔热材料的品种、性能及适用范围见表8.2.1。

表8.2.1 保温隔热材料的品种、性能

材料名称	主要性能及特点
泡沫塑料	挤压聚苯乙烯泡沫塑料板(XPS)是以聚苯乙烯树脂或其共聚物为主要成分，添加少量添加剂，通过加热挤塑成形而制成的具有闭孔结构的硬质泡沫塑料板材； 表观密度≥35kg/m³，抗压强度0.15～0.25MPa，导热系数≤0.035W/(m·K)。具有密度大、压缩性高、导热系数小、吸水率低、水蒸气渗透系数小、很好的耐冻融性能和抗压缩蠕变性能等特点。 模压聚苯乙烯泡沫塑料板(EPS)是用可发性聚苯乙烯珠粒经加热预发泡后，再放入模具中加热成型而制成的具有微闭孔结构的泡沫塑料； 表观密度≥18kg/m³，抗压强度≥0.1MPa，导热系数≤0.041W/(m·K)。具有质轻、保温、隔热、吸声、防震、吸水性小、耐低温性好、耐酸碱性好等特点。
加气混凝土	加气混凝土是用钙质材料(水泥、石灰)、硅质材料(石英砂、粉煤灰、高炉矿渣等)和发气剂(铝粉、锌粉)等原料，经磨细、配料、搅拌、浇注、发气、静停、切割、压蒸等工序生产而成的轻质混凝土材料； 表观密度400～600kg/m³，导热系数为≤0.03W/(m·K)。
硬质聚氨酯泡沫塑料	硬质聚氨酯泡沫塑料是以多元醇/多异氰酸酯为主要原料，加入发泡剂、抗老化剂等多种制剂，在屋面工程上直接喷涂发泡而成的一种保温材料； 密度35～40kg/m³，导热系数<0.03W/(m·K)，压缩强度>150kPa。具有质量轻、导热系数小、压缩强度大等优点。
泡沫玻璃	泡沫玻璃是采用石英矿粉或废玻璃经煅烧形成独立闭孔的发泡体； 表观密度≥150kg/m³，抗压强度≥0.4MPa，导热系数≤0.062W/(m·K)，吸水率<0.5%，尺寸变化率在70℃经48h后≤0.5%。具有重量轻、抗压强度高、耐腐蚀、吸水率低、不变形、导热系数和膨胀系数小、不燃烧、不霉变等特点。
微孔硅酸钙	微孔硅酸钙是以二氧化硅粉状材料、石灰等增强材料和水经搅拌、凝胶化成型、蒸压养护、干燥等工序制作而成； 它具有容重轻、导热系数小、耐水性好、防水性能强等特点。
泡沫混凝土	泡沫混凝土为一种人工制造的保温隔热材料。一种是水泥加入泡沫剂和水，经搅拌、成型、养护而成。另一种是用粉煤灰加入适量石灰、石膏及泡沫塑剂和水拌制而成，又称为硅酸盐泡沫混凝土。这两种混凝土具有多孔、轻质、保温、隔热、吸声等性能。其表观密度为350～400kg/m³，抗压强度0.3～0.5MPa，导热系数在0.088～0.116W/(m·K)之间。

【检查与验收】

一、检查

1. 检查方法

1) 保温材料的几何尺寸采用尺量检查，重点检验板状保温材料的厚度。

2) 产品外观质量采用目测观察和手摸检查。

3) 对照设计文件要求核对技术资料和性能检测报告等质量文件与实物是否一致。

2. 检查数量

按进场批次，每批随机抽取 3 个试样进行检查，相关质量证明文件按其出厂检验批进行核查。

3. 检查内容

1) 对照设计文件，检查保温材料的种类、品种和规格是否与设计相符。

2) 保温材料的外观、形状是否符合产品标准要求。

3) 用尺子测量其外形尺寸是否符合产品标准以及设计文件的要求，重点测量板块状保温隔热材料的厚度。

4) 检查产品出厂合格证、质量检测报告等质量证明文件与实物是否一致，核查有关质量文件是否在有效期之内。

5) 对有节能认证要求的地区，还要核查是否取得当地的节能产品认定证书或新产品推广应用证明。

要点：重点检查质量文件是否齐全，品种、规格是否符合设计要求；质量文件是否有效。

二、验收

1. 验收条件

1) 保温材料的种类、品种和规格符合设计要求。

2) 保温材料出厂质量证明文件和检查报告齐全。

3) 保温材料的几何尺寸、形状符合设计要求，特别是板块状保温材料的厚度必须符合设计要求。

4) 对节能材料要求认定的地区，保温材料供应商必须取得节能产品认定证书或新产品推广应用证明。

2. 验收结论

参加验收的人员包括：监理工程师，建设单位专业负责人，供应商代表，施工单位技术质量负责人，施工单位专业质量检查员、材料员。

满足验收条件的可以通过验收，否则不能通过验收。验收合格后必须形成文字记录，填写进场检验报告。验收人员签字齐全。

【条文】8.2.2 地面节能工程使用的保温材料，其导热系数、密度、抗压强度或压缩强度、燃烧性能应符合设计要求。

检验方法：核查质量证明文件和复验报告。

检查数量：全数核查。

【要点说明】 本条为强制性条文。在地面保温工程中，保温材料的导热系数密度或干密度指标直接影响到地面保温效果，抗压强度或压缩强度影响到保温层的施工质量，燃烧性能是防止火灾隐患的重要条件，因此应对保温材料的导热系数、密度或干密度、抗压强度或压缩强度及燃烧性能进行严格的控制，必须符合节能设计要求、产品标准要求以及相关施工技术规程要求。应检查材料的合格证、有效期内的产品性能检测报告及进场验收记录所代表的规格、型号和性能参数是否与设计要求和有关标准相符，并重点检查进场复验报告，复验报告必须是第三方见证取样，检验样品必须是按批量随机抽取。

地面常用板块状保温材料性能见表 8.2.2-1。

表 8.2.2-1 地面常用板块状保温材料性能表

序号	材料名称	表观密度（kg/m³）	导热系数[W/(m·K)]	强度（MPa）	吸水率(%)	使用温度(℃)
1	模压聚苯乙烯泡沫板	15～30	0.041	10%压缩后 0.06～0.15	2～6	－80～75
2	挤压聚苯乙烯泡沫板	≥32	0.03	10%压缩后 0.15	≤1.5	－80～75
3	硬质聚氨酯泡沫塑料	≥30	0.027	10%压缩后 0.15	≤3	－200～130
4	泡沫玻璃	≥150	0.062	≥0.4	≤0.5	－200～500
5	松散膨胀珍珠岩	40～250	0.03～0.04		250	－200～800
6	水泥珍珠岩 1:8	510	0.073	0.5	120～220	
7	水泥珍珠岩 1:10	390	0.069	0.4	120～220	
8	水泥珍珠岩制品	300	0.08～0.12	0.3～0.8	120～220	650
9	水泥珍珠岩制品	500	0.063	0.3～0.8	120～220	650
10	憎水珍珠岩制品	200～250	0.056～0.08	0.5～0.7	憎水	－20～650
11	沥青珍珠岩	500	0.1～0.2	0.6～0.8		
12	松散膨胀蛭石	80～200	0.04～0.07		200	1000
13	水泥蛭石	400～600	0.08～0.12	0.3～0.6	120～220	650
14	微孔硅酸钙	250	0.06～0.068	0.5	87	650
15	矿棉保温板	130	0.035～0.047			600
16	加气混凝土	400～800	0.14～0.18	3	35～40	200
17	水泥聚苯板	240～350	0.04～0.1	0.3	30	
18	水泥泡沫混凝土	350～400	0.1～0.16			

注：15～18项系独立闭孔、低吸水率材料。

地面常用松散保温材料的质量要求见表 8.2.2-2。

表 8.2.2-2 松散保温材料的质量要求

项目	膨胀蛭石	膨胀珍珠岩
粒径	3～15mm	≥0.15mm，＜0.15mm 的含量不大于 8%
堆积密度(kg/m³)	≤300	≤120
导热系数[W/(m·K)]	≤0.14	≤0.07

现场喷涂硬泡聚氨酯的物理性能应符合表 8.2.2-3 要求。

表 8.2.2-3 现场喷涂硬泡聚氨酯的物理性能

项 目	性能要求			试验方法
	Ⅰ型	Ⅱ型	Ⅲ型	
密度，kg/m³	≥35	≥45	≥55	GB/T 6343—1995
导热系数，W/(m·K)	≤0.024	≤0.024	≤0.024	GB 3399—1982
压缩性能，屈服点时或形变10%时的压缩应力，kPa	≥150	≥200	≥300	GB 8813—1988
不透水性(无结)0.2MPa，30min	—	不透水	不透水	
尺寸稳定性(70℃，48h)，%	≤1.5	≤1.5	≤1.0	GB 8811—1988
闭孔率，%	≥92	≥92	≥95	GB 10799—1989
吸水率，%	≤3	≤2	≤1	GB 8810—1988

泡沫混凝土技术性能指标见表 8.2.2-4。

表 8.2.2-4 泡沫混凝土技术性能指标

材料名称	表观密度(kg/m³)	导热系数[W/(m·K)]	强度(MPa)	吸水率(%)	干燥收缩值(mm/m)
泡沫混凝土	100～300	0.06～0.18	0.5～2.5	5%～10%	0.6～0.8

【检查与验收】

一、检查

1. 检查方法

对照标准和设计要求核查产品质量证明文件，重点核查材料进场质检报告。

2. 检查数量

全数核查进场复检报告和各批次产品质量证明文件。

3. 检查内容

保温材料的导热系数(热阻)、密度、抗压强度或压缩强度、燃烧性能是否符合设计要求和相关产品标准要求。

二、验收

1. 验收条件

所有批次进场质检报告和质量证明文件所给出的保温材料导热系数、密度、抗压强度或压缩强度、燃烧性能均必须符合设计要求和相关产品标准要求。

2. 验收结论

参加验收的人员包括：监理工程师，建设单位专业负责人，供应商代表，施工单位技术质量负责人，施工单位专业质量检查员、材料员。

满足验收条件的可以通过验收，否则不能通过验收。验收合格后必须形成文字记录，填写进场检验报告。验收人员签字齐全。

【条文】8.2.3 地面节能工程采用的保温材料，进场时应对其导热系数、密度、抗压强度或压缩强度、燃烧性能进行复验,复验应为见证取样送检。

检验方法:随机抽样送检,核查复验报告。

检查数量:同一厂家同一品种的产品各抽查不少于3组。

【要点说明】 在地面保温工程中,保温材料的性能对于地面保温隔热的效果起到了决定性的作用。为了保证用于地面保温隔热材料的质量,避免不合格材料用于地面保温隔热工程,参照常规建筑工程材料进场验收办法,对进场的地面保温隔热材料也由监理人员现场见证随机抽样送有资质的试验室对有关性能参数进行复验,复验结果作为地面保温隔热工程质量验收的一个依据。复验报告必须是第三方见证取样,检验样品必须是按批量随机抽取。

用于地面节能工程的保温隔热材料,应按照相应标准要求的试验方法进行试验,测定其是否满足标准要求。保温隔热材料所涉及的标准和试验方法见表7.2.3。

【检查与验收】

一、检查

1. 检查方法

由监理人员现场见证随机抽样送有资质的单位试验检测。

2. 检查数量

同一厂家同一品种的产品各抽查不少于3次。

3. 检查内容

1) 不同厂家、不同品种的保温材料都进行不少于3次复检,复检报告齐全。

2) 所有复检样品是否由监理人员现场见证随机抽样。

3) 样品检验单位是否取得相应的检测资质。

二、验收

1. 验收条件

1) 保温隔热材料进场复检的次数不少于3次。

2) 是现场见证随机抽样。

3) 检验的内容包括保温隔热材料的导热系数、密度、抗压强度或压缩强度及燃烧性能等。

4) 检测单位取得了相应的资质。

2. 验收结论

参加验收的人员包括:监理工程师,建设单位专业负责人,供应商代表,施工单位技术质量负责人,施工单位专业质量检查员、材料员。

满足验收条件的可以通过验收,否则不能通过验收。验收合格后必须形成文字记录,填写进场检验报告。验收人员签字齐全。

【条文】8.2.4 地面节能工程施工前,应对基层进行处理,使其达到设计和施工方案的要求。

检验方法:对照设计和施工方案观察检查。

检查数量:全数检查。

【要点说明】 为了保证施工质量,在进行地面保温施工前,应将基层处理好,基层应平整、清洁,接触土壤地面应将垫层处理好。基层表面应坚实具有一定的强度,清洁干净,表面无浮土、砂粒等污物,表面应平整、光滑、无松动,要求抹平压光,对于残留的砂浆或突起物应以铲刀削平。基层的平整和清洁影响保温层工序的施工质量,特别是板块类保温材料,基层不平整可能导致保温层空鼓,表面不清洁会使粘结不牢固,存在一定的安全隐患。在建筑围护结构保温中,地面的保温层质量要求虽然没有外墙高,但也必须引起重视,影响地面保温质量的除了保温材料质量、施工过程质量、设计合理外,保温层所依附的基层质量对保温层稳定牢固,保证保温层的寿命及保温效果都有一定的影响。比如在不采暖地下室顶板与室外空气接触的楼板底面贴板类保温材料(XPS板、EPS板)或抹胶粉聚苯颗粒保温浆料、膨胀玻化微珠保温浆料等时,如果楼板的底面不清理干净,特别是现浇楼板采用隔离剂(或脱模剂)时,如果不清理掉隔离剂,就无法保证保温材料能有效可靠的粘贴在楼板上,当楼板发生振动后,将会脱落。这不仅影响了保温效果,有时对下面的人员也会造成伤害。而对于直接接触土壤的保温地面,保温层下面防水必须处理好,如果防水层处理不好,地下土壤的水分将会渗到保温层,这将大大影响保温材料的保温效果。

【检查与验收】
一、检查
1. 检查方法
对照设计要求和施工方案,对基层平整度、清洁性和垫层处理现场观察检查。
2. 检查数量
全数检查。
3. 检查内容
1) 检查基层平整度、清洁性和垫层处理是否符合设计要求。
2) 检查其是否按施工方案施工。
二、验收
1. 验收条件
1) 施工过程必须严格按经过批准的施工方案施工。
2) 基层平整度、清洁性和垫层处理应符合设计要求,表面没有明显的凹凸不平,无脏杂物。
2. 验收结论
参加验收的人员包括:监理工程师,建设单位专业负责人,供应商代表,施工单位技术质量负责人,施工单位专业质量检查员、材料员。
满足验收条件的可以通过验收,否则不能通过验收。验收合格后必须形成文字记录,填写进场检验报告。验收人员签字齐全。

【条文】8.2.5 建筑地面保温层、隔离层、保护层等各层的设置和构造做法以及保温层的厚度应符合设计要求,并应按施工方案施工。

检验方法:对照设计和施工方案观察检查;尺量检查。
检查数量:全数检查。

【要点说明】 影响地面保温效果的主要因素除了保温材料的性能和厚度以外，另一重要因素是保温材料的设置和构造做法以及热桥部位的处理等。在一般情况下，只要保温隔热材料的热工性能（导热系数、密度或干密度）和厚度、敷设方式均达到设计标准要求，其保温效果也基本上能达到设计要求。因此，在8.2.2条按主控项目对保温隔热材料的热工性能进行控制外，本条要求对保温隔热材料的设置和构造做法以及热桥部位也按主控项目进行验收。

保温层的敷设方式，缝隙填充质量应在施工过程中加以控制，并做为隐蔽工程进行检查验收。施工过程应按施工方案和技术要求进行施工。对于板块状保温材料，板材性能及施工后的含水率均要符合设计要求。施工时还要求基层平整、干净、干燥，板块铺设时要垫稳，铺平铺实以防压断，分层铺设的板块上下层应错缝，板间缝隙应用同类碎料嵌实。

对于松散保温材料施工铺设压实程度要先做试验，压实至什么程度，即每平方米多少千克，每次虚铺厚度和压实厚度，然后分层平整铺设压实至要求厚度。铺设的基层要干燥、干净，保温材料含水率不得超过设计规定和规范规定，更不能在施工过程中被雨淋或浸水。还要控制分层压实程度、表面平整度，厚度允许误差应在 $-5\%\sim+10\%$ 之间。

对于整体现浇保温层目前主要有沥青蛭石、沥青珍珠岩、现浇硬泡聚氨酯等整体现浇保温层，沥青蛭石和沥青珍珠岩要搅拌均匀一致，虚铺厚度和压实厚度均要先行试验。施工时表面要平整，压实程度要一致。硬泡聚氨酯现浇喷涂施工时，气温应在15℃～35℃，相对湿度应小于85%，否则会影响硬泡聚氨酯质量。施工时还应注意配比准确，一般应做配比试验，使发泡均匀，表观密度保持在 $30\sim45kg/m^3$。喷涂时，工人应进行培训，掌握喷枪的工人应使喷枪运行均匀，使发泡后表面平整，在完全发泡前应避免上人踩踏。发泡厚度允许误差在 $-5\%\sim+10\%$ 之间。硬泡聚氨酯保温层完成检查合格后，应立即进行保护层施工，如系刚性砂浆或混凝土保护层，则应在保温层上铺聚酯毡等材料作为隔离层。

隔离层主要用于有水、油或非腐蚀性和腐蚀性液体经常浸湿（作用）的面层下铺设的附加构造层，以防止楼层地面出现渗漏现象而设置的。

1. 隔离层是用防水类卷材、防水类涂料等在基层（或找平层）上铺设而成。
2. 在水泥砂浆或水泥混凝土找平层上铺设（铺涂）沥青类防水卷材或防水类涂料隔离层，或以水泥类材料（刚性防水材料）作为防水隔离层时，其找平层或水泥类材料防水层的表面应坚固、洁净、干燥。
3. 当采用掺有防水剂的水泥类找平层作为防水隔离层时，其掺量和混凝土（或水泥砂浆）的强度等级（或配合比）应符合设计要求。
4. 铺设防水隔离层材料时，应先做好连接处节点、附加层的处理后，再进行大面积的铺涂，以加强连接处的薄弱环节，防止出现渗漏现象。
5. 厕浴间和有防水要求的建筑地面的楼层结构的标高、预留孔洞位置、结构构造和隔离层的设置等均应符合国家标准《建筑地面工程施工质量验收规范》（GB 50209—2002）第四章基层铺设中第4.10.8条提出了有关规定。

【检查与验收】
一、检查
1. 检查方法
对于保温隔热层的敷设方式、隔离层、缝隙填充质量、热桥部位采用目测观察检查。
2. 检查数量
全数检查。
3. 检查内容
1) 保温隔热层的敷设方式、隔离层、缝隙填充质量是否符合设计要求。
2) 屋面的热桥部位是否进行处理。
二、验收
1. 验收条件
1) 保温隔热层的敷设方式符合设计要求，缝隙填充质量合格。
2) 屋面热桥部位做法正确。
2. 验收结论
参加验收的人员包括：监理工程师，建设单位专业负责人，供应商代表，施工单位技术质量负责人，施工单位专业质量检查员、材料员。
满足验收条件的可以通过验收，否则不能通过验收。验收合格后必须形成文字记录，填写进场检验报告。验收人员签字齐全。

【条文】8.2.6 地面节能工程的施工质量应符合下列规定：
1 保温板与基层之间、各构造层之间的粘结应牢固，缝隙应严密；
2 保温浆料应分层施工；
3 穿越地面直接接触室外空气的各种金属管道应按设计要求，采取隔断热桥的保温措施。

检验方法：观察检查；核查隐蔽工程验收记录。
检查数量：每个检验批抽查2处，每处10 m²；穿越地面的金属管道处全数检查。

【要点说明】 地面节能工程的施工质量应符合本条的规定。在施工过程中保温层与基体之间应粘结牢固、缝隙严密是非常必要的。特别是地下室（或车库）的顶板粘贴 XPS 板、EPS 板或粉刷胶粉聚苯颗粒时，虽然这些部位不同于建筑外墙那样有风荷载的作用，但由于顶板上部的有活动荷载，会使其产生振动，从而引发脱落。在楼板下面粉刷浆料保温层时分层施工也是非常重要的，每层的厚度不应超过 20mm，如果过厚，由于自重力的作用在粉刷过程中容易产生空鼓和脱落。

对于地下室顶板、与室外空气接触的楼板底面采用粘贴 XPS 板、EPS 板等板类材料时，所采用粘结剂要与保温板完全相容，水泥砂浆的粘结拉伸强度要大于 0.6MPa，与 XPS 板、EPS 板等材料的拉伸粘结强度不得小于 0.1MPa，并且破坏部位应位于 XPS 板、EPS 板等板内。胶粉聚苯颗粒等保温浆料与水泥砂浆之间的粘结拉伸强度不得小于 0.1MPa，并且破坏部位不得位于粘结界面。

对于严寒、寒冷地区，穿越接触室外空气地面的各种金属类管道都是传热量很大的热桥，这些热桥部位除了对节能效果有一定的影响外，其热桥部位的周围还可能结露，影响使用功能，因此必须对其采取有效的措施进行处理。

【检查与验收】
一、检查
1. 检查方法
1）对于粘贴牢固性和保温板缝隙采用目测观察检查。
2）竣工验收时，核查所有隐蔽工程验收记录。
2. 检查数量
1）每个检验批抽查2处，每处$10m^2$。
2）全数检查穿越地面的金属管道处隔断热桥保温措施。
3. 检查内容
1）检查基层与保温板粘结是否牢固，保温板之间缝隙是否严密。
2）楼板下面粉刷浆料保温层是否采用分层施工。
3）核查隐蔽工程验收记录。
二、验收
1. 验收条件
1）基层与保温板粘结牢固，保温板之间缝隙严密，符合设计要求，保证安全，达到保温效果。
2）楼板下面粉刷浆料保温层采用分层施工，粉刷过程中不产生空鼓和脱落。
3）穿越地面的金属管道处均采用了隔断热桥保温措施。
2. 验收结论
参加验收的人员包括：监理工程师，建设单位专业负责人，供应商代表，施工单位技术质量负责人，施工单位专业质量检查员、材料员。
满足验收条件的可以通过验收，否则不能通过验收。验收合格后必须形成文字记录，填写进场检验报告。验收人员签字齐全。

【条文】8.2.7 有防水要求的地面，其节能保温做法不得影响地面排水坡度，保温层面层不得渗漏。
检验方法：用长度500mm水平尺检查；观察检查。
检查数量：全数检查。

【要点说明】 本条对有防水要求地面的构造做法和验收方法提出了明确要求。对于厨卫有放水要求的地面进行保温时，应尽可能将保温层设置在防水层下，可避免保温层浸水吸潮影响保温效果。当确实需要将保温层设置在防水层上面时，则必须对防水层进行防水处理，不得使保温层吸水受潮。另外在铺设保温层时，要确保地面排水坡度不受影响，保证地面排水畅通。对于保温层来讲，防潮是非常重要的，特别是易吸潮的保温隔热材料。因为保温材料受潮后，其孔隙中存在水蒸气和水，而水的导热系数（$\lambda=0.5$）比静态空气的导热系数(λ=0.02)要大20多倍，因此材料的导热系数也必然增大。若材料孔隙中的水分受冻成冰，冰的导热系数(λ=2.0)相当于水的导热系数的4倍，则材料的导热系数更大。黑龙江省低温建筑科学研究所对加气混凝土导热系数与含水率的关系进行测试，其结果见表8.2.7。

表8.2.7 加气混凝土导热系数与含水率的关系

含水率ω(%)	导热系数λ[W/(m·K)]	含水率ω(%)	导热系数λ[W/(m·K)]
0	0.13	15	0.21
5	0.16	20	0.24
10	0.19		

上述情况说明，当材料的含水率增加1%时，其导热系数则相应增大5%左右；而当材料的含水率从干燥状态(ω=0)增加到20%时，其导热系数则几乎增大一倍。还需特别指出的是：材料在干燥状态下，其导热系数是随着温度的降低而减少；而材料在潮湿状态下，当温度降到0℃以下，其中的水分冷却成冰，则材料的导热系数必然增大。

含水率对导热系数的影响颇大，特别是负温度下更使导热系数增大，为保证建筑物的保温效果，在保温隔热层施工完成后，应尽快进行防水层施工，在施工过程中应防止保温层受潮。

【检查与验收】
一、检查
1. 检查方法
1) 对于地面排水坡度，采用尺量检查。
2) 对于地面渗漏性能，采用现场观察检查。
2. 检查数量
全数检查。
3. 检查内容
1) 尺量地面排水坡度。
2) 现场目测观察地面抗渗漏能力。
二、验收
1. 验收条件
1) 地面排水坡度符合设计要求，实现日常排水功能。
2) 防水要求的地面，保温层面层不得渗漏。
2. 验收结论
参加验收的人员包括：监理工程师，建设单位专业负责人，供应商代表，施工单位技术质量负责人，施工单位专业质量检查员、材料员。

满足验收条件的可以通过验收，否则不能通过验收。验收合格后必须形成文字记录，填写进场检验报告。验收人员签字齐全。

【条文】8.2.8 严寒、寒冷地区的建筑首层直接与土壤接触的地面、采暖地下室与土壤接触的外墙、毗邻不采暖空间的地面以及底面直接接触室外空气的地面应按设计要求采取保温措施。

检验方法：对照设计观察检查。

检查数量：全数检查。

【要点说明】 在严寒、寒冷地区，冬季室外最低气温在－15℃以下，冻土层厚度在400mm以上，建筑首层直接与土壤接触的周边地面是热桥部位，不采取有效措施进行处理，当建筑室内地面温度低于室内空气露点温度时，就会在室内地面结露，不仅影响了建筑的正常使用，节能效果也大大降低，因此必须对这些部位采取保温隔热措施。

【检查与验收】

一、检查

1. 检查方法

对照设计要求，现场观察检查。

2. 检查数量

全数检查。

3. 检查内容

检查严寒、寒冷地区的建筑首层直接与土壤接触的地面、采暖地下室与土壤接触的外墙、毗邻不采暖空间的地面以及底面直接接触室外空气的地面是否采取了保温措施。

二、验收

1. 验收条件

严寒、寒冷地区的建筑首层直接与土壤接触的地面、采暖地下室与土壤接触的外墙、毗邻不采暖空间的地面以及底面直接接触室外空气的地面采取了保温措施，保证建筑室内地面不产生结露。

2. 验收结论

参加验收的人员包括：监理工程师，建设单位专业负责人，供应商代表，施工单位技术质量负责人，施工单位专业质量检查员、材料员。

满足验收条件的可以通过验收，否则不能通过验收。验收合格后必须形成文字记录，填写进场检验报告。验收人员签字齐全。

【条文】8.2.9 保温隔热层的表面防潮层、保护层应符合设计要求。

检验方法：观察检查。

检查数量：全数检查。

【要点说明】 对保温隔热层表面必须采取有效措施进行保护，其目的之一是防止保温层材料吸潮，保温层吸潮含水率增大后，将显著影响保温效果，其二是提高保温层表面的抗冲击能力，防止保温层受到外界的破坏。常见的地面保温构造，比如：由下到上依次是混凝土、防潮层、聚苯板（挤塑型聚苯板）、防潮层、混凝土和水泥砂浆。两层防潮层包夹着保温层，既能阻挡土壤的潮气进入保温层，又可以阻挡室内湿空气进入保温层，保证了保温材料的保温效果；另外，保温层上面再加 80～100mm 厚混凝土，也避免了地面荷载较大而对保温层的破坏。

【检查与验收】

一、检查

1. 检查方法

隐蔽工程验收时，对照设计要求，现场观察检查。

2. 检查数量

全数检查。

3. 检查内容

检查防潮层、防护层的位置、完整性及严密性是否符合设计要求。

二、验收

1. 验收条件

防潮层、保护层应完整无损，封闭严密，位置应符合设计要求，防潮层具有隔断湿空气进入保温层的功能。

2. 验收结论

参加验收的人员包括：监理工程师，建设单位专业负责人，供应商代表，施工单位技术质量负责人，施工单位专业质量检查员、材料员。

满足验收条件的可以通过验收，否则不能通过验收。验收合格后必须形成文字记录，填写进场检验报告。验收人员签字齐全。

8.3 一 般 项 目

【条文】8.3.1 采用地面辐射采暖的工程，其地面节能做法应符合设计要求，并应符合《地面辐射供暖技术规程》JGJ 142 的规定。

检验方法：观察检查。

检查数量：全数检查。

【要点说明】 本条规定地面辐射供暖工程应按《地面辐射供暖技术规程》JGJ 142 规定执行。《地面辐射供暖技术规程》JGJ 142 已于 2004 年经建设部批准发布。比如，该标准要求，铺设绝热层的地面应平整、干燥、无杂物；墙面根部应平直，且无积灰现象；绝热层的铺设应平整，绝热层相互间接合应严密；直接与土壤接触或有潮湿气体侵入的地面，在铺放绝热层之前应先铺一层防潮层等，采用地面辐射供暖系统的建筑地面节能做法应满足《地面辐射供暖技术规程》JGJ 142 要求。

【检查与验收】

一、检查

1. 检查方法

根据《地面辐射供暖技术规程》JGJ 142 的规定采用目测观察检查。

2. 检查数量

全数检查。

3. 检查内容

地面节能做法是否符合设计要求。

二、验收

1. 验收条件

地面节能做法符合设计要求，满足《地面辐射供暖技术规程》JGJ 142 的规定。

2. 验收结论

参加验收的人员包括：监理工程师，建设单位专业负责人，供应商代表，施工单位技术质量负责人，施工单位专业质量检查员、材料员。

满足验收条件的可以通过验收，否则不能通过验收。验收合格后必须形成文字记录，填写进场检验报告。验收人员签字齐全。

地面节能工程验收要点：

1. 设计文件、质量验收资料、复检报告、隐蔽验收资料要齐全。

2. 把好原材料进场验收、复检关；要核查进场材料的规格、品种符合设计要求和产品标准要求，避免有的材料供应商以次充好，抽样复检材料一定要随机抽样，要有代表性；要防止抽样样本在送试验室过程中被调换；要检查保温材料的导热系数、抗压（或压缩）强度以及阻燃性能等有关资料，确定其完全符合要求。

3. 要加强施工过程隐蔽部位的验收，重点是保温层的厚度，特别是松散类材料保温层和现场喷涂浇注的保温层。

4. 要保证保温材料施工过程中不受潮、不淋雨水。

5. 加强保温层的基层处理。对于在不采暖空间上部的顶板和直接接触室外空气的楼板底面粘贴或粉刷保温材料时，基层的质量对保温材料粘贴的牢固可靠性非常重要。在节能施工前一定要将基层清理干净，特别是现浇楼板采用隔离剂时更要注意。对于与土壤接触的地面或墙面，做保温时基层的防水一定要处理，如果处理不当，基层下部土壤中的水分将进入保温层，严重影响保温效果。

6. 对严寒和寒冷地区接触土壤的地面一定要认真检查。

7. 对卫生间、厨房等地面，一般要做好面层的防水处理，一旦地面的水进入保温层就很难排出，将严重影响保温隔热效果。

8. 对严寒和寒冷地区地面的热桥部位要严格检查。

表 B.0.3 地面检验批质量验收记录表

编号：

工程名称				分项工程名称		验收部位	
施工单位					专业工长		项目经理
施工执行标准名称及编号							
分包单位					分包项目经理		施工班组长
验收规范规定						施工单位检查评定记录	监理（建设）单位验收记录
主控项目	1	材料进场	质量文件	第8.2.1条			
			外观检查				
			主要性能指标	第8.2.2条			
			取样复检	第8.2.3条			
	2	基层处理		第8.2.4条			
	3	保温层的构造	保温层厚度	第8.2.5条			
			保温层构造				
			隔离层构造				
			保护层构造				
	4	保温层的施工质量	粘结的牢固性	第8.2.6条			
			缝隙严密性				
			分层施工				
			热桥部位的处理				
	5	防水地面	排水坡度	第8.2.7条			
			保温层防水性能				
	6	严寒、寒冷地区地面	接触土壤土面及外墙	第7.2.6条			
			不采暖空间地面				
			接触室外空气地面	第8.2.8条			
	7	防潮层及保护层		第8.2.9条			

施工单位检查评定结果	项目专业质量检查员：	年 月 日
监理(建设)单位验收结论	（建设单位项目专业技术负责人）：	年 月 日

第9章 采暖节能工程

【概述】 本章对温度不超过95℃的室内集中热水采暖节能工程施工质量的验收做出了规定,共有3节13条。其中,9.1节为一般规定,主要对本章的适用范围以及采暖节能工程验收的方式进行了规定;9.2节为主控项目10条其中强制性条文2条,主要对有关采暖节能工程的保温材料、散热设备及阀门与仪表等的进场验收和对保温材料与散热设备部分技术性能参数的复验提出了要求,并对采暖系统的安装制式和采暖管道保温层与防潮层、散热设备、阀门与仪表的施工安装,以及采暖系统与热源的联合试运转和调试进行了规定;9.3节为一般项目1条,对采暖系统阀门、仪表等配件保温层施工的验收进行了规定。

把好设备、材料进场关,是节能工程验收的一个重要方面。现行国家标准《建筑给水排水及采暖工程施工质量验收规范》50242—2002对设备、材料进场验收已做出相应规定,本规范又着重强调,希望引起大家的高度关注。同时,对于保温材料与散热设备的某些重要技术性能参数还应进行复验,且复验应为见证取样送检。验收的结果应经监理工程师(建设单位代表)检查认可,并应形成相应的验收记录。另外,对于各种材料与设备及阀门与仪表等的质量证明文件和相关技术资料,要求齐全并应符合有关现行的国家标准和规定。

采暖系统的安装制式必须符合设计要求。节能工程前提必须是设计为节能设计。而采暖的制式是节能运转的前提。因此,本章的第9.2.3条强制性规定采暖系统的安装制式应符合设计要求。

节能系统的实现是靠调节来实现的。自控阀门与仪表、室内温控装置、热量计量装置及水力平衡装置是实现节能调节的关键部件,要求应按照设计要求安装齐全,并不得随意增减和更换,这是实现采暖系统节能运行的必要条件。因此,本规范的第9.2.3、9.2.5、9.2.6条对此进行了明确规定。

在采暖期内对其与热源进行联合试运转和调试,并对调试结果做出了规定,这是检验采暖系统节能工程安装是否符合设计要求的手段。因此,本规范的第9.2.10条对此进行了强制性规定。

本章只对采暖系统的节能效果有重要影响的保温材料、散热设备及自控阀门与仪表等的安装做出了原则性的规定,对于它们及整个采暖系统的其他材料与设备等的具体安装要求等,本规范不再赘述,可按照有关现行国家标准和《建筑给水排水及采暖工程施工质量验收规范》50242—2002的相关规定执行。

9.1 一般规定

【条文】 9.1.1 本章适用于温度不超过95℃室内集中热水采暖系统节能工程施工质

量的验收。

【要点说明】 本章所述内容，是指包括热力入口装置在内的室内集中热水采暖系统。本条根据目前国内室内集中采暖系统的热水温度现状，对本章的适用范围做出了规定。从节能的角度出发，对室内集中热水采暖系统中与节能有关的项目的施工质量进行验收，称之为采暖节能工程施工质量验收。

采暖节能工程施工质量验收的主要内容包括：系统制式；散热设备；阀门与仪表；热力入口装置；保温材料；系统调试等。

目前，我国采暖区域的采暖方式大都以热水为热媒的集中采暖方式。"集中采暖"是指热源和散热设备分别设置，由热源通过管道向各个房间或各个建筑物供给热量的采暖方式。目前，采暖主要是以城市热网、区域供热厂、小区锅炉房或单幢建筑物锅炉房为热源的集中采暖方式，也有以单元燃气炉或电热水炉等为分户独立热源的采暖方式。从节省能源、供热质量、环保、消防安全和卫生条件等方面来看，以热水作为热媒的集中采暖更为合理。因此，凡有集中采暖条件的地区，其幼儿园、养老院、中小学校、医疗机构、办公、住宅等建筑，均宜采用集中采暖方式。

与国外相比，我国目前的大部分集中热水采暖系统相当落后，具体体现在供热品质差，即室温冷热不匀，系统热效率低。不仅多耗成倍的能量，而且用户不能自行调节室温；加之当前采暖费按供暖面积计费，亦无助于提高用户的节能意识。实行采暖用热计量并向用户收费，是适应社会主义市场经济要求的一大改革，也是落实中央提出的建设节约型社会的具体体现。根据发达国家的经验，采取供热计量收费措施，即可节能20%～30%。建设部在2006年出台的《关于集中推进供热计量的实施意见》中，已明确提出了推进热计量供热收费的目标和时间表，要求2006年采暖季前，各地应选择一定数量的政府办公楼等建筑进行供热计量改造，2008年采暖季前政府办公楼等建筑原则上应全部完成供热计量改造；而新建建筑的热计量设施必须达到工程建设强制性标准要求，不符合供热计量标准要求的不得验收和交付使用。业内认为，供热计量时间表的制定，将大大加快供热节能的进程。

【条文】 9.1.2 采暖系统节能工程的验收，可按系统、楼层等进行，并应符合本规范第3.4.1条的规定。

【要点说明】 本条给出了采暖系统节能工程验收的划分原则和方法。

采暖系统节能工程的验收，应根据工程的实际情况、结合本专业特点，可以按采暖系统节能分项工程进行验收；对于规模比较大的，也可分为若干个检验批进行验收，可分别按系统、楼层等进行。

对于设有多个采暖系统热力入口的多层建筑工程，可以按每个热力入口作为一个检验批进行验收。

对于垂直方向分区供暖的高层建筑采暖系统，可按照采暖系统不同的设计分区分别进行验收；对于系统大且层数多的工程，可以按5～7层作为一个检验批进行验收。

9.2 主控项目

【条文】9.2.1 采暖系统节能工程采用的散热设备、阀门、仪表、管材、保温材料等产品进场时,应按设计要求对其类型、材质、规格及外观等进行验收,并应经监理工程师(建设单位代表)检查认可,且应形成相应的验收记录。各种产品和设备的质量证明文件和相关技术资料应齐全,并应符合国家现行有关标准和规定。

检验方法:观察检查;核查质量证明文件和相关技术资料。

检查数量:全数检查。

【要点说明】 本条是参考《建筑给水排水及采暖工程施工质量验收规范》GB 50242—2002第3.2.1条的内容"建筑给水、排水及采暖工程所使用的主要材料、成品半成品、配件、器具和设备必须具有中文质量合格证明文件,规格、型号及性能检测报告应符合国家技术标准或设计要求。进场时应做检查验收,并经监理工程师核查确认"而编制的。突出强调了采暖工程中与节能有关的散热设备、阀门、仪表、管材、保温材料等产品进场时,应按设计要求对其类型、材质、规格及外观等进行逐一核对验收。验收一般应由供货商、监理、施工单位的代表共同参加,并应经监理工程师(建设单位代表)检查认可,形成相应的验收记录。

由于进场验收只能核查材料和设备的外观质量,其内在质量则需由各种质量证明文件和技术资料加以证明。故进场验收的一项重要内容,是对材料和设备附带的质量证明文件和技术资料进行核查。材料和设备的质量证明文件和技术资料应按其出场检验批进行,不同检验批的材料和设备应对每个检验批的质量证明文件和技术资料进行核查。所有的证明文件和技术资料均应符合现行国家有关标准和规定并应齐全,主要包括产品质量合格证、中文说明书、产品标识及相关性能检测报告等。进口材料和设备还应按规定进行出入境商品检验。

在本条和本规范的其他章节中均没有对进场材料和设备的型号提出进场验收的要求,其原因是由于产品型号一般是由企业针对自己的产品而制定的,不同企业相同种类的产品其型号大都不相同。因此,如果规定了某种产品的具体型号,也就等于规定了必须采用某个企业的产品了,这不符合《建筑法》的有关规定,也不利于把真正的节能产品应用到采暖节能工程当中。

【检查与验收】
一、检查
1. 检查方法

对实物现场验收,观察和尺量检查其外观质量;对技术资料和性能检测报告等质量证明文件与实物一一核对。

2. 检查数量

对进场的材料和设备应全数检查。

3. 检查内容

检查内容包括:设备、材料出厂质量证明文件及检测报告是否齐全;实际进场设备、材料的类型、材质、规格、数量等是否满足设计和施工要求；设备、材料外观质量是否满足设计要求或有关标准的规定。

合格证明文件必须是中文的表示形式，应具备产品名称、规格、型号、国家质量标准代号、出厂日期、生产厂家的名称、地址、出厂产品检验证明或代号、必要的测试报告；对于进口产品，必须有商检合格报告。同种材料、同一种规格、同一批生产的要有一份原件，如无原件应有复印件并指明原件存放处。

重点检查以下方面：
(1) 各类管材应有产品质量证明文件；散热设备应有出厂性能检测报告。
(2) 阀门、仪表等应有产品质量合格证及相关性能检验报告；
(3) 保温材料应有产品质量合格证和材质检测报告，检测报告必须是有效期内的抽样检测报告。使用到建筑物内的保温材料还要有防火等级的检验报告。
(4) 散热器和恒温阀应有产品说明书及安装使用说明书，重点是技术性能参数。

二、验收

1. 验收条件
(1) 设备、材料出厂质量证明文件及检测报告齐全，实际进场数量、类型、规格、材质等满足设计和施工要求。
(2) 设备、阀门与仪表等的外观质量满足设计要求或有关标准的规定。

2. 验收结论
验收由材料、设备使用方组织。
参加验收的人员包括：监理工程师，建设单位项目专业技术负责人，供应商代表，施工单位项目专业质量(技术)负责人，施工单位项目专业质量检查员。
满足验收条件的产品为合格，可以通过验收；否则，为不合格，不能通过验收。验收合格后必须形成文字记录，填写进场验收记录，验收人员签字应齐全。

【条文】9.2.2 采暖系统节能工程采用的散热器和保温材料等进场时，应对其下列技术性能参数进行复验，复验应为见证取样送检。
1 散热器的单位散热量、金属热强度；
2 保温材料的导热系数、密度、吸水率。
检验方法：现场随机见证取样送检；核查复验报告。
检查数量：同一厂家同一规格的散热器按其数量的1%进行见证取样送检，但不得少于2组；同一厂家同材质的保温材料见证取样送检的次数不得少于2次。

【要点说明】 目前，市场上散热器和保温材料的种类比较多，质量参差不齐，难免有鱼目混珠，特别是保温材料，其质量情况更为担忧。通过调研发现，在相关标准没有规定对保温材料进场验收时，供应商提供的大都是送样检测报告，并只对来样负责，而且缺乏时效性，送到现场的产品品质很难保证。许多情况是开始供货提供的是合格的样品和检测报告，但到大批量进场时，就换成了质量差的甚至是冒牌的产品。然而，散热器的单位散热量、金属热强度和保温材料的导热系数、材料密度、吸水率等技术参数是采暖系统节能工程中的重要性能参数，它是否符合设计要求，将直接影响采暖系统的运行及节能效果。

因此，为了确保散热器和保温材料的性能和质量，本条要求，对于这两种产品在进场时应对其热工等技术性能参数进行复验。复验应采取见证取样送检的方式，即在监理工程师或建设单位代表见证下，按照有关规定从施工现场随机抽取试样，送至有见证检测资质的检测机构进行检测，并应形成相应的复验报告。根据建设部141号令第12条规定，见证取样试验应由建设单位委托具备见证资质的检测机构进行。采取复验的手段，在不同程度上也能提高生产企业、供货商及订货方的质量意识。

复验方式可以分两个步骤进行：首先，要检查其有效期内的抽样检测报告，如果确认其符合要求，方可准许进场；其次，还要对不同批次进场的保温材料和散热器进行现场随机见证取样送检复验，如果某一批次复验的产品合格，说明该批次的产品符合要求，准许使用；否则，判定该批次的产品不合格，应全部退货，供应商应承担一切损失费用。这样做的目的，是为了确保供应商供应的产品货真价实，也是确保采暖系统节能的重要措施。

【检查与验收】
一、检查
1. 检查方法

现场随机见证取样送检复验；核查复验检验(测)报告的结果是否符合设计要求，是否与进场时提供的产品检验报(测)告中的技术性能参数一致。

2. 检查数量

同一厂家相同材质和规格的散热器按其数量的1%进行见证取样送检，但不得少于2组；如果是不同厂家或不同材质或不同规格的散热器，则应分别按其数量的1%进行见证取样送检，且不得少于2组。

同一厂家相同材质的保温材料见证取样送检的次数不得少于2次；不同厂家或不同材质的保温材料应分别见证取样送检，且次数不得少于2次。取样应在不同的生产批次中进行。考虑到保温材料品种的多样性，以及供货渠道的复杂性，抽取不少于2次是比较合理的。现场可以根据工程的大小，在方案中确定抽检的次数，并得到监理的认可，但不得少于2次。对于分批次进场的，抽取的时间可以定在首次大批量进场时以及供货后期；如果是一次性进场，现场应随机抽检不少于2个测试样品进行检验。

3. 检查内容

1) 核查散热器复验报告中的单位散热量、金属热强度等技术性能参数，是否与设计要求及散热器进场时提供的产品检验报告中的技术性能参数一致；

2) 核查保温材料的导热系数、密度、吸水率等技术性能参数，是否与设计要求及保温材料进场时提供的产品检验报告中的技术性能参数一致。

二、验收
1. 验收条件

根据规范要求对散热器和保温料进行了复验，且复验检验(测)报告的结果符合设计要求，并与进场时提供的产品检验报告中的技术性能参数一致。

对进场产品实行现场随机见证取样送检复验，具有一定的代表性，但也存在一定的风险。因为对散热器和保温材料的复验，只对已进场的产品负责。如果是一次性进场，送检复验的样品中只要有一个被检验(测)不合格，则判定全部产品不合格；对于分批次进场的，第一次复验合格，只能说明本次及以前进场的产品合格。如果在第二次复验不合格，则截至到第一次复验之后进场的产品均判定为不合格。对于不合格的产品不允许使用到采暖节能工程中，要全部退货处理，供应商应负担一切损失。

2. 验收结论

参加验收的人员包括：监理工程师，建设单位项目专业技术负责人，供应商代表，施工单位项目专业质量(技术)负责人。

满足验收条件的产品为合格，可以通过验收；否则，为不合格，不能通过验收。验收合格后必须形成文字记录，填写进场复验记录，验收人员签字应齐全。

【条文】9.2.3 采暖系统的安装应符合下列规定：

1 采暖系统的制式，应符合设计要求；

2 散热设备、阀门、过滤器、温度计及仪表应按设计要求安装齐全，不得随意增减和更换；

3 室内温度调控装置、热计量装置、水力平衡装置以及热力入口装置的安装位置和方向应符合设计要求，并便于观察、操作和调试；

4 温度调控装置和热计量装置安装后，采暖系统应能实现设计要求的分室(区)温度调控、分栋热计量和分户或分室(区)热量分摊的功能。

检验方法：观察检查。

检查数量：全数检查。

【要点说明】 本条为强制性条文。对采暖系统节能效果密切相关的系统制式、散热设备、室内温度调控装置、热计量装置、水力平衡装置等的设置、安装、调试及功能实现等，做出了强制性的规定。

1. 采暖系统的制式也就是管道的系统形式，是经过设计人员周密考虑而设计的。采暖系统的制式设计得合理，采暖系统才能具备节能功能；但是，如果在施工过程中擅自改变了采暖系统的设计制式，就有可能影响采暖系统的正常运行和节能效果。因此，要求施工单位必须按照设计的采暖系统制式进行施工。

选择采暖系统制式的主要原则有：一是采暖系统应能保证各个房间(楼梯间除外)的室内温度能进行独立调控；二是便于实现分户或分室(区)热量(费)分摊的功能；三是管路系统简单、管材消耗量少、节省初投资。

新建和既有改造建筑室内热水集中采暖系统的制式，在保证室温可调控、满足热计量要求、且方便运行管理的前提下，可采用下列任一制式。

(1) 新建住宅采用共用立管的分户独立系统时，常用的室内采暖系统制式有：

1) 下供下回(下分式)水平双管系统；

2) 上供上回(上分式)水平双管系统；

3) 下供下回(下分式)全带跨越管的水平单管系统；

4) 放射式(章鱼式)系统；

5) 低温热水地面辐射采暖系统。

(2) 新建公共建筑常用的室内采暖系统形式如下：

1) 上供下回垂直双管系统；
2) 下供下回垂直双管系统；
3) 下供下回水平双管系统；
4) 上供下回垂直单双管系统；
5) 上供下回全带跨越管（或装置 H 分配阀）的垂直单管系统；
6) 下供下回全带跨越管的水平单管系统；
7) 低温热水地面辐射采暖系统。

(3) 既有住宅和既有公共建筑的室内采暖系统改造可采用以下几种形式：

1) 原系统为垂直单管顺流系统时，宜改造为在每组散热器的供回水管之间均设跨越管（或装置 H 分配阀）的系统；

2) 原系统为垂直双管系统时，宜维持原系统形式；

3) 原系统为单双管系统时，既有住宅宜改造为垂直双管系统，或改造为在每组散热器的供回水管之间均设跨越管（或装置 H 分配阀）的垂直单管系统；既有公共建筑宜维持原系统形式；

4) 当室内管道更新时，既有住宅的以上三种原有系统形式也可改造为设共用立管的分户独立系统；

5) 原系统为低温热水地面辐射式采暖系统时，应需在每一分支环路上设置室内远传型自力式恒温阀或电子式恒温控制阀等温控装置。

2. 采暖系统选用节能型的散热设备和必要的自控阀门与仪表等，并能根据设计要求的类型、规格等全部安装到位，是实现采暖系统节能运行的必要条件。因此，要求在进行采暖节能工程施工时，必须根据施工图设计要求进行，未经设计同意，不得随意增减和更换有关的节能设备和自控阀门与仪表等。

(1) 室内热水集中采暖系统的散热器应采用高效节能型产品，其单位发热量和传热系数等热工参数是衡量散热器性能优劣的标志，改变其数量、规格及安装方式，都会对系统的可靠运行及节能造成很大的影响。散热器的选型及安装，一般应遵循下列原则：

1) 散热器的工作压力应满足系统的工作压力，并符合国家现行有关产品标准的规定。

2) 散热器要有好的传热性能，散热器的外表面应涂刷非金属性涂料。

3) 民用建筑宜采用外形美观、易于清扫的散热器；放散粉尘或防尘要求较高的工业建筑，应采用易于清扫的散热器；具有腐蚀性气体的工业建筑或相对湿度较大的房间，应采用耐腐蚀的散热器。

4) 选用钢制散热器、铝合金散热器时，应有可靠的内防腐处理，并满足产品对水质的要求。

5) 采用铸铁散热器时，应选用内腔无粘砂型散热器。

6) 采用热分配表进行热计量时，所选用的散热器应具备安装热分配表的条件。强制对流式散热器不适合热分配表的安装和计量。

7) 散热器宜布置在外墙窗台下，当布置在内墙时，应与室内设施和家具的布置协调。两道外门之间的门斗内，不应设置散热器。

8) 散热器宜明装，非特殊要求散热器不应设置装饰罩。暗装时装饰罩应有合理的气流通道和足够的通道面积，并方便维修。

9) 散热器的布置应尽可能缩短户内管系的长度。

10) 每组散热器上应设手动或自动跑风门。有冻结危险场所的散热器前不得设置调节阀。

(2) 国家标准《采暖通风与空气调节设计规范》GB 50019—2003 和《公共建筑节能设计标准》GB 50189—2005 的有关条文规定，对新建住宅和公建的热水集中采暖系统，应设置热量计量装置和室温调控装置，并应根据水力平衡要求设置水力平衡装置。本条文中所讲的阀门与仪表，主要是指采暖系统中散热器恒温控制阀(简称恒温阀)、热计量装置、水力平衡阀、过滤器、温度计、压力表等。由于它们都是关系到采暖系统能否实现规范所要求的热量计量、室温调控、水力平衡，从而达到节能运行的关键装置和配件，所以施工过程中必须全部安装到位。但是，通过现场调查发现，许多采暖工程为了降低工程造价，根本不考虑日后的节能运行和减少运行费用等问题，未经设计单位同意，就擅自去掉一些自控阀门与仪表，或将自控阀门更换为不节能的设备及手动阀门，导致了系统无法实现设计要求的热量计量和节能运行，使能耗及运行费用大大增加。

1) 恒温阀是一种自力式调节控制阀，用户可根据对室温高低的要求，设定并调节室温。这样恒温控制阀就确保了各房间的室温，避免了立管水量不平衡，以及双管系统上热下冷的垂直失调问题。同时，更重要的是当室内获得"自由热"(Free Heat，又称"免费热"，如阳光照射，室内热源——炊事、照明、电器及人体等散发的热量)而使室温有升高趋势时，恒温阀会及时减少流经散热器的水量，不仅保持室温合适，同时达到节能目的。恒温阀的选型及安装一般应遵循下列原则：

a. 新建和改造等工程中散热器的进水支管上均应安装恒温阀。

b. 恒温阀的特性及其选用，应遵循《散热器恒温控制阀》JG/T 195—2006 的规定，且应根据室内采暖系统制式选择恒温阀的类型，垂直单管系统应采用低阻力恒温阀，垂直双管系统应采用高阻力恒温阀。

c. 垂直单管系统可采用两通恒温阀，也可采用三通恒温阀，垂直双管系统应采用两通恒温阀。

d. 采用低温热水地面辐射供暖系统时，每一分支环路应设置室内远传型自力式恒温阀或电子式恒温控制阀等温控装置，也可在各房间加热管上设置自力式恒温阀。

e. 恒温阀感温元件类型应与散热器安装情况相适应。散热器明装时，恒温阀感温元件应采用内置型；散热器暗装时，应采用外置型。

f. 恒温阀选型时，应按通过恒温阀的水量和压差确定规格。

g. 恒温阀应具备防冻设定功能。

h. 明装散热器的恒温阀不应被窗帘或其他障碍物遮挡，且恒温阀的阀头(温度设定器)应水平安装；暗装散热器恒温阀的外置型感温元件应安装在空气流通、且能正确反映房间温度的位置。

i. 低温热水地面辐射供暖系统室内温控阀的温控器应安装在避开阳光直射和有发热设备且距地面 1.4m 处的内墙面上。

2) 热计量装置，主要是指的建筑物楼前的总热量表和户内的热量分摊装置。对于住宅建筑，楼前的总热量表是该栋楼耗热量的结算依据，而楼内住户应理解热量分摊，当然，每户应该有相应的装置，作为对整栋楼的耗热量进行户间分摊的依据。目前在国内已有应用的热计量方法大致有温度法、热量分配表法、户用热量表法和面积法等。下面分别阐述其原理和应用时的各种因素，供选用时参考。

   a. 温度法：按户设置温度传感器，通过测量室内温度，并结合建筑面积和楼栋总热量表测出的供热量进行热量（费）分摊。温度法采暖热计量分配系统是在每户住户内的内门上侧安装一个温度传感器，用来对室内温度进行测量，通过采集器采集的室内温度经通讯线路送到热量采集显示器。热量采集显示器接收来自采集器的信号，并将采集器送来的用户室温送至热量计算分配器；热量计算分配器接收采集显示器、热量表送来的信号后，按照规定的程序将热量进行分摊。这种方法的出发点是：按照住户的等舒适度分摊热费，认为室温与住户的舒适是一致的，如果采暖期的室温维持较高，那么该住户分摊的热费也应该较多。遵循的分摊原则是：同一栋建筑物内的用户，如果采暖面积相同，在相同的时间内，相同的舒适度应缴纳相同的热费。它与住户在楼内的位置没有关系，不必进行住户位置的修正。因为节能是同一建筑物内各个热用户共同的责任。温度法可以做到根据受益来交费，可以解决热用户的位置差别及户间传热引起的热费不公平问题。另外，温度法与目前的传统垂直室内管路系统没有直接联系，可用于新建和既有改造住宅的任何采暖系统制式的热计量收费。

   b. 热量分配表法：在每组散热器上设置蒸发式或电子式热量分配表，通过对散热器散发热量的测量，并结合楼栋总热量表测出的供热量进行热量（费）分摊。此法适合于住宅建筑中采用散热器供暖的任何采暖系统制式。热量分配表法简单，分配表价格低廉，测量精度够用。但由于每户居民在整幢建筑中所处位置不同，即便同样住户面积，保持同样室温，散热器热量分配表上显示的数字却是不相同的。比如顶层住户会有屋顶，与中间层住户相比多了一个屋顶散热面，为了保持同样室温，散热器必然要多散发出热量来；同样，对于有山墙的住户会比没有山墙的住户在保持同样室温时多耗热量。所以，需要将每户根据散热器热量分配表分摊的热量，并根据楼内每户居民在整幢建筑中所处位置折算成当量热量后，才能进行收费。散热器热量分配表对既有采暖系统的热计量收费改造比较方便，比如将原有垂直单管顺流系统，加装跨越管就可以，不需要改为每一户的水平系统。

   c. 户用热量表法：按户设置户用热量表，通过测量流量和供、回水温差进行住户的热量计量，并结合楼栋总热量表测出的供热量进行热量（费）分摊。户用热表安装在每户采暖环路中，可以测量每个住户的采暖耗热量，但是，我们原有的、传统的垂直室内采暖系统需要改为每一户的水平系统。这种方法与散热器热量分配表一样，需要将各个住户的热量表显示的数据进行折算，使其做到"相同面积的用户，在相同的舒适度的条件下，交相同的热费"。这种方法仅适合于住宅建筑中共用立管的分户独立采暖系统形式（包括地面辐射采暖系统），但对于既有建筑中应用垂直的采暖管路系统进行"热改"时，不太适用。

   d. 面积法：根据热力入口处楼前总热量表的热量，结合各住户的建筑面积进行热费分摊。

   尽管这种方法是按照住户面积作为分摊热量（费）的依据，但不同于"热改"前的概念。这种方法的前提是该栋楼前必须安装总热量表，是一栋楼内的热量分摊方式。此法适合于资金紧张的既有住宅中的任何采暖系统形式的热改。

   当住宅建筑的类型、围护结构相同、分户热量（费）分摊装置一致时，不必每栋住宅都设楼栋总热量表，可几栋住宅共用一块总热量表。住宅建筑中需供暖的公共用房和公用空间，应设置单独的采暖系统和热计量装置。

对于公共建筑的热计量，应在每栋公共建筑物的热力入口处设置总热量表，且公共建筑内部归属不同单位的各部分，在保证能分室(区)进行温度调控的前提下，宜分别设置热量计量装置。

3) 供热系统水力不平衡的现象现在依然很严重，而水力不平衡是造成供热能耗浪费的主要原因之一，同时，水力平衡又是保证其他节能措施能够可靠实施的前提。因此，对系统节能而言，首先应该做到水力平衡，而且必须强制要求系统达到水力平衡。除规模较小的供热系统经过计算可以满足水力平衡外，一般室外供热管线较长，计算不易达到水力平衡。为了避免设计不当造成水力不平衡，一般供热系统均应在建筑物的热力入口处设置手动水力平衡阀和水过滤器，并应根据建筑物内供暖系统所采用的调节方式，决定是否还要设置自力式流量控制阀(对定流量水系统而言)或自力式压差控制阀(对变流量水系统而言)，否则，出现不平衡问题时将无法调节。平衡阀是最基本的平衡元件，实践证明，在系统进行第一次调试平衡后，在设置了供热量自动控制装置进行质调节的情况下，室内散热器恒温阀的动作引起系统压差的变化不会太大，因此，只在某些条件下才需要设置自力式流量控制阀或自力式压差控制阀。

关于手动水力平衡阀，流量控制阀，压差控制阀，目前说法不一，例如：流量控制阀也有称为"动态(自动)平衡阀"，"定流量阀"等。为了尽可能的规范名称，并根据城镇建设行业标准《自力式流量控制阀》CJ/T 179—2003 中对"自力式流量控制阀"的定义："工作时不依靠外部动力，在压差控制范围内，保持流量恒定的阀门"。因此，称流量控制阀为"自力式流量控制阀"；尽管目前还没有颁布压差控制阀行业标准，同样，称压差控制阀为"自力式压差控制阀"。至于手动或静态平衡阀，则统一称为手动水力平衡阀。

手动水力平衡阀选型原则：手动水力平衡阀是用于消除环路剩余压头、限定环路水流量用的，为了合理地选择平衡阀的型号，在设计水系统时，一定仍要进行管网水力计算及环网平衡计算，按管径选取平衡阀的口径(型号)。对于旧系统改造时，由于资料不全并为方便施工安装，可按管径尺寸配用同样口径的平衡阀，直接以平衡阀取代原有的截止阀或闸阀。但需要作压降校核计算，以避免原有管径过于富裕使流经平衡阀时产生的压降过小，引起调试时由于压降过小而造成仪表较大的误差。校核步骤如下：按该平衡阀管辖的供热面积估算出设计流量，按管径求出设计流量时管内的流速 v(m/sec)，由该型号平衡阀全开时的 ζ 值，按公式 $\Delta P = \zeta (v^2 \cdot \rho / 2)$ (Pa)，求得压降值 ΔP (式中 $\rho = 1000 \text{kg/m}^3$)，如果 ΔP 小于 2~3kPa，可改选用小口径型号平衡阀，重新计算 v 及 ΔP，直到所选平衡阀在流经设计水量时的压降 $\Delta P \geqslant 2 \sim 3 \text{kPa}$ 时为止。

尽管自力式流量控制阀具有在一定范围内自动稳定环路流量的特点，但是其水流阻力也比较大，因此即使是针对定流量系统，对设计人员的要求也首先是通过管路和系统设计来实现各环路的水力平衡(即"设计平衡")；当由于管径、流速等原因的确无法做到"设计平衡"时，才应考虑采用手动水力平衡阀通过初调试来实现水力平衡的方式；只有当设计认为系统可能出现由于运行管理原因(例如水泵运行台数的变化等等)有可能导致的水量较大波动时，才宜采用阀权度要求较高、阻力较大的自力式流量控制阀。但是，对于变流量系统来说，除了某些需要特定定流量的场所(例如为了保护特定设备的正常运行或特殊要求)外，不应在系统中设置自力式流量控制阀，而应设置自力式压差控制阀。

4) 在许多工程中，发现热力入口处没有安装水过滤器，这对以往旧的不节能采暖系统影响不大，但在节能采暖系统中，由于设置了温控和热计量及水力平衡装置等，对水质要求很严格，安装过滤器能起到保护这些装置不被堵塞而安全运行的作用。因此，设置过滤器是必需的，同时，数量和规格也必须符合设计要求。

5) 温度计及压力表等是正确反映系统运行参数的仪表。在许多工程中，这些仪表并没有安装到位，也就无法判定系统的运行状态，更无法去进行系统平衡调节，因此，也就无法判断系统是否节能。

3. 室内温度调控装置、热计量装置、水力平衡装置以及热力入口装置的安装位置和方向关系到系统能否正常地运行，应符合设计要求，同时这些装置应并便于观察、操作和调试。在实际工程中，室内温控装置经常被遮挡或安装方向不正确，无法真正反映室内真实温度，不能起到有效的调节作用。有很多采暖系统的热力入口只有总开关阀门和旁通阀门，没有按照设计要求安装热力入口装置，起不到过滤、热计量及水力平衡等作用，从而达不到节能运行的目的。有的工程虽然安装了，但空间狭窄，过滤器和水力平衡阀无法操作、热计量装置、压力表、温度计等仪表很难观察读取，保证不了其读数的准确性。通过调研，还发现现有许多建筑室外热力入口的土建做法不符合设计要求，只是做了一个简单的阀门井，根本无法安装所有的入口装置，同时由于空间狭小，维修人员很难下去操作，更无从调节而言，这种现象在既有建筑中普遍存在。

4. 本条强制性规定设有温度调控装置和热计量装置的采暖系统安装完毕后，应能实现设计要求的分室(区)温度调控和分栋热计量及分户或分室(区)热量(费)分摊。如果某采暖工程竣工后能够达到此要求，就表明该采暖工程能够真正地实现节能运行；反之，亦然。当然，如果工程设计无此规定，那么对安装完毕的采暖系统也就无此功能要求了。

分户分室(区)温度调控和实现分栋分户(区)热量计量，一方面是为了通过对各场所室温的调节达到舒适度要求；另一方面是为了通过调节室温而达到节能的目的。对有分栋、分室(区)热计量要求的建筑物，要求其采暖系统安装完毕后，能够通过热量计量装置实现热计量。量化管理是节约能源的重要手段，按照用热量的多少来计收取采暖费用，既公平合理，更有利于提高用户的节能意识。

【检查与验收】
一、检查
1. 检查方法
现场实际观察检查。
2. 检查数量
对于条文所规定的内容全数检查。
3. 检查内容
(1) 查看采暖系统安装的制式、管道的走向、坡度、管道分支位置、管径大小等，并与工程设计图纸进行核对；
(2) 逐一检查散热设备、阀门、过滤器、温度计及仪表安装的数量和位置，并与施工图纸进行核对；
(3) 检查室内温度调控装置、热计量装置、水力平衡装置以及热力入口装置的安装位

置和方向,并与施工图纸核对。进行实地操作调试,看是否方便;

(4) 现场实地操作,检查设有温度调控装置和热计量装置的采暖系统安装完毕后,能否实现设计要求的分室(区)温度调控、分栋热计量和分户或分室(区)热量(费)分摊的功能。

二、验收

1. 验收条件

(1) 采暖系统安装制式符合设计要求;

(2) 散热设备、阀门、过滤器、温度计及仪表的安装数量、规格均符合设计要求;

(3) 室内温度调控装置、热计量装置、水力平衡装置以及热力入口装置的安装位置和方向符合设计要求,并便于观察、操作和调试;

(4) 设有温度调控装置和热计量装置的采暖系统安装完毕后,能够实现设计要求的分室(区)温度调控、分栋热计量和分户或分室(区)热量(费)分摊的功能。

2. 验收结论

本条文的内容要作为专项验收内容。

参加验收的人员包括:监理工程师,建设单位项目专业技术负责人,施工单位项目专业质量(技术)负责人,施工单位项目专业质量检查员。

满足验收条件的为合格,可以通过验收;否则,为不合格,不能通过验收。验收合格后必须形成文字记录,填写检查验收记录,验收人员签字应齐全。

【条文】9.2.4 散热器及其安装应符合下列规定:

1 每组散热器的规格、数量及安装方式应符合设计要求;

2 散热器外表面应刷非金属性涂料。

检验方法:观察检查。

检查数量:按散热器组数抽查5%,不得少于5组。

【要点说明】 目前,对散热器的安装存在不少误区,常常会出现散热器的规格、数量及安装方式与设计不符等情况,如把散热器全包起来暗装,仅留很少一点点通道,或随意减少散热器的数量,以致每组散热器的散热量不能达到设计要求,而影响采暖系统的运行效果。

散热器暗装时,由于空气的自然对流受限,热辐射被遮挡,使散热效率大都比明装时低。同时,散热器暗装时,它周围的空气温度,远远高于明装时的温度,这将导致局部围护结构的温差传热量增大。而且,散热器暗装时,不仅要增加建造费用,还必须占用一部分建筑面积,并且还会影响温控阀的正常工作。因此,散热器宜明装。

但必须指出,有些建筑如幼儿园、托儿所,为了防止幼儿烫伤,采用暗装还是必要的。但是,必须注意以下三点:一是在暗装时,必须选择散热量损失少的暗装构造形式;二是对散热器后部的外墙增加保温措施;三是要注意散热器罩内的空气温度并不代表室内采暖计算温度,所以,这时应该选择采用带外置式温度传感器的恒温阀,以确保恒温阀能根据设定的室内温度正常地进行工作。

散热器布置在外墙的窗台下,从散热器上升的对流热气流能阻止从玻璃窗下降的冷气流，使流经生活区和工作区的空气比较暖和，给人以舒适的感觉；如果把散热器布置在内墙，流经人们经常停留地区的是较冷的空气，使人感到不舒适，也会增加墙壁积尘的可能，因此应把散热器布置在外墙的窗台下。考虑到分户热计量时，为了有利于户内管道的布置，也可以靠内墙安装。

从我国最早使用的铸铁散热器开始，散热器表面涂饰，基本为含金属的涂料，其中尤以银粉漆为最普遍。对于散热器表面状况对散热量的影响，国内外研究结论早已证明：采用含有金属粉末的涂料来涂饰散热器表面，将降低散热器的散热能力。但是，这个问题在实际的工程实践中，没有受到应有的重视。散热器表面涂刷金属涂料如银粉漆的现象，至今仍很普遍。

早在 1946 年，美国 J.R. 艾伦等著的《供暖与空调》一书中，通过实验已得出了下列结果，见表 9.2.4-1。同时还指出：如有一层以上涂料层时，最后的涂层是决定其结果（相对散热量）的涂层。

表 9.2.4-1 涂料对散热器散热量的影响

序 号	表面涂料	相对散热量(%)	序 号	表面涂料	相对散热量(%)
1	裸体散热器	100	4	浅棕色涂料	104.8
2	铝粉涂料	93.7	5	浅米黄色涂料	104.0
3	铜粉涂料	92.6	6	白色光泽涂料	102.2

国际标准 ISO 3147—3150(1975)第 4.1(J)条对散热器要求："全部外表面应涂以均匀的油漆，不应采用含金属颜料的油漆。（注：J 要求不适用于对流器）"。

英国标准 BS 3528—1977 第 8.1(5)条对散热器要求："全部外表面应涂以均匀的油漆，不应采用含金属颜料的油漆。对流器无此要求。"

德国标准 DIN 4704—1977 也有类似要求。

我国清华大学散热器检测室，经多年反复实验研究，得出表 9.2.4-2 所示的结果，见表 9.2.4-2。

表 9.2.4-2 铸铁四柱 760 型散热器各种表面状况的实验结果

编 号	表面涂料	散热量(W)	传热系数	相对散热量(%)	备 注
8401—B4	银粉漆两道	1200	7.9	100	
8401—A	自然金属表面(未涂漆)	1305	8.5	109	
8401—C2	米黄漆一道	1390	9.1	116	
8401—D	乳白漆一道	1373	9.0	114	$\Delta t = 64.5$℃
8401—E	深棕漆一道	1394	9.1	114	
8401—F	浅蓝漆一道	1398	9.2	117	
8401—G	浅绿漆一道	1357	8.8	113	

实验结果证实，若将柱型铸铁散热器的表面涂料由传统的银粉漆改为非金属涂料，就可提高散热能力 13%～16%。这是一种简单易行的节能措施，无疑应予以大力推广。因此，本规范在用词时采用了"应"字，即要求在正常情况下均应这样做。这里特别需要指

出的是，以上分析是针对表面具有辐射散热能力的散热器进行的，对于对流型散热器，因其基本依靠对流换热，表面辐射散热成分很小，上述效应则不很明显。

【检查与验收】
一、检查
1. 检查方法
抽查、观察检查。
2. 检查数量
按散热器组数抽查5%(包括不同规格)，不得少于5组。
3. 检查内容
(1) 所抽查散热器每组的规格，包括散热器的宽度、长度(片数)、高度；
(2) 散热器的安装的位置及方式，有无遮挡；
(3) 散热器表面刷涂料的情况。
二、验收
1. 验收条件
散热器安装的类型、规格、数量以及安装的方式和位置，应符合设计要求；散热器表面应刷非金属涂料。
2. 验收结论
参加验收的人员包括：监理工程师，建设单位项目专业技术负责人，施工单位项目专业质量(技术)负责人，施工单位项目专业质量检查员。
满足验收条件的为合格，可以通过验收；否则，为不合格，不能通过验收。验收合格后必须形成文字记录，填写检查验收记录，验收人员签字应齐全。

【条文】9.2.5 散热器恒温阀及其安装应符合下列规定：
1 恒温阀的规格、数量应符合设计要求；
2 明装散热器恒温阀不应安装在狭小和封闭空间，其恒温阀阀头应水平安装，且不应被散热器、窗帘或其他障碍物遮挡；
3 暗装散热器的恒温阀应采用外置式温度传感器，并应安装在空气流通且能正确反映房间温度的位置上。
检验方法：观察检查。
检查数量：按总数抽查5%，不得少于5个。

【要点说明】 散热器恒温阀(又称温控阀、恒温器)安装在每组散热器的进水管上，它是一种自力式调节控制阀，其核心作用是保证能分室(区)进行室温调控。因为能分室(区)进行室内温度调控，是实现采暖节能的基础，离开了室内温度的调控，采暖节能也就无从谈起。同时提供房间温度在一定范围内自主调节控制的条件，也是提高采暖舒适度和节能的需要。恒温阀的规格、数量符合设计要求，是发挥其作用的重要条件。

恒温阀在实现每组散热器单独调控温度，大大提高居室舒适度的同时，还可通过利用自由热和用户根据需要调节设定温度来大幅度降低供暖能耗。自由热即除固定热源散热器之外的热源，如朝阳房间的太阳光辐射、室内人体、电器等散发出来的热量等。当自由热导致室温上升时，恒温阀会减少散热器热水供应，从而降低供暖能耗。此外，用户根据需求即时调节设定温度，可以避免不必要的高室温造成的能源浪费。大量恒温阀应用实践表明，使用恒温阀平均可节省能源15%～30%。在能源问题日益突出，中央政府高度重视能源战略，大力倡导建设节约型社会的今天，恒温阀的应用无疑是顺应了这一时代潮流。

散热器恒温阀头如果垂直安装或安装时被散热器、窗帘或其他障碍物遮挡，恒温阀将不能真实反映出室内温度，也就不能及时调节进入散热器的水流量，从而达不到节能的目的。恒温阀应具有人工调节和设定室内温度的功能，并通过感应室温自动调节流经散热器的热水流量，实现室温自动恒定。对于安装在装饰罩内的恒温阀，则必须采用外置传感器，传感器应设在能正确反映房间温度的位置上。

【检查与验收】
一、检查
1. 检查方法
抽查、观察检查。
2. 检查数量
按总数抽查5%，不得少于5个。如果有暗装的散热器，要分别按其总数抽查5%，分别不得少于3个。
3. 检查内容
（1）检查被抽查的恒温阀的规格、数量；
（2）明装散热器恒温阀安装的位置，恒温阀阀头的安装状态，恒温阀阀头被遮挡情况；
（3）暗装散热器的恒温阀是否采用了外置式温度传感器，以及安装位置是否正确。
二、验收
1. 验收条件
（1）恒温阀的规格、数量应符合设计要求；
（2）明装散热器恒温阀没有安装在狭小和封闭空间，其恒温阀阀头均水平安装，且不被任何障碍物遮挡；
（3）暗装散热器的恒温阀，其温度传感器采用的是外置式，并安装在空气流通且能正确反映房间温度的位置上，一般设在内墙上。
2. 验收结论
参加验收的人员包括：监理工程师，建设单位项目专业技术负责人，施工单位项目专业质量（技术）负责人，施工单位项目专业质量检查员。
散热器恒温阀的选型及其安装对节能至关重要，只有满足验收条件，方可合格通过验收；否则为不合格，不能通过验收。验收合格后必须形成文字记录，填写检查验收记录，验收人员签字应齐全。

【条文】9.2.6 低温热水地面辐射供暖系统的安装除了应符合本规范第9.2.3条的规定外，尚应符合下列规定：

1 防潮层和绝热层的做法及绝热层的厚度应符合设计要求；

2 室内温控装置的传感器应安装在避开阳光直射和有发热设备且距地1.4m处的内墙面上。

检验方法：防潮层和绝热层隐蔽前观察检查；用钢针刺入绝热层、尺量；观察检查、尺量室内温控装置传感器的安装高度。

检查数量：防潮层和绝热层按检验批抽查5处，每处检查不少于5点；温控装置按每个检验批抽查10个。

【要点说明】 低温热水地面辐射供暖通常是一种将化学管材敷设在地面或楼面现浇垫层内，以工作压力不大于0.8MPa、温度不高于60℃的热水为热媒，在加热管内循环流动加热地板，通过地面以辐射和对流的传热方式向室内供热的供暖系统。该系统以整个地面作为散热面，地板在通过对流换热加热周围空气的同时，还与人体、家具及四周的维护结构进行辐射换热，从而使其表面温度提高，其辐射换热量约占总换热量的50%以上，是一种理想、节能的采暖系统，可以有效地解决散热器采暖系统存在的有关问题。

随着我国住房政策、能源结构及建筑节能等方面改革的逐步深入，人们的居住观念已从单一注重实用性、功能性等低水平的简单要求向舒适性、环保性及智能性等高层次需求转变。经过十几年的研究和推广，低温热水地面辐射供暖系统在我国的北方地区已有了较大发展，但是由于它毕竟与传统的采暖方式不同，造成了在设计和施工中出现了一些问题，如负荷计算、管道材料选择、地板加热盘管的间距、管路布置型式、塑料管热胀性等等，致使在使用中出现了这样或那样的问题。地面辐射采暖系统在设计、施工、运行中常出现的问题如下：

1. 设计中存在的问题

地面辐射采暖设计的步骤大致是：计算建筑热负荷，选择加热盘管的规格和布置型式，计算敷设间距，进行水力计算平衡管路，绘制施工图。在以上各环节中，应在以下几个环节引起注意。

(1) 热负荷计算中的问题

为了计算方便起见，有许多资料推荐了建筑热负荷单位面积、体积热指标。而对于地面辐射采暖系统，热负荷计算存在以下几个方面的问题需要分析，一方面是由于室内温度场分布均匀且主要是辐射热，可以将室内计算温度降低2℃计算，也就是说，可以适当降低建筑物热负荷；另一方面地面辐射供暖系统是以地板盘管经地面向室内散热，在地板散热模型的建立中一般均未考虑地板被家俱遮挡而增加的热阻的影响，特别是在住宅建筑中，卧室及起居室内床、衣橱、电视机橱、沙发等家具的遮挡率约占房间面积的30%～50%，高则占80%，这样就大大降低了地板盘管向室内散出的热量，也就是说应适当增加建筑物的热负荷；另外地板装饰层的厚度、材料也会影响建筑物的散热量，这也应当进行适当的考虑。设计计算建筑物热负荷时应对以上问题进行综合分析，确定出符合工程实际情况的热负荷值。

当考虑地面家具遮挡影响散热后，其地板有效散热面积会减少，房间所需的散热量分摊在有效散热面积上。因此，房间单位面积散热量就要相应增大。由此计算得出各不同功能性房间在其计算覆盖率下，对房间单位面积应增加散热量的修正系数(见表9.2.6)。

表 9.2.6 各功能房间计算覆盖率与单位面积应增加散热量的修正系数

房间	建筑面积(m²)	计算覆盖率(%)	修正系数
主卧	10~18	21~12	1.27~1.14
次卧	6~16	33~14	1.47~1.16
客厅	9~26	22~6.4	1.28~1.07
书房	6~12	34~20	1.52~1.25

(2) 地板加热盘管敷设型式及间距选择问题

地面辐射供暖的散热主体为加热盘管,而加热盘管的间距是控制加热盘管散热多少的重要参数,在现有资料中大多推荐了诸如 150mm,200mm,250mm 等数据的计算方法,事实上,加热盘管宜采用回字形,且加热盘管间距宜在外墙处密集,远离外墙处则应较疏。有关具体间距最好经过计算确定。

(3) 分、集水器的位置选择

分、集水器是地面辐射供暖中各水环路的分合部件,它具有对各供暖区域分配水流的作用。同时它还是金属部件与塑料管的连接转换处,以及系统冲洗、水压试验的泄水口,因此其位置选择是否合适,对整个供暖系统非常重要,宜设在便于控制,且有排水管道处,如厕所、厨房等处,不宜设于卧室、起居室,更不宜设于贮藏间内。

(4) 室内温控装置的选择

采用低温热水地面辐射供暖系统时,每一分支环路应设置室内温控装置,以调控室温和降低能耗。适合该采暖方式的室内温控装置有远传型自力式恒温阀、有线型电动式恒温控制阀、无线电子式恒温控制阀以及设置在各房间加热管上的自力式恒温阀等。

(5) 地面辐射供暖系统管材的选用

塑料管道具有热膨胀性较大的特点,其线性膨胀系数为:PEX,0.2mm/(m·℃);PPR,0.18 mm/(m·℃);XPAP,0.025 mm/(m·℃);PB,0.13 mm/(m·℃)。因此,对于明装的塑料管,很难保证其安装后不出现弯曲、蛇形等现象,所以,对于干、立等明装管宜采用热镀锌钢管,有条件的也可考虑采用铜管。

(6) 防潮层和绝热层的设置

对地面辐射供暖系统无地下室的一层地面、卫生间等处,应分别设置防潮层和绝热层。绝热层采用聚苯乙烯泡沫塑料板(导热系数为≤0.041W/(m·K),密度≥20.0kg/m³)时,其厚度不应小于30mm;直接与室外空气相邻的楼板应设绝热层。绝热层采用聚苯乙烯泡沫塑料板(导热系数为≤0.041W/(m·K),密度≥20.0kg/m³)时,其厚度不应小于40mm。当采用其他绝热材料时,可根据热阻相当的原则确定厚度。

(7) 过滤器的选用

地面辐射供暖加热盘管一般为 $De16$ 或 $De20$ 的塑料管,其内径只有十几毫米,一旦有异物堵塞,则整个环路将失去散热功能,因此保证其畅通特别重要,所以在每个分进水管上应设置过滤器。

(8) 各环路的平衡问题

根据流体力学的理论,对于并联环路的流量分配与其环路的阻力有关,其具体关系式为:

$$S_1 \cdot Q_1^2 = S_2 \cdot Q_2^2 = S_3 \cdot Q_3^2 = \cdots\cdots = S \cdot Q^2$$

式中　S——管道阻抗，s^2/m^5；

　　　Q——各环路的水流量，m^3/s。

保持各环路长度相等或长度相近，也就是保证各环路流量平衡，但是由于各环路所承担的热负荷不同，而管路短、阻力小的环路，虽然承担的热负荷小，但是根据上式可知，其流量反而较大，因此在确有困难平衡环路长度时，应在各环路上增设调节装置。

2. 施工中存在的问题

地面辐射采暖系统设计是很重要的环节，但是施工也是不容忽视的环节，在地面辐射供暖系统施工中应特别注意以下几点：

(1) 室内温控装置的传感器的设置高度

距地 1.4m 高度处的室温，与人体的舒适度有较大关系。为了不因室温过高而浪费能源、过低而影响舒适度，室内温控装置的传感器应安装在距地面 1.4m 的内墙面上（或与室内照明开关并排设置），并应避开阳光直射和发热设备，以免产生控制上的误差。

(2) 在加热盘管的上部或下部宜布置钢丝网

对地面辐射供暖的室内温度场研究表明，在布管处散热相对较强，而管与管之间则散热较弱。为了减小这种强弱明显的散热效果，宜在加热盘管的上部敷设一层钢丝网，以均衡地板表面的散热。同时，加设钢丝网还可增强地板的抗裂性。

(3) 试压及排水

安装完毕后对系统进行水压试验是《建筑给水排水及采暖工程施工质量验收规范》GB 50242—2002 中作为工程安装合格的基本要求，对于地面辐射供暖系统也不例外，关键是地面辐射供暖系统试压后并不像其他供暖空调系统，打开泄水阀和排气阀系统就可将水完全泄掉，而是有相当一部分水，即加热盘管中存的水不能泄掉，尤其在冬季施工，如果加热盘管中的水不能彻底及时排走，则很可能因水结冰而破坏整个加热盘管（事实上，此类现象在实际工程中时有发生），因此在试压或冲洗后，应采用压缩空气将加热盘管中的水全部吹出，以防冻坏管路。

(4) 地板预留伸缩缝

为了确保地面在供暖工程中正常工作，当房间的跨度大于 6m 后应设地面伸缩缝，缝宽以 ≥5mm 为宜，且加热盘管穿越伸缩缝时，应设长度不小于 100mm 的柔性套管。

3. 运行管理中存在的问题

在这里特别提出，用户在使用地面辐射供暖过程中，应特别注意以下几点：

(1) 住户一般不得在地板、楼板（下层住户）上打洞（眼），在必须打时，应先征询有关专业人员，并查找非布管处，方可打洞（眼），确保不破坏加热盘管。

(2) 运行管理人员，在地面辐射供暖系统运行管理过程中，要时刻注意天气变化，特别是供暖初期和供暖末期，确保系统不被冻结。

(3) 在系统一个供暖季开始运行时，应对供暖管道金属管部分进行冲洗，以将非供暖季中积存的杂物冲走，防止杂物对过滤器及加热盘管的堵塞。

低温热水地面辐射供暖系统是一种较好的采暖型式，它无论从节约能源，室内温度场的分布，还是在舒适度、室内美观、分户计量等各方面都较传统的供暖方式具有较明显的优越性，但是要使地面辐射供暖系统发挥其优点，避免其缺点，使人们更快更广泛地接受这种新型的采暖方式，还需同行专业人员们的共同努力，无论从理论研究、工程设计、施工以及运行管理等诸方面，做到更加完美。

【检查与验收】
一、检查
1. 检查方法
抽查、观察检查。对被抽检的绝热层部位用钢针刺入绝热层、尺量；尺量室内温控装置传感器的安装高度。
2. 检查数量
防潮层和绝热层按检验批抽查 5 处，每处检查不少于 5 点；温控装置按每个检验批抽查 10 个。
3. 检查内容
（1）检查绝热层和防潮层的做法，必要时剖开检查；
（2）检查绝热层的厚度；
（3）室内温控装置传感器的安装位置及安装高度。

二、验收
1. 验收条件
（1）防潮层和绝热层的做法符合设计要求；
（2）绝热层的厚度应符合设计要求，不得有负偏差；
（3）室内温控装置的传感器安装在避开阳光直射和有发热设备且距地 1.4m 处的内墙面上，距地高度偏差在±20mm 以内。
2. 验收结论
参加验收的人员包括：监理工程师，建设单位项目专业技术负责人，施工单位项目专业质量(技术)负责人，施工单位项目专业质量检查员。
本项目应随该检验批的其他项目一起验收，并做好记录。满足验收条件的为合格，可以通过验收；否则，为不合格，不能通过验收。验收合格后必须形成文字记录，填写检查验收记录，验收人员签字应齐全。

【条文】9.2.7 采暖系统热力入口装置的安装应符合下列规定：
1 热力入口装置中各种部件的规格、数量，应符合设计要求；
2 热计量装置、过滤器、压力表、温度计的安装位置、方向应正确，并便于观察、维护；
3 水力平衡装置及各类阀门的安装位置、方向应正确，并便于操作和调试。安装完毕后，应根据系统水力平衡要求进行调试并做出标志。
检验方法：观察检查；核查进场验收记录和调试报告。
检查数量：全数检查。

【要点说明】 热力入口是指室外热网与室内采暖系统的连接点及其相应的入口装置，一般是设在建筑物楼前的暖气沟内或地下室等处。热力入口装置通常包括阀门、水力平衡阀、总热计量表、过滤器、压力表、温度计等。

在实际工程中有很多采暖系统的热力入口只有总开关阀门和旁通阀门，没有按照设计要求安装水力平衡阀、热计量装置、过滤器、压力表、温度计等入口装置；有的工程虽然安装了入口装置，但空间狭窄，过滤器和阀门无法操作、热计量装置、压力表、温度计等仪表很难观察读取。因此，热力入口装置常常是起不到其过滤、热能计量及调节水力平衡等功能，从而起不到节能的作用。

1. 新建集中采暖系统热力入口的要求

(1) 热力入口供、回水管均应设置过滤器。供水管应设两级过滤器，顺水流方向第一级为粗滤，滤网孔径不宜大于 $\phi 3.0mm$，第二级为精过滤，滤网规格宜为 60 目；进入热计量装置流量计前的回水管上应设过滤器，滤网规格不宜小于 60 目。

(2) 供、回水管应设置必要的压力表或压力表管口。

(3) 无地下室的建筑，宜在室外管沟入口或楼梯间下部设置小室，室外管沟小室宜有防水和排水措施。小室净高应不低于 1.4m，操作面净宽应不小于 0.7m。

(4) 有地下室的建筑，宜设在地下室可锁闭的专用空间内，空间净高度应不低于 2.0m，操作面净宽应不小于 0.7m。

2. 关于平衡阀

(1) 平衡阀的工作原理

平衡阀属于调节阀范畴，它的工作原理是通过改变阀芯与阀座的间隙(开度)，来改变流经阀门的流动阻力，以达到调节流量的目的。从流体力学观点看，平衡阀相当于一个局部阻力可以改变的节流元件，实际上就是一种有开度指示的手动调节阀。

平衡阀与普通阀门的不同之处在于有开度指示、开度锁定装置及阀体上有两个测压小阀。管网系统安装完毕，并具备测试条件后，对管网进行平衡调试，用软管将被调试的平衡阀测压小阀与专用智能仪表连接，仪表能显示出流经阀门的流量值(及压降值)，经与仪表人机对话向仪表输入该平衡阀处要求的流量值后，仪表经计算、分析，可显示出管路系统达到水力平衡时该阀门的开度值，将各阀门开度锁定，使管网实现水力工况平衡。因此，设在热力入口处的平衡阀，其作用相当于调节阀和等效孔板流量仪的组合，使各个热用户的流量分配达到要求。当总循环泵变速运行时，各个热用户的流量分配比例保持不变。

(2) 平衡阀的特性

1) 流量特性线性好。这一特性对方便准确地调整系统平衡具有重要意义。

2) 有清晰、准确的阀门开度指示。

3) 平衡调试后，阀门锁定功能使开度值不能随便地被变更。通过阀门上的特殊装置锁定了阀门开度后，无关人员不能随便开大阀门开度。如果管网环路需要检修，仍可以关闭平衡阀，待修复后开启阀门，但最大只能开启至原设定位置为止。

4) 平衡阀阀体上有两个测压小阀，在管网平衡调试时，用软管与专用智能仪表相连，能由仪表显示出流量值及计算出该阀门在设计流量时的开度值。

(3) 平衡阀的选型及安装位置要求

1) 室内采暖为垂直单管跨越式系统，热力入口的平衡阀应选用自力式流量控制阀。

2) 室内采暖为双管系统，热力入口的平衡阀应选用自力式压差控制阀。

3) 自力式压差控制阀或流量控制阀两端压差不宜大于 100kPa，不应小于 8.0kPa，具体规格应由计算确定。

4) 管网系统中所有需要保证设计流量的热力入口处均应安装一只平衡阀,可安在供水管路上,也可安在回水管路上,设计如无特许要求,从降低工作温度,延长其工作寿命等角度考虑,一般安装在回水管路上。

3. 关于热计量装置

(1) 热计量装置的选型

本规范9.2.3条的条文要点中指出,无论是住宅建筑还是公共建筑,无论建筑物中采用何种热计量方式,其热力入口处均应设置热计量装置——总热量表,作为房屋产权单位(物业公司)的住户结算式分摊热费的依据。从防堵塞和提高计量的准确度等方面考虑,该表宜采用超声波型热量表。

(2) 热量计量装置的安装和维护

1) 热力入口装置中总热量表的流量传感器宜装在回水管上,以延长其寿命、降低故障率、降低计量成本;进入热量计量装置流量计前的回水管上应设置滤网规格不宜小于60目过滤器;

2) 总热量表应严格按产品说明书的要求安装;

3) 对总热量表要定期进行检查维护,内容为:检查铅封是否完好;检查仪表工作是否正常;检查有无水滴落在仪表上,或将仪表浸没;检查所有的仪表电缆是否连接牢固可靠,是否因环境温度过高或其他原因导致电缆损坏或失效;根据需要检查、清洗或更换过滤器;检查环境温度是否在仪表使用范围内。

【检查与验收】

一、检查

1. 检查方法

现场实地观察检查,检查热力入口各装置部件的规格、数量及其安装与设计图纸的符合性;核查热力入口各装置部件的进场验收记录及平衡阀的调试报告。

2. 检查数量

对热力入口的各装置部件全数检查。

3. 检查内容

(1) 对照设计施工图纸,检查热力入口各装置部件的数量、规格型号、安装方向、安装位置;

(2) 实地操作、观察;

(3) 调试标记和调试记录。

二、验收

1. 验收条件

(1) 热力入口各装置部件的规格、数量应符合设计要求,安装位置、方向应正确;

(2) 热计量装置、压力表、温度计观察方便,维护更换容易;

(3) 水力平衡装置能方便调试,调试后能满足系统平衡要求,并有调试标记和调试合格记录。

2. 验收结论

参加验收的人员包括：监理工程师，建设单位项目专业技术负责人，施工单位项目专业质量（技术）负责人，施工单位项目专业质量检查员。

对热力入口装置进行单项验收，满足验收条件的为合格，可以通过验收；否则为不合格，不能通过验收。验收合格后必须形成文字记录，填写检查验收记录，验收人员签字应齐全。

【条文】9.2.8 采暖管道保温层和防潮层的施工应符合下列规定：

1 保温层应采用不燃或难燃材料，其材质、规格及厚度等应符合设计要求；

2 保温管壳的粘贴应牢固、铺设应平整。硬质或半硬质的保温管壳每节至少应用防腐金属丝或难腐织带或专用胶带进行捆扎或粘贴2道，其间距为300～350mm，且捆扎、粘贴应紧密，无滑动、松弛及断裂现象；

3 硬质或半硬质保温管壳的拼接缝隙不应大于5mm，并用粘结材料勾缝填满；纵缝应错开，外层的水平接缝应设在侧下方；

4 松散或软质保温材料应按规定的密度压缩其体积，疏密应均匀。毡类材料在管道上包扎时，搭接处不应有空隙；

5 防潮层应紧密粘贴在保温层上，封闭良好，不得有虚粘、气泡、褶皱、裂缝等缺陷；

6 防潮层的立管应由管道的低端向高端敷设，环向搭接缝应朝向低端；纵向搭接缝应位于管道的侧面，并顺水；

7 卷材防潮层采用螺旋形缠绕的方式施工时，卷材的搭接宽度宜为30～50mm；

8 阀门等配件的保温层结构应严密，且能单独拆卸并不得影响其操作功能。

检验方法：观察检查；用钢针刺入保温层、尺量。

检查数量：按数量抽查10%，且保温层不得小于10段、防潮层不得小于10m、阀门等配件不得小于5个。

【要点说明】 本条文涉及的是采暖管道保温方面的问题，对采暖管道及其部、配件保温层和防潮层施工的基本质量要求做出了规定。采暖管道保温厚度是由设计人员依据保温材料的导热系数、密度和采暖管道允许的温降等条件计算得出的。如果管道的保温厚度等技术性能达不到设计要求，或者保温层与管道粘贴得不紧密、牢固，或者设在地沟及潮湿缓境内的保温管道不做防潮层以及防潮层做得不完整或有缝隙，都将会严重影响采暖管道的保温节能效果。因此，除了要把好保温材料的质量关之外，还必须对采暖管道保温层和防潮层的施工质量引起重视。

采暖管道常用保温材料有岩棉、矿棉管壳、玻璃棉壳及聚氨酯硬质泡沫保温管等。我国保温材料工业发展迅速，岩棉和玻璃棉保温材料生产量已有较大规模。聚氨酯硬质泡沫塑料保温管（直埋管）近几年发展很快，它保温性能优良，虽然目前价格较高，但随着技术进步和产量增加，将在工程中得到广泛应用。

岩棉是以精选的玄武岩或辉绿岩为主要原料，经高温熔融制成的无机人造纤维。纤维直径4～7μm。在岩棉中加入一定量的胶粘剂、防尘油、憎水剂，经固化、切割、贴面等工序，可制成岩棉板、缝毡、保温带、管壳等制品。岩棉制品具有良好的保温、隔热、吸声、耐热、不燃等性能和良好的化学稳定性。

矿棉是利用高炉矿渣或铜矿渣、铝矿渣等工业矿渣为主要原料，经熔化，用高速离心法或喷吹法工艺制成的棉丝状无机纤维，纤维直径 4~7μm。在矿渣棉中加入一定量胶粘剂、憎水剂、防尘剂等，经固化、切割、烘干等工序，可制成矿棉板、缝毡、保温带、管壳等制品。矿渣棉制品具有良好的保温、隔热、吸声、不燃、防蛀等性能，以及较好的化学稳定性。

玻璃棉是以硅砂、石灰石、萤石等矿物为主要原料，经熔化，用火焰法、离心法或高压载能气体喷吹法等工艺，将熔融玻璃液制成的无机纤维。纤维平均直径：1号玻璃棉≤5.0μm；2号玻璃棉≤8μm；3号玻璃棉≤13.0μm。在玻璃纤维中加入一定量的胶粘剂和其他添加剂，经固化、切割、贴面等工序，可制成玻璃棉毡、玻璃棉板、玻璃棉管壳。玻璃棉制品具有良好的保温、隔热、吸声、不燃、耐腐蚀等性能。

聚氨酯泡沫塑料是把含有羟基的聚醚或聚酯树脂与异氰酸酯反应构成聚氨酯主体，并由异氰酸酯与水反应生成的二氧化碳或用低沸点的氟氢化烷烃为发泡剂发泡，生产内部具有无数小气孔的一种塑料制品。聚氨酯泡沫塑料可分为软质、半硬质、硬质三类，软质聚氨酯泡沫塑料在建筑中应用尚少，只用在要求严格隔音的场合以及管道弯头的保温等处；半硬质制品的主要用途是车辆，在建筑业中可用来填塞波纹板屋顶及作填充外墙板端部空隙的芯材，其用途也较为有限；硬质聚氨酯泡沫塑料，近年来，作为一种新型隔热保温材料，在建筑上得到了越来越广泛的应用。

根据国家新的节能政策，对每米管道保温后的允许热耗，保温材料的导热系数及保温厚度，以及保护壳做法等都必须在原有基础上加以改善和提高，设计中要给予重视，施工中应予以关切。当管道周围空气与热媒之间的温差小于或等于60℃时，安装在室外或室内地沟中的采暖管道的保温厚度，不得小于表9.2.8中规定的限值。

表9.2.8 采暖管道最小保温厚度 δ_{min}

保 温 材 料	直径(mm)		最小保温厚度 δ_{min}(mm)
	公称直径 DN	外径 ϕ	
岩棉或矿棉管壳 $\lambda_m=0.0314+0.0002t_m$ [W/(m·K)] 当 $t_m=70℃$ 时，$\lambda_m=0.045$ [W/(m·K)]	25~32	32~38	30
	40~200	45~219	35
	250~300	273~325	45
玻璃棉管壳 $\lambda_m=0.024+0.00018t_m$ [W/(m·K)] 当 $t_m=70℃$ 时，$\lambda_m=0.037$ [W/(m·K)]	25~32	32~28	25
	40~200	45~219	30
	250~300	273~325	40
聚氨酯硬质泡沫保温管（直埋管） $\lambda_m=0.02+0.00014t_m$ [W/(m·K)] 当 $t_m=70℃$ 时，$\lambda_m=0.03$ [W/(m·K)]	25~32	32~38	20
	40~200	45~219	25
	250~300	273~325	35

注：表中 t_m 为保温材料层的平均使用温度(℃)，取管道热媒与管道周围空气的平均温度。表中推荐的最小保温厚度，是以北京地区全年采暖3000小时及1993年原煤价格和热价进行计算得到的，所得经济保温厚度是最小的保温厚度。

当选用其他保温材料或其导热系数与表 9.2.8 中值差异较大,最小保温厚度应按下式修正:

$$\delta'_{\min} = \lambda'_m \cdot \delta_{\min} / \lambda_m$$

式中　$\delta'_{\min}$——修正后的最小保温厚度(mm);

　　　$\delta_{\min}$——表 9.2.8 中最小保温厚度(mm);

　　　λ'_m——实际选用的保温材料在其平均使用温度下的导热系数 [W/(m·K)];

　　　λ_m——表 4.3.3 中保温材料在其平均使用温度下的导热系数 [W/(m·K)]。

当实际热媒温度与管道周围空气温度之差大于 60℃时,最小保温厚度按下式修正:

$$\delta'_{\min} = (t_w - t_a)\delta_{\min}/60$$

式中　t_w——实际采暖热媒温度(℃);

　　　t_a——管道周围空气温度(℃)。

为保证距热源最远点建筑物的采暖质量,当系统采暖面积大于或等于 50000m² 时,应将 200～300mm 管径的保温厚度在表 9.2.8 最小保温厚度的基础上再增加 10mm。

管道保温层的施工要求:

1. 基本要求

(1) 管道穿墙、穿楼板套管处的保温,应用相近效果的软散材料填实。

(2) 保温层采用保温涂料时,应分层涂抹,厚度均匀,不得有气泡和漏涂,表面固化层应光滑,牢固无缝隙,并且不得影响阀门正常操作。

(3) 保温层的材质及厚度应符合设计要求。

2. 保温层施工

(1) 管道的保温施工应在管道试压、清洗、防腐完成以后进行;水平管应从一侧或弯头的直管段处顺序进行,非水平管道的保温自下而上进行。

(2) 管道的保温要密实,特别是三通、弯头、支架及阀门、法兰等部位要填实。

(3) 硬质保温层管壳,可采用 16 号～18 号镀锌铁丝双股捆扎,捆扎的间距不应大于 350mm,并用粘结材料紧密粘贴在管道上。管壳之间的缝隙不应大于 2mm 并用粘结材料勾缝填满,环缝应错开,错开距离不小于 75mm,管壳从缝应设在管道轴线的左右侧,当保温层大于 80mm 时,保温层应分两层铺设。

(4) 半硬质及软质保温制品的保温层可采用包装钢带、14～16 号镀锌钢丝进行捆扎。其捆扎间距,对半硬质保温制品不应大于 300mm;对软质不大于 200mm。

(5) 每块保温制品的捆扎件,不得少于两道。管道保温时,保温管壳纵缝要错开,用铝箔胶带密封好,保温要求厚度均匀,外表面光滑,不许有褶皮。

(6) 不得采用螺旋式缠绕捆扎。

(7) 为保证保温质量和美观,阀门、法兰部位应单独进行保温。保温厚度应与其联接管道的保温厚度作相同,且结构应能单独拆卸。阀门保温时,保温结构应覆盖至阀杆并设有箱盖且将手柄露在外面,以方便阀门维护和手动调节;法兰保温时,保温材料要分块下料,便于将来管道检修;设备管道上的阀门、法兰及其他可拆卸配件保温两侧应留出螺栓长度 25mm 的空隙,且在邻近接驳法兰两侧的管道保温须整齐地折入,以方便法兰的螺栓装拆。

(8) 遇到三通处应先做主干管,后分支管。凡穿过隔墙和楼板处的套管与管道间的缝隙应用保温材料填塞紧密，且套管两端应进行密封封堵。

（9）管道上的温度计插座宜高出所设计的保温层厚度。不保温的管道不要同保温管道敷设在一起，保温管道应与建筑物保持足够的距离。

【检查与验收】

一、检查

1. 检查方法

抽查、观察、尺量检查。被抽查部位用钢针刺入保温层、尺量检查其厚度，必要时剖开保温层检查。

2. 检查数量

对于采暖管道的保温层、防潮层及配件，分别按其数量抽查10%。保温层不得小于10段；防潮层应在不同的部位进行抽查检查，每个部位不大于1m，抽查总长度不得小于10m；阀门、过滤器及法兰等配件的保温是个薄弱环节，在抽查时，应在不同的检验批中分别抽查，抽查总数不能少于5个；管道穿套管处不得少于5处。

3. 检查内容

（1）检查保温层防火检测报告；与施工图纸对照，检查施工完成后的保温材料材质、规格及厚度；

（2）对于保温管壳，用手扳，检查粘贴和捆扎得是否牢固、紧密，观察表面平整度；

（3）对于硬质或半硬质的保温管壳，检查拼接缝隙情况；

（4）如保温材料采用松散或软质保温材料时，按其密度要求检查其疏密度，检查搭接缝隙；

（5）检查防潮层施工顺序、搭接缝朝向及其密封和平整情况；

（6）检查阀门等部件的保温层结构，实际操作保温层结构，看其是否能单独拆卸。

二、验收

1. 验收条件

（1）所有保温材料为不燃或难燃材料，其材质、规格及厚度等符合设计要求；厚度不得有负偏差，允许有正偏差；

（2）保温管壳的粘贴牢固、铺设应平整。硬质或半硬质的保温管壳每节至少用防腐金属丝或难腐织带或专用胶带进行捆扎或粘贴2道，其间距在300～350mm之内，且捆扎、粘贴紧密，无滑动、松弛与断裂现象。采用胶带时，没有脱胶现象；

（3）硬质或半硬质保温管壳的拼接缝隙不大于5mm，并用粘结材料勾缝填满；纵缝应错开，外层的水平接缝均设在侧下方；

（4）松散或软质保温材料疏密应均匀。毡类材料在管道上包扎时，搭接处没有空隙；

（5）防潮层紧密粘贴在保温层上，封闭良好，不得有虚粘、气泡、褶皱、裂缝等缺陷；

（6）防潮层的立管由管道的低端向高端敷设，环向搭接缝朝向低端；对于横管道纵向搭接缝均位于管道的侧面，并顺水；

（7）卷材防潮层采用螺旋形缠绕的方式施工时，卷材的搭接宽度均为30～50mm；

（8）阀门等配件的保温层结构严密，且能单独拆卸并不得影响其操作功能。

2. 验收结论

参加验收的人员包括：监理工程师，施工单位项目专业质量(技术)负责人，施工单位项目专业质量检查员，专业工长。

因为保温层和防潮层的施工对节能影响尤为突出，所以对其施工应单独验收。满足验收条件为合格，可以通过验收；否则为不合格，不能通过验收。验收合格后必须形成文字记录，填写检查验收记录，验收人员签字应齐全。

【条文】9.2.9 采暖系统应随施工进度对与节能有关的隐蔽部位或内容进行验收，并应有详细的文字记录和必要的图像资料。

检验方法：观察检查；核查隐蔽工程验收记录。

检查数量：全数检查。

【要点说明】 采暖管道及配件等，被安装于封闭的部位或直接埋地时，均属于隐蔽工程。在结构进行封闭之前，必须对隐蔽工程的施工质量进行验收。对采暖管道应进行水压试验，如有防腐及保温施工的，则必须在水压试验合格且得到现场监理人员认可的合格签证后，方可进行，否则，不得进行保温、封闭作业和进入下道隐蔽工程的施工。必要时，应对隐蔽工程的施工情况进行拍照或录像并存档，以便于质量验收和追溯。

对隐蔽工程的验收，是由建设单位、监理及施工方共同参加的对于与节能有关的施工工程隐蔽之前进行的检查，是在施工方自检的基础上，由施工方对自己所施工的隐蔽工程质量做出合格判断后所进行的工作。因此，对隐蔽工程的验收，不能在没有通过施工方自检达到合格之前，就邀请其他方进行验收检查。施工方应对隐蔽工程的自检情况做好记录，以备验收时核查。

隐蔽工程的验收检查，可分为以下几个方面的内容：

(1) 对暗埋敷设于沟槽、管井、吊顶内及不进人的设备层内的采暖管道和相关设备，应检查管材、管件、阀门、设备的材质与型号、安装位置、标高、坡度；管道连接做法及质量；附件的使用，支架的固定，防腐处理，以及是否已按设计要求及施工规范验收规定完成强度、严密性、冲洗等试验。管道安装验收合格后，再对保温情况做隐蔽验收。

(2) 对直埋于地下或垫层中的采暖管道，在保温层、保护层完成后，所在部位进行回填之前，应进行隐检，检查管道的安装位置、标高、坡度；支架做法；保温层、防潮层及保护层设置；水压试验结果及冲洗情况。

(3) 对于低温热水地面辐射供暖系统的地面防潮层和绝热层在铺设管道前，还要单独进行隐蔽检查验收。

【检查与验收】

一、检查

1. 检查方法

观察、尺量检查；核查隐蔽工程的自检记录。

2. 检查数量

对隐蔽部位全部检查。

3. 检查内容

检查被隐蔽部位的管道、设备、阀门等配件的安装情况及保温情况，且安装和保温应分两次验收；对于直埋保温管道进行一次验收。

二、验收

1. 验收条件

隐蔽部位的管道及设备、阀门等配件的安装应符合本规范有关内容；保温层及防潮层的施工，应符合本规范条文第9.2.8条的验收条件。

2. 验收结论

参加验收的人员包括：监理工程师，施工单位项目专业质量(技术)负责人，施工单位项目专业质量检查员，专业工长。

隐蔽验收时，被检查部位均符合验收条件为合格，可以通过验收；否则为不合格，不能通过验收。验收合格后，填写检查验收记录，验收人员签字应齐全。对隐蔽部位施工情况的拍照或录像，应随检查验收记录一起存放。

【条文】9.2.10 采暖系统安装完毕后，应在采暖期内与热源进行联合试运转和调试。联合试运转和调试结果应符合设计要求，采暖房间温度不得低于设计计算温度2℃，且不应高于1℃。

检验方法：检查室内采暖系统试运转和调试记录。

检查数量：全数检查。

【要点说明】 本条为强制性条文。是参考《建筑给水排水及采暖工程施工质量验收规范》GB 50242—2002第8.6.3条"系统冲洗完毕应充水、加热，进行试运行和调试"而编制的。在此基础上，本条又增加了对采暖房间温度的调试及要求，即室内温度不得低于设计计算温度2℃，且不应高于1℃。虽然采暖房间的温度越低越有利于节能，但是为了确保供热单位的供热质量，保证居住、办公等采暖房间具有一定的温度(一般不低于16℃)和舒适度，本条文件强制规定采暖房间的温度不得低于设计计算温度2℃；对房间温度之所以规定一个不高于设计值1℃的限值，其目的是为了满足某些高标准建筑物对室内采暖温度的特殊要求，这样既可适当提高其室温标准，又不至于因室温过高而造成能源浪费。

采暖系统工程安装完工后，为了使采暖系统达到正常运行和节能的预期目标，规定必须在采暖期与热源连接进行系统联合试运转和调试。进行系统联合试运转和调试，是对采暖系统功能的检验，其结果应满足设计要求。由于系统联合试运转和调试受到竣工时间、热源条件、室内外环境、建筑结构特性、系统设置、设备质量、运行状态、工程质量、调试人员技术水平和调试仪器等诸多条件的影响和制约，又是一项季节性、时间性、技术性较强的工作，所以很难不折不扣地执行；但是，由于它非常重要，会直接影响到采暖系统能否正常运行、能否达到节能目标，所以又是一项必须完成好的工程施工任务。

采暖系统工程竣工如果是在非采暖期或虽然在采暖期却还不具备热源条件时，应对采暖系统进行水压试验，试验压力应符合设计要求。但是，这种水压试验，并不代表系统已进行了调试并达到平衡，不能保证采暖房间的室内温度能达到设计要求。因此，施工单位和建设单位应在工程(保修)合同中进行约定,在具备热源条件后的第一个采暖期期间再补做联合试运转及调试。补做的联合试运转及调试报告应经监理工程师(建设单位代表)签字确认后,以补充完善验收资料。

延期补做采暖系统的联合试运转及调试,如果失去了监督作用,就无法落实。因此,建议在竣工备案时,对于非采暖期完工的采暖工程,要上交给有关部门调试保证金和监理监督保证金,待调试合格后再退还。

【检查与验收】
一、检查
1. 检查方法
实地观察检查试运转及调试过程,并查看室内采暖系统试运转和调试记录。
2. 检查数量
对所有的采暖房间温度全数检查。
3. 检查内容
检查施工单位试运转及调试方案,观察调试情况,并查看室内采暖系统试运转和调试记录。

二、验收
1. 验收条件
采暖系统的调试应在采暖期有热源的情况下进行,调试结果应满足设计要求,采暖房间温度不得低于设计值2℃,且不高于设计值1℃。
2. 验收结论
参加验收的人员包括:监理工程师,建设单位项目专业技术负责人,施工单位项目专业质量(技术)负责人,施工单位项目专业质量检查员,专业工长。

对采暖期完工的工程,试运转和调试结果满足验收条件为合格,可以通过验收,否则为不合格,不能通过验收;对非采暖期完工的工程,采暖节能工程可以暂不进行验收,但应办理延期调试手续,并应在保修协议中明确在第一个采暖期内补做该项工作。调试合格后,应完善验收资料。

9.3 一 般 项 目

【条文】9.3.1 采暖系统过滤器等配件的保温层应密实、无空隙,且不得影响其操作功能。

检验方法:观察检查。

检查数量:按类别数量抽查10%,且均不得少于2件。

【要点说明】 采暖系统的过滤器等配件应做好保温,保温层应密实、无空隙,且不得影响其操作使用。

过滤器向下的滤芯外部要做活体保温,同样以利于检修、拆卸的方便。

遇到三通处应先做主干管,后分支管。凡穿过建筑物保温管道套管与管子四周间隙应用保温材料填塞紧密。

【检查与验收】
一、检查
1. 检查方法
抽查、观察检查。
2. 检查数量
按类别数量抽查10%，且均不得少于2件。
3. 检查内容
检查配件的保温密实情况，以及保温结构对过滤器等配件的操作功能是否有影响。
二、验收
1. 验收条件
被抽检配件的保温密实、无缝隙，且操作灵活。
2. 验收结论
参加验收的人员包括：监理工程师，施工单位项目专业质量检查员，专业工长。

满足验收条件为合格，可以通过验收；否则为不合格，不能通过验收。验收合格后，填写检查验收记录，验收人员签字应齐全。该项验收与保温管道验收一起进行。

第10章 通风与空调节能工程

【概述】 本章所涉及到的是有关通风与空调系统节能工程施工质量验收的条款,对影响通风与空调系统工程节能的材料、设备的进场检验、性能参数的核查与复验及设备与系统的安装和调试等进行了规定,共有3节18条强制性条文2条。其中,10.1节为一般规定,主要对本章的适用范围以及通风空调节能工程验收的方式进行了规定;10.2节为主控项目14条,主要对有关节能材料、设备的进场验收和对部分节能材料、设备技术性能参数的核查或复验提出了要求,并对通风与空调系统的安装制式和有关节能材料与设备的施工安装、设备的单机试运转和调试,以及系统的调试进行了规定;10.3节为一般项目2条,对空气风幕机的安装和变风量末端装置的动作试验等的验收进行了规定。

本章适用范围所讲的通风与空调系统,包括通风系统、空调风系统及空调水系统。前两者很容易理解和区分,但对于空调系统的水系统,要注意指的是除了空调冷热源及其辅助设备与管道及室外管网以外的空调水系统。

为了保证通风与空调节能工程的施工质量,本章重点对其安装验收的以下四个环节的控制进行了严格规定:

一是要求对有关节能材料与设备进行进场验收、核查及复验,依此来保证通风与空调系统所采用的材料与设备是节能的并符合设计和节能标准要求。材料与设备本身符合节能标准要求,是实现通风与空调系统节能的基本条件。因此,在编制本章时,充分考虑了材料、设备对于整个通风与空调系统节能性能效果的影响,在广泛调研的基础上,结合目前我国通风空调工程施工的实际现状,第10.2.1条做出了对通风与空调系统节能工程所使用的设备、管道、阀门、仪表、绝热材料等产品进场时应按设计要求对其类型、材质、规格及外观等进行验收,对重要的通风与空调设备的性能参数应进行核查的规定,且验收与核查的结果应经监理工程师(建设单位代表)检查认可,并应形成相应的验收、核查记录。另外,对于各种材料与设备的质量证明文件和相关技术资料,要求齐全并应符合有关现行的国家标准和规定;第10.2.2条做出了对绝热材料和风机盘管空调器的性能参数应进行复验,且复验应为见证取样送检的规定。这是本章的特点,也是要求参与施工的各方必须遵守的。

二是要求通风与空调系统的安装制式符合设计要求,依此来保证安装后的通风与空调系统具有节能运行功能,这是实现通风与空调系统节能的前提条件。因此,本章的第10.2.3条强制性规定通风与空调节能工程中的送、排风系统、空调风系统、空调水系统的安装制式应符合设计要求。

三是要求各种节能设备,特别是自控阀门与仪表、温控装置、冷热量计量装置及水力平衡装置等应按照设计要求安装齐全,并不得随意增减和更换,这是实现通风与空调系统节能运行的必要条件。因此,本规范的第10.2.3、10.2.9条对此进行了明确规定。

四是要求通风与空调工程安装完毕后,必须对通风机和空调机组等设备进行单机试运转和调试，并对系统的风量进行平衡调试，且试运转和调试结果应满足设计要求，这是通风与空调系统节能工程安装达标并通过验收的必备条件。因此，本规范的第 10.2.14 条对此进行了强制性规定。

本章只对与通风和空调系统的节能效果有重要影响的绝热材料、风机盘管和空调机组、风机及自控阀门与仪表等的安装等做出了原则性的规定，对于它们及整个通风与空调系统的其他材料与设备等的具体安装要求等，本规范不再赘述，可按照有关现行国家标准和《通风与空调工程施工质量验收规范》GB 50243—2002 的相关规定执行。

10.1 一 般 规 定

【条文】10.1.1　本章适用于通风与空调系统节能工程施工质量的验收。

【要点说明】　本条明确了本章适用的范围。本条文所讲的通风系统是指包括风机、消声器、风口、风管、风阀等部件在内的整个送、排风系统。空调系统包括空调风系统和空调水系统，前者是指包括空调末端设备、消声器、风管、风阀、风口等部件在内的整个空调送、回风系统；后者是指除了空调冷热源和其辅助设备与管道及室外管网以外的空调水系统。

【条文】10.1.2　通风与空调系统节能工程的验收，可按系统、楼层等进行，并应符合本规范第 3.4.1 条的规定。

【要点说明】　通风与空调系统节能工程的验收，应根据工程的实际情况、结合本专业特点，分别按系统、楼层等进行。

空调冷(热)水系统的验收，可与采暖系统验收相同，一般应按系统分区进行，划分成若干个检验批。对于系统大且层数多的空调冷(热)水系统工程，可分别按 6~9 个楼层作为一个检验批进行验收；通风与空调的风系统，可按风机或空调机组等所各自负担的风系统分别进行验收。

10.2 主 控 项 目

【条文】10.2.1　通风与空调系统节能工程所使用的设备、管道、阀门、仪表、绝热材料等产品进场时，应按设计要求对其类型、材质、规格及外观等进行验收，并应对下列产品的技术性能参数进行核查。验收与核查的结果应经监理工程师(建设单位代表)检查认可，并应形成相应的验收、核查记录。各种产品和设备的质量证明文件和相关技术资料应齐全，并应符合有关现行的国家标准和规定。

1　组合式空调机组、柜式空调机组、新风机组、单元式空调机组、热回收装置等设备的冷量、热量、风量、风压、功率及额定热回收效率；
2　风机的风量、风压、功率及其单位风量耗功率；
3　成品风管的技术性能参数；

4 自控阀门与仪表的技术性能参数。

检验方法：观察检查；技术资料和性能检测报告等质量证明文件与实物核对。

检查数量：全数检查。

【要点说明】 本条是在《通风与空调工程施工质量验收规范》GB 50243—2002 第3.0.5 条："通风与空调工程所使用的主要原材料、成品、半成品和设备的进场，必须对其进行验收。验收应经监理工程师认可，并应形成相应的质量记录"的基础上编制的，同时强调了对一些直接影响通风与空调系统节能效果的设备和阀门与仪表的技术性能参数应进行核查。

通风与空调系统所使用的设备、管道、阀门、仪表、绝热材料等产品是否相互匹配、完好，是决定其节能效果好坏的重要因素。本条是对其进场验收的规定，这种进场验收主要是根据设计要求对有关材料和设备的类型、材质、规格及外观等"可视质量"和技术资料进行检查验收，并应经监理工程师（建设单位代表）核准。进场验收应形成相应的验收记录。事实表明，许多通风与空调工程，由于在产品的采购过程中擅自改变有关设备、绝热材料等的设计类型、材质或规格等，结果造成了设备的外形尺寸偏大、设备重量超重、设备耗电功率大、绝热材料绝热效果差等不良后果，从而降低了通风与空调系统的节能效果，给设备的安装和维修带来了不便，给建筑物的安全带来了隐患。

在执行本条文时，有以下几点要求：

（1）由于进场验收只能核查材料和设备的外观质量，其内在质量则需由各种质量证明文件和技术资料加以证明。故进场验收的一项重要内容，是对材料和设备附带的质量证明文件和技术资料进行检查。这些文件和资料应符合现行国家有关标准和规定并应齐全，主要包括质量合格证明文件、中文说明书及相关性能检测报告。进口材料和设备还应按规定进行出入境商品检验。

（2）组合式空调机组、柜式空调机组、新风机组、单元式空调机组、热回收装置等设备的冷量、热量、风量、风压、功率及额定热回收效率等技术性能参数，关系到空调设备自身的质量性能，也是检验该设备节能优劣的重要指标。因此，在设备进场开箱检验时，对这些设备的性能参数要进行仔细的核查，看其是否符合工程设计要求。

事实表明，许多空调工程，由于所选用空调末端设备的冷量、热量、风量、风压及功率高于或低于设计要求，而造成了空调系统能耗高或空调效果差等不良后果。

（3）风机是空调与通风系统运行的动力，如果选择不当，就有可能加大其动力和单位风量的耗功率，造成能源浪费。为了降低空调与通风系统的能耗，设计人员在进行系统设计和风机选型时，都要根据具体工程确定风系统合理的作用半径并进行详细的计算，以控制风机的单位风量耗功率不大于《公共建筑节能设计标准》GB 50189—2005 第 5.3.26 所规定的限值（见表10.2.1）。所以，风机在采购过程中，未经设计人员同意，都不应擅自改变风机的技术性能参数，并应保证其单位风量耗功率满足国家现行有关标准的规定。

在对风机进场检验时，往往只核查风机的风量、风压、功率，但对其包含风机、电机及传动效率在内的总效率却没有引起重视，该参数是计算风机单位风量耗功率的重要参数，在进场时应一并对其进行核查。因此，要求在设备选型和订货时，不能只比较风量、风压、功率以及价格，更要保证其总效率和单位风量耗功率满足设计要求的数值。

表 10.2.1 风机的单位风量耗功率限值 [W/(m³/h)]

系统型式	办公建筑		商业、旅馆建筑	
	初效过滤	粗、中效过滤	粗效过滤	粗、中效过滤
两管制定风量系统	0.42	0.48	0.46	0.52
四管制定风量系统	0.47	0.53	0.51	0.58
两管制变风量系统	0.58	0.64	0.62	0.68
四管制变风量系统	0.63	0.69	0.67	0.74
普通机械通风系统	0.32			

注：1. $W_S=P/(3600\eta_t)$，式中 W_S 为单位风量耗功率，W/(m³/h)；P 为风机全压值，Pa；η_t 为包含风机、电机及传动效率在内的总效率(%)。
2. 普通机械通风系统中不包括厨房等需要特定过滤装置的房间的通风系统。
3. 严寒地区增设预热盘管时，单位风量耗功率可增加 0.035[W/(m³/h)]。
4. 当空调机组内采用湿膜加湿方法时，单位风量耗功率可增加 0.053[W/(m³/h)]。

（4）成品风管的技术性能参数，包括风管的强度及严密性等。风管分为金属风管、非金属风管及复合风管。这些风管大都是在车间加工好成品运到现场进行组装。风管的强度和严密性能，是风管加工和制作质量的重要指标之一，必须达到。作为产品(成品)必须提供相应的产品合格证书或进行强度和严密性的验证，以证明所提供风管的加工工艺水平和质量。对工程中所选用的外购风管，应按有关规定对其强度和严密性进行核查，符合要求的方可使用。

根据目前实际情况，对于成品风管在进场检验时，一般只检查其材质厚度、几何尺寸，对于风管的严密性几乎无人过问。因此，对于进场的成品风管应严格检查，一方面要检查是否具备产品合格证书；另一方面必要时应进行现场抽查，检测其强度和严密性是否符合工程设计要求或有关现行国家标准的规定。

对成品风管强度的检测主要检查风管的耐压能力，以保证风系统能安全运行。验收合格的规定为在 1.5 倍的工作压力下，风管的咬口或其他连接处没有张口、开裂等损坏的现象。

成品风管系统由于结构的原因，少量漏风是正常的，也可以说是不可避免的。但是，过量的漏风则会影响整个系统功能的实现和能源的大量浪费。不同系统类别及功能的成品风管是允许有一定的漏风量，允许漏风量是指在系统工作压力条件下，系统风管的单位表面积、在单位时间内允许空气泄漏的最大量。

对于成品风管的强度和严密性的要求及检测，应按照《通风与空调工程施工质量验收规范》GB 50243—2002 第 4.2.5 条的有关规定执行。

（5）自控阀门与仪表在通风与空调的风系统和水系统中占有很重要的位置，除了能满足系统设备的自控需求外，还与系统风量、水量的平衡及系统的节能运行有很大的关系。因此，要求对其技术性能参数是否符合设计要求进行核查。

【检查与验收】
一、检查
1. 检查方法

对实物现场验收、核查，检查其外观质量；对技术资料和性能检测报告等质量证明文件与实物一一核对。

2. 检查数量

对进场的材料和设备应全数检查。

3. 检查内容

检查内容包括：设备、材料出厂质量证明文件及检测报告是否齐全；实际进场设备、材料的类型、材质、规格、数量等是否满足设计和施工要求；设备、材料的外观质量是否满足设计要求或有关标准的规定。

合格证明文件必须是中文的表示形式，应具备产品名称、规格、型号、国家质量标准代号、出厂日期、生产厂家的名称、地址、出厂产品检验证明或代号、必要的测试报告；对于进口产品，必须有商检合格报告。同种材料、同一种规格、同一批生产的要有一份原件，如无原件应有复印件并指明原件存放处。

重点检查以下内容：

（1）各类管材应有产品质量证明文件；成品风管应有出厂性能检测报告，如无出厂检测报告，除查看加工工艺以外，还要对进入现场的风管进行强度和严密性试验。

（2）阀门、仪表等应有产品质量合格证及相关性能检验报告。

（3）绝热材料应有产品质量合格证和材质检测报告，检测报告必须是有效期内的抽样检测报告。使用到建筑物内的绝热材料还要有防火等级的检验报告。

（4）设备应有产品说明书及安装使用说明书，重点要有技术性能参数，如空调机组等设备的冷量、热量、风量、风压、功率及额定热回收效率，风机的风量、风压、功率及其单位风量耗功率。

二、验收

1. 验收条件

（1）设备、材料出厂质量证明文件及检测报告齐全，实际进场数量、规格、材质等满足设计和施工要求。

（2）设备、阀门与仪表等的外观质量满足设计要求或有关标准的规定。

（3）设备、阀门与仪表的技术性能参数经核查全部符合设计要求。

（4）成品风管的强度和严密性现场抽样测试全部合格。

2. 验收结论

参加验收的人员包括：监理工程师，供应商，施工单位项目专业质量（技术）负责人，施工单位项目专业质量检查员。

满足验收条件的为合格，可以通过验收；否则为不合格，不能通过验收。验收合格后必须形成文字记录，填写进场验收记录和核查记录，验收人员签字应齐全。

【条文】10.2.2 风机盘管机组和绝热材料进场时，应对其下列技术性能参数进行复验，复验应为见证取样送检。

（1）风机盘管机组的供冷量、供热量、风量、出口静压、噪声及功率；

（2）绝热材料的导热系数、密度、吸水率。

检验方法：现场随机见证取样送检；核查复验报告。

检查数量：同一厂家的风机盘管机组按数量复验2%，但不得少于2台；同一厂家同材质的绝热材料复验的次数不得少于2次。

【要点说明】 与采暖节能工程一样，通风与空调节能工程中风机盘管机组的冷量、热量、风量、风压、功率和绝热材料的导热系数、材料密度、吸水率等技术性能参数是否符合设计要求，会直接影响通风与空调节能工程的节能效果和运行的可靠性。因此，本条文规定在风机盘管机组和绝热材料进场时，应对其热工等技术性能参数进行复验。复验应采取见证取样送检的方式，即在监理工程师或建设单位代表见证下，按照有关规定从施工现场随机抽取试样，送至有见证检测资质的检测机构进行检测，并应形成相应的复验报告。根据建设部141号令第12条规定，见证取样检测应由建设单位委托具备见证资质的检测机构进行。

复验方式可以分两个步骤进行：首先，要检查其有效期内的抽样检测报告，如果确认其符合要求，方可准许进场；其次，还要对不同批次进场的绝热材料和风机盘管机组进行现场随机见证取样送检复验，如果某一批次复验的产品合格，说明该批次的产品符合要求，准许使用，否则，判定该批次的产品不合格，应全部退货，供应商应承担一切损失费用。这样做的目的，是为了确保供应商供应的产品货真价实，也是确保空调系统节能的重要措施。

【检查与验收】
一、检查
1. 检查方法
现场随机见证取样送检复验；核查复验检验(测)报告的结果是否符合设计要求，是否与进场时提供的产品检验报(测)告中的技术性能参数一致。

2. 检查数量
风机盘管机组的抽样数量按同一厂家的进场数量2%随机抽取，但不得少于2台，由监理监督执行。抽取的风机盘管要有代表性，不同的规格都要抽取。

同一厂家同材质的绝热材料见证取样送检的次数不得少于2次。抽样应在不同的生产批次中进行。考虑到绝热材料品种的多样性，以及供货渠道的复杂性，抽取不少于2次是比较合理的。现场可以根据工程的大小，在方案中确定抽检的次数，并得到监理的认可，但不得少于2次。对于分批次进场的，抽取的时间可以定在首次大批量进场时以及供货后期；如果是一次性进场，现场应随机抽检不少于2个测试样品进行检验。

3. 检查内容
(1) 风机盘管机组的供冷量、供热量、风量、出口静压、噪声及功率。
(2) 绝热材料的导热系数、密度、吸水率。
二、验收
1. 验收条件
根据规范要求对风机盘管和绝热材料进行了复验，且复验检验(测)报告的结果符合设计要求，并与进场时提供的产品检验(测)报告中的技术性能参数一致。

对进场产品实行现场随机见证取样送检复验，具有一定的代表性，但也存在一定的风险。因为对风机盘管和绝热材料的复验，只对已进场的产品负责。如果是一次性进场，送检复验的样品中只要有一个被检验(测)不合格，则判定全部产品材料不合格；对于分批次进场的，第一次复验合格，只能说明本次及以前进场的产品合格。如果在第二次复验不合格，则截止到第一次复验之后进场的产品均判定为不合格。对于不合格的产品不允许使用到通风与空调节能工程中，要全部退货处理，供应商应负担一切损失。

2. 验收结论

参加验收的人员包括：监理工程师，建设单位项目专业技术负责人，供应商代表，施工单位项目专业质量(技术)负责人。

满足验收条件的为合格，可以通过验收；否则为不合格，不能通过验收。验收合格后必须形成文字记录，填写进场复验记录，验收人员签字应齐全。

【条文】10.2.3 通风与空调节能工程中的送、排风系统及空调风系统、空调水系统的安装应符合下列规定：

1 各系统的制式，应符合设计要求；

2 各种设备、自控阀门与仪表应按设计要求安装齐全，不得随意增减和更换；

3 水系统各分支管路水力平衡装置、温控装置与仪表的安装位置、方向应符合设计要求，并便于观察、操作和调试；

4 空调系统应能实现设计要求的分室(区)温度调控功能。对设计要求分栋、分区或分户(室)冷、热计量的建筑物，空调系统应能实现相应的计量功能。

检验方法：观察检查。

检查数量：全数检查。

【要点说明】 本条为强制性条文。对通风与空调系统节能效果密切相关的系统制式、各种设备、水力平衡装置、温控装置与仪表的设置、安装、调试及功能实现等，做出了强制性的规定。

(1) 为保证通风与空调节能工程中送、排风系统、空调风系统、空调水系统具有节能效果，首先要求工程设计人员将其设计成具有节能功能的系统；其次要求在各系统中要选用节能设备和设置一些必要的自控阀门和仪表，并安装齐全到位。这些节能要求，必然会增加工程的初投资。在调研中发现，有的工程为了降低工程造价，根本不考虑日后的节能运行和减少运行费用等问题，在产品采购或施工过程中擅自改变了系统的制式并去掉一些节能设备和自控阀门与仪表，或将节能设备及自控阀门更换为不节能的设备及手动阀门，导致了系统无法实现节能运行，能耗及运行费用大大增加。

为避免上述现象的发生，保证以上各系统的节能效果，在制定本条文时，强制规定通风与空调节能工程中送、排风系统、空调风系统、空调水系统的安装制式应符合设计要求，且各种节能设备、自控阀门与仪表应全部安装到位，不得随意增加、减少和更换。

(2) 水力平衡装置，其作用是可以通过对系统水力分布的调整与设定，保持系统的水力平衡，保证获得预期的空调效果。为使其发挥正常的功能，在施工时，要求其安装位置、方向应正确，并便于调试操作。

(3) 与采暖系统一样，空调系统安装完毕后也应能实现设计要求的分室(区)温度调控。其目的一方面是为了通过对各空调场所室温的调节达到一定的舒适度要求；另一方面是为了通过调节室温而达到节能的目的。对有分栋、分室（区）冷、热计量要求的建筑物，要求其空调系统安装完毕后，能够通过冷（热）量计量装置实现冷、热计量。量化管理是节约能源的重要手段，按照用冷、热量的多少来计收空调费用，既公平合理，更有利于提高用户的节能意识。

【检查与验收】
一、检查
1. 检查方法
现场实际观察检查。
2. 检查数量
对于本条所规定的内容全数检查。
3. 检查内容
（1）现场查看通风与空调各系统安装的制式、管道的走向、坡度、管道分支位置、管径等，并与工程设计图纸进行核对。
（2）逐一检查设备、自控阀门与仪表安装的数量以及安装位置，并与工程设计图纸核对。
（3）检查水系统各分支管路水力平衡装置、温控装置与仪表的安装位置、方向，并与工程设计图纸核对；进行实地操作调试，看是否方便。
（4）检查安装的温控装置和热计量装置，看其能否实现设计要求的分室（区）温度调控及冷、热计量功能。

二、验收
1. 验收条件
本条文的内容要作为专项验收内容。
对各系统的安装制式和安装实物与工程设计图纸逐一进行核对，均安装到位、符合设计要求，且便于操作调试、维护，并能实现设计要求的分室（区）温度调控及冷、热计量功能。
2. 验收结论
参加验收的人员包括：监理工程师，建设单位项目专业技术负责人，施工单位项目专业质量（技术）负责人，施工单位项目专业质量检查员。
满足验收条件的为合格，可以通过验收；否则为不合格，不能通过验收。验收合格后必须形成文字记录，填写检查验收记录，验收人员签字应齐全。

【条文】10.2.4 风管的制作与安装应符合下列规定：
1 风管的材质、断面尺寸及厚度应符合设计要求；
2 风管与部件、风管与土建风道及风管间的连接应严密、牢固；
3 风管的严密性及风管系统的严密性检验，应符合设计要求或现行国家标准《通风与空调工程施工质量验收规范》GB 50243—2002 的有关规定；
4 需要绝热的风管与金属支架的接触处、复合风管及需要绝热的非金属风管的连接和内部支撑加固等处，应有防热桥的措施，并应符合设计要求。

检验方法：观察、尺量检查；核查风管及风管系统严密性检验记录。

检查数量：按风管系统的总数量抽查10%，且不得少于1个系统。

【要点说明】 制定本条的目的是为了保证通风与空调系统所用风管的质量和风管系统安装严密，以减少因漏风和热桥作用等带来的能量损失，保证系统安全可靠地运行。

1. 工程实践表明，许多通风与空调工程中的风管并没有严格按照设计和有关现行国家标准的要求去制作和安装，造成了风管品质差、断面积小、厚度薄等不良现象，严重影响了风管系统的安全运行。

2. 风管与部件、风管与土建风道及风管间的连接应严密、牢固，是减少系统的漏风量，保证风管系统安全、正常、节能运行的重要措施。

3. 对于风管的严密性，《通风与空调工程施工质量验收规范》GB 50243—2002 第4.2.5条做出必须通过工艺性地检测或验证，并应符合设计要求或下列规定：

(1) 矩形风管的允许漏风量应符合以下规定：

低压系统风管　　　　$Q_L \leqslant 0.1056 P^{0.65}$

中压系统风管　　　　$Q_M \leqslant 0.0352 P^{0.65}$

高压系统风管　　　　$Q_H \leqslant 0.0117 P^{0.65}$

式中 Q_L、Q_M、Q_H 为系统风管在相应工作压力下，单位面积风管单位时间内的允许漏风量 $[m^3/(h \cdot m^2)]$；P 指风管系统的工作压力(Pa)。

(2) 低压、中压圆形金属风管、复合材料风管以及采用非法兰形式的非金属风管的允许漏风量，应为矩形风管规定值的50%；

(3) 砖、混凝土风道的允许漏风量不应大于矩形低压系统风管规定值的1.5倍；

(4) 排烟、除尘、低温送风系统按中压系统风管的规定，1～5级净化空调系统按高压系统风管的规定。

风管系统的严密性测试，是根据通风与空调工程发展需要而决定，它与国际上技术先进国家的标准要求相一致。同时，风管系统的漏量测试又是一件在操作上具有一定难度的工作。测试需要一些专业的检测仪器、仪表和设备，还需要对系统中的开口进行封堵，并要与工程的施工进度及其他工种施工相协调。因此，根据《通风与空调工程施工质量验收规范》GB 50243—2002 的有关规定，结合我国通风与空调工程施工的实际情况，将工程的风管系统严密性的检验分为三个等级，分别规定了抽检数量和方法。

(1) 高压风管系统的泄露，对系统的正常运行会产生较大的影响，应进行全数检测。

(2) 中压风管系统大都为低级别的净化空调系统、恒温恒湿与排烟系统等，对风管的质量有较高的要求，应进行系统漏风量的抽查检测。

(3) 低压系统在通风与空调工程中占有最大的数量，大都为一般的通风、排气和舒适性空调系统。它们对系统的严密性要求相对较低，少量的漏风对系统的正常运行影响不太大，不宜动用大量人力、物力进行现场系统的漏风量测定，宜采用严格施工工艺的监督，用漏光方法来替代。在漏光检测时，风管系统没有明显的、众多的漏光点，可以说明工艺质量是稳定可靠的，就认为风管的漏风量符合规范的规定要求，可不再进行漏风量的测试。当漏光检测时，发现大量的、明显的漏光，则说明风管加工工艺质量存在问题，其漏风量会很大，那必须用漏风量的测试来进行验证。

（4）1～5级的净化空调系统风管的过量泄漏，会严重影响洁净度目标的实现，故规定以高压系统的要求进行验收。

4. 防热桥的措施一般是在需要绝热的风管与金属支、吊架之间设置绝热衬垫（承压强度能满足管道重量的不燃、难燃硬质绝热材料或经防腐处理的木衬垫），其厚度不应小于绝热层厚度，宽度应大于支、吊架支承面的宽度。衬垫的表面应平整，衬垫与绝热材料间应填实无空隙；复合风管及需要绝热的非金属风管的连接和内部支撑加固处的热桥，通过外部敷设的符合设计要求的绝热层就可防止产生。

【检查与验收】
一、检查
1. 检查方法
抽查、观察、尺量检查；核查风管及风管系统严密性检验记录。
2. 检查数量
按风机及空调机组负担的风管系统的总数量抽查10%，且不得少于1个系统。

需要说明的是，因本条文对风管与风管系统严密性检验的内容在《通风与空调工程施工质量验收规范》GB 50243—2002中已有规定，且要求按风管系统的类别和材质分别抽查。因此，在本规范中，对于风管与风管系统严密性检验，不再规定按系统类别和材质分别抽查，仅按风管系统总数的10%且不得少于1个系统进行抽查即可。本条之所以这样规定，是因为对风管与风管系统的严密性检验是一项较为复杂的工作，特别是对架空或隐蔽安装的风管系统来说，进行这项工作就更困难了，所以应尽量减少其工作量；但是，由于风管与风管系统的严密性对通风与空调系统的节能效果影响很大，所以，对其检验又是一项必须进行的工作。

3. 检查内容
（1）检查风管的材质、断面尺寸及厚度；
（2）检查风管与部件、风管与土建风道及风管间的连接情况；
（3）对风管及风管系统的严密性进行检验，同时核查已检验过风管及风管系统的严密性检验记录；
（4）检查绝热风管防热桥的措施。

二、验收
1. 验收条件
（1）风管的材质、断面尺寸及厚度符合设计要求；
（2）风管与部件、风管与土建风道及风管间的连接严密、牢固；
（3）风管的漏光、漏风量测试结果，符合设计或现行国家标准《通风与空调工程施工质量验收规范》GB 50243—2002的有关规定；
（4）需要绝热的风管与金属支架的接触处、复合风管及需要绝热的非金属风管的连接和内部支撑加固等处，有防热桥的措施，并符合设计要求。

2. 验收结论
参加验收的人员包括：监理工程师，施工单位项目专业质量（技术）负责人，施工单位项目专业质量检查员、专业工长。

满足验收条件的为合格，可以通过验收；否则为不合格，不能通过验收。验收合格后必须形成文字记录，填写检查验收记录，验收人员签字应齐全。

【条文】10.2.5 组合式空调机组、柜式空调机组、新风机组、单元式空调机组的安装应符合下列规定：

1 各种空调机组的规格、数量应符合设计要求；

2 安装位置和方向应正确，且与风管、送风静压箱、回风箱的连接应严密可靠；

3 现场组装的组合式空调机组各功能段之间连接应严密，并应做漏风量的检测，其漏风量必须符合现行国家标准《组合式空调机组》GB/T 14294 的规定；

4 机组内的空气热交换器翅片和空气过滤器应清洁、完好，且安装位置和方向必须正确，并便于维护和清理。当设计未注明过滤器的阻力时，应满足粗效过滤器的初阻力 $\leqslant 50Pa$（粒径 $\geqslant 5.0\mu m$，效率：$80\% > E \geqslant 20\%$）；中效过滤器的初阻力 $\leqslant 80Pa$（粒径 $\geqslant 1.0\mu m$，效率：$70\% > E \geqslant 20\%$）的要求。

检验方法：观察检查；核查漏风量测试记录。

检查数量：按同类产品的数量抽查 20%，且不得少于 1 台。

【要点说明】

1 组合式空调机组、柜式空调机组、单元式空调机组是空调系统中的重要末端设备，其规格、台数是否符合设计要求，将直接影响其能耗大小和空调场所的空调效果。事实表明，许多工程在设备采购或安装过程中，由于某些原因而擅自更改了空调末端设备的规格。目前，设备采购都要按照一定的招标采购程序进行，特别是公开招标的时候，由于不能对产品及其生产质量管理体系结构和可靠性进行实地考察，价格的因素就往往在设备招标中占有很大的分量，谁的报价低，谁的设备就有可能中标。其后果是因设备台数减少或规格及性能参数与设计不符而造成了空调及节能效果不佳；有的是工程中标后，为了降低工程成本而偷工减料或偷梁换柱，改变了设备的台数、规格、型号及性能参数，同样会造成空调及节能效果达不到设计要求。

2 施工安装的主要依据是设计图纸，但通过调研发现，许多工程的通风与空调设备安装及接管随意性较大，不符合设计要求。本条文要求各种空调机组的安装位置和方向应正确，并要求机组与风管、送风静压箱、回风箱的连接应严密可靠，其目的就是为了减少管道交叉、方便施工、减少漏风量，进而保证工程质量，满足设计和使用要求，降低能耗。

3 一般大型空调机组由于体积大，不便于整体运输，常采用散装或组装功能段运至现场进行整体拼装的施工方法。由于加工质量和组装水平的不同，组装后机组的密封性能存在较大的差异，严重的漏风量不仅影响系统的使用功能，而且增加了能耗。同时，空调机组的漏风量测试也是工程设备验收的必要步骤之一。因此，现场组装的机组在安装完毕后，应逐台进行漏风量的测试。

4 空气热交换器翅片在运输与安装过程中易被损坏和沾染污物，会增加空气阻力，影响热交换效率，增加系统的能耗。本条文还对粗、中效空气过滤器的阻力参数做出要求，主要目的是对空气过滤器的初阻力有所控制，以保证节能要求。

【检查与验收】
一、检查
1. 检查方法

抽查、观察检查；核查漏风量测试记录。

2. 检查数量

组合式空调机组、柜式空调机组、新风机组、单元式空调机组分别按总数量各抽查20%，且均不得少于1台。对现场组装的空调机组要全部核查漏风量测试记录。

3. 检查内容

(1) 各种空调机组的规格、数量；

(2) 各种空调机组安装位置和方向，与风管、送风静压箱、回风箱的连接；

(3) 现场组装的组合式空调机组的漏风量；

(4) 机组内的空气热交换器翅片和空气过滤器清洁、完好性，安装位置和方向是否正确并便于维护和清理。检查过滤器的初阻力参数。

二、验收
1. 验收条件

(1) 安装的各种空调机组的规格、数量均符合设计要求；

(2) 安装位置和方向正确，且与风管、送风静压箱、回风箱的连接严密可靠；

(3) 现场组装的组合式空调机组各功能段之间连接严密，漏风量符合现行国家标准《组合式空调机组》GB/T 14294 的规定；

(4) 机组内的空气热交换器翅片和空气过滤器清洁、完好，且安装位置和方向正确，并便于维护和清理。当设计未注明过滤器的阻力时，满足粗效过滤器的初阻力≤50Pa(粒径≥5.0μm，效率：80%＞E≥20%)；中效过滤器的初阻力≤80Pa(粒径≥1.0μm，效率：70%＞E≥20%)的要求。

2. 验收人员及验收记录

参加验收的人员包括：监理工程师，施工单位项目专业质量(技术)负责人，施工单位项目专业质量检查员、专业工长。

满足验收条件的为合格，可以通过验收；否则为不合格，不能通过验收。验收合格后必须形成文字记录，填写检查验收记录，验收人员签字应齐全。

【条文】10.2.6 风机盘管机组的安装应符合下列规定：
1 规格、数量应符合设计要求；
2 位置、高度、方向应正确，并便于维护、保养；
3 机组与风管、回风箱及风口的连接应严密、可靠；
4 空气过滤器的安装应便于拆卸和清理。

检验方法：观察检查。

检查数量：按总数抽查10%，且不得少于5台。

【要点说明】 风机盘管机组是建筑物中最常用的空调末端设备之一，其规格、台数及安装位置和高度是否符合设计要求，将直接影响其能耗和空调场所的空调效果。事实表明，许多工程在安装过程中擅自改变风机盘管的设计台数和安装位置、高度及方向等，其后果是所采用的风机盘管机组的耗电功率、风量、风压、冷量、热量等技术性能参数与设计不匹配，气流组织不合理，空调效果差且能耗增大。

有的工程，风机盘管机组的冷媒管与机组接管采用不锈钢波纹管及过滤器、阀门，但未进行绝热保温，不但会产生凝结水还会带来能耗。还有的工程，其风机盘管的下方未设检修口，造成机组维护、保养不方便，影响了运行的可靠性。

风机盘管机组与风管、回风箱或风口的连接，在工程施工中常存在不到位、空缝或通过吊顶间接连接风口等不良现象，使直接送入房间的风量减少、风压降低、能耗增大、空气品质下降，最终影响了空调效果。

风机盘管机组的回风口上一般都设有空气过滤器，其作用是保持风机盘管换热器表面清洁，以保证良好的传热性能，同时也能提高室内空气的洁净度。为了减少阻力、保证回风畅通，空气过滤器的安装应便于拆卸和清理。

【检查与验收】
一、检查
1. 检查方法
抽查、观察、尺量检查。
2. 检查数量
按总数抽查10%，且不得少于5台。
3. 检查内容
（1）规格、数量；
（2）位置、高度、方向；
（3）机组与风管、回风箱及风口的连接；
（4）空气过滤器的安装。
二、验收
1. 验收条件
（1）规格、数量符合设计要求；
（2）位置、高度、方向应正确，并便于维护、保养；
（3）机组与风管、回风箱及风口的连接应严密、可靠；
（4）空气过滤器的安装应便于拆卸和清理。
2. 验收结论
参加验收的人员包括：监理工程师，施工单位项目专业质量（技术）负责人，施工单位项目专业质量检查员、专业工长。

满足验收条件的为合格，可以通过验收；否则为不合格，不能通过验收。验收合格后必须形成文字记录，填写检查验收记录，验收人员签字应齐全。

【条文】 10.2.7 通风与空调系统中风机的安装应符合下列规定：

1 规格、数量应符合设计要求；
2 安装位置及进、出口方向应正确，与风管的连接应严密、可靠。
检验方法：观察检查。
检查数量：全数检查。

【要点说明】 工程实践表明，空调机组或风机出风口与风管系统不合理的连接，可能会造成风系统阻力的增大，进而引起风机性能急剧地变坏；风机与风管连接时使空气在进出风机时尽可能均匀一致，且不要有方向或速度的突然变化，则可大大减小风系统的阻力，进而减小风机的全压和耗电功率。因此，规定风机的安装位置及出口方向应正确是最基本的要求。

【检查与验收】
一、检查
1. 检查方法
观察检查。
2. 检查数量
全数检查。
3. 检查内容
（1）规格、数量；
（2）安装位置和进、出口方向及做法，与风管的连接情况。
二、验收
1. 验收条件
（1）规格、数量应符合设计要求；
（2）安装位置和进、出口方向及做法应正确，与风管的连接应严密、可靠。
2. 验收结论
参加验收的人员包括：监理工程师，施工单位项目专业质量（技术）负责人，施工单位项目专业质量检查员、专业工长。
满足验收条件的为合格，可以通过验收；否则为不合格，不能通过验收。验收合格后必须形成文字记录，填写检查验收记录，验收人员签字应齐全。

【条文】10.2.8 带热回收功能的双向换气装置和集中排风系统中的排风热回收装置的安装应符合下列规定：
1 规格、数量及安装位置应符合设计要求；
2 进、排风管的连接应正确、严密、可靠；
3 室外进、排风口的安装位置、高度及水平距离应符合设计要求。
检验方法：观察检查。
检查数量：按总数抽检20%，且不得少于1台。

【要点说明】 在建筑物的空调负荷中，新风负荷所占比例较大，一般占空调总负荷的

20%~30%。为保证室内环境卫生，空调运行时要排走室内部分空气，必然会带走部分能量，而同时又要投入能量对新风进行处理。如果在系统中安装能量回收装置，用排风中的能量来处理新风，就可减少处理新风所需的能量，降低机组负荷，提高空调系统的经济性。

在选择热回收装置时，应当结合当地气候条件、经济状况、工程的实际状况、排风中有害气体的情况等多种因素综合考虑，以确定选用合适的热回收装置，从而达到花较少的投资，回收较多热(冷)量的目的。换热器的布置形式和气流方式对换热性能也有影响，热回收系统设计要充分考虑其安装尺寸，运行的安全可靠性以及设备配置的合理性，同时还要保证热回收系统的清洁度。热回收设备可以与不同的系统结合起来使用，利用冷凝热，以节约能源。

目前热回收设备主要有两类：一类是间接式，如热泵等；第二类是直接式，常见的有转轮式、板翅式、热管式和热回路式等，是利用热回收换热器回收能量的。

由于节能的需要，热回收装置在许多空调系统工程中被应用。在施工安装时，要求双向换气装置和排风热回收装置的规格、数量应符合设计要求，是为了保证对系统排风的热回收效率(全热和显热)不低于60%；同时，对它的安装和进、排风口位置、高度、水平距离及接管等应正确，是为了防止功能失效和污浊的排风对系统的新风引起污染。

【检查与验收】

一、检查

1. 检查方法

抽查、观察、尺量检查。

2. 检查数量

按总数抽检20%，且不得少于1台。

3. 检查内容

(1) 检查所安装的设备的规格、数量及安装位置；

(2) 进、排风管的连接情况；

(3) 检查室外进、排风口的安装位置，测量其安装高度及水平距离。

二、验收

1. 验收条件

(1) 规格、数量及安装位置应符合设计要求；

(2) 进、排风管的连接应正确、严密、可靠；

(3) 室外进、排风口的安装位置、高度及水平距离应符合设计要求，偏差在±20mm以内。

2. 验收结论

参加验收的人员包括：监理工程师，施工单位项目专业质量(技术)负责人，施工单位项目专业质量检查员、专业工长。

满足验收条件的为合格，可以通过验收；否则为不合格，不能通过验收。验收合格后必须形成文字记录，填写检查验收记录，验收人员签字应齐全。

【条文】10.2.9 空调机组回水管上的电动两通调节阀、风机盘管机组回水管上的电动两通(调节)阀、空调冷热水系统中的水力平衡装置、冷(热)量计量装置等自控阀门与仪表的安装应符合下列规定：

1 自控阀门与仪表的规格、数量应符合设计要求；

2 方向应正确，位置应便于操作和观察。

检验方法：观察检查。

检查数量：按类型数量抽查10%，且均不得少于1个。

【要点说明】 在空调系统中设置自控阀门和仪表，是实现系统节能运行等的必要条件。

当空调场所的空调负荷发生变化时，电动两通调节阀和电动两通阀，可以根据已设定的温度通过调节流经空调机组的水流量，使空调冷热水系统实现变流量的节能运行。

水力平衡装置，可以通过对系统水力分布的调整与设定，保持系统的水力平衡，保证获得预期的空调效果。

冷(热)量计量装置，是实现量化管理节约能源的重要手段，按照用冷、热量的多少来计收空调费用，既公平合理，更有利于提高用户的节能意识。

通过调研，发现许多工程为了降低造价，不考虑日后的节能运行和减少运行费用等问题，未经设计人员同意，就擅自去掉一些自控阀门与仪表，或将自控阀门更换为不具备主动节能功能的手动阀门，或将平衡阀、热计量装置去掉；有的工程虽然安装了自控阀门与仪表，但是其进、出口方向和安装位置却不符合产品及设计要求。这些不良做法，导致了空调系统无法进行节能运行和水力平衡及冷(热)量计量，能耗及运行费用大大增加。

【检查与验收】

一、检查

1. 检查方法

抽查、观察检查，实地操作。

2. 检查数量

按类型数量抽查10%，且均不得少于1个。

3. 检查内容

(1) 对照施工图纸检查自控阀门与仪表的规格、数量；

(2) 检查自控阀门与仪表安装的方向、位置，并进行实地操作。

二、验收

1. 验收条件

(1) 自控阀门与仪表的规格、数量应符合设计要求；

(2) 自控阀门与仪表安装的方向应符合设计和产品说明书的要求，安装的位置应便于操作和观察。

2. 验收结论

参加验收的人员包括：监理工程师，施工单位项目专业质量(技术)负责人，施工单位项目专业质量检查员、专业工长。

满足验收条件的为合格，可以通过验收；否则为不合格，不能通过验收。验收合格后必须形成文字记录，填写检查验收记录，验收人员签字应齐全。

【条文】10.2.10 空调风管系统及部件绝热层和防潮层的施工应符合下列规定：

1 绝热层应采用不燃或难燃材料，其材质、规格及厚度等应符合设计要求；

2 绝热层与风管、部件及设备应紧密贴合，无裂缝、空隙等缺陷，且纵、横向的接缝应错开；

3 绝热层表面应平整，当采用卷材或板材时，其厚度允许偏差为5mm；采用涂抹或其他方式时，其厚度允许偏差为10mm；

4 风管法兰部位绝热层的厚度，不应低于风管绝热层厚度的0.8倍；

5 风管穿楼板和穿墙处的绝热层应连续不间断；

6 防潮层（包括绝热层的端部）应完整，且封闭良好，其搭接缝应顺水；

7 带有防潮层隔汽层绝热材料的拼缝处，应用胶带封严。粘胶带的宽度不应小于50mm；

8 风管系统部件的绝热，不得影响其操作功能。

检验方法：观察检查；用钢针刺入绝热层、尺量检查；核查进场验收记录和复验报告。

检查数量：管道按轴线长度抽查10%；风管穿楼板和穿墙处及阀门等配件抽查10%，且不得小于2个。

【条文】10.2.11 空调水系统管道及配件绝热层和防潮层的施工，应符合下列规定：

1 绝热层应采用不燃或难燃材料，其材质、规格及厚度等应符合设计要求；

2 绝热管壳的粘贴应牢固、铺设应平整。硬质或半硬质的绝热管壳每节至少应用防腐金属丝或难腐织带或专用胶带进行捆扎或粘贴2道，其间距为300～350mm，且捆扎、粘贴应紧密，无滑动、松弛与断裂现象；

3 硬质或半硬质绝热管壳的拼接缝隙，保温时不应大于5mm、保冷时不应大于2mm，并用粘结材料勾缝填满；纵缝应错开，外层的水平接缝应设在侧下方；

4 松散或软质保温材料应按规定的密度压缩其体积，疏密应均匀。毡类材料在管道上包扎时，搭接处不应有空隙；

5 防潮层与绝热层应结合紧密，封闭良好，不得有虚粘、气泡、褶皱、裂缝等缺陷；

6 防潮层的立管应由管道的低端向高端敷设，环向搭接缝应朝向低端；纵向搭接缝应位于管道的侧面，并顺水；

7 卷材防潮层采用螺旋形缠绕的方式施工时，卷材的搭接宽度宜为30～50mm；

8 空调冷热水管穿楼板和穿墙处的绝热层应连续不间断，且绝热层与穿楼板和穿墙处的套管之间应用不燃材料填实不得有空隙，套管两端应进行密封封堵；

9 管道阀门、过滤器及法兰部位的绝热结构应能单独拆卸，且不得影响其操作功能。

检验方法：观察检查；用钢针刺入绝热层、尺量检查。

检查数量：按数量抽查10%，且绝热层不得小于10段、防潮层不得小于10m、阀门等配件不得小于5个。

【要点说明】 10.2.10条及10.2.11条涉及到的都是管道绝热方面的问题，对空调风、水系统管道及其部、配件绝热层和防潮层施工的基本质量要求做出了规定。

绝热节能效果的好坏除了与绝热材料的材质、密度、导热系数、热阻等有着密切的关系外，还与绝热层的厚度有直接的关系。绝热层的厚度越大，热阻就越大，管道的冷（热）损失也就越少，绝热节能效果就好。工程实践表明，许多空调工程因绝热层的厚度等不符合设计要求，而降低了绝热材料的热阻，导致绝热失败，浪费了大量的能源。空调冷热水管的绝热厚度，应按现行国家标准《设备及管道保冷设计导则》GB/T 15586 的经济厚度和防表面结露厚度的方法计算。建筑物内空调冷热水管道的绝热厚度，可按照表 10.2.11 选用。

表 10.2.11 建筑物内空调冷热水管道的绝热厚度

绝热材料 管道类型	离心玻璃棉		柔性泡沫橡塑	
	工程直径(mm)	厚度(mm)	工程直径(mm)	厚度(mm)
单冷管道（管内介质温度 7℃～常温）	≤DN32	25	按防结露要求计算	
	DN40～DN100	30		
	≥DN125	35		
热或冷热合用管道（管内介质温度 5～60℃）	≤DN40	35	≤DN50	25
	DN50～DN100	40	DN70～DN150	28
	DN125～DN250	45	≥DN200	32
	≥DN300	50		
热或冷热合用管道（管内介质温度 0～95℃）	≤DN50	50	不适宜使用	
	DN70～DN150	60		
	≥DN200	70		

注：1. 绝热材料的导热系数 λ：

离心玻璃棉：$\lambda_m = 0.033 + 0.00023 t_m$ [W/(m·K)]

柔性泡沫橡塑：$\lambda_m = 0.03375 + 0.0001375 t_m$ [W/(m·K)]

式中 t_m——绝热层的平均温度（℃）

2. 单冷管道和柔性泡沫橡塑保冷的管道均应进行防结露要求验算。

按照表 10.2.11 的绝热厚度的要求，每 100m 冷水管的平均温升可控制在 0.06℃以内；每 100m 热水管的平均温降也控制在 0.12℃以内，相当于一个 500m 长的供回水管路，控制管内介质的温升不超过 0.3℃（或温降不超过 0.6℃），也就是不超过常用的供、回水温差的 6% 左右。如果实际管道超过 500m，应按照空调管道（或管网）能量损失不大于 6% 的原则，通过计算采用更好（或更厚）的保温材料以保证达到减少管道冷（热）损失的效果。

另外，从防火的角度出发，绝热材料应尽量采用不燃的材料。但是，从我国目前生产绝热材料品种的构成，以及绝热的使用效果、性能等诸多条件来对比，难燃材料还有其相对的长处，在工程中还占有一定的比例。无论是国内、还是国外，都发生过空调工程中的绝热材料，因防火性能不符合设计要求被引燃后而造成恶果的案例。因此，风管和空调水系统管道的绝热应采用不燃或难燃材料，其材质、密度、导热系数、规格与厚度等应符合设计要求。

空调风管和冷热水管穿楼板和穿墙处的绝热层应连续不间断，均是为了保证绝热效果，以防止产生凝结水并导致能量损失；绝热层与穿楼板和穿墙处的套管之间应用不燃材料填实不得有空隙、套管两端应进行密封封堵，是出于防火、防水及隔音的考虑；空调风管系统部件的绝热不得影响其操作功能，以及空调水管道的阀门、过滤器及法兰部位的绝热结构应能单独拆卸且不得影响其操作功能，均是为了方便维修保养和运行管理。

通过调研，许多工程的绝热层在套管中是间断的，有的没有用不燃材料填实，套管两端也没有进行密封封堵，其主要原因是由于套管设置的型号小造成的。所以，要保证空调风管和冷热水管穿楼板和穿墙处的绝热层连续不间断，套管的尺寸就要大于绝热完成后的管道直径，同时在施工时，也要保证该处管道的防潮层、保护层完善。

【检查与验收】
一、检查
1. 检查方法

抽查、观察检查，对被抽查部位用钢针刺入保温层、尺量检查其厚度，必要时剖开保温层检查。

2. 检查数量

对于风管安装，按轴线长度抽查10%，应包含不同的风管系统；风管穿楼板和穿墙处及阀门等配件抽查10%，且均不得小于2个。

对于冷（热）水管道，按数量抽查10%。绝热层不得小于10段，每段不得大于1m；防潮层累计抽查不得小于10m，每处不大于1m；阀门、过滤器及法兰部位的绝热层抽查不得小于5个；管道穿套管处不得少于5处。

3. 检查内容

（1）检查绝热层防火检测报告；检查施工完成后的绝热材料材质、规格及厚度；
（2）对于绝热管壳，用手扳，检查粘贴和捆扎得是否牢固、紧密，观察表面平整度；
（3）对于硬质或半硬质的绝热管壳，检查拼接缝隙情况；
（4）如绝热材料采用松散或软质绝热材料时，按其密度要求检查其疏密度。毡类绝热材料在管道上包扎时，其搭接处是否有空隙；
（5）检查防潮层的施工顺序、搭接缝朝向及其密封和平整情况；
（6）检查穿楼板和穿墙处的绝热层是否连续不间断，检查绝热层与穿楼板和穿墙处的套管之间是否用不燃材料填实、套管两端是否进行了密封封堵；
（7）检查管道阀门、过滤器及法兰部位的绝热层结构，实际操作绝热层结构是否能单独拆卸。

二、验收
1. 验收条件

（1）所有绝热材料为不燃或难燃材料，其材质、规格及厚度等符合设计要求。厚度不得有负偏差，允许有正偏差；
（2）绝热管壳的粘贴牢固、铺设应平整。硬质或半硬质的绝热管壳每节至少用防腐金属丝或难腐织带或专用胶带进行捆扎或粘贴2道，其间距在300~350mm之内，且捆扎、粘贴紧密，无滑动、松弛与断裂现象。采用胶带时，没有脱胶现象；
（3）硬质或半硬质绝热管壳的拼接缝隙保温时不应大于5mm、保冷时不应大于2mm，并用粘结材料勾缝填满；纵缝应错开，外层的水平接缝均设在侧下方；

(4) 松散或软质绝热材料疏密应均匀。毡类材料在管道上包扎时，搭接处没有空隙；

(5) 防潮层紧密粘贴在绝热层上，封闭良好，不得有虚粘、气泡、褶皱、裂缝等缺陷；

(6) 防潮层的立管由管道的低端向高端敷设，环向搭接缝朝向低端；对于横管道纵向搭接缝均位于管道的侧面，并顺水；

(7) 卷材防潮层采用螺旋形缠绕的方式施工时，卷材的搭接宽度均为30~50mm；

(8) 管道阀门、过滤器及法兰部位的绝热层结构严密，且能单独拆卸并不得影响其操作功能；

(9) 空调冷热水管穿楼板和穿墙处的绝热层连续不间断，且绝热层与穿楼板和穿墙处的套管之间用不燃材料填实没有空隙、套管两端密封严密。

2. 验收结论

参加验收的人员包括：监理工程师，施工单位项目专业质量（技术）负责人，施工单位项目专业质量检查员，专业工长。

因为绝热层的施工对节能影响尤为突出，所以对其施工应单独验收。满足验收条件为合格，可以通过验收；否则为不合格，不能通过验收。验收合格后必须形成文字记录，填写检查验收记录，验收人员签字应齐全。

【条文】10.2.12 空调水系统的冷热水管道与支、吊架之间应设置绝热衬垫，其厚度不应小于绝热层厚度，宽度应大于支、吊架支承面的宽度。衬垫的表面应平整，衬垫与绝热材料之间应填实无空隙。

检验方法：观察、尺量检查。

检查数量：按数量抽检5%，且不得少于5处。

【要点说明】 本条文是参照《通风与空调工程施工质量验收规范》GB 50243—2002第9.3.5条第4款进行规定的。

在空调水系统的冷热水管道与支、吊架之间应设置绝热衬垫（承压强度能满足管道重量的不燃、难燃硬质绝热材料或经防腐处理的木衬垫），是防止产生热桥作用而造成能量损失的重要措施。

通过调研，许多空调工程的冷热水管道与支、吊架之间由于没有设置绝热衬垫，或设置不合格的绝热衬垫，造成管道与支、吊架直接接触而形成了热桥，导致了能量损失并且产生了凝结水。因此，本条对空调水系统的冷热水管道与支、吊架之间应设置绝热衬垫进行了强调，目的也是为了让施工、监理及验收人员在通风与空调节能工程的施工和验收过程中，对此给予高度重视。

【检查与验收】

一、检查

1. 检查方法

抽查、观察、尺量检查。

2. 检查数量

按支、吊架总数量抽检5%，应包含不同的系统，且不得少于5处。

3. 检查内容

检查是否设置绝热衬垫，尺量绝热衬垫的厚度、宽度，观察衬垫与绝热材料间空隙。

二、验收

1. 验收条件

所抽查的支、吊架必须全部设置绝热衬垫，尺量其厚度不小于绝热层厚度，宽度大于支、吊架支承面的宽度。观察衬垫的表面平整，无明显凹凸，衬垫与绝热材料间填实无空隙。

2. 验收结论

参加验收的人员包括：监理工程师，施工单位项目专业质量(技术)负责人，施工单位项目专业质量检查员，专业工长。

所抽查的支、吊架的绝热衬垫全部符合验收条件为合格，可以通过验收；否则为不合格，不能通过验收。验收合格后必须形成文字记录，填写检查验收记录，验收人员签字应齐全。

【条文】10.2.13 通风与空调系统应随施工进度对与节能有关的隐蔽部位或内容进行验收，并应有详细的文字记录和必要的图像资料。

检验方法：观察检查；核查隐蔽工程验收记录。

检查数量：全数检查。

【要点说明】 在施工过程中，通风与空调工程系统中的风管或水管道等，被安装于封闭的部位或埋设于结构内或直接埋地时，均属于隐蔽工程。在结构进行封闭之前，必须对该部分将被隐蔽的风管、水管道等管道设施的施工质量进行验收。风管应做严密性试验，水管必须进行水压试验，如有防腐及绝热施工的，则必须在严密性试验或水压试验合格且得到现场监理人员认可的合格签证后，方可进行，否则，不得进行防腐、绝热、封闭作业和进入下道隐蔽工程的施工。必要时，应对隐蔽工程的施工情况进行拍照或录像并存档，以便于质量验收和追溯。

对隐蔽工程的验收，是由建设单位、监理及施工方共同参加的对于与节能有关的施工工程隐蔽之前进行的检查，是在施工方自检的基础上，由施工方对自己所施工的隐蔽工程质量做出合格判断后所进行的工作。因此，对隐蔽工程的验收，不能在没有通过施工方自检达到合格之前，就邀请其他方进行验收检查。施工方应对隐蔽工程的自检情况做好记录，以备验收时核查。

由于通风与空调系统中与节能有关的隐蔽部位或内容位置特殊，一旦出现质量问题后不易发现和修复，要求质量验收应随施工进度对其及时进行验收。通常主要的隐蔽部位或内容有：地沟和吊顶内部管道及配件的安装、绝热层附着的基层及其表面处理、绝热材料粘结或固定、绝热板材的板缝及构造节点、热桥部位的处理等。

【检查与验收】

一、检查

1. 检查方法

观察、尺量检查；核查隐蔽工程自检记录。

2. 检查数量

对隐蔽部位全部检查。

3. 检查内容

检查被隐蔽部位的管道、设备、阀部件的安装情况及绝热情况，且安装和绝热应分两次验收；对于直埋绝热管道进行一次验收。

二、验收

1. 验收条件

隐蔽部位的管道及设备、阀部件安装，应符合本规范有关内容；绝热层及防潮层的施工，应符合本规范条文第10.2.11～10.2.12条的验收条件。

2. 验收结论

参加验收的人员包括：监理工程师，施工单位项目专业质量(技术)负责人，施工单位项目专业质量检查员，专业工长。

隐蔽验收时，被检查部位均符合验收条件为合格，可以通过验收；否则为不合格，不能通过验收。验收合格后，填写检查验收记录，验收人员签字应齐全。对隐蔽部位施工情况的拍照或录像，应随检查验收记录一起存放。

【条文】10.2.14 通风与空调系统安装完毕，应进行通风机和空调机组等设备的单机试运转和调试，并应进行系统的风量平衡调试。单机试运转和调试结果应符合设计要求；系统的总风量与设计风量的允许偏差不应大于10%，风口的风量与设计风量的允许偏差不应大于15%。

检验方法：观察检查；核查试运转和调试记录。

检验数量：全数检查。

【要点说明】 本条为强制性条文。是参照《通风与空调工程施工质量验收规范》GB 50243—2002第11.2.1条、第11.2.3条以及第11.3.2条第2款的有关内容编制的。通风与空调节能工程安装完工后，为了达到系统正常运行和节能的预期目标，规定必须进行通风机和空调机组等设备的单机试运转和调试及系统的风量平衡调试。单机试运转和调试结果应符合设计要求，通风与空调系统的总风量与设计风量的允许偏差不应大于10%，各风口的风量与设计风量的允许偏差不应大于15%。该条作为强制性条文，必须严格执行。

通风与空调工程的节能效果好坏，是与系统调试紧密相关的。通过调研发现，许多工程的施工没有严格执行《通风与空调工程施工质量验收规范》GB 50243—2002的有关条文规定，或根本不进行调试。许多施工安装单位，连最起码的风量测试仪器都没有，对风量不能进行测试，也就无法保证系统达到平衡，结果造成系统冷热不均，这是系统运行高能耗的原因之一。

通风与空调节能工程完工后的系统调试，应以施工企业为主，监理单位监督，设计单位、建设单位参与配合。设计单位的参与，除应提供工程设计的参数外，还应对调试过程中出现的问题提出明确的处理意见。监理、建设单位参加调试，既可起到工程的协调作用，又有助于工程的管理和质量的验收。

对有的施工企业，如果不具备工程系统调试的能力，则可以将调试工作委托给具有相应调试能力的其他单位或施工企业进行。

通风与空调工程的调试，首先应编制调试方案。调试方案可指导调试人员按规定的程序、正确方法与进度实施调试，同时，也利于监理对调试过程的监督。通风与空调工程的系统调试是一项技术性很强的工作，调试的质量会直接影响到工程系统功能的实现及节能效果，必须认真进行。

【检查与验收】
一、检查
1. 检查方法
实地观察检查试运转及调试过程，并核查有关设备和系统的试运转和调试记录。
2. 检查数量
全数检查。
3. 检查内容
检查施工单位对通风机和空调机组等设备及系统的试运转和调试方案，观察调试情况，核查有关设备和系统的试运转及调试记录。
二、验收
1. 验收条件
单机试运转和调试结果应符合设计要求；系统的总风量与设计风量的允许偏差不应大于10％，风口的风量与设计风量的允许偏差不应大于15％。
2. 验收结论
参加验收的人员包括：监理工程师，建设单位项目专业技术负责人，施工单位项目专业质量（技术）负责人，施工单位项目专业质量检查员，专业工长。
本条只是对风系统的平衡及调试做出的验收。调试结果符合验收条件为合格，可以通过验收；调试结果任何一处超出允许偏差为不合格，不得通过验收。验收合格后，填写验收记录，验收人员签字应齐全。

10.3 一 般 项 目

【条文】 10.3.1 空气风幕机的规格、数量、安装位置和方向应正确，纵向垂直度和横向水平度的偏差均不应大于2/1000。

检验方法：观察检查。

检查数量：按总数量抽查10％，且不得少于1台。

【要点说明】 空气风幕机的作用是通过其出风口送出具有一定风速的气流并形成一道风幕屏障，来阻挡由于室内外温差而引起的室内外冷（热）量交换，以此达到节能的目的。带有电热装置或能通过热媒加热送出热风的空气风幕机，被称作热空气幕。公共建筑中的空气风幕机，一般应安装在经常开启且不设门斗及前室外门的上方，并且宜采用由上向下的送风方式，出口风速应通过计算确定，一般不宜大于 6m/s。空气风幕机的台数，应保证其总长度略大于或等于外门的宽度。

实际工程中，经常发现安装的空气风幕机其规格和数量不符合设计要求，安装位置和方向也不正确。如：有的设计选型是热空气幕，但安装的却是一般的自然风空气风幕机；有的安装在内门的上方，起不到应有的作用；有的采用暗装，但却未设置回风口，无法保证出口风速；有的总长度小于外门的宽度，难以阻挡屏障全部的室内外冷（热）量交换，节能效果不明显。

【检查与验收】

一、检查

1. 检查方法

抽查、观察检查。

2. 检查数量

按总数量抽查 10%，且不得少于 1 台。

3. 检查内容

检查空气风幕机的规格、数量、安装位置和方向，纵向垂直度和横向水平度。

二、验收

1. 验收条件

空气风幕机的规格、数量、安装位置和方向应正确，纵向垂直度和横向水平度的偏差均不大于 2/1000。

2. 验收人员及验收记录

参加验收的人员包括：监理工程师，施工单位项目专业质量（技术）负责人，施工单位项目专业质量检查员、专业工长。

满足验收条件的为合格，可以通过验收；否则为不合格，不能通过验收。验收合格后必须形成文字记录，填写检查验收记录，验收人员签字应齐全。

【条文】10.3.2　变风量末端装置与风管连接前宜做动作试验，确认运行正常后再封口。

检验方法：观察检查。

检查数量：按总数量抽查 10%，且不得少于 2 台。

【要点说明】　变风量末端装置是变风量空调系统的重要部件，其规格和技术性能参数是否符合设计要求、动作是否可靠，将直接关系到变风量空调系统能否正常运行和节能效果的好坏，最终影响空调效果。因此要求变风量末端装置与风管连接前宜做动作试验，确认运行正常后再封口。

【检查验收】

一、检查

1. 检查方法

抽查、操作检查。

2. 检查数量

按总数量抽查10%，且不得少于2台。

3. 检查内容

实地进行动作试验，运行情况。

二、验收

1. 验收条件

进行动作试验，运行应正常。

2. 验收结论

参加验收的人员包括：监理工程师，施工单位项目专业质量（技术）负责人，施工单位项目专业质量检查员、专业工长。

满足验收条件的为合格，可以通过验收；否则为不合格，不能通过验收。验收合格后必须形成文字记录，填写检查验收记录，验收人员签字应齐全。

第 11 章　空调与采暖系统冷热源及管网节能工程

【概述】　本章所涉及到的是空调与采暖系统中冷热源设备、辅助设备及其管道和室外管网系统节能工程施工质量的验收方面的问题。冷热源设备及附属设备是能耗大户，我们在关注采暖工程节能及通风与空调工程节能的同时，对于其冷热源部分也不能放松。

空调有多种方式，如集中式、分散式等。如采用集中空调系统，由空调多个房间、多栋建筑甚至建筑群提供冷热源；或者由户式集中空调向一套建筑提供冷热源。

集中空调系统中，冷热源的能耗是空调系统能耗的主体。因此，冷热源能效率对节省能源至关重要。制冷系数、热效率等性能参数，是反映冷热源能源效率的主要指标之一，为此，将冷热源的制冷系数、热效率等性能参数作为必须达标的项目。

同采暖及通风与空调节能工程一样，对影响空调与采暖系统冷热源及管网节能工程的材料、设备的性能及进场检验、施工过程中的节能效果的检测进行了规定。

本章格式与各专业验收规范保持一致，分为"一般规定"、"主控项目"、"一般项目"三节。本章共 14 条，涵盖了空调与采暖系统冷热源及管网节能工程施工及验收的基本要求，11 个主控项目和 1 个一般项目的验收要求。其中强制性条文 3 条。

材料设备本身是要符合节能标准要求的，这是前提。所以，在编制条文时，充分考虑了材料、设备的性能参数对于节能的影响，结合目前我国冷热源的实际现状，在广泛的调研基础上，对于材料、设备的性能参数的复验进行了强制规定，这是本规范的特点，也是要求参与施工的各方必须遵守的，关系到整个系统的节能性能效果。

对于管道系统的制式、各种设备、自控阀门与仪表的安装齐全本章进行了强制规定，同时要求空调冷（热）水系统，应能实现设计要求的变流量或定流量运行以及供热系统应能根据热负荷及室外温度变化实现设计要求的集中质调节、量调节或质—量调节相结合的运行。

11.1 节为一般规定。主要是对本章的适用范围以及空调与采暖系统冷热源及管网节能工程验收的方式进行了规定。

11.2 节为主控项目。主要是对进场验收及施工安装验收进行了规定。

11.3 节为一般项目。

11.1　一　般　规　定

【条文】11.1.1　本章适用于空调与采暖系统中冷热源设备、辅助设备及其管道和室外管网系统节能工程施工质量的验收。

【要点说明】　本条明确了本章的适用范围，适用于空调与采暖系统中的冷热源设备（冷机、锅炉、换热器等）、辅助设备（水泵、风机、冷却塔等）与管道及室外管网等节能工程施工质量的验收。

【条文】11.1.2 空调与采暖系统冷热源设备、辅助设备及其管道和管网系统节能工程的验收，可分别按冷源和热源系统及室外管网进行，并应符合本规范第3.4.1条的规定。

【要点说明】 本条给出了采暖与空调系统冷热源、辅助设备及其管道和管网系统节能工程验收的划分原则和方法。

空调的冷源系统，包括冷源设备及其辅助设备（含冷却塔、换热器、水泵等）和管道；空调与采暖的热源系统，包括热源设备及其辅助设备（含换热器、水泵等）和管道。

不同的冷源或热源系统，应分别进行验收；室外管网应单独验收，不同的系统应分别进行。

11.2 主 控 项 目

【条文】11.2.1 空调与采暖系统冷热源设备及其辅助设备、阀门、仪表、绝热材料等产品进场时，应按照设计要求对其类型、规格和外观等进行检查验收，并应对下列产品的技术性能参数进行核查。验收与核查的结果应经监理工程师（建设单位代表）检查认可，并应形成相应的验收、核查记录。各种产品和设备的质量证明文件和相关技术资料应齐全，并应符合国家现行有关标准和规定。

1 锅炉的单台容量及其额定热效率；
2 热交换器的单台换热量；
3 电机驱动压缩机的蒸气压缩循环冷水（热泵）机组的额定制冷量（制热量）、输入功率、性能系数（COP）及综合部分负荷性能系数（IPLV）；
4 电机驱动压缩机的单元式空气调节机、风管送风式和屋顶式空气调节机组的名义制冷量、输入功率及能效比（EER）；
5 蒸汽和热水型溴化锂吸收式机组及直燃型溴化锂吸收式冷（温）水机组的名义制冷量、供热量、输入功率及性能系数；
6 集中采暖系统热水循环水泵的流量、扬程、电机功率及耗电输热比（EHR）；
7 空调冷热水系统循环水泵的流量、扬程、电机功率及输送能效比（ER）；
8 冷却塔的流量及电机功率；
9 自控阀门与仪表的技术性能参数。

检验方法：观察检查；技术资料和性能检测报告等质量证明文件与实物核对。
检查数量：全数核查。

【要点说明】 本条是对空调与采暖系统冷热源设备及其辅助设备、阀门、仪表、绝热材料等产品进场验收及核查的规定。

空调与采暖系统在建筑物中是能耗大户，而其冷热源和辅助设备又是空调与采暖系统中的主要设备，其能耗量占整个空调与采暖系统总能耗量的大部分，其选型是否合理，热工等技术性能参数是否符合设计要求,将直接影响空调与采暖系统的总能耗及使用效果。事实表明,许多工程基于降低空调与采暖系统冷热源及其辅助设备的初投资,在采购过程中,擅自改变了有关设备的类型和规格,使其制冷量、制热量、额定热效率、流量、扬程、输入功率等性能系数不符合设计要求,结果造成空调与采暖系统能耗过大、安全可靠性差、不能满足使用要求等不良后果。因此,为保证空调与采暖系统冷热源及管网节能工程的质量,本条文做出了在空调与采暖系统的冷热源及其辅助设备进场时,应对其热工等技术性能进行核查,并应形成相应的核查记录的规定。对有关设备等的核查,应根据设计要求对其技术资料和相关性能检测报告等所表示的热工等技术性能参数进行一一核对。

锅炉的额定热效率、电机驱动压缩机的蒸气压缩循环冷水(热泵)机组的性能系数和综合部分负荷性能系数及单元式空气调节机、风管送风式和屋顶式空气调节机组的能效比、蒸汽和热水型溴化锂吸收式机组及直燃型溴化锂吸收式冷(温)水机组的性能参数,是反映上述设备节能效果的一个重要参数,其数值越大,节能效果就越好;反之,亦然。因此,在上述设备进场时,应核查它们的有关性能参数是否符合设计要求并满足国家现行有关标准的规定,进而促进高效、节能产品的市场,淘汰低效、落后产品的使用。表11.2.1-1~11.2.1-5摘录了国家现行有关标准对空调与采暖系统冷热源设备有关性能参数的规定值,供采购和验收设备时参考。

表11.2.1-1 锅炉的最低设计效率(%)

锅炉类型、燃料种类及发热值		在下列锅炉容量(MW)下的设计效率(%)						
		0.7	1.4	2.8	4.2	7.0	14.0	≥28.0
燃煤	Ⅱ类烟煤	—	—	73	74	78	79	80
	Ⅲ类烟煤	—	—	74	76	78	80	82
燃油、燃气		86	87	87	88	89	90	90

表11.2.1-2 冷水(热泵)机组制冷性能系数(COP)

类型		额定制冷量(kW)	性能系数(W/W)
水冷	活塞式/涡旋式	<528	≥3.8
		528~1163	≥4.0
		>1163	≥4.2
	螺杆式	<528	≥4.10
		528~1163	≥4.30
		>1163	≥4.60
	离心式	<528	≥4.40
		528~1163	≥4.70
		>1163	≥5.10
风冷或蒸发冷却	活塞式/涡旋式	≤50	≥2.40
		>50	≥2.60
	螺杆式	≤50	≥2.60
		>50	≥2.80

表 11.2.1-3 冷水(热泵)机组综合部分负荷性能系数(IPLV)

类 型		额定制冷量(kW)	综合部分负荷性能系数(W/W)
水冷	螺杆式	<528	≥4.47
		528~1163	≥4.81
		>1163	≥5.13
	离心式	<528	≥4.49
		528~1163	≥4.88
		>1163	≥5.42

注：IPLV 值是基于单台主机运行工况。

表 11.2.1-4 单元式机组能效比(EER)

类 型		能效比(W/W)
风冷式	不接风管	≥2.60
	接风管	≥2.30
水冷式	不接风管	≥3.00
	接风管	≥2.70

表 11.2.1-5 溴化锂吸收式机组性能参数

机型	名义工况			性能参数	
	冷(温)水进/出口温度(℃)	冷却水进/出口温度(℃)	蒸汽压力 MPa	单位制冷量蒸汽耗量 kg/(kW·h)	性能系数(W/W)
					制冷 / 供热
蒸汽双效	18/13	30/35	0.25	≤1.40	
			0.4		
	12/7		0.6	≤1.31	
			0.8	≤1.28	
直燃	供冷 12/7	30/35		≥1.10	
	供热出口 60				≥0.90

注：直燃机的性能系数为：制冷量(供热量)/[加热源消耗量(以低位热值计)+电力消耗量(折算成一次能)]。

　　循环水泵是集中热水采暖系统和空调冷(热)水系统循环的动力，其耗电输热比(EHR)和输送能效比(ER)，分别反映了集中热水采暖系统和空调冷(热)水系统的输送效率，其数值越小，输送效率越高，系统的能耗就越低；反之，亦然。在实际工程中，往往把循环水泵的扬程选得过高，导致其耗电输热比和输送能效比过高，使系统因输送效率低下而不节能。因此，在循环水泵进场时，应核查其耗电输热比和输送能效比，是否符合设计要求并满足国家现行有关标准的规定值，以便把这部分经常性的能耗控制在一个合理的范围内，进而达到节能的目的。表 11.2.1-6、表 11.2.1-7 摘录了国家现行有关节能标准中对集中采暖系统热水循环水泵的耗电输热比(EHR)和空调冷热水系统的输送能效比(ER)的计算公式与限值，供采购和验收水泵时参考。

表 11.2.1-6 EHR 计算公式和计算系数及电机传动效率

热负荷 Q(kW)		<2000	≥2000
电机和传动部分的效率 η	直联方式	0.88	0.9
	联轴器连接方式	0.87	0.89
计算系数 A		0.00556	0.005

注：EHR=$N/Q\eta$，并应满足 HER≤$A(20.4+\alpha\Sigma L)/\Delta t$。式中 N 为水泵在设计工况的轴功率(kW)；Q 为建筑供热负荷(kW)；η 为电机和传动部分的效率(%)，按表 11.2.1-6 选取；A 为与热负荷有关的计算系数，按表 11.2.1-6 选取；Δt 为设计供回水温度差(℃)，按照设计要求选取；ΣL 为室外主干线(包括供回水管)总长度(m)；α 为与 ΣL 有关的计算系数，按如下选取或计算：当 ΣL≤400m 时，α=0.0115；当 400<ΣL<1000m 时，α=0.003833+3.067/ΣL；当 ΣL≥1000m 时，α=0.0069。

表 11.2.1-7 空调冷热水系统的最大输送能效比(ER)

管道类型	两管制热水管道			四管制热水管道	空调冷水管道
	严寒地区	寒冷地区/夏热冬冷地区	夏热冬冷地区		
ER	0.00577	0.00433	0.00865	0.00673	0.0241

注：1. ER=$0.002342H/(\Delta T\cdot\eta)$。式中 H 为水泵设计扬程(m)；ΔT 为供回水温差；η 为水泵在设计工作点的效率(%)。
2. 两管制热水管道系统中的输送能效比值，不适用于采用直燃式冷水机组和热泵冷热水机组作为热源的空调热水系统。

【检查与验收】

一、检查

1. 检查方法

对实物现场验收。检查外观情况；对重要设备等的技术性能参数进行现场核查，即将技术资料和性能检测报告等质量证明文件与实物一一核对。

2. 检查数量

对进场的材料和设备应全数检查。

3. 检查内容

检查内容包括：设备、材料出厂质量证明文件及检测报告是否齐全；实际进场设备、材料的类型、材质、规格、数量等是否满足设计和施工要求；设备、材料外观质量是否满足设计要求或有关标准的规定。

合格证明文件必须是中文的表示形式，应具备产品名称、规格、型号、国家质量标准代号、出厂日期、生产厂家的名称、地址、出厂产品检验证明或代号、必要的测试报告；对于进口产品，必须有商检合格报告。同种材料、同一种规格、同一批生产的要有一份原件，如无原件应有复印件并指明原件存放处。

重点检查以下内容：

（1）阀门、仪表等应有产品质量合格证及相关性能检验报告；

（2）绝热材料应有产品质量合格证和材质检测报告，检测报告必须是有效期内的抽样检测报告。使用到建筑物内的绝热材料还要有防火等级的检验报告；

（3）锅炉的单台容量及其额定热效率；

(4) 热交换器的单台换热量;
(5) 电机驱动压缩机的蒸气压缩循环冷水(热泵)机组的额定制冷量(制热量)、输入功率、性能系数(COP)及综合部分负荷性能系数(IPLV);
(6) 电机驱动压缩机的单元式空气调节机、风管送风式和屋顶式空气调节机组的名义制冷量、输入功率及能效比(EER);
(7) 蒸汽和热水型溴化锂吸收式机组及直燃型溴化锂吸收式冷(温)水机组的名义制冷量、供热量、输入功率及性能系数;
(8) 集中采暖系统热水循环水泵的流量、扬程、电机功率及耗电输热比(EHR);
(9) 空调冷热水系统循环水泵的流量、扬程、电机功率及输送能效比(ER);
(10) 冷却塔的流量及电机功率;
(11) 自控阀门与仪表的技术性能参数。

二、验收

1. 验收条件

(1) 设备、材料出厂质量证明文件及检测报告齐全,实际进场数量、规格、材质等应满足设计和施工要求。

(2) 设备、阀门与仪表等的外观质量应满足设计要求或有关标准的规定。

(3) 设备、阀门与仪表的技术性能参数经核查全部符合设计要求。

2. 验收结论

参加验收的人员包括:监理工程师,供应商,施工单位项目专业质量(技术)负责人,施工单位项目专业质量检查员。

满足验收条件的产品为合格,可以通过验收;否则为不合格,不能通过验收。验收合格后必须形成文字记录,填写进场验收记录,验收人员签字应齐全。

【条文】11.2.2 空调与采暖系统冷热源及管网节能工程的绝热管道、绝热材料进场时,应对绝热材料的导热系数、密度、吸水率等技术性能参数进行复验,复验应为见证取样送检。

检验方法:现场随机见证取样送检;核查复验报告。

检查数量:同一厂家同材质的绝热材料复验次数不得少于 2 次。

【要点说明】 同第 9.2.2 条的内容。

【检查与验收】 同第 9.2.2 条的内容。

【条文】11.2.3 空调与采暖系统冷热源设备和辅助设备及其管网系统的安装,应符合下列规定:

1 管道系统的制式,应符合设计要求;

2 各种设备、自控阀门与仪表应按设计要求安装齐全,不得随意增减和更换;

3 空调冷(热)水系统,应能实现设计要求的变流量或定流量运行;

4 供热系统应能根据热负荷及室外温度变化实现设计要求的集中质调节、量调节或质—量调节相结合的运行。

检验方法：观察检查。
检查数量：全数检查。

【要点说明】 本条为强制性条文。为保证空调与采暖系统具有良好的节能效果，首先要求将冷、热源机房、换热站内的管道系统设计成具有节能功能的系统制式；其次要求所选用的省电节能型冷、热源设备及其辅助设备，均要安装齐全、到位；另外在各系统中要设置一些必要的自控阀门和仪表，是系统实现自动化、节能运行的必要条件。上述要求增加工程的初投资是必然的，但是有的工程为了降低工程造价，却忽略了日后的节能运行和减少运行费用等重要问题，未经设计单位同意，就擅自改变系统的制式并去掉一些节能设备和自控阀门与仪表，或将节能设备及自控阀门更换为不节能的设备及手动阀门，结果导致了系统无法实现节能运行，能耗及运行费用大大增加。为避免上述现象的发生，保证以上各系统的节能效果，本条做出了空调与采暖管道系统的制式及其安装应符合设计要求、各种设备和自控阀门与仪表应安装齐全且不得随意增减和更换的强制性规定。

本条文规定的空调冷（热）水系统应能实现设计要求的变流量或定流量运行，以及热水采暖系统应能实现根据热负荷及室外温度的变化实现设计要求的集中质调节、量调节或质—量调节相结合的运行，是空调与采暖系统最终达到节能目的的有效运行方式。为此，本条文做出了强制性的规定，要求安装完毕的空调与供热工程，应能实现工程设计的节能运行方式。

【检查与验收】
一、检查
1. 检查方法
现场实际观察检查。
2. 检查数量
对于本条文所规定的内容全数检查。
3. 检查内容
（1）现场查看管道系统安装的制式、管道的走向、坡度、管道分支位置、管径等，并与工程设计图纸进行核对。
（2）逐一检查设备、自控阀门与仪表的安装数量及安装位置，并与工程设计图纸核对。
（3）检查空调冷（热）水系统，看其能否实现设计要求的运行方式（变流量或定流量运行）。
（4）检查供热系统，是否具备能根据热负荷及室外温度变化实现设计要求的调节运行（集中质调节、量调节或质—量调节相结合的运行）。
二、验收
1. 验收条件
本条文的内容要作为专项验收内容。
（1）管道系统的安装制式应符合设计要求；
（2）各种设备、自控阀门与仪表的安装数量、规格均符合设计要求；

(3) 空调冷（热）水系统，能实现设计要求的变流量或定流量运行；

(4) 供热系统能根据热负荷及室外温度变化实现设计要求的集中质调节、量调节或质—量调节相结合的运行。

2. 验收结论

参加验收的人员包括：监理工程师，建设单位项目专业技术负责人，施工单位项目专业质量（技术）负责人，施工单位项目专业质量检查员。

满足验收条件的为合格，可以通过验收；否则为不合格，不能通过验收。验收合格后必须形成文字记录，填写检查验收记录，验收人员签字应齐全。

【条文】11.2.4 空调与采暖系统冷热源和辅助设备及其管道和室外管网系统，应随施工进度对与节能有关的隐蔽部位或内容进行验收，并应有详细的文字记录和必要的图像资料。

检验方法：观察检查；核查隐蔽工程验收记录。

检查数量：全数检查。

【要点说明】 参见第 10.2.13 条的有关内容。

【检查与验收】 参见第 10.2.13 条的有关内容。

【条文】11.2.5 冷热源侧的电动两通调节阀、水力平衡阀及冷（热）量计量装置等自控阀门与仪表的安装应符合下列规定：

1 规格、数量应符合设计要求；
2 方向应正确，位置应便于操作和观察。

检验方法：观察检查。

检查数量：全数检查。

【要点说明】 同第 10.2.9 条的内容。

【检查与验收】 同第 10.2.9 条的内容。

【条文】11.2.6 锅炉、热交换器、电机驱动压缩机的蒸气压缩循环冷水（热泵）机组、蒸汽或热水型溴化锂吸收式冷水机组及直燃型溴化锂吸收式冷（温）水机组等设备的安装应符合下列要求：

1 规格、数量应符合设计要求；
2 安装位置及管道连接应正确。

检验方法：观察检查。

检查数量：全数检查。

【要点说明】 空调与采暖系统在建筑物中是能耗大户，而锅炉、热交换器、电机驱动压缩机的蒸气压缩循环冷水（热泵）机组、蒸汽或热水型溴化锂吸收式冷水机组及直燃型溴化锂吸收式冷(温)水机组等设备又是空调与采暖系统中的主要设备,其能耗量占整个空调与采暖系统总能耗量的大部分,其规格、台数是否符合设计要求,安装位置及管道连接是否合理、正确,将直接影响空调与采暖系统的总能耗及空调场所的空调效果。

工程实践表明,许多工程在安装过程中,未经设计人员同意,擅自改变了有关设备的规格、台数及安装位置,有的甚至将管道接错。其后果是或因设备台数增加而增大了设备的能耗,给设备的安装带来了不便,也给建筑物的安全带来了隐患;或因设备台数减少而降低了系统运行的可靠性,满足不了工程使用要求。因此,本条文对此进行了强调。

【检查与验收】
一、检查
1. 检查方法
观察检查。
2. 检查数量
全数检查。
3. 检查内容
检查设备的规格、数量;安装位置及管道连接。
二、验收
1. 验收条件
安装设备的规格、数量全部符合设计要求;设备安装位置及管道连接正确。
2. 验收结论
参加验收的人员包括:监理工程师,建设单位项目专业技术负责人,施工单位项目专业质量(技术)负责人,施工单位项目专业质量检查员。

满足验收条件的为合格,可以通过验收;否则为不合格,不能通过验收。验收合格后必须形成文字记录,填写检查验收记录,验收人员签字应齐全。

【条文】11.2.7 冷却塔、水泵等辅助设备的安装应符合下列要求:
1 规格、数量应符合设计要求;
2 冷却塔设置位置应通风良好,并应远离厨房排风等高温气体;
3 管道连接应正确。
检验方法:观察检查。
检查数量:全数检查。

【要点说明】 冷却塔、水泵(冷热水循环泵、冷却水循环泵、补水泵)等辅助设备的规格及数量应符合设计要求,是保证空调与采暖系统冷热源可靠运行的重要条件,必须做到。但是,工程实践表明,许多工程在安装过程中,未经设计人员同意,擅自改变了冷却塔、循环水泵等辅助设备的规格及台数,有的甚至将管道接错,其后果因辅助设备与冷热源主机不匹配或选型偏大,而降低了系统运行的可靠性,且增大了能耗。因此,本条文对此进行了强调。

冷却塔安装位置应保持通风良好。通过调研发现,有许多工程冷却塔冷却效果不好,达不到设计要求效果，其主要原因就是位置设置不合理，或因后期业主自行改造，遮挡了冷却塔，使冷却效率降低；另外还发现有的冷却塔靠近烟道，这也直接影响到冷却塔的冷却效果。

设备的管道连接应正确，要求进出口方向及接管尺寸大小也应符合设计要求。

【检查与验收】
一、检查
1. 检查方法
观察检查。
2. 检查数量
全数检查。
3. 检查内容
检查设备的规格、数量；安装位置及管道连接。
二、验收
1. 验收条件
安装设备的规格、数量应全部符合设计要求；设备安装位置及管道连接应正确，冷却塔设置位置应通风良好，并远离厨房排风等高温气体。
2. 验收结论
参加验收的人员包括：监理工程师，建设单位项目专业技术负责人，施工单位项目专业质量(技术)负责人，施工单位项目专业质量检查员。

满足验收条件的为合格，可以通过验收；否则为不合格，不能通过验收。验收合格后必须形成文字记录，填写检查验收记录，验收人员签字应齐全。

【条文】11.2.8　空调冷热源水系统管道及配件绝热层和防潮层的施工要求，可按照本规范第10.2.11条的规定执行。

【条文】11.2.9　当输送介质温度低于周围空气露点温度的管道，采用非闭孔绝热材料作绝热层时，其防潮层和保护层应完整，且封闭良好。

检验方法：观察检查。
检查数量：全数检查。

【要点说明】　本条文针对供冷管道采用非闭孔绝热材料作绝热层时的情况，对其防潮层和保护层的做法提出了要求。

保冷管道的绝热层外设置防潮层(隔汽层)，是防止凝露、保证绝热效果的有效措施。保护层是用来保护隔气层的(具有隔气性的闭孔绝热材料，可认为是隔汽层和保护层)。冷输送介质温度低于周围空气露点温度的管道，当采用非闭孔性绝热材料绝热而不设防潮层(隔汽层)和保护层或者虽然设了但不完整、有缝隙时，空气中的水蒸气就极易被暴露的非闭孔性绝热材料吸收或从缝隙中流入绝热层而产生凝结水，使绝热材料的导热系数急剧增大，不但起不到绝热的作用，反而使绝热性能降低、冷量损失加大。因此，本条文要求非闭孔性绝热材料的防潮层(隔汽层)和保护层必须完整，且封闭良好。

【检查与验收】 参考第10.2.10条及第10.2.11条的内容。

【条文】11.2.10 冷热源机房、换热站内部空调冷热水管道与支、吊架之间绝热衬垫的施工可按照本规范第10.2.12条执行。

【要点说明】 参见第10.2.12条的有关内容。

【检查与验收】 参见第10.2.12条的有关内容。

【条文】11.2.11 空调与采暖系统冷热源和辅助设备及其管道和管网系统安装完毕后,系统试运转及调试必须符合下列规定:
　　1 冷热源和辅助设备必须进行单机试运转及调试;
　　2 冷热源和辅助设备必须同建筑物室内空调或采暖系统进行联合试运转及调试;
　　3 联合试运转及调试结果应符合设计要求,且允许偏差或规定值应符合表11.2.11的有关规定。当联合试运转及调试不在制冷期或采暖期时,应先对表11.2.11中序号2、3、5、6四个项目进行检测,并在第一个制冷期或采暖期内,带冷(热)源补做序号1、4两个项目的检测。

表11.2.11 联合试运转及调试检测项目与允许偏差或规定值

序 号	检 测 项 目	允许偏差或规定值
1	室内温度	冬季不得低于设计计算温度2℃,且不应高于1℃; 夏季不得高于设计计算温度2℃,且不应低于1℃
2	供热系统室外管网的水力平衡度	0.9～1.2
3	供热系统的补水率	≤0.5～1%
4	室外管网的热输送效率	≥0.92
5	空调机组的水流量	≤20%
6	空调系统冷热水、冷却水总流量	≤10%

　　检验方法:观察检查;核查试运转和调试记录。
　　检验数量:全数检查。

【要点说明】 本条为强制性条文。本条文要求的内容与本规范第9.2.10条及第10.2.14条的内容是一致的。室内采暖系统的调试及空调水系统的调试都是在冷热源具备的情况下进行的。本条强制规定,也是为了检验空调与采暖系统安装完成后,看其空调和采暖效果能否达到设计要求。

　　空调与采暖系统的冷、热源和辅助设备及其管道和室外管网系统安装完毕后,为了达到系统正常运行和节能的预期目标,规定必须进行空调与采暖系统冷、热源和辅助设备的单机试运转及调试和系统的联合试运转及调试。调试必须编制调试方案。

　　单机试运转及调试,是工程施工完毕后进行系统联合试运转及调试的先决条件,是一个较容易执行的项目。只有单机试运转及调试合格后才能进行联合试运行及调试。

系统的联合试运转及调试，是指系统在有冷热负荷和冷热源的实际工况下的试运行和调试。联合试运转及调试结果应满足本规范表11.2.11中的相关要求。当建筑物室内空调与采暖系统工程竣工不在空调制冷期或采暖期时，联合试运转及调试只能进行表11.2.11中序号为2、3、5、6的四项内容。因此，施工单位和建设单位应在工程(保修)合同中进行约定，在具备冷热源条件后的第一个空调期或采暖期期间再进行联合试运转及调试，并补做本规范表11.2.11中序号为1、4的两项内容。补做的联合试运转及调试报告应经监理工程师(建设单位代表)签字确认后，以补充完善验收资料。

由于各系统的联合试运转受到工程竣工时间、冷热源条件、室内外环境、建筑结构特性、系统设置、设备质量、运行状态、工程质量、调试人员技术水平和调试仪器等诸多条件的影响和制约，是一项技术性较强、很难不折不扣地执行的工作。但是，它又是非常重要、必须完成好的工程施工任务。因此，本条对此进行了强制性规定。

对空调与采暖系统冷热源和辅助设备的单机试运转及调试和系统的联合试运转及调试的具体要求，可详见《通风与空调工程施工质量验收规范》GB 50243—2002的有关规定。

【检查与验收】
一、检查
1. 检查方法

实地观察检查单机及系统的试运转和调试过程，并核查单机及系统的试运转和调试记录。

2. 检查数量

全过程检查。

3. 检查内容

检查试运转和调试方案，观察试运转和调试情况，核查试运转和调试记录。

二、验收
1. 验收条件

单机试运转及调试合格，系统联合试运转及调试所检测的项目全部符合要求。

2. 验收结论

参加验收的人员包括：监理工程师，建设单位项目专业技术负责人，施工单位项目专业质量(技术)负责人。

采暖期或制冷期时的工程调试结果满足验收条件为合格，可以通过验收；非采暖期或制冷期竣工的工程，应办理延期调试手续，并予以注明，在第一个采暖季节或制冷期内补做未完成的项目，合格后完善验收资料。验收合格后，填写验收记录，验收人员签字应齐全。

11.3 一 般 项 目

【条文】 11.3.1 空调与采暖系统的冷热源设备及其辅助设备、配件的绝热，不得影响其操作功能。

检验方法：观察检查。
检查数量：全数检查。

【要点说明】 本条文对空调与采暖系统的冷、热源设备及其辅助设备、配件绝热施工的基本质量要求做出了规定。
参见本规范第 10.2.11 条的有关内容。

【检查与验收】 参见本规范第 10.2.11 条的有关内容。

第12章 配电与照明节能工程

【概述】 第12章"配电与照明"共分3节，11条。其中，管理性条文3条，在12.1节一般规定中，技术条款7条，12.2节主控项目4条，12.3节一般项目3条。其中：强制性条文1条。

建筑照明是节能工程中的重要部分，它还涉及人们工作环境和身心健康，因此应引起大家足够的重视。

国家质量监督检验检疫总局于2002年颁布的荧光灯产品的四项国家标准：《双端荧光灯安全要求》GB 18774—2002、《双端荧光灯　性能要求》GB/T 10682—2002、《单端荧光灯　性能要求》GB/T 17262—2002和《普通照明用自镇流荧光灯性能要求》GB/T 17263—2002，加上1997年颁布的紧凑型节能荧光灯的两项国家标准《单端荧光灯安全要求》GB 16843—1997和《普通照明用自镇流荧光灯安全要求》GB 16844—1997，有关荧光灯产品的国家标准已全部发布。这六项国家标准是荧光灯产品的重要的标准。2003—2004年国家质量监督检验检疫总局又制定了有关能效的国家标准，已经颁布的有《普通照明用双端荧光灯能效限定值及能效等级》GB 19043—2003、《普通照明用自镇流荧光灯能效限定值及能效等级》GB 19044—2003、《单端荧光灯能效限定值及节能评价值》。这九项国家标准规范了双端荧光灯、单端荧光灯和普通照明用自镇流荧光灯的安全、性能和能效等各方面的技术要求，为荧光灯的生产、销售和检测提供了技术依据。

还有两项国家标准也是有关能效限定值，《管型荧光灯镇流器能效限定值及能效等级》GB 17896—1999、《高压钠灯能效限定值及能效等级》GB 19573—2004。

以上这些标准基本涵盖了照明节能部分的产品能效限定值。

国家能效标准的颁布将为我国进一步开展照明产品的节能认证提供技术依据。国家标准规定了对产品的技术要求，安全标准是性能标准和能效标准的前提，性能标准是能效标准的依据。安全标准及能效标准中的能效限定值是强制性的，性能标准和能效标准的节能评价值是推荐性的。由于能效标准中能效限定值和2000h光通维持率等参数是强制性的指标，因此，要求产品必须达到这些指标要求。另外还鼓励企业生产能效符合节能评价值要求的节能效率更高的产品。通过节能认证的产品可以使用节能标志，并优先被政府大宗采购目录采用，这就相应地提高了产品的市场地位。强制性标准是市场的门槛，推荐性标准是引导提倡的标准，认真贯彻执行好国家标准，必将限制低劣产品，推广优质产品，规范好市场，从而促进产品质量的提高。

灯具的分类与选择

为保证不同类型电光源(白炽灯和气体放电灯)在电网电压下正常可靠工作而配置的电器件统称为灯用电器附件，或称为灯的附属装置。

■ 灯用电器附件按用途分类如下：

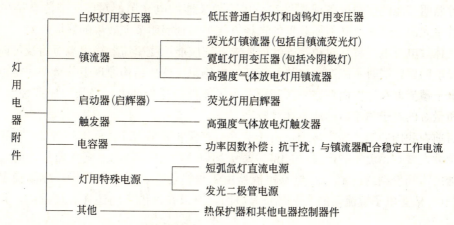

■ 灯用电器附件按工作原理分类如下：

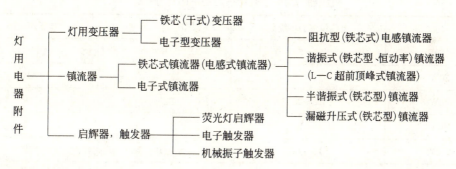

镇流器的分类

镇流器按结构一般分为铁芯式镇流器和电子镇流器，根据其用途和性能的不同，又可分为不同的类型。

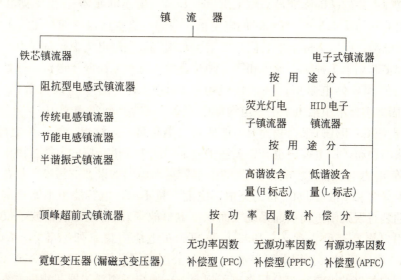

在建筑工程照明节能中：采用高效节能的电光源；采用高效节能照明灯具；采用高效

节能的灯用电器附件；采用传输效率高、使用寿命长、电能损耗低、安全的配线器材；采用各种照明节能的控制设备或器件和采用高效节能的电光源都对照明节能会产生正面影响。其中光源、灯具及其附属装置的选择直接关系到照明节能效果的好坏。

气体放电灯电气特性对镇流器性能要求：它应能承受镇流器输出端短路及可能出现的单向导电问题，同时不能产生过热而损坏。电感镇流器从结构原理上分析是完全可以承受的，电子镇流器在这方面存在一些问题，为了能抵御这种冲击，必须增加多种保护环节，因此质量好的电子镇流器的成本往往较高。

目前在我国的镇流器市场上，由于荧光灯产量的高速增长（每年超过20%）和建筑行业的持续发展，镇流器的产量（进出口）每年均以10%～15%的速度在增长，而其中电感镇流器的市场份额约占80%。电感镇流器由于价格便宜、无电磁干扰、性能稳定和使用寿命长（一般是电子镇流器的2～4倍）等原因，所以在国内市场还在大量采用，并一直占据着主导地位。

镇流器的功率损耗所占灯功率的百分比（%）

灯 功 率	电感镇流器传统型	节 能 型	电子镇流器
<20W	40～50	20～30	10～11
30W	30～40	≅15	≅10
40W	22～25	≅12	≅9
100W	15～20	≅11	≅8
250W	14～18	≅10	<8
400W	12～14	≅9	≅7
>1000W	10～11	≅8	

电线电缆主要的基础标准是 GB/T 3956—1997《电缆的导体》。这本标准中规定了电缆和软线用的导体从 0.5～2000mm² 的电阻值。我们需要重点检测的是建筑工程中使用数量大的电线电缆，所以本标准中我们只规定了对固定敷设用电缆中，材料为不镀金属退火铜的单芯和多芯用第1种实心导体和第2种绞合导体进行见证取样送检，并且只规定检测其标称截面值和导体电阻值。一般建筑电气设计中采用的电缆最大截面一般不超过 300mm²，因此本标准中给出了电线电缆截面从 0.5～300mm² 的电阻值。

自20世纪80年代以来，我国对电能质量日渐重视，陆续出台了多项电能质量标准。随着电力法的颁布，用电客户也开始关注供电部门能否提供合格的电能。由于非线性负荷（例如晶闸管电力电子装置、电弧炉、家用电器等）对电网的谐波"污染"日益严重，已引发电网不少异常和事故（例如电机的烧损，电度计量不准，电容器组不能正常投运，继电保护和自动装置误跳闸进而引起系统大面积停电事故等）。合理控制谐波不仅对电网，而且对广大用户均具有重要意义。1993年我国颁布电能质量系列标准之一的国标 GB/T 14549—93《电能质量 公用电网谐波》，对于公用电网各级（380V～220kV）谐波电压限值以及对用户的谐波电流指标分配作出了规定，还规定了测量仪器和测量方法以及相关的计算。标准颁布以来，电力部门以此为依据，实施对电网谐波的控制和管理，取得了不少成绩。但执行中也发现一些缺点和不足。近年来国际电工委员会(IEC)陆续发布了 IEC 61000 系列电磁兼容(EMC)标准。我国国家质量技术监督局已决定在国内"等同"采用，并将陆续颁布实施。

三相照明配电干线的各相负荷宜分配平衡

新建设计中照明配电在一般不会超过设计标准中规定，但在一些改造项目中往往不注意照明负荷的平均分配，造成某一相负荷偏大，超过了设计标准中的限制值。这种情况不仅在照明配电系统中出现，有些改造项目在配电干线不做改动得情况下，随意增加单相用电设备，如增加房间分体式空调等，尤其是这些空调有些是增加在照明配电回路中，这些不对称负载会产生负序电流从而造成三相不平衡。三相不平衡会使零线电流增加，造成发热增加线路的损耗，严重时还可能引发火灾。

母线与母线或母线与电器接线端子

在母线搭接或母线与电器连接时要注意按照规范要求施工，当母线上流过大电流时，如果搭接处有虚接现象，会使虚接处电阻增加从而引起局部发热，不仅仅是增加了损耗，更严重的是随时可能引发火灾。

交流单芯电缆或分相后的每相电缆的敷设不能形成闭合铁磁回路。

闭合铁磁回路：导线通过金属闭合面即称之形成闭合铁磁回路，导线通电时闭合铁磁回路会形成涡流和磁滞损耗。

采用预制电缆头做分支连接时，要防止分支处电缆芯线单相固定时，要特别注意采用的夹具和支架形成闭合铁磁回路，

众所周知，线损是由多方面因素造成的。例如导线的电阻损耗，交流线路的电晕损耗，变压器铜、铁损耗，无功传输损失等等。有些损耗是不可避免的，例如电阻损耗；有些损耗却是可以避免或降低的，如无功损耗可以采取就地补偿的办法来降低，变压器铜、铁损可采用新型铁芯材料及结构工艺来减少等等。线路金具的耗能可采用节能金具来实现节能。

我国电网从 6kV～500kV 线路绝大部分采用铸铁和螺栓组合成的耐张线夹和悬垂线夹(包括防震锤)，用这种材料制成的金具在导线中通过交变电流时形成一个闭合的磁回路，铁磁物质在交变磁场作用下反复磁化的过程中，其磁感应强度的变化总是滞后于磁场强度的变化，这就是所谓磁滞现象。在反复磁化的过程中，由于磁畴的反复转向，铁磁物质内部的分子摩擦发热而造成能量损耗。构成闭合回路的电力金具在反复磁化过程中，因为磁畴反复转向导致的这种功率损耗，就是所谓的磁滞损耗。根据电磁感应定律，这一交变磁场在金具内部也会产生感应电动势和感应电流，即涡流，由于钢铁材料电阻的存在，必然产生有功率损耗，即涡流损耗。当电流增大时，磁滞损耗随磁通密度的 1.6～2.0 次方上升，涡流损耗随磁通密度的 2.0 次方上升。涡流和磁滞损耗产生的热量使金具内的导线温度升高，使该处导线的机械强度下降，加之线路振动，导线就会在线夹处断股，缩短了线路的运行年限。据有关资料介绍，导线中通过 400A 电流时，铁磁线夹比铝合金线夹温度高 17℃，损耗多 30W。

虽然一般建筑物内设备供电为 380/220V，但有时也会出现单相电缆供电的情况，如演播厅等需要大功率照明光源的场所，此时敷设的交流单芯电缆分相后的每相电缆如果敷设不当或金具和支架使用了铸铁材料就会造成局部发热。

12.1 一般规定

【条文】 12.1.1 本章适用于建筑节能工程配电与照明的施工质量验收。

【要点说明】 本条指明了施工质量验收的适用范围。它适用于建筑物内的低压配电(380/220V)和照明系统,以及与建筑物配套的道路照明、小区照明、泛光照明等。

【条文】 12.1.2 建筑配电与照明节能工程验收的检验批划分应按本规范第3.4.1条的规定执行。当需要重新划分检验批时,可按照系统、楼层、建筑分区划分为若干个检验批。

【要点说明】 本条给出了配电与照明节能工程验收检验批的划分原则和方法。

【条文】 12.1.3 建筑配电与照明节能工程的施工质量验收,应符合本规范和《建筑电气工程施工质量验收规范》GB 50303的有关规定、已批准的设计图纸、相关技术规定和合同约定内容的要求。

【要点说明】 本条给出了配电与照明节能工程验收的依据。

12.2 主控项目

【条文】 12.2.1 照明光源、灯具及其附属装置的选择必须符合设计要求,进场验收时应对下列技术性能进行核查,并经监理工程师(建设单位代表)检查认可,形成相应的验收、核查记录。质量证明文件和相关技术资料应齐全,并应符合国家现行有关标准和规定。

1 荧光灯灯具和高强度气体放电灯灯具的效率不应低于表12.2.1-1的规定;

表 12.2.1-1 荧光灯灯具和高强度气体放电灯灯具的效率允许值

灯具出光口形式	开敞式	保护罩(玻璃或塑料)		格栅	格栅或透光罩
		透明	磨砂、棱镜		
荧光灯	75%	65%	55%	60%	—
高强度气体放电灯	75%	—	—	60%	60%

2 管型荧光灯镇流器能效限定值应不小于表12.2.1-2的规定。

表 12.2.1-2 镇流器能效限定值

标称功率(W)		18	20	22	30	32	36	40
镇流器能效因数(BEF)	电感型	3.154	2.952	2.770	2.232	2.146	2.030	1.992
	电子型	4.778	4.370	3.998	2.870	2.678	2.402	2.270

3 照明设备谐波含量限值应符合表 12.2.1-3 的规定。

表 12.2.1-3 照明设备的限值

谐波次数 n	基波频率下输入电流百分比数表示的最大允许谐波电流(%)
2	2
3	$30\times\lambda^{注}$
5	10
7	7
9	5
$11\leqslant n\leqslant 39$(仅有奇次谐波)	3

注：λ 是电路功率因数。

检验方法：观察检查；技术资料和性能检测报告等质量证明文件与实物核对。
检查数量：全数核查。

【要点说明】 建筑能耗已成为各个国家总能耗的重要组成部分，发达国家的建筑能耗占其总能耗的 30%～40%，我国建筑能耗约占全国总能耗的 1/4。就建筑运行能耗而言，电力消耗已成为建筑物的主要能耗，根据对部分沿海发达城市公共建筑的调研和统计表明，高级商场、办公楼和宾馆，每 m² 面积的电力装机密量均在 50 瓦以上，且电气照明的能耗也相当高，占到总能耗 1/4 以上。因此，应该重视照明的节能工作。

据估计，我国年照明用电量占总发电量的 12% 左右，而且以低效照明为主，节能潜力很大。在我国照明电光源中，节能灯仅占很小的份额，应该大力发展高效节能灯具，杜绝照明中的浪费能源现象。

照明节能主要与以下几个方面有关：(1)光源光效；(2)灯具效率；(3)气体放电灯启动设备质量；(4)照明方式；(5)灯具控制方案；(6)日常维护管理。

为了尽量减少白炽灯在新建项目中的使用量，优选使用有利于节能的高效光源、灯具和其附属装置，根据《建筑照明设计标准》GB 50034 中第 3.3.2 条、《管型荧光灯镇流器能效限定值及节能评价值》GB 17896 中第 5.3 条和《电磁兼容 限值 谐波电流发射限值（设备每相输入电流≤16A）》GB 17625.1—2003/IEC 61000—3—2：2001 中第 7.3 条之规定编写了本条。照明光源应符合现行国家标准所规定的能效限定值。除设计要求或特殊装饰效果的需要，原则上不应在新建项目中选择普通白炽灯。为了防止使用不合格或劣质光源、灯具和配件，根据现行的部分国家标准中与照明节能相关的技术参数对工程项目中使用的产品进行重点核查，以保证照明系统最终达到节能的目的。

1. 定义——灯具效率：在标准条件下测得的灯具光通量与此条件下的裸光源（灯具内所包含的光源）的光通量之和的比值。

2. 测试精度和误差
(1) 系统误差
(2) 随机误差
(3) 光学性能测试仪器和方法的选用

3. 测试仪器和实验室条件

标准条件：环境温度 25±2℃，光源和灯具附近的空气应静止，悬挂式安装，灯具悬挂在指定的实际工作位置。

实际测试条件：裸光源和灯具的广度测试虽然不可能在绝对的标准条件下进行，但应尽可能在理想的实验室条件下进行。

(1) 环境温度条件

(2) 气流条件

(3) 光源和灯具的非标准定位

供电电源：

(1) 电压和频率

(2) 谐波电压限制

电性能测量

杂散光的遮挡

光电池的要求

分布光度计要求

4. 测试用光源和被测灯具的要求

5. 测试方法和过程

6. 测试报告

《管型荧光灯镇流器能效限定值及节能评价值》GB 17896—1999 规定的镇流器类型为：标称功率在 18～40W 的管型荧光灯所用独立式电感镇流器和电子镇流器，不适用于非预热启动的电子镇流器。

检验规则：

1. 出厂检验—给出能效限定值

2. 型式检验—给出能效限定值和节能评价值

《低压电气及电子设备发出的谐波电流限值（设备每相输入电流≤16A）》GB 17625.1—2003/IEC 61000—3—2：2001，适用于标准中的 C 类设备—照明设备。

【检查与验收】

一、检查

1. 检查方法

现场检验。检查外观情况，并对技术资料和性能检测报告等质量证明文件与实物一一核对。

2. 检查数量

对进场的产品应每批次都检查。

3. 检查内容

检查内容包括：产品出厂质量证明文件及检测报告（或相关认证文件）是否齐全；实际进场产品及其配件数量、规格等是否满足设计和施工要求；产品外观质量是否满足设计要求或有关标准的规定。

合格证明文件必须是中文的表示形式，应具备产品名称、规格、型号、国家质量标准代号、出厂日期、生产厂家的名称、地址、出厂产品检验证明或代号、必要的测试报告

（或相关的认证文件）；对于进口产品，必须有商检合格报告。同种产品、同一种规格、同一批生产的要一份，如无原件应有复印件并指明原件存放处。报告或文件中的内容必须包含条文中的相关性能参数。

二、验收

1. 验收条件

1）产品及其附件出厂质量证明文件及检测报告（或相关认证文件）齐全，实际进场数量、规格等满足设计和施工要求。

2）产品外观质量应满足设计要求或有关标准的规定。

3）检测报告（或相关认证文件）应全部合格。

2. 验收结论

参加验收的人员包括：监理（或建设）单位专业工程师，施工单位技术质量负责人，施工单位专职质量检查员。

满足验收条件的可以通过验收，否则不能通过验收。验收合格后必须形成文字记录，填写检查验收记录。验收人员签字齐全。

【条文】12.2.2 低压配电系统选择的电缆、电线截面不得低于设计值，进场时应对其截面和每芯导体电阻值进行见证取样送检。每芯导体电阻值应符合表12.2.2的规定。

表 12.2.2 不同标称截面的电缆、电线每芯导体最大电阻值

标称截面 (mm^2)	20℃时导体最大电阻（Ω/km）
	圆铜导体（不镀金属）
0.5	36.0
0.75	24.5
1.0	18.1
1.5	12.1
2.5	7.41
4	4.61
6	3.08
10	1.83
16	1.15
25	0.727
35	0.524
50	0.387
70	0.268
95	0.193
120	0.153
150	0.124
185	0.0991
240	0.0754
300	0.0601

检验方法：进场时抽样送检，验收时核查检验报告。

检验数量：同厂家各种规格总数的10%，且不少于2个规格。

【要点说明】 本条为强制性条文。本条是参考《电缆的导体》GB/T 3956—1997第4.1.4条(实心导体)和第4.2.4条(非紧压绞合圆形导体)制订的，导体的材料均应为不镀金属的退火铜线。制订本条的目的是加强对建筑物内配电大量使用的电线电缆质量的监控，防止在施工过程中使用不合格的电线电缆。由于目前铜金属等价格的上涨造成电线电缆价格升高，有些生产商为了降低成本减偷工减料，造成电线电缆的导体截面变小，导体电阻不符合产品标准的要求。有些施工单位明知这种电线电缆有问题但为了节省开支也购买这类产品，这样不但会造成严重的安全隐患，还会使电线电缆在输送电能的过程中发热，增加电能的损耗。因此应采取有效措施彻底杜绝这类现象的发生。

【检查与验收】

一、检查

1. 检验方法

施工单位应按照有关材料设备进场的规定提交监理或甲方相关资料，得到认可后购进电线电缆，并在监理或甲方的监督下进行见证取样，送到具有国家认可检验资质的检验机构进行检验，并出具检验报告。目前在中国认证认可委员会网站上可以查到的可对各类电线电缆进行质量检验的检测机构约有30多家，基本涵盖了全国大部分省市。

2. 检验数量

规格的分类依据电线电缆内导体的材料类型，按照表12.2.2中的分类，相同截面、相同材料(如不镀金属、镀金属、圆或成型铝导体、铝导体)导体和相同芯数为同规格，如VV3×185与YJV3×185为同规格，BV6.0与BVV6.0为同规格。

3. 检验内容

测量导体电阻可以在整根长度的电缆上或至少1m长的试样上进行，把测量值除以其长度后，检验是否符合表12.2.2中规定的导体电阻最大值。

如果需要可采用下列公式校正到20℃和1km长度时的导体电阻：

$$R_{20}=R_t \times K_t \times \frac{1000}{L}$$

式中　R_{20}——20℃时电阻，Ω/km；

R_t——t℃时Lm长电缆实测电阻值，Ω；

K_t——t℃时的电阻温度校正系数；

L——电缆长度，m。

温度校正系数K_t的近似公式为：

$$K_t=\frac{250}{230+t}$$

式中　t——测量时导体温度，℃。

二、验收

1. 验收条件

1) 电线电缆出厂质量证明文件及检测报告齐全,实际进场数量、规格等满足设计和施工要求。

2) 电线电缆外观质量应满足设计要求或有关标准的规定。

3) 送检的电线电缆应全部合格,并由检测单位出具检验报告。

2. 验收结论

验收由建设单位或使用方组织。

参加验收的人员包括:监理工程师,建设单位(或使用方)专业负责人,供应商代表,施工单位技术质量负责人,施工单位专业质量检查员、材料员。

满足验收条件的可以通过验收,否则不能通过验收。验收合格后必须形成文字记录,填写进场检验报告。验收人员签字齐全。

【条文】12.2.3 工程安装完成后应对低压配电系统进行调试,调试合格后应对低压配电电源质量进行检测。其中:

1 供电电压允许偏差:三相供电电压允许偏差为标称系统电压的±7%;单相220V为+7%、−10%。

2 公共电网谐波电压限值为:380V的电网标称电压,电压总谐波畸变率(THD_u)为5%,奇次(1~25次)谐波含有率为4%,偶次(2~24次)谐波含有率为2%。

3 谐波电流不应超过表12.2.3中规定的允许值。

表12.2.3 谐波电流允许值

标准电压(kV)	基准短路容量(MVA)	谐波次数及谐波电流允许值(A)										
		2	3	4	5	6	7	8	9	10	11	12	13
0.38	10	78	62	39	62	26	44	19	21	16	28	13	24
		谐波次数及谐波电流允许值(A)										
		14	15	16	17	18	19	20	21	22	23	24	25
		11	12	9.7	18	8.6	16	7.8	8.9	7.1	14	6.5	12

4 三相电压不平衡度允许值为2%,短时不得超过4%。

检验方法:在已安装的变频器和照明等可产生谐波的用电设备均可投入的情况下,使用三相电能质量分析仪在变压器的低压侧测量。

检查数量:全部检测

【要点说明】 随着高科技产业的发展,用户对供电质量和可靠性越来越敏感,电器设备的正常运行甚至使用寿命都与之息息相关。目前电能质量问题主要由负荷方面引起。例如冲击性无功负载会使电网电压产生剧烈波动,降低供电质量。随着电子技术的发展,它即给现代建筑带来节能和能量变换积极的一面,同时电子装置的广泛应用又对电能质量带来了新的更严重的损害,已成为电网的主要谐波污染源。谐波使电能的生产、传输和利用的效率降低,使电气设备过热、产生震动和噪声,使绝缘老化,寿命缩短,甚至发生故障或烧毁。谐波还会引起电力系统局部发生并联谐振或串联谐振,使谐波含量被放大,致使电容器等设备烧毁。

谐波是由与电网相连接的各种非线性负载产生的。在建筑物中引起谐波的主要谐波源有：铁磁设备、电弧设备以及电力电子设备。铁磁设备包括变压器，旋转电机等；电弧设备包括放电型照明设备(荧光灯等)。这两种都是无源型的，其非线性是由铁心和电弧的物理特性导致的。电力电子设备的非线性是由半导体器件的开关导致的，属于有源型。电力电子设备主要包括电机调速用变频器、直流开关电源、计算机、不间断电源和其他整流/逆变设备，目前这部分所产生的谐波所占比重也越来越大，已成为电力系统的主要谐波污染源。

谐波对电力系统和其他用电设备可以带来非常严重的影响：

1) 大大增加了系统谐振的可能性。谐波容易使电网与补偿电容器之间发生并联谐振或串联谐振，使谐波电流放大几倍甚至数十倍，造成过电流，引起电容器、与之相连接的电抗器和电阻器的损坏。

2) 使电网中的设备产生附加谐波损失，降低输电及用电设备的使用效率，增加电网线损。在三相四线制系统中，零线电流会由于流过大量的 3 次及其倍数次谐波电流造成零线过热，甚至引发火灾。

3) 谐波会产生额外的热效应从而引起用电设备发热，使绝缘老化，降低设备的使用寿命。

4) 谐波会引起一些保护设备误动作，如继电保护，熔断器等。

5) 谐波会导致电气测量仪表计量不准确。

6) 谐波通过电磁感应和传导耦合等方式对电子设备和通信系统产生干扰，如医院的大型电子诊疗设备，计算机数据中心，商场超市的电子扫描结算系统，通信系统终端等，降低数据传输质量，破坏数据的正常传递。

目前针对电能质量的改善有以下几种方式：

1) 对谐波的抑制方法

增加 LC 滤波装置，它即可过滤谐波又可补偿无功功率。滤波装置又分成无源滤波和有源滤波两种，前者针对特定谐波进行过滤，如果控制不当容易与电网发生串联和并联谐振。后者可对多次谐波进行过滤，一般不会与电网产生谐振。

2) 无功功率的补偿方法

采用自换相变流电路的静止型无功补偿装置——静止无功发生器 SVG(Static Var Generator)。它与传统的静止无功补偿装置需要大量的电抗器、电容器等储能元件不同，SVG 在其直流侧只需要较小容量的电容器维持其电压即可。SVG 通过不同的控制，使其发出无功功率，呈电容性，也可使其吸收无功功率，呈电感性。

3) 负序电流的抑制方法

不对称负载会产生负序电流从而造成三相不平衡，通常使用晶闸管控制电抗器配合晶闸管投切电容器来抑制负序电流，但会引起谐波放大问题。

4) 有源电力滤波器对电能质量进行综合治理

有源电力滤波器是一种可以动态抑制谐波、负序和补偿无功的新型电力电子装置，它能对变化的谐波、无功和负序进行补偿。与传统的电能质量补偿方式相比，它的调节响应更加快速、灵活。

【检查与验收】
一、检查
1. 检验方法

在变压器低压出线或低压配电总进线柜进行检测，检测人员应注意采取有效的安全措施，使用耐压大于 500V 的绝缘手套、帽子、鞋，绝缘物品应在标定期内使用。使用的三相电能质量分析仪应具备以下功能：

★ 符合低压配电系统中所有连接的安全要求

★ 符合国家有关电能质量标准中参数测量和计算的要求

★ 测量电压准确度 0.5%标称电压

★ 测量参数为：电压、电流真有效值和峰值，频率，基波和真功率因数、功率、电量，至少达 25 次谐波。

★ 电流总谐波畸变率(THD_i)，电压总谐波畸变率(THD_u)

★ 测量仪器的峰值因数 $cf>3$。$cf=\dfrac{峰值}{有效值}$

★ 电压不平衡度测量的绝对误差≤0.2%；电流不平衡度测量的绝对误差≤1%

★ 可设置参数记录间隔时间。自动存储容量应满足要求记录参数的最小容量。具有统计和计算功能，可直接给出测量参数值。

2. 检验数量

大型建筑一般配置多台变压器，测量所有变压器低压侧参数，并按照允许值判定电源质量是否合格。

3. 检验内容

(1) 供电电压允许偏差计算：

$$电压偏差(\%)=\dfrac{实测电压-标称系统电压}{标称系统电压}\times 100(\%)$$

(2) 谐波电压限值计算：

第 h 次谐波电压含有率 HRU_h　　$HRU_h=\dfrac{U_h}{U_1}\times 100(\%)$

谐波电压含有量 U_H　　$U_H=\sqrt{\sum_{h=2}^{\infty}(U_h)^2}$

电压总谐波畸变 THD_u　　$THD_u=\dfrac{U_H}{U_1}\times 100(\%)$

式中　U_h——第 h 次谐波电压(方均根值)；

　　　U_1——基波电压(方均根值)。

(3) 谐波电流允许值计算：

第 h 次谐波电流含有率 HRI_h　　$HRI_h=\dfrac{I_h}{I_1}\times 100(\%)$

谐波电流含有量 I_H　　$I_H=\sqrt{\sum_{h=2}^{\infty}(I_h)^2}$

电流总谐波畸变 THD_i　　$THD_i=\dfrac{I_H}{I_1}\times 100(\%)$

式中 I_h——第 h 次谐波电流(方均根值)；

　　　I_1——基波电流(方均根值)。

(4) 不平衡度的近似计算：

对于波动性较小场合的 ε 值，应和实测的五次接近数值的算术平均值对比，对于波动性较大场合的 ε 值，应和实测的 95% 概率值对比，以判断是否合格。

实测的 95% 概率值可将实测值(不少于 30 个)按由大到小次序排列，舍弃前面 5% 的大值，取剩余实测值中的最大值，

设公共连接点的正序阻抗与负序阻抗相等，则

$$\varepsilon_U = \frac{\sqrt{3} I_2 \times U_L}{10 S_K}(\%)$$

式中 I_2——电流的负序值，A；

　　　S_K——公共连接点的三相短路容量，MV·A；

　　　U_L——线电压，kV。

相间单相负荷引起的电压不平衡度计算：

$$\varepsilon_U = \frac{S_L}{S_K} \times 100(\%)$$

式中 S_L——单相负荷容量，MV·A。

二、验收

1. 验收条件

经过三相电力分析仪测量的所有检测参数均合格，由检测单位出具检测报告。

2. 验收结论

验收由建设单位或使用方组织。验收结论为合格，不合格。不合格时监理单位会同设计单位制订整改措施，施工单位进行整改直至检测合格方可通过验收。

参加验收的人员包括：监理工程师，建设单位(或使用方)专业负责人，供应商代表，施工单位技术质量负责人，施工单位专业质量检查员、材料员。

满足验收条件的可以通过验收，否则不能通过验收。验收合格后必须形成文字记录，填写进场检验报告。验收人员签字齐全。

【条文】12.2.4　在通电试运行中，应测试并记录照明系统的照度和功率密度值。

1　照度值不得小于设计值的 90%。

2　功率密度值应符合《建筑照明设计标准》GB 50034 中的规定。

检验方法：在无外界光源的情况下，检测被检区域内平均照度和功率密度。

检查数量：每种功能区检查不少于 2 处。

【要点说明】

应重点对公共建筑和建筑的公共部分的照明进行检查。考虑到住宅项目(部分)中住户的个性使用情况偏差较大，一般不建议对住宅内的测试结果作为判断的依据。

【检查与验收】

一、检查

1. 检验方法

照度与功率密度值检验：按照国家标准《室内照明测量方法》GB 5700—85 中规定的

方法进行。此标准中规定了测量仪器的性能和检定周期,以及照度测量的测点布置、测量平面、测量条件和测量方法等。

照度值检验应与功率密度检验同时进行,按照标准中规定检测方法测量照度值,当被检测区域内的平均照度值不小于《建筑照明设计标准》中规定的设计标准值的90%时,判定照度指标为合格。被检测区域内发光灯具的安装总功率除以被检测区域面积,即可得出被检测区域的照明功率密度值,当检测值不大于《建筑照明设计标准》中规定的设计值时,判定照明功率密度指标为合格。若照度值高于或低于其对应的照度标准值时,其照明功率密度值也按比例提高或折减。

2. 检验数量

每种功能区检查不少于2处。例如办公楼中的走道和公共大堂由于设计的照度值不同,使用方式不同,因此属于不同的功能区,独立办公室和开敞办公室由于办公人数不同,因此灯具设置的数量和位置也不同,也属于不同的功能区,按照检验数量的规定即走道、大堂各抽测至少2处。独立办公室原则上按检验数量抽测2处,但如果面积狭小且设置了局部照明,则可根据情况测定其中具有代表性的一点,而开敞办公区一般面积较大,因此应至少抽测2处。

3. 检验内容

一般照明,局部照明。

二、验收

1. 验收条件

一般在建筑工程验收阶段,公共区的照明一般均安装到位,但办公区内照明有时可能会没有安装到位,如一些出租性质的办公楼,其办公区均为预留层或区域照明配电箱,然后根据租用人的意向在二次装修时考虑照明灯具的设计和敷设,因此在整个建筑的竣工验收阶段可能在出租办公区不具备此项检验的条件,这种情况可以只检测已安装到位的公共区照明部分,出租办公区部分可以待二次装修完成后再进行此项检验,其检验可纳入大楼节能运行管理的范畴。

2. 验收结论

验收由建设单位或使用方组织。验收结论为合格,不合格。不合格时监理单位会同设计单位制订整改措施,施工单位进行整改直至检测合格方可通过验收。

参加验收的人员包括:监理工程师,建设单位(或使用方)专业负责人,供应商代表,施工单位技术质量负责人,施工单位专业质量检查员、材料员。

满足验收条件的可以通过验收,否则不能通过验收。验收合格后必须形成文字记录,填写进场检验报告。验收人员签字齐全。

12.3 一 般 项 目

【条文】12.3.1 母线与母线或母线与电器接线端子,当采用螺栓搭接连接时,应采用力矩扳手拧紧,制作应符合《建筑电气工程施工质量验收规范》GB 50303标准中有关规定。

检验方法:使用力矩扳手对压接螺栓进行力矩检测。

检查数量:母线按检验批抽查10%。

【要点说明】 本条是参考《建筑电气工程施工质量验收规范》GB 50303—2001 第 11.1.2 条制订的。关于母线压接头制作的部分原文如下:

"母线与母线或母线与电器接线端子,当采用螺栓搭接连接时,应符合下列规定:

母线的各类搭接连接的钻孔直径和搭接长度符合本规范附录 C 的规定,用力矩扳手拧紧钢制连接螺栓的力矩值符合本规范附录 D 的规定。"

制订本条的目的是强调母线压接头的制作质量,防止压接头虚接而造成局部发热,造成无用的能源消耗,严重时发生安全事故。

【检查与验收】
一、检查
1. 检查方法

在建筑物配电系统通电前,安装单位使用力矩扳手检验。使用的力矩扳手应该符合国家标准《扭力扳手通用技术条件》GB/T 15729—1995 和《扭矩扳子》JJG 707—2003 的要求,并在其有效检定期内,应采用可预置扭矩并具有显示功能。将力矩扳手卡在钢制螺栓上,力矩扳手预置力设置在小于规定值的范围内,如 M8 的螺栓规定力矩值为 8.8~10.8(N·m),力矩扳手预置力可设置为小于 8.8,例如 7.8,然后转动扳手,观察螺栓是否转动,如果在 7.8 的预置力内没有转动,则上调力矩扳手预置力,直至螺栓开始转动,此时力矩扳手上显示的力矩值即为安装完成时的数值,以此判定是否符合母线搭接螺栓的拧紧力矩。

用力矩扳手拧紧钢制连接螺栓的力矩值符合《建筑电气工程施工质量验收规范》GB 50303 中附录 D 的规定。

附录 D 母线搭接螺栓的拧紧力矩

序号	螺栓规格	力矩值(N·m)	序号	螺栓规格	力矩值(N·m)
1	M8	8.8~10.8	5	M16	78.5~98.1
2	M10	17.7~22.6	6	M18	98.0~127.4
3	M12	31.4~39.2	7	M20	156.9~196.2
4	M14	51.0~60.8	8	M24	274.6~343.2

2. 检查数量

按照检验批的划分原则划分出批次,然后按 10%的比例抽测,例如变配电室划分为 1 个批次,变压器出线侧母线搭接共有 10 处,则抽查 1 处即可。

3. 检查内容
二、验收
1. 验收条件

抽测工作可由施工单位自行负责,并形成抽测记录。当建设单位对抽测结果有疑问时,可委托具有国家认可资质的检测单位进行检测。抽测的所有母线压接头全部合格方可进行验收。

2. 验收结论

验收由建设单位或使用方组织。验收结论为合格，不合格。不合格时施工单位需进行整改直至检测合格方可通过验收。

参加验收的人员包括：监理工程师，建设单位（或使用方）专业负责人，供应商代表，施工单位技术质量负责人，施工单位专业质量检查员、材料员。

满足验收条件的可以通过验收，否则不能通过验收。验收合格后必须形成文字记录，验收人员签字齐全。

【条文】12.3.2 交流单芯电缆或分相后的每相电缆宜品字型（三叶型）敷设，且不得形成闭合铁磁回路。

检查方法：观察检查。

检查数量：全数检查。

【要点说明】 本条是参考《建筑电气工程施工质量验收规范》GB 50303—2001 第13.2.3条制订的。制订本条的目的是强调单芯电缆的敷设方式。尤其是在采用预制电缆头做分支连接时，要防止分支处电缆芯线单相固定时，采用的夹具和支架形成闭合铁磁回路，建议采用铝合金金具线夹，减少由于涡流和磁滞损耗产生的能耗。目前在施工中发现有些单位把这些单芯电缆也像三相电缆那样并排敷设，尤其是地下直埋电缆，经常造成单芯电缆周围发热，造成无用的能源消耗，严重时还会发生安全事故。

【检查与验收】

一、检查

1. 检查方法

观察检查，固定电缆用电力金具和支架是否形成闭合面。交流单芯电力电缆应布置在同侧支架上，并加以固定。当按紧贴正三角形排列时，应每隔一定距离用绑带扎牢，以免其松散。

在电缆隧道中，多芯电缆安装在金属支架上，一般可以不做机械固定，但单芯电缆则必须固定。因发生短路故障时，由于电动力作用，单芯电缆之间所产生的相互排斥力，可能导致很长一段电缆从支架上移位，以致引起电缆损伤。

2. 检验数量

在低压配电室和电缆夹层对电缆敷设和电缆固定用电力金具和支架进行全部检查。

3. 检验内容

二、验收

1. 验收条件

检查工作由施工单位自行负责，并形成检查记录，全部检查合格方可进行验收。

2. 验收结论

验收由建设单位或使用方组织。验收结论为合格，不合格。不合格时施工单位需进行整改直至检查合格方可通过验收。

参加验收的人员包括：监理工程师，建设单位（或使用方）专业负责人，供应商代表，施工单位技术质量负责人，施工单位专业质量检查员、材料员。

满足验收条件的可以通过验收,否则不能通过验收。验收合格后必须形成文字记录,验收人员签字齐全。

【条文】12.3.3 三相照明配电干线的各相负荷宜分配平衡,其最大相负荷不宜超过三相负荷平均值的115%,最小相负荷不宜小于三相负荷平均值的85%。

检验方法：在建筑物照明通电试运行时开启全部照明负荷,使用三相功率计检测各相负载电流、电压和功率。

检查数量：全部检查。

【要点说明】 本条文完全引自《建筑照明设计标准》GB 50034—2004 中的第7.2.5条。电源各相负载不均衡会影响照明器具的发光效率和使用寿命,造成电能损耗和资源浪费。为了验证设计和施工的质量情况,特别加设本项检查内容。刚竣工的项目只要施工按设计进行,一般都较容易达到规范要求。但竣工项目投入使用后,因为使用情况的不确定性而往往达不到规范的要求,这就给我们的检测与控制提出了更高的要求。

【检查与验收】

一、检查

1. 检查方法

当在照明通电试运行时,使用三相功率计测试照明回路各相的负载电流、电压和功率。填写相应的检查记录。

2. 检查数量

全部检查。

3. 检查内容

检查主要为已按设计完成施工的照明回路的负荷情况。

二、验收

1. 验收条件

1) 检查记录完整齐全。

2) 检查记录中无不合格项。

2. 验收结论

参加验收的人员包括：监理(或建设)单位专业工程师,施工单位技术质量负责人,施工单位专职质量检查员。

满足验收条件的可以通过验收,否则不能通过验收。验收合格后必须形成文字记录,填写检查验收记录。验收人员签字齐全。

第13章 监测与控制节能工程

【概述】 本章格式与各专业验收规范保持一致,分为"一般规定"、"主控项目"、"一般项目"三节。本章共20条,分别叙述了监测与控制节能验收的基本要求,10个主控项目和1个一般项目的验收要求。其中:强制性条文1条。

1 建筑节能的主要技术措施

建筑节能的主要技术措施包括:建筑围护结构的改造(隔热隔冷、储能等);可再生能源利用(太阳能集热器供应生活热水和采暖、建筑一体化太阳能发电(光电幕墙)、光伏电池太阳能庭院及草坪照明、中空幕墙太阳能动力烟囱用于自然通风、光纤太阳光照明、地热资源利用、地温照明及沼气利用等;冰蓄冷技术;建筑冷热电联供技术;建筑设备节能优化运行;供电与照明检测控制;建筑能源计量和建筑能源管理。

2 监测与控制系统的节能重点与效果

监测与控制系统节能主要针对建筑耗能设备(包括供冷、供暖、通风、供应生活热水、照明、电器耗能、电梯和给排水)所采取的节能措施。

其中,HVAC(采暖、通风与空调)和照明系统的能耗占建筑能耗总量的65%以上,是本章采取节能措施的重点系统设备;同时兼顾建筑围护结构的改造和可再生能源利用的监测与控制。

监测与控制系统不同于其他建筑节能工程,它的一个极其重要的功能是对建筑能源系统进行运行管理,主要包括建筑能源的计量和建筑能源管理系统(BEMS)。

3 监测与控制系统的节能措施

3.1 采暖与通风空调系统

最佳启停控制、变负荷需求控制:对新风和自然冷源的控制、时间表控制、变风量控制(VAV)和变流量控制。

3.2 冷热源设备(冷水机组、锅炉等)台数群控,最佳启停控制、冷热水供水温度控制、变流量控制、蓄热运转控制。

3.3 照明控制

公共照明回路自动开关控制、调光控制、时间表控制和场景控制,路灯控制,窗帘控制,实现充分利用自然光和按照明需要对照明系统的节能控制。

3.4 供电控制

实现用电量计量管理、功率因数改善控制、自备电源负荷分配控制、变压器运行台数控制、谐波检测与处理等。

3.5 给排水控制

恒压变频供水控制、中水处理与回用控制。

3.6 室内温湿度冬夏季设定值限制管理与控制

3.7 电梯及自动扶梯控制

主要是电梯自动扶梯的启停管理与调度控制。
3.8 围护结构与可再生能源系统控制
3.9 建筑能源系统的协调控制
3.10 建筑能源计量与建筑能源管理系统
3.11 常见检测与控制系统节能控制策略一览表

分 类	控制对象	节能控制策略及说明
冷冻站房	冷水机组	冷水机组变频运行：选用变频驱动式冷水机组； 变水温控制：根据空调末端负荷需求，提高冷冻供水温度。BAS系统（即监测与控制系统）可根据所有空调末端表冷阀的开度状态进行空调负荷判断，通过与冷水机组自带控制器进行通讯的方式实现冷冻供水温度再设定功能
	冷冻水系统	尽量避免二次泵系统设计或运行； 变流量控制：根据末端环路压差控制法、温差控制法等方法对冷冻水泵进行变频控制。变流量控制应保证冷水机组的最低流量限制； ΔT恒定控制：尽量避免冷冻供回水直接混合，保证冷冻供回水温差$\Delta T \geq 5$℃
	冷却水系统	最佳冷却水温控制：根据冷水机组最高效率下的冷却水温范围对冷却塔风机进行启停控制； 变流量控制：根据最佳冷却水温范围、冷水机组和冷却水泵的综合能耗对冷却水泵进行变频控制
	冷冻站群控	根据空调侧负荷需求，启停冷水机组及辅联设备的台数，以保证冷水机组在最高效率所对应的负荷状态下运行
	安全联锁运行	以上各节能运行策略应考虑冷冻站房各设备之间的安全连锁运行
热力站房	热交换站（城市热网集中供热）	根据二次侧供水温度需求（如60℃）对一次侧高温热水（或蒸汽）流量进行自动调节
	锅炉（蒸汽或热水）	台数群控：根据末端负荷需求，对锅炉运行台数进行群控，保证每台锅炉在最高效率下工作； 对供水（汽）压力、温度进行优化控制
	循环水泵	根据末端负荷需求对循环水泵进行变频（变流量）控制，方法同冷冻水泵
	蒸汽凝结水热回收系统	根据蒸汽凝结水热回收系统的工艺特点（如开式系统、闭式系统），对系统上各装置的压力、温度进行优化控制
空调末端设备	空气处理机组 新风机组	变室温设定值控制（新风补偿控制）：根据室外温度的变化相应调整室内温度设定值，避免过大的室内外温差导致人体的不适感，同时因提高室内温度设定值带来节能效果； 等效温度（ET）舒适控制法：根据室内影响人体舒适度的温度、相对湿度、风速、辐射温度等组成的综合等效温度（ET）或PMV舒适指标对室内热环境进行调节，追求舒适与节能的最佳搭配； 全年多工况节能控制（最大限度利用新风冷源）：根据室外气象条件和空气处理机组的组合形式，将全年划分成若干个工况区域，优化空气热湿处理过程，最大限度利用室外新风冷源，避免冷热抵消现象； 最佳启停控制：根据季节、节假日时间、建筑物的蓄冷蓄热效果，合理制定出设备启动和停止运行的最佳时间； 室内空气品质控制：根据室内（或回风）的CO_2浓度、或VOC浓度控制新风量； 变风量控制：根据室内热负荷变化或送风静压要求对风机进行变频节能控制；新风机组一般不采用变风量控制； 过滤器压差监测：空调机组应配置过滤效率至少不低于G4（欧洲标准）的过滤器，以便对空调自身的换热盘管、BAS系统传感器进行保护；过滤器阻力到达上限时，BAS应提醒维护人员及时清洗或更换过滤器，节省风机运行能耗

续表

分 类	控制对象	节能控制策略及说明
空调末端设备	风机盘管	各房间配置独立的温控器和三速开关； 在风机盘管供回水管道上配置二通调节阀； 在无人值守的公共区域(如大堂、会议室)可配超声波人员探测器与风机盘管启停进行联动；或选择具有网络通讯能力的温控器，由 BAS 系统集中管理
空调末端设备	VAV 末端装置	就地设置 VAV 控制器，VAV 控制器应具备网络通讯能力，集成至 BAS 系统； 通过定静压、变静压等多种方式对 VAV 末端装置所对应的空气处理机组进行变风量调节
空调末端设备	新排风热回收装置	根据新排风焓值合理使用热回收装置，冬夏季最大限度发挥热回收效率，过渡季节调节旁通阀或转轮转速(转轮式热交换器)，最大限度利用新风冷源
照明系统	照明回路	定时开关控制：室外环境照明、公共区域照明； 人员感应控制：小型会议室、大开间办公室区域控制； 根据室外光源照度控制：广场照明、室内大开间办公室、多功能厅的减光控制； 多种模式的场景控制：多功能厅、大会议室、外立面照明等
能源管理	能耗计量	BAS 系统应对建筑物内的水、电、(蒸)汽、(煤、天然)气、油等能量进行计量监测和统计，配置相应的电表、流量计、热量计等。按年、月、日进行统计，建立数据库、曲线趋势图等
能源管理	能耗分析	BAS 系统应根据监测的原始能耗数据，对建筑物的能耗状态和运行费用进行分析、报表打印。和正常(标准)值、往年同期值相比，判断是否节能、节能效率以及改进方向等。举例如下： 1. (年、月、日)单位建筑平米的能耗指标(或运行费用)； 2. (年)供冷期间(如 150 天)每吨(m^3)冷冻水流量空调系统所花费的用电量； 3. (年)供暖期间(如 150 天)每吨(m^3)热水空调系统所花费的用电量； 4. (年、月、日)冷冻站房的总 COP 值(Total COP)； 5. (年)新风冷源的节能率，等等

4 围护结构与可再生能源的监测与控制

建筑可再生能源利用，主要指在建筑物上利用太阳能、风能、生物质能、海洋能、地热能和水能等直接或间接来自太阳的可再生能源。用于建筑的可再生能源，可以分为五个部分：

(1) 太阳能的光电利用，主要包括太阳能光伏发电系统和太阳能光伏照明系统。

(2) 通过围护结构，充分利用太阳能，同时减少太阳辐射对建筑环境的影响，实现节能，并充分利用天然光采光和自然通风。

(3) 太阳能光热利用，包括太阳能集热器供生活热水和采暖、太阳能热泵采暖和空调系统。

(4) 其他可再生能源利用，主要指农村乡镇生物质燃料和沼气技术、风能、水能、地热能等。

(5) 综合利用指，在同一建筑物上根据自然环境和周边可利用再生能源情况，进行总体设计，合理利用可再生能源，发挥节能效益。

4.1 太阳能的光电利用

(1) 太阳能光伏发电系统包括太阳能光伏电池组件阵列、逆变、并网及集中控制系统，利用半导体器件的光伏效应原理，直接实现太阳能的光电转换。通过建筑一体化设计，太阳能光伏发电系统已经成为现代节能建筑的重要组成部分。在标准日照条件（$1000W/m^2$）下，一平方米的太阳能电池板上可输出功率为130～180W，平均光电转换效率约为13%～18%；同时，建筑一体化太阳能光伏发电系统可实现分布式发电，大量减少输配电损失和投入，可形成与基地式电站互为补充的新型能源供应模式；安装了太阳能电池板的屋顶和外墙，直接降低了建筑物外围护结构的温升，从而减少了室内空调负荷。太阳能光伏发电系统的控制器是建筑设备监控系统的主要组成部分，主要用于监测整个系统的工作状态，保护蓄电池系统。在昼夜温差较大的地方，控制器应具备温度补偿功能，并实现太阳能光伏发电系统的并网发电。

（2）太阳能光伏照明系统包括太阳能光伏电池组件阵列、密封免维护蓄电池、太阳能照明控制器、节能绿色高效光源等，若要实现集中控制功能，还应包括集中控制器及控制网络。其中，太阳能光伏电源控制器采用最大功率点跟踪（MPPT）和脉宽调制（PMM）技术，以最大化地提高太阳能的转换效率和对蓄电池组的保护，实现系统的长期免维护运行。太阳能光伏照明系统主要用于路灯、园林灯等户外照明设施。

4.2 通过对围护结构的控制，充分利用太阳能、风能等可再生能源。

现代节能建筑中，一项重要节能措施是利用天然光来减少照明负荷。通过建筑设备监控系统对窗帘、外遮阳板进行调节，并对邻近天然光的照明设备进行配合控制，可以实现照明系统节能。通过光导纤维，将太阳光直接导入室内实现白天无天然光照明空间的照明，是太阳光照明技术的新产品。

通过合理开关门窗，充分利用自然通风，在过渡季节用自然通风代替空调，是建筑节能的重要举措。

在中空玻璃幕墙结构建筑的顶部设置动力烟囱，合理组织建筑物内的气流等技术措施，也已在试用中取得了成功经验。实现这些控制和调节，都是现代智能建筑的主要课题。

4.3 太阳能光热利用

（1）太阳能集热系统

太阳能集热器主要分为平板型太阳能集热器和真空管型太阳能集热器两种。

平板型太阳集热器的工作原理为：阳关透过透光盖板照射在表面涂有高太阳能吸收率涂层的吸热板上，吸热板吸收太阳辐射后温度升高，将热量传递给集热器内的工质，使工质温度升高。

真空管型太阳集热器的工作原理为：太阳能通过外玻璃管照射到内管外表面吸热体上转换为热能，然后加热内玻璃管内的传热流体，由于夹层之间被抽成真空，有效降低了向周围环境的热损失，使集热器效率提高；其产品质量与选用的玻璃材料、真空性能和选择性吸收膜有重要关系。

（2）地源热泵

1）地源热泵系统主要分为地埋管换热系统、地下水换热系统和地表水换热系统。

2）地源热泵系统由室外热源和冷源、水环管路和热泵机组、室内末端输配系统组成，有时还要在系统上附加辅助锅炉和冷却塔。

3）地源热泵系统主要采用岩土体、地下水、地表水为低温热源，以水或添加防冻剂的水溶液为传热介质，采用蒸汽压缩热泵技术进行供热、空调或加热生活热水。

4) 地源热泵系统方案设计前,应进行工程场地状况调查,并应对浅层地热能资源进行勘查,通过调查来获取水文地质资料。对于地下水换热系统应该进行水文地质实验。

5) 地源热泵系统方案系统设计前,应该根据工程勘察结果,评估系统实施的可行性和经济性。

6) 地源热泵系统施工时,严禁损坏既有地下管线和构筑物。

7) 地源热泵系统地埋管换热器安装完成后,应该在埋管区域作出标志或标明管线的定位带,并应采用2个现场的永久目标进行定位。

8) 地源热泵系统地埋管换热系统施工前应具备埋管区域的工程勘察资料、设计文件和施工图纸,并完成施工组织设计。

9) 地源热泵系统地下水换热系统应根据水文地质勘察资料进行设计。必须采取可靠回灌措施,确保已置换冷量或热量后的地下水全部回灌到统一含水层,并不得对地下水资源造成浪费及污染。系统投入运行后,应对抽水量、回灌量及其水质进行定期监测。

10) 若使用地源热泵系统地下水系统,应该保证地下水的持续储水量应满足地源热泵系统最大吸热或释热量的要求。

11) 地源热泵系统地表水换热系统设计前,应对地表水地源热泵系统运行对水环境的影响进行评估。

12) 地源热泵系统地表水换热系统设计方案应根据水面用途、地表水深度和面积、地表水水质/水位和水温情况综合确定。

13) 地表水换热盘管的换热量应满足地源热泵系统最大吸热量或释热量的需要。

14) 地源热泵系统交付使用前,应进行整体运转、调试与验收。

(3) 热泵的控制

原则上,热泵系统的控制与空调系统的控制相同,但在一些特殊工况下,例如,在进行供热/制冷切换时,热泵对控制系统提出了特殊要求,需要采取防水措施;当制冷和供热或辅助热源需要同时投入时,或当与燃气空调联合运行时,需要调节瞬时冷/热负荷,以匹配辅助热源和辅机设备的能量需求,进行除霜过程操作,并在其设计极限内实现安全切换。

4.4 可再生能源的综合利用

我国已建成许多低能耗示范建筑,部分实现了可再生能源的综合利用。

可再生能源综合利用系统通常都采用建筑能源协调控制系统,即,将整个建筑看成一个能源体系,调控组成建筑能源协调控制系统的各子系统,使之在保证性能、各功能要求和运行安全的前提下,尽量运行在高效运行特性区间内;也可将可再生能源利用系统与采暖、空调、照明控制系统进行协调控制,实现节能运行。

5 建筑能源计量与建筑能源管理系统

建筑能源计量与建筑能源管理系统主要包括:

(1) 设立必要的能耗信息采集与显示系统,即通过电表、水表、气表、热(冷)量表、室内外温湿度计,及其他传感器和变送器等现场仪表,对设备设施运行状况、运行能效等相关参数进行收集、显示、报警等,供运行人员在设备设施运行时,通过自控系统或人工实现调节控制功能及适当的维护维修措施,保证设备优化运行,保证设备设施的可维护性与可用性。根据需要也可对建筑物内不同业主用户的能耗进行计量,以便实行用户能源管理。

(2) 对采集的数据进行分析，实施建筑能耗的优化管理，合理调度使用能源，保证在不同工况下使运行的建筑设备尽可能运行在各自的高效运行工作区内，各系统之间运行参数配置合理，达到运行节能的目的，实施建筑能耗的优化管理。

(3) 严格运行管理和设备维修维护制度，保证在运设备的完好率。

(4) 通过对节能数据进行分析，发现问题，制定合理的改进措施，实现运行节能管理所要求达到的期望值(目标值)。

5.1 建筑能耗检测

(1) 建筑能耗检测内容

建筑能耗主要由建筑物围护结构造成的能耗、供热系统产生的能耗、制冷系统产生的能耗、通风系统产生的能耗、照明系统产生的能耗、电气设备产生的能耗构成。因此建筑能耗的检测内容主要是检测建筑物围护结构的保温性能、供热系统产出的能量、供热系统产出能量的效率，制冷系统产出的能量、制冷系统产出能量的效率，通风系统输出的能量、通风系统产出能量的效率，照明系统输出的能量、照明系统产出能量的效率，电气设备产出的能量、电气设备产出能量的效率。

建筑物围护指需要进行空气调节的空间的建筑物部件(如屋顶、墙体、门、窗等)，通过建筑围护与室外环境进行热量交换，或者阻止与室外环境进行热量交换。据估计，建筑中热量(或者冷量)损失的70%与建筑围护有关。建筑围护的改善可以相应地减少制热和制冷的能量消耗，使建筑设备在低负载下运行。由此可以选用低成本的制冷/制热设备，或减少设备的运行强度和运行时间，延长设备使用寿命。

供热系统、制冷系统、通风系统、照明系统、电气设备的能耗指这些系统能量消耗的总和。

供热系统产生的能量是指供热系统能为建筑物提供出的总热量；制冷系统产出的能量是指制冷系统能为建筑物提供出的总冷量；通风系统输出的能量是指风机系统所产生的总输送风能量(风机系统的输出能量)；供热系统产出能量的效率是指供热系统产出的能量与供热系统产生能耗的百分比；制冷系统产出能量的效率是指制冷系统产出的能量与制冷系统产生能耗的百分比；通风系统产出能量的效率是指通风系统产出的能耗与实际用户获得的能量的百分比；电气设备产出能量的效率是指电气设备产出的能量与消耗能量的百分比；照明系统产出能量的效率是指照明系统消耗的能量与光能量的百分比，这个效率主要取决于灯具的效率和灯具的使用效率。

(2) 计量过程与能效计算

计量的目的是为了获得各系统的能量效率，以便确定被浪费的能量，从而为节能的实施提供理论支持。计量的过程可分为以下几个步骤：

1) 确定计量的范围，只计量HVAC还是所有的耗能设备；
2) 准备一个详细而精确的计量测试方案；
3) 布设传感器以计量系统产生的能耗；
4) 布设传感器以计量系统产生的能量；
5) 布设传感器以计量能量的利用效率。

建筑能耗检测设备只是完成了对能耗设备或系统能量转换状况和效率原始数据的采

集,只有通过相应的数据处理获得能量的传输效率和能量的利用效率后,才能根据能量的效率找到有针对性的节能措施。

数据处理的目的是为了获得能量的传输效率和能量的利用效率,能量传输效率是指获得的总能量与输出总能量之比;能量利用效率是用来表示传输到房间、大厅等人类活动场所的能量是否为人充分利用。能量传输效率的计算首先通过监测设备测量的数据计算出来,若以 E_0 表示某个系统总能量输出, E 表示输送到用户处的总能量,那么能量传输效率 η_t 可表示为:

$$\eta_t = E/E_0 \times 100\%$$

由于能量利用效率的计算与人的活动密切相关,因此首先用离散的方法表示建筑物中不同区域的能量利用效率,再将其求和获得能量利用效率。由于能量的使用还与时间有关,所以能量利用效率应针对不同时间段进行统计。若能量被利用,则设利用效率为1（100%）,否则为0。若将建筑物中的区域最多分为 n 个,时间段以小时为单位,那么能量利用效率可表示为:

$\delta_{kt} \in (1, 0)$,其中 $k \in (0, n)$, $t \in (0, 23)$

$$\eta_{ut} = \left(\sum_0^n \delta_{kt}/n \right) \times 100\%, 其中 k \in (0,n), t \in (0,23)$$

无论能量管理还是节能的实现都与能效有关,能量优化管理就是为提高能效,而若对建筑智能化实施节能改造,改造的目的也是提高能效。

5.2 建筑能耗的优化管理

(1) 能耗管理原则

建筑物中的能量消耗是为人服务的,能耗管理的原则要本着"以人为本"的原则来管理,不能为节能而节能。因此能耗管理的核心是将浪费的能量节省下来,尽可能提高能效（包括能量转换效率和能量利用效率）,这也是能耗管理的最基本原则。

能量利用效率主要与管理水平有关,能量转换效率与技术因素有关。无论提高哪种效率,都会减少终端能量的使用从而达到明显的节能效果。

终端能量使用的效率是沿着能量转换链的三种效率相乘而得到的:

1) 初级能量（煤、油）转换成二次能量（电）的转换效率;

2) 输送二次能量从转换点到终端用户的传输效率;

3) 转换二次能量到能量服务终端的使用效率。

大多数人只注重前两种效率:转换（包括提取初级能量和把初级能量转换成二次能量）和传输。仅把注意力集中在前两种效率,会使人们忽略使用能量的真正目的。

把三种效率考虑在一起,对能源的最终有效使用和原始能源的分流进行比较,可以看出提高能源使用效率的最大潜能所在。因为沿着能源转换链,各转换效率是相乘的关系。虽然可以认为能源链各环节的节能同等重要,但下游的节能,即最接近能源最终使用环节的节能是最重要的。终端能量使用效率的提高,可以以最少的投资、在最短的时间内取得最大的效率。因此,为了最大限度节约原始能源和投资成本,有效的方法是从能量转换链的下游开始减少能量需求。例如,对 HVAC 系统首先应提出和解决的问题包括:满足需要的最小流量是多少?管道的阻力可以减小到多少?多大的电机可以恰好与所需的流量匹配?水泵的效率是多少?泵与系统内其他设备是否会互相影响,即是否耦合?然后从最终需求及最大变化开始,再逆向分析能源传输转换链,直至能源的源头,以达到下游能源使用效率的最大化,从而最大幅度地减少上游能源链的消耗。

(2) 能耗优化管理

进行能耗优化管理的前提需要获得建筑正常工作时的能量消耗数据,要获得这个数值,除了上文提及的检测外,还需要对能量的使用做必要的审计。审计的内容主要包括:

建筑物围护审计:测出建筑围护的能耗损失,如建筑结构、门窗等绝热程度差所引起的能耗。

功能审计:确定特殊功能所需的总能量和确认节能的潜力。功能审计包括:供热、制冷、通风、照明、电气设备等。

过程审计:确定每个处理功能所需的总能量和确认节能的潜力。包括:机械装置、制热、通风处理、空气处理和锅炉等。

根据收集信息的详细程度,能量审计可分为三种类型:预审计、具体审计和计算机模拟审计。

预审计:巡回检查每个系统,包括分析能耗量和能耗数据估算,与相同类型工业设备的能耗均值或基准值的比较。通过实际运行和维护状况的改进,形成具有节能潜力的初步列表。如果表中显示有较大的节能潜力,这些预审计的信息也可以被用于随后更详细的审计。

具体审计:通过对现场设备、系统的特性分析以及现场测试和更详细的计算,对已经量化的能耗进行损失审计。分析基于每个系统的改进效率和节省的能量。一般还包括在经济分析基础上推荐的节能方案。

计算机模拟审计:常用于复杂设备或系统。这种审计包括更详细的功能能耗和更复杂耗能方式的评估。计算机仿真软件被用于预测建筑系统的性能和当天气等其他环境变化时的统计,其目标是建立一个与实际设备能耗相一致的对比基数。审计者将改进不同系统的效率并估量其与基数相对应的效果。这种方法还考虑到系统之间的相互作用,以防止过高评估节能的效果。

通过能量审计估算出整个建筑物和系统的能量传输效率和能量利用效率。首先通过上文提到的测量仪器检测出系统产生的能耗,根据不同的能源种类进行分类,计算出各系统产生能量的效率,提出节能的可行性。

根据审计的结果确定可以节省的能量来源和数量,以人工或自动方式管理能量的使用与调度。有条件的建筑应将建筑的环境因素(温、湿度)也作为能量的一部分进行管理,从而达到最优化的节能效果。

确定了能量的转换效率后,根据获得的结果对相应的设备进行改造,以获得更优的转换效率。能量管理更多体现在提高能量利用效率上,根据能量审计获得能量利用效率后,对能量利用效率低的部门和系统,可通过减少能量供给、调整能量供给模式或改变部门或系统的运行模式来达到节能目的。

建筑能源管理系统(BEMS)在日本、德国、美国等发达国家已有成熟的软/硬件系统和成功的运行经验可供借鉴。

第13章"监测与控制系统"共分3节,20条。其中,管理性条文9条,在13.1节一般规定中;技术条款11条,其中13.2节主控项目10条,13.3节一般项目1条。

13.1 一 般 规 定

【条文】 13.1.1 本章适用于建筑节能工程监测与控制系统的施工质量验收。

【要点说明】 该条对监测与控制系统的适用范围作出规定。
　　严格地说，监测与控制系统不是一个独立的专门用于建筑节能的子分部工程，它是智能建筑的一个功能部分，包括在智能建筑的建筑设备监控(BAS)和智能建筑系统集成子分部中。仅因为建筑节能工程施工质量验收的需要，将其列为一个子分部工程。

【条文】 13.1.2 监测与控制系统施工质量的验收应执行《智能建筑工程质量验收规范》GB 50339 相关章节的规定和本规范的规定。

【要点说明】 建筑节能工程监测与控制系统的施工验收应在智能建筑的建筑设备监控系统的检测验收基础上，按《智能建筑工程质量验收规范》GB 50339 的检测验收流程进行。

【条文】 13.1.3 监测与控制系统验收的主要对象应为采暖、通风与空气调节和配电与照明所采用的监测与控制系统，能耗计量系统以及建筑能源管理系统。建筑节能工程所涉及的可再生能源利用、建筑冷热电联供系统、能源回收利用以及其他与节能有关的建筑设备监控部分的验收，应参照本章的相关规定执行。

【要点说明】 建筑节能工程涉及很多内容，因建筑类别、自然条件不同，节能重点也应有所差别。在各类建筑能耗中，采暖、通风与空气调节、供配电及照明系统是主要的建筑耗能大户；建筑节能工程应按不同设备、不同耗能用户设置检测计量系统，便于实施对建筑能耗的计量管理；故列为检测验收的重点内容。建筑能源管理系统(BEMS, building energy management system)是指用于建筑能源管理的管理策略和软件系统。建筑冷热电联供系统(BCHP, building cooling heating & power)是为建筑物提供电、冷、热的现场能源系统。

【条文】 13.1.4 监测与控制系统的施工单位应依据国家相关标准的规定，对施工图设计进行复核。当复核结果不能满足节能要求时，应向设计单位提出修改建议，由设计单位进行设计变更，并经原节能设计审查机构批准。

【要点说明】 监测与控制系统的施工图设计、控制流程和软件通常由施工单位完成，是保证施工质量的重要环节，本条规定应对原设计单位的施工图进行复核，并在此基础上进行深化设计和必要的设计变更。对建筑节能工程监测与控制系统设计施工图进行复核时，具体项目及要求可参考表 13.1.4《建筑节能工程监测与控制系统功能综合表》。

表 13.1.4　建筑节能工程监测与控制系统功能综合表

类　型	序　号	系 统 名 称	检测与控制功能	备　注
空调与通风控制系统	1	空气处理系统控制	空调箱启停控制状态显示 送回风温度检测 焓值控制 过渡季节新风温度控制新风量 最小新风量控制 过滤器报警 送风压力检测 风机故障报警 冷(热)水流量调节 加湿器控制 风门控制 风机变频调速 二氧化碳浓度、室内温湿度检测 与消防自动报警系统联动	
	2	变风量空调系统控制	总风量调节 变静压控制 定静压控制 加热系统控制 智能化变风量末端装置控制 送风温湿度控制 新风量控制	
	3	通风系统控制	风机启停控制状态显示 风机故障报警 通风设备温度控制 风机排风排烟联动 地下车库二氧化碳浓度控制 根据室内外温差中空玻璃幕墙通风控制	
	4	风机盘管系统控制	室内温度检测 冷热水量开关控制 风机启停和状态显示 风机变频调速控制	
冷/热源、空调水的监测控制	1	压缩式制冷机组控制	运行状态监视 启停程序控制与连锁 台数控制(机组群控) 机组疲劳度均衡控制	能耗计量
	2	变制冷剂流量空调系统控制		能耗计量
	3	吸收式制冷系统/冰蓄冷系统控制	运行状态监视 启停控制 制冰/融冰控制	冰库蓄冰量检测、能耗累计
	4	锅炉系统控制	台数控制 燃烧负荷控制 换热器一次侧供回水温度监视 换热器一次侧供回水流量控制 换热器二次侧供回水温度监视 换热器二次侧供回水流量控制 换热器二次侧变频泵控制 换热器二次侧供回水压力监视 换热器二次侧供回水压差旁通控制 换热站其他控制	能耗计量

续表

类型	序号	系统名称	检测与控制功能	备注
冷/热源、空调水的监测控制	5	冷冻水系统控制	供回水温差控制 供回水流量控制 冷冻水循环泵启停控制和状态显示（二次冷冻水循环泵变频调速） 冷冻水循环泵过载报警 供回水压力监视 供回水压差旁通控制	冷源负荷监视，能耗计量
	6	冷却水系统控制	冷却水进出口温度检测 冷却水泵启停控制和状态显示 冷却水泵变频调速 冷却水循环泵过载报警 冷却塔风机启停控制和状态显示 冷却塔风机变频调速 冷却塔风机故障报警 冷却塔排污控制	能耗计量
供配电系统监测	1	供配电系统监测	功率因数控制 电压、电流、功率、频率、谐波、功率因数检测 中/低压开关状态显示 变压器温度检测与报警	用电量计量
照明系统控制	1	照明系统控制	磁卡、传感器、照明的开关控制 根据亮度的照明控制 办公区照度控制 时间表控制 自然采光控制 公共照明区开关控制 局部照明控制 照明的全系统优化控制 室内场景设定控制 室外景观照明场景设定控制 路灯时间表及亮度开关控制	照明系统用电量计量
综合控制系统	1	综合控制系统	建筑能源系统的协调控制 采暖、空调与通风系统的优化监控	
建筑能源管理系统的能耗数据采集与分析	1	建筑能源管理系统的能耗数据采集与分析	管理软件功能检测	

建筑节能工程的设计是工程质量的关键，也是检测验收目标设定的依据，故作此说明。

1. 建筑节能工程设计审核要点：

A. 合理利用太阳能、风能等可再生能源。

B. 根据总能量系统原理，按能源的品位合理利用能源。

C. 选用高效、节能、环保的先进技术和设备。

D. 合理配置建筑物的耗能设施。

E. 用智能化系统实现建筑节能工程的优化监控,保证建筑节能系统在优化运行中节省能源。

F. 建立完善的建筑能源(资源)计量系统,加强建筑物的能源管理和设备维护,在保证建筑物功能和性能的前提下,通过计量和管理节约能耗。

G. 综合考虑建筑节能工程的经济效益和环保效益,优化节能工程设计。

2. 审核内容包括:

A. 与建筑节能相关的设计文件、技术文件、设计图纸和变更文件。

B. 节能设计及施工执行标准和规范要求。

C. 节能设计目标和节能方案。

D. 节能控制策略和节能工艺。

E. 节能工艺要求的系统技术参数指标及设计计算文件。

F. 节能控制流程设计和设备选型及配置。

【条文】13.1.5 施工单位应依据设计文件制定系统控制流程图和节能工程施工验收大纲。

【要点说明】 监测与控制系统的检测验收是按监测与控制回路进行的。本条要求施工单位按监测与控制回路制定控制流程图和相应的节能工程施工验收大纲,提交监理工程师批准,在检测验收过程中按施工验收大纲实施。

施工验收大纲应包括下列内容:

模拟量控制回路:控制回路名称,过程量属性(DI/AI)及检测仪表,被控量属性(AO/DO)及控制对象,设定值的确定方法,控制稳定性检测方法及合格性判定方法,控制策略说明(SAMA 图或控制逻辑图),编程说明;

顺序控制或连锁控制回路:控制回路名称,过程量属性(DI/AI)及检测仪表,被控量属性及控制对象,控制逻辑图,编程说明,检测方法及合格性判定方法;

监测与计量回路:监测与计量回路名称,监测与计量现场仪表,变送器型号、规格、被测参数估计值,检测仪表规格及型号,检测方法及合格性判定方法。

报警回路:检测对象及阈值,报警方式;

建筑能源管理系统:功能列表,检测方法及合格性判定方法;

施工验收大纲中检测方法应分试运行检测和模拟检测。

【条文】13.1.6 监测与控制系统的验收分为工程实施和系统检测两个阶段。

【要点说明】 根据13.1.2 条的规定,监测与控制系统的验收流程应与 GB 50339 一致,以免造成重复和混乱。

在智能建筑的检测验收中已经做过的内容,在建筑节能工程施工验收时,可直接引用,但验收人员应认真审查并在其复印件上签字认可。本规范规定的与节能有关的项目,必须按本规范规定执行。

【条文】13.1.7 工程实施由施工单位和监理单位随工程实施过程进行,分别对施工质量管理文件、设计符合性、产品质量、安装质量进行检查,及时对隐蔽工程和相关接口进行检查,同时,应有详细的文字和图像资料,并对监测与控制系统进行不少于168h的不间断试运行。

【要点说明】 工程实施工程过程检查将直接采用智能建筑子分部工程中"建筑设备监控系统"的检测结果。

【条文】13.1.8 系统检测内容应包括对工程实施文件和系统自检文件的复核,对监测与控制系统的安装质量、系统节能监控功能、能源计量及建筑能源管理等进行检查和检测。系统检测内容分为主控项目和一般项目,系统检测结果是监测与控制系统的验收依据。

【要点说明】 GB 50339规定,智能建筑系统验收分为工程实施(系统自检)和系统检测。
  这两条列出了系统检查和系统检测中,针对建筑节能工程应重点检测验收的内容。
  节能检测主要是进行功能检测,系统性能检测在智能建筑检测验收中是主控项目,在本规范中列入一般项目。
  本条修改了 GB 50339 规定的一个完整供冷和采暖季不少于3个月的试运行规定,而改为168小时不间断试运行。

【条文】13.1.9 对不具备试运行条件的项目,应在审核调试记录的基础上进行模拟检测,以检测监测与控制系统的节能监控功能。

【要点说明】 因为空调、采暖为季节性运行设备,有时在工程验收阶段无法进行不间断试运行,只有通过模拟检测对其功能和性能进行测试。具体测试应按施工单位提交的施工验收大纲进行。
  模拟检测分为两种:
  有些计算机控制系统自带用于调试和检测的仿真模拟程序,将该程序与被检测系统对接,并人为设置试验项目,即可完成系统的模拟测试。
  人工输入相关参数或事件,观察记录系统运行情况,进行模拟测试。本教材对这类测试做了详细的描述。

13.2 主 控 项 目

【条文】13.2.1 监测与控制系统采用的设备、材料及附属产品进场时,应按照设计要求对其品种、规格、型号、外观和性能等进行检查验收,并应经监理工程师(建设单位代表)检查认可,且应形成相应的质量记录。各种设备、材料和产品附带的质量证明文件和相关技术资料应齐全,并应符合国家现行有关标准和规定。

检验方法：进行外观检查；对照设计要求核查质量证明文件和相关技术资料。
检查数量：全数检查。

【要点说明】 设备材料的进场检查应执行 GB 50339 和本规范 3.2 节的有关规定。建筑上用的监测控制系统，不做复检。

设备和材料等均应具有产品合格证，各设备和装置应有清晰的永久铭牌，安装使用说明书等文件应齐全。

【条文】13.2.2 监测与控制系统安装质量应符合以下规定：
1 传感器的安装质量应符合《自动化仪表工程施工及验收规范》GB 50093 的有关规定；
2 阀门型号和参数应符合设计要求，其安装位置、阀前后直管段长度、流体方向等应符合产品安装要求；
3 压力和差压仪表的取压点、仪表配套的阀门安装应符合产品要求；
4 流量仪表的型号和参数、仪表前后的直管段长度等应符合产品要求；
5 温度传感器的安装位置、插入深度应符合产品要求；
6 变频器安装位置、电源回路敷设、控制回路敷设应符合设计要求；
7 智能化变风量末端装置的温度设定器安装位置应符合产品要求；
8 涉及节能控制的关键传感器应预留检测孔或检测位置，管道保温时应做明显标注。
检验方法：对照图纸或产品说明书目测和尺量检查。
检查数量：每种仪表按 20％抽检，不足 10 台全部检查。

【要点说明】 监测与控制系统的现场仪表安装质量对监测与控制系统的功能发挥和系统节能运行影响较大，本条要求对现场仪表的安装质量进行重点检查。

【检查与验收】
一、检查
1. 检查方法
通过观察和尺量进行现场仪表的安装质量检查。核对相关设计技术文件复核仪表选型。
2. 检查内容
1）电动调节阀的口径应有设计计算说明书。电动调节阀应选用等百分比特性的阀门。阀门控制精度应优于 1％，调节阀的阻力应为系统总阻力的 10％到 30％。系统断电时阀门位置应保持不变，应具备手动功能，其自动/手动状态应能被计算机测出并显示；在安装自动调节阀的回路上不允许同时安装自力式调节阀。安装位置正确，阀前阀后直管段长度应符合设计要求。
2）压力和差压仪表的取压点应符合设计要求，压力传感器应通过带有缓冲功能的环行管针阀与被测管道连接，差压仪表应带三阀组；同一楼层内的所有压力仪表应安装在同一高度上。

3）流量仪表的准确度应优于满量程的1%，量程选择应与该管段最大流量一致；必须满足流量传感器产品要求的安装直管段长度。涡街流量计的选用口径应小于其安装管道的口径。热量表的最大使用温度应高于实际出现的最高热水温度，且其累计值应大于被测管路在一个供暖季的总累计值。保证安装直管段要求，并正确安装测温装置。

4）温度传感器的安装位置、插入深度应符合设计要求，管道上安装的温度传感器应保证冷桥现象导致的温差小于0.05摄氏度，当热电偶直接与计算机监控系统的温度输入模块连接时，其配置的补偿导线应与所用传感器的分度号保持一致，且必须采用铜导线连接，并单独穿管。测量空调系统的温度传感器的安装位置必须严格按设计施工图执行。

5）变频器在其最大频率下的输出功率应大于此转速下水泵的最大功率，转速反馈信号可被监控系统测知并显示，现场可手动调速或与市电切换。

3．检查数量：每种仪表按20%抽检，不足10台全部检查。

二、验收

1．验收条件：复查智能建筑工程质量验收中的工程实施检验记录，并按检查数量要求进行抽查。

2．验收结论：符合本地规范要求的为合格；被检项目的合格率应为100%。

【条文】13.2.3 对经过试运行的项目，其系统的投入情况、监控功能、故障报警连锁控制及数据采集等功能，应符合设计要求。

检验方法：调用节能监控系统的历史数据、控制流程图和试运行记录，对数据进行分析。

检查数量：检查全部进行过试运行的系统。

【要点说明】 在试运行中，对各监控回路分别进行自动控制投入、自动控制稳定性、监测控制各项功能、系统连锁和各种故障报警试验，调出计算机内的全部试运行历史数据，通过查阅现场试运行记录和对试运行历史数据进行分析，确定监控系统是否符合设计要求。

【检查与验收】

一、检查

1．检查方法与内容：

1）关于168小时不间断试运行的要求：

必须完成168小时不间断试运行，因各种原因导致试运行间断时，必须在故障排除后重新进行，直到完成为止；

2）在试运行期间，模拟量控制必须自始至终能投入自动并正常自动运行；

3）建议在试运行期间进行不少于3次的控制稳定性试验，通过人为在输入端输入不少于设定值105%的扰动，检查系统是否在检测验收大纲规定的时间内稳定下来；

4）检查从全部控制回路投入到全系统稳定运行所用的时间是否在检测验收大纲规定的时间间隔范围内；

5）进行不少于3次试验，检查连锁控制功能；

6) 在现场用标准仪表检测运行参数并与计算机控制系统显示值比较，判断是否符合设计要求；

7) 人为设置故障，检查报警功能；

8) 启停实验：检查的依据为系统的历史数据。

2. 检查数量

试运行项目所包含的全部监测与控制回路全部检查。

二、验收

1. 验收条件：检查的依据为施工单位提交的检测验收大纲和试运行中系统的历史数据。通过对数据的分析，判断是否符合设计要求。

2. 验收结论：全部试运行项目完成，被检测项目符合设计要求为合格，被检测项目的合格率应为100%。

【条文】 13.2.4 冷/热源、空调水系统的监测控制系统应成功运行，控制及故障报警功能应符合设计要求。

检验方法：在中央工作站使用检测系统软件，或采用在直接数字控制器或冷/热源系统自带控制器上改变参数设定值和输入参数值，检测控制系统的投入情况及控制功能；在工作站或现场模拟故障，检测故障监视、记录和报警功能。

检查数量：全部检测。

【要点说明】 验收时，冷/热源、空调水系统因季节原因无法进行不间断试运行时，按此条规定执行。黑盒法是一种系统检测方法，这种测试方法不涉及内部过程，只要求规定的输入得到预定的输出。

也可用系统自带模拟仿真程序进行模拟检测。

【检查与验收】

一、检查

1. 检查方法

1) 通过工作站或现场控制器改变参数设定，检测热源和热交换系统的自动控制功能、预定时间功能等；

2) 在工作站设置或现场模拟故障进行故障监视、记录与报警功能检测；

3) 核实热源和热交换系统能耗计量与统计资料；

4) 通过工作站或现场控制器改变参数设定，检测制冷机、冷冻和冷却水系统的自动控制功能，预定时间功能等；

5) 在工作站设置或现场模拟故障，进行故障监视、记录与报警功能检测；

6) 核实冷冻和冷却水系统能耗计量与统计资料。

2. 检查内容

1) 热源系统

- 热源系统各类参数；
- 热源系统燃烧系统自动调节；

- 锅炉、水泵等设备顺序启/停控制；
- 锅炉房可燃气体、有害物质浓度检测报警；
- 烟道温度超限报警和蒸汽压力超限报警；
- 设备故障报警和安全保护功能；
- 燃料消耗量统计记录。

2) 热交换系统
- 系统各类监控参数；
- 系统负荷自动调节功能；
- 系统设备顺序启/停控制功能；
- 管网超压报警、循环泵故障报警和安全保护功能；
- 能量消耗统计记录。

3) 冷冻水系统
- 各类监控参数；
- 冷冻水系统设备启/停控制，顺序控制，设备联动控制功能；
- 冷冻水旁通阀压差控制；
- 冷冻水泵过载报警。

4) 冷却水系统
- 系统监控参数；
- 冷却水系统设备启/停控制、顺序控制、设备联动控制功能；
- 冷却塔风机台数或冷却塔风机速度控制；
- 冷却水泵、冷却塔风机过载报警。

5) 制冷机组检测
- 各类监控参数；
- 制冷机启/停控制、顺序控制、设备联动控制功能。

二、验收

1. 验收条件：符合国家标准《智能建筑工程质量验收规范》GB 50339—2003 第 6.3.9 条和第 6.3.10 条的规定。满足设计要求为合格。

2. 验收结论：合格率应为 100%。

【条文】13.2.5 通风与空调的监测控制系统的控制功能及故障报警功能应符合设计要求。

检验方法：在中央工作站使用检测系统软件，或采用在直接数字控制器或通风与空调系统自带控制器上改变参数设定值和输入参数值，检测控制系统的投入情况及控制功能；在中央工作站或现场模拟故障，检测故障监视、记录和报警功能。

检查数量：按总数的 20% 抽样检测，不足 5 台全部检测。

【要点说明】 本条为强制性条文。验收时，通风与空调系统因季节原因无法进行不间断试运行时，按此条规定执行。

也可用系统自带模拟仿真程序进行模拟检测。

【检查与验收】
一、检查
1. 检查方法
1）在中央工作站或现场控制器(DDC)检查温度、相对湿度测量值，核对其数据是否正确。用便携式或其他类型的温湿度仪器测量值、相对湿度值进行比对；检查风压开关、防冻开关工作状态；检查风机及相应冷/热水调节阀工作状态；检查风阀开关状态。

2）在中央工作站或现场控制器(DDC)改变温度设定值，记录温度控制过程，检查控制效果、系统稳定性，同时检查系统运行历史记录。

3）在中央工作站或现场控制器(DDC)该表相对湿度设定值，进行相对湿度调节，观察运行工况的稳定性、系统响应时间和控制效果，同时检查系统运行历史记录。

4）在中央工作站变预定时间表设定，检测空调系统自动启/停功能。

5）变风量空调系统送风量控制（静压法、压差法、总风量法）检测，改变设定值，使之大于或小于测量值，变频风机转速应随之升高或降低，测量值应逐步趋于设定值。

6）新风量控制检测，通过改变新风量（或风速、空气质量）设定值，与新风量（或风速、空气质量）测量值比较，进行新风量调节。

7）启动/关闭新风空调系统，定风量空调系统、变风量空调系统，检查各设备的连锁功能。

8）防冻保护功能检测可采用改变防冻开关动作设定值的方法，模拟进行。

9）人为设置故障，在中央工作站检测系统故障报警功能，包括过滤器压差开关报警、风机故障报警、送风温度传感器故障报警及处理。

2. 检查内容
1）新风系统
- 送风温度控制；
- 送风相对湿度控制；
- 预定时间表自动启/停功能；
- 防冻保护功能；
- 电气连锁控制；
- 报警功能等。

2）定风量空调系统
- 回风温度（室内温度）控制；
- 回风相对湿度（房间相对湿度）控制；
- 预定时间表自动启停功能；
- 新风阀、排风阀、回风阀比例控制功能；
- 电气连锁控制；
- 防冻保护功能；
- 报警功能等。

3）变风量空调系统
- 送风温度控制；

- 回风相对湿度控制；
- 送风量控制(包括静压法、压差法、总风量法等)；
- 回风量控制；
- 新风量控制；
- 室内(或使用区域)温度控制；
- 预定时间表自动启/停功能；
- 连锁控制功能；
- 防冻保护功能；
- 报警功能等。

二、验收

1. 验收条件：符合国家标准《智能建筑工程质量验收规范》GB 50339—2003 第 6.3.5 条的规定。满足设计要求为合格。

2. 验收结论：合格率应为 100%。

【条文】13.2.6 监测与计量装置的检测计量数据应准确，并符合系统对测量准确度要求。

检验方法：用标准仪器仪表在现场实测数据，将此数据分别与直接数字控制器和中央工作站显示数据进行对比。

检查数量：按 20% 抽样检测，不足 10 台全部检测。

【要点说明】 本条主要适用于监测与控制系统联网的监测与计量仪表的检测。

【条文】13.2.7 供配电的监测与数据采集系统应符合设计要求。

检验方法：试运行时，监测供配电系统的运行工况，在中央工作站检查运行数据和报警功能。

检查数量：全部检测。

【要点说明】 当供配电系统与监测与控制系统联网时，应满足本条所提出的功能要求。

主要检测用电量监测计量系统及各种用电参数、谐波情况；功率因数改善控制，自备电源负荷分配控制，变压器台数控制。

【检查与验收】

一、检查

1. 检查方法

1) 利用中央工作站读取数据与现场使用仪器仪表测量的数据进行比较。

2) 将中央工作站所显示的设备工作状态、报警状态与现场实际情况比较。

2. 检查内容

1) 变配电设备各高低压开关运行状况及故障报警。

2) 电源进线及主供电回路电流、电压、功率因数测量、电能计量等。
3) 电力变压器温度测量及超温报警。
4) 应急发电机组供电电流、电压及频率及储油罐液位监视。
5) 不间断电源、蓄电池组、充电设备工作及切换状态检测。

二、验收

1. 验收条件：变配电监测系统检测应执行《智能建筑工程质量验收规范》GB 50339—2003 第 6.3.6 条的规定。
2. 验收结论：合格率应为 100%。

【条文】 13.2.8 照明自动控制系统的功能应符合设计要求，当设计无要求时应实现下列控制功能：

1 大型公共建筑的公用照明区应采用集中控制并应按照建筑使用条件和天然采光状况采取分区、分组控制措施，并按需要采取调光或降低照度的控制措施；

2 旅馆的每间(套)客房应设置节能控制型开关；

3 居住建筑有天然采光的楼梯间、走道的一般照明，应采用节能自熄开关；

4 房间或场所设有两列或多列灯具时，应按下列方式控制：

1) 所控灯列与侧窗平行；
2) 电教室、会议室、多功能厅、报告厅等场所，按靠近或远离讲台分组。

检验方法：

1 现场操作检查控制方式；

2 依据施工图，按回路分组，在中央工作站上进行被检回路的开关控制，观察相应回路的动作情况；

3 在中央工作站改变时间表控制程序的设定，观察相应回路的动作情况；

4 在中央工作站采用改变光照度设定值、室内人员分布等方式，观察相应回路的控制情况；

5 在中央工作站改变场景控制方式，观察相应的控制情况。

检查数量：现场操作检查为全数检查，在中央工作站上检查按照明控制箱总数的 5% 检测，不足 5 台全部检测。

【要点说明】 照明控制是建筑节能的主要环节，照明控制应满足本条所规定的各项功能要求。

主要检测照明系统定时开关控制、工作人员感应控制、根据室外自然光照度进行的减光控制和多种模式的场景控制等功能。

当系统使用独立的照明控制系统时，参考本章 13.2.5 节的做法进行检测。

【检查与验收】

一、检查

1. 检查方法

1) 依据施工图设计文件，按照明回路分组，在中央工作站上设定回路的开与关，观察相应照明回路动作情况。

  2) 启动时间表,改变时间控制程序,观察相应照明回路动作情况。

  3) 对采用光照度、红外线探测等方式开/关时,观察相应照明回路动作情况。

 2. 检查内容

  1) 照明设施及回路按分区与时间开、关控制功能。

  2) 照明设施或回路按室外照度、室内有人与否进行开、关或照度控制功能。

  3) 中央工作站对照明设施或回路的运行状态监视、用电量及用电费用统计等管理功能。

  4) 当市电停电或有突发事件发生时,相应照明回路的联动配合功能。

  5) 检查公共照明手动开关功能。

 二、验收

 1. 验收条件:照明控制应满足设计要求。

 2. 验收结论:合格率应为 100%。

【条文】 13.2.9 综合控制系统应对以下项目进行功能检测,检测结果应满足设计要求:

1 建筑能源系统的协调控制;

2 采暖、通风与空调系统的优化监控。

 检验方法:采用人为输入数据的方法进行模拟测试,按不同的运行工况检测协调控制和优化监控功能。

 检查数量:全部检测。

【要点说明】 综合控制系统的功能包括建筑能源系统的协调控制,及采暖、通风与空调系统的优化监控。

 建筑能源系统的协调控制是指将整个建筑物看成一个能源系统,综合考虑建筑物中的所有耗能设备和系统,包括建筑物内的人员,以建筑物中的环境要求为目标,实现所有建筑设备的协调控制,使所有设备和系统在不同的运行工况下尽可能高效运行,实现节能的目标。因涉及建筑物内的多种系统之间的协调动作,故称之为协调控制。

 采暖、通风与空调系统的优化监控是根据建筑环境的需求,合理控制系统中的各种设备,使其尽可能运行在设备的高效率区内,实现节能运行。如时间表控制、一次泵变流量控制等控制策略。

 人为输入的数据可以是通过仿真模拟系统产生的数据,也可以是同类建筑运行的历史数据。模拟测试应由施工单位或系统供货厂商提出方案并执行测试。

【条文】 13.2.10 建筑能源管理系统的能耗数据采集与分析功能,设备管理和运行管理功能,优化能源调度功能,数据集成功能应符合设计要求。

 检验方法:对管理软件进行功能检测。

 检查数量:全部检查。

【要点说明】 监测与控制系统应设置建筑能源管理系统,以保证建筑设备通过优化运行、维护、管理实现节能。建筑能源管理系按时间(月或年),根据检测、计量和计算的数据,做出统计分析,绘制成图表;或按建筑物内各分区或用户,或按建筑节能工程的不同系统,绘制能流图;用于指导管理者实现建筑的节能运行。

13.3 一 般 项 目

【条文】13.3.1 检测监测与控制系统的可靠性、实时性、可维护性等系统性能,主要包括下列内容:
 1 控制设备的有效性,执行器动作应与控制系统的指令一致,控制系统性能稳定符合设计要求;
 2 控制系统的采样速度、操作响应时间、报警信号响应速度应符合设计要求;
 3 冗余设备的故障检测正确性及其切换时间和切换功能应符合设计要求;
 4 应用软件的在线编程(组态)、参数修改、下载功能、设备及网络通信故障自检测功能应符合设计要求;
 5 控制器的数据存储能力和所占存储容量应符合设计要求;
 6 故障检测与诊断系统的报警和显示功能应符合设计要求;
 7 设备启动和停止功能及状态显示应正确;
 8 被控设备的顺序控制和连锁功能应可靠;
 9 应具备自动/远动/现场控制模式下的命令冲突检测功能;
 10 人机界面及可视化检查。

检验方法:分别在中央工作站、现场控制器和现场利用参数设定、程序下载、故障设定、数据修改和事件设定等方法,通过与设定的显示要求对照,进行上述系统的性能检测。

检查数量:全部检测。

【要点说明】 本条所列系统性能检测是实现节能的重要保证。这部分检测内容一般已在建筑设备监控系统的验收中完成,进行建筑节能工程检测验收时,以复核已有的检测结果为主,故列为一般项目。

这部分主要是对系统进行系统性能检测。

第14章 建筑节能工程现场实体检验

【概述】 本规范第14章是建筑节能工程验收前的最后一章共11条，内容正如其名称所说，专门叙述建筑节能工程现场实体检验的要求。由于不同专业的实体检验方法和要求差异较大，故本章分为2节分别叙述。

第一节"围护结构现场实体检验"，规定节能工程验收前必须进行2项实体检验。一项是"外墙节能构造"实体检验，另一项是严寒、寒冷和夏热冬冷地区"外窗气密性"实体检测。借以验证保温层厚度、墙体节能构造做法以及外窗气密性等是否符合设计要求。本章详细给出了抽样方式、检验数量、检验方法、见证要求、检测单位资质和注意事项等多项规定。并给出了当出现不符合要求的情况时应如何处理。此外，也给出了必要时可以直接检测墙体的传热系数等规定。为了与外墙节能构造实体检验相配套，在本规范附录C中进一步给出了钻芯检验外墙节能构造的方法要求。

14.1 围护结构现场实体检验

【条文】 14.1.1 建筑围护结构施工完成后，应对围护结构的外墙节能构造和严寒、寒冷、夏热冬冷地区的外窗气密性进行现场实体检测。当条件具备时，也可直接对围护结构的传热系数进行检测。

【要点说明】 本条规定了建筑围护结构在施工完成后应进行现场实体检测，并具体规定了实体检验的项目。

对已完工的工程进行实体检验，是验证工程质量的有效手段之一。通常只对涉及安全或重要功能的部位采取这种方法验证。围护结构对于建筑节能意义重大，虽然在施工过程中采取了多种质量控制手段，进行了分层次的验收，但是其节能效果到底如何仍难确认。此时采取某种简便合理的方法对已完工程的节能效果抽取少量试样进行验证，就成为一种必要而且行之有效的手段。国家标准《混凝土结构工程施工质量验收规范》GB 50204—2002就采取了同条件养护试件的方法对重要混凝土结构进行实体检验，取得了良好效果。

对围护结构进行实体检验最直接的方法就是进行墙体的传热系数检测，但是由于检测技术的限制，检测条件、检测费用和检测周期均受到一定制约，不宜广泛采用。经过多次征求意见、进行研究并在部分工程上试验，决定采取更为简便的方法，即对围护结构的外墙和建筑外窗进行现场实体检验。据此本条规定了建筑围护结构现场实体检验项目为外墙节能构造做法验证和建筑外窗气密性检验。

具体规定是：建筑围护结构施工完成后，在节能分部工程验收前，应对围护结构的外墙节能构造进行钻芯法检验。对于严寒、寒冷、夏热冬冷地区的外窗，进行现场已完成安装的实体外窗的气密性检测。此外，规定当某些条件具备时，也可直接对围护结构的传热系数进行检测。这里所说的"某些条件",是指检测条件,包括检测的环境条件(主要指室内外温差)、检测周期条件(验收时间上允许)、检测方法、费用条件(各方取得一致意见)等。这时可以直接对围护结构的传热系数进行检测。

【条文】14.1.2 外墙节能构造的现场实体检验方法见本规范附录C。其检验目的是:
1 验证墙体保温材料的种类是否符合设计要求;
2 验证保温层厚度是否符合设计要求;
3 检查保温层构造做法是否符合设计和施工方案要求。

【要点说明】 本条规定了对外墙节能构造(做法)现场实体检验的目的和方法。该项检验的详细要求,在附录C中规定。

本条明确提出外墙节能构造现场实体检验的目的,其作用是:检验工作应该围绕这些目的进行,检验单位出具的报告应该按照检验目的给出相应的检验结果。

本条提出的检验目的有3个:
1 验证保温材料的种类是否符合设计要求;
2 验证保温层厚度是否符合设计要求;
3 检查保温层构造做法是否符合设计和施工方案要求。

为达到上述目的,可采用下列方法:
1 验证保温材料的种类是否符合设计要求,可采用对所钻取芯样观察的方法。仔细观察芯样中保温材料的外观,判断材质类型是否符合设计要求。当难以判断或有疑问时,可以进一步采取物理或化学等方法辅助判断。
2 验证保温层厚度是否符合设计要求,采用钢尺直接从芯样上量取,精确到1mm。
3 检查保温层构造做法是否符合设计和施工方案要求,对照设计和施工方案观察芯样进行判断。如果加强网、界面处理剂等层的做法难以确认时,可采用放大镜观察或剖开检查。

围护结构的外墙节能构造现场实体检验的方法可采取本规范附录C规定的方法。

【条文】14.1.3 严寒、寒冷、夏热冬冷地区的外窗现场实体检测应按照国家现行有关标准的规定执行。其检验目的是验证建筑外窗气密性是否符合节能设计要求和国家有关标准的规定。

【要点说明】 本条规定了对外窗气密性现场实体检验的目的和方法。该项检验的详细要求,可依据相关标准进行。

本条明确提出外窗气密性实体检验的目的,其作用是:检验工作应该围绕这一目的进行,检验单位出具的报告应该按照检验目的给出相应的检验结果。

本条提出的检验目的是:抽样验证建筑外窗气密性是否符合节能设计要求和国家有关标准的规定。

外窗气密性的实体检验,是指对已经完成安装的外窗在其使用位置进行的测试。这项检验实际上是在外窗质量已经进场验收合格的基础上,检验外窗的安装(含组装)质量以及外窗产品质量是否真的合格。这种检验能够有效发现和防止"送检窗合格、工程用窗不合格"的"挂羊头、卖狗肉"不法行为。当外窗气密性出现不合格时,应当分析原因,进行返工修理,直至达到合格水平。

【条文】14.1.4 外墙节能构造和外窗气密性的现场实体检验,其抽样数量可以在合同中约定,但合同中约定的抽样数量不应低于本规范的要求。当无合同约定时应按照下列规定抽样:
　　1 每个单位工程的外墙至少抽查3处,每处一个检查点。当一个单位工程外墙有2种以上节能保温做法时,每种节能做法的外墙应抽查不少于3处;
　　2 每个单位工程的外窗至少抽查3樘。当一个单位工程外窗有2种以上品种、类型和开启方式时,每种品种、类型和开启方式的外窗均应抽查不少于3樘。

【要点说明】 本条规定了现场实体检验的抽样数量。给出了2种确定抽样数量的方法:一种是可以在合同中约定,另一种是本规范规定的最低数量。最低数量是一个单位工程每项实体检验最少抽查3个试件(3个点、3樘窗等)。实际上,这样少的抽样数量不足以进行质量评定或工程验收,因此这种实体检验只是一种验证。它建立在过程控制的基础上,以极少的抽样来对工程质量进行验证。这对造假者能够构成威慑,对合格质量则毫无影响。由于抽样少,经济负担也相对较轻。
　　外墙抽样为一个单位工程至少抽查3处。当有2种以上节能保温做法时,每种做法至少抽查3处。外窗抽样为一个单位工程至少抽查3樘。当有2种以上外窗时,每种外窗至少抽查3樘。
　　外窗不同品种指窗框的主要制作材料不同,如金属窗、塑料窗、木窗等。外窗不同类型指窗的构造不同,如单层窗、双层窗、采用中空玻璃或普通玻璃的窗等。窗的开启方式指平开窗、推拉窗、立转窗、上悬窗、中悬窗等。

【条文】14.1.5 外墙节能构造的现场实体检验应在监理(建设)人员见证下实施,可委托有资质的检测机构实施,也可由施工单位实施。

【要点说明】 本条规定了承担围护结构现场实体检验任务的实施单位和见证单位。主要出发点是既要保证检测地公正性与可靠性,又要尽可能降低检验成本。
　　考虑到围护结构的现场实体检验是采用钻芯法验证其节能保温构造做法,操作简单,不需要使用试验仪器和复杂设备,而且复现性较好,为了方便施工,故规定现场实体检验除了可以委托有资质的检测单位承担外,也可由施工单位自行实施。但是不应由项目部而应由其上级即施工单位实施。实施过程均须见证,以保证检验的公正性。这对造假者能够构成威慑,对合格质量则毫无影响。由于抽样少,经济负担也相对较轻。
　　见证人应认真履行职责。不仅应在检测过程中全程到场见证,而且应填写见证记录,归档保存。检测人员应严格按照附录C的规定执行。当由施工单位进行钻芯检测时,应按照附录C的要求进行检验,并应按照附录C所要求的格式出具检验报告,加盖施工单位印章。

【条文】 14.1.6 外窗气密性的现场实体检测应在监理(建设)人员见证下抽样,委托有资质的检测机构实施。

【要点说明】 与外墙节能构造的现场实体检验不同,本条规定承担外窗气密性现场实体检验任务的单位应该是有资质的检测机构。这是考虑到外窗气密性检验操作较复杂,需要使用整套试验仪器,结果分析也需要一定的技术知识,所有这些施工单位难以完成,故规定应委托有资质的检测单位承担。检测过程同样应进行见证,以保证结论的公正性。

在施工现场检测外窗气密性,其原理与试验室检测相同,采用的分级指标、试验标准也相同。所不同的仅仅是现场条件的差别。实践证明,窗洞的密封对试验结果有重要影响。现场试验过程中,检测单位应严格按照相关标准的要求操作,保证试验结果的复现性。

【条文】 14.1.7 当对围护结构的传热系数进行检测时,应由建设单位委托具备检测资质的检测机构承担;其检测方法、抽样数量、检测部位和合格判定标准等可在合同中约定。

【要点说明】 本规范规定的墙体和外窗的现场实体检验,是每个工程节能验收前应当进行的一项验证。方法相对简单,实施比较方便。但是在有些情况下,可能需要直接对围护结构的传热系数进行测试。例如:
1 现场实体检验出现不符合要求的情况;
2 有证据显示节能工程质量可能存在某些严重问题;
3 出于某种原因需要直接得到围护结构的传热系数。

此时为了得出更为真实可靠的结论,当具备检测条件时,可以直接对围护结构的传热系数进行检测。对传热系数进行检测,应由建设单位委托具备检测资质的检测机构承担。考虑到检测技术的现状和各种情况的复杂性,本规范未统一规定检测方法和抽样数量。其检测方法、抽样数量、检测部位和合格判定标准以及是否需要见证等可在合同中约定或由各方协商决定。

目前检测围护结构的传热系数主要有2类方法,即所谓"热流计法"和"热箱法",以及由这2类方法派生、改进而成的许多方法。由于建筑围护结构由保温墙体、外窗以及墙体内各种构配件等组成,面积大而不均匀,加之外墙内侧的房间大小用途各不相同,故综合评价外墙传热系数是一件很困难的事。目前直接检测传热系数主要是针对局部墙体进行,测得的传热系数实际上是被测部位的"局部传热系数"。在这样的情况下,由当事各方共同确定检测方法、抽样数量、检测部位和合格判定标准等似乎更为合理。

【条文】 14.1.8 当外墙节能构造或外窗气密性现场实体检验出现不符合设计要求和标准规定的情况时,应委托有资质的检测机构扩大一倍数量抽样,对不符合要求的项目或参数再次检验。仍然不符合要求时应给出"不符合设计要求"的结论。

对于不符合设计要求的围护结构节能构造应查找原因,对因此造成的对建筑节能的影响程度进行计算或评估,采取技术措施予以弥补或消除后重新进行检测,合格后方可通过验收。

对于建筑外窗气密性不符合设计要求和国家现行标准规定的,应查找原因进行修理,使其达到要求后重新进行检测,合格后方可通过验收。

【要点说明】 当现场实体检验出现不符合要求的情况时,显示节能工程质量可能存在问题。此时为了得出更为真实可靠的结论,考虑到实体检验的抽样数量太少,可能缺乏代表性,故不宜立即下结论,而应委托有资质的检测单位再次检验。且为了增加抽样的代表性,应扩大一倍数量再次抽样。再次检验只需要对不符合要求的项目或参数检验,不必对已经符合要求的参数再次检验。如果再次检验仍然不符合要求时,则应给出"不符合要求"的结论。

考虑到建筑工程的特点,对于不符合要求的项目难以立即拆除返工,通常的做法是首先查找原因,对所造成的影响范围和影响程度进行计算或评估,然后采取某些可行的技术措施予以弥补、修理或消除,这些措施通常需要征得节能设计单位和建设、监理单位的同意。注意消除隐患后必须重新进行检测,合格后方可通过验收。

统一标准规定了当工程质量出现不符合要求的情况时应采取的处理措施。这些处理措施对建筑节能工程同样适用。如果最终处理后留下永久性缺陷,应按照国际惯例实行让步接受。

14.2 系统节能性能检测

【条文】14.2.1 采暖、通风与空调、配电与照明工程安装完成后,应进行系统节能性能的检测,且应由建设单位委托具有相应检测资质的检测机构检测并出具报告。受季节影响未进行的节能性能检测项目,应在保修期内补做。

【要点说明】 本条所规定的内容与本规范第11.2.10条规定的内容有本质上的区别。同样是检测,检测对象是一样的,但涵义不同。前者是施工过程检测,目的是检验施工安装完成后,与设计要求的结果是否一致;后者是在前者完成的基础上,主要是对系统的节能性能进行检测,检测系统是不是节能的,而不是系统调试。检测,必须由专业检测机构完成。所以,本条规定采暖、通风与空调及冷热源、配电与照明系统完成后,由建设单位委托具有相应资质的第三方检测单位进行,而不是施工方。同时还要求,受季节影响未进行的节能性能检测项目,应在保修期内补做。

本条与第14.1节一样,都突出了本规范的中心思想,是本规范的核心所在,也是贯彻落实国家节能政策的充分体现和有力保证。从建设节约型社会的目的出发,把采暖、通风与空调、配电与照明工程,分别像散热器、风机盘管、保温(绝热)材料必须进行性能见证取样送检复验一样,由专业检测机构对其进行系统节能性能检测,看其是否真正达到设计和有关节能标准的要求,是一个非常重要的环节。贯彻落实本条内容,是确保设备安装工程节能运行的最有力保证,因此必须执行。

【条文】14.2.2 采暖、通风与空调、配电与照明系统节能性能检测的主要项目及要求见表14.2.2,其检测方法应按国家现行有关标准规定执行。

【要点说明】 表14.2.2中序号为1~8的检测项目,也是本规范第9~11章中强制性条文规定的在室内空调与采暖系统及其冷热源和管网工程竣工验收时所必须进行的试运转及调试内容。为了保证工程的节能效果,对于表14.2.2中所规定的某个检测项目如果在

表14.2.2 系统节能性能检测主要项目及要求

序号	检测项目	抽样数量	允许偏差或规定值
1	室内温度	居住建筑每户抽测卧室或起居室1间，其他建筑按房间总数抽测10%	冬季不得低于设计计算温度2℃，且不应高于1℃；夏季不得高于设计计算温度2℃，且不应低于1℃
2	供热系统室外管网的水力平衡度	每个热源与换热站均不少于1个独立的供热系统	0.9~1.2
3	供热系统的补水率	每个热源与换热站均不少于1个独立的供热系统	0.5%~1%
4	室外管网的热输送效率	每个热源与换热站均不少于1个独立的供热系统	≥0.92
5	各风口的风量	按风管系统数量抽查10%，且不得小于1个系统	≤15%
6	通风与空调系统的总风量	按风管系统数量抽查10%，且不得小于1个系统	≤10%
7	空调机组的水流量	按系统数量抽查10%，且不得小于1个系统	≤20%
8	空调系统冷热水、冷却水总流量	全数	≤10%
9	平均照度与照明功率密度	按同一功能区不少于2处	≤10%

工程竣工验收时可能会因受某种条件的限制（如采暖工程不在采暖期竣工或竣工时热源和室外管网工程还没有安装完毕等）而不能进行时，那么施工单位与建设单位应在工程（保修）合同中对该检测项目做出延期补做试运转及调试的约定。

表14.2.2中各检测项目的允许偏差或规定值，取之于《采暖居住建筑节能检验标准》JGJ 132—2001和《通风与空调工程施工质量验收规范》GB 50243—2002等国家现行有关标准和规范的规定。其中序号为1的室内温度允许偏差，是针对舒适性空调和采暖工程而制订的，而对于工艺性空调或有特殊要求场所的室内温度允许偏差，则应按照有关的特殊规定和要求执行。

【条文】 14.2.3 系统节能性能检测的项目和抽样数量也可以在工程合同中约定，必要时可增加其他检测项目，但合同中约定的检测项目和抽样数量不应低于本规范的规定。

【要点说明】 本条也是体现了性能检测的必要性。规定了最少性能检测项目，所有的检测项目可以在工程合同中约定，必要时可增加其他检测项目。

以上检测项目，即使不在合同中约定，也必须执行。由建设单位进行完成，同时也督促施工方，认真执行本规范各章节条文的要求，特别是强制性条文，制定强有力的保证措施进行落实，完善质量保证体系，把好质量关，使施工结果符合节能设计要求，才能使系统检测结果符合表14.2.2的规定。

第15章 建筑节能分部工程质量验收

【概述】 第15章是本规范最后一章,叙述建筑节能分部工程验收的相关规定。共7条,其中:强制性条文1条。

在以上各章对10个分项工程详细提出验收要求,第14章又给出了现场实体检验要求的基础上,本章具体规定了建筑节能分部工程验收的各项要求。

这些要求包括验收的条件、内容、程序与组织、合格标准以及验收记录格式等。并对验收前的实体检验、资料核查做出了详细规定。

【条文】 15.0.1 建筑节能分部工程的质量验收,应在检验批、分项工程全部验收合格的基础上,进行外墙节能构造实体检验、严寒、寒冷和夏热冬冷地区的外窗气密性现场检测、以及系统节能性能检测和系统联合试运转与调试,确认建筑节能工程质量达到验收条件后方可进行。

【要点说明】 本条规定了建筑节能分部工程质量验收的"前提条件"(不是分部工程的验收合格条件,合格条件在15.1.5条)。这些前提条件是根据统一标准对分部工程验收的要求提出的,共有2个:第一,检验批、分项、子分部工程应全部验收合格,第二,应通过外窗气密性现场检测、围护结构墙体节能构造实体检验、系统功能检验和无生产负荷系统联合试运转与调试,确认节能分部工程质量达到设计要求和本规范规定的合格水平,在此基础上方可进行节能工程验收。

建筑工程任何一个分部工程的验收都需要具备类似的前提条件。第一个条件是分部工程验收合格的基础,即在此之前多个层次的验收都应当达到合格,所属的检验批、分项、子分部工程质量均无问题,否则没有必要进行分部工程验收。第二个条件是对第一个条件的验证,即应通过数项实体检验证实第一个条件的可靠性。只有达到了上述条件后再进行分部工程验收才是有意义的。

【条文】 15.0.2 建筑节能工程验收的程序和组织应遵守《建筑工程施工质量验收统一标准》GB 50300 的要求,并应符合下列规定:

1 节能工程的检验批验收和隐蔽工程验收应由监理工程师主持,施工单位相关专业的质量检查员与施工员参加;

2 节能分项工程验收应由监理工程师主持,施工单位项目技术负责人和相关专业的质量检查员、施工员参加;必要时可邀请设计单位相关专业的人员参加;

3 节能分部工程验收应由总监理工程师(建设单位项目负责人)主持,施工单位项目经理、项目技术负责人和相关专业的质量检查员、施工员参加;施工单位的质量或技术负责人应参加;设计单位节能设计人员应参加。

【要点说明】 本条是对建筑节能工程验收程序和组织的具体规定。内容及要求与《建筑工程施工质量验收统一标准》GB 50300 的规定一致。

《统一标准》规定，分部工程验收应由监理方主持，会同参与工程建设各方共同进行。对于没有实施监理的工程，应由建设单位项目负责人主持。建筑节能分部工程验收亦是如此。验收的程序是依次进行检验批、分项、子分部工程的验收并应全部达到合格，然后进行实体检验，即通过外窗气密性现场检测、围护结构墙体节能构造实体检验、系统功能检验和无生产负荷系统联合试运转与调试，确认节能分部工程质量达到设计要求和本规范规定的合格水平。

《统一标准》规定的"验收的组织"，实际是给出每个层次验收的主持者和参与者。具体是：

1 检验批验收和隐蔽工程验收，应由监理工程师主持，施工单位相关专业的质量检查员与施工员参加；

2 分项工程验收，应由监理工程师主持，施工单位项目技术负责人和相关专业的质量检查员、施工员参加；必要时可邀请设计单位相关专业的人员参加；

3 分部工程验收，应由总监理工程师（建设单位项目负责人）主持，施工单位项目经理、项目技术负责人和相关专业的质量检查员、施工员参加；施工单位的质量或技术负责人应参加；主要节能材料、设备、成套产品或技术的提供方应参加；设计单位节能设计人员应参加。

按照规定，每个层次验收完成后，参加验收各方的责任人应代表本单位在验收记录上签字。

【条文】15.0.3 建筑节能工程的检验批质量验收合格，应符合下列规定：

1 检验批应按主控项目和一般项目验收；
2 主控项目应全部合格；
3 一般项目应合格；当采用计数检验时，至少应有 90% 以上的检查点合格，且其余检查点不得有严重缺陷；
4 应具有完整的施工操作依据和质量验收记录。

【要点说明】 本条是对建筑节能工程检验批验收合格的基本规定。本条规定与《建筑工程施工质量验收统一标准》GB 50300 和各专业工程施工质量验收规范保持一致。

考虑到建筑节能的重要性，本条对一般项目的合格率要求增加为 90%。

应注意验收时对于"一般项目"不能作为可有可无的验收内容，验收时应要求一般项目亦要达到"全部合格"。当发现不合格情况时，应进行返工修理。只有当难以修复时，对于采用计数检验的验收项目，才允许适当放宽，即至少有 90% 以上的检查点合格即可通过验收，同时规定其余 10% 的不合格点不得有"严重缺陷"。对"严重缺陷"可理解为明显影响了使用功能，造成功能上的缺陷或降低了使用功能。

对于"计数检验"的理解，可简略理解为"检查点"数量。由此检验批合格条件可表述为：允许抽查点数中有 10% 的"检查点"不合格，但是有附加条件：这 10% 的不合格点不得有明显影响使用功能的"严重缺陷",否则还是不能通过验收。

之所以放宽对一般项目的合格率要求,是充分考虑到建筑工程的特点,即工种多而复杂,工程体量大,材料种类多,部分材料特别是地方砂石等材料量大而难以工厂化生产,主要依靠人工作业而且现场条件远比工厂车间差等等。因此要求所有细节都达到完美是不现实的。

【条文】15.0.4　建筑节能分项工程质量验收合格,应符合下列规定:
1　分项工程所含的检验批均应合格;
2　分项工程所含检验批的质量验收记录应完整。

【要点说明】　本条给出建筑节能工程分项工程验收合格的条件。本条规定与《建筑工程施工质量验收统一标准》GB 50300 和各专业工程施工质量验收规范保持一致。当分项工程划分为检验批进行验收时,应遵守这些规定。

需要说明的是,本规范 3.4.1 条第 2 款规定,建筑节能工程应按照分项工程进行验收。当建筑节能分项工程的工程量较大时,可以将分项工程划分为若干个检验批进行验收。也就是说,建筑节能工程既可以直接按照分项工程进行验收,也可以按检验批验收。实际上,规范各章的要求都是针对分项工程设置的。

因此,一个工程的节能验收,是按分项直接验收还是划分为检验批验收要根据具体情况决定。如果按分项直接验收,则合格条件就成为:
1　分项工程的质量应合格。又可详细表述为"主控项目全部合格,一般项目90%以上合格且没有严重缺陷"。
2　分项工程的质量验收记录应完整。

从实质上讲,按分项验收和按检验批验收其要求是一致的。因此有人说"分项工程实际可以看作是一个大检验批"。

【条文】15.0.5　建筑节能分部工程质量验收合格,应符合下列规定:
1　分项工程应全部合格;
2　质量控制资料应完整;
3　外墙节能构造现场实体检验结果应符合设计要求;
4　严寒、寒冷和夏热冬冷地区的外窗气密性现场实体检测结果应合格;
5　建筑设备工程系统节能性能检测结果应合格。

【要点说明】　本条为强制性条文。给出了建筑节能分部工程质量验收合格的 5 个条件。将 5 个条件归纳一下,可以分为 3 类:
1　所包含的各分项工程质量合格;
2　规定的各项实体检验合格;
3　质量控制资料合格。

第1款要求比较容易理解。一个分部工程是由多个分项工程组成的,分部工程要合格,理所当然它所包含的各个分项工程质量应当合格。

第 2 款要求，是质量控制资料合格。实际上，实体质量合格是依靠各种资料加以证明的。仅从外观很难看出内在重量，如材料的导热系数、墙体的热工缺陷、外窗的气密性能等。所有这些内部质量主要依靠技术资料来加以证明。有些地区例如北京市地方标准中甚至将工程资料的验收与工程实体的验收同样对待，做出"2 种验收同步进行"的规定。由此可见工程资料的重要性。

第 3、4 款，是要求多项现场实体检验合格，实际是将现场实体检验作为分部工程验收的前提。这种实体检验是考虑到节能的重要性而增加的要求。因为在分层次验收已经合格的基础上，对主要节能构造、功能等进行现场实体检验，可以更真实地验证各层次验收的可靠性，反映该工程的节能效果。具体实体检验内容在各章均有规定。节能之外其他专业的验收如混凝土结构的验收也采用了类似的方法，效果良好。

第 5 款是对建筑设备工程系统调试后节能性能的检测，因为建筑设备工程是建筑耗能、创造环境的主要源头，如果达不到功能和性能要求，则耗能大、实现不了设备该发挥的功能要求，所以该几款间接地将第 14 章引进了全章强制的范畴。

【条文】15.0.6 建筑节能工程验收时应对下列资料核查，并纳入竣工技术档案：
1 设计文件、图纸会审记录、设计变更和洽商；
2 主要材料、设备、构件和部品的质量证明文件、进场检验记录、进场核查记录、进场复验报告、见证试验报告；
3 隐蔽工程验收记录和相关图像资料；
4 分项工程质量验收记录；必要时应核查检验批验收记录；
5 建筑围护结构节能构造现场检验记录；
6 严寒、寒冷和夏热冬冷地区外窗气密性现场检测报告；
7 风管及系统严密性检验记录；
8 现场组装的组合式空调机组的漏风量测试记录；
9 设备单机试运转及调试记录；
10 系统联合试运转及调试记录；
11 系统节能性能检验报告；
12 其他对工程质量有影响的重要技术资料。

【要点说明】 本条列出了建筑节能工程验收时需要整理和查验的各种主要资料。列出的资料共 12 种，涉及各个专业。需要注意，这些资料在节能工程施工中应该随时加以收集和整理，不应在分部工程验收之前临时整理和追补。验收合格后，这些资料应纳入竣工技术档案。

对各种资料内容的解释如下：
1 设计文件、图纸会审记录、设计变更和洽商，应包括所有设计文件，包括容易被忽略的设计说明、设计交底（交底文件或交底记录）、采用的重复使用图集等。
2 主要材料、设备、构件和部品的质量证明文件、进场检验记录、进场核查记录、进场复验报告、见证试验报告。包括厂家提供的材料设备质量证明文件，进口产品的商检证明，进场检验验收记录，抽样记录、见证记录与复验报告等。其中如果有不合格记录或试验报告时，应有采取技术处理的记录和复验合格的证明。

3 隐蔽工程验收记录和相关图像资料。本规范各章均列出了需要验收的主要隐蔽工程，验收时应加以对照，不使遗漏。

4 分项工程质量验收记录；必要时应核查检验批验收记录。应根据工程的具体情况，首先应弄清是直接对分项工程验收还是划分为检验批进行验收。然后核查验收记录。主要检查填写的内容是否齐全，签字是否齐全有效等。

5 建筑围护结构节能构造现场检验记录。按照第14.1节和附录C的要求对照设计要求进行审查。必要时应查验取样检查的点的位置。

6 严寒、寒冷和夏热冬冷地区外窗气密性现场检测报告。检查现场检验报告的内容和结论是否符合要求；报告的签发、印章、标识等是否正确；审查承担监测任务的检测机构是否具备相应资质等。

7 风管及系统严密性检验记录；

8 现场组装的组合式空调机组的漏风量测试记录；

9 设备单机试运转及调试记录；

10 系统联合试运转及调试记录；

11 系统节能性能检验报告；

12 其他对工程质量有影响的重要技术资料。

这些资料中如果有复印件，应遵守复印件管理的有关规定。

【条文】15.0.7 建筑节能工程分部、分项工程和检验批的质量验收表见本规范附录B。

1 分部工程质量验收表见本规范附录B中表B.0.1；

2 分项工程质量验收表见本规范附录B中表B.0.2；

3 检验批质量验收表见本规范附录B中表B.0.3。

【要点说明】 本规范在附录B中给出了建筑节能工程分部、分项工程和检验批的质量验收记录格式。该格式系参照其他验收规范的规定并结合节能工程的特点制定。在使用这些验收表格时，应据实填写，并由验收人员本人签字表示承担责任。

第 16 章　外墙节能构造钻芯检验方法

【条文】C.0.1　本方法适用于检验带有保温层的建筑外墙其节能构造是否符合设计要求。

【要点说明】　本条规定了本方法的适用范围。外墙节能构造钻芯检验方法是专门为检验建筑围护结构节能构造做法而规定的方法和要求，不能任意扩大其适用范围。

为了找到一种简便有效的外墙节能效果的检验方法，编制组作了许多工作。显然，采用仪器测试外墙的传热系数是首先想到的最直接的方法。但是由于检测技术的限制，直接检测墙体传热系数费用高，检测周期长，对室内外温度差要求至少要达到 10 度以上，因此不便广泛采用。经过多次征求意见、进行研究并在部分工程上试验，决定采取一种更为简便的方法，即对围护结构的外墙构造进行现场实体检验，借此间接证明外墙节能效果达到要求。

编制组在北京市进行了数个工程的钻芯取样试点，证明此方法可行。钻取的芯样完整、直观、追溯性和可复现性好，对芯样构造做法不易产生争议。钻芯成本低廉，且墙体空洞修补简单，并不会影响节能效果。由此，最后决定采用钻芯法检验外墙节能构造。

【条文】C.0.2　钻芯检验外墙节能构造应在外墙施工完工后、节能分部工程验收前进行。

【要点说明】　本条给出墙体钻芯检验的时间。执行时不宜提前钻芯或验收后补做。钻芯检验的时间是由其作用决定的，执行时如果提前到外墙施工尚未全部完工，则抽样范围受到限制，其公正性和代表性可能受到怀疑。而如果验收后补做，则明显违反本规范第 15 章有关验收条件和验收内容的要求。

【条文】C.0.3　钻芯检验外墙节能构造的取样部位和数量，应遵守下列规定：
1　取样部位应由监理（建设）与施工双方共同确定，不得在外墙施工前预先确定；
2　取样位置应选取节能构造有代表性的外墙上相对隐蔽的部位，并宜兼顾不同朝向和楼层；取样位置必须确保钻芯操作安全，且应方便操作。
3　外墙取样数量为一个单位工程每种节能保温做法至少取 3 个芯样。取样部位宜均匀分布，不宜在同一个房间外墙上取 2 个或 2 个以上芯样。

【要点说明】　本条给出了钻芯检验外墙节能构造的取样部位和数量要求，共 3 项规定：
1　取样部位应该在检测时再决定，由监理与施工双方商定，不得预先确定。预先确定会导致缺乏公正性与代表性。

2 取样位置应注意代表性，并应取隐蔽部位，兼顾朝向和楼层。注意操作安全，方便。

3 取样数量为一个单位工程每种做法至少3个。不宜取在同一个房间。

本条上述规定的理由是显而易见的。其抽样数量很少，主要是考虑仅仅用作验证而不是验收，以及尽量减少对墙体的损坏。但是本条规定的是最低抽样数量，如果需要，可以增加一定的数量，使之有更好的代表性。

【条文】C.0.4 钻芯检验外墙节能构造应在监理(建设)人员见证下实施。

【要点说明】 为了使钻芯检验外墙节能构造有更好的公证性，本条规定从确定抽样位置到抽样钻芯过程均应在监理(建设)人员见证下实施。由于抽样少，样品的公证性就更为重要。见证人应做出见证记录并存入档案。

【条文】C.0.5 钻芯检验外墙节能构造可采用空心钻头，从保温层一侧钻取直径70mm的芯样。钻取芯样深度为钻透保温层到达结构层或基层表面，必要时也可钻透墙体。

当外墙的表层坚硬不易钻透时，也可局部剔除坚硬的面层后钻取芯样。但钻取芯样后应恢复剔除前原有外墙的表面装饰层。

【要点说明】 本条给出钻芯的操作要求。根据实践，采用普通的手持电钻和空心钻头，可以很好地进行钻芯取样。通常不必钻透墙体，仅仅钻透保温层到达墙体基层(结构层)即可。如果遇到外墙的表层(例如贴有表面经过处理的硬质瓷砖)坚硬不易钻透时，也可局部剔除坚硬的面层后钻取芯样，这样对验证节能做法没有影响。但钻取芯样后应注意恢复剔除前原有外墙的表面装饰层，不应影响装饰效果。

【条文】C.0.6 钻取芯样时应尽量避免冷却水流入墙体内及污染墙面。从空心钻头中取出芯样时应谨慎操作，以保持芯样完整。当芯样严重破损难以准确判断节能构造或保温层厚度时，应重新取样检验。

【要点说明】 本条给出钻芯操作时的几个注意事项。

1 采用普通的手持电钻钻取芯样时，需要对空心钻头进行冷却。钻取芯样时应尽量避免冷却水流入墙体内及污染墙面。实践证明，使用带内部冷却管道的空心钻头可以较好地解决这一问题。

2 完成钻芯后，从空心钻头中取出芯样时应谨慎操作，以保持芯样完整并保护钻头。可以采用卸下钻头用工具将钻头中芯样推出的方法，不应采用猛烈磕碰的方法甩出芯样。

3 当芯样严重破损难以准确判断节能构造或保温层厚度时，应重新取样检验。

【条文】C.0.7 对钻取的芯样，应按照下列规定进行检查：

1 对照设计图纸观察、判断保温材料种类是否符合设计要求；必要时也可采用其他方法加以判断；

2 用分度值为1mm的钢尺，在垂直于芯样表面(外墙面)的方向上量取保温层厚度，精确到1mm；

3 观察或剖开检查保温层构造做法是否符合设计和施工方案要求。

【要点说明】 本条给出了对芯样进行检查和判断的主要方法：

1 通过对照图纸观察检查，判断保温材料种类是否符合设计要求。一般情况下对保温材料种类的判断应无困难。当难以判断时，也可采用其他物理、化学等方法加以判断。

2 用钢尺量取保温层厚度，精确到1mm。对于有倾斜角度的芯样，需要注意量取的方向应垂直于墙面。同一个芯样保温层厚度应该是一样的。为了量取的数值准确，可以在芯样不同处量取2~3个厚度值加以平均，作为保温层厚度值。

3 观察判断芯样的保温层构造做法是否符合设计和施工方案要求。注意这里所谓"构造做法"，是指基层至面层之间各层的做法，并非仅仅指保温层或相邻层。

【条文】 C.0.8 在垂直于芯样表面(外墙面)的方向上实测芯样保温层厚度，当实测厚度的平均值达到设计厚度的95%及以上时，应判定保温层厚度符合设计要求；否则，应判定保温层厚度不符合设计要求。

【要点说明】 本条对通过芯样判断外墙保温层厚度是否符合设计要求做出规定。实际是给出了保温层厚度的允许偏差值。这个允许偏差值为5%。即当实测厚度的平均值达到设计厚度的95%及以上时，应判定保温层厚度符合设计要求；否则，应判定保温层厚度不符合设计要求。

【条文】 C.0.9 实施钻芯检验外墙节能构造的机构应出具检验报告。检验报告的格式可参照表C.0.9样式。检验报告至少应包括下列内容：

1 抽样方法、抽样数量与抽样部位；

2 芯样状态的描述；

3 实测保温层厚度，设计要求厚度；

4 按照本规范14.1.2条的检验目的给出是否符合设计要求的检验结论；

5 附有带标尺的芯样照片并在照片上注明每个芯样的取样部位；

6 监理(建设)单位取样见证人的见证意见；

7 参加现场检验的人员及现场检验时间；

8 检测发现的其他情况和相关信息。

【要点说明】 本条给出对钻芯检验外墙节能构造的检验报告的要求，包括格式和内容。检验报告的格式可参照表C.0.9样式。检验报告的内容则按常规提出了要求，共包括八个方面。

本规范第14.1.5条规定，外墙节能构造的现场实体检验既可委托有资质的检测机构实施，也可由施工单位实施。因此当由施工单位实施时，应由施工单位出具检验报告。但是不应由项目部而应由其上级即施工单位实施。实施过程须见证，以保证检验的公正性。

【条文】C.0.10 当取样检验结果不符合设计要求时，应委托具备检测资质的见证检测机构增加一倍数量再次取样检验。仍不符合设计要求时应判定围护结构节能构造不符合设计要求。此时应根据检验结果委托原设计单位或其他有资质的单位重新验算房屋的热工性能，提出技术处理方案。

【要点说明】 当取样检验结果出现不符合设计要求的情况时，其原因可能有多种。为了慎重起见，本条规定应委托具备检测资质的见证检测机构增加一倍数量再次取样检验。再次取样检验仍应遵守第一次取样的各项规定。如仍不符合设计要求时，应判定围护结构节能构造不符合设计要求。此时应根据情况严重程度，提请设计单位重新进行热工验算并提出技术处理方案。设计给出的处理方案应经建设和监理方以及施工方确认后方可实施。留下永久性缺陷的，应按照统一标准的规定让步接受。

如果设计认为不需处理，应给出书面意见并予签字，承担相应的责任。按照统一标准的规定，此时可以作为通过实体检验对待。

【条文】C.0.11 外墙取样部位的修补，可采用聚苯板或其他保温材料制成的圆柱形塞填充并用建筑密封胶密封。修补后宜在取样部位挂贴注有"外墙节能构造的钻芯检验点"的标志牌。

【要点说明】 本条给出外墙取样部位的修补方法。具体修补时可采用该方法，也可采用其他有效的方法。修补的原则是填充密实并可靠密封，不形成热桥，不渗漏。如果取样部位靠近地面或处于易破坏处，应采取措施加强排水或对密封表面进行加固保护。

修补后宜在取样部位挂贴注有"外墙节能构造的钻芯检验点"的标志牌，该标志牌应牢固固定。

建筑节能工程进场材料复验项目采用的试验设备与标准。

第17章　进场材料复验项目采用的试验设备与标准

序号	材料名称	复验项目	检验标准	检验设备
1	保温材料	导热系数	《绝热材料稳态热阻及有关特性的测定防护热板法》GB/T 10294—1998 《绝热材料稳态热阻及有关特性的测定热流计法》GB/T 10295—1998	烘箱、导热系数测定仪
		密度	《泡沫塑料和橡胶表观(体积)密度的测定》GB/T 6343—1995 《胶粉聚苯颗粒外墙外保温系统》JG 158—2004 《无机硬质绝热制品试验方法密度、含水率及吸水率》GB/T 5486.3—2001	烘箱、天平、游标卡尺
		抗压强度(压缩强度)	《硬质泡沫塑料压缩试验方法》GB/T 8813—1988 《胶粉聚苯颗粒外墙外保温系统》JG 158—2004 《无机硬质绝热制品试验方法力学性能》GB/T 5486.2—2001	压力试验机、游标卡尺
2	粘结材料	粘结强度	《外墙外保温工程技术规程》JGJ 144—2004 《胶粉聚苯颗粒外墙外保温系统》JG 158—2004 《膨胀聚苯板薄抹灰外墙外保温系统》JG 149—2003	拉力试验机
3	增强网	力学性能	《耐碱玻璃纤维网格布》JC/T 841—1999 《镀锌钢丝网》QB/T 3897—1999	拉力试验机
		抗腐蚀性能	《镀锌钢丝网》QB/T 3897—1999	涂膜测厚仪
4	玻璃	可见光透射比	《建筑玻璃　可见光透射比　太阳直接透射比　太阳能总透射比　紫外线透射比及有关窗玻璃参数的测定》GB/T 2680—1994	分光光度计
		遮阳系数	《公共建筑节能设计标准》GB 50189—2006	游标卡尺、钢板尺
		中空玻璃露点	《中空玻璃》GB/T 11944—2002	露点仪
5	隔热型材	拉伸强度	《铝合金建筑型材》GB 5237.6—2004	万能材料试验机
		抗剪强度		万能材料试验机
6	门窗	气密性	《建筑外窗气密性能分级及检测方法》GB/T 7107—2002	建筑门窗三性检测仪
		传热系数	《建筑外窗保温性能分级及检测方法》GB/T 8484—2002 《建筑外门保温性能分级及检测方法》GB/T 16729—1997	建筑外窗保温性能测试仪
7	散热器	单位散热量	《采暖散热器散热量测定方法》GB/T 13754—92	密闭小室散热器性能检测试验台
		金属热强度		
8	风机盘管	供冷量供热量	《风机盘管机组》GB/T 19232—2003	房间空气焓值法测量装置 风洞式空气焓值法测量装置 环路式空气焓值法测量装置
		风量出口静压功率		空气流量测量装置
		噪声		噪声测量室

第三部分 相关法律法规和政策

建设工程质量管理条例

2000年1月10日国务院第25次常务会议通过

目 录

第一章　总则
第二章　建设单位的质量责任和义务
第三章　勘察、设计单位的质量责任和义务
第四章　施工单位的质量责任和义务
第五章　工程监理单位的质量责任和义务
第六章　建设工程质量保修
第七章　监督管理
第八章　罚则
第九章　附则

第一章　总　　则

第一条　为了加强对建设工程质量的管理，保证建设工程质量，保护人民生命和财产安全，根据《中华人民共和国建筑法》制定本条例。

第二条　凡在中华人民共和国境内从事建设工程质量的新建、扩建、改建等有关活动及实施对建设工程质量监督管理的，必须奠定本条例。

本条例所称建设工程，是指土木工程、建筑工程、线路管道和设备安装工程及装修工程。

第三条　建设单位、勘察单位、设计单位、施工单位、工程监理单位依法对建设工程质量负责。

第四条　县级以上人民政府建设行政主管部门和其他有关部门应当加强对建设工程质量的监督管理。

第五条　从事建设工程活动，必须严格执行基本建设程序，坚持先勘察、后设计、再施工的原则。

县级以上人民政府及其有关部门不得超越权限审批建设项目或者擅自简化基本建设程序。

第六条　国家鼓励采用先进的科学技术和管理方法，提高建设工程质量。

第二章 建设单位的质量责任和义务

第七条 建设单位应当将工程发包给具有相应资质等级的单位。

建设单位不得将建设工程肢解发包。

第八条 建设单位应当依法对工程建设项目的勘察、设计、施工、监理以及与工程建设有关的重要设备、材料等的采购进行招标。

第九条 建设单位必须向有关的勘察、设计、施工、工程监理等单位提供与建设工程有关的原始资料。

原始资料必须真实、准确、齐全。

第十条 建设工程发包单位不得迫使承包方以低于成本的价格竞标，不得任意压缩合理工期。

建设单位不得明示或暗示设计单位或施工单位违反工程建设强制性标准，降低建设工程质量。

第十一条 建设单位应当将施工图设计文件报县级以上人民政府建设行政主管部门或者其他有关部门审查。施工图设计文件审查的具体办法，由国务院建设行政主管部门会同国务院其他有关部门制定。

施工图设计文件未经审查批准的，不得使用。

第十二条 实行监理的建设工程，建设单位应当委托具有相应资质等级的工程监理单位进行监理，也可以委托具有工程监理相应资质等级并与监理工程的施工承包单位没有隶属关系或者其他利害关系的该工程的设计单位进行监理。

下列建设工程必须实行监理：

（一）国家重点建设工程；

（二）大中型公用事业工程；

（三）成片开发建设的住宅小区工程；

（四）利用外国政府或者国际组织贷款、援助资金的工程；

（五）国家规定必须实行监理的其他工程。

第十三条 建设单位在领取施工许可证或者开工报告前，应当按照国家有关规定办理工程质量监督手续。

第十四条 按照合同约定，由建设单位采购建筑材料、建筑构配件和设备的，建设单位应当保证建筑材料、建筑构配件和设备符合设计文件和合同要求。

建设单位不得明示或者暗示施工单位使用不合格的建筑材料、建筑构配件和设备。

第十五条 涉及建筑主体和承重结构变动的装修工程，建设单位应当在施工前委托原设计单位或者具有相应资质等级的设计单位提出设计方案，没有设计方案的，不得施工。

房屋建筑使用在装修过程，不得擅自变动房屋建筑主体和承重结构。

第十六条 建设单位收到建设工程竣工报告后，应当组织设计、施工、工程监理等有关单位进行竣工验收。

建设工程竣工验收应当具备下列条件：

（一）完成建设工程设计和合同约定的各项内容；

（二）完整的技术档案和施工管理资料；
（三）有工程使用的主要建筑材料、建筑构配件和设备的进场试验报告；
（四）有勘察、设计、施工、工程监理等单位分别签署的质量合格文件；
（五）有施工单位签署的工程保修书。

建设工程经验收合格的，方可交付使用。

第十七条 建设单位应当严格按照国家有关档案管理的规定，及时收集、整理建设项目各环节的文件资料，建立、健全建设项目档案，并在建设工程竣工验收后，及时向建设行政主管部门或者其他有关部门移交建设项目档案。

第三章 勘察、设计单位的质量责任和义务

第十八条 从事建设工程勘察、设计的单位应当依法取得相应的等级的资质证书，并在其资质等级许可的范围内承揽工程。

禁止勘察、设计单位超越其资质等级许可范围或者以其他勘察、设计单位的名义承揽工程。禁止勘察、设计单位允许其他单位或者个人以本单位的名义承揽工程。

第十九条 勘察、设计单位必须按照工程建设强制性标准进行勘察、设计，并对勘察、设计的质量负责。

注册建筑师、注册结构工程师等注册执业人员应当在文件上签字，对设计文件负责。

第二十条 勘察单位提供的地质、测量、水文等勘察成果必须真实、准确。

第二十一条 设计单位应当根据勘察成果文件进行建设工程设计。

设计文件应当符合国家规定的设计深度要求，注明工程合理使用年限。

第二十二条 设计单位在设计文件中选用的建筑材料、建筑构配件和设备，应当注明规格、型号、性能等技术指标，其质量要求必须符合国家规定的标准。

除有特殊要求的建筑材料、专用设备、工艺生产线等外，设计单位不得指定生产厂、供应商。

第二十三条 设计单位应当就审查合格的施工图设计文件向施工单位作出详细说明。

第二十四条 设计单位应当参与建设工程质量事故分析，并对因设计造成的质量事故，提出相应的技术处理方案。

第四章 施工单位的质量责任和义务

第二十五条 施工单位应当依法取得相应等级的资质证书，并在其资质等级许可的范围内承揽工程。

禁止施工单位超越本单位资质等级许可的业务范围或者以其他施工单位的名义承揽工程。禁止施工单位允许其他单位或者个人以本单位名义承揽工程。

施工单位不得转包或者违法分包工程。

第二十六条 施工单位对建设工程的施工质量负责。

施工单位应当建立质量责任制，确定工程项目的项目经理、技术负责人和施工管理负责人。

建设工程实行总承包的,总承包单位应当对全部建设工程质量负责;建设工程勘察、设计、施工、设备采购的一项或者多项实行总承包的,总承包单位应当对其承包的建设工程或者采购的设备的质量负责。

第二十七条 总承包单位依法将建设工程分发给其他单位的,分包单位应当按照合同的约定对其分包工程的质量承担连带责任。

第二十八条 施工单位必须按照工程设计图纸和施工技术标准施工,不得擅自修改工程设计,不得偷工减料。

施工单位在施工过程中发现设计文件和图纸有差错的,应当及时提出意见和建议。

第二十九条 施工单位必须按照工程设计要求、施工技术标准和合同约定的,对建筑材料、建筑构配件、设备和商品混凝土进行检验,检验应当有书面记录和专人签字;未经检验和检验不合格的,不得使用。

第三十条 施工单位必须建立、健全施工质量的检验制度,严格工序管理,作好隐蔽工程的质量检查和记录。隐蔽工程在隐蔽前,施工单位应当通知建设单位和建设工程质量监督机构。

第三十一条 施工人员对涉及结构安全的试块、试件以及有关材料,应当在建设单位或者工程监理单位监督下现场取样,并送具有相应资质等级的质量检测单位进行检测。

第三十二条 施工人员对施工出现质量问题的建设工程或者竣工验收不合格的建设工程,应当负责返修。

第三十三条 施工单位应当建立、健全教育培训制度,加强对职工的教育培训;未经教育培训或者考核不合格的人员,不得上岗作业。

第五章 工程监理单位的质量责任和义务

第三十四条 工程监理单位应当依法取得相应等级的资质证书,并在其资质等级许可的范围内承担工程监理业务。

禁止工程监理单位超越本单位资质等级许可的范围或者以其他工程监理单位的名义承担工程监理业务,禁止工程监理单位允许其他单位或者个人以本单位的名义承担工程监理业务。

工程监理单位不得转让工程监理业务。

第三十五条 工程监理单位与被监理工程的施工承包单位以及建筑材料、建筑构配件和设备供应单位有隶属关系或者其他利害关系的,不得承担该项建设工程的监理业务。

第三十六条 工程监理单位应当依照法律、法规以及有关技术标准、设计文件和建设工程承包合同,代表建设单位对施工质量实施监理,并对施工质量承担监理责任。

第三十七条 工程监理单位应当选派具有相应资格的总监理工程师进驻施工现场。

未经监理工程师签字,建筑材料、建筑物配件、设备不得在工程上使用或者安装,施工单位不得进行下一道工序的施工,未经总监理工程师签字,建设单位不得拨付工程款,不得进行竣工验收。

第三十八条 监理工程师应当按照工程监理规范的,采取旁站、巡视和平等检验等形式,对建设工程实施监理。

第六章 建设工程质量保修

第三十九条 建设工程实行质量保修制度。

建设工程承包单位在向建设单位提交工程竣工验收报告时，应当向建设单位出具质量保修书。质量保修书应当明确建设工程的保修范围、保修期限和保修责任等。

第四十条 在正常使用条件下，建设工程最低保修期限为：

（一）基础设施工程、房屋建筑的地基基础工程和主体结构工程，为设计文件规定的该工程合理使用年限；

（二）屋面防水工程、有防水要求的卫生间、房间和外墙面的防渗漏，为5年；

（三）供热与供冷系统，为2个采暖期、供冷期；

（四）电气管道、给排水管道、设备安装和装修工程，为2年。

其他项目的保修期限由发包方与承包方约定。

建设工程的保修期，自竣工验收合格之日起计算。

第四十一条 建设工程在各个范围和保修期限内发生质量问题的，施工单位应当履行保修义务，并对造成的损失承担赔偿责任。

第四十二条 建设工程在超过合理使用年限后需要继续使用的，产权所有人应当委托有相应资质等级的勘察、设计单位鉴定，并根据鉴定结果采取加固、维修等措施，重新界定使用期。

第七章 监 督 管 理

第四十三条 国家实行建设工程质量监督管理制度。

国务院建设行政主管部门对全国的建设工程质量实施统一监督管理。国务院铁路、交通、水利等有关部门按照国务院规定的职责分工，负责对全国的有关专业建设工程质量的监督管理。

县级以上地方人民政府建设行政主管部门对本行政区域内的建设工程质量实施监督管理。县级以上地方人民政府交通、水利等有关部门在各自的职责范围内，负责对本行政区域内专业建设工程质量的监督管理。

第四十四条 国务院建设行政主管部门和国务院铁路、交通、水利等有关部门应当加强对有关建设工程质量的法律、法规和强制性标准执行情况的监督管理。

第四十五条 国务院发展计划部门按照国务院规定的职责组织稽察特派员，对国家出资的重大建设项目实施监督检查。

国务院经济贸易主管部门按照国务院规定的职责，对国家重大技术改造项目实施监督检查。

第四十六条 建设工程质量监督管理，可以由建设行政主管部门或者其他有关部门委托的建设工程质量监督机构具体实施。

从事房屋建筑工程和市政基础施工工程质量监督的机构，必须按照国家有关规定经国务院建设行政主管部门或者省、自治区、直辖市人民政府建设行政主管部门考核；从事专业建设工程质量监督的机构，必须按照国家有关规定经国务院有关部门或者省、自治区、直辖市人民政府有关部门考核。经考核合格后，方可实施质量监督。

第四十七条　县级以上地方人民政府建设行政主管部门和其他有关部门应当加强对有关建设工程质量的法律、法规和强制性标准执行情况的监督检查。

第四十八条　县级以上人民政府建设行政主管部门和其他有关部门履行监督检查职责时，有权采取下列措施：

（一）要求被检查的单位提供有关工程质量的文件和资料；

（二）进入被检查的施工现场进行检查；

（三）发现有影响工程质量的问题，责令改正。

第四十九条　建设单位应当自建设工程竣工验收合格之日起 15 日内，将建设工程竣工验收报告和规划、公安消防、环保等部门出具的认可文件或者准许使用文件报建设行政主管部门或者其他有关部门备案。

建设行政主管部门或者其他部门发现建设单位在竣工验收过程中违反国家有关建设工程质量管理规定行为的，责令停止使用，重新组织竣工验收。

第五十条　有关单位和个人对县级以上人民政府建设行政主管部门和其他有关部门进行监督检查应当支持与配合，不得拒绝或者阻碍建设工程质量监督检查人员依法执行职务。

第五十一条　供水、供电、供气、公安消防等部门或者单位不得明示或者暗示建设单位、施工单位购买其指定的生产供应单位的建筑材料、建筑构配件和设备。

第五十二条　建设工程发生质量事故，有关单位应当在 24 小时内向当地建设行政主管部门和其他有关部门报告。对重大质量事故，事故发生地的建设行政主管部门和其他有关部门应当按照事故类别和等级向当地人民政府和上级建设行政主管部门和其他有关部门报告。

特别重大事故的调查程序按照国务院有关规定办理。

第五十三条　任何单位和个人对建设工程质量事故、质量缺陷都有权检举、控告、投诉。

第八章　罚　　则

第五十四条　违反本条例规定，建设单位将建设工程发包给不具有相应资质等级的勘察、设计、施工单位或者委托给不具有相应资质等级的工程监理单位的，责令改正，处 50 万元以上 100 万元以下的罚款。

第五十五条　违反本条例规定，建设单位将建设肢解发包的，责令改正，处工程合同价款百分之零点五以上百分之一以下的罚款；对全部或者部分使用国有资金的项目，并可以暂停项目执行或者暂停资金拨付。

第五十六条　违反本条例规定，建设单位有下列行为之一的，责令改正，处 20 万元以上 50 万元以下的罚款：

（一）迫使承包方以低于成本的价格竞标的；

（二）任意压缩合理工期的；

（三）明示或暗示设计单位或者施工单位违反工程建设强制性标准，降低工程质量的；

（四）施工图设计文件未经审查或者审查不合格，擅自施工的；

（五）建设项目必须实行工程监理而未实行工程监理的；

（六）未按照国家规定办理工程质量监督手续的；

（七）明示或者暗示施工单位使用不合格的建筑材料、建筑构配件和设备；

（八）未按照国家规定将竣工验收报告、有关认可文件或者准许使用文件报送备案的。

第五十七条 违反本规定条例，建设单位未取得施工许可证或者开工报告未经批准，擅自施工的，责令停止施工，限期改正，处工程合同价款的百分之一以上百分之二以下的罚款。

第五十八条 违反本条例规定，建设单位有下列行为之一的，责令改正，处工程合同价款百分之二以上百分之四以下的罚款；造成损失的，依法承担赔偿责任：

（一）未组织竣工验收，擅自交付使用的；

（二）验收不合格，擅自交付使用的；

（三）对不合格的建设工程按照合格工程验收的。

第五十九条 违反本条例规定，建设工程竣工验收后，建设单位未向建设行政主管部门或者其他有关部门移交建设项目档案的，责令改正，处1万元以上10万元以下的罚款。

第六十条 违反本条例规定，勘察、设计、施工、工程监理单位超越本单位资质等级承揽工程的，责令停止违法行为，对勘察、设计单位或者工程监理单位处合同约定的勘察费、设计费或者监理酬金1倍以上2倍以下的罚款；对施工单位处工程合同价款百分之二以上百分之四以下的罚款，可以责令停业整顿，降低资质等级；情节严重的，吊销资质证书；有违法所得的，予以没收。

以欺骗手段取得资质证书承揽工程的，吊销资质证书，依照本条第一款规定处以罚款，有违法所得的，予以没收。

第六十一条 违反本条例规定，勘察、设计、施工、工程监理允许其他单位或者个人以本单位名义承揽工程的，责令改正，没收违法所得，对勘察、设计单位和工程监理单位处合同勘察费、设计费和监理酬金1倍以上2倍以下的罚款；对施工单位处工程合同价款百分之二以上百分之四以下的罚款，可以责令停业整顿，降低资质等级；情节严重的，吊销资质证书；有违法所得的，予以没收。

第六十二条 违反本条例规定，承包单位将承包的工程转包或者违法分包的，责令改正，没收违法所得，对勘察、设计单位和工程监理单位处合同勘察费、设计费百分之二十五以上百分之五十以下的罚款；对施工单位处工程合同价款百分之零点五以上百分之一以下的罚款，可以责令停业整顿，降低资质等级；情节严重的，吊销资质证书；有违法所得的，予以没收。

工程监理单位转让工程监理业务的，责令改正，没收违法所得，处合同约定的监理酬金25%以上50%以下的罚款；可以责令停业整顿，降低资质等级；情节严重的，吊销资质证书。

第六十三条 违反本条例规定，有下列行为之一的，责令改正，处以10万元以上30万元以下的罚款：

（一）勘察单位未按照工程建设强制性标准进行勘察的；

(二)设计单位未根据勘察成果文件进行工程设计的;
(三)设计单位指定建筑材料人、建筑构配件的生产厂、供应商的;
(四)设计单位未按照工程建设强制性标准进行设计的。

有前款所列行为,造成工程质量事故的,责令停业整顿,降低资质等级;情节严重的,吊销资质证书;造成损失的,依法承担赔偿责任。

第六十四条 违反本条例规定,施工单位在施工中偷工减料的,使用不合格的建筑材料、建筑构配件和设备的,或者有不按照工程设计图纸或者施工技术标准施工的其他行为的,责令改正,处工程合同价款百分之二以上百分之四以下的罚款;造成建设工程质量不符合规定的质量标准的,负责返工、修理,并赔偿因此造成的损失;情节严重的,责令停业整顿,降低资质等级或者吊销资质证书。

第六十五条 违反本条例规定,施工单位未对建筑材料、建筑构配件、设备和商品混凝土进行检验,或者未对涉及结构安全的试块、试件以及有关材料的取样检测的,责令改正,处10万元以上20万元以下的罚款;情节严重的,责令停业整顿,降低资质等级或者吊销资质证书;造成损失的,依法承担赔偿责任。

第六十六条 违反本条例规定,施工单位不履行保修义务或者拖延履行保修义务的,责令改正,处10万元以上20万元以下的罚款,并在保修期内因质量缺陷造成的损失承担赔偿责任。

第六十七条 工程监理单位有下列行为之一的,责令改正,处50万元以上100万元以下的罚款,降低资质等级或者吊销资质证书;有违法所得的,予以没收,造成损失的,承担连带赔偿责任;

与建设单位或者施工单位串通,弄虚作假、降低工程质量的;

将不合格的建设工程、建筑材料、建筑构配件和设备按照合格签字的。

第六十八条 违反本条例规定,工程监理单位与被监理工程的施工承包单位以及建筑材料、建筑构配件和设备供应单位有隶属关系或者其他利害关系承担该项建设工程的监理业务的,责令改正,处5万元以上10万元以下的罚款,降低资质等级或者吊销资质证书有违法所得的,予以没收。

第六十九条 违反本条例规定,涉及建筑主体或者承重结构变动的装修工程,没有设计方案擅自施工的,责令改正,处50万元以上100万元以下的罚款,房屋建筑面积在装修过程擅自变动房屋建筑主体和承重结构的,责令改正,处5万元以上10万元以下的罚款。有前款所列行为,造成损失的,依法承担赔偿责任。

第七十条 发生重大工程质量事故隐瞒不报、谎报或者拖延报告期限的,对直接负责的主管人员和其他责任人员依法给予行政处分。

第七十一条 违反本条例规定,供水、供电、供气、公安消防等部门或者单位明示或者暗示建设单位或者施工单位购买其指定的生产供应单位的建筑材料、建筑构配件和设备的,责令改正。

第七十二条 违反本条例规定,注册建筑师、注册结构工程师、监理工程师等注册执业人员因过错造成严重事故的,责令停止执业1年,造成重大质量事故的,吊销执业资格证书,5年以内不予注册;情节特别恶劣的,终身不予注册。

第七十三条 依照本条例规定,给予单位罚款处罚的,对单位直接负责的主管人员和其他直接责任人员处单位罚款百分之五以上百分之十以下的罚款。

第七十四条 建筑单位、设计单位、施工单位、工程监理单位违反国家规定，降低工程质量标准，造成重大安全事故，构成犯罪的，对直接责任人依法追究刑事责任。

第七十五条 本条例规定的责令停业整顿，降低资质等级和吊销资质证书的行政处罚，由颁发资质证书的机关决定，其他行政处罚，由建设行政主管部门或者其他有关部门依照法定职权决定。

依照本条例规定吊销资质证书的，由工商行政管理部门吊销其营业执照。

第七十六条 国家机关工作人员在建设工程质量监督管理工作中玩忽职守、滥用职权、徇私舞弊，构成犯罪的，依法追究刑事责任；尚不构成犯罪的，依法给予行政处分。

第七十七条 建设、勘察、设计、施工、工程监理单位的工作人员因调动工作、退休等原因离开该单位后，被发现在该单位工作期间违反国家有关建设工程质量管理规定，造成重大质量事故的，仍应当依法追究法律责任。

第九章 附　　则

第七十八条 本条例所称肢解发包，是指建设单位将应当由一个承包单位完成的建设工程分解成若干部分发包给不同的承包单位的行为。

本条例所称违法分包，是指下列行为：

（一）总承包单位将建设工程分包给不具备相应资质条件的单位的；

（二）建设工程总承包合同中未有约定，又未经建设单位，承包单位将其承包的部分建设工程交由其他单位完成；

（三）施工总承包单位将建设工程主体结构的施工分包给其他单位的；

（四）分包单位将其承包的建设工程再分包的。

本条例所称转包，是指承包单位承包建设工程后，不履行合同约定的责任和义务，将其承包的全部建设工程转给他人或者将其承包的建设工程肢解以后以分包的名义分别转给其他单位承包的行为。

第七十九条 本条例规定的罚款和没收的违法所得，必须全部上缴国库。

第八十条 抢险救灾及其他临时性房屋建筑和农民自建低层住宅的建设活动，不适用本条例。

第八十一条 军事建设工程的管理，按照中央军事委员会的有关规定执行。

第八十二条 本条例自发布之日起施行。

附刑法有关条款

第一百三十七条 建设单位、设计单位、施工单位、工程监理单位违反国家规定，降低工程质量标准，造成重大安全事故的，对直接责任人员处五年以下有期徒刑或者拘役，并处罚金；后果特别严重的，处五年以上十年以下有期徒刑，并处罚金。

民用建筑节能管理规定

中华人民共和国建设部令第 143 号

《民用建筑节能管理规定》已于 2005 年 10 月 28 日经第 76 次部常务会议讨论通过，现予发布，自 2006 年 1 月 1 日起施行。

第一条 为了加强民用建筑节能管理，提高能源利用效率，改善室内热环境质量，根据《中华人民共和国节约能源法》、《中华人民共和国建筑法》、《建设工程质量管理条例》，制定本规定。

第二条 本规定所称民用建筑，是指居住建筑和公共建筑。

本规定所称民用建筑节能，是指民用建筑在规划、设计、建造和使用过程中，通过采用新型墙体材料，执行建筑节能标准，加强建筑物用能设备的运行管理，合理设计建筑围护结构的热工性能，提高采暖、制冷、照明、通风、给排水和通道系统的运行效率，以及利用可再生能源，在保证建筑物使用功能和室内热环境质量的前提下，降低建筑能源消耗，合理、有效地利用能源的活动。

第三条 国务院建设行政主管部门负责全国民用建筑节能的监督管理工作。

县级以上地方人民政府建设行政主管部门负责本行政区域内民用建筑节能的监督管理工作。

第四条 国务院建设行政主管部门根据国家节能规划，制定国家建筑节能专项规划；省、自治区、直辖市以及设区城市人民政府建设行政主管部门应当根据本地节能规划，制定本地建筑节能专项规划，并组织实施。

第五条 编制城乡规划应当充分考虑能源、资源的综合利用和节约，对城镇布局、功能区设置、建筑特征、基础设施配置的影响进行研究论证。

第六条 国务院建设行政主管部门根据建筑节能发展状况和技术先进、经济合理的原则，组织制定建筑节能相关标准，建立和完善建筑节能标准体系；省、自治区、直辖市人民政府建设行政主管部门应当严格执行国家民用建筑节能有关规定，可以制定严于国家民用建筑节能标准的地方标准或者实施细则。

第七条 鼓励民用建筑节能的科学研究和技术开发，推广应用节能型的建筑、结构、材料、用能设备和附属设施及相应的施工工艺、应用技术和管理技术，促进可再生能源的开发利用。

第八条 鼓励发展下列建筑节能技术和产品：

（一）新型节能墙体和屋面的保温、隔热技术与材料；

（二）节能门窗的保温隔热和密闭技术；

（三）集中供热和热、电、冷联产联供技术；

（四）供热采暖系统温度调控和分户热量计量技术与装置；
（五）太阳能、地热等可再生能源应用技术及设备；
（六）建筑照明节能技术与产品；
（七）空调制冷节能技术与产品；
（八）其他技术成熟、效果显著的节能技术和节能管理技术。

鼓励推广应用和淘汰的建筑节能产品及技术的目录，由国务院建设行政主管部门制定；省、自治区、直辖市建设行政主管部门可以结合该目录，制定适合本区域的鼓励推广应用和淘汰的建筑节能产品及技术的目录。

第九条 国家鼓励多元化、多渠道投资既有建筑的节能改造，投资人可以按照协议分享节能改造的收益；鼓励研究制定本地区既有建筑节能改造资金筹措办法和相关激励政策。

第十条 建筑工程施工过程中，县级以上地方人民政府建设行政主管部门应当加强对建筑物的围护结构（含墙体、屋面、门窗、玻璃幕墙等）、供热采暖和制冷系统、照明和通风等电器设备是否符合节能要求的监督检查。

第十一条 新建民用建筑应当严格执行建筑节能标准要求，民用建筑工程扩建和改建时，应当对原建筑进行节能改造。

既有建筑节能改造应当考虑建筑物的寿命周期，对改造的必要性、可行性以及投入收益比进行科学论证。节能改造要符合建筑节能标准要求，确保结构安全，优化建筑物使用功能。

寒冷地区和严寒地区既有建筑节能改造应当与供热系统节能改造同步进行。

第十二条 采用集中采暖制冷方式的新建民用建筑应当安设建筑物室内温度控制和用能计量设施，逐步实行基本冷热价和计量冷热价共同构成的两部制用能价格制度。

第十三条 供热单位、公共建筑所有权人或者其委托的物业管理单位应当制定相应的节能建筑运行管理制度，明确节能建筑运行状态各项性能指标、节能工作诸环节的岗位目标责任等事项。

第十四条 公共建筑的所有权人或者委托的物业管理单位应当建立用能档案，在供热或者制冷间歇期委托相关检测机构对用能设备和系统的性能进行综合检测评价，定期进行维护、维修、保养及更新置换，保证设备和系统的正常运行。

第十五条 供热单位、房屋产权单位或者其委托的物业管理等有关单位，应当记录并按有关规定上报能源消耗资料。

鼓励新建民用建筑和既有建筑实施建筑能效测评。

第十六条 从事建筑节能及相关管理活动的单位，应当对其从业人员进行建筑节能标准与技术等专业知识的培训。

建筑节能标准和节能技术应当作为注册城市规划师、注册建筑师、勘察设计注册工程师、注册监理工程师、注册建造师等继续教育的必修内容。

第十七条 建设单位应当按照建筑节能政策要求和建筑节能标准委托工程项目的设计。

建设单位不得以任何理由要求设计单位、施工单位擅自修改经审查合格的节能设计文件，降低建筑节能标准。

第十八条 房地产开发企业应当将所售商品住房的节能措施、围护结构保温隔热性能指标等基本信息在销售现场显著位置予以公示，并在《住宅使用说明书》中予以载明。

第十九条 设计单位应当依据建筑节能标准的要求进行设计，保证建筑节能设计质量。

施工图设计文件审查机构在进行审查时，应当审查节能设计的内容，在审查报告中单列节能审查章节；不符合建筑节能强制性标准的，施工图设计文件审查结论应当定为不合格。

第二十条 施工单位应当按照审查合格的设计文件和建筑节能施工标准的要求进行施工，保证工程施工质量。

第二十一条 监理单位应当依照法律、法规以及建筑节能标准、节能设计文件、建设工程承包合同及监理合同对节能工程建设实施监理。

第二十二条 对超过能源消耗指标的供热单位、公共建筑的所有权人或者其委托的物业管理单位，责令限期达标。

第二十三条 对擅自改变建筑围护结构节能措施，并影响公共利益和他人合法权益的，责令责任人及时予以修复，并承担相应的费用。

第二十四条 建设单位在竣工验收过程中，有违反建筑节能强制性标准行为的，按照《建设工程质量管理条例》的有关规定，重新组织竣工验收。

第二十五条 建设单位未按照建筑节能强制性标准委托设计，擅自修改节能设计文件，明示或暗示设计单位、施工单位违反建筑节能设计强制性标准，降低工程建设质量的，处20万元以上50万元以下的罚款。

第二十六条 设计单位未按照建筑节能强制性标准进行设计的，应当修改设计。未进行修改的，给予警告，处10万元以上30万元以下罚款；造成损失的，依法承担赔偿责任；两年内，累计三项工程未按照建筑节能强制性标准设计的，责令停业整顿，降低资质等级或者吊销资质证书。

第二十七条 对未按照节能设计进行施工的施工单位，责令改正；整改所发生的工程费用，由施工单位负责；可以给予警告，情节严重的，处工程合同价款2%以上4%以下的罚款；两年内，累计三项工程未按照符合节能标准要求的设计进行施工的，责令停业整顿，降低资质等级或者吊销资质证书。

第二十八条 本规定的责令停业整顿、降低资质等级和吊销资质证书的行政处罚，由颁发资质证书的机关决定；其他行政处罚，由建设行政主管部门依照法定职权决定。

第二十九条 农民自建低层住宅不适用本规定。

第三十条 本规定自2006年1月1日起施行。原《民用建筑节能管理规定》（建设部令第76号）同时废止。

实施工程建设强制性标准监督规定

第一条 为加强工程建设强制性标准实施的监督工作，保证建设工程质量，保障人民的生命、财产安全，维护社会公共利益，根据《中华人民共和国标准化法》、《中华人民共和国标准化法实施条例》和《建设工程质量管理条例》，制定本规定。

第二条 在中华人民共和国境内从事新建、扩建、改建等工程建设活动，必须执行工程建设强制性标准。

第三条 本规定所称工程建设强制性标准是指直接涉及工程质量、安全、卫生及环境保护等方面的工程建设标准强制性条文。

国家工程建设标准强制性条文由国务院建设行政主管部门会同国务院有关行政主管部门确定。

第四条 国务院建设行政主管部门负责全国实施工程建设强制性标准的监督管理工作。

国务院有关行政主管部门按照国务院的职能分工负责实施工程建设强制性标准的监督管理工作。

县级以上地方人民政府建设行政主管部门负责本行政区域内实施工程建设强制性标准的监督管理工作。

第五条 工程建设中拟采用的新技术、新工艺、新材料，不符合现行强制性标准规定的，应当由拟采用单位提请建设单位组织专题技术论证，报批准标准的建设行政主管部门或者国务院有关主管部门审定。

工程建设中采用国际标准或者国外标准，现行强制性标准未作规定的，建设单位应当向国务院建设行政主管部门或者国务院有关行政主管部门备案。

第六条 建设项目规划阶段执行强制性标准的情况实施监督。

施工图设计文件审查单位应当对工程建设勘察、设计阶段执行强制性标准的情况实施监督。

建筑安全监督管理机构应当对工程建设施工阶段执行施工安全强制性标准的情况实施监督。

工程质量监督机构应当对工程建设施工、监理、验收等阶段执行强制性标准的情况实施监督。

第七条 建设项目规划审查机关、施工图设计文件审查单位、建筑安全监督管理机构、工程质量监督机构的技术人员必须熟悉、掌握工程建设强制性标准。

第八条 工程建设标准批准部门应当定期对建设项目规划审查机关、施工图设计文件审查单位、建筑安全监督管理机构、工程质量监督机构实施强制性标准的监督进行检查，对监督不力的单位和个人，给予通报批评，建议有关部门处理。

第九条 工程建设标准批准部门应当对工程项目执行强制性标准情况进行监督检查。

监督检查可以采取重点检查、抽查和专项检查的方式。

第十条 强制性标准监督检查的内容包括：

（一）有关工程技术人员是否熟悉、掌握强制性标准；

（二）工程项目的规划、勘察、设计、施工、验收等是否符合强制性标准的规定；

（三）工程项目采用的材料、设备是否符合强制性标准的规定；

（四）工程项目的安全、质量是否符合强制性标准的规定；

（五）工程中采用的导则、指南、手册、计算机软件的内容是否符合强制性标准的规定。

第十一条 工程建设标准批准部门应当将强制性标准监督检查结果在一定范围内公告。

第十二条 工程建设强制性标准的解释由工程建设标准批准部门负责。

有关标准具体技术内容的解释，工程建设标准批准部门可以委托该标准的编制管理单位负责。

第十三条 工程技术人员应当参加有关工程建设强制性标准的培训，并可以计入继续教育学时。

第十四条 建设行政主管部门或者有关行政主管部门在处理重大工程事故时，应当有工程建设标准方面的专家参加；工程事故报告应当包括是否符合工程建设强制性标准的意见。

第十五条 任何单位和个人对违反工程建设强制性标准的行为有权向建设行政主管部门或者有关部门检举、控告、投诉。

第十六条 建设单位有下列行为之一的，责令改正，并处以 20 万元以上 50 万元以下的罚款：

（一）明示或者暗示施工单位使用不合格的建筑材料、建筑构配件和设备的；

（二）明示或者暗示设计单位或者施工单位违反工程建设强制性标准，降低工程质量的。

第十七条 勘察、设计单位违反工程建设强制性标准进行勘察、设计的，责令改正，并处以 10 万元以上 30 万元以下的罚款。

有前款行为，造成工程质量事故的，责令停业整顿，降低资质等级；情节严重的，吊销资质证书；造成损失的，依法承担赔偿责任。

第十八条 施工单位违反工程建设强制性标准的，责令改正，处工程合同价款 2%以上 4%以下的罚款；造成建设工程质量不符合规定的质量标准的，负责返工、修理，并赔偿因此造成的损失；情节严重的，责令停业整顿，降低资质等级或者吊销资质证书。

第十九条 工程监理单位违反强制性标准规定，将不合格的建设工程以及建筑材料、建筑构配件和设备按照合格签字的，责令改正，处 50 万元以上 100 万元以下的罚款，降低资质等级或者吊销资质证书；有违法所得的，予以没收；造成损失的，承担连带赔偿责任。

第二十条 违反工程建设强制性标准造成工程质量、安全隐患或者工程事故的，按照《建设工程质量管理条例》有关规定，对事故责任单位和责任人进行处罚。

第二十一条 有关责令停业整顿、降低资质等级和吊销资质证书的行政处罚，由颁发资质证书的机关决定；其他行政处罚，由建设行政主管部门或者有关部门依照法定职权决定。

第二十二条 建设行政主管部门和有关行政主管部门工作人员，玩忽职守、滥用职权、徇私舞弊的，给予行政处分；构成犯罪的，依法追究刑事责任。

第二十三条 本规定由国务院建设行政主管部门负责解释。

第二十四条 本规定自发布之日起施行。

关于新建居住建筑严格执行节能设计标准的通知

建科〔2005〕55号

各省、自治区建设厅，直辖市建委及有关部门，计划单列市建委，新疆生产建设兵团建设局：

建筑节能设计标准是建设节能建筑的基本技术依据，是实现建筑节能目标的基本要求，其中强制性条文规定了主要节能措施、热工性能指标、能耗指标限值，考虑了经济和社会效益等方面的要求，必须严格执行。1996年7月以来，建设部相继颁布实施了各气候区的居住建筑节能设计标准。一些地区还依据部的要求，在建筑节能政策法规制定、技术标准图集编制、配套技术体系建立、科技试点示范、建筑节能材料产品开发应用与管理、宣传培训等方面开展了大量工作，取得了成效。但是，也有一些地方和单位，包括建设、设计、施工等单位不执行或擅自降低节能设计标准，新建建筑执行建筑节能设计标准的比例不高，不同程度存在浪费建筑能源的问题。为了贯彻落实科学发展观和今年政府工作报告提出的"鼓励发展节能型地型住宅和公共建筑"的要求，切实抓好新建居住建筑严格执行建筑节能设计标准的工作，降低居住建筑能耗，现通知如下：

一、提高认识，明确目标和任务

（一）我国人均资源能源相对贫乏，在建筑的建造和使用过程中资源、能源浪费问题突出，建筑的节能节地节水节材潜力很大。随着城镇化和人民生活水平的提高，新建建筑将继续保持一定增长势头。在发展过程中，必须考虑能源资源的承载能力，注重城镇发展建设的质量和效益。各级建设行政主管部门要牢固树立科学发展观，要从转变经济增长方式、调整经济结构、建设节约型社会的高度，充分认识建筑节能工作的重要性，把推进建筑节能工作作为城乡建设实现可持续发展方式的一项重要任务，抓紧、抓实、抓出成效。

（二）城市新建建筑均应严格执行建筑节能设计标准的有关强制性规定；有条件的大城市和严寒、寒冷地区可率先按照节能率65%的地方标准执行；凡属财政补贴或拨款的建筑应全部率先执行建筑节能设计标准。

（三）开展建筑节能工作，需要兼顾近期重点和远期目标、城镇和农村、新建和既有建筑、居住和公共建筑。当前及今后一个时期，应首先抓好城市新建居住建筑严格执行建筑节能设计标准工作，同时，积极进行城市既有建筑节能改造试点工作，研究相关政策措施和技术方案，为全面推进既有建筑节能改造积累经验。

二、明确各方责任，严格执行标准

（一）建设单位要遵守国家节约能源和保护环境的有关法律法规，按照相应的建筑节能设计标准和技术要求委托工程项目的规划设计、开工建设、组织竣工验收，并应将节能工程竣工验收报告报建筑节能管理机构备案。

房地产开发企业要将所售商品住房的结构形式及其节能措施、围护结构保温隔热性能指标等基本信息载入《住宅使用说明书》。

（二）设计单位要遵循建筑节能法规、节能设计标准和有关节能要求，严格按照节能设计标准和节能要求进行节能设计，设计文件必须完备，保证设计质量。

（三）施工图设计文件审查机构要严格按照建筑节能设计标准进行审查，在审查报告中单列是否符合节能标准的章节；审查人员应有签字并加盖审查机构印章。不符合建筑节能强制性标准的，施工图设计文件审查结论应为不合格。

（四）施工单位要按照审查合格的设计文件和节能施工技术标准的要求进行施工，确保工程施工符合节能标准和设计质量要求。

（五）监理单位要依照法律、法规以及节能技术标准、节能设计文件、建设工程承包合同及监理合同，对节能工程建设实施监理。监理单位应对施工质量承担监理责任。

三、加强组织领导，严格监督管理

（一）推进建筑节能涉及城市规划、建设、管理等各方面的工作，各地要完善建筑节能工作领导小组的工作制度，通过联席会议和专题会议等有效形式，形成协调配合、运行顺畅的工作机制。

（二）各地建设行政主管部门要加大建筑节能宣传力度，增强公众的节能意识，逐步建立社会监督机制。要结合实例向公众宣传建筑节能的重要性，提高公众建筑节能的自觉性和主动性。同时，要建立监督举报制度，受理公众举报。

（三）各地和有关单位要加强对设计、施工、监理等专业技术人员和管理人员的建筑节能知识与技术的培训，把建筑节能有关法律法规、标准规范和经核准的新技术、新材料、新工艺等作为注册建筑师、勘察设计注册工程师、监理工程师、建造师等各类执业注册人员继续教育的必修内容。

（四）各地建设行政主管部门要采取有效措施加强建筑节能工作中设计、施工、监理和竣工验收、房屋销售核准等的监督管理。在查验施工图设计文件审查机构出具的审查报告时，应查验对节能的审查情况，审查不合格的不得颁发施工许可证。发现违反国家有关节能工程质量管理规定的，应责令建设单位改正；改正后要责令其重新组织竣工验收，并且不得减免新型墙体材料专项基金。

房地产管理部门要审查房地产开发单位是否将建筑能耗说明载入《住宅使用说明书》。

（五）设区城市以上建设行政主管部门要组织推进节能建筑性能测评工作。各级建筑节能工作机构要切实履行职责，认真开展对节能建筑及产品的检测。要建立健全建筑节能统计报告制度，掌握分析建筑节能进展情况。

（六）各地建设行政主管部门要加强经常性的建筑节能设计标准实施情况的监督检查，发现问题，及时纠正和处理。各省（自治区、直辖市）建设行政主管部门每年要把建筑节能作为建筑工程质量检查的专项内容进行检查，对问题突出的地区或单位依法予以处理，并将监督检查和处理情况于今年9月30日前报建设部。建设部每年在各地监督检查的基础上，对各地建筑节能标准执行情况进行抽查，对建筑节能工作开展不力的地方和单位进行重点检查。2005年底以前，建设部重点抽查大城市和特大城市；2006年6月以前，对其他城市进行抽查，并将抽查的情况予以通报。

凡建筑节能工作开展不力的地区，所涉及的城市不得参加"人居环境奖"、"园林城市"的评奖，已获奖的应限期整改，经整改仍达不到标准和要求的将撤消获奖称号。不符合建筑节能要求的项目不得参加"鲁班奖"、"绿色建筑创新奖"等奖项的评奖。

（七）各地建设行政主管部门对不执行或擅自降低建筑节能设计标准的单位，要依据

《中华人民共和国建筑法》、《中华人民共和国节约能源法》、《建设工程质量管理条例》(国务院令第279号)、《建设工程勘察设计管理条例》(国务院令第293号)、《民用建筑节能管理规定》(建设部令第76号)、《实施工程建设强制性标准监督规定》(建设部令第81号)等法律法规和规章的规定进行处罚:

1. 建设单位明示或暗示设计单位、施工单位违反节能设计强制性标准,降低工程建设质量;或明示或者暗示施工单位使用不合格的建筑材料、建筑构配件和设备;或施工图设计文件未经审查或者审查不合格,擅自施工的;或未按照国家规定将竣工验收报告、有关认可文件或者准许使用文件报送备案的;处20万元以上50万元以下的罚款。

建设单位未取得施工许可证或者开工报告未经批准,擅自施工的,责令停止施工,限期改正,处工程合同价款1%以上2%以下的罚款。

建设单位未组织竣工验收,擅自交付使用的;或验收不合格,擅自交付使用的;或对不合格的建设工程按照合格工程验收的;处工程合同价款2%以上4%以下的罚款;造成损失的,依法承担赔偿责任。建设工程竣工验收后,建设单位未向建设行政主管部门或者其他有关部门移交建设项目档案的,责令改正,处1万元以上10万元以下的罚款。

2. 设计单位指定建筑材料、建筑构配件的生产厂、供应商的;或未按照工程建设强制性标准进行设计的;责令改正,处10万元以上30万元以下的罚款;有上述行为造成重大工程质量事故的,责令停业整顿,降低资质等级;情节严重的,吊销资质证书;造成损失的,依法承担赔偿责任。

3. 施工图设计文件审查单位如不按照要求对施工图设计文件进行审查,一经查实将由建设行政主管部门对当事人和其所在单位进行批评和处罚,直至取消审查资格。

4. 施工单位在施工中偷工减料的,使用不合格的建筑材料、建筑构配件和设备的,或者有不按照工程设计图纸或者施工技术标准施工的其他行为的,责令改正,并处工程合同价款2%以上4%以下的罚款;造成建设工程质量不符合规定的质量标准的,负责返工、修理,并赔偿因此造成的损失;情节严重的,责令停业整顿,降低资质等级或者吊销资质证书。

施工单位不履行保修义务或者拖延履行保修义务的,责令改正,处10万元以上20万元以下的罚款,并对在保修期内因质量缺陷造成的损失承担赔偿责任。

5. 工程监理单位与建设单位或者施工单位串通,弄虚作假、降低工程质量的;或将不合格的建设工程、建筑材料、建筑构配件和设备按照合格签字的;责令改正,处50万元以上100万元以下的罚款,降低资质等级或者吊销资质证书;有违法所得的,予以没收;造成损失的,承担连带赔偿责任。

6. 注册建筑师、注册结构工程师、监理工程师等注册执业人员因过错造成质量事故的,责令停止执业1年;造成重大质量事故的,吊销执业资格证书,5年以内不予注册;情节特别恶劣的,终身不予注册。

关于印发《"采用不符合工程建设强制性标准的新技术、新工艺、新材料核准"行政许可实施细则》的通知

建标〔2005〕124号

各省、自治区建设厅，直辖市建委，新疆生产建设兵团建设局，国务院有关部门：

为加强对"采用不符合工程建设强制性标准的新技术、新工艺、新材料核准"行政许可（简称"三新核准"）事项的管理，规范建设市场的行为，确保建设工程的质量和安全，促进建设领域的技术进步，我部根据《行政许可法》、《建设工程勘察设计管理条例》、《关于建设部机关直接实施的行政许可事项有关规定和内容的公告》以及《建设部机关实施行政许可工作规程》等有关规定，结合"三新核准"事项的特点，组织制定了《"采用不符合工程建设强制性标准的新技术、新工艺、新材料核准"行政许可实施细则》。现印发给你们，请遵照执行。

中华人民共和国建设部
二〇〇五年七月二十日

"采用不符合工程建设强制性标准的新技术、新工艺、新材料核准"行政许可实施细则

第一章 总 则

第一条 为加强工程建设强制性标准的实施与监督，规范"采用不符合工程建设强制性标准的新技术、新工艺、新材料核准"行政许可事项的管理，根据《行政许可法》、《建设工程勘察设计管理条例》、《关于建设部机关直接实施的行政许可事项有关规定和内容的公告》以及《建设部机关实施行政许可工作规程》等有关法律、法规和规定，制定本实施细则。

第二条 本实施细则适用于"采用不符合工程建设强制性标准的新技术、新工艺、新材料核准"行政许可（以下简称"三新核准"）事项的申请、办理与监督管理。

本实施细则所称"不符合工程建设强制性标准"是指与现行工程建设强制性标准不一致的情况，或直接涉及建设工程质量安全、人身健康、生命财产安全、环境保护、能源资源节约和合理利用以及其他社会公共利益，且工程建设强制性标准没有规定又没有现行工程建设国家标准、行业标准和地方标准可依的情况。

第三条 在中华人民共和国境内的建设工程，拟采用不符合工程建设强制性标准的新技术、新工艺、新材料时，应当由该工程的建设单位依法取得行政许可，并按照行政许可决定的要求实施。

未取得行政许可的，不得在建设工程中采用。

第四条 国务院建设行政主管部门负责"三新核准"的统一管理,由建设部标准定额司具体办理。

第五条 国务院有关行政主管部门的标准化管理机构出具本行业"三新核准"的审核意见,并对审核意见负责;

省、自治区、直辖市建设行政主管部门出具本行政区域"三新核准"的审核意见,并对审核意见负责。

第六条 法律、法规另有规定的,按照相关的法律、法规的规定执行。

第二章 申请与受理

第七条 申请"三新核准"的事项,应当符合下列条件:

(一)申请事项不符合现行相关的工程建设强制性标准;

(二)申请事项直接涉及建设工程质量安全、人身健康、生命财产安全、环境保护、能源资源节约和合理利用以及其他社会公共利益;

(三)申请事项已通过省级、部级或国家级的鉴定或评估,并经过专题技术论证。

第八条 建设部标准定额司应在指定的办公场所、建设部网站等公布审批"三新核准"的依据、条件、程序、期限、所需提交的全部资料目录以及申请书示范文本等。

第九条 申请"三新核准"时,建设单位应当提交下列材料:

(一)《采用不符合工程建设强制性标准的新技术、新工艺、新材料核准申请书》(见附件一);

(二)采用不符合工程建设强制性标准的新技术、新工艺、新材料的理由;

(三)工程设计图(或施工图)及相应的技术条件;

(四)省级、部级或国家级的鉴定或评估文件,新材料的产品标准文本和国家认可的检验、检测机构的意见(报告),以及专题技术论证会纪要;

(五)新技术、新工艺、新材料在国内或国外类似工程应用情况的报告或中试(生产)试验研究情况报告;

(六)国务院有关行政主管部门的标准化管理机构或省、自治区、直辖市建设行政主管部门的审核意见。

第十条 《采用不符合工程建设强制性标准的新技术、新工艺、新材料核准申请书》(示范文本)可向国务院有关行政主管部门的标准化管理机构或省、自治区、直辖市建设行政主管部门申领,也可在建设部网站下载。

第十一条 专题技术论证会应当由建设单位提出和组织,在报请国务院有关行政主管部门的标准化管理机构或省、自治区、直辖市建设行政主管部门的标准化管理机构同意后召开。

专题技术论证会应有相应标准的管理机构代表、相关单位的专家或技术人员参加,专家组不得少于7人,专家组成员应具备高级技术职称并熟悉相关标准的规定。

专题技术论证会纪要应当包括会议概况、不符合工程建设强制性标准的情况说明、应用的可行性概要分析、结论、专家组成员签字、会议记录。专题技术论证会的结论应当由专家组全体成员认可,一般包括:不同意、同意、同意但需要补充有关材料或同意但需要按照论证会提出的意见进行修改。

第十二条 国务院有关行政主管部门的标准化管理机构或省、自治区、直辖市建设行政主管部门出具审核意见时,应全面审核建设单位提交的专题技术论证会纪要和其他有关材料,必要时可召开专家会议进行复核。审核意见应加盖公章,审核材料应归档。

审核意见应当包括同意或不同意。对不同意的审核意见应当提出相应的理由。

第十三条 建设单位应对申请材料实质内容的真实性负责。主管部门不得要求建设单位提交与其申请的行政许可事项无关的技术材料和其他材料,对建设单位提出的需要保密的材料不得对外公开。任何单位或个人不得擅自修改申报资料,属特殊情况确需修改的应符合有关规定。

第十四条 建设单位向国务院建设行政主管部门提交"三新核准"材料时应同时提交其电子文本。

第十五条 建设部标准定额司统一受理"三新核准"的申请,并应当在收到申请后,根据下列情况分别做出处理:

(一)对依法不需要取得"三新核准"或者不属于核准范围的,申请人隐瞒有关情况或者提供虚假材料的,按照附件二的要求即时制作《建设行政许可不予受理通知书》,发送申请人;

(二)对申请材料存在可以当场更正的错误的,应当允许申请人当场更正;

(三)对属于符合材料申报要求的申请,按照附件三的要求即时制作《建设行政许可申请材料接收凭证》,发送申请人;

(四)对申请材料不齐全或者不符合法定形式的申请,应按照附件四的要求当场或者在五个工作日内制作《建设行政许可补正材料通知书》,发送申请人。逾期不告知的,自收到申请材料之日起即为受理;

(五)对属于本核准职权范围,材料(或补正材料)齐全、符合法定形式的行政许可申请,按照附件五的要求在五个工作日内制作《建设行政许可受理通知书》,发送申请人。

第三章 审查与决定

第十六条 建设部标准定额司受理申请后,按照建设部行政许可工作的有关规定和评审细则(另行制定)的要求,组织有关专家对申请事项进行审查,提出审查意见。

第十七条 建设部标准定额司对依法需要听证、检验、检测、鉴定、咨询评估、评审的申请事项,应按照附件六的要求制作《建设行政许可特别程序告知书》,告知申请人所需时间,所需时间不计算在许可期限内。

第十八条 建设部标准定额司自受理"三新核准"申请之日起,在二十个工作日内作出行政许可决定。情况复杂,不能在规定期限内作出决定的,经分管部长批准,可以延长十个工作日,并按照附件七的要求制作《建设行政许可延期通知书》,发送申请人,说明延期理由。

第十九条 建设部标准定额司根据审查意见提出处理意见:

(一)对符合法定条件的,按照附件八的要求制作《准予建设行政许可决定书》;

(二)对不符合法定条件的,按照附件九的要求制作《不予建设行政许可决定书》,说明理由，并告知申请人享有依法申请行政复议或者提起行政诉讼的权利。

第二十条 建设部依法作出建设行政许可决定后，建设部标准定额司应当自作出决定之日起十个工作日内将《准予建设行政许可决定书》或《不予建设行政许可决定书》，发送申请人。

第二十一条 对于建设部作出的"三新核准"准予行政许可决定，建设部标准定额司应在建设部网站等媒体予以公告，供公众免费查阅，并将有关资料归档保存。

第二十二条 对于建设部已经作出准予行政许可决定的同一种新技术、新工艺或新材料，需要在其他相同类型工程中采用，且应用条件相似的，可以由建设单位直接向建设部标准定额司提出行政许可申请，并提供本实施细则第九条(一)、(二)、(三)规定的材料和原《准予建设行政许可决定书》，依法办理行政许可。

第四章 听证、变更与延续

第二十三条 "三新核准"事项需要听证的，应当按照《建设行政许可听证工作规定》(建法〔2004〕108号)办理。建设部标准定额司应当按照附件十、十一、十二的要求制作《建设行政许可听证告知书》、《建设行政许可听证通知书》、《建设行政许可听证公告》。

第二十四条 被许可人要求变更"三新核准"事项的，应当向建设部标准定额司提出变更申请。变更申请应当阐明变更的理由、依据，并提供相关材料。

第二十五条 当符合下列条件时，建设部标准定额司应当依法办理变更手续。
(一) 被许可人的法定名称发生变更的；
(二) 行政许可决定所适用的工程名称发生变更的。

第二十六条 被许可人提出变更行政许可事项申请的，建设部标准定额司按规定在二十个工作日内依法办理变更手续。对符合变更条件的应当按照附件十三的要求制作《准予变更建设行政许可决定书》；对不符合变更条件的，应当按照附件十四的要求制作《不予变更建设行政许可决定书》，发送被许可人。

第二十七条 发生下列情形之一时，建设部可依法变更或者撤回已经生效的行政许可，建设部标准定额司应当按照附件十五的要求制作《变更、撤回建设行政许可决定书》，发送被许可人。
(一) 建设行政许可所依据的法律、法规、规章修改或者废止；
(二) 建设行政许可所依据的客观情况发生重大变化的。

第二十八条 被许可人在行政许可有效期届满三十个工作日前提出延续申请的，建设部标准定额司应当在该行政许可有效期届满前提出是否准予延续的意见，按照附件十六、十七的要求制作《准予延续建设行政许可决定书》或《不予延续建设行政许可决定书》，发送被许可人。逾期未作决定的，视为准予延续。

被许可人在行政许可有效期届满后未提出延续申请的，其所取得的"三新核准"《准予建设行政许可决定书》将不再有效。

第二十九条 被许可人所取得的"三新核准"《准予建设行政许可决定书》在有效期内丢失，可向建设部标准定额司阐明理由，提出补办申请，建设部标准定额司按规定在二十个工作日内依法办理补发手续。

第五章 监 督 检 查

第三十条 建设部标准定额司应按照《建设部机关对被许可人监督检查的规定》，加强对被许可人从事行政许可事项活动情况的监督检查。

第三十一条 国务院有关行政主管部门或各地建设行政主管部门应当对本行业或本行政区域内"三新核准"事项的实施情况进行监督检查。

第三十二条 建设部标准定额司根据利害关系人的请求或者依据职权，可以依法撤销、注销行政许可，按照附件十八的要求制作《撤销建设行政许可决定书》和附件十九的要求制作《注销建设行政许可决定书》发送被许可人。

第三十三条 国务院有关行政主管部门或各地建设行政主管部门对"三新核准"事项进行监督检查，不得收取任何费用。但法律、行政法规另有规定的，依照其规定。

第六章 附 则

第三十四条 本细则由建设部负责解释。

第三十五条 本细则自发布之日起实施。

第四部分 相关标准规范

中华人民共和国国家标准

公共建筑节能设计标准

Design standard for energy efficiency of public buildings

GB 50189—2005

主编部门：中华人民共和国建设部
批准部门：中华人民共和国建设部
施行日期：2005年7月1日

目 次

1 总则 ·· 277
2 术语 ·· 277
3 室内环境节能设计计算参数 ··· 277
4 建筑与建筑热工设计 ·· 279
   4.1 一般规定 ·· 279
   4.2 围护结构热工设计 ·· 279
   4.3 围护结构热工性能的权衡判断 ·· 283
5 采暖、通风和空气调节节能设计 ·· 284
   5.1 一般规定 ·· 284
   5.2 采暖 ··· 284
   5.3 通风与空气调节 ··· 285
   5.4 空气调节与采暖系统的冷热源 ·· 288
   5.5 监测与控制 ·· 291
附录 A 建筑外遮阳系数计算方法 ·· 292
附录 B 围护结构热工性能的权衡计算 ··· 294
附录 C 建筑物内空气调节冷、热水管的经济绝热厚度 ·································· 297

1 总　　则

1.0.1 为贯彻国家有关法律法规和方针政策，改善公共建筑的室内环境，提高能源利用效率，制定本标准。
1.0.2 本标准适用于新建、改建和扩建的公共建筑节能设计。
1.0.3 按本标准进行的建筑节能设计，在保证相同的室内环境参数条件下，与未采取节能措施前相比，全年采暖、通风、空气调节和照明的总能耗应减少50%。公共建筑的照明节能设计应符合国家现行标准《建筑照明设计标准》GB 50034—2004 的有关规定。
1.0.4 公共建筑的节能设计，除应符合本标准的规定外，尚应符合国家现行有关标准的规定。

2 术　　语

2.0.1 透明幕墙　transparent curtain wall
可见光可直接透射入室内的幕墙。
2.0.2 可见光透射比　visible transmittance
透过透明材料的可见光光通量与投射在其表面上的可见光光通量之比。
2.0.3 综合部分负荷性能系数　integrated part load value(IPLV)
用一个单一数值表示的空气调节用冷水机组的部分负荷效率指标，它基于机组部分负荷时的性能系数值、按照机组在各种负荷下运行时间的加权因素，通过计算获得。
2.0.4 围护结构热工性能权衡判断　building envelope trade-off option
当建筑设计不能完全满足规定的围护结构热工设计要求时，计算并比较参照建筑和所设计建筑的全年采暖和空气调节能耗，判定围护结构的总体热工性能是否符合节能设计要求。
2.0.5 参照建筑　reference building
对围护结构热工性能进行权衡判断时，作为计算全年采暖和空气调节能耗用的假想建筑。

3 室内环境节能设计计算参数

3.0.1 集中采暖系统室内计算温度宜符合表3.0.1-1 的规定；空气调节系统室内计算参数宜符合表3.0.1-2 的规定。

表 3.0.1-1　集中采暖系统室内计算温度

建筑类型及房间名称	室内温度(℃)	建筑类型及房间名称	室内温度(℃)
1　办公楼：		6　体育：	
门厅、楼(电)梯	16	比赛厅(不含体操)、练习厅	16
办公室	20	休息厅	18
会议室、接待室、多功能厅	18	运动员、教练员更衣、休息	20
走道、洗手间、公共食堂	16	游泳馆	26
车库	5		
2　餐饮：		7　商业：	
餐厅、饮食、小吃、办公	18	营业厅(百货、书籍)	18
洗碗间	16	鱼肉、蔬菜营业厅	14
制作间、洗手间、配餐	16	副食(油、盐、杂货)、洗手间	16
厨房、热加工间	10	办公	20
干菜、饮料库	8	米面贮藏	5
		百货仓库	10
3　影剧院：			
门厅、走道	14	8　旅馆：	
观众厅、放映室、洗手间	16	大厅、接待	16
休息厅、吸烟室	18	客房、办公室	20
化妆	20	餐厅、会议室	18
		走道、楼(电)梯间	16
4　交通：		公共浴室	25
民航候机厅、办公室	20	公共洗手间	16
候车厅、售票厅	16		
公共洗手间	16	9　图书馆：	
		大厅	16
5　银行：		洗手间	16
营业大厅	18	办公室、阅览	20
走道、洗手间	16	报告厅、会议室	18
办公室	20	特藏、胶卷、书库	14
楼(电)梯	14		

表 3.0.1-2　空气调节系统室内计算参数

参　　数		冬　　季	夏　　季
温度(℃)	一般房间	20	25
	大堂、过厅	18	室内外温差≤10
风速(v)(m/s)		0.10≤v≤0.20	0.15≤v≤0.30
相对湿度(%)		30～60	40～65

3.0.2　公共建筑主要空间的设计新风量，应符合表 3.0.2 的规定。

表 3.0.2 公共建筑主要空间的设计新风量

建筑类型与房间名称			新风量(m³/h)
旅游旅馆	客房	5星级	50
		4星级	40
		3星级	30
	餐厅、宴会厅、多功能厅	5星级	30
		4星级	25
		3星级	20
		2星级	15
	大堂、四季厅	4～5星级	10
	商业、服务	4～5星级	20
		2～3星级	10
	美容、理发、康乐设施		30
旅店	客房	一～三级	30
		四级	20
文化娱乐	影剧院、音乐厅、录像厅		20
	游艺厅、舞厅（包括卡拉OK歌厅）		30
	酒吧、茶座、咖啡厅		10
体育馆			20
商场（店）、书店			20
饭馆（餐厅）			20
办公			30
学校	教室	小学	11
		初中	14
		高中	17

4 建筑与建筑热工设计

4.1 一般规定

4.1.1 建筑总平面的布置和设计，宜利用冬季日照并避开冬季主导风向，利用夏季自然通风。建筑的主朝向宜选择本地区最佳朝向或接近最佳朝向。

4.1.2 严寒、寒冷地区建筑的体形系数应小于或等于 0.40。当不能满足本条文的规定时，必须按本标准第 4.3 节的规定进行权衡判断。

4.2 围护结构热工设计

4.2.1 各城市的建筑气候分区应按表 4.2.1 确定。

表 4.2.1 主要城市所处气候分区

气候分区	代表性城市
严寒地区A区	海伦、博克图、伊春、呼玛、海拉尔、满洲里、齐齐哈尔、富锦、哈尔滨、牡丹江、克拉玛依、佳木斯、安达
严寒地区B区	长春、乌鲁木齐、延吉、通辽、通化、四平、呼和浩特、抚顺、大柴旦、沈阳、大同、本溪、阜新、哈密、鞍山、张家口、酒泉、伊宁、吐鲁番、西宁、银川、丹东
寒冷地区	兰州、太原、唐山、阿坝、喀什、北京、天津、大连、阳泉、平凉、石家庄、德州、晋城、天水、西安、拉萨、康定、济南、青岛、安阳、郑州、洛阳、宝鸡、徐州
夏热冬冷地区	南京、蚌埠、盐城、南通、合肥、安庆、九江、武汉、黄石、岳阳、汉中、安康、上海、杭州、宁波、宜昌、长沙、南昌、株洲、永州、赣州、韶关、桂林、重庆、达县、万州、涪陵、南充、宜宾、成都、贵阳、遵义、凯里、绵阳
夏热冬暖地区	福州、莆田、龙岩、梅州、兴宁、英德、河池、柳州、贺州、泉州、厦门、广州、深圳、湛江、汕头、海口、南宁、北海、梧州

4.2.2 根据建筑所处城市的建筑气候分区，围护结构的热工性能应分别符合表4.2.2-1、表4.2.2-2、表4.2.2-3、表4.2.2-4、表4.2.2-5以及表4.2.2-6的规定，其中外墙的传热系数为包括结构性热桥在内的平均值K_m。当建筑所处城市属于温和地区时，应判断该城市的气象条件与表4.2.1中的哪个城市最接近，围护结构的热工性能应符合那个城市所属气候分区的规定。当本条文的规定不能满足时，必须按本标准第4.3节的规定进行权衡判断。

表 4.2.2-1 严寒地区A区围护结构传热系数限值

围护结构部位		体形系数≤0.3 传热系数K [W/(m²·K)]	0.3＜体形系数≤0.4 传热系数K [W/(m²·K)]
屋面		≤0.35	≤0.30
外墙（包括非透明幕墙）		≤0.45	≤0.40
底面接触室外空气的架空或外挑楼板		≤0.45	≤0.40
非采暖房间与采暖房间的隔墙或楼板		≤0.6	≤0.6
单一朝向外窗（包括透明幕墙）	窗墙面积比≤0.2	≤3.0	≤2.7
	0.2＜窗墙面积比≤0.3	≤2.8	≤2.5
	0.3＜窗墙面积比≤0.4	≤2.5	≤2.2
	0.4＜窗墙面积比≤0.5	≤2.0	≤1.7
	0.5＜窗墙面积比≤0.7	≤1.7	≤1.5
屋顶透明部分		≤2.5	

表 4.2.2-2 严寒地区 B 区围护结构传热系数限值

围护结构部位		体形系数≤0.3 传热系数 K [W/(m²·K)]	0.3<体形系数≤0.4 传热系数 K [W/(m²·K)]
屋面		≤0.45	≤0.35
外墙（包括非透明幕墙）		≤0.50	≤0.45
底面接触室外空气的架空或外挑楼板		≤0.50	≤0.45
非采暖房间与采暖房间的隔墙或楼板		≤0.8	≤0.8
单一朝向外窗（包括透明幕墙）	窗墙面积比≤0.2	≤3.2	≤2.8
	0.2<窗墙面积比≤0.3	≤2.9	≤2.5
	0.3<窗墙面积比≤0.4	≤2.6	≤2.2
	0.4<窗墙面积比≤0.5	≤2.1	≤1.8
	0.5<窗墙面积比≤0.7	≤1.8	≤1.6
屋顶透明部分		≤2.6	

表 4.2.2-3 寒冷地区围护结构传热系数和遮阳系数限值

围护结构部位		体形系数≤0.3 传热系数 K [W/(m²·K)]		0.3<体形系数≤0.4 传热系数 K [W/(m²·K)]	
屋面		≤0.55		≤0.45	
外墙（包括非透明幕墙）		≤0.60		≤0.50	
底面接触室外空气的架空或外挑楼板		≤0.60		≤0.50	
非采暖空调房间与采暖空调房间的隔墙或楼板		≤1.5		≤1.5	
外窗（包括透明幕墙）		传热系数 K [W/(m²·K)]	遮阳系数 SC （东、南、西向/北向）	传热系数 K [W/(m²·K)]	遮阳系数 SC （东、南、西向/北向）
单一朝向外窗（包括透明幕墙）	窗墙面积比≤0.2	≤3.5	—	≤3.0	—
	0.2<窗墙面积比≤0.3	≤3.0	—	≤2.5	—
	0.3<窗墙面积比≤0.4	≤2.7	≤0.70/—	≤2.3	≤0.70/—
	0.4<窗墙面积比≤0.5	≤2.3	≤0.60/—	≤2.0	≤0.60/—
	0.5<窗墙面积比≤0.7	≤2.0	≤0.50/—	≤1.8	≤0.50/—
屋顶透明部分		≤2.7	≤0.50	≤2.7	≤0.50

注：有外遮阳时，遮阳系数＝玻璃的遮阳系数×外遮阳的遮阳系数；无外遮阳时，遮阳系数＝玻璃的遮阳系数。

表 4.2.2-4 夏热冬冷地区围护结构传热系数和遮阳系数限值

围护结构部位		传热系数 $K[W/(m^2 \cdot K)]$	
屋面		≤0.70	
外墙(包括非透明幕墙)		≤1.0	
底面接触室外空气的架空或外挑楼板		≤1.0	
外窗(包括透明幕墙)		传热系数 K $[W/(m^2 \cdot K)]$	遮阳系数 SC (东、南、西向/北向)
单一朝向外窗(包括透明幕墙)	窗墙面积比≤0.2	≤4.7	—
	0.2<窗墙面积比≤0.3	≤3.5	≤0.55/—
	0.3<窗墙面积比≤0.4	≤3.0	≤0.50/0.60
	0.4<窗墙面积比≤0.5	≤2.8	≤0.45/0.55
	0.5<窗墙面积比≤0.7	≤2.5	≤0.40/0.50
屋顶透明部分		≤3.0	≤0.40

注：有外遮阳时，遮阳系数=玻璃的遮阳系数×外遮阳的遮阳系数；无外遮阳时，遮阳系数=玻璃的遮阳系数。

表 4.2.2-5 夏热冬暖地区围护结构传热系数和遮阳系数限值

围护结构部位		传热系数 $K[W/(m^2 \cdot K)]$	
屋面		≤0.90	
外墙(包括非透明幕墙)		≤1.5	
底面接触室外空气的架空或外挑楼板		≤1.5	
外窗(包括透明幕墙)		传热系数 K $[W/(m^2 \cdot K)]$	遮阳系数 SC (东、南、西向/北向)
单一朝向外窗(包括透明幕墙)	窗墙面积比≤0.2	≤6.5	—
	0.2<窗墙面积比≤0.3	≤4.7	≤0.50/0.60
	0.3<窗墙面积比≤0.4	≤3.5	≤0.45/0.55
	0.4<窗墙面积比≤0.5	≤3.0	≤0.40/0.50
	0.5<窗墙面积比≤0.7	≤3.0	≤0.35/0.45
屋顶透明部分		≤3.5	≤0.35

注：有外遮阳时，遮阳系数=玻璃的遮阳系数×外遮阳的遮阳系数；无外遮阳时，遮阳系数=玻璃的遮阳系数。

表 4.2.2-6 不同气候区地面和地下室外墙热阻限值

气候分区	围护结构部位	热阻 $R(m^2 \cdot K)/W$
严寒地区 A 区	地面：周边地面 非周边地面	≥2.0 ≥1.8
	采暖地下室外墙(与土壤接触的墙)	≥2.0
严寒地区 B 区	地面：周边地面 非周边地面	≥2.0 ≥1.8
	采暖地下室外墙(与土壤接触的墙)	≥1.8
寒冷地区	地面：周边地面 非周边地面	≥1.5 —
	采暖、空调地下室外墙(与土壤接触的墙)	≥1.5

续表

气候分区	围护结构部位	热阻 $R(m^2 \cdot K)/W$
夏热冬冷地区	地面	≥1.2
	地下室外墙(与土壤接触的墙)	≥1.2
夏热冬暖地区	地面	≥1.0
	地下室外墙(与土壤接触的墙)	≥1.0

注：周边地面系指距外墙内表面2m以内的地面；
地面热阻系指建筑基础持力层以上各层材料的热阻之和；
地下室外墙热阻系指土壤以内各层材料的热阻之和。

4.2.3 外墙与屋面的热桥部位的内表面温度不应低于室内空气露点温度。

4.2.4 建筑每个朝向的窗(包括透明幕墙)墙面积比均不应大于0.70。当窗(包括透明幕墙)墙面积比小于0.40时，玻璃(或其他透明材料)的可见光透射比不应小于0.4。当不能满足本条文的规定时，必须按本标准第4.3节的规定进行权衡判断。

4.2.5 夏热冬暖地区、夏热冬冷地区的建筑以及寒冷地区中制冷负荷大的建筑，外窗(包括透明幕墙)宜设置外部遮阳，外部遮阳的遮阳系数按本标准附录A确定。

4.2.6 屋顶透明部分的面积不应大于屋顶总面积的20%，当不能满足本条文的规定时，必须按本标准第4.3节的规定进行权衡判断。

4.2.7 建筑中庭夏季应利用通风降温，必要时设置机械排风装置。

4.2.8 外窗的可开启面积不应小于窗面积的30%；透明幕墙应具有可开启部分或设有通风换气装置。

4.2.9 严寒地区建筑的外门应设门斗，寒冷地区建筑的外门宜设门斗或应采取其他减少冷风渗透的措施。其他地区建筑外门也应采取保温隔热节能措施。

4.2.10 外窗的气密性不应低于《建筑外窗气密性能分级及其检测方法》GB 7107规定的4级。

4.2.11 透明幕墙的气密性不应低于《建筑幕墙物理性能分级》GB/T 15225规定的3级。

4.3 围护结构热工性能的权衡判断

4.3.1 首先计算参照建筑在规定条件下的全年采暖和空气调节能耗，然后计算所设计建筑在相同条件下的全年采暖和空气调节能耗，当所设计建筑的采暖和空气调节能耗不大于参照建筑的采暖和空气调节能耗时，判定围护结构的总体热工性能符合节能要求。当所设计建筑的采暖和空气调节能耗大于参照建筑的采暖和空气调节能耗时，应调整设计参数重新计算，直至所设计建筑的采暖和空气调节能耗不大于参照建筑的采暖和空气调节能耗。

4.3.2 参照建筑的形状、大小、朝向、内部的空间划分和使用功能应与所设计建筑完全一致。在严寒和寒冷地区，当所设计建筑的体形系数大于本标准第4.1.2条的规定时，参照建筑的每面外墙均应按比例缩小，使参照建筑的体形系数符合本标准第4.1.2条的规定。当所设计建筑的窗墙面积比大于本标准第4.2.4条的规定时，参照建筑的每个窗户(透明幕墙)均应按比例缩小，使参照建筑的窗墙面积比符合本标准第4.2.4条的规定。当所设计建筑的屋顶透明部分的面积大于本标准第4.2.6条的规定时，参照建筑的屋顶透明部分的面积应按比例缩小，使参照建筑的屋顶透明部分的面积符合本标准第4.2.6条的规定。

4.3.3 参照建筑外围护结构的热工性能参数取值应完全符合本标准第 4.2.2 条的规定。

4.3.4 所设计建筑和参照建筑全年采暖和空气调节能耗的计算必须按照本标准附录 B 的规定进行。

5 采暖、通风和空气调节节能设计

5.1 一 般 规 定

5.1.1 施工图设计阶段，必须进行热负荷和逐项逐时的冷负荷计算。

5.1.2 严寒地区的公共建筑，不宜采用空气调节系统进行冬季采暖，冬季宜设热水集中采暖系统。对于寒冷地区，应根据建筑等级、采暖期天数、能源消耗量和运行费用等因素，经技术经济综合分析比较后确定是否另设置热水集中采暖系统。

5.2 采 暖

5.2.1 集中采暖系统应采用热水作为热媒。

5.2.2 设计集中采暖系统时，管路宜按南、北向分环供热原则进行布置并分别设置室温调控装置。

5.2.3 集中采暖系统在保证能分室（区）进行室温调节的前提下，可采用下列任一制式；系统的划分和布置应能实现分区热量计量。

  1 上/下分式垂直双管；
  2 下分式水平双管；
  3 上分式垂直单双管；
  4 上分式全带跨越管的垂直单管；
  5 下分式全带跨越管的水平单管。

5.2.4 散热器宜明装，散热器的外表面应刷非金属性涂料。

5.2.5 散热器的散热面积，应根据热负荷计算确定。确定散热器所需散热量时，应扣除室内明装管道的散热量。

5.2.6 公共建筑内的高大空间，宜采用辐射供暖方式。

5.2.7 集中采暖系统供水或回水管的分支管路上，应根据水力平衡要求设置水力平衡装置。必要时，在每个供暖系统的入口处，应设置热量计量装置。

5.2.8 集中热水采暖系统热水循环水泵的耗电输热比（EHR），应符合下式要求：

$$EHR = N/Q\eta \quad (5.2.8-1)$$

$$EHR \leqslant 0.0056(14+a\Sigma L)/\Delta t \quad (5.2.8-2)$$

式中 N——水泵在设计工况点的轴功率（kW）；

   Q——建筑供热负荷（kW）；

   η——考虑电机和传动部分的效率（%）；

    当采用直联方式时，$\eta=0.85$；

    当采用联轴器连接方式时，$\eta=0.83$；

   Δt——设计供回水温度差（℃）。系统中管道全部采用钢管连接时，取 $\Delta t=25$℃；

系统中管道有部分采用塑料管材连接时，取 $\Delta t=20℃$；

ΣL——室外主干线（包括供回水管）总长度(m)；

当 $\Sigma L \leqslant 500m$ 时，$\alpha=0.0115$；

当 $500<\Sigma L<1000m$ 时，$\alpha=0.0092$；

当 $\Sigma L \geqslant 1000m$ 时，$\alpha=0.0069$。

5.3 通风与空气调节

5.3.1 使用时间、温度、湿度等要求条件不同的空气调节区，不应划分在同一个空气调节风系统中。

5.3.2 房间面积或空间较大、人员较多或有必要集中进行温、湿度控制的空气调节区，其空气调节风系统宜采用全空气空气调节系统，不宜采用风机盘管系统。

5.3.3 设计全空气空气调节系统并当功能上无特殊要求时，应采用单风管送风方式。

5.3.4 下列全空气空气调节系统宜采用变风量空气调节系统：

1 同一个空气调节风系统中，各空调区的冷、热负荷差异和变化大、低负荷运行时间较长，且需要分别控制各空调区温度；

2 建筑内区全年需要送冷风。

5.3.5 设计变风量全空气空气调节系统时，宜采用变频自动调节风机转速的方式，并应在设计文件中标明每个变风量末端装置的最小送风量。

5.3.6 设计定风量全空气空气调节系统时，宜采取实现全新风运行或可调新风比的措施，同时设计相应的排风系统。新风量的控制与工况的转换，宜采用新风和回风的焓值控制方法。

5.3.7 当一个空气调节风系统负担多个使用空间时，系统的新风量应按下列公式计算确定：

$$Y=X/(1+X-Z) \tag{5.3.7-1}$$
$$Y=V_{ot}/V_{st} \tag{5.3.7-2}$$
$$X=V_{on}/V_{st} \tag{5.3.7-3}$$
$$Z=V_{oc}/V_{sc} \tag{5.3.7-4}$$

式中 Y——修正后的系统新风量在送风量中的比例；

V_{ot}——修正后的总新风量(m³/h)；

V_{st}——总送风量，即系统中所有房间送风量之和(m³/h)；

X——未修正的系统新风量在送风量中的比例；

V_{on}——系统中所有房间的新风量之和(m³/h)；

Z——需求最大的房间的新风比；

V_{oc}——需求最大的房间的新风量(m³/h)；

V_{sc}——需求最大的房间的送风量(m³/h)。

5.3.8 在人员密度相对较大且变化较大的房间，宜采用新风需求控制。即根据室内 CO_2 浓度检测值增加或减少新风量，使 CO_2 浓度始终维持在卫生标准规定的限值内。

5.3.9 当采用人工冷、热源对空气调节系统进行预热或预冷运行时，新风系统应能关闭；当采用室外空气进行预冷时，应尽量利用新风系统。

5.3.10 建筑物空气调节内、外区应根据室内进深、分隔、朝向、楼层以及围护结构特点等因素划分。内、外区宜分别设置空气调节系统并注意防止冬季室内冷热风的混合损失。

5.3.11 对有较大内区且常年有稳定的大量余热的办公、商业等建筑，宜采用水环热泵空气调节系统。

5.3.12 设计风机盘管系统加新风系统时，新风宜直接送入各空气调节区，不宜经过风机盘管机组后再送出。

5.3.13 建筑顶层、或者吊顶上部存在较大发热量、或者吊顶空间较高时，不宜直接从吊顶内回风。

5.3.14 建筑物内设有集中排风系统且符合下列条件之一时，宜设置排风热回收装置。排风热回收装置(全热和显热)的额定热回收效率不应低于60%。

　　1 送风量大于或等于3000m³/h的直流式空气调节系统，且新风与排风的温度差大于或等于8℃；

　　2 设计新风量大于或等于4000m³/h的空气调节系统，且新风与排风的温度差大于或等于8℃；

　　3 设有独立新风和排风的系统。

5.3.15 有人员长期停留且不设置集中新风、排风系统的空气调节区(房间)，宜在各空气调节区(房间)分别安装带热回收功能的双向换气装置。

5.3.16 选配空气过滤器时，应符合下列要求：

　　1 粗效过滤器的初阻力小于或等于50Pa(粒径大于或等于5.0μm，效率：80%＞E≥20%)；终阻力小于或等于100Pa；

　　2 中效过滤器的初阻力小于或等于80Pa(粒径大于或等于1.0μm，效率：70%＞E≥20%)；终阻力小于或等于160Pa；

　　3 全空气空气调节系统的过滤器，应能满足全新风运行的需要。

5.3.17 空气调节风系统不应设计土建风道作为空气调节系统的送风道和已经过冷、热处理后的新风送风道。不得已而使用土建风道时，必须采取可靠的防漏风和绝热措施。

5.3.18 空气调节冷、热水系统的设计应符合下列规定：

　　1 应采用闭式循环水系统；

　　2 只要求按季节进行供冷和供热转换的空气调节系统，应采用两管制水系统；

　　3 当建筑物内有些空气调节区需全年供冷水，有些空气调节区则冷、热水定期交替供应时，宜采用分区两管制水系统；

　　4 全年运行过程中，供冷和供热工况频繁交替转换或需同时使用的空气调节系统，宜采用四管制水系统；

　　5 系统较小或各环路负荷特性或压力损失相差不大时，宜采用一次泵系统；在经过包括设备的适应性、控制系统方案等技术论证后，在确保系统运行安全可靠且具有较大的节能潜力和经济性的前提下，一次泵可采用变速调节方式；

　　6 系统较大、阻力较高、各环路负荷特性或压力损失相差悬殊时，应采用二次泵系统；二次泵宜根据流量需求的变化采用变速变流量调节方式；

　　7 冷水机组的冷水供、回水设计温差不应小于5℃。在技术可靠、经济合理的前提下宜尽量加大冷水供、回水温差；

　　8 空气调节水系统的定压和膨胀，宜采用高位膨胀水箱方式。

5.3.19 选择两管制空气调节冷、热水系统的循环水泵时，冷水循环水泵和热水循环水泵宜分别设置。

5.3.20 空气调节冷却水系统设计应符合下列要求：
1 具有过滤、缓蚀、阻垢、杀菌、灭藻等水处理功能；
2 冷却塔应设置在空气流通条件好的场所；
3 冷却塔补水总管上设置水流量计量装置。

5.3.21 空气调节系统送风温差应根据焓湿图（$h-d$）表示的空气处理过程计算确定。空气调节系统采用上送风气流组织形式时，宜加大夏季设计送风温差，并应符合下列规定：
1 送风高度小于或等于5m时，送风温差不宜小于5℃；
2 送风高度大于5m时，送风温差不宜小于10℃；
3 采用置换通风方式时，不受限制。

5.3.22 建筑空间高度大于或等于10m、且体积大于10000m³时，宜采用分层空气调节系统。

5.3.23 有条件时，空气调节送风宜采用通风效率高、空气龄短的置换通风型送风模式。

5.3.24 在满足使用要求的前提下，对于夏季空气调节室外计算湿球温度较低、温度的日较差大的地区，空气的冷却过程，宜采用直接蒸发冷却、间接蒸发冷却或直接蒸发冷却与间接蒸发冷却相结合的二级或三级冷却方式。

5.3.25 除特殊情况外，在同一个空气处理系统中，不应同时有加热和冷却过程。

5.3.26 空气调节风系统的作用半径不宜过大。风机的单位风量耗功率（W_s）应按下式计算，并不应大于表5.3.26中的规定。

$$W_s = P/(3600\eta_t) \qquad (5.3.26)$$

式中 W_s——单位风量耗功率[W/(m³/h)]；
　　　P——风机全压值(Pa)；
　　　η_t——包含风机、电机及传动效率在内的总效率(%)。

表5.3.26 风机的单位风量耗功率限值[W/(m³/h)]

系统型式	办公建筑		商业、旅馆建筑	
	粗效过滤	粗、中效过滤	粗效过滤	粗、中效过滤
两管制定风量系统	0.42	0.48	0.46	0.52
四管制定风量系统	0.47	0.53	0.51	0.58
两管制变风量系统	0.58	0.64	0.62	0.68
四管制变风量系统	0.63	0.69	0.67	0.74
普通机械通风系统	0.32			

注：1. 普通机械通风系统中不包括厨房等需要特定过滤装置的房间的通风系统；
　　2. 严寒地区增设预热盘管时，单位风量耗功率可增加0.035[W/(m³/h)]；
　　3. 当空气调节机组内采用湿膜加湿方法时，单位风量耗功率可增加0.053[W/(m³/h)]。

5.3.27 空气调节冷热水系统的输送能效比（ER）应按下式计算，且不应大于表5.3.27中的规定值。

$$ER = 0.002342H/(\Delta T \cdot \eta) \qquad (5.3.27)$$

式中 H——水泵设计扬程(m)；

ΔT——供回水温差(℃);

η——水泵在设计工作点的效率(%)。

表 5.3.27 空气调节冷热水系统的最大输送能效比(ER)

管道类型	两管制热水管道			四管制热水管道	空调冷水管道
	严寒地区	寒冷地区/夏热冬冷地区	夏热冬暖地区		
ER	0.00577	0.00433	0.00865	0.00673	0.0241

注:两管制热水管道系统中的输送能效比值,不适用于采用直燃式冷热水机组作为热源的空气调节热水系统。

5.3.28 空气调节冷热水管的绝热厚度,应按现行国家标准《设备及管道保冷设计导则》GB/T 15586 的经济厚度和防表面结露厚度的方法计算,建筑物内空气调节冷热水管亦可按本标准附录 C 的规定选用。

5.3.29 空气调节风管绝热层的最小热阻应符合表 5.3.29 的规定。

表 5.3.29 空气调节风管绝热层的最小热阻

风管类型	最小热阻(m²·K/W)
一般空调风管	0.74
低温空调风管	1.08

5.3.30 空气调节保冷管道的绝热层外,应设置隔汽层和保护层。

5.4 空气调节与采暖系统的冷热源

5.4.1 空气调节与采暖系统的冷、热源宜采用集中设置的冷(热)水机组或供热、换热设备。机组或设备的选择应根据建筑规模、使用特征,结合当地能源结构及其价格政策、环保规定等按下列原则经综合论证后确定:

 1 具有城市、区域供热或工厂余热时,宜作为采暖或空调的热源;

 2 具有热电厂的地区,宜推广利用电厂余热的供热、供冷技术;

 3 具有充足的天然气供应的地区,宜推广应用分布式热电冷联供和燃气空气调节技术,实现电力和天然气的削峰填谷,提高能源的综合利用率;

 4 具有多种能源(热、电、燃气等)的地区,宜采用复合式能源供冷、供热技术;

 5 具有天然水资源或地热源可供利用时,宜采用水(地)源热泵供冷、供热技术。

5.4.2 除了符合下列情况之一外,不得采用电热锅炉、电热水器作为直接采暖和空气调节系统的热源:

 1 电力充足、供电政策支持和电价优惠地区的建筑;

 2 以供冷为主,采暖负荷较小且无法利用热泵提供热源的建筑;

 3 无集中供热与燃气源,用煤、油等燃料受到环保或消防严格限制的建筑;

 4 夜间可利用低谷电进行蓄热、且蓄热式电锅炉不在日间用电高峰和平段时间启用的建筑;

 5 利用可再生能源发电地区的建筑;

 6 内、外区合一的变风量系统中需要对局部外区进行加热的建筑。

5.4.3 锅炉的额定热效率,应符合表5.4.3的规定。

表5.4.3 锅炉额定热效率

锅炉类型	热效率（%）
燃煤（Ⅱ类烟煤）蒸汽、热水锅炉	78
燃油、燃气蒸汽、热水锅炉	89

5.4.4 燃油、燃气或燃煤锅炉的选择,应符合下列规定:
 1 锅炉房单台锅炉的容量,应确保在最大热负荷和低谷热负荷时都能高效运行;
 2 锅炉台数不宜少于2台,当中、小型建筑设置1台锅炉能满足热负荷和检修需要时,可设1台;
 3 应充分利用锅炉产生的多种余热。

5.4.5 电机驱动压缩机的蒸气压缩循环冷水(热泵)机组,在额定制冷工况和规定条件下,性能系数(COP)不应低于表5.4.5的规定。

表5.4.5 冷水(热泵)机组制冷性能系数

类 型		额定制冷量（kW）	性能系数（W/W）
水 冷	活塞式/涡旋式	<528 528~1163 >1163	3.8 4.0 4.2
	螺杆式	<528 528~1163 >1163	4.10 4.30 4.60
	离心式	<528 528~1163 >1163	4.40 4.70 5.10
风冷或蒸发冷却	活塞式/涡旋式	≤50 >50	2.40 2.60
	螺杆式	≤50 >50	2.60 2.80

5.4.6 蒸气压缩循环冷水(热泵)机组的综合部分负荷性能系数(IPLV)不宜低于表5.4.6的规定。

表5.4.6 冷水(热泵)机组综合部分负荷性能系数

类 型		额定制冷量（kW）	综合部分负荷性能系数（W/W）
水 冷	螺杆式	<528 528~1163 >1163	4.47 4.81 5.13
	离心式	<528 528~1163 >1163	4.49 4.88 5.42

注：IPLV值是基于单台主机运行工况。

5.4.7 水冷式蒸汽压缩循环冷水(热泵)机组的综合部分负荷性能系数($IPLV$)宜按下式计算和检测条件检测：

$$IPLV=2.3\%\times A+41.5\%\times B+46.1\%\times C+10.1\%\times D$$

式中 A——100%负荷时的性能系数(W/W)，冷却水进水温度30℃；
　　　B——75%负荷时的性能系数(W/W)，冷却水进水温度26℃；
　　　C——50%负荷时的性能系数(W/W)，冷却水进水温度23℃；
　　　D——25%负荷时的性能系数(W/W)，冷却水进水温度19℃。

5.4.8 名义制冷量大于7100W、采用电机驱动压缩机的单元式空气调节机、风管送风式和屋顶式空气调节机组时，在名义制冷工况和规定条件下，其能效比(EER)不应低于表5.4.8的规定。

表5.4.8 单元式机组能效比

类型		能效比(W/W)
风冷式	不接风管	2.60
	接风管	2.30
水冷式	不接风管	3.00
	接风管	2.70

5.4.9 蒸汽、热水型溴化锂吸收式冷水机组及直燃型溴化锂吸收式冷(温)水机组应选用能量调节装置灵敏、可靠的机型，在名义工况下的性能参数应符合表5.4.9的规定。

表5.4.9 溴化锂吸收式机组性能参数

机型	名义工况			性能参数		
	冷(温)水进/出口温度(℃)	冷却水进/出口温度(℃)	蒸汽压力(MPa)	单位制冷量蒸汽耗量[kg/(kW·h)]	性能系数(W/W)	
					制冷	供热
蒸汽双效	18/13	30/35	0.25	≤1.40		
	12/7		0.4			
			0.6	≤1.31		
			0.8	≤1.28		
直燃	供冷 12/7	30/35			≥1.10	
	供热出口 60					≥0.90

注：直燃机的性能系数为：制冷量(供热量)/[加热源消耗量(以低位热值计)+电力消耗量(折算成一次能)]。

5.4.10 空气源热泵冷、热水机组的选择应根据不同气候区，按下列原则确定：

1 较适用于夏热冬冷地区的中、小型公共建筑；
2 夏热冬暖地区采用时，应以热负荷选型，不足冷量可由水冷机组提供；
3 在寒冷地区，当冬季运行性能系数低于1.8或具有集中热源、气源时不宜采用。

注：冬季运行性能系数系指冬季室外空气调节计算温度时的机组供热量(W)与机组输入功率(W)之比。

5.4.11 冷水(热泵)机组的单台容量及台数的选择，应能适应空气调节负荷全年变化规律，满足季节及部分负荷要求。当空气调节冷负荷大于528kW时不宜少于2台。

5.4.12 采用蒸汽为热源，经技术经济比较合理时应回收用汽设备产生的凝结水。凝结水回收系统应采用闭式系统。

5.4.13 对冬季或过渡季存在一定量供冷需求的建筑，经技术经济分析合理时应利用冷却塔提供空气调节冷水。

5.5 监测与控制

5.5.1 集中采暖与空气调节系统，应进行监测与控制，其内容可包括参数检测、参数与设备状态显示、自动调节与控制、工况自动转换、能量计量以及中央监控与管理等，具体内容应根据建筑功能、相关标准、系统类型等通过技术经济比较确定。

5.5.2 间歇运行的空气调节系统，宜设自动启停控制装置；控制装置应具备按预定时间进行最优启停的功能。

5.5.3 对建筑面积 20000m² 以上的全空气调节建筑，在条件许可的情况下，空气调节系统、通风系统，以及冷、热源系统宜采用直接数字控制系统。

5.5.4 冷、热源系统的控制应满足下列基本要求：

 1 对系统冷、热量的瞬时值和累计值进行监测，冷水机组优先采用由冷量优化控制运行台数的方式；

 2 冷水机组或热交换器、水泵、冷却塔等设备连锁启停；

 3 对供、回水温度及压差进行控制或监测；

 4 对设备运行状态进行监测及故障报警；

 5 技术可靠时，宜对冷水机组出水温度进行优化设定。

5.5.5 总装机容量较大、数量较多的大型工程冷、热源机房，宜采用机组群控方式。

5.5.6 空气调节冷却水系统应满足下列基本控制要求：

 1 冷水机组运行时，冷却水最低回水温度的控制；

 2 冷却塔风机的运行台数控制或风机调速控制；

 3 采用冷却塔供应空气调节冷水时的供水温度控制；

 4 排污控制。

5.5.7 空气调节风系统（包括空气调节机组）应满足下列基本控制要求：

 1 空气温、湿度的监测和控制；

 2 采用定风量全空气空气调节系统时，宜采用变新风比焓值控制方式；

 3 采用变风量系统时，风机宜采用变速控制方式；

 4 设备运行状态的监测及故障报警；

 5 需要时，设置盘管防冻保护；

 6 过滤器超压报警或显示。

5.5.8 采用二次泵系统的空气调节水系统，其二次泵应采用自动变速控制方式。

5.5.9 对末端变水量系统中的风机盘管，应采用电动温控阀和三挡风速结合的控制方式。

5.5.10 以排除房间余热为主的通风系统，宜设置通风设备的温控装置。

5.5.11 地下停车库的通风系统，宜根据使用情况对通风机设置定时启停（台数）控制或根据车库内的 CO 浓度进行自动运行控制。

5.5.12 采用集中空气调节系统的公共建筑，宜设置分楼层、分室内区域、分用户或分室的冷、热量计量装置；建筑群的每栋公共建筑及其冷、热源站房，应设置冷、热量计量装置。

附录 A 建筑外遮阳系数计算方法

A.0.1 水平遮阳板的外遮阳系数和垂直遮阳板的外遮阳系数应按下列公式计算确定：

水平遮阳板： $$SD_H = a_h PF^2 + b_h PF + 1 \qquad (A.0.1-1)$$

垂直遮阳板： $$SD_V = a_v PF^2 + b_v PF + 1 \qquad (A.0.1-2)$$

遮阳板外挑系数： $$PF = \frac{A}{B} \qquad (A.0.1-3)$$

式中 SD_H——水平遮阳板夏季外遮阳系数；
　　　SD_V——垂直遮阳板夏季外遮阳系数；
a_h、b_h、a_v、b_v——计算系数，按表 A.0.1 取定；
　　　PF——遮阳板外挑系数，当计算出的 $PF>1$ 时，取 $PF=1$；
　　　A——遮阳板外挑长度(图 A.0.1)；
　　　B——遮阳板根部到窗对边距离(图 A.0.1)。

表 A.0.1 水平和垂直外遮阳计算系数

气候区	遮阳装置	计算系数	东	东南	南	西南	西	西北	北	东北
寒冷地区	水平遮阳板	a_h	0.35	0.53	0.63	0.37	0.35	0.35	0.29	0.52
		b_h	−0.76	−0.95	−0.99	−0.68	−0.78	−0.66	−0.54	−0.92
	垂直遮阳板	a_v	0.32	0.39	0.43	0.44	0.31	0.42	0.47	0.41
		b_v	−0.63	−0.75	−0.78	−0.85	−0.61	−0.83	−0.89	−0.79
夏热冬冷地区	水平遮阳板	a_h	0.35	0.48	0.47	0.36	0.36	0.36	0.30	0.48
		b_h	−0.75	−0.83	−0.79	−0.68	−0.76	−0.68	−0.58	−0.83
	垂直遮阳板	a_v	0.32	0.42	0.42	0.42	0.33	0.41	0.44	0.43
		b_v	−0.65	−0.80	−0.80	−0.82	−0.66	−0.82	−0.84	−0.83
夏热冬暖地区	水平遮阳板	a_h	0.35	0.42	0.41	0.36	0.36	0.36	0.32	0.43
		b_h	−0.73	−0.75	−0.72	−0.67	−0.72	−0.69	−0.61	−0.78
	垂直遮阳板	a_v	0.34	0.42	0.41	0.41	0.36	0.40	0.32	0.43
		b_v	−0.68	−0.81	−0.72	−0.82	−0.72	−0.81	−0.61	−0.83

注：其他朝向的计算系数按上表中最接近的朝向选取。

图 A.0.1 遮阳板外挑系数(PF)计算示意

A.0.2 水平遮阳板和垂直遮阳板组合成的综合遮阳，其外遮阳系数值应取水平遮阳板和垂直遮阳板的外遮阳系数的乘积。

A.0.3 窗口前方所设置的并与窗面平行的挡板（或花格等）遮阳的外遮阳系数应按下式计算确定：

$$SD = 1 - (1-\eta)(1-\eta^*) \quad (A.0.3)$$

式中 η——挡板轮廓透光比。即窗洞口面积减去挡板轮廓由太阳光线投影在窗洞口上所产生的阴影面积后的剩余面积与窗洞口面积的比值。挡板各朝向的轮廓透光比按该朝向上的 4 组典型太阳光线入射角，采用平行光投射方法分别计算或实验测定，其轮廓透光比取 4 个透光比的平均值。典型太阳入射角按表 A.0.3 选取。

η^*——挡板构造透射比。

混凝土、金属类挡板取 $\eta^* = 0.1$；

厚帆布、玻璃钢类挡板取 $\eta^* = 0.4$；

深色玻璃、有机玻璃类挡板取 $\eta^* = 0.6$；

浅色玻璃、有机玻璃类挡板取 $\eta^* = 0.8$；

金属或其他非透明材料制作的花格、百叶类构造取 $\eta^* = 0.15$。

表 A.0.3 典型的太阳光线入射角(°)

窗口朝向	南				东、西				北			
	1组	2组	3组	4组	1组	2组	3组	4组	1组	2组	3组	4组
太阳高度角	0	0	60	60	0	0	45	45	0	30	30	30
太阳方位角	0	45	0	45	75	90	75	90	180	180	135	−135

A.0.4 幕墙的水平遮阳可转换成水平遮阳加挡板遮阳，垂直遮阳可转化成垂直遮阳加挡板遮阳，如图 A.0.4 所示。图中标注的尺寸 A 和 B 用于计算水平遮阳和垂直遮阳遮阳板的外挑系数 PF，C 为挡板的高度或宽度。挡板遮阳的轮廓透光比 η 可以近似取为 1。

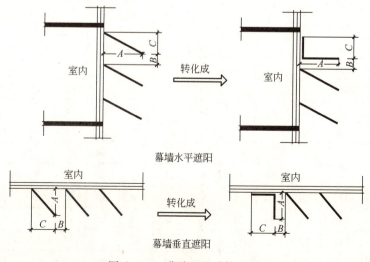

图 A.0.4 幕墙遮阳计算示意

附录 B 围护结构热工性能的权衡计算

B.0.1 假设所设计建筑和参照建筑空气调节和采暖都采用两管制风机盘管系统，水环路的划分与所设计建筑的空气调节和采暖系统的划分一致。

B.0.2 参照建筑空气调节和采暖系统的年运行时间表应与所设计建筑一致。当设计文件没有确定所设计建筑空气调节和采暖系统的年运行时间表时，可按风机盘管系统全年运行计算。

B.0.3 参照建筑空气调节和采暖系统的日运行时间表应与所设计建筑一致。当设计文件没有确定所设计建筑空气调节和采暖系统的日运行时间表时，可按表 B.0.3 确定风机盘管系统的日运行时间表。

表 B.0.3 风机盘管系统的日运行时间表

类 别		系统工作时间
办公建筑	工作日	7：00—18：00
	节假日	—
宾馆建筑	全年	1：00—24：00
商场建筑	全年	8：00—21：00

B.0.4 参照建筑空气调节和采暖区的温度应与所设计建筑一致。当设计文件没有确定所设计建筑空气调节和采暖区的温度时，可按表 B.0.4 确定空气调节和采暖区的温度。

表 B.0.4 空气调节和采暖房间的温度(℃)

建筑类别			时间										
			1	2	3	4	5	6	7	8	9	10	11	12
办公建筑	工作日	空调	37	37	37	37	37	37	28	26	26	26	26	26
		采暖	12	12	12	12	12	12	18	20	20	20	20	20
	节假日	空调	37	37	37	37	37	37	37	37	37	37	37	37
		采暖	12	12	12	12	12	12	12	12	12	12	12	12
宾馆建筑	全年	空调	25	25	25	25	25	25	25	25	25	25	25	25
		采暖	22	22	22	22	22	22	22	22	22	22	22	22
商场建筑	全年	空调	37	37	37	37	37	37	37	28	25	25	25	25
		采暖	12	12	12	12	12	12	12	16	18	18	18	18

建筑类别			时间										
			13	14	15	16	17	18	19	20	21	22	23	24
办公建筑	工作日	空调	26	26	26	26	26	26	37	37	37	37	37	37
		采暖	20	20	20	20	20	20	12	12	12	12	12	12
	节假日	空调	37	37	37	37	37	37	37	37	37	37	37	37
		采暖	12	12	12	12	12	12	12	12	12	12	12	12

续表

建筑类别			时间										
			13	14	15	16	17	18	19	20	21	22	23	24
宾馆建筑	全年	空调	25	25	25	25	25	25	25	25	25	25	25	25
		采暖	22	22	22	22	22	22	22	22	22	22	22	22
商场建筑	全年	空调	25	25	25	25	25	25	25	25	37	37	37	37
		采暖	18	18	18	18	18	18	18	18	12	12	12	12

B.0.5 参照建筑各个房间的照明功率应与所设计建筑一致。当设计文件没有确定所设计建筑各个房间的照明功率时，可按表 B.0.5-1 确定照明功率。参照建筑和所设计建筑的照明开关时间按表 B.0.5-2 确定。

表 B.0.5-1 照明功率密度值（W/m²）

建筑类别	房间类别	照明功率密度
办公建筑	普通办公室	11
	高档办公室、设计室	18
	会议室	11
	走廊	5
	其他	11
宾馆建筑	客房	15
	餐厅	13
	会议室、多功能厅	18
	走廊	5
	门厅	15
商场建筑	一般商店	12
	高档商店	19

表 B.0.5-2 照明开关时间表（%）

建筑类别		时间											
		1	2	3	4	5	6	7	8	9	10	11	12
办公建筑	工作日	0	0	0	0	0	0	10	50	95	95	95	80
	节假日	0	0	0	0	0	0	0	0	0	0	0	0
宾馆建筑	全年	10	10	10	10	10	10	30	30	30	30	30	30
商场建筑	全年	10	10	10	10	10	10	10	50	60	60	60	60
建筑类别		时间											
		13	14	15	16	17	18	19	20	21	22	23	24
办公建筑	工作日	80	95	95	95	95	30	30	0	0	0	0	0
	节假日	0	0	0	0	0	0	0	0	0	0	0	0
宾馆建筑	全年	30	30	50	50	60	90	90	90	90	80	10	10
商场建筑	全年	60	60	60	60	80	90	100	100	100	10	10	10

B.0.6 参照建筑各个房间的人员密度应与所设计建筑一致。当不能按照设计文件确定设计建筑各个房间的人员密度时,可按表B.0.6-1确定人员密度。参照建筑和所设计建筑的人员逐时在室率按表B.0.6-2确定。

表 B.0.6-1 不同类型房间人均占有的使用面积(m^2/人)

建筑类别	房间类别	人均占有的使用面积
办公建筑	普通办公室	4
	高档办公室	8
	会议室	2.5
	走廊	50
	其他	20
宾馆建筑	普通客房	15
	高档客房	30
	会议室、多功能厅	2.5
	走廊	50
	其他	20
商场建筑	一般商店	3
	高档商店	4

表 B.0.6-2 房间人员逐时在室率(%)

建筑类别		时间											
		1	2	3	4	5	6	7	8	9	10	11	12
办公建筑	工作日	0	0	0	0	0	0	10	50	95	95	95	80
	节假日	0	0	0	0	0	0	0	0	0	0	0	0
宾馆建筑	全年	70	70	70	70	70	70	70	70	50	50	50	50
商场建筑	全年	0	0	0	0	0	0	0	20	50	80	80	80
建筑类别		时间											
		13	14	15	16	17	18	19	20	21	22	23	24
办公建筑	工作日	80	95	95	95	95	30	30	0	0	0	0	0
	节假日	0	0	0	0	0	0	0	0	0	0	0	0
宾馆建筑	全年	50	50	50	50	50	50	70	70	70	70	70	70
商场建筑	全年	80	80	80	80	80	80	80	70	50	0	0	0

B.0.7 参照建筑各个房间的电器设备功率应与所设计建筑一致。当不能按设计文件确定设计建筑各个房间的电器设备功率时,可按表B.0.7-1确定电器设备功率。参照建筑和所设计建筑电器设备的逐时使用率按表B.0.7-2确定。

表 B.0.7-1 不同类型房间电器设备功率(W/m^2)

建筑类别	房间类别	电器设备功率
办公建筑	普通办公室	20
	高档办公室	13

续表

建筑类别	房间类别	电器设备功率
办公建筑	会议室	5
	走廊	0
	其他	5
宾馆建筑	普通客房	20
	高档客房	13
	会议室、多功能厅	5
	走廊	0
	其他	5
商场建筑	一般商店	13
	高档商店	13

表 B.0.7-2 电器设备逐时使用率(%)

建筑类别		时间											
		1	2	3	4	5	6	7	8	9	10	11	12
办公建筑	工作日	0	0	0	0	0	0	10	50	95	95	95	50
	节假日	0	0	0	0	0	0	0	0	0	0	0	0
宾馆建筑	全年	0	0	0	0	0	0	0	0	0	0	0	0
商场建筑	全年	0	0	0	0	0	0	0	30	50	80	80	80
建筑类别		时间											
		13	14	15	16	17	18	19	20	21	22	23	24
办公建筑	工作日	50	95	95	95	95	30	30	0	0	0	0	0
	节假日	0	0	0	0	0	0	0	0	0	0	0	0
宾馆建筑	全年	0	0	0	0	0	80	80	80	80	80	0	0
商场建筑	全年	80	80	80	80	80	80	70	50	0	0	0	0

B.0.8 参照建筑与所设计建筑的空气调节和采暖能耗应采用同一个动态计算软件计算。

B.0.9 应采用典型气象年数据计算参照建筑与所设计建筑的空气调节和采暖能耗。

附录 C 建筑物内空气调节冷、热水管的经济绝热厚度

C.0.1 建筑物内空气调节冷、热水管的经济绝热厚度可按表 C.0.1 选用。

表 C.0.1　建筑物内空气调节冷、热水管的经济绝热厚度

管道类型	绝热材料	离心玻璃棉		柔性泡沫橡塑	
		公称管径(mm)	厚度(mm)	公称管径(mm)	厚度(mm)
单冷管道 （管内介质温度 7℃～常温）		≤DN32	25	按防结露要求计算	
		DN40～DN100	30		
		≥DN125	35		
热或冷热合用管道 （管内介质温度 5～60℃）		≤DN40	35	≤DN50	25
		DN50～DN100	40	DN70～DN150	28
		DN125～DN250	45	≥DN200	32
		≥DN300	50		
热或冷热合用管道 （管内介质温度 0～95℃）		≤DN50	50	不适宜使用	
		DN70～DN150	60		
		≥DN200	70		

注：1. 绝热材料的导热系数 λ：

　　离心玻璃棉：$\lambda=0.033+0.00023 t_m$ [W/(m·K)]

　　柔性泡沫橡塑：$\lambda=0.03375+0.0001375 t_m$ [W/(m·K)]

　　式中　t_m——绝热层的平均温度(℃)。

2. 单冷管道和柔性泡沫橡塑保冷的管道均应进行防结露要求验算。

中华人民共和国行业标准

民用建筑节能设计标准
（采暖居住建筑部分）

Energy conservation design standard for new heating residential buildings

JGJ 26—95

主编单位：中国建筑科学研究院
批准部门：中华人民共和国建设部
施行日期：1996年7月1日

目次

1 总则 …………………………………………………………………… 301
2 术语、符号 …………………………………………………………… 301
3 建筑物耗热量指标和采暖耗煤量指标 ……………………………… 302
4 建筑热工设计 ………………………………………………………… 303
   4.1 一般规定 ………………………………………………………… 303
   4.2 围护结构设计 …………………………………………………… 303
5 采暖设计 ……………………………………………………………… 305
   5.1 一般规定 ………………………………………………………… 305
   5.2 采暖供热系统 …………………………………………………… 305
   5.3 管道敷设与保温 ………………………………………………… 308
附录 A 全国主要城镇采暖期有关参数及建筑物耗热量、采暖耗煤量指标 …… 309
附录 B 围护结构传热系数的修正系数 ε_i 值 ……………………… 313
附录 C 外墙平均传热系数的计算 …………………………………… 314
附录 D 关于面积和体积的计算 ……………………………………… 314

1 总 则

1.0.1 为了贯彻国家节约能源的政策，扭转我国严寒和寒冷地区居住建筑采暖能耗大、热环境质量差的状况，通过在建筑设计和采暖设计中采用有效的技术措施，将采暖能耗控制在规定水平，制订本标准。

1.0.2 本标准适用于严寒和寒冷地区设置集中采暖的新建和扩建居住建筑建筑热工与采暖节能设计。暂无条件设置集中采暖的居住建筑，其围护结构宜按本标准执行。

1.0.3 按本标准进行居住建筑建筑热工与采暖节能设计时，尚应符合国家现行有关标准、规范的规定。

2 术语、符号

2.0.1 采暖期室外平均温度(t_e) outdoor mean air temperature during heating period

在采暖期起止日期内，室外逐日平均温度的平均值。

2.0.2 采暖期度日数(D_{di}) degreedays of heating period

室内基准温度18℃与采暖期室外平均温度之间的温差，乘以采暖期天数的数值，单位℃·d。

2.0.3 采暖能耗(Q) energy consumed for heating

用于建筑物采暖所消耗的能量，本标准中的采暖能耗主要指建筑物耗热量和采暖耗煤量。

2.0.4 建筑物耗热量指标(q_H) index of heat loss of building

在采暖期室外平均温度条件下，为保持室内计算温度，单位建筑面积在单位时间内消耗的、需由室内采暖设备供给的热量，单位：W/m²。

2.0.5 采暖耗煤量指标(q_c) index of coal consumeption for heating

在采暖期室外平均温度条件下，为保持室内计算温度，单位建筑面积在一个采暖期内消耗的标准煤量，单位：kg/m²。

2.0.6 采暖设计热负荷指标(q) index of design load for heating of building

在采暖室外计算温度条件下，为保持室内计算温度，单位建筑面积在单位时间内需由锅炉房或其他供热设施供给的热量，单位：W/m²。

2.0.7 围护结构传热系数(K) overall heat transfer coefficient of building envelope

围护结构两侧空气温差为1K，在单位时间内通过单位面积围护结构的传热量，单位：W/(m²·K)。

2.0.8 围护结构传热系数的修正系数(ε_i) correction factor for overall heat transfer coefficient of building envelope

不同地区、不同朝向的围护结构，因受太阳辐射和天空辐射的影响，使得其在两侧空气温差同样为1K情况下，在单位时间内通过单位面积围护结构的传热量要改变。这个改变后的传热量与未受太阳辐射和天空辐射影响的原有传热量的比值，即为围护结构传热系数的修正系数。

2.0.9 建筑物体形系数(S) shape coefficient of building

建筑物与室外大气接触的外表面积与其所包围的体积的比值。外表面积中，不包括地面和不采暖楼梯间隔墙和户门的面积。

2.0.10 窗墙面积比 area ratio of window to wall

窗户洞口面积与房间立面单元面积(即建筑层高与开间定位线围成的面积)的比值。

2.0.11 采暖供热系统 heating system

锅炉机组、室外管网、室内管网和散热器等设备组成的系统。

2.0.12 锅炉机组容量 capacity of boiler plant

又称额定出力。锅炉铭牌标出的出力，单位：MW。

2.0.13 锅炉效率 boiler efficiency

锅炉产生的、可供有效利用的热量与其燃烧的煤所含热量的比值。在不同条件下，又可分为锅炉铭牌效率和运行效率。

2.0.14 锅炉铭牌效率 rating boiler efficiency

又称额定效率。锅炉在设计工况下的效率。

2.0.15 锅炉运行效率(η_2) rating of boiler efficiency

锅炉实际运行工况下的效率。

2.0.16 室外管网输送效率(η_1) heat transfer efficiency of outdoor heating network

管网输出总热量(输入总热量减去各段热损失)与管网输入总热量的比值。

2.0.17 耗电输热比 EHR 值 ratio of electricity consumption to transferied heat quantity

在采暖室内外计算温度条件下，全日理论水泵输送耗电量与全日系统供热量的比值。两者取相同单位，无因次。

3 建筑物耗热量指标和采暖耗煤量指标

3.0.1 建筑物耗热量指标应按下式计算：

$$q_H = q_{H \cdot T} + q_{INF} - q_{1 \cdot H} \tag{3.0.1}$$

式中 q_H——建筑物耗热量指标(W/m^2)；

$q_{H \cdot T}$——单位建筑面积通过围护结构的传热耗热量(W/m^2)；

q_{INF}——单位建筑面积的空气渗透耗热量(W/m^2)；

$q_{1 \cdot H}$——单位建筑面积的建筑物内部得热(包括炊事、照明、家电和人体散热)，住宅建筑，取 $3.80W/m^2$。

3.0.2 单位建筑面积通过围护结构的传热耗热量应按下式计算：

$$q_{H \cdot T} = (t_i - t_e)(\sum_{i=1}^{m} \varepsilon_i \cdot K_i \cdot F_i)/A_0 \tag{3.0.2}$$

式中 t_i——全部房间平均室内计算温度，一般住宅建筑，取 16℃；

t_e——采暖期室外平均温度(℃)，应按本标准附录 A 附表 A 采用；

ε_i——围护结构传热系数的修正系数，应按本标准附录 B 附表 B 采用；

K_i——围护结构的传热系数[$W/(m^2 \cdot K)$]，对于外墙应取其平均传热系数，计算方法见本标准附录 C；

F_i——围护结构的面积(m^2),应按本标准附录 D 的规定计算;

A_0——建筑面积(m^2),应按本标准附录 D 的规定计算。

3.0.3 单位建筑面积的空气渗透耗热量应按下式计算:

$$q_{INF}=(t_i-t_e)(C_p \cdot \rho \cdot N \cdot V)/A_0 \tag{3.0.3}$$

式中 C_p——空气比热容,取 0.28W·h/(kg·K);

ρ——空气密度(kg/m^2),取 t_e 条件下的值;

N——换气次数,住宅建筑取 0.51/h;

V——换气体积(m^3),应按本标准附录 D 的规定计算。

3.0.4 采暖耗煤量指标应按下式计算:

$$q_c = 24 \cdot Z \cdot q_H/H_c \cdot \eta_1 \cdot \eta_2 \tag{3.0.4}$$

式中 q_c——采暖耗煤量指标(kg/m^2)标准煤;

q_H——建筑物耗热量指标(W/m^2);

Z——采暖期天数(d),应按本标准附录 A 附表 A 采用;

H_c——标准煤热值,取 8.14×10^3 W·h/kg;

η_1——室外管网输送效率,采取节能措施前,取 0.85,采取节能措施后,取 0.90;

η_2——锅炉运行效率,采取节能措施前,取 0.55,采取节能措施后,取 0.68。

3.0.5 不同地区采暖住宅建筑耗热量指标和采暖耗煤量指标不应超过本标准附录 A 附表 A 规定的数值。

3.0.6 集体宿舍、招待所、旅馆、托幼建筑等采暖居住建筑围护结构的保温应达到当地采暖住宅建筑相同的水平。

4 建筑热工设计

4.1 一 般 规 定

4.1.1 建筑物朝向宜采用南北向或接近南北向,主要房间宜避开冬季主导风向。

4.1.2 建筑物体形系数宜控制在 0.30 及 0.30 以下;若体形系数大于 0.30,则屋顶和外墙应加强保温,其传热系数应符合表 4.2.1 的规定。

4.1.3 采暖居住建筑的楼梯间和外廊应设置门窗;在采暖期室外平均温度为 -0.1~-6.0℃ 的地区,楼梯间不采暖时,楼梯间隔墙和户门应采取保温措施;在 -6.0℃ 以下地区,楼梯间应采暖,入口处应设置门斗等避风设施。

4.2 围 护 结 构 设 计

4.2.1 不同地区采暖居住建筑各部分围护结构的传热系数不应超过表 4.2.1 规定的限值。

4.2.2 当实际采用的窗户传热系数比表 4.2.1 规定的限值低 0.5 及 0.5 以上时,在满足本标准规定的耗热量指标条件下,可按本标准 3.0.1~3.0.3 条规定的方法,重新计算确定外墙和屋顶所需的传热系数。

4.2.3 外墙受周边混凝土梁、柱等热桥影响条件下,其平均传热系数不应超过表 4.2.1 规定的限值。

表 4.2.1 不同地区采暖居住建筑各部分围护结构传热系数限值 [W/(m²·K)]

采暖期室外平均温度(℃)	代表性城市	屋顶 体形系数≤0.3	屋顶 体形系数>0.3	外墙 体形系数≤0.3	外墙 体形系数>0.3	不采暖楼梯间 隔墙	不采暖楼梯间 户门	窗户(含阳台门上部)	阳台门下部门芯板	外门	地板 接触室外空气地板	地板 不采暖地下室上部地板	地面 周边地面	地面 非周边地面
2.0~1.0	郑州、洛阳、徐州、鸡南、青岛、济宝	0.80	0.60	1.10 1.40	0.80 1.10	1.83	2.70	4.70 4.00	1.70	/	0.60	0.65	0.52	0.30
0.90~0.0	西安、拉萨、安阳	0.80	0.60	1.00 1.28	0.70 1.00	1.83	2.70	4.70 4.00	1.70	/	0.60	0.65	0.52	0.30
-0.1~-1.0	石家庄、德州、晋城、天水	0.80	0.60	0.92 1.20	0.60 0.85	1.83	2.00	4.70 4.00	1.70	/	0.60	0.65	0.52	0.30
-1.1~-2.0	北京、天津、大连、阳泉、平凉	0.80	0.60	0.90 1.16	0.55 0.82	1.83	2.00	4.70 4.00	1.70	/	0.50	0.55	0.52	0.30
-2.1~-3.0	兰州、太原、唐山、阿坝、略什	0.70	0.50	0.85 1.10	0.62 0.78	0.94	2.00	4.70 4.00	1.70	/	0.50	0.55	0.52	0.30
-3.1~-4.0	西宁、银川、丹东	0.70	0.50	0.68	0.65	0.94	2.00	4.00	1.70	/	0.50	0.55	0.52	0.30
-4.1~-5.0	张家口、敦煌、酒泉、伊宁、吐鲁番	0.60	0.40	0.75	0.60	0.94	1.50	3.00	1.35	/	0.40	0.55	0.30	0.30
-5.1~-6.0	沈阳、大同、本溪、阜新、抚顺	0.60	0.40	0.68	0.56	/	/	3.00	1.35	2.50	0.40	0.55	0.30	0.30
-6.1~-7.0	呼和浩特、大柴旦	0.60	0.40	0.65	0.50	/	/	2.50	1.35	2.50	0.40	0.55	0.30	0.30
-7.1~-8.0	延吉、四平	0.50	0.30	0.65	0.50	/	/	2.50	1.35	2.50	0.30	0.30	0.30	0.30
-8.1~-9.0	长春、乌鲁木齐	0.50	0.30	0.56	0.45	/	/	2.50	1.35	2.50	0.30	0.50	0.30	0.30
-9.1~-10.0	哈尔滨、牡丹江、克拉玛依	0.50	0.30	0.52	0.40	/	/	2.50	1.35	2.50	0.30	0.45	0.30	0.30
-10.1~-11.0	佳木斯、安达、齐齐哈尔、富锦	0.40	0.25	0.52	0.40	/	/	2.00	1.35	2.50	0.25	0.45	0.30	0.30
-11.1~-12.0	海伦、博克图	0.40	0.25	0.52	0.40	/	/	2.00	1.35	2.50	0.25	0.45	0.30	0.30
-12.1~-14.5	伊春、呼玛、海拉尔、满洲里	0.40	0.25	0.52	0.40	/	/	2.00	1.35	2.50	0.25	0.45	0.30	0.30

注：
1. 表中外墙的传热系数值是指考虑周边热桥影响后的外墙平均传热系数。有些地区外墙的传热系数限值有两行数据，上行数据与传热系数为4.70的单层金属窗相对应，下行数据与传热系数为4.00的单层塑料窗相对应。
2. 表中周边地面一栏中0.52为位于建筑物周边的混凝土地面的传热系数；0.30为带保温层的混凝土地面的传热系数。非周边地面一栏中0.30为位于建筑物非周边的不带保温层的混凝土地面的传热系数。

4.2.4 窗户(包括阳台门上部透明部分)面积不宜过大。不同朝向的窗墙面积比不应超过表4.2.4规定的数值。

表4.2.4 不同朝向的窗墙面积比

朝 向	窗墙面积比	朝 向	窗墙面积比
北	0.25	南	0.35
东、西	0.30		

注：如窗墙面积比超过上表规定的数值，则应调整外墙和屋顶等围护结构的传热系数，使建筑物耗热量指标达到规定要求。

4.2.5 设计中应采用气密性良好的窗户(包括阳台门)，其气密性等级，在1～6层建筑中，不应低于现行国家标准《建筑外窗空气渗透性能分级及其检测方法》(GB 7107)规定的Ⅲ级水平；在7～30层建筑中，不应低于上述标准规定的Ⅱ级水平。

4.2.6 在建筑物采用气密窗或窗户加设密封条的情况下，房间应设置可以调节的换气装置或其他可行的换气设施。

4.2.7 围护结构的热桥部位应采取保温措施，以保证其内表面温度不低于室内空气露点温度并减少附加传热热损失。

4.2.8 采暖期室外平均温度低于－5.0℃的地区，建筑物外墙在室外地坪以下的垂直墙面，以及周边直接接触土壤的地面应采取保温措施。在室外地坪以下的垂直墙面，其传热系数不应超过表4.2.1规定的周边地面传热系数限值。在外墙周边从外墙内侧算起2.0m范围内，地面的传热系数不应超过0.30W/(m²·K)。

5 采 暖 设 计

5.1 一 般 规 定

5.1.1 居住建筑的采暖供热应以热电厂和区域锅炉房为主要热源。在工厂区附近，应充分利用工业余热和废热。

5.1.2 城市新建的住宅区，在当地没有热电联产和工业余热、废热可资利用的情况下，应建以集中锅炉房为热源的供热系统。集中锅炉房的单台容量不宜小于7.0MW，供热面积不宜小于10万m²。对于规模较小的住宅区，锅炉房的单台容量可适当降低，但不宜小于4.2MW。在新建锅炉房时应考虑与城市热网连接的可能性。锅炉房宜建在靠近热负荷密度大的地区。

5.1.3 新建居住建筑的采暖供热系统，应按热水连续采暖进行设计。住宅区内的商业、文化及其他公共建筑以及工厂生活区的采暖方式，可根据其使用性质、供热要求由技术经济比较确定。

5.2 采暖供热系统

5.2.1 在设计采暖供热系统时，应详细进行热负荷的调查和计算，确定系统的合理规模和供热半径。当系统的规模较大时，宜采用间接连接的一、二次水系统，从而提高热源的运行效率，减少输配电耗。一次水设计供水温度应取115℃～130℃，回水温度应取70℃～80℃。

5.2.2 在进行室内采暖系统设计时,设计人员应考虑按户热表计量和分室控制温度的可能性。房间的散热器面积应按设计热负荷合理选取。室内采暖系统宜南北朝向房间分开环路布置。采暖房间有不保温采暖干管时,干管散入房间的热量应予考虑。

5.2.3 设计中应对采暖供热系统进行水力平衡计算,确保各环路水量符合设计要求。在室外各环路及建筑物入口处采暖供水管(或回水管)路上应安装平衡阀或其他水力平衡元件,并进行水力平衡调试。对同一热源有不同类型用户的系统应考虑分不同时间供热的可能性。

5.2.4 在设计热力站时,间接连接的热力站应选用结构紧凑,传热系数高,使用寿命长的换热器。换热器的传热系数宜大于或等于3000W/(m²·K)。直接连接和间接连接的热力站均应设置必要的自动或手动调节装置。

5.2.5 锅炉的选型应与当地长期供应的煤种相匹配。锅炉的额定效率不应低于表5.2.5中规定的数值。

表5.2.5 锅炉最低额定效率(%)

燃料品种		发热值(kJ/kg)	锅炉容量(MW)				
			2.8	4.2	7.0	14.0	28.0
烟煤	Ⅱ	15500~19700	72	73	74	76	78
	Ⅲ	>19700	74	76	78	80	82

5.2.6 锅炉房总装机容量应按下式确定:

$$Q_B = Q/\eta_1 \tag{5.2.6}$$

式中 Q_B——锅炉房总装机容量(W);
　　　Q——锅炉负担的采暖设计热负荷(W);
　　　η_1——室外管网输送效率,一般取0.90。

5.2.7 新建锅炉房选用锅炉台数,宜采用2~3台,在低于设计运行负荷条件下,单台锅炉运行负荷不应低于额定负荷的50%。

5.2.8 锅炉用鼓风机、引风机与除尘器,宜单炉配置,其容量应与锅炉容量相匹配。选取设备的功率消耗宜低于或接近表5.2.8规定的数值。设计中应充分利用锅炉产生的各种余热。

表5.2.8 燃用Ⅱ、Ⅲ类烟煤层燃炉的鼓风机与引风机匹配指标

风机 锅炉容量 [MW(t/h)]	鼓风机		引风机	
	风量(m³/h) / 风压[Pa(mmH₂O)]	配用电动机功率(kW)	风量 m³/h / 风压[Pa(mmH₂O)]	配用电动机功率(kW)
2.8(4)	6000/508(52)	2.2	10590/2225(227)	10.0
4.2(6)	9100/1362(139)	5.5	16050/2097(214)	13.0
7.0(10)	14760/1352(138)	7.5	25200/2097(214)	22.0
14.0(20)	29520/1352(138)	17.0	50400/2097(214)	40.0
28.0(40)	59040/1352(138)	30.0	100800/2097(214)	75.0

5.2.9 一、二次循环水泵应选用高效节能低噪声水泵。水泵台数宜采用2台，一用一备。系统容量较大时，可合理增加台数，但必须避免"大流量、小温差"的运行方式。一次水泵选取时应考虑分阶段改变流量质调节的可能性。系统的水质应符合现行国家标准《热水锅炉水质标准》(GB 1576)的要求。锅炉容量较大时，宜设置除氧装置。

5.2.10 设计中应提出对锅炉房、热力站和建筑物入口进行参数监测与计量的要求。锅炉房总管，热力站和每个独立建筑物入口应设置供回水温度计、压力表和热表（或热水流量计）。补水系统应设置水表。锅炉房动力用电、水泵用电和照明用电应分别计量。单台锅炉容量超过7.0MW的大型锅炉房，应设置计算机监控系统。

5.2.11 热水采暖供热系统的一、二次水的动力消耗应予以控制。一般情况下，耗电输热比，即设计条件下输送单位热量的耗电量 EHR 值应不大于按下式所得的计算值：

$$EHR = \frac{\varepsilon}{\Sigma Q} = \frac{\tau \cdot N}{24q \cdot A} \leqslant \frac{0.0056(14 + a\Sigma L)}{\Delta t} \quad (5.2.11)$$

式中 EHR——设计条件下输送单位热量的耗电量，无因次；

ΣQ——全日系统供热量（kW·h）；

ε——全日理论水泵输送耗电量（kW·h）；

τ——全日水泵运行时数，连续运行时 $\tau=24h$；

N——水泵铭牌轴动率（kW）；

q——采暖设计热负荷指标（kW/m²）；

A——系统的供热面积（m²）；

Δt——设计供回水温差，对于一次网，$\Delta t=45\sim50℃$，对于二次网，$\Delta t=25℃$；

ΣL——室外管网主干线（包括供回水管）总长度（m）。

a 的取值： 当 $\Sigma L \leqslant 500m$，$a=0.0115$；

500m$<\Sigma L<$1000m，$a=0.0092$；

$\Sigma L \geqslant$1000m，$a=0.0069$。

一次网和二次网按式(5.2.11)计算所得的 EHR 值见表5.2.11。

表5.2.11 EHR 计算值

管网主干线总长度 ΣL(m)	设计供回水温差 Δt		
	50℃	45℃	25℃
200	0.0018	0.002	0.0037
400	0.0021	0.0023	0.0042
600	0.0022	0.0024	0.0044
800	0.0024	0.0026	0.0048
1000	0.0025	0.0028	0.0050
1500	0.0027	0.0030	0.0055
2000	0.0031	0.0035	0.0062
2500	0.0035	0.0039	0.0070
3000	0.0039	0.0043	0.0078
3500	0.0043	0.0047	0.0085
4000	0.0047	0.0052	0.0093

5.3 管道敷设与保温

5.3.1 设计一、二次热水管网时,应采用经济合理的敷设方式。对于庭院管网和二次网,宜采用直埋管敷设。对于一次管网,当管径较大且地下水位不高时可采用地沟敷设。

5.3.2 采暖供热管道保温厚度应按现行国家标准《设备及管道保温设计导则》(GB 8175)中经济厚度的计算公式确定。

5.3.3 当供热热媒与采暖管道周围空气之间的温差等于或低于60℃时,安装在室外或室内地沟中的采暖供热管道的保温厚度不得小于表5.3.3中规定的数值。

5.3.4 当选用其他保温材料或其导热系数与表5.3.3中值差异较大时,最小保温厚度应按下式修正:

$$\delta'_{min} = \lambda'_m \cdot \delta'_{min}/\lambda_m \tag{5.3.4-1}$$

式中 δ'_{min}——修正后的最小保温厚度(mm);

δ'_{min}——表中最小保温厚度(mm);

λ'_m——实际选用的保温材料在其平均使用温度下的导热系数[W/(m·K)];

λ_m——表中保温材料在其平均使用温度下的导热系数[W/(m·K)]。

当实际热媒温度与管道周围空气温度之差大于60℃时,最小保温厚度应按下式修正:

$$\delta'_{min} = (t_w - t_a)\delta_{min}/60 \tag{5.3.4-2}$$

式中 t_w——实际供热热媒温度(℃);

t_a——管道周围空气温度(℃)。

5.3.5 当系统供热面积大于或等于5万 m² 时,应将200～300mm 管径的保温厚度在表5.3.3最小保温厚度的基础上再增加10mm。

表5.3.3 采暖供热管道最小保温厚度 δ_{min}

保温材料	直径(mm)		最小保温厚度 δ_{min}(mm)
	公称直径 D_0	外径 D	
岩棉或矿棉管壳 $\lambda_m = 0.0314 + 0.0002t_m$(W/m·K) $t_m = 70℃$ $\lambda_m = 0.0452$(W/m·K)	25～32 40～200 250～300	32～38 45～219 273～325	30 35 45
玻璃棉管壳 $\lambda_m = 0.024 + 0.00018t_m$(W/m·K) $t_m = 70℃$ $\lambda_m = 0.037$(W/m·K)	25～32 40～200 250～300	32～38 45～219 273～325	25 30 40
聚氨酯硬质泡沫保温管(直埋管) $\lambda_m = 0.02 + 0.00014t_m$(W/m·K) $t_m = 70℃$ $\lambda_m = 0.03$(W/m·K)	25～32 40～200 250～300	32～38 45～219 273～325	20 25 35

注:表中 t_m 为保温材料层的平均使用温度(℃),取管道内热媒与管道周围空气的平均温度。

附录A 全国主要城镇采暖期有关参数及建筑物耗热量、采暖耗煤量指标

附表A 全国主要城镇采暖期有关参数及建筑物耗热量、采暖耗煤量指标

地名	计算用采暖期			耗热量指标 q_H (W/m²)	耗煤量指标 q_c (kg/m²)
	天数 Z (d)	室外平均温度 t_e (℃)	度日数 D_{di} (℃·d)		
北京市	125	−1.6	2450	20.6	12.4
天津市	119	−1.2	2285	20.5	11.8
河北省					
石家庄	112	−0.6	2083	20.3	11.0
张家口	153	−4.8	3488	21.1	15.3
秦皇岛	135	−2.4	2754	20.8	13.5
保定	119	−1.2	2285	20.5	11.8
邯郸	108	0.1	1933	20.3	10.6
唐山	127	−2.9	2654	20.8	12.8
承德	144	−4.5	3240	21.0	14.6
丰宁	163	−5.6	3847	21.2	16.6
山西省					
太原	135	−2.7	2795	20.8	13.5
大同	162	−5.2	3758	21.1	16.5
长治	135	−2.7	2795	20.8	13.5
阳泉	124	−1.3	2393	20.5	12.2
临汾	113	−1.1	2158	20.4	11.1
晋城	121	−0.9	2287	20.4	11.9
运城	102	0.0	1836	20.3	10.0
内蒙古自治区					
呼和浩特	166	−6.2	4017	21.3	17.0
锡林浩特	190	−10.5	5415	22.0	20.1
海拉尔	209	−14.3	6751	22.6	22.8
通辽	165	−7.4	4191	21.6	17.2
赤峰	160	−6.0	3840	21.3	16.4
满洲里	211	−12.8	6499	22.4	22.8
博克图	210	−11.3	6153	22.2	22.5
二连浩特	180	−9.9	5022	21.9	19.0
多伦	192	−9.2	5222	21.8	20.2
白云鄂博	191	−8.2	5004	21.6	19.9

续表

地　名	计算用采暖期			耗热量指标 q_H (W/m²)	耗煤量指标 q_c (kg/m²)
	天数 Z (d)	室外平均温度 t_e (℃)	度日数 D_{di} (℃·d)		
辽宁省					
沈　阳	152	−5.7	3602	21.2	15.5
丹　东	144	−3.5	3096	20.9	14.5
大　连	131	−1.6	2568	20.6	13.0
阜　新	156	−6.0	3744	21.3	16.0
抚　顺	162	−6.6	3985	21.4	16.7
朝　阳	148	−5.2	3434	21.1	15.0
本　溪	151	−5.7	3579	21.2	15.4
锦　州	144	−4.1	3182	21.0	14.6
鞍　山	144	−4.8	3283	21.1	14.6
锦　西	143	−4.2	3175	21.0	14.5
吉林省					
长　春	170	−8.3	4471	21.7	17.8
吉　林	171	−9.0	4617	21.8	18.0
延　吉	170	−7.1	4267	21.5	17.6
通　化	168	−7.7	4318	21.6	17.5
双　辽	167	−7.8	4309	21.6	17.4
四　平	163	−7.4	4140	21.5	16.9
白　城	175	−9.0	4725	21.8	18.4
黑龙江省					
哈尔滨	176	−10.0	4928	21.9	18.6
嫩　江	197	−13.5	6206	22.5	21.4
齐齐哈尔	182	−10.2	5132	21.9	19.2
富　锦	184	−10.6	5262	22.0	19.5
牡丹江	178	−9.4	4877	21.8	18.7
呼　玛	210	−14.5	6825	22.7	23.0
佳木斯	180	−10.3	5094	21.9	19.0
安　达	180	−10.4	5112	22.0	19.1
伊　春	193	−12.4	5867	22.4	20.8
克　山	191	−12.1	5749	22.3	20.5

续表

地 名	计算用采暖期			耗热量指标 q_H (W/m²)	耗煤量指标 q_c (kg/m²)
	天数 Z (d)	室外平均温度 t_e (℃)	度日数 D_{di} (℃·d)		
江苏省					
徐 州	94	1.4	1560	20.0	9.1
连云港	96	1.4	1594	20.0	9.2
宿 迁	94	1.4	1560	20.0	9.1
淮 阴	95	1.7	1594	20.0	9.2
盐 城	90	2.1	1431	20.0	8.7
山东省					
济 南	101	0.6	1757	20.2	9.8
青 岛	110	0.9	1881	20.2	10.7
烟 台	111	0.5	1943	20.2	10.8
德 州	113	−0.8	2124	20.5	11.2
淄 博	111	−0.5	2054	20.4	10.9
兖 州	106	−0.4	1950	20.4	10.4
潍 坊	114	−0.7	2132	20.4	11.2
河南省					
郑 州	98	1.4	1627	20.0	9.4
安 阳	105	0.3	1859	20.3	10.3
濮 阳	107	0.2	1905	20.3	10.5
新 乡	100	1.2	1680	20.1	9.7
洛 阳	91	1.8	1474	20.0	8.8
商 丘	101	1.1	1707	20.1	9.8
开 封	102	1.3	1703	20.1	9.9
四川省					
阿 坝	189	−2.8	3931	20.8	18.9
甘 孜	165	−0.9	3119	20.5	16.3
康 定	139	0.2	2474	20.3	18.5
西藏自治区					
拉 萨	142	0.5	2485	20.2	13.8
噶 尔	240	−5.5	5640	21.2	24.5
日喀则	158	−0.5	2923	20.4	15.5
陕西省					
西 安	100	0.9	1710	20.2	9.7
榆 林	148	−4.4	3315	21.0	14.8
延 安	130	−2.6	2678	20.7	13.0
宝 鸡	101	1.1	1707	20.1	9.8

续表

地 名	计算用采暖期			耗热量指标 q_H (W/m²)	耗煤量指标 q_c (kg/m²)
	天数 Z (d)	室外平均温度 t_e (℃)	度日数 D_{di} (℃·d)		
甘肃省					
兰　　州	132	−2.8	2746	20.8	13.2
酒　　泉	155	−4.4	3472	21.0	15.7
敦　　煌	138	−4.1	3053	21.0	14.0
张　　掖	156	−4.5	3510	21.0	15.8
山　　丹	165	−5.1	3812	21.1	16.8
平　　凉	137	−1.7	2699	20.6	13.6
天　　水	116	−0.3	2123	20.3	11.3
青海省					
西　　宁	162	−3.3	3451	20.9	16.3
玛　　多	284	−7.2	7159	21.5	29.4
大 柴 旦	205	−6.8	5084	21.4	21.1
共　　和	182	−4.9	4168	21.1	18.5
格 尔 木	179	−5.0	4117	21.1	18.2
玉　　树	194	−3.1	4093	20.8	19.4
宁夏回族自治区					
银　　川	145	−3.8	3161	21.0	14.7
中　　宁	137	−3.1	2891	20.8	13.7
固　　原	162	−3.3	3451	20.9	16.3
石 嘴 山	149	−4.1	3293	21.0	15.1
新疆维吾尔自治区					
乌鲁木齐	162	−8.5	4293	21.8	17.0
塔　　城	163	−6.5	3994	21.4	16.8
哈　　密	137	−5.9	3274	21.3	14.1
伊　　宁	139	−4.8	3169	21.1	14.1
喀　　什	118	−2.7	2443	20.7	11.8
富　　蕴	178	−12.6	5447	22.4	19.2
克 拉 马 依	146	−9.2	3971	21.8	15.3
吐 鲁 番	117	−5.0	2691	21.1	11.9
库　　车	123	−3.6	2657	20.9	12.4
和　　田	112	−2.1	2251	20.7	11.2

附录 B 围护结构传热系数的修正系数 ε_i 值

附表 B 围护结构传热系数的修正系数 ε_i 值

地区	类型	有无阳台	窗户（包括阳台门上部）			外墙（包括阳台门下部）			屋顶
			南	东、西	北	南	东、西	北	水平
西安	单层窗	有	0.69	0.80	0.86	0.79	0.88	0.91	0.94
		无	0.52	0.69	0.78				
	双玻窗及双层窗	有	0.60	0.76	0.84				
		无	0.28	0.60	0.73				
北京	单层窗	有	0.57	0.78	0.88	0.70	0.86	0.92	0.91
		无	0.34	0.66	0.81				
	双玻窗及双层窗	有	0.50	0.74	0.86				
		无	0.18	0.57	0.76				
兰州	单层窗	有	0.71	0.82	0.87	0.79	0.88	0.92	0.93
		无	0.54	0.71	0.80				
	双玻窗及双层窗	有	0.66	0.78	0.85				
		无	0.43	0.64	0.75				
沈阳	双玻窗及双层窗	有	0.64	0.81	0.90	0.78	0.89	0.94	0.95
		无	0.39	0.69	0.83				
呼和浩特	双玻窗及双层窗	有	0.55	0.76	0.88	0.73	0.86	0.93	0.89
		无	0.25	0.60	0.80				
乌鲁木齐	双玻窗及双层窗	有	0.60	0.75	0.92	0.76	0.85	0.95	0.95
		无	0.34	0.59	0.86				
长春	双玻窗及双层窗	有	0.62	0.81	0.91	0.77	0.89	0.95	0.92
		无	0.36	0.68	0.84				
	三玻窗及单层窗+双玻窗	有	0.60	0.79	0.90				
		无	0.34	0.66	0.84				
哈尔滨	双玻窗及双层窗	有	0.67	0.83	0.91	0.80	0.90	0.95	0.96
		无	0.45	0.71	0.85				
	三玻窗及单层窗+双玻窗	有	0.65	0.82	0.90				
		无	0.43	0.70	0.84				

注：1. 阳台门上部透明部分的 ε_i 按同朝向窗户采用；阳台门下部不透明部分的 ε_i 按同朝向外墙采用。
    2. 不采暖楼梯间隔墙和户门，以及不采暖地下室上面的楼板的 ε_i 应以温差修正系数 n 代替。
    3. 接触土壤的地面，取 $\varepsilon_i=1$。

附录 C 外墙平均传热系数的计算

C.0.1 外墙受周边热桥影响条件下,其平均传热系数应按下式计算:

$$K_m = \frac{K_p \cdot F_p + K_{B1} \cdot F_{B1} + K_{B2} \cdot F_{B2} + K_{B3} \cdot F_{B3}}{F_p + F_{B1} + F_{B2} + F_{B3}} \quad (C.0.1)$$

式中 K_m——外墙的平均传热系数[W/(m²·K)];

K_p——外墙主体部位的传热系数[W/(m²·K)],应按国家现行标准《民用建筑热工设计规范》GB 50176—93 的规定计算;

K_{B1}、K_{B2}、K_{B3}——外墙周边热桥部位的传热系数[W/(m²·K)];

F_p——外墙主体部位的面积(m²);

F_{B1}、F_{B2}、F_{B3}——外墙周边热桥部位的面积(m²)。外墙主体部位和周边热桥部位如附图 C.0.1 所示。

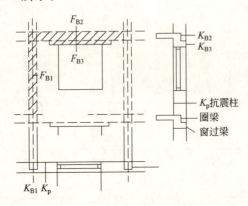

附图 C.0.1 外墙主体部位和周边热桥部位示意图

附录 D 关于面积和体积的计算

D.0.1 建筑面积 A_0,应按各层外墙外包线围成面积的总和计算。

D.0.2 建筑体积 V_0,应按建筑物外表面和底层地面围成的体积计算。

D.0.3 换气体积 V,楼梯间不采暖时,应按 $V=0.60V_0$ 计算;楼梯间采暖时,应按 $V=0.65V_0$ 计算。

D.0.4 屋顶或顶棚面积 F_R,应按支承屋顶的外墙外包线围成的面积计算,如果楼梯间不采暖,则应减去楼梯间的屋顶面积。

D.0.5 外墙面积 F_W,应按不同朝向分别计算。某一朝向的外墙面积,由该朝向外表面积减去窗户和外门洞口面积构成。当楼梯间不采暖时,应减去楼梯间的外墙面积。

D.0.6 窗户(包括阳台门上部透明部分)面积 F_G,应按朝向和有、无阳台分别计算,取窗户洞口面积。

D.0.7 外门面积 F_D,应按不同朝向分别计算,取外门洞口面积。

D.0.8 阳台门下部不透明部分面积 F_B,应按不同朝向分别计算,取洞口面积。

D.0.9 地面面积 F_F，应按周边和非周边，以及有、无地下室分别计算。周边地面系指由外墙内侧算起向内 2.0m 范围内的地面；其余为非周边地面。如果楼梯间不采暖，还应减去楼梯间所占地面面积。

D.0.10 地板面积 F_B，接触室外空气的地板和不采暖地下室上面的地板应分别计算。

D.0.11 楼梯间隔墙面积 $F_{S.w}$，楼梯间不采暖时应计算这一面积，由楼梯间隔墙总面积减去户门洞口总面积构成。

D.0.12 户门面积 $F_{S.D}$，楼梯间不采暖时应计算这一面积，由各层户门洞口面积的总和构成。

中华人民共和国国家标准

住宅性能评定技术标准

Technical standard for performance assessment of residential buildings

GB/T 50362—2005

主编部门：中华人民共和国建设部
批准部门：中华人民共和国建设部
施行日期：2006 年 3 月 1 日

目次

1 总则 ··· 319
2 术语 ··· 319
3 住宅性能认定的申请和评定 ··· 320
4 适用性能的评定 ·· 322
   4.1 一般规定 ··· 322
   4.2 单元平面 ··· 322
   4.3 住宅套型 ··· 322
   4.4 建筑装修 ··· 323
   4.5 隔声性能 ··· 323
   4.6 设备设施 ··· 323
   4.7 无障碍设施 ·· 324
5 环境性能的评定 ·· 324
   5.1 一般规定 ··· 324
   5.2 用地与规划 ·· 325
   5.3 建筑造型 ··· 325
   5.4 绿地与活动场地 ··· 326
   5.5 室外噪声与空气污染 ·· 326
   5.6 水体与排水系统 ··· 327
   5.7 公共服务设施 ·· 327
   5.8 智能化系统 ·· 327
6 经济性能的评定 ·· 328
   6.1 一般规定 ··· 328
   6.2 节能 ·· 328
   6.3 节水 ·· 329
   6.4 节地 ·· 330
   6.5 节材 ·· 330
7 安全性能的评定 ·· 331
   7.1 一般规定 ··· 331
   7.2 结构安全 ··· 331
   7.3 建筑防火 ··· 331
   7.4 燃气及电气设备安全 ·· 332
   7.5 日常安全防范措施 ·· 333
   7.6 室内污染物控制 ··· 333
8 耐久性能的评定 ·· 333
   8.1 一般规定 ··· 333
   8.2 结构工程 ··· 334

8.3 装修工程 …………………………………………………………… 334
 8.4 防水工程与防潮措施 …………………………………………… 334
 8.5 管线工程 ………………………………………………………… 335
 8.6 设备 ……………………………………………………………… 336
 8.7 门窗 ……………………………………………………………… 336
附录 A 住宅适用性能评定指标 ……………………………………… 337
附录 B 住宅环境性能评定指标 ……………………………………… 341
附录 C 住宅经济性能评定指标 ……………………………………… 346
附录 D 住宅安全性能评定指标 ……………………………………… 349
附录 E 住宅耐久性能评定指标 ……………………………………… 353

1 总 则

1.0.1 为了提高住宅性能，促进住宅产业现代化，保障消费者的权益，统一住宅性能评定指标与方法，制定本标准。

1.0.2 住宅建设必须符合国家的法律法规，正确处理与城镇规划、环境保护和人身安全与健康的关系，推广节约能源、节约用水、节约用地、节约用材、防治污染的新技术、新材料、新产品、新工艺，按照可持续发展的方针，实现经济效益、社会效益和环境效益的统一。

1.0.3 本标准适用于城镇新建和改建住宅的性能评审和认定。

1.0.4 本标准将住宅性能划分成适用性能、环境性能、经济性能、安全性能和耐久性能五个方面。每个性能按重要性和内容多少规定分值，按得分分值多少评定住宅性能。

1.0.5 住宅性能按照评定得分划分为 A、B 两个级别，其中 A 级住宅为执行了国家现行标准且性能好的住宅；B 级住宅为执行了国家现行强制性标准但性能达不到 A 级的住宅。A 级住宅按照得分由低到高又细分为 1A、2A、3A 三等。

1.0.6 申请性能评定的住宅必须符合国家现行有关强制性标准的规定。

1.0.7 住宅性能评定除应符合本标准外，尚应符合国家现行的有关标准的规定。

2 术 语

2.0.1 住宅适用性能 residential building applicability
由住宅建筑本身和内部设备设施配置所决定的适合用户使用的性能。

2.0.2 建筑模数 construction module
建筑设计中，统一选定的协调建筑尺度的增值单位。

2.0.3 住区 residential area
城市居住区、居住小区、居住组团的统称。

2.0.4 无障碍设施 barrier-free facilities
居住区内建有方便残疾人和老年人通行的路线和相应设施。

2.0.5 住宅环境性能 residential building environment
在住宅周围由人工营造和自然形成的外部居住条件的性能。

2.0.6 视线干扰 interference of sight line
因规划设计缺陷，使宅内居住空间暴露在邻居视线范围之内，给居民保护个人隐私带来的不便。

2.0.7 智能化系统 intelligence system
现代高科技领域中的产品与技术集成到居住区的一种系统，由安全防范子系统、管理与监控子系统和通信网络子系统组成。

2.0.8 住宅经济性能 residential building economy
在住宅建造和使用过程中，节能、节水、节地和节材的性能。

2.0.9 住宅安全性能 residential building safety

住宅建筑、结构、构造、设备、设施和材料等不危害人身安全并有利于用户躲避灾害的性能。

2.0.10 污染物 pollutant

对环境及人身造成有害影响的物质。

2.0.11 住宅耐久性能 residential building durability

住宅建筑工程和设备设施在一定年限内保证正常安全使用的性能。

2.0.12 设计使用年限 design working life

设计规定的结构、防水、装修和管线等不需要大修或更换，不影响使用安全和使用性能的时期。

2.0.13 主控项目 dominant item

建筑工程中的对安全、卫生、环境保护和公众利益起决定性作用的检测项目。

2.0.14 耐用指标 permanent index

体现材料或设备在正常环境使用条件下使用能力的检测指标。

3 住宅性能认定的申请和评定

3.0.1 申请住宅性能认定应按照国务院建设行政主管部门发布的住宅性能认定管理办法进行。

3.0.2 评审工作应由评审机构组织接受过住宅性能认定工作培训，熟悉本标准，并具有相关专业执业资格的专家进行。评审工作采取回避制度，评审专家不得参加本人或本单位设计、建造住宅的评审工作。评审工作完成后，评审机构应将评审结果提交相应的住宅性能认定机构进行认定。

3.0.3 评审工作包括设计审查、中期检查、终审三个环节。其中设计审查在初步设计完成后进行，中期检查在主体结构施工阶段进行，终审在项目竣工后进行。

3.0.4 住宅性能评定原则上以单栋住宅为对象，也可以单套住宅或住区为对象进行评定。评定单栋和单套住宅，凡涉及所处公共环境的指标，以对该公共环境的评价结果为准。

3.0.5 申请住宅性能设计审查时应提交以下资料：

1　项目位置图；
2　规划设计说明；
3　规划方案图；
4　规划分析图（包括规划结构、交通、公建、绿化等分析图）；
5　环境设计示意图；
6　管线综合规划图；
7　竖向设计图；
8　规划经济技术指标、用地平衡表、配套公建设施一览表；
9　住宅设计图；
10　新技术实施方案及预期效益；
11　新技术应用一览表；

  12 项目如果进行了超出标准规范限制的设计，尚需提交超限审查意见。

3.0.6 进行中期检查时，应重点检查以下内容：
  1 设计审查意见执行情况报告；
  2 施工组织与现场文明施工情况；
  3 施工质量保证体系及其执行情况；
  4 建筑材料和部品的质量合格证或试验报告；
  5 工程施工质量；
  6 其他有关的施工技术资料。

3.0.7 终审时应提供以下资料备查：
  1 设计审查和中期检查意见执行情况报告；
  2 项目全套竣工验收资料和一套完整的竣工图纸；
  3 项目规划设计图纸；
  4 推广应用新技术的覆盖面和效益统计清单（重点是结构体系、建筑节能、节水措施、装修情况和智能化技术应用等）；
  5 相关资质单位提供的性能检测报告或经认定能够达到性能要求的构造做法清单；
  6 政府部门颁发的该项目计划批文和土地、规划、消防、人防、节能等施工图审查文件；
  7 经济效益分析。

3.0.8 住宅性能的终审一般由2组专家同时进行，其中一组负责评审适用性能和环境性能，另一组负责评审经济性能、安全性能和耐久性能，每组专家人数3～4人。专家组通过听取汇报、查阅设计文件和检测报告、现场检查等程序，对照本标准分别打分。

3.0.9 本标准附录评定指标中每个子项的评分结果，在不分档打分的子项，只有得分和不得分两种选择。在分档打分的子项，以罗马数字Ⅲ、Ⅱ、Ⅰ区分不同的评分要求。为防止同一子项重复得分，较低档的分值用括弧（ ）表示。在使用评定指标时，同一条目中如包含多项要求，必须全部满足才能得分。凡前提条件与子项规定的要求无关时，该子项可直接得分。

3.0.10 本标准附录中，评定指标的分值设定为：适用性能和环境性能满分为250分，经济性能和安全性能满分为200分，耐久性能满分为100分，总计满分1000分。各性能的最终得分，为本组专家评分的平均值。

3.0.11 住宅综合性能等级按以下方法判别：
  1 A级住宅：含有"☆"的子项全部得分，且适用性能和环境性能得分等于或高于150分，经济性能和安全性能得分等于或高于120分，耐久性能得分等于或高于60分，评为A级住宅。其中总分等于或高于600分但低于720分为1A等级；总分等于或高于720分但低于850分为2A等级；总分850分以上，且满足所有含有"★"的子项为3A等级。
  2 B级住宅：含有"☆"的子项中有一项或多项未能得分，或虽然含有"☆"的子项全部得分，但某方面性能未达到A级住宅得分要求的，评为B级住宅。

4 适用性能的评定

4.1 一般规定

4.1.1 住宅适用性能的评定应包括单元平面、住宅套型、建筑装修、隔声性能、设备设施和无障碍设施 6 个评定项目，满分为 250 分。

4.1.2 住宅适用性能评定指标见本标准附录 A。

4.2 单元平面

4.2.1 单元平面的评定应包括单元平面布局、模数协调和可改造性、单元公共空间 3 个分项，满分为 30 分。

4.2.2 单元平面布局(15 分)的评定应包括下述内容：
  1 单元平面布局和空间利用；
  2 住宅进深和面宽。

评定方法：选取各主要住宅套型进行审查(主要套型总建筑面积之和不少于总住宅建筑面积的 80%)，每个套型抽查一套。

4.2.3 模数协调和可改造性(5 分)的评定应包括下述内容：
  1 住宅平面模数化设计；
  2 空间的灵活分隔和可改造性。

评定方法：检查各单元的标准层。

4.2.4 单元公共空间(10 分)的评定应包括下述内容：
  1 单元入口进厅或门厅的设置；
  2 楼梯间的设置；
  3 垃圾收集设施。

评定方法：检查各单元。

4.3 住宅套型

4.3.1 住宅套型的评定应包括套内功能空间设置和布局、功能空间尺度 2 个分项，满分为 75 分。

4.3.2 套内功能空间设置和布局(45 分)的评定应包括下述内容：
  1 套内卧室、起居室(厅)、餐厅、厨房、卫生间、贮藏室、阳台等功能空间的配置、布局和交通组织；
  2 居住空间的自然通风、采光和视野；
  3 厨房位置及其自然通风和采光。

评定方法：选取各主要住宅套型进行审查(各主要套型总建筑面积之和不少于总住宅建筑面积的 80%)，每个套型抽查一套。

4.3.3 功能空间尺度(30 分)的评定应包括下述内容：
  1 功能空间面积的配置；

2 起居室(厅)的连续实墙面长度；
3 双人卧室的开间；
4 厨房的操作台长度；
5 贮藏空间的使用面积；
6 功能空间净高。

评定方法：选取各主要住宅套型进行审查（各主要套型总建筑面积之和不少于总住宅建筑面积的 80%），每个套型抽查一套。

4.4 建筑装修

4.4.1 建筑装修（25分）的评定应包括下述内容：
1 套内装修；
2 公共部位装修。

评定方法：在全部住宅套型中，现场随机抽查 5 套住宅进行检查。

4.5 隔声性能

4.5.1 隔声性能（25分）的评定应包括下述内容：
1 楼板的隔声性能；
2 墙体的隔声性能；
3 管道的噪声量；
4 设备的减振和隔声。

评定方法：审阅检测报告。

4.6 设备设施

4.6.1 设备设施的评定应包括厨卫设备、给排水与燃气系统、采暖通风与空调系统和电气设备与设施 4 个分项，满分为 75 分。

4.6.2 厨卫设备（17分）的评定应包括下述内容：
1 厨房设备配置；
2 卫生设施配置；
3 洗衣机、家务间和晾衣空间的设置。

评定方法：选取各主要住宅套型进行审查（各主要套型总建筑面积之和不少于总住宅建筑面积的 80%），每个套型抽查一套。

4.6.3 给排水与燃气系统（20分）的评定应包括下述内容：
1 给排水和燃气系统的设置；
2 给排水和燃气系统的容量；
3 热水供应系统，或热水器和热水管道的设置；
4 分质供水系统的设置；
5 污水系统的设置；
6 管道和管线布置。

评定方法：对同类型住宅楼，抽查一套住宅。

4.6.4 采暖、通风与空调系统(20分)的评定应包括下述内容：
  1 居住空间的自然通风状态；
  2 采暖、空调系统和设施；
  3 厨房排油烟系统；
  4 卫生间排风系统。
  评定方法：选取各主要住宅套型进行审查(各主要套型总建筑面积之和不少于总住宅建筑面积的80%)，每个套型抽查一套。

4.6.5 电气设备与设施(18分)的评定应包括下述内容：
  1 电源插座数量；
  2 分支回路数；
  3 电梯的设置；
  4 楼内公共部位人工照明。
  评定方法：选取各主要住宅套型进行审查(各主要套型总建筑面积之和不少于总住宅建筑面积的80%)，每个套型抽查一套。

4.7 无障碍设施

4.7.1 无障碍设施的评定应包括套内无障碍设施、单元公共区域无障碍设施和住区无障碍设施3个分项，满分为20分。

4.7.2 套内无障碍设施(7分)的评定应包括下述内容：
  1 室内地面；
  2 室内过道和户门的宽度。
  评定方法：对不同类型住宅楼，各抽查一套住宅进行现场检查。

4.7.3 单元公共区域无障碍设施(5分)的评定应包括下述内容：
  1 电梯设置；
  2 公共出入口。
  评定方法：对不同类型住宅楼，各抽查一个单元进行现场检查。

4.7.4 住区无障碍设施(8分)的评定应包括下述内容：
  1 住区道路；
  2 住区公共厕所；
  3 住区公共服务设施。
  评定方法：现场检查。

5 环境性能的评定

5.1 一般规定

5.1.1 住宅环境性能的评定应包括用地与规划、建筑造型、绿地与活动场地、室外噪声与空气污染、水体与排水系统、公共服务设施和智能化系统7个评定项目，满分为250分。

5.1.2 住宅环境性能的评定指标见本标准附录 B。

5.2 用 地 与 规 划

5.2.1 用地与规划的评定应包括用地、空间布局、道路交通和市政设施 4 个分项，满分为 70 分。

5.2.2 用地(12 分)的评定内容应包括：
 1 原有地形利用；
 2 自然环境及历史文化遗迹保护；
 3 周边污染规避与控制。
 评定方法：审阅地方政府有关土地使用、规划方案等批准文件和现场检查。

5.2.3 空间布局(18 分)的评定内容应包括：
 1 建筑密度；
 2 住栋布置；
 3 空间层次；
 4 院落空间。
 评定方法：审阅住区规划设计文件和现场检查。

5.2.4 道路交通(34 分)的评定内容应包括：
 1 道路系统构架；
 2 出入口选择；
 3 住区道路路面及便道；
 4 机动车停车率；
 5 自行车停车位；
 6 标示标牌；
 7 住区周边交通。
 评定方法：审阅规划设计文件和现场检查。

5.2.5 市政设施(6 分)的评定内容应为：
 市政基础设施。
 评定方法：审阅有关市政设施的文件和现场检查。

5.3 建 筑 造 型

5.3.1 建筑造型的评定应包括造型与外立面、色彩效果和室外灯光 3 个分项，满分为 15 分。

5.3.2 造型与外立面(10 分)的评定内容应包括：
 1 建筑形式；
 2 建筑造型；
 3 外立面。
 评定方法：审阅有关的设计文件和现场检查。

5.3.3 色彩效果(2 分)的评定内容应为：
 建筑色彩与环境的协调性。

评定方法：审阅有关的设计文件和现场检查。

5.3.4 室外灯光(3分)的评定内容应为：

室外灯光与灯光造型。

评定方法：审阅有关的设计文件和现场检查。

5.4 绿地与活动场地

5.4.1 绿地与活动场地的评定应包括绿地配置、植物丰实度与绿化栽植和室外活动场地3个分项，满分为45分。

5.4.2 绿地配置(18分)的评定内容应包括：

    1 绿地配置；

    2 绿地率；

    3 人均公共绿地面积；

    4 停车位、墙面、屋顶和阳台等部位绿化利用。

评定方法：审阅环境与绿化设计文件及现场检查。

5.4.3 植物丰实度及绿化栽植(19分)的评定内容应包括：

    1 人工植物群落类型；

    2 乔木量；

    3 观赏花卉；

    4 树种选择；

    5 木本植物丰实度；

    6 植物长势。

评定方法：审阅环境与绿化设计文件及现场检查。

5.4.4 室外活动场地(8分)的评定内容应包括：

    1 硬质铺装；

    2 休闲场地的遮荫措施；

    3 活动场地的照明设施。

评定方法：审阅环境与绿化设计文件及现场检查。

5.5 室外噪声与空气污染

5.5.1 室外噪声与空气污染的评定应包括室外噪声和空气污染2个分项，满分为20分。

5.5.2 室外噪声(8分)的评定内容应包括：

    1 室外等效噪声级；

    2 室外偶然噪声级。

评定方法：审阅室外噪声检测报告和现场检查。

5.5.3 空气污染(12分)的评定内容应包括：

    1 排放性局部污染源；

    2 开放性局部污染源；

    3 辐射性局部污染源；

    4 溢出性局部污染源；

    5　空气污染物浓度。
    评定方法：审阅空气污染检测报告和现场检查。

5.6　水体与排水系统

5.6.1 水体与排水系统的评定应包括水体和排水系统2个分项，满分为10分。
5.6.2 水体(6分)的评定内容应包括：
    1　天然水体与人造景观水体水质；
    2　游泳池水质。
    评定方法：审阅水质检测报告和现场检查。
5.6.3 排水系统(4分)的评定内容应为：
    雨污分流排水系统。
    评定方法：审阅雨污排水系统设计文件和现场检查。

5.7　公共服务设施

5.7.1 公共服务设施的评定应包括配套公共服务设施和环境卫生2个分项，满分为60分。
5.7.2 配套公共服务设施(42分)的评定内容应包括：
    1　教育设施；
    2　医疗设施；
    3　多功能文体活动室；
    4　儿童活动场地；
    5　老人活动与服务支援设施；
    6　露天体育活动场地；
    7　游泳馆(池)；
    8　戏水池；
    9　体育场馆或健身房；
    10　商业设施；
    11　金融邮电设施；
    12　市政公用设施；
    13　社区服务设施。
    评定方法：审阅规划设计文件和现场检查。
5.7.3 环境卫生(18分)的评定内容应包括：
    1　公共厕所数量与建设标准；
    2　废物箱配置；
    3　垃圾收运；
    4　垃圾存放与处理。
    评定方法：审阅规划设计文件和现场检查。

5.8　智能化系统

5.8.1 智能化系统的评定应包括管理中心与工程质量、系统配置和运行管理3个分项，满分为30分。

5.8.2 管理中心与工程质量(8分)的评定内容应包括：
1 管理中心；
2 管线工程；
3 安装质量；
4 电源与防雷接地。
评定方法：审阅智能化系统设计文档和现场检查。

5.8.3 系统配置(18分)的评定内容应包括：
1 安全防范子系统；
2 管理与监控子系统；
3 信息网络子系统。
评定方法：审阅智能化系统设计文档和现场检查。

5.8.4 运行管理(4分)的评定内容应为：
运行管理方案、制度和工作条件。
评定方法：审阅运行管理的有关文档和现场检查。

6 经济性能的评定

6.1 一 般 规 定

6.1.1 住宅经济性能的评定应包括节能、节水、节地、节材4个评定项目，满分为200分。

6.1.2 住宅经济性能的评定指标见本标准附录C。

6.2 节 能

6.2.1 节能的评定应包括建筑设计、围护结构、采暖空调系统和照明系统4个分项，满分为100分。

6.2.2 建筑设计(35分)的评定应包括下述内容：
1 建筑朝向；
2 建筑物体形系数；
3 严寒、寒冷地区楼梯间和外廊采暖设计；
4 窗墙面积比；
5 外窗遮阳；
6 再生能源利用。
评定方法：审阅设计资料(包括施工图和热工计算表)和现场检查。

6.2.3 围护结构(35分)的评定应包括下述内容：
1 外窗和阳台门的气密性；
2 外墙、外窗和屋顶的传热系数。
评定方法：审阅设计资料(包括施工图和热工计算表)和现场检查。

6.2.4 采暖空调系统(20分)的评定应包括下述内容：
    1 分户热量计量与装置；
    2 采暖系统的水力平衡措施；
    3 空调器位置；
    4 空调器选用；
    5 室温控制；
    6 室外机位置。
    评定方法：审阅设计图纸和有关文件。

6.2.5 照明系统(10分)的评定应包括下述内容：
    1 照明方式的合理性；
    2 高效节能照明产品应用；
    3 节能控制型开关应用；
    4 照明功率密度值(LPD)。
    评定方法：审阅设计图纸和有关文件。

6.3 节　　水

6.3.1 节水的评定应包括中水利用、雨水利用、节水器具及管材、公共场所节水措施和景观用水5个分项，满分为40分。

6.3.2 中水利用(12分)的评定应包括下述内容：
    1 中水设施；
    2 中水管道系统。
    评定方法：审阅设计图纸和有关文件。

6.3.3 雨水利用(6分)的评定应包括下述内容：
    1 雨水回渗；
    2 雨水回收。
    评定方法：审阅设计图纸。

6.3.4 节水器具及管材(12分)的评定应包括下述内容：
    1 便器一次冲水量；
    2 便器分档冲水功能；
    3 节水器具；
    4 防漏损管道系统。
    评定方法：审阅设计图纸和现场检查。

6.3.5 公共场所节水措施(6分)的评定应包括下述内容：
    1 公用设施的节水措施；
    2 绿化灌溉方式。
    评定方法：现场检查。

6.3.6 景观用水(4分)的评定内容应为：
    水源利用情况。
    评定方法：审阅设计图纸。

6.4 节 地

6.4.1 节地的评定应包括地下停车比例、容积率、建筑设计、新型墙体材料、节地措施、地下公建和土地利用7个分项,满分为40分。

6.4.2 地下停车比例(8分)的评定内容应为:
地下或半地下停车比例。
评定方法:审阅设计图纸。

6.4.3 容积率(5分)的评定内容应为:
容积率的合理性。
评定方法:审阅设计图纸和有关文件。

6.4.4 建筑设计(7分)的评定应包括下述内容:
1 住宅单元标准层使用面积系数;
2 户均面宽与户均面积比值。
评定方法:审阅设计图纸。

6.4.5 新型墙体材料(8分)的评定内容应为:
用以取代黏土砖的新型墙体材料应用情况。
评定方法:审阅设计图纸和有关文件。

6.4.6 节地措施(5分)的评定内容应为:
采用新设备、新工艺、新材料,减少公共设施占地的情况。
评定方法:审阅设计图纸和现场检查。

6.4.7 地下公建(5分)的评定内容应为:
住区公建利用地下空间的情况。
评定方法:审阅设计图纸和现场检查。

6.4.8 土地利用(2分)的评定内容应为:
充分利用荒地、坡地和不适宜耕种土地的情况。
评定方法:现场检查。

6.5 节 材

6.5.1 节材的评定应包括可再生材料利用、建筑设计施工新技术、节材新措施和建材回收率4个分项,满分为20分。

6.5.2 可再生材料利用(3分)的评定内容应为:
可再生材料的利用情况。
评定方法:审阅设计图纸和有关文件。

6.5.3 建筑设计施工新技术(10分)的评定内容应为:
高强高性能混凝土、高效钢筋、预应力钢筋混凝土、粗直径钢筋连接、新型模板与脚手架应用、地基基础、钢结构新技术和企业的计算机应用与管理技术的利用情况。
评定方法:审阅设计图纸和有关文件。

6.5.4 节材新措施(2分)的评定内容应为:
采用节约材料的新技术、新工艺的情况。

评定方法：审阅施工记录。
6.5.5 建材回收率(5分)的评定内容应为：
使用回收建材的比例。
评定方法：审阅设计图纸和有关文件。

7 安全性能的评定

7.1 一 般 规 定

7.1.1 住宅安全性能的评定应包括结构安全、建筑防火、燃气及电气设备安全、日常安全防范措施和室内污染物控制5个评定项目，满分为200分。
7.1.2 住宅安全性能的评定指标见本标准附录D。

7.2 结 构 安 全

7.2.1 结构安全的评定应包括工程质量、地基基础、荷载等级、抗震设防和外观质量5个分项，满分为70分。
7.2.2 工程质量(15分)的评定内容应为：
结构工程(含地基基础)设计施工程序和施工质量验收与备案情况。
评定方法：审阅施工图设计文件及审查结论，施工许可、施工资料及施工验收资料。
7.2.3 地基基础(10分)的评定内容应为：
地基承载力计算、变形及稳定性计算，以及基础的设计。
评定方法：审阅施工图设计文件及审查结论。
7.2.4 荷载等级(20分)的评定内容应为：
楼面和屋面活荷载设计取值，风荷载、雪荷载设计取值。
评定方法：审阅施工图设计文件及审查结论。
7.2.5 抗震设防(15分)的评定内容应为：
抗震设防烈度和抗震措施。
评定方法：审阅施工图设计文件及审查结论。
7.2.6 结构外观质量(10分)的评定内容应为：
结构的外观质量与构件尺寸偏差。
评定方法：现场检查。

7.3 建 筑 防 火

7.3.1 建筑防火的评定应包括耐火等级、灭火与报警系统、防火门(窗)和疏散设施4个分项，满分为50分。
7.3.2 耐火等级(15分)的评定内容应为：
建筑实际的耐火等级。
评定方法：审阅认证资料及现场检查。
7.3.3 灭火与报警系统(15分)的评定应包括下述内容：

  1 室外消防给水系统；
  2 防火间距、消防交通道路及扑救面质量；
  3 消火栓用水量及水柱股数；
  4 消火栓箱标识；
  5 自动报警系统与自动喷水灭火装置。
  评定方法：审阅设计文件及现场检查。

7.3.4 防火门(窗)(5分)的评定内容应为：
  防火门(窗)的设置及功能要求。
  评定方法：审阅相关资料及现场检查。

7.3.5 疏散设施(15分)的评定应包括下述内容：
  1 安全出口数量及安全疏散距离、疏散走道和门的净宽；
  2 疏散楼梯的形式和数量，高层住宅的消防电梯；
  3 疏散楼梯的梯段净宽；
  4 疏散楼梯及走道的标识；
  5 自救设施的配置。
  评定方法：审阅相关文件及现场检查。

7.4 燃气及电气设备安全

7.4.1 燃气及电气设备安全的评定应包括燃气设备安全和电气设备安全2个分项，满分为35分。

7.4.2 燃气设备安全(12分)的评定应包括下述内容：
  1 燃气器具的质量合格证；
  2 燃气管道的安装位置及燃气设备安装场所的排风措施；
  3 燃气灶具熄火保护自动关闭功能；
  4 燃气浓度报警装置；
  5 燃气设备安装质量；
  6 安装燃气装置的厨房、卫生间的结构防爆措施。
  评定方法：审阅燃气设备相关资料、施工验收资料、设计文件和现场检查。

7.4.3 电气设备安全(23分)的评定应包括下述内容：
  1 电气设备及相关材料的质量认证和产品合格证；
  2 配电系统与电气设备的保护措施和装置；
  3 配电设备与环境的适用性；
  4 防雷措施与装置；
  5 配电系统的接地方式与接地装置；
  6 配电系统工程的质量；
  7 电梯安全性认证及相关资料。
  评定方法：审阅配电系统设计文件及设备相关资料、施工记录、验收资料和现场检查。

7.5 日常安全防范措施

7.5.1 日常安全防范措施的评定应包括防盗设施、防滑防跌措施和防坠落措施 3 个分项，满分为 20 分。

7.5.2 防盗设施(6 分)的评定内容应为：

防盗户门及有被盗隐患部位的防盗网、电子防盗等设施的质量与认证手续。

评定方法：审阅产品合格证和现场检查。

7.5.3 防滑防跌措施(2 分)的评定内容应为：

厨房、卫生间等的防滑与防跌措施。

评定方法：审阅设计文件、产品质量文件和现场检查。

7.5.4 防坠落措施(12 分)的评定应包括下述内容：

1 阳台栏杆或栏板、上人屋面女儿墙或栏杆的高度及垂直杆件间水平净距；
2 外窗窗台面距楼面或可登踏面的净高度及防坠落措施；
3 楼梯栏杆垂直杆件间水平净距、楼梯扶手高度、非垂直杆件栏杆的防攀爬措施；
4 室内顶棚和内外墙面装修层的牢固性，门窗安全玻璃的使用。

评定方法：审阅设计文件，质量、耐久性保证文件和现场检查。

7.6 室内污染物控制

7.6.1 室内污染物控制的评定应包括墙体材料、室内装修材料和室内环境污染物含量 3 个分项，满分为 25 分。

7.6.2 墙体材料(4 分)的评定内容应为：

墙体材料的放射性污染及混凝土外加剂中释放氨的含量。

评定方法：审阅产品合格证和专项检测报告。

7.6.3 室内装修材料(6 分)的评定内容应为：

人造板及其制品有害物质含量，溶剂型木器涂料有害物质含量，内墙涂料有害物质含量，胶黏剂有害物质含量，壁纸有害物质含量，花岗石及其他天然或人造石材的放射性污染。

评定方法：审阅产品合格证和专项检测报告。

7.6.4 室内环境污染物含量(15 分)的评定内容应为：

室内氡浓度，室内甲醛浓度，室内苯浓度，室内氨浓度，室内总挥发性有机化合物(TVOC)浓度。

评定方法：审阅专项检测报告，必要时进行复验。

8 耐久性能的评定

8.1 一般规定

8.1.1 住宅耐久性能的评定应包括结构工程、装修工程、防水工程与防潮措施、管线工程、设备和门窗 6 个评定项目，满分为 100 分。

8.1.2 住宅耐久性能的评定指标见本标准附录 E。

8.2 结 构 工 程

8.2.1 结构工程的评定应包括勘察报告、结构设计、结构工程质量和外观质量 4 个分项，满分为 20 分。

8.2.2 勘察报告(5 分)的评定应包括下述内容：
    1 勘察报告中与认定住宅相关的勘察点的数量；
    2 勘察报告提供地基土与土中水侵蚀性情况。
    评定方法：审阅勘察报告。

8.2.3 结构设计(10 分)的评定应包括下述内容：
    1 结构的设计使用年限；
    2 设计确定的技术措施。
    评定方法：审阅设计图纸。

8.2.4 结构工程质量(3 分)的评定内容应为：
    主控项目质量实体检测情况。
    评定方法：审阅检测报告。

8.2.5 外观质量(2 分)的评定内容应为：
    围护构件外观质量缺陷。
    评定方法：现场检查。

8.3 装 修 工 程

8.3.1 装修工程的评定应包括装修设计、装修材料、装修工程质量和外观质量 4 个分项，满分为 15 分。

8.3.2 装修设计(5 分)的评定内容应为：
    外装修的设计使用年限和设计提出的装修材料耐用指标要求。
    评定方法：审阅设计文件。

8.3.3 装修材料(4 分)的评定内容应为：
    装修材料耐用指标检验情况。
    评定方法：审阅检验报告。

8.3.4 装修工程质量(3 分)的评定内容应为：
    装修工程施工质量验收情况。
    评定方法：审阅验收资料。

8.3.5 外观质量(3 分)的评定内容应为：
    装修工程的外观质量。
    评定方法：现场检查。

8.4 防水工程与防潮措施

8.4.1 防水工程的评定应包括防水设计、防水材料、防潮与防渗漏措施、防水工程质量和外观质量 5 个分项，满分为 20 分。

8.4.2 防水设计(4分)的评定应包括下述内容：
   1 防水工程的设计使用年限；
   2 设计对防水材料提出的耐用指标要求。
   评定方法：审阅设计文件。

8.4.3 防水材料(4分)的评定应包括下述内容：
   1 防水材料的合格情况；
   2 防水材料耐用指标的检验情况。
   评定方法：审阅材料检验报告。

8.4.4 防潮与防渗漏措施(5分)的评定应包括下述内容：
   1 首层墙体与地面的防潮措施；
   2 外墙的防渗措施。
   评定方法：审阅设计文件。

8.4.5 防水工程质量(4分)的评定应包括下述内容：
   1 防水工程施工质量验收情况；
   2 防水工程蓄水、淋水检验情况。
   评定方法：审阅验收资料。

8.4.6 外观质量(3分)的评定内容应为：
   防水工程外观质量和墙体、顶棚与地面潮湿情况。
   评定方法：现场检查。

8.5 管 线 工 程

8.5.1 管线工程的评定应包括管线工程设计、管线材料、管线工程质量和外观质量4个分项，满分为15分。

8.5.2 管线工程设计(7分)的评定应包括下述内容：
   1 设计使用年限；
   2 设计对管线材料的耐用指标要求；
   3 上水管内壁材质。
   评定方法：审阅设计文件。

8.5.3 管线材料(4分)的评定应包括下述内容：
   1 管线材料的质量；
   2 管线材料耐用指标的检验情况。
   评定方法：审阅材料质量检验报告。

8.5.4 管线工程质量(2分)的评定内容应为：
   工程质量验收合格情况。
   评定方法：审阅施工验收资料。

8.5.5 外观质量(2分)的评定内容应为：
   管线及其防护层外观质量和上水水质目测情况。
   评定方法：现场检查。

8.6 设 备

8.6.1 设备的评定应包括设计或选型、设备质量、设备安装质量和运转情况4个分项，满分为15分。

8.6.2 设计或选型(4分)的评定应包括下述内容：
    1 设备的设计使用年限；
    2 设计或选型时对设备提出的耐用指标要求。
    评定方法：审阅设计资料。

8.6.3 设备质量(5分)的评定应包括下述内容：
    1 设备的合格情况；
    2 设备耐用指标的检验情况(包括型式检验结论)。
    评定方法：审阅产品合格证和检验报告。

8.6.4 设备安装质量(3分)的评定内容应为：
    设备安装质量的验收情况。
    评定方法：审阅验收资料。

8.6.5 运转情况(3分)的评定内容应为：
    设备运转情况。
    评定方法：现场检查。

8.7 门 窗

8.7.1 门窗的评定应包括设计或选型、门窗质量、门窗安装质量和外观质量4个分项，满分为15分。

8.7.2 设计或选型(5分)的评定应包括下述内容：
    1 设计使用年限；
    2 耐用指标要求情况。
    评定方法：审阅设计资料。

8.7.3 门窗质量(4分)的评定应包括下述内容：
    1 门窗质量的合格情况；
    2 门窗耐用指标的检验情况(含型式检验结论)。
    评定方法：审阅相关资料和检验报告。

8.7.4 门窗安装质量(3分)的评定内容应为：
    门窗安装质量的验收情况。
    评定方法：审阅验收资料。

8.7.5 外观质量(3分)的评定内容应为：
    门窗的外观质量。
    评定方法：现场检查。

附录A 住宅适用性能评定指标

表 A.0.1 住宅适用性能评定指标(250分)

评定项目及分值	分项及分值	子项序号	定性定量指标		分值
单元平面(30)	单元平面布局(15)	A01	平面布局合理、功能关系紧凑、空间利用充分	Ⅲ 很合理	10
				Ⅱ 合理	(7)
				Ⅰ 基本合理	(4)
		A02	平面规整,平面设凹口时,其深度与开口宽度之比<2		2
		A03	平面进深、户均面宽大小适度		3
	模数协调和可改造性(5)	A04	住宅平面设计符合模数协调原则		3
		A05	结构体系有利于空间的灵活分隔		2
	单元公共空间(10)	A06	门厅和候梯厅有自然采光,窗地面积比≥1/10		2
		A07	单元入口处设进厅或门厅	Ⅲ 门厅或进厅使用面积:高层、中高层≥18m²;多层≥6m²,并设独立信报间	3
				Ⅱ 门厅或进厅使用面积:高层、中高层≥15m²;多层≥4.5m²,并设信报箱	(2)
				Ⅰ 门厅或进厅使用面积:高层≥15m²;中高层≥10m²;多层≥3.5m²	(1)
		A08	电梯候梯厅深度不小于多台电梯中最大轿厢深度,且≥1.5m		1
		A09	楼梯段净宽≥1.1m,平台宽≥1.2m,踏步宽度≥260mm,踏步高度≤175mm		2
		A10	高层住宅每层设垃圾间或垃圾收集设施,且便于清洁		2
住宅套型(75)	套内功能空间设置和布局(45)	A11	☆套内居住空间、厨房、卫生间等基本空间齐备		7
		A12	套内设贮藏空间、用餐空间以及阳台,配置有	Ⅲ 书房(工作室)、贮藏室、独立餐厅以及入口过渡空间	5
				Ⅱ 书房(工作室)及入口过渡空间	(3)
				Ⅰ 入口过渡空间	(2)
		A13	功能空间形状合理,起居室、卧室、餐厅长短边之比≤1.8		5
		A14	起居室(厅)、卧室有自然通风和采光,无明显视线干扰和采光遮挡,窗地面积比不小于1/7		5
		A15	☆每套住宅至少有1个居住空间获得日照。当有4个以上居住空间时,其中有2个或2个以上居住空间获得日照		6

续表

评定项目及分值	分项及分值	子项序号	定性定量指标		分值
住宅套型 (75)	套内功能空间设置和布局 (45)	A16	起居室、主要卧室的采光窗不朝向凹口和天井		3
		A17	套内交通组织顺畅,不穿行起居室(厅)、卧室		3
		A18	套内纯交通面积≤使用面积的1/20		2
		A19	餐厅、厨房流线联系紧密		2
		A20	☆ 厨房有直接采光和自然通风,且位置合理,对主要居住空间不产生干扰		3
		A21	★ 3个及3个以上卧室的套型至少配置2个卫生间		2
		A22	至少设1个功能齐全的卫生间		2
	功能空间尺度 (30)	A23	主要功能空间面积配置合理		7
		A24	起居室(厅)供布置家具、设备的连续实墙面长度≥3.6m		5
		A25	双人卧室开间≥3.3m		5
		A26	厨房操作台总长度≥3.0m		4
		A27	贮藏空间(室)使用面积≥3m²		4
		A28	起居室、卧室空间净高≥2.4m,且≤2.8m		5
建筑装修 (25)	套内装修 (17)	A29	门窗和固定家具采用工厂生产的成型产品		2
		A30	装修做法	★ Ⅱ 装修到位	15
				Ⅰ 厨房、卫生间装修到位	(10)
	公共部位装修 (8)	A31	门厅、楼梯间或候梯厅装修	Ⅲ 很好	4
				Ⅱ 好	(3)
				Ⅰ 较好	(2)
		A32	住宅外部装修	Ⅲ 很好	4
				Ⅱ 好	(3)
				Ⅰ 较好	(2)
隔声性能 (25)	楼板 (6)	A33	楼板计权标准化撞击声压级	★ Ⅱ ≤65dB	3
				Ⅰ ≤75dB	(2)
		A34	楼板的空气声计权隔声量	★ Ⅲ ≥50dB	3
				Ⅱ ≥45dB	(2)
				Ⅰ ≥40dB	(1)
	墙体 (15)	A35	分户墙空气声计权隔声量	★ Ⅲ ≥50dB	6
				Ⅱ ≥45dB	(4)
				Ⅰ ≥40dB	(3)
		A36	含窗外墙的空气声计权隔声量	Ⅲ ≥40dB	3
				Ⅱ ≥35dB	(2)
				Ⅰ ≥30dB	(1)
		A37	户门空气声计权隔声量	Ⅲ ≥40dB	3
				Ⅱ ≥30dB	(2)
				Ⅰ ≥25dB	(1)
		A38	与卧室和书房相邻的分室墙空气声计权隔声量	Ⅲ ≥40dB	3
				Ⅱ ≥35dB	(2)
				Ⅰ ≥30dB	(1)

续表

评定项目及分值	分 项及分值	子项序号	定性定量指标		分 值
隔声性能 (25)	管道(2)	A39	排水管道平均噪声量≤50dB		2
	设备(2)	A40	电梯、水泵、风机、空调等设备采取了减振、消声和隔声措施		2
设备设施 (75)	厨卫设备(17)	A41	厨房按"洗、切、烧"炊事流程布置,管道定位接口与设备位置一致,方便使用		3
		A42	厨房设备成套配置		4
		A43	卫生间平面布置有序、管道定位接口与设备位置一致,方便使用		3
		A44	卫生间沐浴、便溺、盥洗设施配套齐全		4
		A45	洗衣机位置设置合理,并设有洗衣机专用水嘴与地漏,有晾衣空间		3
	给排水与燃气系统(20)	A46	给排水与燃气设施完备		2
		A47	给排水、燃气系统的设计容量满足国家标准和使用要求		2
		A48	热水供应系统	Ⅱ 设 24 小时集中热水供应,采用循环热水系统	4
				Ⅰ 预留热水管道和热水器位置	(2)
		A49	室内排水系统	排水设备和器具分别设置存水弯,存水弯水封深度≥50mm	2
		A50		排水立管检查口设在管井内时,有方便清通的检查门或接口	1
		A51		不与会所和餐饮业的排水系统共用排水管,在室外相连之前设水封井	2
		A52	管道、管线布置采用暗装,布置合理;燃气管道及计量仪表暗装时,采用相应的安全措施		1
		A53	厨房和卫生间立管集中设在管井内,管井紧邻卫生间和厨房布置		2
		A54	户内计量仪表、阀门和检查口等的位置方便检修和日常维护		2
		A55	给水总立管、雨水立管、消防立管和公共功能的阀门及用于总体调节和检修的部件,设在共用部位		2
	采暖、通风与空调系统(20)	A56	在自然状态下居住空间通风顺畅,外窗可开启面积不小于该房间地面面积的 1/20		4
		A57	严寒、寒冷地区设置采暖系统和设备,夏热冬冷地区有采暖和空调措施,夏热冬暖地区有空调措施		2
		A58	空调室外机位置和风口等设施布置合理,冷凝水单独有组织排放		1
		A59	新风系统	Ⅲ 设有组织的新风系统,新风经过滤、加热加湿(冬季)或冷却去湿(夏季)等处理后送入室内,新风量≥每人每小时 30m³。室内湿度夏季≤70%,冬季≥30%	4
				Ⅱ 设有组织的新风系统,新风经过滤处理。新风量≥每人每小时 30m³	(3)
				Ⅰ 设有组织的换气装置	(2)

续表

评定项目及分值	分项及分值	子项序号	定性定量指标		分值
设备设施（75）	采暖、通风与空调系统（20）	A60	厨房设竖向和水平烟（风）道有组织地排放油烟，竖向烟（风）道最不利点最大静压≤－1.0Pa，如达不到时，6层以上住宅在屋顶设机械排风装置		3
		A61	严寒、寒冷和夏热冬冷地区卫生间设竖向风道		2
		A62	暗卫生间及严寒、寒冷和夏热冬冷地区卫生间设机械排风装置		3
		A63	采暖供回水总立管、公共功能的阀门和用于总体调节和检修的部件，设在共用部位		1
	电气设备与设施（18）	A64	除布置洗衣机、冰箱、排风机械、空调器等处设专用单相三线插座外，电源插座数量满足：	Ⅲ 起居室、卧室、书房、厨房≥4组；餐厅、卫生间≥2组；阳台≥1组	6
				Ⅱ 起居室、卧室、书房、厨房≥3组；餐厅、卫生间≥2组；阳台≥1组	(5)
				Ⅰ 起居室、书房≥3组；卧室、厨房≥2组；卫生间≥1组；餐厅≥1组	(4)
		A65	每套住宅的空调电源插座、普通电源插座与照明应分路设计，厨房电源插座和卫生间设独立回路。分支回路数量为：	Ⅲ 分支回路数≥7，预留备用回路数≥3	6
				Ⅱ 分支回路数≥6	(5)
				Ⅰ 分支回路数≥5	(4)
		A66	电梯设置	6层及以下多层住宅设电梯	2
		A67		☆7层及以上住宅设电梯，12层及以上至少设2部电梯，其中1部为消防电梯	2
		A68	楼内公共部位设人工照明，照度≥30lx		1
		A69	电气、电讯干线（管）和公共功能的电气设备及用于总体调节和检修的部件，设在共用部位		1
无障碍设施（20）	套内无障碍设施（7）	A70	户内同层楼（地）面高差≤20mm		2
		A71	入户过道净宽≥1.2m，其他通道净宽≥1.0m		3
		A72	户内门扇开启净宽度≥0.8m		2
	单元公共区域无障碍设施（5）	A73	7层及以上住宅，每单元至少设一部可容纳担架的电梯，且为无障碍电梯		2
		A74	单元公共出入口有高差时设轮椅坡道和扶手，且坡度符合要求		3
	住区无障碍设施（8）	A75	住区内各级道路按无障碍要求设置，并保证通行的连贯性		2
		A76	公共绿地的入口、道路及休息凉亭等设施的地面平整、防滑，地面有高差时，设轮椅坡道和扶手		2
		A77	公共服务设施的出入口通道按无障碍要求设计		2
		A78	公用厕所至少设一套满足无障碍设计要求的厕位和洗手盆		2

附录 B 住宅环境性能评定指标

表 B.0.1 住宅环境性能评定指标(250分)

评定项目及分值	分项及分值	子项序号	定性定量指标		分值
用地与规划(70)	用地(12)	B01	因地制宜、合理利用原有地形地貌		4
		B02	重视场地内原有自然环境及历史文化遗迹的保护和利用		4
		B03	☆远离污染源,避免和有效控制水体、空气、噪声、电磁辐射等污染		4
	空间布局(18)	B04	按照住区规模,合理确定规划分级,功能结构清晰,住宅建筑密度控制适当,保持合理的住区用地平衡		4
		B05	住栋布置满足日照与通风的要求、避免视线干扰		6
		B06	空间层次与序列清晰,尺度恰当		4
		B07	院落空间有较强的领域感和可防卫性,有利于邻里交往与安全		4
	道路交通(34)	B08	道路系统架构清晰、顺畅,避免住区外部交通穿行,满足消防、救护要求;在地震设防地区,还应考虑减灾、救灾要求		6
		B09	出入口选择合理,方便与外界联系		4
		B10	住区内道路路面及便道选材和构造合理		4
		B11	机动车停车率	★Ⅲ ≥1.0,且不低于当地标准	8
				Ⅱ ≥0.6,且不低于当地标准	(6)
				Ⅰ ≥0.4,且不低于当地标准	(4)
		B12	自行车停车位隐蔽、使用方便		4
		B13	标示标牌	Ⅲ 出入口设有小区平面示意图,主要路口设有路标。各组团、栋及单元(门)、户和公共配套设施、场地有明显标志,标牌夜间清晰可见	4
				Ⅱ 主出入口设有小区平面示意图,各组团、栋及单元(门)、户有明显标志,标牌夜间清晰可见	(3)
				Ⅰ 各组团、栋及单元(门)、户有明显标志	(2)
		B14	住区周边设有公共汽车、电车、地铁或轻轨等公共交通场站,且居民最远行走距离<500m		4
	市政设施(6)	B15	☆市政基础设施(包括供电系统、燃气系统、给排水系统与通信系统)配套齐全、接口到位		6

续表

评定项目及分值	分项及分值	子项序号	定性定量指标		分值
建筑造型（15）	造型与外立面（10）	B16	建筑形式美观、体现地方气候特点和建筑文化传统，具有鲜明居住特征		3
		B17	建筑造型简洁实用		3
		B18	外立面	Ⅲ 立面效果好	4
				Ⅱ 立面效果较好	(2)
				Ⅰ 立面效果尚可	(1)
	色彩效果(2)	B19	建筑色彩与环境协调		2
	室外灯光（3）	B20	有较好的室外灯光效果，避免对居住生活造成眩光等干扰；在城市景观道路、景观区范围内的住宅有较好的灯光造型		3
绿地与活动场地（45）	绿地配置（18）	B21	绿地配置合理，位置和面积适当，集中绿地与分散绿地相结合		4
		B22	绿地率	Ⅱ ≥35%	6
				☆Ⅰ ≥30%	(4)
		B23	人均公共绿地面积(m²/人)	Ⅲ 组团≥1.0、小区≥1.5、居住区≥2.0	6
				Ⅱ 组团≥0.8、小区≥1.3、居住区≥1.8	(4)
				Ⅰ 组团≥0.5、小区≥1.0、居住区≥1.5	(3)
		B24	充分利用建筑散地、停车位、墙面（包括挡土墙）、平台、屋顶和阳台等部位进行绿化，要求有上述6种场地中的4种或4种以上		2
	植物丰实度与绿化栽植（19）	B25	乔木—草本型、灌木—草本型、乔木—灌木—草本型、藤本型等人工植物群落类型3种及以上，植物配置多层次		2
		B26	乔木量≥3株/100m² 绿地面积		4
		B27	观赏花卉种类丰富，植被覆盖裸土		2
		B28	选择适合当地生长与易于存活的树种，不种植对人体有害、对空气有污染和有毒的植物		2
		B29	木本植物丰实度	Ⅲ 木本植物种类：华北、东北、西北地区不少于32种；华中、华东地区不少于48种；华南、西南地区不少于54种	6
				Ⅱ 木本植物种类：华北、东北、西北地区不少于25种；华中、华东地区不少于45种；华南、西南地区不少于50种	(4)

续表

评定项目及分值	分项及分值	子项序号	定性定量指标		分值
绿地与活动场地(45)	植物丰实度与绿化栽植(19)	B29	木本植物丰实度	Ⅰ 木本植物种类：华北、东北、西北地区不少于20种；华中、华东地区不少于40种；华南、西南地区不少于45种	(3)
		B30	植物长势良好，没有病虫害和人为破坏，成活率98%以上		3
	室外活动场地(8)	B31	绿地中配置占绿地面积10%～15%的硬质铺装		3
		B32	硬质铺装休闲场地有树木等遮荫措施和地面水渗透措施		3
		B33	室外活动场地设置有照明设施		2
室外噪声与空气污染(20)	室外噪声(8)	B34	等效噪声级	Ⅲ 白天≤50dB(A)；黑夜≤40dB(A)	4
				Ⅱ 白天≤55dB(A)；黑夜≤45dB(A)	(3)
				Ⅰ 白天≤60dB(A)；黑夜≤50dB(A)	(2)
		B35	黑夜偶然噪声级	Ⅲ ≤55dB(A)	4
				Ⅱ ≤60dB(A)	(3)
				Ⅰ ≤65dB(A)	(2)
	空气污染(12)	B36	无排放性污染源或虽有局部污染源但经过除尘脱硫处理		3
		B37	采用洁净燃料，无开放性局部污染源		3
		B38	无辐射性局部污染源		2
		B39	无溢出性局部污染源，住区内的公共饮食餐厅等加工过程设有污染防治措施		2
		B40	空气污染物控制指标日平均浓度不超过标准值(mg/m³)：飘尘为0.30、SO_2为0.15、NO_x为0.10、CO为4.0		2
水体与排水系统(10)	水体(6)	B41	天然水体与人造景观水体(水池)水质符合国家《景观娱乐用水水质标准》GB 12941中C类水质要求		3
		B42	游泳馆(或游泳池、儿童戏水池)设有水循环和消毒设施，符合《游泳池给水排水设计规范》CECS 14和《游泳场所卫生标准》GB 9667要求		3
	排水系统(4)	B43	设有完善的雨污分流排水系统，并分别排入城市雨污水系统(雨水可就近排入河道或其他水体)		4
公共服务设施(60)	配套公共服务设施(42)	B44	教育设施的配置符合《城市居住区规划设计规范》GB 50180或当地规划部门对教育设施设置的规定		3
		B45	设置防疫、保健、医疗、护理等医疗设施		3
		B46	设置多功能文体活动室		3
		B47	儿童活动场地兼顾趣味、益智、健身、安全合理等原则统筹布置		3

续表

评定项目及分值	分项及分值	子项序号	定性定量指标	分值
公共服务设施 (60)	配套公共服务设施 (42)	B48	设置老人活动与服务支援设施	3
		B49	结合绿地与环境设置露天健身活动场地	3
		B50	设置游泳馆或游泳池	5
		B51	设置儿童戏水池	2
		B52	设置体育场馆或健身房	5
		B53	设置商店、超市等购物设施	3
		B54	设置金融邮电设施	3
		B55	设置市政公用设施	3
		B56	设置社区服务设施	3
	环境卫生 (18)	B57	设置公共厕所(公共设施中附有对外开放的厕所时可计入此项),并达到《城市公共厕所规划和设计标准》CJJ 14 一类标准	3
		B58	主要道路及公共活动场地均匀配置废物箱,其间距小于80m,且废物箱防雨、密闭、整洁,采用耐腐蚀材料制作	3
		B59	垃圾收运 Ⅱ 高层按层、多层按幢设置垃圾容器(或垃圾桶),生活垃圾采用袋装化收集,保持垃圾容器(或垃圾桶)清洁、无异味,每日清运	4
			Ⅰ 按幢设置垃圾容器(或垃圾桶),生活垃圾采用袋装化收集,保持垃圾容器(或垃圾桶)清洁、无异味,每日清运	(2)
		B60	垃圾存放与处理 Ⅱ 垃圾分类收集与存放,设垃圾处理房,垃圾处理房隐蔽、全密闭、保证垃圾不外漏,有风道或排风、冲洗和排水设施,采用微生物处理,处理过程无污染,排放物无二次污染,残留物无害	8
			Ⅰ 设垃圾站,垃圾站隐蔽、有冲洗和排水设施,存放垃圾及时清运,不污染环境,不散发臭味	(5)
智能化系统 (30)	管理中心与工程质量 (8)	B61	管理中心位置恰当,面积与布局合理,机房建设符合国家同等规模通信机房或计算机机房的技术要求	2
		B62	管线工程质量合格	2
		B63	设备与终端产品安装质量合格,位置恰当,便于使用与维护	2

续表

评定项目及分值	分项及分值	子项序号		定 性 定 量 指 标	分 值
智能化系统（30）	系统配置（18）	B64		电源与防雷接地工程质量合格	2
		B65	安全防范子系统	Ⅲ 子系统设置齐全，包括闭路电视监控、周界防越报警、电子巡更、可视对讲与住宅报警装置。子系统功能强，可靠性高，使用与维护方便	6
				Ⅱ 子系统设置较齐全，可靠性高，使用与维护方便	(4)
				Ⅰ 设置可视或语音对讲装置、紧急呼救按钮，可靠性高，使用与维护方便	(3)
		B66	管理与监控子系统	Ⅲ 子系统设置齐全，包括户外计量装置或IC卡表具、车辆出入管理、紧急广播与背景音乐、给排水、变配电设备与电梯集中监视、物业管理计算机系统。子系统功能强，可靠性高，使用与维护方便	6
				Ⅱ 子系统设置较齐全，可靠性高，使用与维护方便	(4)
				Ⅰ 设置物业管理计算机系统、户外计量装置或IC卡表具	(3)
		B67	信息网络子系统	Ⅲ 建立居住小区电话、电视、宽带接入网（或局域网）和网站，采用家庭智能控制器与通信网络配线箱。客厅、卧室与书房均安装电话、电视与宽带网插座，卫生间安装电话插座，位置合理。每套住宅不少于二路电话	6
				Ⅱ 建立居住小区电话、电视、宽带接入网，采用通信网络配线箱。客厅、卧室与书房均安装电话、电视与宽带网插座，位置恰当。每套住宅不少于二路电话	(4)
				Ⅰ 建立居住小区电话、电视与宽带接入网。每套住宅内安装电话、电视与宽带网插座，位置恰当	(3)
	运行管理（4）	B68		提出运行管理的实施方案，有完善的管理制度，合理配置运行管理所需的办公与维护用房、维护设备及器材等	4

345

附录 C 住宅经济性能评定指标

表 C.0.1 住宅经济性能评定指标(200 分)

评定项目及分值	分项及分值	子项序号	定性定量指标			分值
节能(100)	建筑设计(35)	C01	住宅建筑以南北朝向为主			5
		C02	建筑物体形系数	符合当地现行建筑节能设计标准中体形系数规定值		6
		C03	严寒、寒冷地区楼梯间和外廊采暖设计	采暖期室外平均温度为 0℃～−6.0℃ 的地区,楼梯间和外廊不采暖时,楼梯间和外廊的隔墙和户门采取保温措施		4
				采暖期室外平均温度在 −6.0℃ 以下的地区,楼梯间和外廊采暖,单元入口处设置门斗或其他避风措施		
		C04	符合当地现行建筑节能设计标准中窗墙面积比规定值			6
		C05	外窗遮阳	夏热冬冷地区的南向和西向外窗设置活动遮阳设施		8
				夏热冬暖、温和地区	Ⅱ 南向和西向的外窗有遮阳措施,遮阳系数 $S_W \leqslant 0.90Q$	
					Ⅰ 南向和西向的外窗有遮阳措施,遮阳系数 $S_W \leqslant Q$	(6)
		C06	再生能源利用	太阳能利用	Ⅱ 与建筑一体化	6
					Ⅰ 用量大,集热器安放有序,但未做到与建筑一体化	(4)
				利用地热能、风能等新型能源		(6)
	围护结构(35)(注1)	C07	外窗和阳台门(不封闭阳台或不采暖阳台)的气密性	Ⅱ 5 级		5
				Ⅱ 4 级		(3)
		C08	严寒寒冷地区和夏热冬冷地区外墙的平均传热系数	Ⅲ $K \leqslant 0.70Q$ 或符合 65% 节能目标		10
				Ⅱ $K \leqslant 0.85Q$		(8)
				☆Ⅰ $K \leqslant Q$		(7)
		C09	严寒寒冷地区和夏热冬冷地区外窗的传热系数	Ⅲ $K \leqslant 0.90Q$		10
				Ⅱ $K \leqslant 0.95Q$		(8)
				☆Ⅰ $K \leqslant Q$		(7)

续表

评定项目及分值	分项及分值	子项序号	定性定量指标		分值
节能(100)	围护结构(35)(注1)	C10	严寒寒冷地区、夏热冬冷地区和夏热冬暖地区屋顶的平均传热系数	Ⅲ $K \leq 0.85Q$ 或符合65%节能指标	10
				Ⅱ $K \leq 0.90Q$	(8)
				☆ Ⅰ $K \leq Q$	(7)
	综合节能要求(70)(注2)	C11	北方耗热量指标	Ⅲ $q_H \leq 0.80Q$ 或符合65%节能标准	70
				Ⅱ $q_H \leq 0.90Q$	(57)
				☆ Ⅰ $q_H \leq Q$	(49)
			中、南部耗热量指标	Ⅲ $E_h + E_C \leq 0.80Q$	70
				Ⅱ $E_h + E_C \leq 0.90Q$	(57)
				☆ Ⅰ $E_h + E_C \leq Q$	(49)
	采暖空调系统(20)	C12	采用用能分摊技术与装置		5
		C13	集中采暖空调水系统采取有效的水力平衡措施		2
		C14	预留安装空调的位置合理，使空调房间在选定的送、回风方式下，形成合适的气流组织	Ⅲ 气流分布满足室内舒适的要求	4
				Ⅱ 生活或工作区3/4以上有气流通过	(3)
				Ⅰ 生活或工作区3/4以下1/2以上有气流通过	(2)
		C15	空调器种类	Ⅲ 达到国家空调器能效等级标准中2级	4
				Ⅱ 达到国家空调器能效等级标准中3级	(3)
				Ⅰ 达到国家空调器能效等级标准中4级	(2)
		C16	室温控制情况	房间室温可调节	3
		C17	室外机的位置	Ⅱ 满足通风要求，且不易受到阳光直射	2
				Ⅰ 满足通风要求	(1)
	照明系统(10)	C18	照明方式合理		3
		C19	采用高效节能的照明产品(光源、灯具及附件)		2
		C20	设置节能控制型开关		3
		C21	照明功率密度(LPD)满足标准要求		2

续表

评定项目及分值	分项及分值	子项序号	定性定量指标		分值
节水(40)	中水利用(12)	C22	建筑面积5万㎡以上的居住小区，配置了中水设施，或回水利用设施，或与城市中水系统连接，或符合当地规定要求；建筑面积5万㎡以下或中水来源水量或中水回用水量过小(小于50m³/d)的居住小区，设计安装中水管道系统等中水设施		12
	雨水利用(6)	C23	采用雨水回渗措施		3
		C24	采用雨水回收措施		3
	节水器具及管材(12)	C25	使用≤6L便器系统		3
		C26	便器水箱配备两档选择		3
		C27	使用节水型水龙头		3
		C28	给水管道及部件采用不易漏损的材料		3
	公共场所节水措施(6)	C29	公用设施中的洗面器、洗手盆、淋浴器和小便器等采用延时自闭、感应自闭式水嘴或阀门等节水型器具		3
		C30	绿地、树木、花卉使用滴灌、微喷等节水灌溉方式，不采用大水漫灌方式		3
	景观用水(4)	C31	不用自来水为景观用水的补充水		4
节地(40)	地下停车比例(8)	C32	地下或半地下停车位占总停车位的比例	Ⅲ ≥80%	8
				Ⅱ ≥70%	(7)
				Ⅰ ≥60%	(6)
	容积率(5)	C33	合理利用土地资源，容积率符合规划条件		5
	建筑设计(7)	C34	住宅单元标准层使用面积系数，高层≥72%，多层≥78%		5
		C35	户均面宽值不大于户均面积值的1/10		2
	新型墙体材料(8)	C36	采用取代黏土砖的新型墙体材料		8
	节地措施(5)	C37	采用新设备、新工艺、新材料而明显减少占地面积的公共设施		5
	地下公建(5)	C38	部分公建(服务、健身娱乐、环卫等)利用地下空间		5
	土地利用(2)	C39	利用荒地、坡地及不适宜耕种的土地		2
节材(20)	可再生材料利用(3)	C40	利用可再生材料		3
	建筑设计施工新技术(10)	C41	高强高性能混凝土、高效钢筋、预应力钢筋混凝土技术、粗直径钢筋连接、新型模板与脚手架应用、地基基础技术、钢结构技术和企业的计算机应用与管理技术	Ⅲ 采用其中5~6项技术	10
				Ⅱ 采用其中3~4项技术	(8)
				Ⅰ 采用其中1~2项技术	(6)

续表

评定项目及分值	分项及分值	子项序号	定性定量指标		分值
节材(20)	节材新措施(2)	C42	采用节约材料的新工艺、新技术		2
	建材回收率(5)	C43	使用一定比例的再生玻璃、再生混凝土砖、再生木材等回收建材	Ⅲ 使用三成回收建材	5
				Ⅱ 使用二成回收建材	(4)
				Ⅰ 使用一成回收建材	(3)

注：1. 夏热冬暖地区住宅外墙的平均传热系数和外窗的传热系数必须符合建筑节能设计标准中规定值，分值按Ⅰ档 7 分取值。
2. 当建筑设计和围护结构的要求都满足时，不必进行综合节能要求的检查和评判。反之，就必须进行综合节能要求的检查和评判，两者分值相同，仅取其中之一。

附录 D 住宅安全性能评定指标

表 D.0.1 住宅安全性能评定指标(200 分)

评定项目及分值	分项及分值	子项序号	定性定量指标	分值
结构安全(70)	工程质量(15)	D01	☆结构工程(含地基基础)设计施工程序符合国家相关规定，施工质量验收合格且符合备案要求	15
	地基基础(10)	D02	岩土工程勘察文件符合要求，地基基础满足承载力和稳定性要求，地基变形不影响上部结构安全和正常使用，并满足规范要求	10
	荷载等级(20)	D03	Ⅱ 楼面和屋面活荷载标准值高出规范限值且高出幅度≥25%；并满足下列二项之一： (1)采用重现期为 70 年或更长的基本风压，或对住宅建筑群在风洞试验的基础上进行设计； (2)采用重现期为 70 年或更长的最大雪压，或考虑本地区冬季积雪情况的不稳定性，适当提高雪荷载值按本地区基本雪压增大 20% 采用	20
			Ⅰ 楼面和屋面活荷载标准值符合规范要求；基本风压、雪压按重现期 50 年采用，并符合建筑结构荷载规范要求	(16)
	抗震设防(15)	D04	Ⅱ 抗震构造措施高于抗震规范相应要求，或采取抗震性能更好的结构体系、类型及技术	15
			☆Ⅰ 抗震设计符合规范要求	(12)
	外观质量(10)	D05	构件外观无质量缺陷及影响结构安全的裂缝，尺寸偏差符合规范要求	10

续表

评定项目及分值	分项及分值	子项序号	定性定量指标	分值
建筑防火(50)	耐火等级(15)	D06	Ⅱ 高层住宅不低于一级，多层住宅不低于二级，低层住宅不低于三级	15
			Ⅰ 高层住宅不低于二级，多层住宅不低于三级，低层住宅不低于四级	(12)
	灭火与报警系统(15)(注)	D07	☆ 室外消防给水系统、防火间距、消防交通道路及扑救面质量符合国家现行规范的规定	5
		D08	消防卷盘水柱股数　Ⅱ 设置2根消防竖管，保证2支水枪能同时到达室内楼地面任何部位	4
			Ⅰ 设置1根消防竖管，或设置消防卷盘，其间距保证有1支水枪能到达室内楼地面任何部位	(3)
		D09	消火栓箱标识　Ⅱ 消火栓箱有发光标识，且不被遮挡	2
			Ⅰ 消火栓箱有明显标识，且不被遮挡	(1)
		D10	自动报警系统与自动喷水灭火装置　Ⅱ 超出消防规范的要求，高层住宅设有火灾自动报警系统与自动喷水灭火装置；多层住宅设火灾自动报警系统及消防控制室或值班室	4
			Ⅰ 高层住宅按规范要求设有火灾自动报警系统及自动喷水灭火装置	(3)
	防火门(窗)(5)	D11	防火门(窗)的设置符合规范要求	4
		D12	防火门具有自闭式或顺序关闭功能	1
	疏散设施(15)(注)	D13	安全出口的数量及安全疏散距离，疏散走道和门的净宽符合国家现行相关规范的规定	2
		D14	疏散楼梯的形式和数量符合国家现行相关规范的规定，高层住宅按规范规定设置有消防电梯，并在消防电梯间及其前室设置应急照明	5
		D15	疏散楼梯设施　Ⅱ 公共楼梯梯段净宽：高层住宅防烟楼梯间≥1.3m；低层与多层≥1.2m	3
			Ⅰ 公共楼梯梯段净宽：高层住宅设封闭楼梯间≥1.2m，不设封闭楼梯间≥1.3m；低层与多层≥1.1m	(2)

续表

评定项目及分值	分项及分值	子项序号	定性定量指标		分值
建筑防火(50)	疏散设施(15)(注)	D16	疏散楼梯及走道标识	Ⅱ 设置火灾应急照明，且有灯光疏散标识	2
				Ⅰ 设置火灾应急照明，且有蓄光疏散标识	(1)
		D17	自救设施	Ⅱ 高层住宅每层配有3套以上缓降器或软梯；多层住宅配有缓降器或软梯	3
				Ⅰ 高层住宅每层配有2套缓降器或软梯	(2)
燃气及电气设备安全(35)	燃气设备(12)	D18	燃气器具为国家认证的产品，并具有质量检验合格证书		2
		D19	燃气管道的安装位置及燃气设备安装场所符合国家现行相关标准要求，并设有排风装置		2
		D20	燃气灶具有熄火保护自动关闭阀门装置		2
		D21	安装燃气设备的房间设置燃气浓度报警器		2
		D22	燃气设备安装质量验收合格		2
		D23	安装燃气装置的厨房、卫生间采取结构措施，防止燃气爆炸引发的倒塌事故		2
	电气设备(23)	D24	电气设备及主要材料为通过国家认证的产品，并具有质量检验合格证书		2
		D25	配电系统有完好的保护措施，包括短路、过负荷、接地故障、防漏电、防雷电波入侵、防误操作措施等		2
		D26	配电设备选型与使用环境条件相符合		2
		D27	防雷措施正确，防雷装置完善		2
		D28	配电系统的接地方式正确，用电设备接地保护正确完好，接地装置完整可靠，等电位和局部等电位连接良好		2
		D29	导线材料采用铜质，支线导线截面不小于2.5mm²，空调、厨房分支回路不小于4mm²		3
		D30	导线穿管	Ⅱ 配电导线保护管全部采用钢管，满足防火要求	3
				Ⅰ 配电导线保护管采用聚乙烯塑料管(材质符合国家现行标准规定，但吊顶内严禁使用)，满足防火要求	(2)
		D31	电气施工质量按有关规范验收合格		3
		D32	电梯安装调试良好，经过安全部门检验合格		4

续表

评定项目及分值	分项及分值	子项序号	定性定量指标		分值
日常安全防范措施(20)	防盗措施(6)	D33	防盗户门	Ⅱ 具有防火、防撬、保温、隔声功能，并具有良好的装饰性	4
				Ⅰ 具有防火、防撬、保温功能	(3)
		D34	在有被盗隐患部位设防盗网、电子防盗等设施，对直通地下车库的电梯采取安全防范措施		2
	防滑防跌措施(2)	D35	厨房、卫生间以及起居室、卧室、书房等地面和通道采取防滑防跌措施		2
日常安全防范措施(20)	防坠落措施(12)	D36	中高层、高层住宅阳台栏杆(栏板)和上人屋面女儿墙(栏杆)，其从可踏面起算的净高度≥1.10m(低层与多层住宅≥1.05m)；栏杆垂直杆件间净距≤0.11m，非垂直杆件栏杆有防儿童攀爬措施		3
		D37	窗外无阳台或露台的外窗，当从可踏面起算的窗台净高或防护栏杆的高度<0.9m时有防护措施，放置花盆处采取防坠落措施		3
		D38	楼梯栏杆垂直杆件的净距≤0.11m；从踏步中心算起的扶手高度≥0.9m；当楼梯水平段栏杆长度>0.5m时，其扶手高度≥1.05m；非垂直杆件栏杆设防攀爬措施		3
		D39	室内外抹灰工程、室内外装修装饰物牢靠，门窗安全玻璃的使用符合相关规范的要求		3
室内污染物控制(25)	墙体材料(4)	D40	☆墙体材料的放射性污染、混凝土外加剂中释放氨的含量不超过国家现行相关标准的规定		4
	室内装修材料(6)	D41	☆人造板及其制品有害物质含量、溶剂型木器涂料有害物质含量、内墙涂料有害物质含量、胶粘剂有害物质含量、壁纸有害物质含量、室内用花岗石及其他天然或人造石材的有害物质含量不超过国家现行相关标准的规定		6
	室内环境污染物含量(15)	D42	☆室内氡浓度、室内游离甲醛浓度、室内苯浓度、室内氨浓度和室内总挥发性有机化合物(TVOC)浓度不超过国家现行相关标准的规定		15

注：在灭火与报警系统、疏散设施分项中，对6层及6层以下的住宅，分别无子项D08～D09、D16要求，可直接得分。

附录 E 住宅耐久性能评定指标

表 E.0.1 住宅耐久性评定指标(100分)

评定项目及分值	分项及分值	子项序号	定性定量指标	分值
结构工程 (20)	勘察报告 (5)	E01	Ⅱ 该住宅的勘查点数量符合相关规范的要求	3
			Ⅰ 该栋住宅的勘察点数量与相邻建筑可借鉴勘察点总数符合相关规范要求	(2)
		E02	确定了地基土与土中水的侵蚀种类与等级,提出相应的处理建议	2
	结构设计 (10)	E03	Ⅱ 结构的耐久性措施比设计使用年限50年的要求更高	5
			☆Ⅰ 结构的耐久性措施符合设计使用年限50年的要求	(3)
		E04	Ⅱ 结构设计(含基础)措施(包括材料选择、材料性能等级、构造做法、防护措施)普遍高于有关规范要求	5
			Ⅰ 结构设计(含基础)措施符合有关规范的要求	(3)
	结构工程质量 (3)	E05	Ⅱ 全部主控项目均进行过实体抽样检测,检测结论为符合设计要求	3
			Ⅰ 部分主控项目进行过实体抽样检测,检测结论为符合设计要求	(2)
	外观质量 (2)	E06	Ⅱ 现场检查围护构件无裂缝及其他可见质量缺陷	2
			Ⅰ 现场检查围护构件个别点存在可见质量缺陷	(1)
装修工程 (15)	装修设计 (5)	E07	Ⅲ 外墙装修(含外墙外保温)的设计使用年限不低于20年,且提出全部装修材料的耐用指标	5
			Ⅱ 外墙装修(含外墙外保温)的设计使用年限不低于15年,且提出部分装修材料的耐用指标	(3)
			Ⅰ 外墙装修(含外墙外保温)的设计使用年限不低于10年,且提出部分装修材料的耐用指标	(1)
	装修材料 (4)	E08	Ⅱ 设计提出的全部耐用指标均进行了检验,检验结论为符合要求	4
			Ⅰ 设计提出的部分耐用指标进行了检验,检验结论为符合要求	(2)
	装修工程质量 (3)	E09	按有关规范的规定进行了装修工程施工质量验收,验收结论为合格	3
	外观质量 (3)	E10	现场检查,装修无起皮、空鼓、裂缝、变色、过大变形和脱落等现象	3

续表

评定项目及分值	分项及分值	子项序号	定性定量指标	分值
防水工程与防潮措施（20）	防水设计（4）	E11	Ⅱ 设计使用年限，屋面与卫生间不低于25年，地下室不低于50年	3
			☆Ⅰ 设计使用年限，屋面与卫生间不低于15年，地下室不低于50年	(2)
		E12	设计提出防水材料的耐用指标	1
	防水材料（4）	E13	全部防水材料均为合格产品	2
		E14	Ⅱ 设计要求的全部耐用指标进行了检验，检验结论符合相应要求	2
			Ⅰ 设计要求的主要耐用指标进行了检验，检验结论符合相应要求	(1)
	防潮与防渗漏措施（5）	E15	外墙采取了防渗漏措施	2
		E16	首层墙体与首层地面采取了防潮措施	3
	防水工程质量（4）	E17	按有关规范的规定进行了防水工程施工质量验收，验收结论为合格	2
		E18	全部防水工程（不含地下防水）经过蓄水或淋水检验，无渗漏现象	2
	外观质量（3）	E19	现场检查，防水工程排水口部位排水顺畅，无渗漏痕迹，首层墙面与地面不潮湿	3
管线工程（15）	管线工程设计（7）	E20	Ⅲ 管线工程的最低设计使用年限不低于20年	3
			Ⅱ 管线工程的最低设计使用年限不低于15年	(2)
			Ⅰ 管线工程的最低设计使用年限不低于10年	(1)
		E21	Ⅱ 设计提出全部管线材料的耐用指标	3
			Ⅰ 设计提出部分管线材料的耐用指标	(2)
		E22	上水管内壁为铜质等无污染、使用年限长的材料	1
	管线材料（4）	E23	管线材料均为合格产品	2
		E24	Ⅱ 设计要求的耐用指标均进行了检验，检验结论为符合要求	2
			Ⅰ 设计要求的部分耐用指标进行了检验，检验结论为符合要求	(1)
	管线工程质量（2）	E25	按有关规范的规定进行了管线工程施工质量验收，验收结论为合格	2
	外观质量（2）	E26	现场检查，全部管线材料防护层无气泡、起皮等，管线无损伤；上水放水检查无锈色	2

续表

评定项目及分值	分项及分值	子项序号	定 性 定 量 指 标	分 值
设备(15)	设计或选型(4)	E27	Ⅲ 设计使用年限不低于 20 年且提出设备与使用年限相符的耐用指标要求	4
			Ⅱ 设计使用年限不低于 15 年且提出设备与使用年限相符的耐用指标要求	(3)
			Ⅰ 设计使用年限不低于 10 年且提出设备的耐用指标要求	(2)
	设备质量(5)	E28	全部设备均为合格产品	2
		E29	Ⅱ 设计或选型提出的全部耐用指标均进行了检验（型式检验结果有效），结论为符合要求	3
			Ⅰ 设计或选型提出的主要耐用指标进行了检验（型式检验结果有效），结论为符合要求	(2)
	设备安装质量(3)	E30	设备安装质量按有关规定进行验收，验收结论为合格	3
	运转情况(3)	E31	现场检查，设备运行正常	3
门窗(15)	设计或选型(5)	E32	Ⅲ 设计使用年限不低于 30 年	3
			Ⅱ 设计使用年限不低于 25 年	(2)
			Ⅰ 设计使用年限不低于 20 年	(1)
		E33	Ⅱ 提出与设计使用年限相一致的全部耐用指标	2
			Ⅰ 提出部分门窗的耐用指标	(1)
	门窗质量(4)	E34	门窗均为合格产品	2
		E35	Ⅱ 设计或选型提出的全部耐用指标均进行了检验（型式检验结果有效），结论为符合要求	2
			Ⅰ 设计或选型提出的部分耐用指标进行了检验（型式检验结果有效），结论为符合要求	(1)
	门窗安装质量(3)	E36	按有关规范进行了门窗安装质量验收，验收结论为合格	3
	外观质量(3)	E37	现场检查，门窗无翘曲、面层无损伤、颜色一致、关闭严密、金属件无锈蚀、开启顺畅	3

中华人民共和国国家标准

住 宅 建 筑 规 范

Residential building code

GB 50368—2005

主编部门：中华人民共和国建设部
批准部门：中华人民共和国建设部
施行日期：2006 年 3 月 1 日

目 次

1 总则 ··· 359
2 术语 ··· 359
3 基本规定 ··· 360
　3.1 住宅基本要求 ··· 360
　3.2 许可原则 ·· 360
　3.3 既有住宅 ·· 361
4 外部环境 ··· 361
　4.1 相邻关系 ·· 361
　4.2 公共服务设施 ··· 362
　4.3 道路交通 ·· 362
　4.4 室外环境 ·· 362
　4.5 竖向 ··· 362
5 建筑 ··· 363
　5.1 套内空间 ·· 363
　5.2 公共部分 ·· 363
　5.3 无障碍要求 ··· 363
　5.4 地下室 ·· 364
6 结构 ··· 364
　6.1 一般规定 ·· 364
　6.2 材料 ··· 365
　6.3 地基基础 ·· 365
　6.4 上部结构 ·· 365
7 室内环境 ··· 366
　7.1 噪声和隔声 ··· 366
　7.2 日照、采光、照明和自然通风 ································ 366
　7.3 防潮 ··· 367
　7.4 空气污染 ·· 367
8 设备 ··· 367
　8.1 一般规定 ·· 367
　8.2 给水排水 ·· 367
　8.3 采暖、通风与空调 ··· 368
　8.4 燃气 ··· 368
　8.5 电气 ··· 369
9 防火与疏散 ·· 369

9.1 一般规定 ··· 369
9.2 耐火等级及其构件耐火极限 ··· 369
9.3 防火间距 ··· 370
9.4 防火构造 ··· 371
9.5 安全疏散 ··· 371
9.6 消防给水与灭火设施 ··· 372
9.7 消防电气 ··· 372
9.8 消防救援 ··· 372
10 节能 ··· 372
  10.1 一般规定 ··· 372
  10.2 规定性指标 ··· 372
  10.3 性能化设计 ··· 373
11 使用与维护 ··· 376

1 总　　则

1.0.1 为贯彻执行国家技术经济政策，推进可持续发展，规范住宅的基本功能和性能要求，依据有关法律、法规，制定本规范。

1.0.2 本规范适用于城镇住宅的建设、使用和维护。

1.0.3 住宅建设应因地制宜、节约资源、保护环境，做到适用、经济、美观，符合节能、节地、节水、节材的要求。

1.0.4 本规范的规定为对住宅的基本要求。当与法律、行政法规的规定抵触时，应按法律、行政法规的规定执行。

1.0.5 住宅的建设、使用和维护，尚应符合经国家批准或备案的有关标准的规定。

2 术　　语

2.0.1 住宅建筑　residential building
　　供家庭居住使用的建筑（含与其他功能空间处于同一建筑中的住宅部分），简称住宅。

2.0.2 老年人住宅　house for the aged
　　供以老年人为核心的家庭居住使用的专用住宅。老年人住宅以套为单位，普通住宅楼栋中可设置若干套老年人住宅。

2.0.3 住宅单元　residential building unit
　　由多套住宅组成的建筑部分，该部分内的住户可通过共用楼梯和安全出口进行疏散。

2.0.4 套　dwelling space
　　由使用面积、居住空间组成的基本住宅单位。

2.0.5 无障碍通路　barrier-free passage
　　住宅外部的道路、绿地与公共服务设施等用地内的适合老年人、体弱者、残疾人、轮椅及童车等通行的交通设施。

2.0.6 绿地　green space
　　居住用地内公共绿地、宅旁绿地、公共服务设施所属绿地和道路绿地（即道路红线内的绿地）等各种形式绿地的总称，包括满足当地植树绿化覆土要求、方便居民出入的地下或半地下建筑的屋顶绿地，不包括其他屋顶、晒台的绿地及垂直绿化。

2.0.7 公共绿地　public green space
　　满足规定的日照要求、适合于安排游憩活动设施的、供居民共享的集中绿地。

2.0.8 绿地率　greening rate
　　居住用地内各类绿地面积的总和与用地面积的比率（%）。

2.0.9 入口平台　entrance platform
　　在台阶或坡道与建筑入口之间的水平地面。

2.0.10 无障碍住房　barrier-free residence

在住宅建筑中，设有乘轮椅者可进入和使用的住宅套房。

2.0.11 轮椅坡道 ramp for wheelchair
坡度、宽度及地面、扶手、高度等方面符合乘轮椅者通行要求的坡道。

2.0.12 地下室 basement
房间地面低于室外地平面的高度超过该房间净高的1/2者。

2.0.13 半地下室 semi-basement
房间地面低于室外地平面的高度超过该房间净高的1/3，且不超过1/2者。

2.0.14 设计使用年限 design working life
设计规定的结构或结构构件不需进行大修即可按其预定目的使用的时期。

2.0.15 作用 action
引起结构或结构构件产生内力和变形效应的原因。

2.0.16 非结构构件 non-structural element
连接于建筑结构的建筑构件、机电部件及其系统。

3 基 本 规 定

3.1 住宅基本要求

3.1.1 住宅建设应符合城市规划要求，保障居民的基本生活条件和环境，经济、合理、有效地使用土地和空间。

3.1.2 住宅选址时应考虑噪声、有害物质、电磁辐射和工程地质灾害、水文地质灾害等的不利影响。

3.1.3 住宅应具有与其居住人口规模相适应的公共服务设施、道路和公共绿地。

3.1.4 住宅应按套型设计，套内空间和设施应能满足安全、舒适、卫生等生活起居的基本要求。

3.1.5 住宅结构在规定的设计使用年限内必须具有足够的可靠性。

3.1.6 住宅应具有防火安全性能。

3.1.7 住宅应具备在紧急事态时人员从建筑中安全撤出的功能。

3.1.8 住宅应满足人体健康所需的通风、日照、自然采光和隔声要求。

3.1.9 住宅建设的选材应避免造成环境污染。

3.1.10 住宅必须进行节能设计，且住宅及其室内设备应能有效利用能源和水资源。

3.1.11 住宅建设应符合无障碍设计原则。

3.1.12 住宅应采取防止外窗玻璃、外墙装饰及其他附属设施等坠落或坠落伤人的措施。

3.2 许 可 原 则

3.2.1 住宅建设必须采用质量合格并符合要求的材料与设备。

3.2.2 当住宅建设采用不符合工程建设强制性标准的新技术、新工艺、新材料时，必须经相关程序核准。

3.2.3 未经技术鉴定和设计认可，不得拆改结构构件和进行加层改造。

3.3 既有住宅

3.3.1 既有住宅达到设计使用年限或遭遇重大灾害后,需要继续使用时,应委托具有相应资质的机构鉴定,并根据鉴定结论进行处理。

3.3.2 既有住宅进行改造、改建时,应综合考虑节能、防火、抗震的要求。

4 外部环境

4.1 相邻关系

4.1.1 住宅间距,应以满足日照要求为基础,综合考虑采光、通风、消防、防灾、管线埋设、视觉卫生等要求确定。住宅日照标准应符合表4.1.1的规定;对于特定情况还应符合下列规定:

1 老年人住宅不应低于冬至日日照2h的标准;
2 旧区改建的项目内新建住宅日照标准可酌情降低,但不应低于大寒日日照1h的标准。

表 4.1.1 住宅建筑日照标准

建筑气候区划	Ⅰ、Ⅱ、Ⅲ、Ⅶ气候区		Ⅳ气候区		Ⅴ、Ⅵ气候区
	大城市	中小城市	大城市	中小城市	
日照标准日	大寒日				冬至日
日照时数(h)	≥2		≥3		≥1
有效日照时间带(h) (当地真太阳时)	8～16				9～15
日照时间计算起点	底层窗台面				

注:底层窗台面是指距室内地坪0.9m高的外墙位置。

4.1.2 住宅至道路边缘的最小距离,应符合表4.1.2的规定。

表 4.1.2 住宅至道路边缘最小距离(m)

与住宅距离	路面宽度		<6m	6～9m	>9m
住宅面向道路	无出入口	高层	2	3	5
		多层	2	3	3
	有出入口		2.5	5	—
住宅山墙面向道路		高层	1.5	2	4
		多层	1.5	2	2

注:1. 当道路设有人行便道时,其道路边缘指便道边线;
2. 表中"—"表示住宅不应向路面宽度大于9m的道路开设出入口。

4.1.3 住宅周边设置的各类管线不应影响住宅的安全,并应防止管线腐蚀、沉陷、振动及受重压。

4.2 公共服务设施

4.2.1 配套公共服务设施(配套公建)应包括:教育、医疗卫生、文化、体育、商业服务、金融邮电、社区服务、市政公用和行政管理等9类设施。

4.2.2 配套公建的项目与规模,必须与居住人口规模相对应,并应与住宅同步规划、同步建设、同期交付。

4.3 道路交通

4.3.1 每个住宅单元至少应有一个出入口可以通达机动车。

4.3.2 道路设置应符合下列规定:
  1 双车道道路的路面宽度不应小于6m;宅前路的路面宽度不应小于2.5m;
  2 当尽端式道路的长度大于120m时,应在尽端设置不小于12m×12m的回车场地;
  3 当主要道路坡度较大时,应设缓冲段与城市道路相接;
  4 在抗震设防地区,道路交通应考虑减灾、救灾的要求。

4.3.3 无障碍通路应贯通,并应符合下列规定:
  1 坡道的坡度应符合表4.3.3的规定。

表4.3.3 坡道的坡度

高度(m)	1.50	1.00	0.75
坡 度	≤1:20	≤1:16	≤1:12

  2 人行道在交叉路口、街坊路口、广场入口处应设缘石坡道,其坡面应平整,且不应光滑。坡度应小于1:20,坡宽应大于1.2m。
  3 通行轮椅车的坡道宽度不应小于1.5m。

4.3.4 居住用地内应配套设置居民自行车、汽车的停车场地或停车库。

4.4 室外环境

4.4.1 新区的绿地率不应低于30%。

4.4.2 公共绿地总指标不应少于1m²/人。

4.4.3 人工景观水体的补充水严禁使用自来水。无护栏水体的近岸2m范围内及园桥、汀步附近2m范围内,水深不应大于0.5m。

4.4.4 受噪声影响的住宅周边应采取防噪措施。

4.5 竖 向

4.5.1 地面水的排水系统,应根据地形特点设计,地面排水坡度不应小于0.2%。

4.5.2 住宅用地的防护工程设置应符合下列规定:
  1 台阶式用地的台阶之间应用护坡或挡土墙连接,相邻台地间高差大于1.5m时,应在挡土墙或坡比值大于0.5的护坡顶面加设安全防护设施;

2 土质护坡的坡比值不应大于0.5；

3 高度大于2m的挡土墙和护坡的上缘与住宅间水平距离不应小于3m，其下缘与住宅间的水平距离不应小于2m。

5 建 筑

5.1 套内空间

5.1.1 每套住宅应设卧室、起居室(厅)、厨房和卫生间等基本空间。

5.1.2 厨房应设置炉灶、洗涤池、案台、排油烟机等设施或预留位置。

5.1.3 卫生间不应直接布置在下层住户的卧室、起居室(厅)、厨房、餐厅的上层。卫生间地面和局部墙面应有防水构造。

5.1.4 卫生间应设置便器、洗浴器、洗面器等设施或预留位置；布置便器的卫生间的门不应直接开在厨房内。

5.1.5 外窗窗台距楼面、地面的净高低于0.90m时，应有防护设施。六层及六层以下住宅的阳台栏杆净高不应低于1.05m，七层及七层以上住宅的阳台栏杆净高不应低于1.10m。阳台栏杆应有防护措施。防护栏杆的垂直杆件间净距不应大于0.11m。

5.1.6 卧室、起居室(厅)的室内净高不应低于2.40m，局部净高不应低于2.10m，局部净高的面积不应大于室内使用面积的1/3。利用坡屋顶内空间作卧室、起居室(厅)时，其1/2使用面积的室内净高不应低于2.10m。

5.1.7 阳台地面构造应有排水措施。

5.2 公共部分

5.2.1 走廊和公共部位通道的净宽不应小于1.20m，局部净高不应低于2.00m。

5.2.2 外廊、内天井及上人屋面等临空处栏杆净高，六层及六层以下不应低于1.05m；七层及七层以上不应低于1.10m。栏杆应防止攀登，垂直杆件间净距不应大于0.11m。

5.2.3 楼梯梯段净宽不应小于1.10m。六层及六层以下住宅，一边设有栏杆的梯段净宽不应小于1.00m。楼梯踏步宽度不应小于0.26m，踏步高度不应大于0.175m。扶手高度不应小于0.90m。楼梯水平段栏杆长度大于0.50m时，其扶手高度不应小于1.05m。楼梯栏杆垂直杆件间净距不应大于0.11m。楼梯井净宽大于0.11m时，必须采取防止儿童攀滑的措施。

5.2.4 住宅与附建公共用房的出入口应分开布置。住宅的公共出入口位于阳台、外廊及开敞楼梯平台的下部时，应采取防止物体坠落伤人的安全措施。

5.2.5 七层以及七层以上的住宅或住户入口层楼面距室外设计地面的高度超过16m以上的住宅必须设置电梯。

5.2.6 住宅建筑中设有管理人员室时，应设管理人员使用的卫生间。

5.3 无障碍要求

5.3.1 七层及七层以上的住宅，应对下列部位进行无障碍设计：

1　建筑入口；
　　2　入口平台；
　　3　候梯厅；
　　4　公共走道；
　　5　无障碍住房。
5.3.2　建筑入口及入口平台的无障碍设计应符合下列规定：
　　1　建筑入口设台阶时，应设轮椅坡道和扶手；
　　2　坡道的坡度应符合表5.3.2的规定；

表5.3.2　坡道的坡度

高度(m)	1.00	0.75	0.60	0.35
坡度	≤1∶16	≤1∶12	≤1∶10	≤1∶8

　　3　供轮椅通行的门净宽不应小于0.80m；
　　4　供轮椅通行的推拉门和平开门，在门把手一侧的墙面，应留有不小于0.50m的墙面宽度；
　　5　供轮椅通行的门扇，应安装视线观察玻璃、横执把手和关门拉手，在门扇的下方应安装高0.35m的护门板；
　　6　门槛高度及门内外地面高差不应大于15mm，并应以斜坡过渡。
5.3.3　七层及七层以上住宅建筑入口平台宽度不应小于2.00m。
5.3.4　供轮椅通行的走道和通道净宽不应小于1.20m。

5.4　地　下　室

5.4.1　住宅的卧室、起居室(厅)、厨房不应布置在地下室。当布置在半地下室时，必须采取采光、通风、日照、防潮、排水及安全防护措施。
5.4.2　住宅地下机动车库应符合下列规定：
　　1　库内坡道严禁将宽的单车道兼作双车道。
　　2　库内不应设置修理车位，并不应设置使用或存放易燃、易爆物品的房间。
　　3　库内车道净高不应低于2.20m。车位净高不应低于2.00m。
　　4　库内直通住宅单元的楼(电)梯间应设门，严禁利用楼(电)梯间进行自然通风。
5.4.3　住宅地下自行车库净高不应低于2.00m。
5.4.4　住宅地下室应采取有效防水措施。

6　结　　构

6.1　一　般　规　定

6.1.1　住宅结构的设计使用年限不应少于50年，其安全等级不应低于二级。
6.1.2　抗震设防烈度为6度及以上地区的住宅结构必须进行抗震设计，其抗震设防类别不应低于丙类。

6.1.3 住宅结构设计应取得合格的岩土工程勘察文件。对不利地段,应提出避开要求或采取有效措施;严禁在抗震危险地段建造住宅建筑。

6.1.4 住宅结构应能承受在正常建造和正常使用过程中可能发生的各种作用和环境影响。在结构设计使用年限内,住宅结构和结构构件必须满足安全性、适用性和耐久性要求。

6.1.5 住宅结构不应产生影响结构安全的裂缝。

6.1.6 邻近住宅的永久性边坡的设计使用年限,不应低于受其影响的住宅结构的设计使用年限。

6.2 材 料

6.2.1 住宅结构材料应具有规定的物理、力学性能和耐久性能,并应符合节约资源和保护环境的原则。

6.2.2 住宅结构材料的强度标准值应具有不低于95%的保证率;抗震设防地区的住宅,其结构用钢材应符合抗震性能要求。

6.2.3 住宅结构用混凝土的强度等级不应低于C20。

6.2.4 住宅结构用钢材应具有抗拉强度、屈服强度、伸长率和硫、磷含量的合格保证;对焊接钢结构用钢材,尚应具有碳含量、冷弯试验的合格保证。

6.2.5 住宅结构中承重砌体材料的强度应符合下列规定:

  1 烧结普通砖、烧结多孔砖、蒸压灰砂砖、蒸压粉煤灰砖的强度等级不应低于MU10;

  2 混凝土砌块的强度等级不应低于MU7.5;

  3 砖砌体的砂浆强度等级,抗震设计时不应低于M5;非抗震设计时,对低于五层的住宅不应低于M2.5,对不低于五层的住宅不应低于M5;

  4 砌块砌体的砂浆强度等级,抗震设计时不应低于Mb7.5;非抗震设计时不应低于Mb5。

6.2.6 木结构住宅中,承重木材的强度等级不应低于TC11(针叶树种)或TB11(阔叶树种),其设计指标应考虑含水率的不利影响;承重结构用胶的胶合强度不应低于木材顺纹抗剪强度和横纹抗拉强度。

6.3 地 基 基 础

6.3.1 住宅应根据岩土工程勘察文件,综合考虑主体结构类型、地域特点、抗震设防烈度和施工条件等因素,进行地基基础设计。

6.3.2 住宅的地基基础应满足承载力和稳定性要求,地基变形应保证住宅的结构安全和正常使用。

6.3.3 基坑开挖及其支护应保证其自身及其周边环境的安全。

6.3.4 桩基础和经处理后的地基应进行承载力检验。

6.4 上 部 结 构

6.4.1 住宅应避免因局部破坏而导致整个结构丧失承载能力和稳定性。抗震设防地区的住宅不应采用严重不规则的设计方案。

6.4.2 抗震设防地区的住宅，应进行结构、结构构件的抗震验算，并应根据结构材料、结构体系、房屋高度、抗震设防烈度、场地类别等因素，采取可靠的抗震措施。

6.4.3 住宅结构中，刚度和承载力有突变的部位，应采取可靠的加强措施。9度抗震设防的住宅，不得采用错层结构、连体结构和带转换层的结构。

6.4.4 住宅的砌体结构，应采取有效的措施保证其整体性；在抗震设防地区尚应满足抗震性能要求。

6.4.5 底部框架、上部砌体结构住宅中，结构转换层的托墙梁、楼板以及紧邻转换层的竖向结构构件应采取可靠的加强措施；在抗震设防地区，底部框架不应超过2层，并应设置剪力墙。

6.4.6 住宅中的混凝土结构构件，其混凝土保护层厚度和配筋构造应满足受力性能和耐久性要求。

6.4.7 住宅的普通钢结构、轻型钢结构构件及其连接应采取有效的防火、防腐措施。

6.4.8 住宅木结构构件应采取有效的防火、防潮、防腐、防虫措施。

6.4.9 依附于住宅结构的围护结构和非结构构件，应采取与主体结构可靠的连接或锚固措施，并应满足安全性和适用性要求。

7 室 内 环 境

7.1 噪 声 和 隔 声

7.1.1 住宅应在平面布置和建筑构造上采取防噪声措施。卧室、起居室在关窗状态下的白天允许噪声级为50dB(A声级)，夜间允许噪声级为40dB(A声级)。

7.1.2 楼板的计权标准化撞击声压级不应大于75dB。

应采取构造措施提高楼板的撞击声隔声性能。

7.1.3 空气声计权隔声量，楼板不应小于40dB(分隔住宅和非居住用途空间的楼板不应小于55dB)，分户墙不应小于40dB，外窗不应小于30dB，户门不应小于25dB。

应采取构造措施提高楼板、分户墙、外窗、户门的空气声隔声性能。

7.1.4 水、暖、电、气管线穿过楼板和墙体时，孔洞周边应采取密封隔声措施。

7.1.5 电梯不应与卧室、起居室紧邻布置。受条件限制需要紧邻布置时，必须采取有效的隔声和减振措施。

7.1.6 管道井、水泵房、风机房应采取有效的隔声措施，水泵、风机应采取减振措施。

7.2 日照、采光、照明和自然通风

7.2.1 住宅应充分利用外部环境提供的日照条件，每套住宅至少应有一个居住空间能获得冬季日照。

7.2.2 卧室、起居室(厅)、厨房应设置外窗，窗地面积比不应小于1/7。

7.2.3 套内空间应能提供与其使用功能相适应的照度水平。套外的门厅、电梯前厅、走廊、楼梯的地面照度应能满足使用功能要求。

7.2.4 住宅应能自然通风，每套住宅的通风开口面积不应小于地面面积的5%。

7.3 防 潮

7.3.1 住宅的屋面、外墙、外窗应能防止雨水和冰雪融化水侵入室内。
7.3.2 住宅屋面和外墙的内表面在室内温、湿度设计条件下不应出现结露。

7.4 空气污染

7.4.1 住宅室内空气污染物的活度和浓度应符合表7.4.1的规定。

表 7.4.1 住宅室内空气污染物限值

污染物名称	活度、浓度限值
氡	≤200Bq/m³
游离甲醛	≤0.08mg/m³
苯	≤0.09mg/m³
氨	≤0.2mg/m³
总挥发性有机化合物(TVOC)	≤0.5mg/m³

8 设 备

8.1 一 般 规 定

8.1.1 住宅应设室内给水排水系统。
8.1.2 严寒地区和寒冷地区的住宅应设采暖设施。
8.1.3 住宅应设照明供电系统。
8.1.4 住宅的给水总立管、雨水立管、消防立管、采暖供回水总立管和电气、电信干线（管），不应布置在套内。公共功能的阀门、电气设备和用于总体调节和检修的部件，应设在共用部位。
8.1.5 住宅的水表、电能表、热量表和燃气表的设置应便于管理。

8.2 给 水 排 水

8.2.1 生活给水系统和生活热水系统的水质、管道直饮水系统的水质和生活杂用水系统的水质均应符合使用要求。
8.2.2 生活给水系统应充分利用城镇给水管网的水压直接供水。
8.2.3 生活饮用水供水设施和管道的设置，应保证二次供水的使用要求。供水管道、阀门和配件应符合耐腐蚀和耐压的要求。
8.2.4 套内分户用水点的给水压力不应小于0.05MPa，入户管的给水压力不应大于0.35MPa。
8.2.5 采用集中热水供应系统的住宅，配水点的水温不应低于45℃。
8.2.6 卫生器具和配件应采用节水型产品，不得使用一次冲水量大于6L的坐便器。

8.2.7 住宅厨房和卫生间的排水立管应分别设置。排水管道不得穿越卧室。

8.2.8 设有淋浴器和洗衣机的部位应设置地漏,其水封深度不得小于50mm。构造内无存水弯的卫生器具与生活排水管道连接时,在排水口以下应设存水弯,其水封深度不得小于50mm。

8.2.9 地下室、半地下室中卫生器具和地漏的排水管,不应与上部排水管连接。

8.2.10 适合建设中水设施和雨水利用设施的住宅,应按照当地的有关规定配套建设中水设施和雨水利用设施。

8.2.11 设有中水系统的住宅,必须采取确保使用、维修和防止误饮误用的安全措施。

8.3 采暖、通风与空调

8.3.1 集中采暖系统应采取分室(户)温度调节措施,并应设置分户(单元)计量装置或预留安装计量装置的位置。

8.3.2 设置集中采暖系统的住宅,室内采暖计算温度不应低于表8.3.2的规定。

表8.3.2 采暖计算温度

空 间 类 别	采暖计算温度
卧室、起居室(厅)和卫生间	18℃
厨 房	15℃
设采暖的楼梯间和走廊	14℃

8.3.3 集中采暖系统应以热水为热媒,并应有可靠的水质保证措施。

8.3.4 采暖系统应没有冻结危险,并应有热膨胀补偿措施。

8.3.5 除电力充足和供电政策支持外,严寒地区和寒冷地区的住宅内不应采用直接电热采暖。

8.3.6 厨房和无外窗的卫生间应有通风措施,且应预留安装排风机的位置和条件。

8.3.7 当采用竖向通风道时,应采取防止支管回流和竖井泄漏的措施。

8.3.8 当选择水源热泵作为居住区或户用空调(热泵)机组的冷热源时,必须确保水源热泵系统的回灌水不破坏和不污染所使用的水资源。

8.4 燃 气

8.4.1 住宅应使用符合城镇燃气质量标准的可燃气体。

8.4.2 住宅内管道燃气的供气压力不应高于0.2MPa。

8.4.3 住宅内各类用气设备应使用低压燃气,其入口压力必须控制在设备的允许压力波动范围内。

8.4.4 套内的燃气设备应设置在厨房或与厨房相连的阳台内。

8.4.5 住宅的地下室、半地下室内严禁设置液化石油气用气设备、管道和气瓶。十层及十层以上住宅内不得使用瓶装液化石油气。

8.4.6 住宅的地下室、半地下室内设置人工煤气、天然气用气设备时,必须采取安全措施。

8.4.7 住宅内燃气管道不得敷设在卧室、暖气沟、排烟道、垃圾道和电梯井内。

8.4.8 住宅内设置的燃气设备和管道，应满足与电气设备和相邻管道的净距要求。

8.4.9 住宅内各类用气设备排出的烟气必须排至室外。多台设备合用一个烟道时不得相互干扰。厨房燃具排气罩排出的油烟不得与热水器或采暖炉排烟合用一个烟道。

8.5 电 气

8.5.1 电气线路的选材、配线应与住宅的用电负荷相适应，并应符合安全和防火要求。

8.5.2 住宅供配电应采取措施防止因接地故障等引起的火灾。

8.5.3 当应急照明在采用节能自熄开关控制时，必须采取应急时自动点亮的措施。

8.5.4 每套住宅应设置电源总断路器，总断路器应采用可同时断开相线和中性线的开关电器。

8.5.5 住宅套内的电源插座与照明，应分路配电。安装在1.8m及以下的插座均应采用安全型插座。

8.5.6 住宅应根据防雷分类采取相应的防雷措施。

8.5.7 住宅配电系统的接地方式应可靠，并应进行总等电位联结。

8.5.8 防雷接地应与交流工作接地、安全保护接地等共用一组接地装置，接地装置应优先利用住宅建筑的自然接地体，接地装置的接地电阻值必须按接入设备中要求的最小值确定。

9 防火与疏散

9.1 一 般 规 定

9.1.1 住宅建筑的周围环境应为灭火救援提供外部条件。

9.1.2 住宅建筑中相邻套房之间应采取防火分隔措施。

9.1.3 当住宅与其他功能空间处于同一建筑内时，住宅部分与非住宅部分之间应采取防火分隔措施，且住宅部分的安全出口和疏散楼梯应独立设置。

经营、存放和使用火灾危险性为甲、乙类物品的商店、作坊和储藏间，严禁附设在住宅建筑中。

9.1.4 住宅建筑的耐火性能、疏散条件和消防设施的设置应满足防火安全要求。

9.1.5 住宅建筑设备的设置和管线敷设应满足防火安全要求。

9.1.6 住宅建筑的防火与疏散要求应根据建筑层数、建筑面积等因素确定。

注：1 当住宅和其他功能空间处于同一建筑内时，应将住宅部分的层数与其他功能空间的层数叠加计算建筑层数。

2 当建筑中有一层或若干层的层高超过3m时，应对这些层按其高度总和除以3m进行层数折算，余数不足1.5m时，多出部分不计入建筑层数；余数大于或等于1.5m时，多出部分按1层计算。

9.2 耐火等级及其构件耐火极限

9.2.1 住宅建筑的耐火等级应划分为一、二、三、四级，其构件的燃烧性能和耐火极限不应低于表9.2.1的规定。

表 9.2.1 住宅建筑构件的燃烧性能和耐火极限(h)

构件名称		耐火等级			
		一级	二级	三级	四级
墙	防火墙	不燃性 3.00	不燃性 3.00	不燃性 3.00	不燃性 3.00
	非承重外墙、疏散走道两侧的隔墙	不燃性 1.00	不燃性 1.00	不燃性 0.75	难燃性 0.75
	楼梯间的墙、电梯井的墙、住宅单元之间的墙、住宅分户墙、承重墙	不燃性 2.00	不燃性 2.00	不燃性 1.50	难燃性 1.00
	房间隔墙	不燃性 0.75	不燃性 0.50	不燃性 0.50	难燃性 0.25
柱		不燃性 3.00	不燃性 2.50	不燃性 2.00	难燃性 1.00
梁		不燃性 2.00	不燃性 1.50	不燃性 1.00	难燃性 1.00
楼板		不燃性 1.50	不燃性 1.00	不燃性 0.75	难燃性 0.50
屋顶承重构件		不燃性 1.50	不燃性 1.00	难燃性 0.50	难燃性 0.25
疏散楼梯		不燃性 1.50	不燃性 1.00	不燃性 0.75	难燃性 0.50

注：表中的外墙指除外保温层外的主体构件。

9.2.2 四级耐火等级的住宅建筑最多允许建造层数为3层，三级耐火等级的住宅建筑最多允许建造层数为9层，二级耐火等级的住宅建筑最多允许建造层数为18层。

9.3 防 火 间 距

9.3.1 住宅建筑与相邻建筑、设施之间的防火间距应根据建筑的耐火等级、外墙的防火构造、灭火救援条件及设施的性质等因素确定。

9.3.2 住宅建筑与相邻民用建筑之间的防火间距应符合表 9.3.2 的要求。当建筑相邻外墙采取必要的防火措施后，其防火间距可适当减少或贴邻。

表 9.3.2 住宅建筑与相邻民用建筑之间的防火间距(m)

建筑类别			10层及10层以上住宅或其他高层民用建筑		10层以下住宅或其他非高层民用建筑		
			高层建筑	裙房	耐火等级		
					一、二级	三级	四级
10层以下住宅	耐火等级	一、二级	9	6	6	7	9
		三级	11	7	7	8	10
		四级	14	9	9	10	12
10层及10层以上住宅			13	9	9	11	14

9.4 防火构造

9.4.1 住宅建筑上下相邻套房开口部位间应设置高度不低于0.8m的窗槛墙或设置耐火极限不低于1.00h的不燃性实体挑檐，其出挑宽度不应小于0.5m，长度不应小于开口宽度。

9.4.2 楼梯间窗口与套房窗口最近边缘之间的水平间距不应小于1.0m。

9.4.3 住宅建筑中竖井的设置应符合下列要求：

1 电梯井应独立设置，井内严禁敷设燃气管道，并不应敷设与电梯无关的电缆、电线等。电梯井井壁上除开设电梯门洞和通气孔洞外，不应开设其他洞口。

2 电缆井、管道井、排烟道、排气道等竖井应分别独立设置，其井壁应采用耐火极限不低于1.00h的不燃性构件。

3 电缆井、管道井应在每层楼板处采用不低于楼板耐火极限的不燃性材料或防火封堵材料封堵；电缆井、管道井与房间、走道等相连通的孔洞，其空隙应采用防火封堵材料封堵。

4 电缆井和管道井设置在防烟楼梯间前室、合用前室时，其井壁上的检查门应采用丙级防火门。

9.4.4 当住宅建筑中的楼梯、电梯直通住宅楼层下部的汽车库时，楼梯、电梯在汽车库出入口部位应采取防火分隔措施。

9.5 安全疏散

9.5.1 住宅建筑应根据建筑的耐火等级、建筑层数、建筑面积、疏散距离等因素设置安全出口，并应符合下列要求：

1 10层以下的住宅建筑，当住宅单元任一层的建筑面积大于650m^2，或任一套房的户门至安全出口的距离大于15m时，该住宅单元每层的安全出口不应少于2个。

2 10层及10层以上但不超过18层的住宅建筑，当住宅单元任一层的建筑面积大于650m^2，或任一套房的户门至安全出口的距离大于10m时，该住宅单元每层的安全出口不应少于2个。

3 19层及19层以上的住宅建筑，每个住宅单元每层的安全出口不应少于2个。

4 安全出口应分散布置，两个安全出口之间的距离不应小于5m。

5 楼梯间及前室的门应向疏散方向开启；安装有门禁系统的住宅，应保证住宅直通室外的门在任何时候能从内部徒手开启。

9.5.2 每层有2个及2个以上安全出口的住宅单元，套房户门至最近安全出口的距离应根据建筑的耐火等级、楼梯间的形式和疏散方式确定。

9.5.3 住宅建筑的楼梯间形式应根据建筑形式、建筑层数、建筑面积以及套房户门的耐火等级等因素确定。在楼梯间的首层应设置直接对外的出口，或将对外出口设置在距离楼梯间不超过15m处。

9.5.4 住宅建筑楼梯间顶棚、墙面和地面均应采用不燃性材料。

9.6 消防给水与灭火设施

9.6.1 8层及8层以上的住宅建筑应设置室内消防给水设施。

9.6.2 35层及35层以上的住宅建筑应设置自动喷水灭火系统。

9.7 消防电气

9.7.1 10层及10层以上住宅建筑的消防供电不应低于二级负荷要求。

9.7.2 35层及35层以上的住宅建筑应设置火灾自动报警系统。

9.7.3 10层及10层以上住宅建筑的楼梯间、电梯间及其前室应设置应急照明。

9.8 消防救援

9.8.1 10层及10层以上的住宅建筑应设置环形消防车道,或至少沿建筑的一个长边设置消防车道。

9.8.2 供消防车取水的天然水源和消防水池应设置消防车道,并满足消防车的取水要求。

9.8.3 12层及12层以上的住宅应设置消防电梯。

10 节 能

10.1 一般规定

10.1.1 住宅应通过合理选择建筑的体形、朝向和窗墙面积比,增强围护结构的保温、隔热性能,使用能效比高的采暖和空气调节设备和系统,采取室温调控和热量计量措施来降低采暖、空气调节能耗。

10.1.2 节能设计应采用规定性指标,或采用直接计算采暖、空气调节能耗的性能化方法。

10.1.3 住宅围护结构的构造应防止围护结构内部保温材料受潮。

10.1.4 住宅公共部位的照明应采用高效光源、高效灯具和节能控制措施。

10.1.5 住宅内使用的电梯、水泵、风机等设备应采取节电措施。

10.1.6 住宅的设计与建造应与地区气候相适应,充分利用自然通风和太阳能等可再生能源。

10.2 规定性指标

10.2.1 住宅节能设计的规定性指标主要包括:建筑物体形系数、窗墙面积比、各部分围护结构的传热系数、外窗遮阳系数等。各建筑热工设计分区的具体规定性指标应根据节能目标分别确定。

10.2.2 当采用冷水机组和单元式空气调节机作为集中式空气调节系统的冷源设备时,其性能系数、能效比不应低于表10.2.2-1和表10.2.2-2的规定值。

表 10.2.2-1 冷水(热泵)机组制冷性能系数

类 型		额定制冷量(kW)	性能系数(W/W)
水冷	活塞式/涡旋式	<528 528～1163 >1163	3.80 4.00 4.20
	螺杆式	<528 528～1163 >1163	4.10 4.30 4.60
	离心式	<528 528～1163 >1163	4.40 4.70 5.10
风冷或蒸发冷却	活塞式/涡旋式	≤50 >50	2.40 2.60
	螺杆式	≤50 >50	2.60 2.80

表 10.2.2-2 单元式空气调节机能效比

类 型		能效比(W/W)
风冷式	不接风管	2.60
	接风管	2.30
水冷式	不接风管	3.00
	接风管	2.70

10.3 性能化设计

10.3.1 性能化设计应以采暖、空调能耗指标作为节能控制目标。

10.3.2 各建筑热工设计分区的控制目标限值应根据节能目标分别确定。

10.3.3 性能化设计的控制目标和计算方法应符合下列规定：

1 严寒、寒冷地区的住宅应以建筑物耗热量指标为控制目标。

建筑物耗热量指标的计算应包含围护结构的传热耗热量、空气渗透耗热量和建筑物内部得热量三个部分，计算所得的建筑物耗热量指标不应超过表10.3.3-1的规定。

2 夏热冬冷地区的住宅应以建筑物采暖和空气调节年耗电量之和为控制目标。

建筑物采暖和空气调节年耗电量应采用动态逐时模拟方法在确定的条件下计算。计算条件应包括：

表 10.3.3-1 建筑物耗热量指标(W/m²)

地 名	耗热量指标	地 名	耗热量指标	地 名	耗热量指标	地 名	耗热量指标	地 名	耗热量指标
北京市	14.6	博克图	22.2	齐齐哈尔	21.9	新 乡	20.1	西 宁	20.9
天津市	14.5	二连浩特	21.9	富 锦	22.0	洛 阳	20.0	玛 多	21.5
河北省		多 伦	21.8	牡丹江	21.8	商 丘	20.1	大柴旦	21.4
石家庄	20.3	白云鄂博	21.6	呼 玛	22.7	开 封	20.1	共 和	21.1
张家口	21.1	辽宁省		佳木斯	21.9	四川省		格尔木	21.1
秦皇岛	20.8	沈 阳	21.2	安 达	22.0	阿 坝	20.8	玉 树	20.8
保 定	20.5	丹 东	20.9	伊 春	22.4	甘 孜	20.5	宁 夏	
邯 郸	20.3	大 连	20.6	克 山	22.3	康 定	20.3	银 川	21.0
唐 山	20.8	阜 新	21.3	江苏省		西 藏		中 宁	20.8
承 德	21.0	抚 顺	21.4	徐 州	20.0	拉 萨	20.2	固 原	20.9
丰 宁	21.2	朝 阳	21.1	连云港	20.0	噶 尔	21.2	石嘴山	21.0
山西省		本 溪	21.2	宿 迁	20.0	日喀则	20.4	新 疆	
太 原	20.8	锦 州	21.0	淮 阴	20.0	陕西省		乌鲁木齐	21.8
大 同	21.1	鞍 山	21.1	盐 城	20.0	西 安	20.2	塔 城	21.4
长 治	20.8	葫芦岛	21.0	山东省		榆 林	21.0	哈 密	21.3
阳 泉	20.5	吉林省		济 南	20.2	延 安	20.7	伊 宁	21.1
临 汾	20.4	长 春	21.7	青 岛	20.2	宝 鸡	20.1	喀 什	20.7
晋 城	20.4	吉 林	21.8	烟 台	20.2	甘肃省		富 蕴	22.4
运 城	20.3	延 吉	21.5	德 州	20.5	兰 州	20.8	克拉玛依	21.8
内蒙古		通 化	21.6	淄 博	20.4	酒 泉	21.0	吐鲁番	21.1
呼和浩特	21.3	双 辽	21.6	兖 州	20.4	敦 煌	21.0	库 车	20.9
锡林浩特	22.0	四 平	21.5	潍 坊	20.4	张 掖	21.0	和 田	20.7
海拉尔	22.6	白 城	21.8	河南省		山 丹	21.1		
通 辽	21.6	黑龙江		郑 州	20.0	平 凉	20.6		
赤 峰	21.3	哈尔滨	21.9	安 阳	20.3	天 水	20.3		
满洲里	22.4	嫩 江	22.5	濮 阳	20.3	青海省			

1) 居室室内冬、夏季的计算温度；
2) 典型气象年室外气象参数；
3) 采暖和空气调节的换气次数；
4) 采暖、空气调节设备的能效比；
5) 室内得热强度。

计算所得的采暖和空气调节年耗电量之和，不应超过表 10.3.3-2 按采暖度日数

HDD18列出的采暖年耗电量和按空气调节度日数CDD26列出的空气调节年耗电量的限值之和。

表 10.3.3-2 建筑物采暖年耗电量和空气调节年耗电量的限值

HDD18 (℃·d)	采暖年耗电量 E_h(kWh/m²)	CDD26 (℃·d)	空气调节年耗电量 E_c(kWh/m²)
800	10.1	25	13.7
900	13.4	50	15.6
1000	15.6	75	17.4
1100	17.8	100	19.3
1200	20.1	125	21.2
1300	22.3	150	23.0
1400	24.5	175	24.9
1500	26.7	200	26.8
1600	29.0	225	28.6
1700	31.2	250	30.5
1800	33.4	275	32.4
1900	35.7	300	34.2
2000	37.9		
2100	40.1		
2200	42.4		
2300	44.6		
2400	46.8		
2500	49.0		

3 夏热冬暖地区的住宅应以参照建筑的空气调节和采暖年耗电量为控制目标。

参照建筑和所设计住宅的空气调节和采暖年耗电量应采用动态逐时模拟方法在确定的条件下计算。计算条件应包括：

1）居室室内冬、夏季的计算温度；
2）典型气象年室外气象参数；
3）采暖和空气调节的换气次数；
4）采暖、空气调节设备的能效比。

参照建筑应按下列原则确定：

1）参照建筑的建筑形状、大小和朝向均应与所设计住宅完全相同；
2）参照建筑的开窗面积应与所设计住宅相同，但当所设计住宅的窗面积超过规定性指标时，参照建筑的窗面积应减小到符合规定性指标；
3）参照建筑的外墙、屋顶和窗户的各项热工性能参数应符合规定性指标。

11 使用与维护

11.0.1 住宅应满足下列条件,方可交付用户使用:

1 由建设单位组织设计、施工、工程监理等有关单位进行工程竣工验收,确认合格;取得当地规划、消防、人防等有关部门的认可文件或准许使用文件;在当地建设行政主管部门进行备案;

2 小区道路畅通,已具备接通水、电、燃气、暖气的条件。

11.0.2 住宅应推行社会化、专业化的物业管理模式。建设单位应在住宅交付使用时,将完整的物业档案移交给物业管理企业,内容包括:

1 竣工总平面图,单体建筑、结构、设备竣工图,配套设施和地下管网工程竣工图,以及相关的其他竣工验收资料;

2 设施设备的安装、使用和维护保养等技术资料;

3 工程质量保修文件和物业使用说明文件;

4 物业管理所必需的其他资料。

物业管理企业在服务合同终止时,应将物业档案移交给业主委员会。

11.0.3 建设单位应在住宅交付用户使用时提供给用户《住宅使用说明书》和《住宅质量保证书》。

《住宅使用说明书》应当对住宅的结构、性能和各部位(部件)的类型、性能、标准等做出说明,提出使用注意事项。《住宅使用说明书》应附有《住宅品质状况表》,其中应注明是否已进行住宅性能认定,并应包括住宅的外部环境、建筑空间、建筑结构、室内环境、建筑设备、建筑防火和节能措施等基本信息和达标情况。

《住宅质量保证书》应当包括住宅在设计使用年限内和正常使用情况下各部位、部件的保修内容和保修期、用户报修的单位,以及答复和处理的时限等。

11.0.4 用户应正确使用住宅内电气、燃气、给水排水等设施,不得在楼面上堆放影响楼盖安全的重物,严禁未经设计确认和有关部门批准擅自改动承重结构、主要使用功能或建筑外观,不得拆改水、暖、电、燃气、通信等配套设施。

11.0.5 对公共门厅、公共走廊、公共楼梯间、外墙面、屋面等住宅的共用部位,用户不得自行拆改或占用。

11.0.6 住宅和居住区内按照规划建设的公共建筑和共用设施,不得擅自改变其用途。

11.0.7 物业管理企业应对住宅和相关场地进行日常保养、维修和管理;对各种共用设备和设施,应进行日常维护、按计划检修,并及时更新,保证正常运行。

11.0.8 必须保持消防设施完好和消防通道畅通。

中华人民共和国国家标准

建筑工程施工质量验收统一标准

Unified standard for constructional quality
acceptance of building engineering

GB 50300—2001

主编部门：中华人民共和国建设部
批准部门：中华人民共和国建设部
施行日期：2002 年 1 月 1 日

目　次

1 总则 …………………………………………………………… 379
2 术语 …………………………………………………………… 379
3 基本规定 ……………………………………………………… 380
4 建筑工程质量验收的划分 …………………………………… 381
5 建筑工程质量验收 …………………………………………… 381
6 建筑工程质量验收程序和组织 ……………………………… 382
附录 A　施工现场质量管理检查记录 ………………………… 383
附录 B　建筑工程分部(子分部)工程、分项工程划分 ……… 384
附录 C　室外工程划分 ………………………………………… 387
附录 D　检验批质量验收记录 ………………………………… 388
附录 E　分项工程质量验收记录 ……………………………… 389
附录 F　分部(子分部)工程质量验收记录 …………………… 390
附录 G　单位(子单位)工程质量竣工验收记录 ……………… 391

1 总 则

1.0.1 为了加强建筑工程质量管理，统一建筑工程施工质量的验收，保证工程质量，制订本标准。

1.0.2 本标准适用于建筑工程施工质量的验收，并作为建筑工程各专业工程施工质量验收规范编制的统一准则。

1.0.3 本标准依据现国家有关工程质量的法律、法规、管理标准和有关技术标准编制。建筑工程各专业工程施工质量验收规范必须与本标准配合使用。

2 术 语

2.0.1 建筑工程 building engineering

为新建、改建或扩建房屋建筑物和附属构筑物设施所进行的规划、勘察、设计和施工、竣工等各项技术工作和完成的工程实体。

2.0.2 建筑工程质量 quality of building engineering

反映建筑工程满足相关标准规定或合同约定的要求，包括其在安全、使用功能及其在耐久性能、环境保护等方面所有明显和隐含能力的特性总和。

2.0.3 验收 acceptance

建筑工程在施工单位自行质量检查评定的基础上，参与建设活动的有关单位共同对检验批、分项、分部、单位工程的质进行抽样复验，根据相关标准以书面形式对工程质量达到合格与否做出确认。

2.0.4 进场验收 site acceptance

对换进入施工现场的材料、构配件、设备等相关标准规定要求进行检验，对产品达到合格与否做出确认。

2.0.5 检验批 inspection lot

按同一的生产条件或按规定的方式汇总起来供检验用的、由一定数量样本组成的检验体。

2.0.6 检验 inspection

对检验项目中的性能进行量测、检查、试验等，并将结果与标准规定要求进行比较，以确定每项性能是否合格所进行的活动。

2.0.7 见证取样检测 evidential testing

在监理单位或建设单位监督下，由施工单位有关人员现场取样、并送至具备相应资质的检测单位所进行的检测。

2.0.8 交接检验 handing over inspection

由施工的承接方与完成方经双方检查并对可否继续施工做出确认的活动。

2.0.9 主控项目 dominant item

建筑工程中的对安全、卫生、环境保护和公众利益起决定性作用的检验项目。

2.0.10 一般项目 general item

除主控项目以外的检验项目。

2.0.11 抽样检验 sampling inspection

按照规定的抽样方案，随机地从进场的材料、构配件、设备或建筑工程检验项目中，按检验批抽取一定数量的样本所进行的检验。

2.0.12 抽样方案 sampling scheme

根据检验项目的特性所确定的抽样数量和方法。

2.0.13 计数检验 counting inspection

在抽样的样本中，记录每一个体有某种属性或计算每一个体中的缺陷数目的检查方法。

2.0.14 计量检验 quantitative inspection

在抽样检验的样本中，对每一个体测量其某个定量特性的检查方法。

2.0.15 观感质量 quality of appearance

通过观察和必要的量测所反映的工程外在质量。

2.0.16 返修 repair

对工程不符合标准规定的部位采取整修等措施。

2.0.17 返工 rework

对不合格的工程部位采取的重新制作、重新施工等措施。

3 基 本 规 定

3.0.1 施工现场质量管理应有相应的施工技术标准，健全的质量管理体系、施工质量检验制度和综合施工质量水平评定考核制度。

施工现场质理管理可按本标准附录 A 的要求进行检查记录。

3.0.2 建筑工程应按下列规定进行施工质量控制：

1 建筑工程采用的主要材料、半成品、成品、建筑构配件、器具和设备应进行现场验收，凡涉及安全、功能的有关产品，应按各专业工程质量验收规范规定进行复验，并应经监理工程师（建设单位技术负责人）检查认可。

2 各工序应按施工技术标准进行质量控制，每道工序完成后，应进行检查。

3 相关专业工种之间，应进行交接检验，并形成记录。未经监理工程师（建设单位技术负责人）检查认可，不得进行下道工序施工。

3.0.3 建筑工程施工质量应按下列要求进行验收：

1 建筑工程施工质量应符合本标准和相关专业验收规范的规定。

2 建筑工程施工应符合工程勘察、设计文件的要求。

3 参加工程施工质量验收的各方人员应具备规定的资格。

4 工程质量的验收均应在施工单位自行检查评定的基础上进行。

5 隐蔽工程在隐蔽前应由施工单位通知有关单位进行验收，并应形成验收文件。

6 涉及结构安全的试块、试件以及有关材料，应按规定进行见证取样检测。

7 检验批的质量应按主控项目和一般项目验收。

8 对涉及结构安全和使用功能的重要分部工程应进行抽样检测。

9 承担见证取样检测及有关结构安全检测的单位应具有相应资质。

10 工程的观感质量应由验收人员通过现场检查，并应共同确认。

3.0.4 检验批的质量检验，应根据检验项目的特点在下列抽样方案中进行选择：
 1 计量、计数或计量-计数等抽样方案。
 2 一次、二次或多次抽样方案。
 3 根据生产连续性和生产控制稳定性情况，尚可采用调整型抽样方案。
 4 对重要的检验项目当可采用简易快速的检验方法时，可选用全数检验方案。
 5 经实践检验有效的抽样方案。

3.0.5 在制定检验批的抽样方案时，对生产方风险（或错判概率 α）和使用方风险（或漏判概率 β）可按下列规定采取：
 1 主控项目：对应于合格质量水平的 α 和 β 均不宜超过5%。
 2 一般项目：对应于合格质量水平的 α 不宜超过5%，β 不宜超过10%。

4 建筑工程质量验收的划分

4.0.1 建筑工程质量验收应划分为单位（子单位）工程、分部（子分部）工程、分项工程和检验批。

4.0.2 单位工程的划分应按下列原则确定：
 1 具备独立施工条件并能形成独立使用功能的建筑物及构筑物为一个单位工程。
 2 建筑规模较大的单位工程，可将其能形成独立使用功能的部分为一个子单位工程。

4.0.3 分部工程的划分应按下列原则确定：
 1 分部工程的划分应按专业性质、建筑部位确定。
 2 当分部工程较大或较复杂时，可按材料种类、施工特点、施工程序、专业系统及类别等划分若干子分部工程。

4.0.4 分项工程应按主要工程、材料、施工工艺、设备类别等进行划分。
建筑工程的分部（子分部）、分项工程可按本标准附录B采用。

4.0.5 分项工程可由出一个或若干检验批组成，检验批可根据施工及质量控制和专业验收需要按楼层、施工段、变形缝等进行划分。

4.0.6 室外工程可根据专业类别和工程规模划分单位（子单位）工程。
室外单位（子单位）工程、分部工程可按本标准附录C采用。

5 建筑工程质量验收

5.0.1 检验批合格质量应符合下列规定：
 1 主控项目和一般项目的质量经抽样检合格。
 2 具有完整的施工操作依据、质量检查记录。

5.0.2 分项工程质量验收合格应符合下列规定：
 1 分项工程所含的检验批均应符合合格质量的规定。
 2 分项工程所含的检验批的质量验收记录应完整。

5.0.3 分部（子分部）工程质量验收合格应符合下列规定：
 1 分部（子分部）工程所含分项工程的质量均应验收合格。

2 质量控制资料应完整。
　　3 地基与基础、主体结构和设备安装等分部工程有关安全及功能的检验和抽样检测结果应符合有关规定。
　　4 观感质量验收应符合要求。
5.0.4 单位(子单位)工程质量验收合格应符合下列规定：
　　1 单位(子单位)工程所含分部(子分部)工程的质量均应验收合格。
　　2 质量控制资料应完整。
　　3 单位(子单位)工程所含分部工程有关安全和功能的检测资料应完整。
　　4 主要功能项目的抽查结果应符合相关专业质量验收规范的规定。
　　5 观感质量验收应符合要求。
5.0.5 建筑工程质量验收记录应符合下列规定：
　　1 检验批质量验收可按本标准附录D进行。
　　2 分项工程质量验收可按本标准附录E进行。
　　3 分部(子分部)工程质量验收应按本标准附录F进行。
　　4 单位(子单位)工程质量验收，质量控制资料核查。安全和功能检验资料核查及主要功能抽查记录，观感质量检查应按本标准附录G进行。
5.0.6 当建筑工程质量不符合要求时，应按下列规定进行处理：
　　1 经返工重做或更换器具、设备的检验批，应重新进行验收。
　　2 经有资质的检测单位检测鉴定能够达到设计要求的检验批，应予以验收。
　　3 经有资质的检测鉴定达不到设计要求、但经原设计单位核算认可能够满足结构安全和使用功能的检验批，可予以验收。
　　4 经返修成加固处理的分项、分部工程，虽然改变外形尺寸但仍能满足安全使用要求，可按技术处理方案和协商文件进行验收。
5.0.7 通过返修或加固处理仍不能满足安全使用要求的分部工程、单位(子单位)工程，严禁验收。

6 建筑工程质量验收程序和组织

6.0.1 检验批及分项工程应由监理工程师(建设单位项目技术负责人)组织施工单位项目专业质量(技术)负责人等进行验收。
6.0.2 分部工程应由总监理工师(建设单位项目负责人)组织施工单位项目负责人和技术、质量负责人等进行验收；地基与基础、主体结构分部工程的勘察、设计单位工程项目负责人和施工单位技术、质量部门负责人也应参加相关分部工程验收。
6.0.3 单位工程完工后，施工单位应自行组织有关人员进行检查评定，并向建设单位提交工程验收报告。
6.0.4 建设单位收到工程验收报告后，应由建设单位(项目)负责人组织施工(含分包单位)、设计、监理等单位(项目)负责人进行单位(子单位)工程验收。
6.0.5 单位工程有分包单位施工时，分包单位对所承包的工程项目应按本标准规定的程序检查评定，总包单位应派人参加。分包工程完成后，应将工程有关资料交总包单位。

6.0.6 当参加验收各方对工程质量验收意见不一致时,可请当地建设行政主管部门或工程质量监督机构协调处理。

6.0.7 单位工程质量验收合格后,建设单位应在规定时间内将工程竣工验收报告和有关文件,报建设行政管理部门备案。

附录 A 施工现场质量管理检查记录

A.0.1 施工现场质量管理检查记录应由施工单位按表 A.0.1 填写,总监理工程师(建设单位项目负责人)进行检查,并做出检查结论。

表 A.0.1 施工现场质量管理检查记录

开工日期:

工程名称			施工许可证(开工证)	
建设单位			项目负责人	
设计单位			项目负责人	
监理单位			总监理工程师	
施工单位		项目经理	项目技术负责人	
序号	项 目		内 容	
1	现场质量管理制度			
2	质量责任			
3	主要专业工种操作上岗证书			
4	分包方资质与对分包单位的管理制度			
5	施工图审查情况			
6	地质勘察资料			
7	施工组织设计、施工方案及审批			
8	施工技术标准			
9	工程质量检验制度			
10	搅拌站及计量设置			
11	现场材料、设备存放与管理			
12				

检查结论:

总监理工程师
(建设单位项目负责人)

年 月 日

附录 B 建筑工程分部(子分部)工程、分项工程划分

B.0.1 建筑工程的分部(子分部)工程、分项工程可按表 B.0.1 划分。

表 B.0.1 建筑工程分部工程、分项工程划分

序号	分部工程	子分部工程	分项工程
1	地基与基础	无支护土方	土方开挖、土方回填
		有支护土方	排桩、降水、排水、地下连续墙、锚杆、土钉墙、水泥土桩、沉井与沉箱,钢及混凝土支撑
		地基处理	灰土地基、碎砖三合土地基,土工合成材料地基,粉煤灰地基,重锤夯实地基,强夯地基,振冲地基,砂桩地基,预压地基,高压喷射注浆地基,土和灰土挤密桩地基,注浆地基,水泥粉煤灰碎石桩地基,夯实水泥土桩地基
		桩基	锚杆静压桩及静力压桩,预应力离心管桩,钢筋混凝土预制桩,钢桩,混凝土灌注桩(成孔、钢筋笼、清孔、水下混凝土灌注)
		地下防水	防水混凝土,水泥砂浆防水层,卷材防水层,涂料防水层,金属板防水层,塑料板防水层,细部构造,喷锚支护,复合式衬砌,地下连续墙,盾构法隧道;渗排水、盲沟排水、隧道、坑道排水;预注浆、后注浆,衬砌裂缝注浆
		混凝土基础	模板、钢筋、混凝土,后浇带混凝土,混凝土结构缝处理
		砌体基础	砖砌体,混凝土砌块砌体,配筋砌体,石砌体
		劲钢(管)混凝土	劲钢(管)焊接,劲钢(管)与钢筋的连接,混凝土
		钢结构	焊接钢结构、栓接钢结构、钢结构制作、钢结构安装、钢结构涂装
2	主体结构	混凝土结构	模板,钢筋,混凝土,预应力,现浇结构,装配式结构
		劲钢(管)混凝土结构	劲钢(管)焊接,螺栓连接,劲钢(管)与钢筋的连接,劲钢(管)制作、安装,混凝土
		砌体结构	砖砌体,混凝土小型空心砌块砌体,石砌体,填充墙砌体,配筋砖砌体
		钢结构	钢结构焊接,紧固件连接,钢零部件加工,单层钢结构安装,多层及高层钢结构安装,钢结构涂装,钢构件组装,钢构件预拼装,钢网架结构安装,压型金属板
		木结构	方木和原木结构,胶合木结构,轻型木结构,木构件防护
		网架和索膜结构	网架制作,网架安装,索膜安装,网架防火,防腐涂料
3	建筑装饰装修	地面	整体面层:基层,水泥混凝土面层,水泥砂浆面层,水磨石面层,防油渗面底,水泥钢(铁)屑面层,不发火(防爆的)面层;板块面层:基层,砖面层(陶瓷锦砖、缸砖、陶瓷地砖和水泥花砖面层),大理石面层和花岗岩面层,预制板块面层(预制水泥混凝土、水磨石板块面层),料石面层(条石、块石面层),塑料板面层,活动地板面层,地毯面层;木竹面层:基层、实木地板面层(条材、块材面层)、实木复合地板面层(条材、块材面层),中密度(强化)复合地板面层(条材面层),竹地板面层
		抹灰	一般抹灰,装饰抹灰,清水砌体勾缝

续表

序号	分部工程	子分部工程	分 项 工 程
3	建筑装饰装修	门窗	木门窗制作与安装，金属门窗安装，塑料门窗安装，特种门安装，门窗玻璃安装
		吊顶	暗龙骨吊顶，明龙骨吊顶
		轻质隔墙	板材隔墙，骨架隔墙，活动隔墙，玻璃隔墙
		饰面板(砖)	饰面板安装，饰面砖粘贴
		幕墙	玻璃幕墙，金属幕墙，石材幕墙
		涂饰	水性涂料涂饰，溶剂型涂料涂饰，美术涂饰
		裱糊与软包	裱糊、软包
		细部	橱柜制作与安装，窗帘盒、窗台板和暖气罩制作与安装，门窗五金制作与安装，护栏和扶手制作与安装，花饰制作与安装
4	建筑屋面	卷材防水屋面	保温层，找平层，卷材防水层，细部构造
		涂膜防水屋面	保温层，找平层，涂膜防水层，细部构造
		刚性防水屋面	细石混凝土防水层，密封材料嵌缝，细部构造
		瓦屋面	平瓦屋面，油毡瓦屋面，金属板屋面，细部构造
		隔热屋面	架空屋面，蓄水屋面，种植屋面
5	建筑给水、排水及采暖	室内给水系统	给水管道及配件安装，室内消火栓系统安装，给水设备安装，管道防腐，绝热
		室内排水系统	排水管道及配件安装，雨水管道及配件安装
		室内热水供应系统	管道及配件安装，辅助设备安装，防腐，绝热
		卫生器具安装	卫生器具安装，卫生器具给水配件安装卫生器具排水管道安装
		室内采暖系统	管道及配件安装，辅助设备及散热器安装，金属辐射板安装，低温热水地板辐射采暖系统安装，系统水比试验及调试，防腐，绝热
		室外给水管网	给水管道安装，消防水泵接合器及室外消火栓安装，管沟及井室
		室外排水管网	排水管道，排水管道与井池
		室外供热管网	管通及配件安装，系统水压试验及调试、防腐，绝热
		室外供热管网	管通及配件安装，系统水压试验及调试、防腐，绝热
		建筑中水系统及游泳池系统	建筑中水系统管道及辅助设备安装，游泳池水系统安装
		供热锅炉从辅助设备安装	锅炉安装，辅助设备及管道安装，安全附件安装，烘炉、煮炉和试运行，换热站安装，防腐，绝热
6	建筑电气	室外电气	架空线路及杆上电气设备安装，变压器、箱式变电所安装，成套配电柜、控制柜(屏、台)和动力、照明配电箱(盘)及控制柜安装，电线、电缆导管和线槽敷设，电缆头制作、导线连接和线路电气试验，建筑物外部装饰灯具、航空障碍标志灯和庭院路灯安装，建筑照明通电试运行，接地装置安装
		变配电室	变压器、箱式变电所安装，成套配电柜、控制柜(屏、台)和动力、照明配电箱(盘)安装，裸母线、封闭母线、插接式母线安装，电缆沟内和电缆竖井内电缆敷设，电缆头制作、导线连接和线路电气试验，接地装置安装，避雷引下线和变配电室接地干线敷设

续表

序号	分部工程	子分部工程	分项工程
6	建筑电气	供电干线	裸母线、封闭母线、插接式母线安装,桥架安装和桥架内电缆敷设,电缆沟内和电缆竖井内电缆竖井内电缆敷设,电线、电缆导管和线槽敷设,电线、电缆穿管和线槽敷线,电缆制作、导线边接和线路电气试验
		电气动力	成套配电柜、控制柜(屏、台)和动力、照明配电箱(盘)及控制柜安装,低压电动机、电加热器及电动执行机构检查、接线,低压电气动力设备检测、试验和空载试运行,桥架安装和桥架内电缆敷设,电线、电缆导管和线槽敷设,电线、电缆穿管和线槽敷线,电缆头制作、导线连接和线路电气试验,插座、开关、风扇安装
		电气照明安装	成套配电柜、控制柜(屏、台)和动力、照明配电箱(盘)安装,电线、电缆导管和线槽敷设,电线、电缆导管和线槽敷线,槽板配线,钢索配线,电缆头制作、导线连接和线路电气试验,普通灯具安装,专用灯具安装插座、开关、风扇安装,建筑照明通电运行
		备用和不间断电源安装	成套配电柜、控制柜(屏、台)和动力、照明配电箱(盘)安装,柴油发电机组安装,不间断电源的其他功能单元安装,裸母线、封闭母线、插接式母线安装,电线、电缆导管和线槽敷设,电线、电缆导管和线槽敷线,电缆头制作、导线连接和线路电气试验,接地装置安装
		防雷及接地安装	接地装置安装,避雷引下线和变配电室接地下线敷设,建筑等电位连接,接闪器安装
7	智能建筑	通信网络系统	通信系统,卫星及有线电视系统,公共广播系统
		办公自动化系统	计算机网络系统,信息平台及办公自动化应用软件,网络安全系统
		建筑设备监控系统	空调与通风系统,变配电系统,照明系统,给排水系统,热源和热交换系统,冷冻和冷却系统,电梯和自动扶梯系统,中央管理工作站与操作分站,子系统通信接口
		火灾报警及消防联动系统	火灾和可燃气体探测系统,火灾报警控制系统,消防联动系统
		安全防范系统	电视监控系统,入侵报警系统,巡更系统,出入口控制(门禁)系统,停车管理系统
		综合布线系统	缆线敷设和终接,机柜、机架、配线架的安装,信息插座和光缆芯线终端的安装
		智能化集成系统	集成系统网络,实时数据库,信息安全,功能接门
		电源与接地	智能建筑电源,防雷及接地
		环境	空间环境,室内空调环境,视觉照明环境,电磁环境
		住宅(小区)智能化系统	火灾自动报警及消防联动系统,安全防范系统(含电视监控系统、入侵报警系统、巡更系统、门禁系统、楼宇对讲系统、住户对讲呼救系统、停车管理系统),物业管理系统(多表现场计量及与远程传输系统、建筑设备监控系统、公共广播系统、小区网络及信息服务系统、物业办公自动化系统),智能家庭信息平台

续表

序号	分部工程	子分部工程	分项工程
8	通风与空调	送排风系统	风管与配件制作，部件制作，风管系统安装，空气处理设备安装，消声设备制作与安装，风管与设备防腐，风机安装，系统调试
		防排烟系统	风管与配件制作，部件制作，风管系统安装，防排烟风口、常闭正压风口与设备安装，风管与设备防腐，风机安装，系统调试
		除尘系统	风管与配件制作，部件制作，风管系统安装，除尘器与排污设备安装，风管与设备防腐，风机安装，系统调试
		空调风系统	风管与配件制作，部件制作，风管系统安装，空气处理设备安装，消声设备制作与安装，风管与设备防腐，风机安装，风管与设备绝热，系统调试
		净化空调系统	风管与配件制作，部件制作，风管系统安装，空气处理设备安装，消声设备制作与安装，风管与设备防腐，风机安装，风管与设备绝热，高效过滤器安装，系统调试
		制冷设备系统	制冷机组安装，制冷剂管道及配件安装，制冷附属设备安装，管道及设备的防腐与绝热，系统调试
		空调水系统	管道冷热(媒)水系统安装，冷却水系统安装，冷凝水系统安装，阀门及部件安装，冷却塔安装，水泵及附属设备安装，管道与设备的防腐与绝热，系统调试
9	电梯	电力驱动的曳引式或强制式电梯安装	设备进场验收，土建交接检验，驱动主机，导轨，门系统，轿厢，对重(平衡重)，安全部件，悬挂装置，随行电缆，补偿装置，电气装置，整机安装验收
		液压电梯安装	设备进场验收，土建交接检验，液压系统，导轨，门系统，轿厢，对重(平衡重)，安全部件，悬挂装置，随行电缆，电气装置，整机安装验收
		自动扶梯、自动人行道安装	设备进场验收，土建交接检验，整机安装验收

附录C 室外工程划分

C.0.1 室外单位(子单位)工程和分部工程可按表C.0.1划分。

表C.0.1 室外工程划分

单位工程	子单位工程	分部(子分部)工程
室外建筑环境	附属建筑	车棚，围墙，大门，挡土墙，垃圾收集站
	室外环境	建筑小品，道路，亭台，连廊，花坛，场坪绿化
室外安装	给排水与采暖	室外给水系统，室外排水系统，室外供热系统
	电气	室外供电系统，室外照明系统

附录 D 检验批质量验收记录

D.0.1 检验批的质量验收记录由施工项目专业质量检查员填写,监理工程师(建设单位项目专业技术负责人)组织项目专业质量检查员等进行验收,并按表 D.0.1 记录。

表 D.0.1 检验批质量验收记录

工程名称		分项工程名称		验收部位	
施工单位			专业工长		项目经理	
施工执行标准名称及编号					
分包单位			分包项目经理		施工班组长	

		质量验收规范的规定	施工单位检查评定记录	监理(建设)单位验收记录
主控项目	1			
	2			
	3			
	4			
	5			
	6			
	7			
	8			
	9			
一般项目	1			
	2			
	3			
	4			

施工单位检查评定结果	项目专业质量检查员: 年 月 日
监理(建设)单位验收结论	监理工程师 (建设单位项目专业技术负责人) 年 月 日

附录 E 分项工程质量验收记录

E.0.1 分项工程质量应由监理工程师（建设单位项目专业技术负责人）组织项目专业技术负责人等进行验收，并按表 E.0.1 记录。

表 E.0.1 _____ 分项工程质量验收记录

工程名称		结构类型		检验批数	
施工单位		项目经理		项目技术负责人	
分包单位		分包单位负责人		分包项目经理	
序号	检验批部位、区段	施工单位检查评定结果	监理（建设）单位验收结论		
1					
2					
3					
4					
5					
6					
7					
8					
9					
10					
11					
12					
13					
14					
15					
16					
17					
检查结论	项目专业技术负责人： 年 月 日	验收结论	监理工程师 （建设单位项目专业技术负责人） 年 月 日		

附录 F 分部(子分部)工程质量验收记录

F.0.1 分部(子分部)工程质量应由总监理工程师(建设单位项目专业负责人)组织施工项目经理和有关勘察、设计单位项目负责人进行验收，并按表 F.0.1 记录。

表 F.0.1 ＿＿＿＿＿分部(子分部)工程验收记录

工程名称			结构类型		层数	
施工单位			技术部门负责人		质量部门负责人	
分包单位			分包单位负责人		分包技术负责人	
序号	分项工程名称		检验批数	施工单位检查评定	验 收 意 见	
1						
2						
3						
4						
5						
6						
质量控制资料						
安全和功能检验(检测)报告						
观感质量验收						
验收单位	分包单位			项目经理　　年　月　日		
	施工单位			项目经理　　年　月　日		
	勘察单位			项目负责人　年　月　日		
	设计单位			项目负责人　年　月　日		
	监理(建设)单位			总监理工程师 (建设单位项目专业负责人)　　年　月　日		

附录G 单位(子单位)工程质量竣工验收记录

G.0.1 单位(子单位)工程质量验收应按表 G.0.1-1 记录，表 G.0.1-1 为单位工程质量验收的汇总表与附录表 F 的表 F.0.1 和表 G.0.1-2～G.0.1-4 配合使用。表 G.0.1-2 为单位(子单位)工程质量控制资料核查记录，表 G.0.1-3 为单位(子单位)工程安全和功能检验资料核查及主要功能抽查记录，表 G.0.1-4 为单位(子单位)工程观感质量检查记录。

表 G.0.1-1 验收记录由施工单位填写，验收结论由监理(建设)单位填写。综合验收结论由参加验收各方共同商定，建设单位填写，应对工程质量是否符合设计和规范要求及总体质量水平做出评价。

表 G.0.1-1 单位(子单位)工程质量竣工验收记录

工程名称		结构类型		层数/建筑面积	/
施工单位		技术负责人		开工日期	
项目经理		项目技术负责人		竣工日期	
序号	项目	验收记录		验收结论	
1	分部工程	共 分部,经查 分部 符合标准及设计要求 分部			
2	质量控制资料核查	共 项,经审查符合要求 项, 经核定符合规范要求 项			
3	安全和主要使用功能核查及抽查结果	共核查 项,符合要求 项, 共抽查 项,符合要求 项, 经返工处理符合要求 项			
4	观感质量验收	共抽查 项,符合要求 项, 不符合要求 项			
5	综合验收结论				
参加验收单位	建设单位 (公章) 单位(项目)负责人 年 月 日	监理单位 (公章) 总监理工程师 年 月 日		施工单位 (公章) 单位负责人 年 月 日	设计单位 (公章) 单位(项目)负责人 年 月 日

表 G.0.1-2 单位(子单位)工程质量控制资料核查记录

工程名称			施工单位			
序号	项目	资料名称		份数	核查意见	核查人
1	建筑与结构	图纸会审、设计变更、洽商记录				
2		工程定测量、放线记录				
3		原材料出厂合格证书及进场检(试)验报告				
4		施工试验报告及见证检测报告				
5		隐蔽工程验收记录				
6		施工记录				
7		预制构件、预拌混凝土合格证				
8		地基基础、主体结构检验及抽样检测资料				
9		分项、分部工程质量验收记录				
10		工程质量事故及事故调查处理资料				
11		新材料、新工艺施工记录				
12						
1	给排水与采暖	图纸会审、设计变更、洽商记录				
2		材料、配出厂合格证书及进场检(试)验报告				
3		管道、设备强度试验、严密性试验记录				
4		隐蔽工程验收记录				
5		系统清洗、灌水、通水、通球试验记录				
6		施工记录				
7		分项、分部工程质量验收记录				
8						
1	建筑电气	图纸会审、设计变更、洽商记录				
2		材料、设备出厂合格证书及进场检(试)验报告				
3		设备调试记录				
4		接地、绝缘电阻测试记录				
5		隐蔽工程验收记录				
6		施工记录				
7		分项、分部工程质量验收记录				
8						
1	通风与空调	图纸会审、设计变更、洽商记录				
2		材料、设备出厂合格证书及进场检(试)验报告				
3		制冷、空调、水管道强度试验、严密性试验记录				
4		隐蔽工程验收记录				
5		制冷设备运行调试记录				
6		通风、空调系统调试记录				
7		施工记录				
8		分项、分部工程质量验收记录				
9						

续表

工程名称			施工单位			
序号	项目	资料名称	份数	核查意见	核查人	
1	电梯	土建布置图纸会审、设计变更、洽商记录				
2		设备出厂合格证书及开箱检验记录				
3		隐蔽工程验收记录				
4		施工记录				
5		接地、绝缘电阻测试记录				
6		负荷试验、安全装置检查记录				
7		分项、分部工程质量验收记录				
8						
1	建筑智能化	图纸会审、设计变更、洽商记录、竣工图及设计说明				
2		材料、设备出厂合格证及技术文件及进场检(试)验报告				
3		隐蔽工程验收记录				
4		系统功能测定及设备调试记录				
5		系统技术、操作和维护手册				
6		系统管理、操作人员培训记录				
7		系统检测报告				
8		分项、分部工程质量验收报告				
结论： 施工单位项目经理　　年　月　日			总监理工程师 (建设单位项目负责人)　　年　月　日			

表 G.0.1-3 单位(子单位)工程安全和功能检验资料核查及主要功能抽查记录

工程名称			施工单位			
序号	项目	安全和功能检查项目	份数	核查意见	抽查结果	核查(抽查)人
1	建筑与结构	屋面淋水试验记录				
2		地下室防水效果检查记录				
3		有防水要求的地面蓄水试验记录				
4		建筑物垂直度、标高、全高测量记录				
5		抽气(风)道检查记录				
6		幕墙及外窗气密性、水密性、耐风压检测报告				
7		建筑物沉降观测测量记录				
8		节能、保温测试记录				
9		室内环境检测报告				
10						

393

续表

工程名称			施工单位			
序号	项目	安全和功能检查项目	份数	核查意见	抽查结果	核查(抽查)人
1	给排水与采暖	给水管道通水试验记录				
2		暖气管道、散热器压力试验记录				
3		卫生器具满水试验记录				
4		消防管道、燃汽管道压力试验记录				
5		排水干管通球试验记录				
6						
1	电气	照明全负荷试验记录				
2		大型灯具牢固性试验记录				
3		避雷接地电阻测				
4		线路、插座、开关接地检验记录				
5						
1	通风与空调	通风、空调系统试运行记录				
2		风量、温度测试记录				
3		洁净室洁净度测试记录				
4		制冷机组试运行调试记录				
5						
1	电梯	电梯运行记录				
2		电梯安全装置检测报告				
1	智能建筑	系统试运行记录				
2		系统电源及接地检测报告				
3						

结论：

施工单位项目经理　　　年　月　日　　　　　　　总监理工程师
　　　　　　　　　　　　　　　　　　　　　　（建设单位项目负责人）　　年　月　日

注：抽查项目由验收组协商确定。

表 G.0.1-4 单位(子单位)工程观感质量检查记录

工程名称			施工单位			
序号	项目		抽查质量状况	质量评价		
				好	一般	差
1	建筑与结构	室外墙面				
2		变形缝				
3		水落管，屋面				
4		室内墙面				
5		室内顶棚				
6		室内地面				
7		楼梯、踏步、护栏				
8		门窗				
1	给排水与采暖	管理接口、坡度、支架				
2		卫生器具、支架、阀门				
3		检查口、扫除口、地漏				
4		散热器、支架				
1	建筑电气	配电箱、盘、板、接线盒				
2		设备器具、开关插座				
3		防雷、接地				
1	通风与空调	风管、支架				
2		风口、风阀				
3		风机、空调设备				
4		阀门、支架				
5		水泵、冷却塔				
6		绝热				
1	电梯	运行、平层、开关门				
2		层门、信号系统				
3		机房				
1	智能建筑	机房设备安装及布局				
2		现场设备安装				
3						
观感质量综合评价						
检查结论		施工单位项目经理　　年　月　日	总监理工程师 (建设单位项目负责人)　　年　月　日			

注：质量评价为差的项目，应进行返修。

中华人民共和国国家标准

建筑装饰装修工程质量验收规范

Code for construction qualityacceptance
of building decoration

GB 50210—2001

主编部门：中华人民共和国建设部
批准部门：中华人民共和国建设部
施行日期：2002年3月1日

目　次

1 总则 …………………………………………………………… 399
2 术语 …………………………………………………………… 399
3 基本规定 ……………………………………………………… 399
　3.1 设计 ……………………………………………………… 399
　3.2 材料 ……………………………………………………… 400
　3.3 施工 ……………………………………………………… 400
4 抹灰工程 ……………………………………………………… 401
　4.1 一般规定 ………………………………………………… 401
　4.2 一般抹灰工程 …………………………………………… 402
　4.3 装饰抹灰工程 …………………………………………… 403
　4.4 清水砌体勾缝工程 ……………………………………… 404
5 门窗工程 ……………………………………………………… 405
　5.1 一般规定 ………………………………………………… 405
　5.2 木门窗制作与安装工程 ………………………………… 406
　5.3 金属门窗安装工程 ……………………………………… 408
　5.4 塑料门窗安装工程 ……………………………………… 410
　5.5 特种门安装工程 ………………………………………… 411
　5.6 门窗玻璃安装工程 ……………………………………… 413
6 吊顶工程 ……………………………………………………… 414
　6.1 一般规定 ………………………………………………… 414
　6.2 暗龙骨吊顶工程 ………………………………………… 415
　6.3 明龙骨吊顶工程 ………………………………………… 416
7 轻质隔墙工程 ………………………………………………… 417
　7.1 一般规定 ………………………………………………… 417
　7.2 板材隔墙工程 …………………………………………… 417
　7.3 骨架隔墙工程 …………………………………………… 418
　7.4 活动隔墙工程 …………………………………………… 419
　7.5 玻璃隔墙工程 …………………………………………… 420
8 饰面板(砖)工程 ……………………………………………… 421
　8.1 一般规定 ………………………………………………… 421
　8.2 饰面板安装工程 ………………………………………… 422
　8.3 饰面砖粘贴工程 ………………………………………… 423
9 幕墙工程 ……………………………………………………… 424
　9.1 一般规定 ………………………………………………… 424

9.2	玻璃幕墙工程	426
9.3	金属幕墙工程	429
9.4	石材幕墙工程	431

10 涂饰工程 433
   10.1 一般规定 433
   10.2 水性涂料涂饰工程 434
   10.3 溶剂型涂料涂饰工程 435
   10.4 美术涂饰工程 436

11 裱糊与软包工程 436
   11.1 一般规定 436
   11.2 裱糊工程 437
   11.3 软包工程 438

12 细部工程 439
   12.1 一般规定 439
   12.2 橱柜制作与安装工程 439
   12.3 窗帘盒、窗台板和散热器罩制作与安装工程 440
   12.4 门窗套制作与安装工程 441
   12.5 护栏和扶手制作与安装工程 441
   12.6 花饰制作与安装工程 442

13 分部工程质量验收 443

附录 A 木门窗用木材的质量要求 444
附录 B 子分部工程及其分项工程划分表 445
附录 C 隐蔽工程验收记录表 445

1 总　　则

1.0.1 为了加强建筑工程质量管理，统一建筑装饰装修工程的质量验收，保证工程质量，制定本规范。

1.0.2 本规范适用于新建、扩建、改建和既有建筑的装饰装修工程的质量验收。

1.0.3 建筑装饰装修工程的承包合同、设计文件及其他技术文件对工程质量验收的要求不得低于本规范的规定。

1.0.4 本规范应与国家标准《建筑工程施工质量验收统一标准》(GB 50300—2001)配套使用。

1.0.5 建筑装饰装修工程的质量验收除应执行本规范外，尚应符合国家现行有关标准的规定。

2 术　　语

2.0.1 建筑装饰装修　building decoration

为保护建筑物的主体结构、完善建筑物的使用功能和美化建筑物，采用装饰装修材料或饰物，对建筑物的内外表面及空间进行的各种处理过程。

2.0.2 基体　primary structure

建筑物的主体结构或围护结构。

2.0.3 基层　base course

直接承受装饰装修施工的面层。

2.0.4 细部　detail

建筑装饰装修工程中局部采用的部件或饰物。

3 基 本 规 定

3.1 设　　计

3.1.1 建筑装饰装修工程必须进行设计，并出具完整的施工图设计文件。

3.1.2 承担建筑装饰装修工程设计的单位应具备相应的资质，并应建立质量管理体系。由于设计原因造成的质量问题应由设计单位负责。

3.1.3 建筑装饰装修设计应符合城市规划、消防、环保、节能等有关规定。

3.1.4 承担建筑装饰装修工程设计的单位应对建筑物进行必要的了解和实地勘察，设计深度应满足施工要求。

3.1.5 建筑装饰装修工程设计必须保证建筑物的结构安全和主要使用功能。当涉及主体和承重结构改动或增加荷载时，必须由原结构设计单位或具备相应资质的设计单位核查有关原始资料，对既有建筑结构的安全性进行核验、确认。

3.1.6 建筑装饰装修工程的防火、防雷和抗震设计应符合现行国家标准的规定。

3.1.7 当墙体或吊顶内的管线可能产生冰冻或结露时，应进行防冻或防结露设计。

3.2 材 料

3.2.1 建筑装饰装修工程所用材料的品种、规格和质量应符合设计要求和国家现行标准的规定。当设计无要求时应符合国家现行标准的规定。严禁使用国家明令淘汰的材料。

3.2.2 建筑装饰装修工程所用材料的燃烧性能应符合现行国家标准《建筑内部装修设计防火规范》(GB 50222)《建筑设计防火规范》(GBJ 16)和《高层民用建筑设计防火规范》(GB 50045)的规定。

3.2.3 建筑装饰装修工程所用材料应符合国家有关建筑装饰装修材料有害物质限量标准的规定。

3.2.4 所有材料进场时应对品种、规格、外观和尺寸进行验收。材料包装应完好，应有产品合格证书、中文说明书及相关性能的检测报告；进口产品应按规定进行商品检验。

3.2.5 进场后需要进行复验的材料种类及项目应符合本规范各章的规定。同一厂家生产的同一品种、同一类型的进场材料应至少抽取一组样品进行复验，当合同另有约定时应按合同执行。

3.2.6 当国家规定或合同约定应对材料进行见证检测时，或对材料的质量发生争议时，应进行见证检测。

3.2.7 承担建筑装饰装修材料检测的单位应具备相应的资质，并应建立质量管理体系。

3.2.8 建筑装饰装修工程所使用的材料在运输、储存和施工过程中，必须采取有效措施防止损坏、变质和污染环境。

3.2.9 建筑装饰装修工程所使用的材料应按设计要求进行防火、防腐和防虫处理。

3.2.10 现场配制的材料如砂浆、胶粘剂等，应按设计要求或产品说明书配制。

3.3 施 工

3.3.1 承担建筑装饰装修工程施工的单位应具备相应的资质，并应建立质量管理体系。施工单位应编制施工组织设计并应经过审查批准。施工单位应按有关的施工工艺标准或经审定的施工技术方案施工，并应对施工全过程实行质量控制。

3.3.2 承担建筑装饰装修工程施工的人员应有相应岗位的资格证书。

3.3.3 建筑装饰装修工程的施工质量应符合设计要求和本规范的规定，由于违反设计文件和本规范的规定施工造成的质量问题应由施工单位负责。

3.3.4 建筑装饰装修工程施工中，严禁违反设计文件擅自改动建筑主体、承重结构或主要使用功能；严禁未经设计确认和有关部门批准擅自拆改水、暖、电、燃气、通讯等配套设施。

3.3.5 施工单位应遵守有关环境保护的法律法规，并应采取有效措施控制施工现场的各种粉尘、废气、废弃物、噪声、振动等对周围环境造成的污染和危害。

3.3.6 施工单位应遵守有关施工安全、劳动保护、防火和防毒的法律法规，应建立相应的管理制度，并应配备必要的设备、器具和标识。

3.3.7 建筑装饰装修工程应在基体或基层的质量验收合格后施工。对既有建筑进行装饰装修前，应对基层进行处理并达到本规范的要求。

3.3.8 建筑装饰装修工程施工前应有主要材料的样板或做样板间(件),并应经有关各方确认。

3.3.9 墙面采用保温材料的建筑装饰装修工程,所用保温材料的类型、品种、规格及施工工艺应符合设计要求。

3.3.10 管道、设备等的安装及调试应在建筑装饰装修工程施工前完成,当必须同步进行时,应在饰面层施工前完成。装饰装修工程不得影响管道、设备等的使用和维修。涉及燃气管道的建筑装饰装修工程必须符合有关安全管理的规定。

3.3.11 建筑装饰装修工程的电器安装应符合设计要求和国家现行标准的规定。严禁不经穿管直接埋设电线。

3.3.12 室内外装饰装修工程施工的环境条件应满足施工工艺的要求。施工环境温度不应低于5℃。当必须在低于5℃气温下施工时,应采取保证工程质量的有效措施。

3.3.13 建筑装饰装修工程施工过程中应做好半成品、成品的保护,防止污染和损坏。

3.3.14 建筑装饰装修工程验收前应将施工现场清理干净。

4 抹 灰 工 程

4.1 一 般 规 定

4.1.1 本章适用于一般抹灰、装饰抹灰和清水砌体勾缝等分项工程的质量验收。

4.1.2 抹灰工程验收时应检查下列文件和记录:
1 抹灰工程的施工图、设计说明及其他设计文件。
2 材料的产品合格证书、性能检测报告、进场验收记录和复验报告。
3 隐蔽工程验收记录。
4 施工记录。

4.1.3 抹灰工程应对水泥的凝结时间和安定性进行复验。

4.1.4 抹灰工程应对下列隐蔽工程项目进行验收:
1 抹灰总厚度大于或等于35mm时的加强措施。
2 不同材料基体交接处的加强措施。

4.1.5 各分项工程的检验批应按下列规定划分:
1 相同材料、工艺和施工条件的室外抹灰工程每500～1000m²应划分为一个检验批,不足500m²也应划分为一个检验批。
2 相同材料、工艺和施工条件的室内抹灰工程每50个自然间(大面积房间和走廊按抹灰面积30m²为一间)应划分为一个检验批,不足50间也应划分为一个检验批。

4.1.6 检查数量应符合下列规定:
1 室内每个检验批应至少抽查10%,并不得少于3间;不足3间时应全数检查。
2 室外每个检验批每100m²应至少抽查一处,每处不得小于10m²。

4.1.7 外墙抹灰工程施工前应先安装钢木门窗框、护栏等,并应将墙上的施工孔洞堵塞密实。

4.1.8 抹灰用的石灰膏的熟化期不应少于15d;罩面用的磨细石灰粉的熟化期不应少

于 3d。

4.1.9 室内墙面、柱面和门洞口的阳角做法应符合设计要求。设计无要求时，应采用 1：2 水泥砂浆做暗护角，其高度不应低于 2m，每侧宽度不应小于 50mm。

4.1.10 当要求抹灰层具有防水、防潮功能时，应采用防水砂浆。

4.1.11 各种砂浆抹灰层，在凝结前应防止快干、水冲、撞击、振动和受冻，在凝结后应采取措施防止玷污和损坏。水泥砂浆抹灰层应在湿润条件下养护。

4.1.12 外墙和顶棚的抹灰层与基层之间及各抹灰层之间必须粘结牢固。

4.2 一般抹灰工程

4.2.1 本节适用于石灰砂浆、水泥砂浆、水泥混合砂浆、聚合物水泥砂浆和麻刀石灰、纸筋石灰、石膏灰等一般抹灰工程的质量验收。一般抹灰工程分为普通抹灰和高级抹灰，当设计无要求时，按普通抹灰验收。

主 控 项 目

4.2.2 抹灰前基层表面的尘土、污垢、油渍等应清除干净，并应洒水润湿。

　　检验方法：检查施工记录。

4.2.3 一般抹灰所用材料的品种和性能应符合设计要求。水泥的凝结时间和安定性复验应合格。砂浆的配合比应符合设计要求。

　　检验方法：检查产品合格证书、进场验收记录、复验报告和施工记录。

4.2.4 抹灰工程应分层进行。当抹灰总厚度大于或等于 35mm 时，应采取加强措施。不同材料基体交接处表面的抹灰，应采取防止开裂的加强措施，当采用加强网时，加强网与各基体的搭接宽度不应小于 100mm。

　　检验方法：检查隐蔽工程验收记录和施工记录。

4.2.5 抹灰层与基层之间及各抹灰层之间必须粘结牢固，抹灰层应无脱层、空鼓，面层应无爆灰和裂缝。

　　检验方法：观察；用小锤轻击检查；检查施工记录。

一 般 项 目

4.2.6 一般抹灰工程的表面质量应符合下列规定：
 1 普通抹灰表面应光滑、洁净、接槎平整，分格缝应清晰。
 2 高级抹灰表面应光滑、洁净、颜色均匀、无抹纹，分格缝和灰线应清晰美观。

　　检验方法：观察；手摸检查。

4.2.7 护角、孔洞、槽、盒周围的抹灰表面应整齐、光滑；管道后面的抹灰表面应平整。

　　检验方法：观察。

4.2.8 抹灰层的总厚度应符合设计要求；水泥砂浆不得抹在石灰砂浆层上；罩面石膏灰不得抹在水泥砂浆层上。

　　检验方法：检查施工记录。

4.2.9 抹灰分格缝的设置应符合设计要求，宽度和深度应均匀，表面应光滑，棱角应整齐。

检验方法：观察；尺量检查。

4.2.10 有排水要求的部位应做滴水线(槽)。滴水线(槽)应整齐顺直，滴水线应内高外低，滴水槽的宽度和深度均不应小于10mm。

检验方法：观察；尺量检查。

4.2.11 一般抹灰工程质量的允许偏差和检验方法应符合表4.2.11的规定。

表4.2.11 一般抹灰的允许偏差和检验方法

项次	项 目	允许偏差(mm)		检 验 方 法
		普通抹灰	高级抹灰	
1	立面垂直度	4	3	用2m垂直检测尺检查
2	表面平整度	4	3	用2m靠尺和塞尺检查
3	阴阳角方正	4	3	用直角检测尺检查
4	分格条(缝)直线度	4	3	拉5m线，不足5m拉通线，用钢直尺检查
5	墙裙、勒脚上口直线度	4	3	拉5m线，不足5m拉通线，用钢直尺检查

注：1. 普通抹灰，本表第3项阴角方正可不检查；
2. 顶棚抹灰，本表第2项表面平整度可不检查，但应平顺。

4.3 装饰抹灰工程

4.3.1 本节适用于水刷石、斩假石、干粘石、假面砖等装饰抹灰工程的质量验收。

主 控 项 目

4.3.2 抹灰前基层表面的尘土、污垢、油渍等应清除干净，并应洒水润湿。

检验方法：检查施工记录。

4.3.3 装饰抹灰工程所用材料的品种和性能应符合设计要求。水泥的凝结时间和安定性复验应合格。砂浆的配合比应符合设计要求。

检验方法：检查产品合格证书、进场验收记录、复验报告和施工记录。

4.3.4 抹灰工程应分层进行。当抹灰总厚度大于或等于35mm时，应采取加强措施。不同材料基体交接处表面的抹灰，应采取防止开裂的加强措施，当采用加强网时，加强网与各基体的搭接宽度不应小于100mm。

检验方法：检查隐蔽工程验收记录和施工记录。

4.3.5 各抹灰层之间及抹灰层与基体之间必须粘接牢固，抹灰层应无脱层、空鼓和裂缝。

检验方法：观察；用小锤轻击检查；检查施工记录。

一 般 项 目

4.3.6 装饰抹灰工程的表面质量应符合下列规定：

1 水刷石表面应石粒清晰、分布均匀、紧密平整、色泽一致，应无掉粒和接槎痕迹。

2 斩假石表面剁纹应均匀顺直、深浅一致，应无漏剁处；阳角处应横剁并留出宽窄一致的不剎边条,棱角应无损坏。

3 干粘石表面应色泽一致、不露浆、不漏粘,石粒应粘结牢固、分布均匀,阳角处应无明显黑边。

4 假面砖表面应平整、沟纹清晰、留缝整齐、色泽一致,应无掉角、脱皮、起砂等缺陷。

检验方法:观察;手摸检查。

4.3.7 装饰抹灰分格条(缝)的设置应符合设计要求,宽度和深度应均匀,表面应平整光滑,棱角应整齐。

检验方法:观察。

4.3.8 有排水要求的部位应做滴水线(槽)。滴水线(槽)应整齐顺直,滴水线应内高外低,滴水槽的宽度和深度均不应小于10mm。

检验方法:观察;尺量检查。

4.3.9 装饰抹灰工程质量的允许偏差和检验方法应符合表4.3.9的规定。

表4.3.9 装饰抹灰的允许偏差和检验方法

项次	项 目	允许偏差(mm)				检 验 方 法
		水刷石	斩假石	干粘石	假面砖	
1	立面垂直度	5	4	5	5	用2m垂直检测尺检查
2	表面平整度	3	3	5	4	用2m靠尺和塞尺检查
3	阳角方正	3	3	4	4	用直角检测尺检查
4	分格条(缝)直线度	3	3	3	3	拉5m线,不足5m拉通线,用钢直尺检查
5	墙裙、勒脚上口直线度	3	3	—	—	拉5m线,不足5m拉通线,用钢直尺检查

4.4 清水砌体勾缝工程

4.4.1 本节适用于清水砌体砂浆勾缝和原浆勾缝工程的质量验收。

主 控 项 目

4.4.2 清水砌体勾缝所用水泥的凝结时间和安定性复验应合格。砂浆的配合比应符合设计要求。

检验方法:检查复验报告和施工记录。

4.4.3 清水砌体勾缝应无漏勾。勾缝材料应粘结牢固、无开裂。

检验方法:观察。

一 般 项 目

4.4.4 清水砌体勾缝应横平竖直,交接处应平顺,宽度和深度应均匀,表面应压实抹平。

检验方法:观察;尺量检查。

4.4.5 灰缝应颜色一致,砌体表面应洁净。

检验方法:观察。

5 门 窗 工 程

5.1 一 般 规 定

5.1.1 本章适用于木门窗制作与安装、金属门窗安装、塑料门窗安装、特种门安装、门窗玻璃安装等分项工程的质量验收。

5.1.2 门窗工程验收时应检查下列文件和记录：

    1 门窗工程的施工图、设计说明及其他设计文件。

    2 材料的产品合格证书、性能检测报告、进场验收记录和复验报告。

    3 特种门及其附件的生产许可文件。

    4 隐蔽工程验收记录。

    5 施工记录。

5.1.3 门窗工程应对下列材料及其性能指标进行复验：

    1 人造木板的甲醛含量。

    2 建筑外墙金属窗、塑料窗的抗风压性能、空气渗透性能和雨水渗漏性能。

5.1.4 门窗工程应对下列隐蔽工程项目进行验收：

    1 预埋件和锚固件。

    2 隐蔽部位的防腐、填嵌处理。

5.1.5 各分项工程的检验批应按下列规定划分：

    1 同一品种、类型和规格的木门窗、金属门窗、塑料门窗及门窗玻璃每100樘应划分为一个检验批，不足100樘也应划分为一个检验批。

    2 同一品种、类型和规格的特种门每50樘应划分为一个检验批，不足50樘也应划分为一个检验批。

5.1.6 检查数量应符合下列规定：

    1 木门窗、金属门窗、塑料门窗及门窗玻璃，每个检验批应至少抽查5%，并不得少于3樘，不足3樘时应全数检查；高层建筑的外窗，每个检验批应至少抽查10%，并不得少于6樘，不足6樘时应全数检查。

    2 特种门每个检验批应至少抽查50%，并不得少于10樘，不足10樘时应全数检查。

5.1.7 门窗安装前，应对门窗洞口尺寸进行检验。

5.1.8 金属门窗和塑料门窗安装应采用预留洞口的方法施工，不得采用边安装边砌口或先安装后砌口的方法施工。

5.1.9 木门窗与砖石砌体、混凝土或抹灰层接触处应进行防腐处理并应设置防潮层；埋入砌体或混凝土中的木砖应进行防腐处理。

5.1.10 当金属窗或塑料窗组合时，其拼樘料的尺寸、规格、壁厚应符合设计要求。

5.1.11 建筑外门窗的安装必须牢固。在砌体上安装门窗严禁用射钉固定。

5.1.12 特种门安装除应符合设计要求和本规范规定外，还应符合有关专业标准和主管部门的规定。

5.2 木门窗制作与安装工程

5.2.1 本节适用于木门窗制作与安装工程的质量验收。

主 控 项 目

5.2.2 木门窗的木材品种、材质等级、规格、尺寸、框扇的线型及人造木板的甲醛含量应符合设计要求。设计未规定材质等级时，所用木材的质量应符合本规范附录 A 的规定。

检验方法：观察；检查材料进场验收记录和复验报告。

5.2.3 木门窗应采用烘干的木材，含水率应符合《建筑木门、木窗》(JG/T 122) 的规定。

检验方法：检查材料进场验收记录。

5.2.4 木门窗的防火、防腐、防虫处理应符合设计要求。

检验方法：观察；检查材料进场验收记录。

5.2.5 木门窗的结合处和安装配件处不得有木节或已填补的木节。木门窗如有允许限值以内的死节及直径较大的虫眼时，应用同一材质的木塞加胶填补。对于清漆制品，木塞的木纹和色泽应与制品一致。

检验方法：观察。

5.2.6 门窗框和厚度大于 50mm 的门窗扇应用双榫连接。榫槽应采用胶料严密嵌合，并应用胶楔加紧。

检验方法：观察；手扳检查。

5.2.7 胶合板门、纤维板门和模压门不得脱胶。胶合板不得刨透表层单板，不得有戗槎。制作胶合板门、纤维板门时，边框和横楞应在同一平面上，面层、边框及横楞应加压胶结。横楞和上、下冒头应各钻两个以上的透气孔，透气孔应通畅。

检验方法：观察。

5.2.8 木门窗的品种、类型、规格、开启方向、安装位置及连接方式应符合设计要求。

检验方法：观察；尺量检查；检查成品门的产品合格证书。

5.2.9 木门窗框的安装必须牢固。预埋木砖的防腐处理、木门窗框固定点的数量、位置及固定方法应符合设计要求。

检验方法：观察；手扳检查；检查隐蔽工程验收记录和施工记录。

5.2.10 木门窗扇必须安装牢固，并应开关灵活，关闭严密，无倒翘。

检验方法：观察；开启和关闭检查；手扳检查。

5.2.11 木门窗配件的型号、规格、数量应符合设计要求，安装应牢固，位置应正确，功能应满足使用要求。

检验方法：观察；开启和关闭检查；手扳检查。

一 般 项 目

5.2.12 木门窗表面应洁净，不得有刨痕、锤印。

检验方法：观察。

5.2.13 木门窗的割角、拼缝应严密平整。门窗框、扇裁口应顺直，刨面应平整。

检验方法：观察。

5.2.14 木门窗上的槽、孔应边缘整齐,无毛刺。

检验方法:观察。

5.2.15 木门窗与墙体间缝隙的填嵌材料应符合设计要求,填嵌应饱满。寒冷地区外门窗(或门窗框)与砌体间的空隙应填充保温材料。

检验方法:轻敲门窗框检查;检查隐蔽工程验收记录和施工记录。

5.2.16 木门窗批水、盖口条、压缝条、密封条的安装应顺直,与门窗结合应牢固、严密。

检验方法:观察;手扳检查。

5.2.17 木门窗制作的允许偏差和检验方法应符合表5.2.17的规定。

表5.2.17 木门窗制作的允许偏差和检验方法

项次	项目	构件名称	允许偏差(mm) 普通	允许偏差(mm) 高级	检验方法
1	翘曲	框	3	2	将框、扇平放在检查平台上,用塞尺检查
		扇	2	2	
2	对角线长度差	框、扇	3	2	用钢尺检查,框量裁口里角,扇量外角
3	表面平整度	扇	2	2	用1m靠尺和塞尺检查
4	高度、宽度	框	0;-2	0;-1	用钢尺检查,框量裁口里角,扇量外角
		扇	+2;0	+1;0	
5	裁口、线条结合处高低差	框、扇	1	0.5	用钢直尺和塞尺检查
6	相邻棂子两端间距	扇	2	1	用钢直尺检查

5.2.18 木门窗安装的留缝限值、允许偏差和检验方法应符合表5.2.18的规定。

表5.2.18 木门窗安装的留缝限值、允许偏差和检验方法

项次	项目	留缝限值(mm) 普通	留缝限值(mm) 高级	允许偏差(mm) 普通	允许偏差(mm) 高级	检验方法
1	门窗槽口对角线长度差	—	—	3	2	用钢尺检查
2	门窗框的正、侧面垂直度	—	—	2	1	用1m垂直检测尺检查
3	框与扇、扇与扇接缝高低差	—	—	2	1	用钢直尺和塞尺检查
4	门窗扇对口缝	1~2.5	1.5~2	—	—	用塞尺检查
5	工业厂房双扇大门对口缝	2~5	—	—	—	用塞尺检查
6	门窗扇与上框间留缝	1~2	1~1.5	—	—	用塞尺检查
7	门窗扇与侧框间留缝	1~2.5	1~1.5	—	—	用塞尺检查
8	窗扇与下框间留缝	2~3	2~2.5	—	—	用塞尺检查
9	门扇与下框间留缝	3~5	3~4	—	—	用塞尺检查
10	双层门窗内外框间距	—	—	4	3	用钢尺检查

续表

项次	项目		留缝限值(mm)		允许偏差(mm)		检验方法
			普通	高级	普通	高级	
11	无下框时门扇与地面间留缝	外门	4～7	5～6	—	—	用塞尺检查
		内门	5～8	6～7	—	—	
		卫生间门	8～12	8～10	—	—	
		厂房大门	10～20	—	—	—	

5.3 金属门窗安装工程

5.3.1 本节适用于钢门窗、铝合金门窗、涂色镀锌钢板门窗等金属门窗安装工程的质量验收。

主控项目

5.3.2 金属门窗的品种、类型、规格、尺寸、性能、开启方向、安装位置、连接方式及铝合金门窗的型材壁厚应符合设计要求。金属门窗的防腐处理及填嵌、密封处理应符合设计要求。

检验方法：观察；尺量检查；检查产品合格证书、性能检测报告、进场验收记录和复验报告；检查隐蔽工程验收记录。

5.3.3 金属门窗框和副框的安装必须牢固。预埋件的数量、位置、埋设方式、与框的连接方式必须符合设计要求。

检验方法：手扳检查；检查隐蔽工程验收记录。

5.3.4 金属门窗扇必须安装牢固，并应开关灵活、关闭严密，无倒翘。推拉门窗扇必须有防脱落措施。

检验方法：观察；开启和关闭检查；手扳检查。

5.3.5 金属门窗配件的型号、规格、数量应符合设计要求，安装应牢固，位置应正确，功能应满足使用要求。

检验方法：观察；开启和关闭检查；手扳检查。

一般项目

5.3.6 金属门窗表面应洁净、平整、光滑、色泽一致，无锈蚀。大面应无划痕、碰伤。漆膜或保护层应连续。

检验方法：观察。

5.3.7 铝合金门窗推拉门窗扇开关力应不大于100N。

检验方法：用弹簧秤检查。

5.3.8 金属门窗框与墙体之间的缝隙应填嵌饱满，并采用密封胶密封。密封胶表面应光滑、顺直、无裂纹。

检验方法：观察；轻敲门窗框检查；检查隐蔽工程验收记录。

5.3.9 金属门窗扇的橡胶密封条或毛毡密封条应安装完好，不得脱槽。

检验方法：观察；开启和关闭检查。

5.3.10 有排水孔的金属门窗，排水孔应畅通，位置和数量应符合设计要求。
　　检验方法：观察。

5.3.11 钢门窗安装的留缝限值、允许偏差和检验方法应符合表5.3.11的规定。

表 5.3.11　钢门窗安装的留缝限值、允许偏差和检验方法

项次	项　目		留缝限值(mm)	允许偏差(mm)	检验方法
1	门窗槽口宽度、高度	≤1500mm	—	2.5	用钢尺检查
		>1500mm	—	3.5	
2	门窗槽口对角线长度差	≤2000mm	—	5	用钢尺检查
		>2000mm	—	6	
3	门窗框的正、侧面垂直度		—	3	用1m垂直检测尺检查
4	门窗横框的水平度		—	3	用1m水平尺和塞尺检查
5	门窗横框标高		—	5	用钢尺检查
6	门窗竖向偏离中心		—	4	用钢尺检查
7	双层门窗内外框间距		—	5	用钢尺检查
8	门窗框、扇配合间隙		≤2	—	用塞尺检查
9	无下框时门扇与地面间留缝		4～8	—	用塞尺检查

5.3.12 铝合金门窗安装的允许偏差和检验方法应符合表5.3.12的规定。

表 5.3.12　铝合金门窗安装的允许偏差和检验方法

项次	项　目		允许偏差(mm)	检验方法
1	门窗槽口宽度、高度	≤1500mm	1.5	用钢尺检查
		>1500mm	2	
2	门窗槽口对角线长度差	≤2000mm	3	用钢尺检查
		>2000mm	4	
3	门窗框的正、侧面垂直度		2.5	用垂直检测尺检查
4	门窗横框的水平度		2	用1m水平尺和塞尺检查
5	门窗横框标高		5	用钢尺检查
6	门窗竖向偏离中心		5	用钢尺检查
7	双层门窗内外框间距		4	用钢尺检查
8	推拉门窗扇与框搭接量		1.5	用钢直尺检查

5.3.13 涂色镀锌钢板门窗安装的允许偏差和检验方法应符合表5.3.13的规定。

表 5.3.13 涂色镀锌钢板门窗安装的允许偏差和检验方法

项次	项 目		允许偏差(mm)	检 验 方 法
1	门窗槽口宽度、高度	≤1500mm	2	用钢尺检查
		>1500mm	3	
2	门窗槽口对角线长度差	≤2000mm	4	用钢尺检查
		>2000mm	5	
3	门窗框的正、侧面垂直度		3	用垂直检测尺检查
4	门窗横框的水平度		3	用1m水平尺和塞尺检查
5	门窗横框标高		5	用钢尺检查
6	门窗竖向偏离中心		5	用钢尺检查
7	双层门窗内外框间距		4	用钢尺检查
8	推拉门窗扇与框搭接量		2	用钢直尺检查

5.4 塑料门窗安装工程

5.4.1 本节适用于塑料门窗安装工程的质量验收。

主 控 项 目

5.4.2 塑料门窗的品种、类型、规格、尺寸、开启方向、安装位置、连接方式及填嵌密封处理应符合设计要求，内衬增强型钢的壁厚及设置应符合国家现行产品标准的质量要求。

检验方法：观察；尺量检查；检查产品合格证书、性能检测报告、进场验收记录和复验报告；检查隐蔽工程验收记录。

5.4.3 塑料门窗框、副框和扇的安装必须牢固。固定片或膨胀螺栓的数量与位置应正确，连接方式应符合设计要求。固定点应距窗角、中横框、中竖框150～200mm，固定点间距应不大于600mm。

检验方法：观察；手扳检查；检查隐蔽工程验收记录。

5.4.4 塑料门窗拼樘料内衬增强型钢的规格、壁厚必须符合设计要求，型钢应与型材内腔紧密吻合，其两端必须与洞口固定牢固。窗框必须与拼樘料连接紧密，固定点间距应不大于600mm。

检验方法：观察；手扳检查；尺量检查；检查进场验收记录。

5.4.5 塑料门窗扇应开关灵活、关闭严密，无倒翘。推拉门窗扇必须有防脱落措施。

检验方法：观察；开启和关闭检查；手扳检查。

5.4.6 塑料门窗配件的型号、规格、数量应符合设计要求，安装应牢固，位置应正确，功能应满足使用要求。

检验方法：观察；手扳检查；尺量检查。

5.4.7 塑料门窗框与墙体间缝隙应采用闭孔弹性材料填嵌饱满，表面应采用密封胶密封。密封胶应粘结牢固，表面应光滑、顺直、无裂纹。

检验方法：观察；检查隐蔽工程验收记录。

一 般 项 目

5.4.8 塑料门窗表面应洁净、平整、光滑,大面应无划痕、碰伤。
检验方法:观察。

5.4.9 塑料门窗扇的密封条不得脱槽。旋转窗间隙应基本均匀。

5.4.10 塑料门窗扇的开关力应符合下列规定:

1 平开门窗扇平铰链的开关力应不大于80N;滑撑铰链的开关力应不大于80N,并不小于30N。

2 推拉门窗扇的开关力应不大于100N。
检验方法:观察;用弹簧秤检查。

5.4.11 玻璃密封条与玻璃及玻璃槽口的接缝应平整,不得卷边、脱槽。
检验方法:观察。

5.4.12 排水孔应畅通,位置和数量应符合设计要求。
检验方法:观察。

5.4.13 塑料门窗安装的允许偏差和检验方法应符合表5.4.13的规定。

表 5.4.13 塑料门窗安装的允许偏差和检验方法

项次	项 目		允许偏差(mm)	检 验 方 法
1	门窗槽口宽度、高度	≤1500mm	2	用钢尺检查
		>1500mm	3	
2	门窗槽口对角线长度差	≤2000mm	3	用钢尺检查
		>2000mm	5	
3	门窗框的正、侧面垂直度		3	用1m垂直检测尺检查
4	门窗横框的水平度		3	用1m水平尺和塞尺检查
5	门窗横框标高		5	用钢尺检查
6	门窗竖向偏离中心		5	用钢直尺检查
7	双层门窗内外框间距		4	用钢尺检查
8	同樘平开门窗相邻扇高度差		2	用钢直尺检查
9	平开门窗铰链部位配合间隙		+2;-1	用塞尺检查
10	推拉门窗扇与框搭接量		+1.5;-2.5	用钢直尺检查
11	推拉门窗扇与竖框平行度		2	用1m水平尺和塞尺检查

5.5 特种门安装工程

5.5.1 本节适用于防火门、防盗门、自动门、全玻门、旋转门、金属卷帘门等特种门安装工程的质量验收。

主 控 项 目

5.5.2 特种门的质量和各项性能应符合设计要求。
检验方法:检查生产许可证、产品合格证书和性能检测报告。

5.5.3 特种门的品种、类型、规格、尺寸、开启方向、安装位置及防腐处理应符合设计要求。

检验方法：观察；尺量检查；检查进场验收记录和隐蔽工程验收记录。

5.5.4 带有机械装置、自动装置或智能化装置的特种门，其机械装置、自动装置或智能化装置的功能应符合设计要求和有关标准的规定。

检验方法：启动机械装置、自动装置或智能化装置，观察。

5.5.5 特种门的安装必须牢固。预埋件的数量、位置、埋设方式、与框的连接方式必须符合设计要求。

检验方法：观察；手扳检查；检查隐蔽工程验收记录。

5.5.6 特种门的配件应齐全，位置应正确，安装应牢固，功能应满足使用要求和特种门的各项性能要求。

检验方法：观察；手扳检查；检查产品合格证书、性能检测报告和进场验收记录。

一 般 项 目

5.5.7 特种门的表面装饰应符合设计要求。

检验方法：观察。

5.5.8 特种门的表面应洁净，无划痕、碰伤。

检验方法：观察。

5.5.9 推拉自动门安装的留缝限值、允许偏差和检验方法应符合表5.5.9的规定。

表5.5.9 推拉自动门安装的留缝限值、允许偏差和检验方法

项次	项目		留缝限值（mm）	允许偏差（mm）	检验方法
1	门槽口宽度、高度	≤1500mm	—	1.5	用钢尺检查
		>1500mm	—	2	
2	门槽口对角线长度差	≤2000mm	—	2	用钢尺检查
		>2000mm	—	2.5	
3	门框的正、侧面垂直度		—	1	用1m垂直检测尺检查
4	门构件装配间隙		—	0.3	用塞尺检查
5	门梁导轨水平度		—	1	用1m水平尺和塞尺检查
6	下导轨与门梁导轨平行度		—	1.5	用钢尺检查
7	门扇与侧框间留缝		1.2～1.8	—	用塞尺检查
8	门扇对口缝		1.2～1.8	—	用塞尺检查

5.5.10 推拉自动门的感应时间限值和检验方法应符合表5.5.10的规定。

表 5.5.10 推拉自动门的感应时间限值和检验方法

项次	项 目	感应时间限值(s)	检验方法
1	开门响应时间	≤0.5	用秒表检查
2	堵门保护延时	16～20	用秒表检查
3	门扇全开启后保持时间	13～17	用秒表检查

5.5.11 旋转门安装的允许偏差和检验方法应符合表5.5.11的规定。

表 5.5.11 旋转门安装的允许偏差和检验方法

项次	项 目	允许偏差(mm)		检验方法
		金属框架玻璃旋转门	木质旋转门	
1	门扇正、侧面垂直度	1.5	1.5	用1m垂直检测尺检查
2	门扇对角线长度差	1.5	1.5	用钢尺检查
3	相邻扇高度差	1	1	用钢尺检查
4	扇与圆弧边留缝	1.5	2	用塞尺检查
5	扇与上顶间留缝	2	2.5	用塞尺检查
6	扇与地面间留缝	2	2.5	用塞尺检查

5.6 门窗玻璃安装工程

5.6.1 本节适用于平板、吸热、反射、中空、夹层、夹丝、磨砂、钢化、压花玻璃等玻璃安装工程的质量验收。

主 控 项 目

5.6.2 玻璃的品种、规格、尺寸、色彩、图案和涂膜朝向应符合设计要求。单块玻璃大于1.5m^2时应使用安全玻璃。

检验方法：观察；检查产品合格证书、性能检测报告和进场验收记录。

5.6.3 门窗玻璃裁割尺寸应正确。安装后的玻璃应牢固，不得有裂纹、损伤和松动。

检验方法：观察；轻敲检查。

5.6.4 玻璃的安装方法应符合设计要求。固定玻璃的钉子或钢丝卡的数量、规格应保证玻璃安装牢固。

检验方法：观察；检查施工记录。

5.6.5 镶钉木压条接触玻璃处，应与裁口边缘平齐。木压条应互相紧密连接，并与裁口边缘紧贴，割角应整齐。

检验方法：观察。

5.6.6 密封条与玻璃、玻璃槽口的接触应紧密、平整。密封胶与玻璃、玻璃槽口的边缘应粘结牢固、接缝平齐。

检验方法：观察。

5.6.7 带密封条的玻璃压条,其密封条必须与玻璃全部贴紧,压条与型材之间应无明显缝隙,压条接缝应不大于0.5mm。

检验方法:观察;尺量检查。

一 般 项 目

5.6.8 玻璃表面应洁净,不得有腻子、密封胶、涂料等污渍。中空玻璃内外表面均应洁净,玻璃中空层内不得有灰尘和水蒸气。

检验方法:观察。

5.6.9 门窗玻璃不应直接接触型材。单面镀膜玻璃的镀膜层及磨砂玻璃的磨砂面应朝向室内。中空玻璃的单面镀膜玻璃应在最外层,镀膜层应朝向室内。

检验方法:观察。

5.6.10 腻子应填抹饱满、粘结牢固;腻子边缘与裁口应平齐。固定玻璃的卡子不应在腻子表面显露。

检验方法:观察。

6 吊 顶 工 程

6.1 一 般 规 定

6.1.1 本章适用于暗龙骨吊顶、明龙骨吊顶等分项工程的质量验收。

6.1.2 吊顶工程验收时应检查下列文件和记录:
1 吊顶工程的施工图、设计说明及其他设计文件。
2 材料的产品合格证书、性能检测报告、进场验收记录和复验报告。
3 隐蔽工程验收记录。
4 施工记录。

6.1.3 吊顶工程应对人造木板的甲醛含量进行复验。

6.1.4 吊顶工程应对下列隐蔽工程项目进行验收:
1 吊顶内管道、设备的安装及水管试压。
2 木龙骨防火、防腐处理。
3 预埋件或拉结筋。
4 吊杆安装。
5 龙骨安装。
6 填充材料的设置。

6.1.5 各分项工程的检验批应按下列规定划分:

同一品种的吊顶工程每50间(大面积房间和走廊按吊顶面积30m²为一间)应划分为一个检验批,不足50间也应划分为一个检验批。

6.1.6 检查数量应符合下列规定:

每个检验批应至少抽查10%,并不得少于3间;不足3间时应全数检查。

6.1.7 安装龙骨前,应按设计要求对房间净高、洞口标高和吊顶内管道、设备及其支架的标高进行交接检验。

6.1.8 吊顶工程的木吊杆、木龙骨和木饰面板必须进行防火处理，并应符合有关设计防火规范的规定。

6.1.9 吊顶工程中的预埋件、钢筋吊杆和型钢吊杆应进行防锈处理。

6.1.10 安装饰面板前应完成吊顶内管道和设备的调试及验收。

6.1.11 吊杆距主龙骨端部距离不得大于300mm，当大于300mm时，应增加吊杆。当吊杆长度大于1.5m时，应设置反支撑。当吊杆与设备相遇时，应调整并增设吊杆。

6.1.12 重型灯具、电扇及其他重型设备严禁安装在吊顶工程的龙骨上。

6.2 暗龙骨吊顶工程

6.2.1 本节适用于以轻钢龙骨、铝合金龙骨、木龙骨等为骨架，以石膏板、金属板、矿棉板、木板、塑料板或格栅等为饰面材料的暗龙骨吊顶工程的质量验收。

主 控 项 目

6.2.2 吊顶标高、尺寸、起拱和造型应符合设计要求。
检验方法：观察；尺量检查。

6.2.3 饰面材料的材质、品种、规格、图案和颜色应符合设计要求。
检验方法：观察；检查产品合格证书、性能检测报告、进场验收记录和复验报告。

6.2.4 暗龙骨吊顶工程的吊杆、龙骨和饰面材料的安装必须牢固。
检验方法：观察；手扳检查；检查隐蔽工程验收记录和施工记录。

6.2.5 吊杆、龙骨的材质、规格、安装间距及连接方式应符合设计要求。金属吊杆、龙骨应经过表面防腐处理；木吊杆、龙骨应进行防腐、防火处理。
检验方法：观察；尺量检查；检查产品合格证书、性能检测报告、进场验收记录和隐蔽工程验收记录。

6.2.6 石膏板的接缝应按其施工工艺标准进行板缝防裂处理。安装双层石膏板时，面层板与基层板的接缝应错开，并不得在同一根龙骨上接缝。
检验方法：观察。

一 般 项 目

6.2.7 饰面材料表面应洁净、色泽一致，不得有翘曲、裂缝及缺损。压条应平直、宽窄一致。
检验方法：观察；尺量检查。

6.2.8 饰面板上的灯具、烟感器、喷淋头、风口篦子等设备的位置应合理、美观，与饰面板的交接应吻合、严密。
检验方法：观察。

6.2.9 金属吊杆、龙骨的接缝应均匀一致，角缝应吻合，表面应平整，无翘曲、锤印。木质吊杆、龙骨应顺直，无劈裂、变形。
检验方法：检查隐蔽工程验收记录和施工记录。

6.2.10 吊顶内填充吸声材料的品种和铺设厚度应符合设计要求，并应有防散落措施。
检验方法：检查隐蔽工程验收记录和施工记录。

6.2.11 暗龙骨吊顶工程安装的允许偏差和检验方法应符合表6.2.11的规定。

表 6.2.11 暗龙骨吊顶工程安装的允许偏差和检验方法

项次	项目	允许偏差（mm）				检验方法
		纸面石膏板	金属板	矿棉板	木板、塑料板、格栅	
1	表面平整度	3	2	2	2	用2m靠尺和塞尺检查
2	接缝直线度	3	1.5	3	3	拉5m线，不足5m拉通线，用钢直尺检查
3	接缝高低差	1	1	1.5	1	用钢直尺和塞尺检查

6.3 明龙骨吊顶工程

6.3.1 本节适用于以轻钢龙骨、铝合金龙骨、木龙骨等为骨架，以石膏板、金属板、矿棉板、塑料板、玻璃板或格栅等为饰面材料的明龙骨吊顶工程的质量验收。

主 控 项 目

6.3.2 吊顶标高、尺寸、起拱和造型应符合设计要求。
检验方法：观察；尺量检查。

6.3.3 饰面材料的材质、品种、规格、图案和颜色应符合设计要求。当饰面材料为玻璃板时，应使用安全玻璃或采取可靠的安全措施。
检验方法：观察；检查产品合格证书、性能检测报告和进场验收记录。

6.3.4 饰面材料的安装应稳固严密。饰面材料与龙骨的搭接宽度应大于龙骨受力面宽度的2/3。
检验方法：观察；手扳检查；尺量检查。

6.3.5 吊杆、龙骨的材质、规格、安装间距及连接方式应符合设计要求。金属吊杆、龙骨应进行表面防腐处理；木龙骨应进行防腐、防火处理。
检验方法：观察；尺量检查；检查产品合格证书、进场验收记录和隐蔽工程验收记录。

6.3.6 明龙骨吊顶工程的吊杆和龙骨安装必须牢固。
检验方法：手扳检查；检查隐蔽工程验收记录和施工记录。

一 般 项 目

6.3.7 饰面材料表面应洁净、色泽一致，不得有翘曲、裂缝及缺损。饰面板与明龙骨的搭接应平整、吻合，压条应平直、宽窄一致。
检验方法：观察；尺量检查。

6.3.8 饰面板上的灯具、烟感器、喷淋头、风口篦子等设备的位置应合理、美观，与饰面板的交接应吻合、严密。
检验方法：观察。

6.3.9 金属龙骨的接缝应平整、吻合、颜色一致，不得有划伤、擦伤等表面缺陷。木质龙骨应平整、顺直，无劈裂。
检验方法：观察。

6.3.10 吊顶内填充吸声材料的品种和铺设厚度应符合设计要求，并应有防散落措施。

检验方法：检查隐蔽工程验收记录和施工记录。

6.3.11 明龙骨吊顶工程安装的允许偏差和检验方法应符合表 6.3.11 的规定。

表 6.3.11 明龙骨吊顶工程安装的允许偏差和检验方法

项次	项目	允许偏差(mm)				检验方法
		石膏板	金属板	矿棉板	塑料板、玻璃板	
1	表面平整度	3	2	3	2	用 2m 靠尺和塞尺检查
2	接缝直线度	3	2	3	3	拉 5m 线，不足 5m 拉通线，用钢直尺检查
3	接缝高低差	1	1	2	1	用钢直尺和塞尺检查

7 轻质隔墙工程

7.1 一般规定

7.1.1 本章适用于板材隔墙、骨架隔墙、活动隔墙、玻璃隔墙等分项工程的质量验收。

7.1.2 轻质隔墙工程验收时应检查下列文件和记录：
1 轻质隔墙工程的施工图、设计说明及其他设计文件。
2 材料的产品合格证书、性能检测报告、进场验收记录和复验报告。
3 隐蔽工程验收记录。
4 施工记录。

7.1.3 轻质隔墙工程应对人造木板的甲醛含量进行复验。

7.1.4 轻质隔墙工程应对下列隐蔽工程项目进行验收：
1 骨架隔墙中设备管线的安装及水管试压。
2 木龙骨防火、防腐处理。
3 预埋件或拉结筋。
4 龙骨安装。
5 填充材料的设置。

7.1.5 各分项工程的检验批应按下列规定划分：

同一品种的轻质隔墙工程每 50 间（大面积房间和走廊按轻质隔墙的墙面 30m² 为一间）应划分为一个检验批，不足 50 间也应划分为一个检验批。

7.1.6 轻质隔墙与顶棚和其他墙体的交接处应采取防开裂措施。

7.1.7 民用建筑轻质隔墙工程的隔声性能应符合现行国家标准《民用建筑隔声设计规范》（GBJ 118）的规定。

7.2 板材隔墙工程

7.2.1 本节适用于复合轻质墙板、石膏空心板、预制或现制的钢丝网水泥板等板材隔墙工程的质量验收。

7.2.2 板材隔墙工程的检查数量应符合下列规定：

每个检验批应至少抽查10%，并不得少于3间；不足3间时应全数检查。

主 控 项 目

7.2.3 隔墙板材的品种、规格、性能、颜色应符合设计要求。有隔声、隔热、阻燃、防潮等特殊要求的工程，板材应有相应性能等级的检测报告。

检验方法：观察；检查产品合格证书、进场验收记录和性能检测报告。

7.2.4 安装隔墙板材所需预埋件、连接件的位置、数量及连接方法应符合设计要求。

检验方法：观察；尺量检查；检查隐蔽工程验收记录。

7.2.5 隔墙板材安装必须牢固。现制钢丝网水泥隔墙与周边墙体的连接方法应符合设计要求，并应连接牢固。

检验方法：观察；手扳检查。

7.2.6 隔墙板材所用接缝材料的品种及接缝方法应符合设计要求。

检验方法：观察；检查产品合格证书和施工记录。

一 般 项 目

7.2.7 隔墙板材安装应垂直、平整、位置正确，板材不应有裂缝或缺损。

检验方法：观察；尺量检查。

7.2.8 板材隔墙表面应平整光滑、色泽一致、洁净，接缝应均匀、顺直。

检验方法：观察；手摸检查。

7.2.9 隔墙上的孔洞、槽、盒应位置正确、套割方正、边缘整齐。

检验方法：观察。

7.2.10 板材隔墙安装的允许偏差和检验方法应符合表7.2.10的规定。

表7.2.10 板材隔墙安装的允许偏差和检验方法

项次	项目	允许偏差(mm)				检验方法
		复合轻质墙板		石膏空心板	钢丝网水泥板	
		金属夹芯板	其他复合板			
1	立面垂直度	2	3	3	3	用2m垂直检测尺检查
2	表面平整度	2	3	3	3	用2m靠尺和塞尺检查
3	阴阳角方正	3	3	3	4	用直角检测尺检查
4	接缝高低差	1	2	2	3	用钢直尺和塞尺检查

7.3 骨架隔墙工程

7.3.1 本节适用于以轻钢龙骨、木龙骨等为骨架，以纸面石膏板、人造木板、水泥纤维板等为墙面板的隔墙工程的质量验收。

7.3.2 骨架隔墙工程的检查数量应符合下列规定：

每个检验批应至少抽查10%，并不得少于3间；不足3间时应全数检查。

主 控 项 目

7.3.3 骨架隔墙所用龙骨、配件、墙面板、填充材料及嵌缝材料的品种、规格、性能和木材的含水率应符合设计要求。有隔声、隔热、阻燃、防潮等特殊要求的工程，材料应有相应性能等级的检测报告。

　　检验方法：观察；检查产品合格证书、进场验收记录、性能检测报告和复验报告。

7.3.4 骨架隔墙工程边框龙骨必须与基体结构连接牢固，并应平整、垂直、位置正确。

　　检验方法：手扳检查；尺量检查；检查隐蔽工程验收记录。

7.3.5 骨架隔墙中龙骨间距和构造连接方法应符合设计要求。骨架内设备管线的安装、门窗洞口等部位加强龙骨应安装牢固、位置正确，填充材料的设置应符合设计要求。

　　检验方法：检查隐蔽工程验收记录。

7.3.6 木龙骨及木墙面板的防火和防腐处理必须符合设计要求。

　　检验方法：检查隐蔽工程验收记录。

7.3.7 骨架隔墙的墙面板应安装牢固，无脱层、翘曲、折裂及缺损。

　　检验方法：观察；手扳检查。

7.3.8 墙面板所用接缝材料的接缝方法应符合设计要求。

　　检验方法：观察。

一 般 项 目

7.3.9 骨架隔墙表面应平整光滑、色泽一致、洁净、无裂缝，接缝应均匀、顺直。

　　检验方法：观察；手摸检查。

7.3.10 骨架隔墙上的孔洞、槽、盒应位置正确、套割吻合、边缘整齐。

　　检验方法：观察。

7.3.11 骨架隔墙内的填充材料应干燥，填充应密实、均匀、无下坠。

　　检验方法：轻敲检查；检查隐蔽工程验收记录。

7.3.12 骨架隔墙安装的允许偏差和检验方法应符合表7.3.12的规定。

表7.3.12 骨架隔墙安装的允许偏差和检验方法

项次	项目	允许偏差(mm) 纸面石膏板	允许偏差(mm) 人造木板、水泥纤维板	检验方法
1	立面垂直度	3	4	用2m垂直检测尺检查
2	表面平整度	3	3	用2m靠尺和塞尺检查
3	阴阳角方正	3	3	用直角检测尺检查
4	接缝直线度	—	3	拉5m线，不足5m拉通线，用钢直尺检查
5	压条直线度	—	3	拉5m线，不足5m拉通线，用钢直尺检查
6	接缝高低差	1	1	用钢直尺和塞尺检查

7.4 活动隔墙工程

7.4.1 本节适用于各种活动隔墙工程的质量验收。

7.4.2 活动隔墙工程的检查数量应符合下列规定：

　　每个检验批应至少抽查20%，并不得少于6间；不足6间时应全数检查。

主 控 项 目

7.4.3 活动隔墙所用墙板、配件等材料的品种、规格、性能和木材的含水率应符合设计要求。有阻燃、防潮等特性要求的工程，材料应有相应性能等级的检测报告。

检验方法：观察；检查产品合格证书、进场验收记录、性能检测报告和复验报告。

7.4.4 活动隔墙轨道必须与基体结构连接牢固，并应位置正确。

检验方法：尺量检查；手扳检查。

7.4.5 活动隔墙用于组装、推拉和制动的构配件必须安装牢固、位置正确，推拉必须安全、平稳、灵活。

检验方法：尺量检查；手扳检查；推拉检查。

7.4.6 活动隔墙制作方法、组合方式应符合设计要求。

检验方法：观察。

一 般 项 目

7.4.7 活动隔墙表面应色泽一致、平整光滑、洁净，线条应顺直、清晰。

检验方法：观察；手摸检查。

7.4.8 活动隔墙上的孔洞、槽、盒应位置正确、套割吻合、边缘整齐。

检验方法：观察；尺量检查。

7.4.9 活动隔墙推拉应无噪声。

检验方法：推拉检查。

7.4.10 活动隔墙安装的允许偏差和检验方法应符合表7.4.10的规定。

表7.4.10 活动隔墙安装的允许偏差和检验方法

项次	项目	允许偏差(mm)	检验方法
1	立面垂直度	3	用2m垂直检测尺检查
2	表面平整度	2	用2m靠尺和塞尺检查
3	接缝直线度	3	拉5m线，不足5m拉通线，用钢直尺检查
4	接缝高低差	2	用钢直尺和塞尺检查
5	接缝宽度	2	用钢直尺检查

7.5 玻璃隔墙工程

7.5.1 本节适用于玻璃砖、玻璃板隔墙工程的质量验收。

7.5.2 玻璃隔墙工程的检查数量应符合下列规定：

每个检验批应至少抽查20%，并不得少于6间；不足6间时应全数检查。

主 控 项 目

7.5.3 玻璃隔墙工程所用材料的品种、规格、性能、图案和颜色应符合设计要求。玻璃板隔墙应使用安全玻璃。

检验方法：观察；检查产品合格证书、进场验收记录和性能检测报告。

7.5.4 玻璃砖隔墙的砌筑或玻璃板隔墙的安装方法应符合设计要求。

检验方法：观察。

7.5.5 玻璃砖隔墙砌筑中埋设的拉结筋必须与基体结构连接牢固,并应位置正确。

检验方法:手扳检查;尺量检查;检查隐蔽工程验收记录。

7.5.6 玻璃板隔墙的安装必须牢固。玻璃板隔墙胶垫的安装应正确。

检验方法:观察;手推检查;检查施工记录。

一 般 项 目

7.5.7 玻璃隔墙表面应色泽一致、平整洁净、清晰美观。

检验方法:观察。

7.5.8 玻璃隔墙接缝应横平竖直,玻璃应无裂痕、缺损和划痕。

检验方法:观察。

7.5.9 玻璃板隔墙嵌缝及玻璃砖隔墙勾缝应密实平整、均匀顺直、深浅一致。

检验方法:观察。

7.5.10 玻璃隔墙安装的允许偏差和检验方法应符合表7.5.10的规定。

表7.5.10 玻璃隔墙安装的允许偏差和检验方法

项次	项 目	允许偏差(mm)		检 验 方 法
		玻璃砖	玻璃板	
1	立面垂直度	3	2	用2m垂直检测尺检查
2	表面平整度	3	—	用2m靠尺和塞尺检查
3	阴阳角方正	—	2	用直角检测尺检查
4	接缝直线度	—	2	拉5m线,不足5m拉通线,用钢直尺检查
5	接缝高低差	3	2	用钢直尺和塞尺检查
6	接缝宽度	—	1	用钢直尺检查

8 饰面板(砖)工程

8.1 一 般 规 定

8.1.1 本章适用于饰面板安装、饰面砖粘贴等分项工程的质量验收。

8.1.2 饰面板(砖)工程验收时应检查下列文件和记录:

1 饰面板(砖)工程的施工图、设计说明及其他设计文件。

2 材料的产品合格证书、性能检测报告、进场验收记录和复验报告。

3 后置埋件的现场拉拔检测报告。

4 外墙饰面砖样板件的粘结强度检测报告。

5 隐蔽工程验收记录。

6 施工记录。

8.1.3 饰面板(砖)工程应对下列材料及其性能指标进行复验:

1 室内用花岗石的放射性。

2 粘贴用水泥的凝结时间、安定性和抗压强度。

3 外墙陶瓷面砖的吸水率。

4 寒冷地区外墙陶瓷面砖的抗冻性。

8.1.4 饰面板(砖)工程应对下列隐蔽工程项目进行验收：

1 预埋件(或后置埋件)。

2 连接节点。

3 防水层。

8.1.5 各分项工程的检验批应按下列规定划分：

1 相同材料、工艺和施工条件的室内饰面板(砖)工程每 50 间(大面积房间和走廊按施工面积 30m² 为一间)应划分为一个检验批，不足 50 间也应划分为一个检验批。

2 相同材料、工艺和施工条件的室外饰面板(砖)工程每 500~1000m² 应划分为一个检验批，不足 500m² 也应划分为一个检验批。

8.1.6 检查数量应符合下列规定：

1 室内每个检验批应至少抽查10%，并不得少于 3 间；不足 3 间时应全数检查。

2 室外每个检验批每 100m² 应至少抽查一处，每处不得小于 10m²。

8.1.7 外墙饰面砖粘贴前和施工过程中，均应在相同基层上做样板件，并对样板件的饰面砖粘结强度进行检验，其检验方法和结果判定应符合《建筑工程饰面砖粘结强度检验标准》(JGJ 110)的规定。

8.1.8 饰面板(砖)工程的抗震缝、伸缩缝、沉降缝等部位的处理应保证缝的使用功能和饰面的完整性。

8.2 饰面板安装工程

8.2.1 本节适用于内墙饰面板安装工程和高度不大于 24m、抗震设防烈度不大于 7 度的外墙饰面板安装工程的质量验收。

主 控 项 目

8.2.2 饰面板的品种、规格、颜色和性能应符合设计要求，木龙骨、木饰面板和塑料饰面板的燃烧性能等级应符合设计要求。

检验方法：观察；检查产品合格证书、进场验收记录和性能检测报告。

8.2.3 饰面板孔、槽的数量、位置和尺寸应符合设计要求。

检验方法：检查进场验收记录和施工记录。

8.2.4 饰面板安装工程的预埋件(或后置埋件)、连接件的数量、规格、位置、连接方法和防腐处理必须符合设计要求。后置埋件的现场拉拔强度必须符合设计要求。饰面板安装必须牢固。

检验方法：手扳检查；检查进场验收记录、现场拉拔检测报告、隐蔽工程验收记录和施工记录。

一 般 项 目

8.2.5 饰面板表面应平整、洁净、色泽一致，无裂痕和缺损。石材表面应无泛碱等污染。

检验方法：观察。

8.2.6 饰面板嵌缝应密实、平直，宽度和深度应符合设计要求，嵌填材料色泽应一致。

检验方法：观察；尺量检查。

8.2.7 采用湿作业法施工的饰面板工程，石材应进行防碱背涂处理。饰面板与基体之间的灌注材料应饱满、密实。

检验方法：用小锤轻击检查；检查施工记录。

8.2.8 饰面板上的孔洞应套割吻合，边缘应整齐。

检验方法：观察。

8.2.9 饰面板安装的允许偏差和检验方法应符合表8.2.9的规定。

表8.2.9 饰面板安装的允许偏差和检验方法

项次	项目	允许偏差（mm）							检验方法
		石材			瓷板	木材	塑料	金属	
		光面	剁斧石	蘑菇石					
1	立面垂直度	2	3	3	2	1.5	2	2	用2m垂直检测尺检查
2	表面平整度	2	3	—	1.5	1	3	3	用2m靠尺和塞尺检查
3	阴阳角方正	2	4	4	2	1.5	3	3	用直角检测尺检查
4	接缝直线度	2	4	4	2	1	1	1	拉5m线，不足5m拉通线，用钢直尺检查
5	墙裙、勒脚上口直线度	2	3	3	2	2	2	2	拉5m线，不足5m拉通线，用钢直尺检查
6	接缝高低差	0.5	3	—	0.5	0.5	1	1	用钢直尺和塞尺检查
7	接缝宽度	1	2	2	1	1	1	1	用钢直尺检查

8.3 饰面砖粘贴工程

8.3.1 本节适用于内墙饰面砖粘贴工程和高度不大于100m、抗震设防烈度不大于8度、采用满粘法施工的外墙饰面砖粘贴工程的质量验收。

主 控 项 目

8.3.2 饰面砖的品种、规格、图案、颜色和性能应符合设计要求。

检验方法：观察；检查产品合格证书、进场验收记录、性能检测报告和复验报告。

8.3.3 饰面砖粘贴工程的找平、防水、粘结和勾缝材料及施工方法应符合设计要求及国家现行产品标准和工程技术标准的规定。

检验方法：检查产品合格证书、复验报告和隐蔽工程验收记录。

8.3.4 饰面砖粘贴必须牢固。

检验方法：检查样板件粘结强度检测报告和施工记录。

8.3.5 满粘法施工的饰面砖工程应无空鼓、裂缝。

检验方法：观察；用小锤轻击检查。

一 般 项 目

8.3.6 饰面砖表面应平整、洁净、色泽一致，无裂痕和缺损。

检验方法：观察。

8.3.7 阴阳角处搭接方式、非整砖使用部位应符合设计要求。

检验方法：观察。

8.3.8 墙面突出物周围的饰面砖应整砖套割吻合，边缘应整齐。墙裙、贴脸突出墙面的厚度应一致。

检验方法：观察；尺量检查。

8.3.9 饰面砖接缝应平直、光滑，填嵌应连续、密实；宽度和深度应符合设计要求。

检验方法：观察；尺量检查。

8.3.10 有排水要求的部位应做滴水线(槽)。滴水线(槽)应顺直，流水坡向应正确，坡度应符合设计要求。

检验方法：观察；用水平尺检查。

8.3.11 饰面砖粘贴的允许偏差和检验方法应符合表 8.3.11 的规定。

表 8.3.11 饰面砖粘贴的允许偏差和检验方法

项次	项目	允许偏差(mm)		检 验 方 法
		外墙面砖	内墙面砖	
1	立面垂直度	3	2	用 2m 垂直检测尺检查
2	表面平整度	4	3	用 2m 靠尺和塞尺检查
3	阴阳角方正	3	3	用直角检测尺检查
4	接缝直线度	3	2	拉 5m 线，不足 5m 拉通线，用钢直尺检查
5	接缝高低差	1	0.5	用钢直尺和塞尺检查
6	接缝宽度	1	1	用钢直尺检查

9 幕 墙 工 程

9.1 一 般 规 定

9.1.1 本章适用于玻璃幕墙、金属幕墙、石材幕墙等分项工程的质量验收。

9.1.2 幕墙工程验收时应检查下列文件和记录：

1 幕墙工程的施工图、结构计算书、设计说明及其他设计文件。

2 建筑设计单位对幕墙工程设计的确认文件。

3 幕墙工程所用各种材料、五金配件、构件及组件的产品合格证书、性能检测报告、进场验收记录和复验报告。

4 幕墙工程所用硅酮结构胶的认定证书和抽查合格证明；进口硅酮结构胶的商检证；国家指定检测机构出具的硅酮结构胶相容性和剥离粘结性试验报告；石材用密封胶的耐污

染性试验报告。

　　5 后置埋件的现场拉拔强度检测报告。

　　6 幕墙的抗风压性能、空气渗透性能、雨水渗漏性能及平面变形性能检测报告。

　　7 打胶、养护环境的温度、湿度记录；双组份硅酮结构胶的混匀性试验记录及拉断试验记录。

　　8 防雷装置测试记录。

　　9 隐蔽工程验收记录。

　　10 幕墙构件和组件的加工制作记录；幕墙安装施工记录。

9.1.3 幕墙工程应对下列材料及其性能指标进行复验：

　　1 铝塑复合板的剥离强度。

　　2 石材的弯曲强度；寒冷地区石材的耐冻融性；室内用花岗石的放射性。

　　3 玻璃幕墙用结构胶的邵氏硬度、标准条件拉伸粘结强度、相容性试验；石材用结构胶的粘结强度；石材用密封胶的污染性。

9.1.4 幕墙工程应对下列隐蔽工程项目进行验收：

　　1 预埋件(或后置埋件)。

　　2 构件的连接节点。

　　3 变形缝及墙面转角处的构造节点。

　　4 幕墙防雷装置。

　　5 幕墙防火构造。

9.1.5 各分项工程的检验批应按下列规定划分：

　　1 相同设计、材料、工艺和施工条件的幕墙工程每500～1000m^2应划分为一个检验批，不足500m^2也应划分为一个检验批。

　　2 同一单位工程的不连续的幕墙工程应单独划分检验批。

　　3 对于异型或有特殊要求的幕墙，检验批的划分应根据幕墙的结构、工艺特点及幕墙工程规模，由监理单位(或建设单位)和施工单位协商确定。

9.1.6 检查数量应符合下列规定：

　　1 每个检验批每100m^2应至少抽查一处，每处不得小于10m^2。

　　2 对于异型或有特殊要求的幕墙工程，应根据幕墙的结构和工艺特点，由监理单位(或建设单位)和施工单位协商确定。

9.1.7 幕墙及其连接件应具有足够的承载力、刚度和相对于主体结构的位移能力。幕墙构架立柱的连接金属角码与其他连接件应采用螺栓连接，并应有防松动措施。

9.1.8 隐框、半隐框幕墙所采用的结构粘结材料必须是中性硅酮结构密封胶，其性能必须符合《建筑用硅酮结构密封胶》(GB 16776)的规定；硅酮结构密封胶必须在有效期内使用。

9.1.9 立柱和横梁等主要受力构件，其截面受力部分的壁厚应经计算确定，且铝合金型材壁厚不应小于3.0mm，钢型材壁厚不应小于3.5mm。

9.1.10 隐框、半隐框幕墙构件中板材与金属框之间硅酮结构密封胶的粘结宽度，应分别计算风荷载标准值和板材自重标准值作用下硅酮结构密封胶的粘结宽度，并取其较大值，且不得小于7.0mm。

9.1.11 硅酮结构密封胶应打注饱满,并应在温度15℃～30℃、相对湿度50%以上、洁净的室内进行;不得在现场墙上打注。

9.1.12 幕墙的防火除应符合现行国家标准《建筑设计防火规范》(GBJ 16)和《高层民用建筑设计防火规范》(GB 50045)的有关规定外,还应符合下列规定:

1 应根据防火材料的耐火极限决定防火层的厚度和宽度,并应在楼板处形成防火带。

2 防火层应采取隔离措施。防火层的衬板应采用经防腐处理且厚度不小于1.5mm的钢板,不得采用铝板。

3 防火层的密封材料应采用防火密封胶。

4 防火层与玻璃不应直接接触,一块玻璃不应跨两个防火分区。

9.1.13 主体结构与幕墙连接的各种预埋件,其数量、规格、位置和防腐处理必须符合设计要求。

9.1.14 幕墙的金属框架与主体结构预埋件的连接、立柱与横梁的连接及幕墙面板的安装必须符合设计要求,安装必须牢固。

9.1.15 单元幕墙连接处和吊挂处的铝合金型材的壁厚应通过计算确定,并不得小于5.0mm。

9.1.16 幕墙的金属框架与主体结构应通过预埋件连接,预埋件应在主体结构混凝土施工时埋入,预埋件的位置应准确。当没有条件采用预埋件连接时,应采用其他可靠的连接措施,并应通过试验确定其承载力。

9.1.17 立柱应采用螺栓与角码连接,螺栓直径应经过计算,并不应小于10mm。不同金属材料接触时应采用绝缘垫片分隔。

9.1.18 幕墙的抗震缝、伸缩缝、沉降缝等部位的处理应保证缝的使用功能和饰面的完整性。

9.1.19 幕墙工程的设计应满足维护和清洁的要求。

9.2 玻璃幕墙工程

9.2.1 本节适用于建筑高度不大于150m、抗震设防烈度不大于8度的隐框玻璃幕墙、半隐框玻璃幕墙、明框玻璃幕墙、全玻幕墙及点支承玻璃幕墙工程的质量验收。

主 控 项 目

9.2.2 玻璃幕墙工程所使用的各种材料、构件和组件的质量,应符合设计要求及国家现行产品标准和工程技术规范的规定。

检验方法:检查材料、构件、组件的产品合格证书、进场验收记录、性能检测报告和材料的复验报告。

9.2.3 玻璃幕墙的造型和立面分格应符合设计要求。

检验方法:观察;尺量检查。

9.2.4 玻璃幕墙使用的玻璃应符合下列规定:

1 幕墙应使用安全玻璃,玻璃的品种、规格、颜色、光学性能及安装方向应符合设计要求。

2 幕墙玻璃的厚度不应小于6.0mm。全玻幕墙肋玻璃的厚度不应小于12mm。

3 幕墙的中空玻璃应采用双道密封。明框幕墙的中空玻璃应采用聚硫密封胶及丁基密封胶；隐框和半隐框幕墙的中空玻璃应采用硅酮结构密封胶及丁基密封胶；镀膜面应在中空玻璃的第2或第3面上。

4 幕墙的夹层玻璃应采用聚乙烯醇缩丁醛(PVB)胶片干法加工合成的夹层玻璃。点支承玻璃幕墙夹层玻璃的夹层胶片(PVB)厚度不应小于0.76mm。

5 钢化玻璃表面不得有损伤；8.0mm以下的钢化玻璃应进行引爆处理。

6 所有幕墙玻璃均应进行边缘处理。

检验方法：观察；尺量检查；检查施工记录。

9.2.5 玻璃幕墙与主体结构连接的各种预埋件、连接件、紧固件必须安装牢固，其数量、规格、位置、连接方法和防腐处理应符合设计要求。

检验方法：观察；检查隐蔽工程验收记录和施工记录。

9.2.6 各种连接件、紧固件的螺栓应有防松动措施；焊接连接应符合设计要求和焊接规范的规定。

检验方法：观察；检查隐蔽工程验收记录和施工记录。

9.2.7 隐框或半隐框玻璃幕墙，每块玻璃下端应设置两个铝合金或不锈钢托条，其长度不应小于100mm，厚度不应小于2mm，托条外端应低于玻璃外表面2mm。

检验方法：观察；检查施工记录。

9.2.8 明框玻璃幕墙的玻璃安装应符合下列规定：

1 玻璃槽口与玻璃的配合尺寸应符合设计要求和技术标准的规定。

2 玻璃与构件不得直接接触，玻璃四周与构件凹槽底部应保持一定的空隙，每块玻璃下部应至少放置两块宽度与槽口宽度相同、长度不小于100mm的弹性定位垫块；玻璃两边嵌入量及空隙应符合设计要求。

3 玻璃四周橡胶条的材质、型号应符合设计要求，镶嵌应平整，橡胶条长度应比边框内槽长1.5%～2.0%，橡胶条在转角处应斜面断开，并应用粘结剂粘结牢固后嵌入槽内。

检验方法：观察；检查施工记录。

9.2.9 高度超过4m的全玻幕墙应吊挂在主体结构上，吊夹具应符合设计要求，玻璃与玻璃、玻璃与玻璃肋之间的缝隙，应采用硅酮结构密封胶填嵌严密。

检验方法：观察；检查隐蔽工程验收记录和施工记录。

9.2.10 点支承玻璃幕墙应采用带万向头的活动不锈钢爪，其钢爪间的中心距离应大于250mm。

检验方法：观察；尺量检查。

9.2.11 玻璃幕墙四周、玻璃幕墙内表面与主体结构之间的连接节点、各种变形缝、墙角的连接节点应符合设计要求和技术标准的规定。

检验方法：观察；检查隐蔽工程验收记录和施工记录。

9.2.12 玻璃幕墙应无渗漏。

检验方法：在易渗漏部位进行淋水检查。

9.2.13 玻璃幕墙结构胶和密封胶的打注应饱满、密实、连续、均匀、无气泡，宽度和厚度应符合设计要求和技术标准的规定。

检验方法：观察；尺量检查；检查施工记录。

9.2.14 玻璃幕墙开启窗的配件应齐全，安装应牢固，安装位置和开启方向、角度应正确；开启应灵活，关闭应严密。

检验方法：观察；手扳检查；开启和关闭检查。

9.2.15 玻璃幕墙的防雷装置必须与主体结构的防雷装置可靠连接。

检验方法：观察；检查隐蔽工程验收记录和施工记录。

一 般 项 目

9.2.16 玻璃幕墙表面应平整、洁净；整幅玻璃的色泽应均匀一致；不得有污染和镀膜损坏。

检验方法：观察。

9.2.17 每平方米玻璃的表面质量和检验方法应符合表9.2.17的规定。

表 9.2.17 每平方米玻璃的表面质量和检验方法

项次	项　　目	质量要求	检验方法
1	明显划伤和长度＞100mm的轻微划伤	不允许	观察
2	长度≤100mm的轻微划伤	≤8条	用钢尺检查
3	擦伤总面积	≤500mm²	用钢尺检查

9.2.18 一个分格铝合金型材的表面质量和检验方法应符合表9.2.18的规定。

表 9.2.18 一个分格铝合金型材的表面质量和检验方法

项次	项　　目	质量要求	检验方法
1	明显划伤和长度＞100mm的轻微划伤	不允许	观察
2	长度≤100mm的轻微划伤	≤2条	用钢尺检查
3	擦伤总面积	≤500mm²	用钢尺检查

9.2.19 明框玻璃幕墙的外露框或压条应横平竖直，颜色、规格应符合设计要求，压条安装应牢固。单元玻璃幕墙的单元拼缝或隐框玻璃幕墙的分格玻璃拼缝应横平竖直、均匀一致。

检验方法：观察；手扳检查；检查进场验收记录。

9.2.20 玻璃幕墙的密封胶缝应横平竖直、深浅一致、宽窄均匀、光滑顺直。

检验方法：观察；手摸检查。

9.2.21 防火、保温材料填充应饱满、均匀，表面应密实、平整。

检验方法：检查隐蔽工程验收记录。

9.2.22 玻璃幕墙隐蔽节点的遮封装修应牢固、整齐、美观。

检验方法：观察；手扳检查。

9.2.23 明框玻璃幕墙安装的允许偏差和检验方法应符合表9.2.23的规定。

表 9.2.23 明框玻璃幕墙安装的允许偏差和检验方法

项次	项 目		允许偏差 (mm)	检 验 方 法
1	幕墙垂直度	幕墙高度≤30m	10	用经纬仪检查
		30m<幕墙高度≤60m	15	
		60m<幕墙高度≤90m	20	
		幕墙高度>90m	25	
2	幕墙水平度	幕墙幅宽≤35m	5	用水平仪检查
		幕墙幅宽>35m	7	
3	构件直线度		2	用2m靠尺和塞尺检查
4	构件水平度	构件长度≤2m	2	用水平仪检查
		构件长度>2m	3	
5	相邻构件错位		1	用钢直尺检查
6	分格框对角线长度差	对角线长度≤2m	3	用钢尺检查
		对角线长度>2m	4	

9.2.24 隐框、半隐框玻璃幕墙安装的允许偏差和检验方法应符合表9.2.24的规定。

表 9.2.24 隐框、半隐框玻璃幕墙安装的允许偏差和检验方法

项次	项 目		允许偏差 (mm)	检 验 方 法
1	幕墙垂直度	幕墙高度≤30m	10	用经纬仪检查
		30m<幕墙高度≤60m	15	
		60m<幕墙高度≤90m	20	
		幕墙高度>90m	25	
2	幕墙水平度	层高≤3m	3	用水平仪检查
		层高>3m	5	
3	幕墙表面平整度		2	用2m靠尺和塞尺检查
4	板材立面垂直度		2	用垂直检测尺检查
5	板材上沿水平度		2	用1m水平尺和钢直尺检查
6	相邻板材板角错位		1	用钢直尺检查
7	阳角方正		2	用直角检测尺检查
8	接缝直线度		3	拉5m线,不足5m拉通线,用钢直尺检查
9	接缝高低差		1	用钢直尺和塞尺检查
10	接缝宽度		1	用钢直尺检查

9.3 金属幕墙工程

9.3.1 本节适用于建筑高度不大于150m的金属幕墙工程的质量验收。

主 控 项 目

9.3.2 金属幕墙工程所使用的各种材料和配件，应符合设计要求及国家现行产品标准和工程技术规范的规定。

检验方法：检查产品合格证书、性能检测报告、材料进场验收记录和复验报告。

9.3.3 金属幕墙的造型和立面分格应符合设计要求。

检验方法：观察；尺量检查。

9.3.4 金属面板的品种、规格、颜色、光泽及安装方向应符合设计要求。

检验方法：观察；检查进场验收记录。

9.3.5 金属幕墙主体结构上的预埋件、后置埋件的数量、位置及后置埋件的拉拔力必须符合设计要求。

检验方法：检查拉拔力检测报告和隐蔽工程验收记录。

9.3.6 金属幕墙的金属框架立柱与主体结构预埋件的连接、立柱与横梁的连接、金属面板的安装必须符合设计要求，安装必须牢固。

检验方法：手扳检查；检查隐蔽工程验收记录。

9.3.7 金属幕墙的防火、保温、防潮材料的设置应符合设计要求，并应密实、均匀、厚度一致。

检验方法：检查隐蔽工程验收记录。

9.3.8 金属框架及连接件的防腐处理应符合设计要求。

检验方法：检查隐蔽工程验收记录和施工记录。

9.3.9 金属幕墙的防雷装置必须与主体结构的防雷装置可靠连接。

检验方法：检查隐蔽工程验收记录。

9.3.10 各种变形缝、墙角的连接节点应符合设计要求和技术标准的规定。

检验方法：观察；检查隐蔽工程验收记录。

9.3.11 金属幕墙的板缝注胶应饱满、密实、连续、均匀、无气泡，宽度和厚度应符合设计要求和技术标准的规定。

检验方法：观察；尺量检查；检查施工记录。

9.3.12 金属幕墙应无渗漏。

检验方法：在易渗漏部位进行淋水检查。

一 般 项 目

9.3.13 金属板表面应平整、洁净、色泽一致。

检验方法：观察。

9.3.14 金属幕墙的压条应平直、洁净、接口严密、安装牢固。

检验方法：观察；手扳检查。

9.3.15 金属幕墙的密封胶缝应横平竖直、深浅一致、宽窄均匀、光滑顺直。

检验方法：观察。

9.3.16 金属幕墙上的滴水线、流水坡向应正确、顺直。

检验方法：观察；用水平尺检查。

9.3.17 每平方米金属板的表面质量和检验方法应符合表9.3.17的规定。

表 9.3.17 每平方米金属板的表面质量和检验方法

项次	项 目	质量要求	检验方法
1	明显划伤和长度>100mm的轻微划伤	不允许	观 察
2	长度≤100mm的轻微划伤	≤8条	用钢尺检查
3	擦伤总面积	≤500mm²	用钢尺检查

9.3.18 金属幕墙安装的允许偏差和检验方法应符合表9.3.18的规定。

表 9.3.18 金属幕墙安装的允许偏差和检验方法

项次	项 目		允许偏差(mm)	检 验 方 法
1	幕墙垂直度	幕墙高度≤30m	10	用经纬仪检查
		30m<幕墙高度≤60m	15	
		60m<幕墙高度≤90m	20	
		幕墙高度>90m	25	
2	幕墙水平度	层高≤3m	3	用水平仪检查
		层高>3m	5	
3	幕墙表面平整度		2	用2m靠尺和塞尺检查
4	板材立面垂直度		3	用垂直检测尺检查
5	板材上沿水平度		2	用1m水平尺和钢直尺检查
6	相邻板材板角错位		1	用钢直尺检查
7	阳角方正		2	用直角检测尺检查
8	接缝直线度		3	拉5m线,不足5m拉通线,用钢直尺检查
9	接缝高低差		1	用钢直尺和塞尺检查
10	接缝宽度		1	用钢直尺检查

9.4 石材幕墙工程

9.4.1 本节适用于建筑高度不大于100m、抗震设防烈度不大于8度的石材幕墙工程的质量验收。

主 控 项 目

9.4.2 石材幕墙工程所用材料的品种、规格、性能和等级,应符合设计要求及国家现行产品标准和工程技术规范的规定。石材的弯曲强度不应小于8.0MPa;吸水率应小于0.8%。石材幕墙的铝合金挂件厚度不应小于4.0mm,不锈钢挂件厚度不应小于3.0mm。
　　检验方法:观察;尺量检查;检查产品合格证书、性能检测报告、材料进场验收记录和复验报告。

9.4.3 石材幕墙的造型、立面分格、颜色、光泽、花纹和图案应符合设计要求。
　　检验方法:观察。

9.4.4 石材孔、槽的数量、深度、位置、尺寸应符合设计要求。

检验方法：检查进场验收记录或施工记录。

9.4.5 石材幕墙主体结构上的预埋件和后置埋件的位置、数量及后置埋件的拉拔力必须符合设计要求。

检验方法：检查拉拔力检测报告和隐蔽工程验收记录。

9.4.6 石材幕墙的金属框架立柱与主体结构预埋件的连接、立柱与横梁的连接、连接件与金属框架的连接、连接件与石材面板的连接必须符合设计要求，安装必须牢固。

检验方法：手扳检查；检查隐蔽工程验收记录。

9.4.7 金属框架和连接件的防腐处理应符合设计要求。

检验方法：检查隐蔽工程验收记录。

9.4.8 石材幕墙的防雷装置必须与主体结构防雷装置可靠连接。

检验方法：观察；检查隐蔽工程验收记录和施工记录。

9.4.9 石材幕墙的防火、保温、防潮材料的设置应符合设计要求，填充应密实、均匀、厚度一致。

检验方法：检查隐蔽工程验收记录。

9.4.10 各种结构变形缝、墙角的连接节点应符合设计要求和技术标准的规定。

检验方法：检查隐蔽工程验收记录和施工记录。

9.4.11 石材表面和板缝的处理应符合设计要求。

检验方法：观察。

9.4.12 石材幕墙的板缝注胶应饱满、密实、连续、均匀、无气泡，板缝宽度和厚度应符合设计要求和技术标准的规定。

检验方法：观察；尺量检查；检查施工记录。

9.4.13 石材幕墙应无渗漏。

检验方法：在易渗漏部位进行淋水检查。

一般项目

9.4.14 石材幕墙表面应平整、洁净，无污染、缺损和裂痕。颜色和花纹应协调一致，无明显色差，无明显修痕。

检验方法：观察。

9.4.15 石材幕墙的压条应平直、洁净、接口严密、安装牢固。

检验方法：观察；手扳检查。

9.4.16 石材接缝应横平竖直、宽窄均匀；阴阳角石板压向应正确，板边合缝应顺直；凸凹线出墙厚度应一致，上下口应平直；石材面板上洞口、槽边应套割吻合，边缘应整齐。

检验方法：观察；尺量检查。

9.4.17 石材幕墙的密封胶缝应横平竖直、深浅一致、宽窄均匀、光滑顺直。

检验方法：观察。

9.4.18 石材幕墙上的滴水线、流水坡向应正确、顺直。

检验方法：观察；用水平尺检查。

9.4.19 每平方米石材的表面质量和检验方法应符合表 9.4.19 的规定。

表 9.4.19 每平方米石材的表面质量和检验方法

项次	项目	质量要求	检验方法
1	裂痕、明显划伤和长度＞100mm 的轻微划伤	不允许	观察
2	长度≤100mm 的轻微划伤	≤8 条	用钢尺检查
3	擦伤总面积	≤500mm²	用钢尺检查

9.4.20 石材幕墙安装的允许偏差和检验方法应符合表 9.4.20 的规定。

表 9.4.20 石材幕墙安装的允许偏差和检验方法

项次	项目		允许偏差(mm)		检验方法
			光面	麻面	
1	幕墙垂直度	幕墙高度≤30m	10		用经纬仪检查
		30m＜幕墙高度≤60m	15		
		60m＜幕墙高度≤90m	20		
		幕墙高度＞90m	25		
2	幕墙水平度		3		用水平仪检查
3	板材立面垂直度		3		用水平仪检查
4	板材上沿水平度		2		用1m水平尺和钢直尺检查
5	相邻板材板角错位		1		用钢直尺检查
6	幕墙表面平整度		2	3	用垂直检测尺检查
7	阳角方正		2	4	用直角检测尺检查
8	接缝直线度		3	4	拉5m线,不足5m拉通线,用钢直尺检查
9	接缝高低差		1	—	用钢直尺和塞尺检查
10	接缝宽度		1	2	用钢直尺检查

10 涂 饰 工 程

10.1 一 般 规 定

10.1.1 本章适用于水性涂料涂饰、溶剂型涂料涂饰、美术涂饰等分项工程的质量验收。

10.1.2 涂饰工程验收时应检查下列文件和记录：

1 涂饰工程的施工图、设计说明及其他设计文件。
2 材料的产品合格证书、性能检测报告和进场验收记录。
3 施工记录。

10.1.3 各分项工程的检验批应按下列规定划分：

1 室外涂饰工程每一栋楼的同类涂料涂饰的墙面每 500～1000m² 应划分为一个检验批，不足 500m² 也应划分为一个检验批。

2 室内涂饰工程同类涂料涂饰的墙面每 50 间(大面积房间和走廊按涂饰面积 30m²

为一间)应划分为一个检验批，不足50间也应划分为一个检验批。

10.1.4 检查数量应符合下列规定：

1 室外涂饰工程每100m² 应至少检查一处，每处不得小于10m²。

2 室内涂饰工程每个检验批应至少抽查10%，并不得少于3间；不足3间时应全数检查。

10.1.5 涂饰工程的基层处理应符合下列要求：

1 新建筑物的混凝土或抹灰基层在涂饰涂料前应涂刷抗碱封闭底漆。

2 旧墙面在涂饰涂料前应清除疏松的旧装修层，并涂刷界面剂。

3 混凝土或抹灰基层涂刷溶剂型涂料时，含水率不得大于8%；涂刷乳液型涂料时，含水率不得大于10%。木材基层的含水率不得大于12%。

4 基层腻子应平整、坚实、牢固，无粉化、起皮和裂缝；内墙腻子的粘结强度 x 应符合《建筑室内用腻子》(JG/T 3049)的规定。

5 厨房、卫生间墙面必须使用耐水腻子。

10.1.6 水性涂料涂饰工程施工的环境温度应在5～35℃之间。

10.1.7 涂饰工程应在涂层养护期满后进行质量验收。

10.2 水性涂料涂饰工程

10.2.1 本节适用于乳液型涂料、无机涂料、水溶性涂料等水性涂料涂饰工程的质量验收。

主 控 项 目

10.2.2 水性涂料涂饰工程所用涂料的品种、型号和性能应符合设计要求。

检验方法：检查产品合格证书、性能检测报告和进场验收记录。

10.2.3 水性涂料涂饰工程的颜色、图案应符合设计要求。

检验方法：观察。

10.2.4 水性涂料涂饰工程应涂饰均匀、粘结牢固，不得漏涂、透底、起皮和掉粉。

检验方法：观察；手摸检查。

10.2.5 水性涂料涂饰工程的基层处理应符合本规范第10.1.5条的要求。

检验方法：观察；手摸检查；检查施工记录。

一 般 项 目

10.2.6 薄涂料的涂饰质量和检验方法应符合表10.2.6的规定。

表10.2.6 薄涂料的涂饰质量和检验方法

项次	项 目	普通涂饰	高级涂饰	检 验 方 法
1	颜色	均匀一致	均匀一致	观察
2	泛碱、咬色	允许少量轻微	不允许	
3	流坠、疙瘩	允许少量轻微	不允许	
4	砂眼、刷纹	允许少量轻微砂眼，刷纹通顺	无砂眼，无刷纹	
5	装饰线、分色线直线度允许偏差(mm)	2	1	拉5m线，不足5m拉通线，用钢直尺检查

10.2.7 厚涂料的涂饰质量和检验方法应符合表10.2.7的规定。

表 10.2.7 厚涂料的涂饰质量和检验方法

项次	项目	普通涂饰	高级涂饰	检验方法
1	颜色	均匀一致	均匀一致	观察
2	泛碱、咬色	允许少量轻微	不允许	
3	点状分布	—	疏密均匀	

10.2.8 复层涂料的涂饰质量和检验方法应符合表10.2.8的规定。

表 10.2.8 复层涂料的涂饰质量和检验方法

项次	项目	质量要求	检验方法
1	颜色	均匀一致	观察
2	泛碱、咬色	不允许	
3	喷点疏密程度	均匀，不允许连片	

10.2.9 涂层与其他装修材料和设备衔接处应吻合，界面应清晰。
检验方法：观察。

10.3 溶剂型涂料涂饰工程

10.3.1 本节适用于丙烯酸酯涂料、聚氨酯丙烯酸涂料、有机硅丙烯酸涂料等溶剂型涂料涂饰工程的质量验收。

主 控 项 目

10.3.2 溶剂型涂料涂饰工程所选用涂料的品种、型号和性能应符合设计要求。
检验方法：检查产品合格证书、性能检测报告和进场验收记录。

10.3.3 溶剂型涂料涂饰工程的颜色、光泽、图案应符合设计要求。
检验方法：观察。

10.3.4 溶剂型涂料涂饰工程应涂饰均匀、粘结牢固，不得漏涂、透底、起皮和反锈。
检验方法：观察；手摸检查。

10.3.5 溶剂型涂料涂饰工程的基层处理应符合本规范第10.1.5条的要求。
检验方法：观察；手摸检查；检查施工记录。

一 般 项 目

10.3.6 色漆的涂饰质量和检验方法应符合表10.3.6的规定。

表 10.3.6 色漆的涂饰质量和检验方法

项次	项目	普通涂饰	高级涂饰	检验方法
1	颜色	均匀一致	均匀一致	观察
2	光泽、光滑	光泽基本均匀 光滑无挡手感	光泽均匀一致 光滑	观察、手摸检查
3	刷纹	刷纹通顺	无刷纹	观察
4	裹棱、流坠、皱皮	明显处不允许	不允许	观察
5	装饰线、分色线直线度允许偏差(mm)	2	1	拉5m线，不足5m拉通线，用钢直尺检查

注：无光色漆不检查光泽。

10.3.7 清漆的涂饰质量和检验方法应符合表 10.3.7 的规定。

表 10.3.7 清漆的涂饰质量和检验方法

项次	项目	普通涂饰	高级涂饰	检验方法
1	颜色	基本一致	均匀一致	观察
2	木纹	棕眼刮平、木纹清楚	棕眼刮平、木纹清楚	观察
3	光泽、光滑	光泽基本均匀 光滑无挡手感	光泽均匀一致 光滑	观察、手摸检查
4	刷纹	无刷纹	无刷纹	观察
5	裹棱、流坠、皱皮	明显处不允许	不允许	观察

10.3.8 涂层与其他装修材料和设备衔接处应吻合，界面应清晰。
　　检验方法：观察。

10.4 美术涂饰工程

10.4.1 本节适用于套色涂饰、滚花涂饰、仿花纹涂饰等室内外美术涂饰工程的质量验收。

主 控 项 目

10.4.2 美术涂饰所用材料的品种、型号和性能应符合设计要求。
　　检验方法：观察；检查产品合格证书、性能检测报告和进场验收记录。

10.4.3 美术涂饰工程应涂饰均匀、粘结牢固，不得漏涂、透底、起皮、掉粉和反锈。
　　检验方法：观察；手摸检查。

10.4.4 美术涂饰工程的基层处理应符合本规范第 10.1.5 条的要求。
　　检验方法：观察；手摸检查；检查施工记录。

10.4.5 美术涂饰的套色、花纹和图案应符合设计要求。
　　检验方法：观察。

一 般 项 目

10.4.6 美术涂饰表面应洁净，不得有流坠现象。
　　检验方法：观察。

10.4.7 仿花纹涂饰的饰面应具有被模仿材料的纹理。
　　检验方法：观察。

10.4.8 套色涂饰的图案不得移位，纹理和轮廓应清晰。
　　检验方法：观察。

11 裱糊与软包工程

11.1 一 般 规 定

11.1.1 本章适用于裱糊、软包等分项工程的质量验收。
11.1.2 裱糊与软包工程验收时应检查下列文件和记录：

1 裱糊与软包工程的施工图、设计说明及其他设计文件。
2 饰面材料的样板及确认文件。
3 材料的产品合格证书、性能检测报告、进场验收记录和复验报告。
4 施工记录。

11.1.3 各分项工程的检验批应按下列规定划分：

同一品种的裱糊或软包工程每 50 间（大面积房间和走廊按施工面积 30m² 为一间）应划分为一个检验批，不足 50 间也应划分为一个检验批。

11.1.4 检查数量应符合下列规定：

1 裱糊工程每个检验批应至少抽查 10%，并不得少于 3 间，不足 3 间时应全数检查。
2 软包工程每个检验批应至少抽查 20%，并不得少于 6 间，不足 6 间时应全数检查。

11.1.5 裱糊前，基层处理质量应达到下列要求：

1 新建筑物的混凝土或抹灰基层墙面在刮腻子前应涂刷抗碱封闭底漆。
2 旧墙面在裱糊前应清除疏松的旧装修层，并涂刷界面剂。
3 混凝土或抹灰基层含水率不得大于 8%；木材基层的含水率不得大于 12%。
4 基层腻子应平整、坚实、牢固，无粉化、起皮和裂缝；腻子的粘结强度应符合《建筑室内用腻子》（JG/T 3049）N 型的规定。
5 基层表面平整度、立面垂直度及阴阳角方正应达到本规范第 4.2.11 条高级抹灰的要求。
6 基层表面颜色应一致。
7 裱糊前应用封闭底胶涂刷基层。

11.2 裱 糊 工 程

11.2.1 本章适用于聚氯乙烯塑料壁纸、复合纸质壁纸、墙布等裱糊工程的质量验收。

主 控 项 目

11.2.2 壁纸、墙布的种类、规格、图案、颜色和燃烧性能等级必须符合设计要求及国家现行标准的有关规定。

检验方法：观察；检查产品合格证书、进场验收记录和性能检测报告。

11.2.3 裱糊工程基层处理质量应符合本规范第 11.1.5 条的要求。

检验方法：观察；手摸检查；检查施工记录。

11.2.4 裱糊后各幅拼接应横平竖直，拼接处花纹、图案应吻合，不离缝，不搭接，不显拼缝。

检验方法：观察；拼缝检查距离墙面 1.5m 处正视。

11.2.5 壁纸、墙布应粘贴牢固，不得有漏贴、补贴、脱层、空鼓和翘边。

检验方法：观察；手摸检查。

一 般 项 目

11.2.6 裱糊后的壁纸、墙布表面应平整，色泽应一致，不得有波纹起伏、气泡、裂缝、皱折及斑污，斜视时应无胶痕。

检验方法：观察；手摸检查。

11.2.7 复合压花壁纸的压痕及发泡壁纸的发泡层应无损坏。
   检验方法：观察。

11.2.8 壁纸、墙布与各种装饰线、设备线盒应交接严密。
   检验方法：观察。

11.2.9 壁纸、墙布边缘应平直整齐，不得有纸毛、飞刺。
   检验方法：观察。

11.2.10 壁纸、墙布阴角处搭接应顺光，阳角处应无接缝。
   检验方法：观察。

11.3 软包工程

11.3.1 本节适用于墙面、门等软包工程的质量验收。

主控项目

11.3.2 软包面料、内衬材料及边框的材质、颜色、图案、燃烧性能等级和木材的含水率应符合设计要求及国家现行标准的有关规定。
   检验方法：观察；检查产品合格证书、进场验收记录和性能检测报告。

11.3.3 软包工程的安装位置及构造做法应符合设计要求。
   检验方法：观察；尺量检查；检查施工记录。

11.3.4 软包工程的龙骨、衬板、边框应安装牢固，无翘曲，拼缝应平直。
   检验方法：观察；手扳检查。

11.3.5 单块软包面料不应有接缝，四周应绷压严密。
   检验方法：观察；手摸检查。

一般项目

11.3.6 软包工程表面应平整、洁净，无凹凸不平及皱折；图案应清晰、无色差，整体应协调美观。
   检验方法：观察。

11.3.7 软包边框应平整、顺直、接缝吻合。其表面涂饰质量应符合本规范第 10 章的有关规定。
   检验方法：观察；手摸检查。

11.3.8 清漆涂饰木制边框的颜色、木纹应协调一致。
   检验方法：观察。

11.3.9 软包工程安装的允许偏差和检验方法应符合表 11.3.9 的规定。

表 11.3.9 软包工程安装的允许偏差和检验方法

项次	项目	允许偏差(mm)	检验方法
1	垂直度	3	用 1m 垂直检测尺检查
2	边框宽度、高度	0；-2	用钢尺检查
3	对角线长度差	3	用钢尺检查
4	裁口、线条接缝高低差	1	用钢直尺和塞尺检查

12 细 部 工 程

12.1 一 般 规 定

12.1.1 本章适用于下列分项工程的质量验收：
1 橱柜制作与安装。
2 窗帘盒、窗台板、散热器罩制作与安装。
3 门窗套制作与安装。
4 护栏和扶手制作与安装。
5 花饰制作与安装。

12.1.2 细部工程验收时应检查下列文件和记录：
1 施工图、设计说明及其他设计文件。
2 材料的产品合格证书、性能检测报告、进场验收记录和复验报告。
3 隐蔽工程验收记录。
4 施工记录。

12.1.3 细部工程应对人造木板的甲醛含量进行复验。

12.1.4 细部工程应对下列部位进行隐蔽工程验收：
1 预埋件(或后置埋件)。
2 护栏与预埋件的连接节点。

12.1.5 各分项工程的检验批应按下列规定划分：
1 同类制品每 50 间(处)应划分为一个检验批，不足 50 间(处)也应划分为一个检验批。
2 每部楼梯应划分为一个检验批。

12.2 橱柜制作与安装工程

12.2.1 本节适用于位置固定的壁柜、吊柜等橱柜制作与安装工程的质量验收。

12.2.2 检查数量应符合下列规定：
每个检验批应至少抽查 3 间(处)，不足 3 间(处)时应全数检查。

主 控 项 目

12.2.3 橱柜制作与安装所用材料的材质和规格、木材的燃烧性能等级和含水率、花岗石的放射性及人造木板的甲醛含量应符合设计要求及国家现行标准的有关规定。
　　检验方法：观察；检查产品合格证书、进场验收记录、性能检测报告和复验报告。

12.2.4 橱柜安装预埋件或后置埋件的数量、规格、位置应符合设计要求。
　　检验方法：检查隐蔽工程验收记录和施工记录。

12.2.5 橱柜的造型、尺寸、安装位置、制作和固定方法应符合设计要求。橱柜安装必须牢固。
　　检验方法：观察；尺量检查；手扳检查。

12.2.6 橱柜配件的品种、规格应符合设计要求。配件应齐全，安装应牢固。
　　检验方法：观察；手扳检查；检查进场验收记录。

12.2.7 橱柜的抽屉和柜门应开关灵活、回位正确。

检验方法：观察；开启和关闭检查。

一 般 项 目

12.2.8 橱柜表面应平整、洁净、色泽一致，不得有裂缝、翘曲及损坏。

检验方法：观察。

12.2.9 橱柜裁口应顺直、拼缝应严密。

检验方法：观察。

12.2.10 橱柜安装的允许偏差和检验方法应符合表12.2.10的规定。

表12.2.10 橱柜安装的允许偏差和检验方法

项次	项 目	允许偏差(mm)	检 验 方 法
1	外型尺寸	3	用钢尺检查
2	立面垂直度	2	用1m垂直检测尺检查
3	门与框架的平行度	2	用钢尺检查

12.3 窗帘盒、窗台板和散热器罩制作与安装工程

12.3.1 本节适用于窗帘盒、窗台板和散热器罩制作与安装工程的质量验收。

12.3.2 检查数量应符合下列规定：

每个检验批应至少抽查3间(处)，不足3间(处)时应全数检查。

主 控 项 目

12.3.3 窗帘盒、窗台板和散热器罩制作与安装所使用材料的材质和规格、木材的燃烧性能等级和含水率、花岗石的放射性及人造木板的甲醛含量应符合设计要求及国家现行标准的有关规定。

检验方法：观察；检查产品合格证书、进场验收记录、性能检测报告和复验报告。

12.3.4 窗帘盒、窗台板和散热器罩的造型、规格、尺寸、安装位置和固定方法必须符合设计要求。窗帘盒、窗台板和散热器罩的安装必须牢固。

检验方法：观察；尺量检查；手扳检查。

12.3.5 窗帘盒配件的品种、规格应符合设计要求，安装应牢固。

检验方法：手扳检查；检查进场验收记录。

一 般 项 目

12.3.6 窗帘盒、窗台板和散热器罩表面应平整、洁净、线条顺直、接缝严密、色泽一致，不得有裂缝、翘曲及损坏。

检验方法：观察。

12.3.7 窗帘盒、窗台板和散热器罩与墙面、窗框的衔接应严密，密封胶缝应顺直、光滑。

检验方法：观察。

12.3.8 窗帘盒、窗台板和散热器罩安装的允许偏差和检验方法应符合表12.3.8的规定。

表 12.3.8 窗帘盒、窗台板和散热器罩安装的允许偏差和检验方法

项次	项 目	允许偏差(mm)	检 验 方 法
1	水平度	2	用1m水平尺和塞尺检查
2	上口、下口直线度	3	拉5m线,不足5m拉通线,用钢直尺检查
3	两端距窗洞口长度差	2	用钢直尺检查
4	两端出墙厚度差	3	用钢直尺检查

12.4 门窗套制作与安装工程

12.4.1 本节适用于门窗套制作与安装工程的质量验收。

12.4.2 检查数量应符合下列规定：

每个检验批应至少抽查3间(处),不足3间(处)时应全数检查。

主 控 项 目

12.4.3 门窗套制作与安装所使用材料的材质、规格、花纹和颜色、木材的燃烧性能等级和含水率、花岗石的放射性及人造木板的甲醛含量应符合设计要求及国家现行标准的有关规定。

检验方法：观察；检查产品合格证书、进场验收记录、性能检测报告和复验报告。

12.4.4 门窗套的造型、尺寸和固定方法应符合设计要求,安装应牢固。

检验方法：观察；尺量检查；手扳检查。

一 般 项 目

12.4.5 门窗套表面应平整、洁净、线条顺直、接缝严密、色泽一致,不得有裂缝、翘曲及损坏。

检验方法：观察。

12.4.6 门窗套安装的允许偏差和检验方法应符合表12.4.6的规定。

表 12.4.6 门窗套安装的允许偏差和检验方法

项次	项 目	允许偏差(mm)	检 验 方 法
1	正、侧面垂直度	3	用1m垂直检测尺检查
2	门窗套上口水平度	1	用1m水平检测尺和塞尺检查
3	门窗套上口直线度	3	拉5m线,不足5m拉通线,用钢直尺检查

12.5 护栏和扶手制作与安装工程

12.5.1 本节适用于护栏和扶手制作与安装工程的质量验收。

12.5.2 检查数量应符合下列规定：

每个检验批的护栏和扶手应全部检查。

主 控 项 目

12.5.3 护栏和扶手制作与安装所使用材料的材质、规格、数量和木材、塑料的燃烧性能等级应符合设计要求。

检验方法：观察；检查产品合格证书、进场验收记录和性能检测报告。

12.5.4 护栏和扶手的造型、尺寸及安装位置应符合设计要求。

检验方法：观察；尺量检查；检查进场验收记录。

12.5.5 护栏和扶手安装预埋件的数量、规格、位置以及护栏与预埋件的连接节点应符合设计要求。

检验方法：检查隐蔽工程验收记录和施工记录。

12.5.6 护栏高度、栏杆间距、安装位置必须符合设计要求。护栏安装必须牢固。

检验方法：观察；尺量检查；手扳检查。

12.5.7 护栏玻璃应使用公称厚度不小于12mm的钢化玻璃或钢化夹层玻璃。当护栏一侧距楼地面高度为5m及以上时，应使用钢化夹层玻璃。

检验方法：观察；尺量检查；检查产品合格证书和进场验收记录。

一 般 项 目

12.5.8 护栏和扶手转角弧度应符合设计要求，接缝应严密，表面应光滑，色泽应一致，不得有裂缝、翘曲及损坏。

检验方法：观察；手摸检查。

12.5.9 护栏和扶手安装的允许偏差和检验方法应符合表12.5.9的规定。

表12.5.9 护栏和扶手安装的允许偏差和检验方法

项次	项 目	允许偏差(mm)	检 验 方 法
1	护栏垂直度	3	用1m垂直检测尺检查
2	栏杆间距	3	用钢尺检查
3	扶手直线度	4	拉通线，用钢直尺检查
4	扶手高度	3	用钢尺检查

12.6 花饰制作与安装工程

12.6.1 本节适用于混凝土、石材、木材、塑料、金属、玻璃、石膏等花饰制作与安装工程的质量验收。

12.6.2 检查数量应符合下列规定：

1 室外每个检验批应全部检查。

2 室内每个检验批应至少抽查3间(处)；不足3间(处)时应全数检查。

主 控 项 目

12.6.3 花饰制作与安装所使用材料的材质、规格应符合设计要求。

检验方法：观察；检查产品合格证书和进场验收记录。

12.6.4 花饰的造型、尺寸应符合设计要求。

检验方法：观察；尺量检查。

12.6.5 花饰的安装位置和固定方法必须符合设计要求，安装必须牢固。

检验方法：观察；尺量检查；手扳检查。

一 般 项 目

12.6.6 花饰表面应洁净，接缝应严密吻合，不得有歪斜、裂缝、翘曲及损坏。

检验方法：观察。

12.6.7 花饰安装的允许偏差和检验方法应符合表12.6.7的规定。

表12.6.7 花饰安装的允许偏差和检验方法

项次	项 目		允许偏差(mm)		检验方法
			室内	室外	
1	条型花饰的水平度或垂直度	每米	1	2	拉线和用1m垂直检测尺检查
		全长	3	6	
2	单独花饰中心位置偏移		10	15	拉线和用钢直尺检查

13 分部工程质量验收

13.0.1 建筑装饰装修工程质量验收的程序和组织应符合《建筑工程施工质量验收统一标准》(GB 50300—2001)第6章的规定。

13.0.2 建筑装饰装修工程的子分部工程及其分项工程应按本规范附录B划分。

13.0.3 建筑装饰装修工程施工过程中，应按本规范各章一般规定的要求对隐蔽工程进行验收，并按本规范附录C的格式记录。

13.0.4 检验批的质量验收应按《建筑工程施工质量验收统一标准》(GB 50300—2001)附录D的格式记录。检验批的合格判定应符合下列规定：

1 抽查样本均应符合本规范主控项目的规定。

2 抽查样本的80%以上应符合本规范一般项目的规定。其余样本不得有影响使用功能或明显影响装饰效果的缺陷，其中有允许偏差的检验项目，其最大偏差不得超过本规范规定允许偏差的1.5倍。

13.0.5 分项工程的质量验收应按《建筑工程施工质量验收统一标准》(GB 50300—2001)附录E的格式记录，各检验批的质量均应达到本规范的规定。

13.0.6 子分部工程的质量验收应按《建筑工程施工质量验收统一标准》(GB 50300—2001)附录F的格式记录。子分部工程中各分项工程的质量均应验收合格，并应符合下列规定：

1 应具备本规范各子分部工程规定检查的文件和记录。

2 应具备表13.0.6所规定的有关安全和功能的检测项目的合格报告。

3 观感质量应符合本规范各分项工程中一般项目的要求。

表13.0.6 有关安全和功能的检测项目表

项 次	子分部工程	检 测 项 目
1	门窗工程	1 建筑外墙金属窗的抗风压性能、空气渗透性能和雨水渗漏性能 2 建筑外墙塑料窗的抗风压性能、空气渗透性能和雨水渗漏性能
2	饰面板(砖)工程	1 饰面板后置埋件的现场拉拔强度 2 饰面砖样板件的粘结强度
3	幕墙工程	1 硅酮结构胶的相容性试验 2 幕墙后置埋件的现场拉拔强度 3 幕墙的抗风压性能、空气渗透性能、雨水渗漏性能及平面变形性能

13.0.7 分部工程的质量验收应按《建筑工程施工质量验收统一标准》(GB 50300—2001)附录F的格式记录。分部工程中各子分部工程的质量均应验收合格，并应按本规范第13.0.6条1至3款的规定进行核查。

当建筑工程只有装饰装修分部工程时，该工程应作为单位工程验收。

13.0.8 有特殊要求的建筑装饰装修工程，竣工验收时应按合同约定加测相关技术指标。

13.0.9 建筑装饰装修工程的室内环境质量应符合国家现行标准《民用建筑工程室内环境污染控制规范》(GB 50325)的规定。

13.0.10 未经竣工验收合格的建筑装饰装修工程不得投入使用。

附录 A 木门窗用木材的质量要求

A.0.1 制作普通木门窗所用木材的质量应符合表A.0.1的规定。

表 A.0.1 普通木门窗用木材的质量要求

木材缺陷		门窗扇的立梃、冒头，中冒头	窗棂、压条、门窗及气窗的线脚、通风窗立梃	门心板	门窗框
活节	不计个数，直径(mm)	<15	<5	<15	<15
	计算个数，直径	≤材宽的1/3	≤材宽的1/3	≤30mm	≤材宽的1/3
	任1延米个数	≤3	≤2	≤3	≤5
死节		允许，计入活节总数	不允许	允许，计入活节总数	
髓心		不露出表面的，允许	不允许	不露出表面的，允许	
裂缝		深度及长度≤厚度及材长的1/5	不允许	允许可见裂缝	深度及长度≤厚度及材长的1/4
斜纹的斜率(%)		≤7	≤5	不限	≤12
油眼		非正面，允许			
其他		浪形纹理、圆形纹理、偏心及化学变色，允许			

A.0.2 制作高级木门窗所用木材的质量应符合表A.0.2的规定。

表 A.0.2 高级木门窗用木材的质量要求

木材缺陷		木门扇的立梃、冒头，中冒头	窗棂、压条、门窗及气窗的线脚、通风窗立梃	门心板	门窗框
活节	不计个数，直径(mm)	<10	<5	<10	<10
	计算个数，直径	≤材宽的1/4	≤材宽的1/4	≤20mm	≤材宽的1/3
	任1延米个数	≤2	0	≤2	≤3
死节		允许，包括在活节总数中	不允许	允许，包括在活节总数中	不允许
髓心		不露出表面的，允许	不允许	不露出表面的，允许	
裂缝		深度及长度≤厚度及材长的1/6	不允许	允许可见裂缝	深度及长度≤厚度及材长的1/5
斜纹的斜率(%)		≤6	≤4	≤15	≤10
油眼		非正面，允许			
其他		浪形纹理、圆形纹理、偏心及化学变色，允许			

附录 B 子分部工程及其分项工程划分表

项次	子分部工程	分项工程
1	抹灰工程	一般抹灰，装饰抹灰，清水砌体勾缝
2	门窗工程	木门窗制作与安装，金属门窗安装，塑料门窗安装，特种门安装，门窗玻璃安装
3	吊顶工程	暗龙骨吊顶，明龙骨吊顶
4	轻质隔墙工程	板材隔墙，骨架隔墙，活动隔墙，玻璃隔墙
5	饰面板(砖)工程	饰面板安装，饰面砖粘贴
6	幕墙工程	玻璃幕墙，金属幕墙，石材幕墙
7	涂饰工程	水性涂料涂饰，溶剂型涂料涂饰，美术涂饰
8	裱糊与软包工程	裱糊，软包
9	细部工程	橱柜制作与安装，窗帘盒、窗台板和散热器罩制作与安装，门窗套制作与安装，护栏和扶手制作与安装，花饰制作与安装
10	建筑地面工程	基层，整体面层，板块面层，竹木面层

附录 C 隐蔽工程验收记录表

第　　页　共　　页

装饰装修工程名称		项目经理	
分项工程名称		专业工长	
隐蔽工程项目			
施工单位			
施工标准名称及代号			
施工图名称及编号			
隐蔽工程部位	质量要求	施工单位自查记录	监理(建设)单位验收记录
施工单位自查结论	施工单位项目技术负责人：　　　　　　　　　　年　　月　　日		
监理(建设)单位验收结论	监理工程师(建设单位项目负责人)：　　　　　　年　　月　　日		

中华人民共和国国家标准

建筑给水排水及采暖工程
施工质量验收规范（摘录）

Code for acceptance of construction quality of
Water supply drainage and heating works

GB 50242—2002

主编部门：辽宁省建设厅
批准部门：中华人民共和国建设部
施行日期：2002年4月1日

目次

1 总则 ·· 449
2 术语 ·· 449
3 基本规定 ·· 450
　3.1 质量管理 ·· 450
　3.2 材料设备管理 ·· 451
　3.3 施工过程质量控制 ·· 451
4 室内给水系统安装 ··· 454
　4.1 一般规定 ·· 454
　4.2 给水管道及配件安装 ··· 454
　4.3 室内消火栓系统安装 ··· 456
　4.4 给水设备安装 ·· 456
5 室内排水系统安装 ··· 457
　5.1 一般规定 ·· 457
　5.2 排水管道及配件安装 ··· 457
　5.3 雨水管道及配件安装 ··· 460
6 室内热水供应系统安装 ··· 461
　6.1 一般规定 ·· 461
　6.2 管道及配件安装 ··· 462
　6.3 辅助设备安装 ·· 462
7 卫生器具安装 ··· 463
　7.1 一般规定 ·· 463
　7.2 卫生器具安装 ·· 465
　7.3 卫生器具给水配件安装 ·· 466
　7.4 卫生器具排水管道安装 ·· 467
8 室内采暖系统安装 ··· 468
　8.1 一般规定 ·· 468
　8.2 管道及配件安装 ··· 468
　8.3 辅助设备及散热器安装 ·· 470
　8.4 金属辐射板安装 ··· 471
　8.5 低温热水地板辐射采暖系统安装 ································ 472
　8.6 系统水压试验及调试 ··· 742
9 室外给水管网安装 ··· 473
　9.1 一般规定 ·· 473
　9.2 给水管道安装 ·· 473

9.3	消防水泵接合器及室外消火栓安装	476
9.4	管沟及井室	476

10 室外排水管网安装 477
- 10.1　一般规定 477
- 10.2　排水管道安装 478
- 10.3　排水管沟及井池 478

11 室外供热管网安装 479
- 11.1　一般规定 479
- 11.2　管道及配件安装 479
- 11.3　系统水压试验及调试 481

12 建筑中水系统及游泳池水系统安装 481
- 12.1　一般规定 481
- 12.2　建筑中水系统管道及辅助设备安装 481
- 12.3　游泳池水系统安装 482

13 供热锅炉及辅助设备安装 483
- 13.1　一般规定 483
- 13.2　锅炉安装 483
- 13.3　辅助设备及管道安装 486
- 13.4　安全附件安装 488
- 13.5　烘炉、煮炉和试运行 490
- 13.6　换热站安装 490

14 分部(子分部)工程质量验收 491

1 总 则

1.0.1 为了加强建筑工程质量管理,统一建筑给水、排水及采暖工程施工质量的验收,保证工程质量,制定本规范。

1.0.2 本规范适用于建筑给水、排水及采暖工程施工质量的验收。

1.0.3 建筑给水、排水及采暖工程施工中采用的工程技术文件、承包合同文件对施工质量验收的要求不得低于本规范的规定。

1.0.4 本规范应与国家标准《建筑工程施工质量验收统一标准》GB 50300 配套使用。

1.0.5 建筑给水、排水及采暖工程施工质量的验收除应执行本规范外,尚应符合国家现行有关标准、规范的规定。

2 术 语

2.0.1 给水系统 water supply system

通过管道及辅助设备,按照建筑物和用户的生产、生活和消防的需要,有组织的输送到用水地点的网络。

2.0.2 排水系统 drainage system

通过管道及辅助设备,把屋面雨水及生活和生产过程所产生的污水、废水及时排放出去的网络。

2.0.3 热水供应系统 hot water supply system

为满足人们在生活和生产过程中对水温的某些特定要求而由管道及辅助设备组成的输送热水的网络。

2.0.4 卫生器具 sanitary fixtures

用来满足人们日常生活中各种卫生要求,收集和排放生活及生产中的污水、废水的设备。

2.0.5 给水配件 water supply fittings

在给水和热水供应系统中,用以调节、分配水量和水压,关断和改变水流方向的各种管件、阀门和水嘴的统称。

2.0.6 建筑中水系统 intermediate water system of building

以建筑物的冷却水、沐浴排水、盥洗排水、洗衣排水等为水源,经过物理、化学方法的工艺处理,用于厕所冲洗便器、绿化、洗车、道路浇洒、空调冷却及水景等的供水系统为建筑中水系统。

2.0.7 辅助设备 auxiliaries

建筑给水、排水及采暖系统中,为满足用户的各种使用功能和提高运行质量而设置的各种设备。

2.0.8 试验压力 test pressure

管道、容器或设备进行耐压强度和气密性试验规定所要达到的压力。

2.0.9 额定工作压力 rated working pressure

指锅炉及压力容器出厂时所标定的最高允许工作压力。

2.0.10 管道配件 pipe fittings
管道与管道或管道与设备连接用的各种零、配件的统称。

2.0.11 固定支架 fixed trestle
限制管道在支撑点处发生径向和轴向位移的管道支架。

2.0.12 活动支架 movable trestle
允许管道在支撑点处发生轴向位移的管道支架。

2.0.13 整装锅炉 integrative boiler
按照运输条件所允许的范围,在制造厂内完成总装整台发运的锅炉,也称快装锅炉。

2.0.14 非承压锅炉 boiler without bearing
以水为介质,锅炉本体有规定水位且运行中直接与大气相通,使用中始终与大气压强相等的固定式锅炉。

2.0.15 安全附件 safety accessory
为保证锅炉及压力容器安全运行而必须设置的附属仪表、阀门及控制装置。

2.0.16 静置设备 still equipment
在系统运行时,自身不做任何运动的设备,如水箱及各种罐类。

2.0.17 分户热计量 household-based heat metering
以住宅的户(套)为单位,分别计量向户内供给的热量的计量方式。

2.0.18 热计量装置 heat metering device
用以测量热媒的供热量的成套仪表及构件。

2.0.19 卡套式连接 compression joint
由带锁紧螺帽和丝扣管件组成的专用接头而进行管道连接的一种连接形式。

2.0.20 防火套管 fire-resisting sleeves
由耐火材料和阻燃剂制成的,套在硬塑料排水管外壁可阻止火势沿管道贯穿部位蔓延的短管。

2.0.21 阻火圈 firestops collar
由阻燃膨胀剂制成的,套在硬塑料排水管外壁可在发生火灾时将管道封堵,防止火势蔓延的套圈。

3 基 本 规 定

3.1 质 量 管 理

3.1.1 建筑给水、排水及采暖工程施工现场应具有必要的施工技术标准、健全的质量管理体系和工程质量检测制度,实现施工全过程质量控制。

3.1.2 建筑给水、排水及采暖工程的施工应按照批准的工程设计文件和施工技术标准进行施工。修改设计应有设计单位出具的设计变更通知单。

3.1.3 建筑给水、排水及采暖工程的施工应编制施工组织设计或施工方案,经批准后方可实施。

3.1.4 建筑给水、排水及采暖工程的分部、分项工程划分见附录 A。

3.1.5 建筑给水、排水及采暖工程的分项工程，应按系统、区域、施工段或楼层等划分。分项工程应划分成若干个检验批进行验收。

3.1.6 建筑给水、排水及采暖工程的施工单位应当具有相应的资质。工程质量验收人员应具备相应的专业技术资格。

3.2 材料设备管理

3.2.1 建筑给水、排水及采暖工程所使用的主要材料、成品、半成品、配件、器具和设备必须具有中文质量合格证明文件，规格、型号及性能检测报告应符合国家技术标准或设计要求。进场时应做检查验收，并经监理工程师核查确认。

3.2.2 所有材料进场时应对品种、规格、外观等进行验收。包装应完好，表面无划痕及外力冲击破损。

3.2.3 主要器具和设备必须有完整的安装使用说明书。在运输、保管和施工过程中，应采取有效措施防止损坏或腐蚀。

3.2.4 阀门安装前，应作强度和严密性试验。试验应在每批（同牌号、同型号、同规格）数量中抽查10%，且不少于一个。对于安装在主干管上起切断作用的闭路阀门，应逐个作强度和严密性试验。

3.2.5 阀门的强度和严密性试验，应符合以下规定：阀门的强度试验压力为公称压力的1.5倍；严密性试验压力为公称压力的1.1倍；试验压力在试验持续时间内应保持不变，且壳体填料及阀瓣密封面无渗漏。阀门试压的试验持续时间应不少于表3.2.5的规定。

表 3.2.5 阀门试验持续时间

公称直径 DN (mm)	最短试验持续时间(s)		
	严密性试验		强度试验
	金属密封	非金属密封	
≤50	15	15	15
65～200	30	15	60
250～450	60	30	180

3.2.6 管道上使用冲压弯头时，所使用的冲压弯头外径应与管道外径相同。

3.3 施工过程质量控制

3.3.1 建筑给水、排水及采暖工程与相关各专业之间，应进行交接质量检验，并形成记录。

3.3.2 隐蔽工程应在隐蔽前经验收各方检验合格后，才能隐蔽，并形成记录。

3.3.3 地下室或地下构筑物外墙有管道穿过的，应采取防水措施。对有严格防水要求的建筑物，必须采用柔性防水套管。

3.3.4 管道穿过结构伸缩缝、抗震缝及沉降缝敷设时，应根据情况采取下列保护措施：

1 在墙体两侧采取柔性连接。
　　2 在管道或保温层外皮上、下部留有不小于150mm的净空。
　　3 在穿墙处做成方形补偿器，水平安装。
3.3.5 在同一房间内，同类型的采暖设备、卫生器具及管道配件，除有特殊要求外，应安装在同一高度上。
3.3.6 明装管道成排安装时，直线部分应互相平行。曲线部分：当管道水平或垂直并行时，应与直线部分保持等距；管道水平上下并行时，弯管部分的曲率半径应一致。
3.3.7 管道支、吊、托架的安装，应符合下列规定：
　　1 位置正确，埋设应平整牢固。
　　2 固定支架与管道接触应紧密，固定应牢靠。
　　3 滑动支架应灵活，滑托与滑槽两侧间应留有3～5mm的间隙，纵向移动量应符合设计要求。
　　4 无热伸长管道的吊架、吊杆应垂直安装。
　　5 有热伸长管道的吊架、吊杆应向热膨胀的反方向偏移。
　　6 固定在建筑结构上的管道支、吊架不得影响结构的安全。
3.3.8 钢管水平安装的支、吊架间距不应大于表3.3.8的规定。

表3.3.8　钢管管道支架的最大间距

公称直径(mm)		15	20	25	32	40	50	70	80	100	125	150	200	250	300
支架的最大间距(m)	保温管	2	2.5	2.5	2.5	3	3	4	4	4.5	6	7	7	8	8.5
	不保温管	2.5	3	3.5	4	4.5	5	6	6	6.5	7	8	9.5	11	12

3.3.9 采暖、给水及热水供应系统的塑料管及复合管垂直或水平安装的支架间距应符合表3.3.9的规定。采用金属制作的管道支架，应在管道与支架间加衬非金属垫或套管。

表3.3.9　塑料管及复合管管道支架的最大间距

管径(mm)			12	14	16	18	20	25	32	40	50	63	75	90	110
最大间距(m)	立　管		0.5	0.6	0.7	0.8	0.9	1.0	1.1	1.3	1.6	1.8	2.0	2.2	2.4
	水平管	冷水管	0.4	0.4	0.5	0.5	0.6	0.7	0.8	0.9	1.0	1.1	1.2	1.35	1.55
		热水管	0.2	0.2	0.25	0.3	0.3	0.35	0.4	0.5	0.6	0.7	0.8		

3.3.10 铜管垂直或水平安装的支架间距应符合表3.3.10的规定。

表3.3.10　铜管管道支架的最大间距

公称直径(mm)		15	20	25	32	40	50	65	80	100	125	150	200
支架的最大间距(m)	垂直管	1.8	2.4	2.4	3.0	3.0	3.0	3.5	3.5	3.5	3.5	4.0	4.0
	水平管	1.2	1.8	1.8	2.4	2.4	2.4	3.0	3.0	3.0	3.0	3.5	3.5

3.3.11 采暖、给水及热水供应系统的金属管道立管管卡安装应符合下列规定：
  1 楼层高度小于或等于5m，每层必须安装1个。
  2 楼层高度大于5m，每层不得少于2个。
  3 管卡安装高度，距地面应为1.5～1.8m，2个以上管卡应匀称安装，同一房间管卡应安装在同一高度上。

3.3.12 管道及管道支墩(座)，严禁铺设在冻土和未经处理的松土上。

3.3.13 管道穿过墙壁和楼板，应设置金属或塑料套管。安装在楼板内的套管，其顶部应高出装饰地面20mm；安装在卫生间及厨房内的套管，其顶部应高出装饰地面50mm，底部应与楼板底面相平；安装在墙壁内的套管其两端与饰面相平。穿过楼板的套管与管道之间缝隙应用阻燃密实材料和防水油膏填实，端面光滑。穿墙套管与管道之间缝隙宜用阻燃密实材料填实，且端面应光滑。管道的接口不得设在套管内。

3.3.14 弯制钢管，弯曲半径应符合下列规定：
  1 热弯：应不小于管道外径的3.5倍。
  2 冷弯：应不小于管道外径的4倍。
  3 焊接弯头：应不小于管道外径的1.5倍。
  4 冲压弯头：应不小于管道外径。

3.3.15 管道接口应符合下列规定：
  1 管道采用粘接接口，管端插入承口的深度不得小于表3.3.15的规定。

表3.3.15 管端插入承口的深度

公称直径(mm)	20	25	32	40	50	75	100	125	150
插入深度(mm)	16	19	22	26	31	44	61	69	80

  2 熔接连接管道的结合面应有一均匀的熔接圈，不得出现局部熔瘤或熔接圈凸凹不匀现象。
  3 采用橡胶圈接口的管道，允许沿曲线敷设，每个接口的最大偏转角不得超过2°。
  4 法兰连接时衬垫不得凸入管内，其外边缘接近螺栓孔为宜。不得安放双垫或偏垫。
  5 连接法兰的螺栓，直径和长度应符合标准，拧紧后，突出螺母的长度不应大于螺杆直径的1/2。
  6 螺纹连接管道安装后的管螺纹根部应有2～3扣的外露螺纹，多余的麻丝应清理干净并做防腐处理。
  7 承插口采用水泥捻口时，油麻必须清洁、填塞密实，水泥应捻入并密实饱满，其接口面凹入承口边缘的深度不得大于2mm。
  8 卡箍(套)式连接两管口端应平整、无缝隙，沟槽应均匀，卡紧螺栓后管道应平直，卡箍(套)安装方向应一致。

3.3.16 各种承压管道系统和设备应做水压试验，非承压管道系统和设备应做灌水试验。

4 室内给水系统安装

4.1 一般规定

4.1.1 本章适用于工作压力不大于1.0MPa的室内给水和消火栓系统管道安装工程的质量检验与验收。

4.1.2 给水管道必须采用与管材相适应的管件。生活给水系统所涉及的材料必须达到饮用水卫生标准。

4.1.3 管径小于或等于100mm的镀锌钢管应采用螺纹连接，套丝扣时破坏的镀锌层表面及外露螺纹部分应做防腐处理；管径大于100mm的镀锌钢管应采用法兰或卡套式专用管件连接，镀锌钢管与法兰的焊接处应二次镀锌。

4.1.4 给水塑料管和复合管可以采用橡胶圈接口、粘接接口、热熔连接、专用管件连接及法兰连接等形式。塑料管和复合管与金属管件、阀门等的连接应使用专用管件连接，不得在塑料管上套丝。

4.1.5 给水铸铁管管道应采用水泥捻口或橡胶圈接口方式进行连接。

4.1.6 铜管连接可采用专用接头或焊接，当管径小于22mm时宜采用承插或套管焊接，承口应迎介质流向安装；当管径大于或等于22mm时宜采用对口焊接。

4.1.7 给水立管和装有3个或3个以上配水点的支管始端，均应安装可拆卸的连接件。

4.1.8 冷、热水管道同时安装应符合下列规定：
1 上、下平行安装时热水管应在冷水管上方。
2 垂直平行安装时热水管应在冷水管左侧。

4.2 给水管道及配件安装

主控项目

4.2.1 室内给水管道的水压试验必须符合设计要求。当设计未注明时，各种材质的给水管道系统试验压力均为工作压力的1.5倍，但不得小于0.6MPa。

检验方法：金属及复合管给水管道系统在试验压力下观测10min，压力降不应大于0.02MPa，然后降到工作压力进行检查，应不渗不漏；塑料管给水系统应在试验压力下稳压1h，压力降不得超过0.05MPa，然后在工作压力的1.15倍状态下稳压2h，压力降不得超过0.03MPa，同时检查各连接处不得渗漏。

4.2.2 给水系统交付使用前必须进行通水试验并做好记录。

检验方法：观察和开启阀门、水嘴等放水。

4.2.3 生产给水系统管道在交付使用前必须冲洗和消毒，并经有关部门取样检验，符合国家《生活饮用水标准》方可使用。

检验方法：检查有关部门提供的检测报告。

4.2.4 室内直埋给水管道（塑料管道和复合管道除外）应做防腐处理。埋地管道防腐层材质和结构应符合设计要求。

检验方法：观察或局部解剖检查。

一 般 项 目

4.2.5 给水引入管与排水排出管的水平净距不得小于1m。室内给水与排水管道平行敷设时，两管间的最小水平净距不得小于0.5m；交叉铺设时，垂直净距不得小于0.15m。给水管应铺在排水管上面，若给水管必须铺在排水管的下面时，给水管应加套管，其长度不得小于排水管管径的3倍。

检验方法：尺量检查。

4.2.6 管道及管件焊接的焊缝表面质量应符合下列要求：

1 焊缝外形尺寸应符合图纸和工艺文件的规定，焊缝高度不得低于母材表面，焊缝与母材应圆滑过渡。

2 焊缝及热影响区表面应无裂纹、未熔合、未焊透、夹渣、弧坑和气孔等缺陷。

检验方法：观察检查。

4.2.7 给水水平管道应有2‰～5‰的坡度坡向泄水装置。

检验方法：水平尺和尺量检查。

4.2.8 给水管道和阀门安装的允许偏差应符合表4.2.8的规定。

表 4.2.8 管道和阀门安装的允许偏差和检验方法

项次	项 目		允许偏差（mm）	检 验 方 法
1	水平管道纵横方向弯曲	钢 管	每米全长25m以上	1 ≥25	用水平尺、直尺、拉线和尺量检查
		塑料管复合管	每米全长25m以上	1.5 ≥25	
		铸铁管	每米全长25m以上	2 ≥25	
2	立管垂直度	钢 管	每米5m以上	3 ≥8	吊线和尺量检查
		塑料管复合管	每米5m以上	2 ≥8	
		铸铁管	每米5m以上	3 ≥10	
3	成排管段和成排阀门		在同一平面上间距	3	尺量检查

4.2.9 管道的支、吊架安装应平整牢固，其间距应符合本规范第3.3.8条、第3.3.9条或第3.3.10条的规定。

检验方法：观察、尺量及手扳检查。

4.2.10 水表应安装在便于检修、不受曝晒、污染和冻结的地方。安装螺翼式水表，表前与阀门应有不小于8倍水表接口直径的直线管段。表外壳距墙表面净距为10～30mm；水表进水口中心标高按设计要求，允许偏差为±10mm。

检验方法：观察和尺量检查。

4.3 室内消火栓系统安装

主 控 项 目

4.3.1 室内消火栓系统安装完成后应取屋顶层（或水箱间内）试验消火栓和首层取二处消火栓做试射试验，达到设计要求为合格。

检验方法：实地试射检查。

一 般 项 目

4.3.2 安装消火栓水龙带，水龙带与水枪和快速接头绑扎好后，应根据箱内构造将水龙带挂放在箱内的挂钉、托盘或支架上。

检验方法：观察检查。

4.3.3 箱式消火栓的安装应符合下列规定：
　　1　栓口应朝外，并不应安装在门轴侧。
　　2　栓口中心距地面为1.1m，允许偏差±20mm。
　　3　阀门中心距箱侧面为140mm，距箱后内表面为100mm，允许偏差±5mm。
　　4　消火栓箱体安装的垂直度允许偏差为3mm。

检验方法：观察和尺量检查。

4.4 给水设备安装

主 控 项 目

4.4.1 水泵就位前的基础混凝土强度、坐标、标高、尺寸和螺栓孔位置必须符合设计规定。

检验方法：对照图纸用仪器和尺量检查。

4.4.2 水泵试运转的轴承温升必须符合设备说明书的规定。

检验方法：温度计实测检查。

4.4.3 敞口水箱的满水试验和密闭水箱（罐）的水压试验必须符合设计与本规范的规定。

检验方法：满水试验静置24h观察，不渗不漏；水压试验在试验压力下10min压力不降，不渗不漏。

一 般 项 目

4.4.4 水箱支架或底座安装，其尺寸及位置应符合设计规定，埋设平整牢固。

检验方法：对照图纸，尺量检查。

4.4.5 水箱溢流管和泄放管应设置在排水地点附近但不得与排水管直接连接。

检验方法：观察检查。

4.4.6 立式水泵的减振装置不应采用弹簧减振器。

检验方法：观察检查。

4.4.7 室内给水设备安装的允许偏差应符合表4.4.7的规定。

4.4.8 管道及设备保温层的厚度和平整度的允许偏差应符合表4.4.8的规定。

表 4.4.7 室内给水设备安装的允许偏差和检验方法

项次	项 目		允许偏差（mm）	检 验 方 法
1	静置设备	坐 标	15	经纬仪或拉线、尺量
		标 高	±5	用水准仪、拉线和尺量检查
		垂直度（每米）	5	吊线和尺量检查
2	离心式水泵	立式泵体垂直度（每米）	0.1	水平尺和塞尺检查
		卧式泵体水平度（每米）	0.1	水平尺和塞尺检查
	联轴器同心度	轴向倾斜（每米）	0.8	在联轴器互相垂直的四个位置上用水准仪、百分表或测微螺钉和塞尺检查
		径向位移	0.1	

表 4.4.8 管道及设备保温的允许偏差和检验方法

项次	项 目		允许偏差（mm）	检 验 方 法
1	厚 度		$+0.1\delta$ -0.05δ	用钢针刺入
2	表面平整度	卷 材	5	用2m靠尺和楔形塞尺检查
		涂 抹	10	

注：δ为保温层厚度。

5 室内排水系统安装

5.1 一 般 规 定

5.1.1 本章适用于室内排水管道、雨水管道安装工程的质量检验与验收。

5.1.2 生活污水管道应使用塑料管、铸铁管或混凝土管（由成组洗脸盆或饮用喷水器到共用水封之间的排水管和连接卫生器具的排水短管，可使用钢管）。

雨水管道宜使用塑料管、铸铁管、镀锌和非镀锌钢管或混凝土管等。

悬吊式雨水管道应选用钢管、铸铁管或塑料管。易受振动的雨水管道（如锻造车间等）应使用钢管。

5.2 排水管道及配件安装

主 控 项 目

5.2.1 隐蔽或埋地的排水管道在隐蔽前必须做灌水试验，其灌水高度应不低于底层卫生器具的上边缘或底层地面高度。

检验方法：满水15min水面下降后，再灌满观察5min，液面不降，管道及接口无渗漏为合格。

5.2.2 生活污水铸铁管道的坡度必须符合设计或本规范表5.2.2的规定。

表 5.2.2 生活污水铸铁管道的坡度

项次	管 径(mm)	标准坡度(‰)	最小坡度(‰)
1	50	35	25
2	75	25	15
3	100	20	12
4	125	15	10
5	150	10	7
6	200	8	5

检验方法：水平尺、拉线尺量检查。

5.2.3 生活污水塑料管道的坡度必须符合设计或本规范表5.2.3的规定。

表 5.2.3 生活污水塑料管道的坡度

项次	管 径(mm)	标准坡度(‰)	最小坡度(‰)
1	50	25	12
2	75	15	8
3	110	12	6
4	125	10	5
5	160	7	4

检验方法：水平尺、拉线尺量检查。

5.2.4 排水塑料管必须按设计要求及位置装设伸缩节。如设计无要求时，伸缩节间距不得大于4m。

高层建筑中明设排水塑料管道应按设计要求设置阻火圈或防火套管。

检验方法：观察检查。

5.2.5 排水主立管及水平干管管道均应做通球试验，通球球径不小于排水管道管径的2/3，通球率必须达到100%。

检查方法：通球检查。

一 般 项 目

5.2.6 在生活污水管道上设置的检查口或清扫口，当设计无要求时应符合下列规定：

1 在立管上应每隔一层设置一个检查口，但在最底层和有卫生器具的最高层必须设置。如为两层建筑时，可仅在底层设置立管检查口；如有乙字弯管时，则在该层乙字弯管的上部设置检查口。检查口中心高度距操作地面一般为1m，允许偏差±20mm；检查口的朝向应便于检修。暗装立管，在检查口处应安装检修门。

2 在连接2个及2个以上大便器或3个及3个以上卫生器具的污水横管上应设置清扫口。当污水管在楼板下悬吊敷设时，可将清扫口设在上一层楼地面上，污水管起点的清扫口与管道相垂直的墙面距离不得小于200mm；若污水管起点设置堵头代替清扫口时，与墙面距离不得小于400mm。

3 在转角小于135°的污水横管上,应设置检查口或清扫口。

4 污水横管的直线管段,应按设计要求的距离设置检查口或清扫口。

检验方法:观察和尺量检查。

5.2.7 埋在地下或地板下的排水管道的检查口,应设在检查井内。井底表面标高与检查口的法兰相平,井底表面应有5‰坡度,坡向检查口。

检验方法:尺量检查。

5.2.8 金属排水管道上的吊钩或卡箍应固定在承重结构上。固定件间距:横管不大于2m;立管不大于3m。楼层高度小于或等于4m,立管可安装1个固定件。立管底部的弯管处应设支墩或采取固定措施。

检验方法:观察和尺量检查。

5.2.9 排水塑料管道支、吊架间距应符合表5.2.9的规定。

表5.2.9 排水塑料管道支吊架最大间距(单位:m)

管径(mm)	50	75	110	125	160
立 管	1.2	1.5	2.0	2.0	2.0
横 管	0.5	0.75	1.10	1.30	1.6

检验方法:尺量检查。

5.2.10 排水通气管不得与风道或烟道连接,且应符合下列规定:

1 通气管应高出屋面300mm,但必须大于最大积雪厚度。

2 在通气管出口4m以内有门、窗时,通气管应高出门、窗顶600mm或引向无门、窗一侧。

3 在经常有人停留的平屋顶上,通气管应高出屋面2m,并应根据防雷要求设置防雷装置。

4 屋顶有隔热层应从隔热层板面算起。

检验方法:观察和尺量检查。

5.2.11 安装未经消毒处理的医院含菌污水管道,不得与其他排水管道直接连接。

检验方法:观察检查。

5.2.12 饮食业工艺设备引出的排水管及饮用水水箱的溢流管,不得与污水管道直接连接,并应留出不小于100mm的隔断空间。

检验方法:观察和尺量检查。

5.2.13 通向室外的排水管,穿过墙壁或基础必须下返时,应采用45°三通和45°弯头连接,并应在垂直管段顶部设置清扫口。

检验方法:观察和尺量检查。

5.2.14 由室内通向室外排水检查井的排水管,井内引入管应高于排出管或两管顶相平,并有不小于90°的水流转角,如跌落差大于300mm可不受角度限制。

检验方法:观察和尺量检查。

5.2.15 用于室内排水的水平管道与水平管道、水平管道与立管的连接,应采用45°三通或45°四通和90°斜三通或90°斜四通。立管与排出管端部的连接，应采用两个45°弯头或曲率半径不小于4倍管径的90°弯头。

检验方法：观察和尺量检查。

5.2.16 室内排水管道安装的允许偏差应符合表5.2.16的相关规定。

表5.2.16 室内排水和雨水管道安装的允许偏差和检验方法

项次	项 目			允许偏差(mm)	检验方法
1	坐 标			15	
2	标 高			±15	
3 横管纵横方向弯曲	铸铁管	每1m		≯1	用水准仪(水平尺)、直尺、拉线和尺量检查
		全长(25m以上)		≯25	
	钢管	每1m	管径小于或等于100mm	1	
			管径大于100mm	1.5	
		全长(25m以上)	管径小于或等于100mm	≯25	
			管径大于100mm	≯308	
	塑料管	每1m		1.5	
		全长(25m以上)		≯38	
	钢筋混凝土管、混凝土管	每1m		3	
		全长(25m以上)		≯75	
4 立管垂直度	铸铁管	每1m		3	吊线和尺量检查
		全长(5m以上)		≯15	
	钢管	每1m		3	
		全长(5m以上)		≯10	
	塑料管	每1m		3	
		全长(5m以上)		≯15	

5.3 雨水管道及配件安装

主 控 项 目

5.3.1 安装在室内的雨水管道安装后应做灌水试验，灌水高度必须到每根立管上部的雨水斗。

检验方法：灌水试验持续1h，不渗不漏。

5.3.2 雨水管道如采用塑料管，其伸缩节安装应符合设计要求。

检验方法：对照图纸检查。

5.3.3 悬吊式雨水管道的敷设坡度不得小于5‰；埋地雨水管道的最小坡度，应符合表5.3.3的规定。

表5.3.3 地下埋设雨水排水管道的最小坡度

项次	管径(mm)	最小坡度(‰)	项次	管径(mm)	最小坡度(‰)
1	50	20	4	125	6
2	75	15	5	150	5
3	100	8	6	200~400	4

检验方法：水平尺、拉线尺量检查。

一 般 项 目

5.3.4 雨水管道不得与生活污水管道相连接。
检验方法：观察检查。

5.3.5 雨水斗管的连接应固定在屋面承重结构上。雨水斗边缘与屋面相连处应严密不漏。连接管管径当设计无要求时，不得小于100mm。
检验方法：观察和尺量检查。

5.3.6 悬吊式雨水管道的检查口或带法兰堵口的三通的间距不得大于表5.3.6的规定。

表5.3.6 悬吊管检查口间距

项次	悬吊管直径(mm)	检查口间距(m)	项次	悬吊管直径(mm)	检查口间距(m)
1	≤150	≥15	2	≥200	≥20

检验方法：拉线、尺量检查。

5.3.7 雨水管道安装的允许偏差应符合本规范表5.2.16的规定。

5.3.8 雨水钢管管道焊接的焊口允许偏差应符合表5.3.8的规定。

表5.3.8 钢管管道焊口允许偏差和检验方法

项次	项 目		允许偏差	检验方法
1	焊口平直度	管壁厚10mm以内	管壁厚1/4	焊接检验尺和游标卡尺检查
2	焊缝加强面	高 度	+1mm	
		宽 度		
3	咬 边	深 度	小于0.5mm	直尺检查
		长度 连续长度	25mm	
		长度 总长度(两侧)	小于焊缝长度的10%	

6 室内热水供应系统安装

6.1 一 般 规 定

6.1.1 本章适用于工作压力不大于1.0MPa，热水温度不超过75℃的室内热水供应管道安装工程的质量检验与验收。

6.1.2 热水供应系统的管道应采用塑料管、复合管、镀锌钢管和铜管。

6.1.3 热水供应系统管道及配件安装应按本规范第4.2节的相关规定执行。

6.2 管道及配件安装

主 控 项 目

6.2.1 热水供应系统安装完毕，管道保温之前应进行水压试验。试验压力应符合设计要求。当设计未注明时，热水供应系统水压试验压力应为系统顶点的工作压力加0.1MPa，同时在系统顶点的试验压力不小于0.3MPa。

检验方法：钢管或复合管道系统试验压力下10min内压力降不大于0.02MPa，然后降至工作压力检查，压力应不降，且不渗不漏；塑料管道系统在试验压力下稳压1h，压力降不得超过0.05MPa，然后在工作压力1.15倍状态下稳压2h，压力降不得超过0.03MPa，连接处不得渗漏。

6.2.2 热水供应管道应尽量利用自然弯补偿热伸缩，直线段过长则应设置补偿器。补偿器型式、规格、位置应符合设计要求，并按有关规定进行预拉伸。

检验方法：对照设计图纸检查。

6.2.3 热水供应系统竣工后必须进行冲洗。

检验方法：现场观察检查。

一 般 项 目

6.2.4 管道安装坡度应符合设计规定。

检验方法：水平尺、拉线尺量检查。

6.2.5 温度控制器及阀门应安装在便于观察和维护的位置。

检验方法：观察检查。

6.2.6 热水供应管道和阀门安装的允许偏差应符合本规范表4.2.8的规定。

6.2.7 热水供应系统管道应保温（浴室内明装管道除外），保温材料、厚度、保护壳等应符合设计规定。保温层厚度和平整度的允许偏差应符合本规范表4.4.8的规定。

6.3 辅助设备安装

主 控 项 目

6.3.1 在安装太阳能集热器玻璃前，应对集热排管和上、下集管作水压试验，试验压力为工作压力的1.5倍。

检验方法：试验压力下10min内压力不降，不渗不漏。

6.3.2 热交换器应以工作压力的1.5倍作水压试验。蒸汽部分应不低于蒸汽供汽压力加0.3MPa；热水部分应不低于0.4MPa。

检验方法：试验压力下10min内压力不降，不渗不漏。

6.3.3 水泵就位前的基础混凝土强度、坐标、标高、尺寸和螺栓孔位置必须符合设计要求。

检验方法：对照图纸用仪器和尺量检查。

6.3.4 水泵试运转的轴承温升必须符合设备说明书的规定。

检验方法：温度计实测检查。

6.3.5 敞口水箱的满水试验和密闭水箱(罐)的水压试验必须符合设计与本规范的规定。

检验方法：满水试验静置24h，观察不渗不漏；水压试验在试验压力下10min压力不降，不渗不漏。

一 般 项 目

6.3.6 安装固定式太阳能热水器，朝向应正南。如受条件限制时，其偏移角不得大于15°。集热器的倾角，对于春、夏、秋三个季节使用的，应采用当地纬度为倾角；若以夏季为主，可比当地纬度减少10°。

检验方法：观察和分度仪检查。

6.3.7 由集热器上、下集管接往热水箱的循环管道，应有不小于5‰的坡度。

检验方法：尺量检查。

6.3.8 自然循环的热水箱底部与集热器上集管之间的距离为0.3～1.0m。

检验方法：尺量检查。

6.3.9 制作吸热钢板凹槽时，其圆度应准确，间距应一致。安装集热排管时，应用卡箍和钢丝紧固在钢板凹槽内。

检验方法：手扳和尺量检查。

6.3.10 太阳能热水器的最低处应安装泄水装置。

检验方法：观察检查。

6.3.11 热水箱及上、下集管等循环管道均应保温。

检验方法：观察检查。

6.3.12 凡以水作介质的太阳能热水器，在0℃以下地区使用，应采取防冻措施。

检验方法：观察检查。

6.3.13 热水供应辅助设备安装的允许偏差应符合本规范表4.4.7的规定。

6.3.14 太阳能热水器安装的允许偏差应符合表6.3.14的规定。

表6.3.14 太阳能热水器安装的允许偏差和检验方法

项 目			允许偏差	检验方法
板式直管太阳能热水器	标高	中心线距地面(mm)	±20	尺 量
	固定安装朝向	最大偏移角	不大于15°	分度仪检查

7 卫生器具安装

7.1 一 般 规 定

7.1.1 本章适用于室内污水盆、洗涤盆、洗脸(手)盆、盥洗槽、浴盆、淋浴器、大便器、小便器、小便槽、大便冲洗槽、妇女卫生盆、化验盆、排水栓、地漏、加热器、煮沸消毒器和饮水器等卫生器具安装的质量检验与验收。

7.1.2 卫生器具的安装应采用预埋螺栓或膨胀螺栓安装固定。

7.1.3 卫生器具安装高度如设计无要求时，应符合表7.1.3的规定。

表 7.1.3 卫生器具的安装高度

项次	卫生器具名称			卫生器具安装高度(mm)		备 注
				居住和公共建筑	幼儿园	
1	污水盆(池)		架空式	800	800	
			落地式	500	500	
2	洗涤盆(池)			800	800	
3	洗脸盆、洗手盆(有塞、无塞)			800	500	自地面至器具上边缘
4	盥洗槽			800	500	
5	浴盆			≯520		
6	蹲式大便器		高水箱	1800	1800	自台阶面至高水箱底
			低水箱	900	900	自台阶面至低水箱底
7	坐式大便器	高水箱		1800	1800	自地面至高水箱底
		低水箱	外露排水管式虹吸喷射式	510	370	自地面至低水箱底
				470		
8	小便器		挂式	600	450	自地面至下边缘
9	小便槽			200	150	自地面至台阶面
10	大便槽冲洗水箱			≮2000		自台阶面至水箱底
11	妇女卫生盆			360		自地面至器具上边缘
12	化验盆			800		自地面至器具上边缘

7.1.4 卫生器具给水配件的安装高度,如设计无要求时,应符合表 7.1.4 的规定。

表 7.1.4 卫生器具给水配件的安装高度

项次	给水配件名称		配件中心距地面高度(mm)	冷热水龙头距离(mm)
1	架空式污水盆(池)水龙头		1000	—
2	落地式污水盆(池)水龙头		800	—
3	洗涤盆(池)水龙头		1000	150
4	住宅集中给水龙头		1000	—
5	洗手盆水龙头		1000	
6	洗脸盆	水龙头(上配水)	1000	150
		水龙头(下配水)	800	150
		角阀(下配水)	450	—
7	盥洗槽	水龙头	1000	150
	冷热水管上下并行	其中热水龙头	1100	150
8	浴盆	水龙头(上配水)	670	150

续表

项次	给水配件名称		配件中心距地面高度（mm）	冷热水龙头距离（mm）
9	淋浴器	截止阀	1150	95
		混合阀	1150	—
		淋浴喷头下沿	2100	—
10	蹲式大便器（台阶面算起）	高水箱角阀及截止阀	2040	—
		低水箱角阀	250	—
		手动式自闭冲洗阀	600	—
		脚踏式自闭冲洗阀	150	—
		拉管式冲洗阀（从地面算起）	1600	—
		带防污助冲器阀门（从地面算起）	900	—
11	坐式大便器	高水箱角阀及截止阀	2040	—
		低水箱角阀	150	—
12	大便槽冲洗水箱截止阀（从台阶面算起）		≮2400	—
13	立式小便器角阀		1130	—
14	挂式小便器角阀及截止阀		1050	—
15	小便槽多孔冲洗管		1100	—
16	实验室化验水龙头		1000	—
17	妇女卫生盆混合阀		360	—

注：装设在幼儿园内的洗手盆、洗脸盆和盥洗槽水嘴中心离地面安装高度应为700mm，其他卫生器具给水配件的安装高度，应按卫生器具实际尺寸相应减少。

7.2 卫生器具安装

主 控 项 目

7.2.1 排水栓和地漏的安装应平正、牢固，低于排水表面，周边无渗漏。地漏水封高度不得小于50mm。

检验方法：试水观察检查。

7.2.2 卫生器具交工前应做满水和通水试验。

检验方法：满水后各连接件不渗不漏；通水试验给、排水畅通。

一 般 项 目

7.2.3 卫生器具安装的允许偏差应符合表7.2.3的规定。

表 7.2.3 卫生器具安装的允许偏差和检验方法

项次	项 目		允许偏差(mm)	检验方法
1	坐标	单独器具	10	拉线、吊线和尺量检查
		成排器具	5	
2	标高	单独器具	±15	
		成排器具	±10	
3	器具水平度		2	用水平尺和尺量检查
4	器具垂直度		3	吊线和尺量检查

7.2.4 有饰面的浴盆，应留有通向浴盆排水口的检修门。
　　检验方法：观察检查。

7.2.5 小便槽冲洗管，应采用镀锌钢管或硬质塑料管。冲洗孔应斜向下方安装，冲洗水流同墙面成45°角。镀锌钢管钻孔后应进行二次镀锌。
　　检验方法：观察检查。

7.2.6 卫生器具的支、托架必须防腐良好，安装平整、牢固，与器具接触紧密、平稳。
　　检验方法：观察和手扳检查。

7.3 卫生器具给水配件安装

主 控 项 目

7.3.1 卫生器具给水配件应完好无损伤，接口严密，启闭部分灵活。
　　检验方法：观察及手扳检查。

一 般 项 目

7.3.2 卫生器具给水配件安装标高的允许偏差应符合表7.3.2的规定。

表 7.3.2 卫生器具给水配件安装标高的允许偏差和检验方法

项次	项 目	允许偏差(mm)	检验方法
1	大便器高、低水箱角阀及截止阀	±10	尺量检查
2	水嘴	±10	
3	淋浴器喷头下沿	±15	
4	浴盆软管淋浴器挂钩	±20	

7.3.3 浴盆软管淋浴器挂钩的高度，如设计无要求，应距地面1.8m。
　　检验方法：尺量检查。

7.4 卫生器具排水管道安装

主 控 项 目

7.4.1 与排水横管连接的各卫生器具的受水口和立管均应采取妥善可靠的固定措施；管道与楼板的接合部位应采取牢固可靠的防渗、防漏措施。

检验方法：观察和手扳检查。

7.4.2 连接卫生器具的排水管道接口应紧密不漏，其固定支架、管卡等支撑位置应正确、牢固，与管道的接触应平整。

检验方法：观察及通水检查。

一 般 项 目

7.4.3 卫生器具排水管道安装的允许偏差应符合表7.4.3的规定。

表7.4.3 卫生器具排水管道安装的允许偏差及检验方法

项次	检查项目		允许偏差(mm)	检验方法
1	横管弯曲度	每1m长	2	用水平尺量检查
		横管长度≤10m，全长	<8	
		横管长度>10m，全长	10	
2	卫生器具的排水管口及横支管的纵横坐标	单独器具	10	用尺量检查
		成排器具	5	
3	卫生器具的接口标高	单独器具	±10	用水平尺和尺量检查
		成排器具	±5	

7.4.4 连接卫生器具的排水管管径和最小坡度，如设计无要求时，应符合表7.4.4的规定。

表7.4.4 连接卫生器具的排水管管径和最小坡度

项次	卫生器具名称		排水管管径(mm)	管道的最小坡度(‰)
1	污水盆(池)		50	25
2	单、双格洗涤盆(池)		50	25
3	洗手盆、洗脸盆		32～50	20
4	浴盆		50	20
5	淋浴器		50	20
6	大便器	高、低水箱	100	12
		自闭式冲洗阀	100	12
		拉管式冲洗阀	100	12

续表

项次	卫生器具名称		排水管管径（mm）	管道的最小坡度（‰）
7	小便器	手动、自闭式冲洗阀	40～50	20
		自动冲洗水箱	40～50	20
8	化验盆(无塞)		40～50	25
9	净身器		40～50	20
10	饮水器		20～50	10～20
11	家用洗衣机		50(软管为30)	

检验方法：用水平尺和尺量检查。

8 室内采暖系统安装

8.1 一般规定

8.1.1 本章适用于饱和蒸汽压力不大于0.7MPa，热水温度不超过130℃的室内采暖系统安装工程的质量检验与验收。

8.1.2 焊接钢管的连接，管径小于或等于32mm，应采用螺纹连接；管径大于32mm，采用焊接。镀锌钢管的连接见本规范第4.1.3条。

8.2 管道及配件安装

主控项目

8.2.1 管道安装坡度，当设计未注明时，应符合下列规定：

1 气、水同向流动的热水采暖管道和汽、水同向流动的蒸汽管道及凝结水管道，坡度应为3‰，不得小于2‰。

2 气、水逆向流动的热水采暖管道和汽、水逆向流动的蒸汽管道，坡度不应小于5‰。

3 散热器支管的坡度应为1%，坡向应利于排气和泄水。

检验方法：观察，水平尺、拉线、尺量检查。

8.2.2 补偿器的型号、安装位置及预拉伸和固定支架的构造及安装位置应符合设计要求。

检验方法：对照图纸，现场观察，并查验预拉伸记录。

8.2.3 平衡阀及调节阀型号、规格、公称压力及安装位置应符合设计要求。安装完后应根据系统平衡要求进行调试并作出标志。

检验方法：对照图纸查验产品合格证，并现场查看。

8.2.4 蒸汽减压阀和管道及设备上安全阀的型号、规格、公称压力及安装位置应符合设计要求。安装完毕后应根据系统工作压力进行调试，并做出标志。

　　检验方法：对照图纸查验产品合格证及调试结果证明书。

8.2.5　方形补偿器制作时，应用整根无缝钢管煨制，如需要接口，其接口应设在垂直臂的中间位置，且接口必须焊接。

　　检验方法：观察检查。

8.2.6　方形补偿器应水平安装，并与管道的坡度一致；如其臂长方向垂直安装必须设排气及泄水装置。

　　检验方法：观察检查。

一　般　项　目

8.2.7　热量表、疏水器、除污器、过滤器及阀门的型号、规格、公称压力及安装位置应符合设计要求。

　　检验方法：对照图纸查验产品合格证。

8.2.8　钢管管道焊口尺寸的允许偏差应符合本规范表5.3.8的规定。

8.2.9　采暖系统入口装置及分户热计量系统入户装置，应符合设计要求。安装位置应便于检修、维护和观察。

　　检验方法：现场观察。

8.2.10　散热器支管长度超过1.5m时，应在支管上安装管卡。

　　检验方法：尺量和观察检查。

8.2.11　上供下回式系统的热水干管变径应顶平偏心连接，蒸汽干管变径应底平偏心连接。

　　检验方法：观察检查。

8.2.12　在管道干管上焊接垂直或水平分支管道时，干管开孔所产生的钢渣及管壁等废弃物不得残留管内，且分支管道在焊接时不得插入干管内。

　　检验方法：观察检查。

8.2.13　膨胀水箱的膨胀管及循环管上不得安装阀门。

　　检验方法：观察检查。

8.2.14　当采暖热媒为110~130℃的高温水时，管道可拆卸件应使用法兰，不得使用长丝和活接头。法兰垫料应使用耐热橡胶板。

　　检验方法：观察和查验进料单。

8.2.15　焊接钢管管径大于32mm的管道转弯，在作为自然补偿时应使用煨弯。塑料管及复合管除必须使用直角弯头的场合外应使用管道直接弯曲转弯。

　　检验方法：观察检查。

8.2.16　管道、金属支架和设备的防腐和涂漆应附着良好，无脱皮、起泡、流淌和漏涂缺陷。

　　检验方法：现场观察检查。

8.2.17　管道和设备保温的允许偏差应符合本规范表4.4.8的规定。

8.2.18　采暖管道安装的允许偏差应符合表8.2.18的规定。

表 8.2.18 采暖管道安装的允许偏差和检验方法

项次	项	目		允许偏差	检验方法
1	横管道纵、横方向弯曲(mm)	每1m	管径≤100mm	1	用水平尺、直尺、拉线和尺量检查
			管径>100mm	1.5	
		全长(25m以上)	管径≤100mm	≥13	
			管径>100mm	≥25	
2	立管垂直度(mm)	每1m		2	吊线和尺量检查
		全长(5m以上)		≥10	
3	弯管	椭圆率 $\dfrac{D_{max}-D_{min}}{D_{max}}$	管径≤100mm	10%	用外卡钳和尺量检查
			管径>100mm	8%	
		折皱不平度(mm)	管径≤100mm	4	
			管径>100mm	5	

注：D_{max}，D_{min} 分别为管子最大外径及最小外径。

8.3 辅助设备及散热器安装

主控项目

8.3.1 散热器组对后，以及整组出厂的散热器在安装之前应作水压试验。试验压力如设计无要求时应为工作压力的1.5倍，但不小于0.6MPa。

检验方法：试验时间为2～3min，压力不降且不渗不漏。

8.3.2 水泵、水箱、热交换器等辅助设备安装的质量检验与验收应按本规范第4.4节和第13.6节的相关规定执行。

一般项目

8.3.3 散热器组对应平直紧密，组对后的平直度应符合表8.3.3规定。

表 8.3.3 组对后的散热器平直度允许偏差

项次	散热器类型	片 数	允许偏差(mm)
1	长 翼 型	2～4	4
		5～7	6
2	铸铁片式 钢制片式	3～15	4
		16～25	6

检验方法：拉线和尺量。

8.3.4 组对散热器的垫片应符合下列规定：
1 组对散热器垫片应使用成品，组对后垫片外露不应大于1mm。
2 散热器垫片材质当设计无要求时，应采用耐热橡胶。

检验方法：观察和尺量检查。

8.3.5 散热器支架、托架安装，位置应准确，埋设牢固。散热器支架、托架数量，应符合设计或产品说明书要求。如设计未注时，则应符合表8.3.5的规定。

表8.3.5 散热器支架、托架数量

项次	散热器型式	安装方式	每组片数	上部托钩或卡架数	下部托钩或卡架数	合计
1	长翼型	挂墙	2～4	1	2	3
			5	2	2	4
			6	2	3	5
			7	2	4	6
2	柱型 柱翼型	挂墙	3～8	1	2	3
			9～12	1	3	4
			13～16	2	4	6
			17～20	2	5	7
			21～25	2	6	8
3	柱型 柱翼型	带足落地	3～8	1	—	1
			8～12	1	—	1
			13～16	2	—	2
			17～20	2	—	2
			21～25	2	—	2

检验方法：现场清点检查。

8.3.6 散热器背面与装饰后的墙内表面安装距离，应符合设计或产品说明书要求。如设计未注明，应为30mm。

检验方法：尺量检查。

8.3.7 散热器安装允许偏差应符合表8.3.7的规定。

表8.3.7 散热器安装允许偏差和检验方法

项次	项目	允许偏差(mm)	检验方法
1	散热器背面与墙内表面距离	3	尺量
2	与窗中心线或设计定位尺寸	20	尺量
3	散热器垂直度	3	吊线和尺量

8.3.8 铸铁或钢制散热器表面的防腐及面漆应附着良好，色泽均匀，无脱落、起泡、流淌和漏涂缺陷。

检验方法：现场观察。

8.4 金属辐射板安装

主 控 项 目

8.4.1 辐射板在安装前应作水压试验，如设计无要求时试验压力应为工作压力1.5倍，但不得小于0.6MPa。

检验方法：试验压力下2~3min压力不降且不渗不漏。

8.4.2 水平安装的辐射板应有不小于5‰的坡度坡向回水管。

检验方法：水平尺、拉线和尺量检查。

8.4.3 辐射板管道及带状辐射板之间的连接，应使用法兰连接。

检验方法：观察检查。

8.5 低温热水地板辐射采暖系统安装

主 控 项 目

8.5.1 地面下敷设的盘管埋地部分不应有接头。

检验方法：隐蔽前现场查看。

8.5.2 盘管隐蔽前必须进行水压试验，试验压力为工作压力的1.5倍，但不小于0.6MPa。

检验方法：稳压1h内压力降不大于0.05MPa且不渗不漏。

8.5.3 加热盘管弯曲部分不得出现硬折弯现象，曲率半径应符合下列规定：

1 塑料管：不应小于管道外径的8倍。
2 复合管：不应小于管道外径的5倍。

检验方法：尺量检查。

一 般 项 目

8.5.4 分、集水器型号、规格、公称压力及安装位置、高度等应符合设计要求。

检验方法：对照图纸及产品说明书，尺量检查。

8.5.5 加热盘管管径、间距和长度应符合设计要求。间距偏差不大于±10mm。

检验方法：拉线和尺量检查。

8.5.6 防潮层、防水层、隔热层及伸缩缝应符合设计要求。

检验方法：填充层浇灌前观察检查。

8.5.7 填充层强度标号应符合设计要求。

检验方法：作试块抗压试验。

8.6 系统水压试验及调试

主 控 项 目

8.6.1 采暖系统安装完毕，管道保温之前应进行水压试验。试验压力应符合设计要求。当设计未注明时，应符合下列规定：

1 蒸汽、热水采暖系统，应以系统顶点工作压力加0.1MPa作水压试验，同时在系统顶点的试验压力不小于0.3MPa。
2 高温热水采暖系统，试验压力应为系统顶点工作压力加0.4MPa。
3 使用塑料管及复合管的热水采暖系统，应以系统顶点工作压力加0.2MPa作水压试验，同时在系统顶点的试验压力不小于0.4MPa。

检验方法：使用钢管及复合管的采暖系统应在试验压力下10min内压力降不大于0.02MPa，降至工作压力后检查，不渗、不漏。

使用塑料管的采暖系统应在试验压力下 1h 内压力降不大于 0.05MPa，然后降压至工作压力的 1.15 倍，稳压 2h，压力降不大于 0.03MPa，同时各连接处不渗、不漏。

8.6.2 系统试压合格后，应对系统进行冲洗并清扫过滤器及除污器。

检验方法：现场观察，直至排出水不含泥沙、铁屑等杂质，且水色不浑浊为合格。

8.6.3 系统冲洗完毕应充水、加热，进行试运行和调试。

检验方法：观察、测量室温应满足设计要求。

9 室外给水管网安装

9.1 一 般 规 定

9.1.1 本章适用于民用建筑群（住宅小区）及厂区的室外给水管网安装工程的质量检验与验收。

9.1.2 输送生活给水的管道应采用塑料管、复合管、镀锌钢管或给水铸铁管。塑料管、复合管或给水铸铁管的管材、配件，应是同一厂家的配套产品。

9.1.3 架空或在地沟内敷设的室外给水管道其安装要求按室内给水管道的安装要求执行。塑料管道不得露天架空铺设，必须露天架空铺设时应有保温和防晒等措施。

9.1.4 消防水泵接合器及室外消火栓的安装位置、型式必须符合设计要求。

9.2 给 水 管 道 安 装

主 控 项 目

9.2.1 给水管道在埋地敷设时，应在当地的冰冻线以下，如必须在冰冻线以上铺设时，应做可靠的保温防潮措施。在无冰冻地区，埋地敷设时，管顶的覆土埋深不得小于 500mm，穿越道路部位的埋深不得小于 700mm。

检验方法：现场观察检查。

9.2.2 给水管道不得直接穿越污水井、化粪池、公共厕所等污染源。

检验方法：观察检查。

9.2.3 管道接口法兰、卡扣、卡箍等应安装在检查井或地沟内，不应埋在土壤中。

检验方法：观察检查。

9.2.4 给水系统各种井室内的管道安装，如设计无要求，井壁距法兰或承口的距离：管径小于或等于 450mm 时，不得小于 250mm；管径大于 450mm 时，不得小于 350 mm。

检验方法：尺量检查。

9.2.5 管网必须进行水压试验，试验压力为工作压力的 1.5 倍，但不得小于 0.6MPa。

检验方法：管材为钢管、铸铁管时，试验压力下 10min 内压力降不应大于 0.05MPa，然后降至工作压力进行检查，压力应保持不变，不渗不漏；管材为塑料管时，试验压力下，稳压 1h 压力降不大于 0.05MPa，然后降至工作压力进行检查，压力应保持不变，不渗不漏。

9.2.6 镀锌钢管、钢管的埋地防腐必须符合设计要求，如设计无规定时，可按表 9.2.6

的规定执行。卷材与管材间应粘贴牢固，无空鼓、滑移、接口不严等。

检验方法：观察和切开防腐层检查。

9.2.7 给水管道在竣工后，必须对管道进行冲洗，饮用水管道还要在冲洗后进行消毒，满足饮用水卫生要求。

检验方法：观察冲洗水的浊度，查看有关部门提供的检验报告。

表9.2.6 管道防腐层种类

防腐层层次	正常防腐层	加强防腐层	特加强防腐层
（从金属表面起）1	冷底子油	冷底子油	冷底子油
2	沥青涂层	沥青涂层	沥青涂层
3	外包保护层	加强包扎层（封闭层）	加强保护层（封闭层）
4		沥青涂层	沥青涂层
5		外保护层	加强包扎层
6			（封闭层）
			沥青涂层
7			外包保护层
防腐层厚度不小于(mm)	3	6	9

一 般 项 目

9.2.8 管道的坐标、标高、坡度应符合设计要求，管道安装的允许偏差应符合表9.2.8的规定。

表9.2.8 室外给水管道安装的允许偏差和检验方法

项次	项 目			允许偏差(mm)	检验方法
1	坐标	铸铁管	埋地	100	拉线和尺量检查
			敷设在沟槽内	50	
		钢管、塑料管、复合管	埋地	100	
			敷设在沟槽内或架空	40	
2	标高	铸铁管	埋地	±50	拉线和尺量检查
			敷设在地沟内	±30	
		钢管、塑料管、复合管	埋地	±50	
			敷设在地沟内或架空	±30	
3	水平管纵横向弯曲	铸铁管	直段(25m以上)起点～终点	40	拉线和尺量检查
		钢管、塑料管、复合管	直段(25m以上)起点～终点	30	

9.2.9 管道和金属支架的涂漆应附着良好，无脱皮、起泡、流淌和漏涂等缺陷。

检验方法：现场观察检查。

9.2.10 管道连接应符合工艺要求，阀门、水表等安装位置应正确。塑料给水管道上的水表、阀门等设施其重量或启闭装置的扭矩不得作用于管道上，当管径≥50mm时必须设独立的支承装置。

检验方法：现场观察检查。

9.2.11 给水管道与污水管道在不同标高平行敷设，其垂直间距在500mm以内时，给水管管径小于或等于200mm的，管壁水平间距不得小于1.5m；管径大于200mm的，不得小于3m。

检验方法：观察和尺量检查。

9.2.12 铸铁管承插捻口连接的对口间隙应不小于3mm，最大间隙不得大于表9.2.12的规定。

表9.2.12 铸铁管承插捻口的对口最大间隙

管径 (mm)	沿直线敷设 (mm)	沿曲线敷设 (mm)	管径 (mm)	沿直线敷设 (mm)	沿曲线敷设 (mm)
75	4	5	300～500	6	14～22
100～250	5	7～13			

检验方法：尺量检查。

9.2.13 铸铁管沿直线敷设，承插捻口连接的环型间隙应符合表9.2.13的规定；沿曲线敷设，每个接口允许有2°转角。

表9.2.13 铸铁管承插捻口的环型间隙

管径 (mm)	标准环型间隙 (mm)	允许偏差 (mm)	管径 (mm)	标准环型间隙 (mm)	允许偏差 (mm)
75～200	10	+3 -2	500	12	+4 -2
250～450	11	+4 -2			

检验方法：尺量检查。

9.2.14 捻口用的油麻填料必须清洁，填塞后应捻实，其深度应占整个环型间隙深度的1/3。

检验方法：观察和尺量检查。

9.2.15 捻口用水泥强度应不低于32.5MPa，接口水泥应密实饱满，其接口水泥面凹入承口边缘的深度不得大于2mm。

检验方法：观察和尺量检查。

9.2.16 采用水泥捻口的给水铸铁管，在安装地点有侵蚀性的地下水时，应在接口处涂抹沥青防腐层。

检验方法：观察检查。

9.2.17 采用橡胶圈接口的埋地给水管道，在土壤或地下水对橡胶圈有腐蚀的地段，在回填土前应用沥青胶泥、沥青麻丝或沥青锯末等材料封闭橡胶圈接口。橡胶圈接口的管道，每个接口的最大偏转角不得超过表 9.2.17 的规定。

表 9.2.17　橡胶圈接口最大允许偏转角

公称直径(mm)	100	125	150	200	250	300	350	400
允许偏转角度	5°	5°	5°	5°	4°	4°	4°	3°

检验方法：观察和尺量检查。

9.3　消防水泵接合器及室外消火栓安装

主 控 项 目

9.3.1　系统必须进行水压试验，试验压力为工作压力的 1.5 倍，但不得小于 0.6MPa。

检验方法：试验压力下，10min 内压力降不大于 0.05MPa，然后降至工作压力进行检查，压力保持不变，不渗不漏。

9.3.2　消防管道在竣工前，必须对管道进行冲洗。

检验方法：观察冲洗出水的浊度。

9.3.3　消防水泵接合器和消火栓的位置标志应明显，栓口的位置应方便操作。消防水泵接合器和室外消火栓当采用墙壁式时，如设计未要求，进、出水栓口的中心安装高度距地面应为 1.10m，其上方应设有防坠落物打击的措施。

检验方法：观察和尺量检查。

一 般 项 目

9.3.4　室外消火栓和消防水泵接合器的各项安装尺寸应符合设计要求，栓口安装高度允许偏差为±20mm。

检验方法：尺量检查。

9.3.5　地下式消防水泵接合器顶部进水口或地下式消火栓的顶部出水口与消防井盖底面的距离不得大于 400mm，井内应有足够的操作空间，并设爬梯。寒冷地区井内应做防冻保护。

检验方法：观察和尺量检查。

9.3.6　消防水泵接合器的安全阀及止回阀安装位置和方向应正确，阀门启闭应灵活。

检验方法：现场观察和手扳检查。

9.4　管沟及井室

主 控 项 目

9.4.1　管沟的基层处理和井室的地基必须符合设计要求。

检验方法：现场观察检查。

9.4.2　各类井室的井盖应符合设计要求，应有明显的文字标识，各种井盖不得混用。

检验方法：现场观察检查。

9.4.3　设在通车路面下或小区道路下的各种井室，必须使用重型井圈和井盖，井盖上表面应与路面相平，允许偏差为±5mm。绿化带上和不通车的地方可采用轻型井圈和井盖，井盖的上表面应高出地坪50mm，并在井口周围以2%的坡度向外做水泥砂浆护坡。

检验方法：观察和尺量检查。

9.4.4 重型铸铁或混凝土井圈，不得直接放在井室的砖墙上，砖墙上应做不少于80mm厚的细石混凝土垫层。

检验方法：观察和尺量检查。

一 般 项 目

9.4.5 管沟的坐标、位置、沟底标高应符合设计要求。

检验方法：观察、尺量检查。

9.4.6 管沟的沟底层应是原土层，或是夯实的回填土，沟底应平整，坡度应顺畅，不得有尖硬的物体、块石等。

检验方法：观察检查。

9.4.7 如沟基为岩石、不易清除的块石或为砾石层时，沟底应下挖100～200mm，填铺细砂或粒径不大于5mm的细土，夯实到沟底标高后，方可进行管道敷设。

检验方法：观察和尺量检查。

9.4.8 管沟回填土，管顶上部200mm以内应用砂子或无块石及冻土块的土，并不得用机械回填；管顶上部500mm以内不得回填直径大于100mm的块石和冻土块；500mm以上部分回填土中的块石或冻土块不得集中。上部用机械回填时，机械不得在管沟上行走。

检验方法：观察和尺量检查。

9.4.9 井室的砌筑应按设计或给定的标准图施工。井室的底标高在地下水位以上时，基层应为素土夯实；在地下水位以下时，基层应打100mm厚的混凝土底板。砌筑应采用水泥砂浆，内表面抹灰后应严密不透水。

检验方法：观察和尺量检查。

9.4.10 管道穿过井壁处，应用水泥砂浆分二次填塞严密、抹平，不得渗漏。

检验方法：观察检查。

10 室外排水管网安装

10.1 一 般 规 定

10.1.1 本章适用于民用建筑群（住宅小区）及厂区的室外排水管网安装工程的质量检验与验收。

10.1.2 室外排水管道应采用混凝土管、钢筋混凝土管、排水铸铁管或塑料管。其规格及质量必须符合现行国家标准及设计要求。

10.1.3 排水管沟及井池的土方工程、沟底的处理、管道穿井壁处的处理、管沟及井池周围的回填要求等，均参照给水管沟及井室的规定执行。

10.1.4 各种排水井、池应按设计给定的标准图施工，各种排水井和化粪池均应用混凝土做底板（雨水井除外），厚度不小于100mm。

10.2 排水管道安装

主 控 项 目

10.2.1 排水管道的坡度必须符合设计要求,严禁无坡或倒坡。

检验方法:用水准仪、拉线和尺量检查。

10.2.2 管道埋设前必须做灌水试验和通水试验,排水应畅通,无堵塞,管接口无渗漏。

检验方法:按排水检查井分段试验,试验水头应以试验段上游管顶加1m,时间不少于30min,逐段观察。

一 般 项 目

10.2.3 管道的坐标和标高应符合设计要求,安装的允许偏差应符合表10.2.3的规定。

表10.2.3 室外排水管道安装的允许偏差和检验方法

项次	项 目		允许偏差(mm)	检 验 方 法
1	坐 标	埋 地	100	拉线尺量
		敷设在沟槽内	50	
2	标 高	埋 地	±20	用水平仪、拉线和尺量
		敷设在沟槽内	±20	
3	水平管道纵横向弯曲	每5m长	10	拉线尺量
		全长(两井间)	30	

10.2.4 排水铸铁管采用水泥捻口时,油麻填塞应密实,接口水泥应密实饱满,其接口面凹入承口边缘且深度不得大于2mm。

检验方法:观察和尺量检查。

10.2.5 排水铸铁管外壁在安装前应除锈,涂二遍石油沥青漆。

检验方法:观察检查。

10.2.6 承插接口的排水管道安装时,管道和管件的承口应与水流方向相反。

检验方法:观察检查。

10.2.7 混凝土管或钢筋混凝土管采用抹带接口时,应符合下列规定:

1 抹带前应将管口的外壁凿毛,扫净,当管径小于或等于500mm时,抹带可一次完成;当管径大于500mm时,应分二次抹成,抹带不得有裂纹。

2 钢丝网应在管道就位前放入下方,抹压砂浆时应将钢丝网抹压牢固,钢丝网不得外露。

3 抹带厚度不得小于管壁的厚度,宽度宜为80~100mm。

检验方法:观察和尺量检查。

10.3 排水管沟及井池

主 控 项 目

10.3.1 沟基的处理和井池的底板强度必须符合设计要求。

检验方法：现场观察和尺量检查，检查混凝土强度报告。

10.3.2 排水检查井、化粪池的底板及进、出水管的标高，必须符合设计，其允许偏差为±15mm。

检验方法：用水准仪及尺量检查。

一 般 项 目

10.3.3 井、池的规格、尺寸和位置应正确，砌筑和抹灰符合要求。

检验方法：观察及尺量检查。

10.3.4 井盖选用应正确，标志应明显，标高应符合设计要求。

检验方法：观察、尺量检查。

11 室外供热管网安装

11.1 一 般 规 定

11.1.1 本章适用于厂区及民用建筑群（住宅小区）的饱和蒸汽压力不大于0.7MPa、热水温度不超过130℃的室外供热管网安装工程的质量检验与验收。

11.1.2 供热管网的管材应按设计要求。当设计未注明时，应符合下列规定：

1 管径小于或等于40mm时，应使用焊接钢管。
2 管径为50～200mm时，应使用焊接钢管或无缝钢管。
3 管径大于200mm时，应使用螺旋焊接钢管。

11.1.3 室外供热管道连接均应采用焊接连接。

11.2 管道及配件安装

主 控 项 目

11.2.1 平衡阀及调节阀型号、规格及公称压力应符合设计要求。安装后应根据系统要求进行调试，并作出标志。

检验方法：对照设计图纸及产品合格证，并现场观察调试结果。

11.2.2 直埋无补偿供热管道预热伸长及三通加固应符合设计要求。回填前应注意检查预制保温层外壳及接口的完好性。回填应按设计要求进行。

检验方法：回填前现场验核和观察。

11.2.3 补偿器的位置必须符合设计要求，并应按设计要求或产品说明书进行预拉伸。管道固定支架的位置和构造必须符合设计要求。

检验方法：对照图纸，并查验预拉伸记录。

11.2.4 检查井室、用户入口处管道布置应便于操作及维修，支、吊、托架稳固，并满足设计要求。

检验方法：对照图纸，观察检查。

11.2.5 直埋管道的保温应符合设计要求，接口在现场发泡时，接头处厚度应与管道保温层厚度一致，接头处保护层必须与管道保护层成一体，符合防潮防水要求。

检验方法：对照图纸，观察检查。

一 般 项 目

11.2.6 管道水平敷设其坡度应符合设计要求。

检验方法：对照图纸，用水准仪（水平尺）、拉线和尺量检查。

11.2.7 除污器构造应符合设计要求，安装位置和方向应正确。管网冲洗后应清除内部污物。

检验方法：打开清扫口检查。

11.2.8 室外供热管道安装的允许偏差应符合表11.2.8的规定。

11.2.9 管道焊口的允许偏差应符合本规范表5.3.8的规定。

表11.2.8 室外供热管道安装的允许偏差和检验方法

项次	项 目		允许偏差	检验方法
1	坐 标 (mm)	敷设在沟槽内及架空	20	用水准仪（水平尺）、直尺、拉线
		埋 地	50	
2	标 高 (mm)	敷设在沟槽内及架空	±10	尺量检查
		埋 地	±15	
3	水平管道纵、横方向弯曲 (mm)	每1m 管径≤100mm	1	用水准仪（水平尺）、直尺、拉线和尺量检查
		每1m 管径>100mm	1.5	
		全长(25m以上) 管径≤100mm	≥13	
		全长(25m以上) 管径>100mm	≥25	
4	弯 管	椭圆率 $\frac{D_{max}-D_{min}}{D_{max}}$ 管径≤100mm	8%	用外卡钳和尺量检查
		椭圆率 管径>100mm	5%	
		折皱不平度 (mm) 管径≤100mm	4	
		折皱不平度 管径125～200mm	5	
		折皱不平度 管径250～400mm	7	

11.2.10 管道及管件焊接的焊缝表面质量应符合下列规定：

1 焊缝外形尺寸应符合图纸和工艺文件的规定，焊缝高度不得低于母材表面，焊缝与母材应圆滑过渡；

2 焊缝及热影响区表面应无裂纹、未熔合、未焊透、夹渣、弧坑和气孔等缺陷。

检验方法：观察检查。

11.2.11 供热管道的供水管或蒸汽管，如设计无规定时，应敷设在载热介质前进方向的右侧或上方。

检验方法：对照图纸，观察检查。

11.2.12 地沟内的管道安装位置，其净距（保温层外表面）应符合下列规定：

    与沟壁　　　　　　　　100～150mm；

    与沟底　　　　　　　　100～200mm；

    与沟顶（不通行地沟）　　50～100mm；

        （半通行和通行地沟）200～300mm。

检验方法：尺量检查。

11.2.13 架空敷设的供热管道安装高度，如设计无规定时，应符合下列规定（以保温层外表面计算）：

 1 人行地区，不小于 2.5m。
 2 通行车辆地区，不小于 4.5m。
 3 跨越铁路，距轨顶不小于 6m。

检验方法：尺量检查。

11.2.14 防锈漆的厚度应均匀，不得有脱皮、起泡、流淌和漏涂等缺陷。

检验方法：保温前观察检查。

11.2.15 管道保温层的厚度和平整度的允许偏差应符合本规范表 4.4.8 的规定。

11.3 系统水压试验及调试

主控项目

11.3.1 供热管道的水压试验压力应为工作压力的 1.5 倍，但不得小于 0.6MPa。

检验方法：在试验压力下 10min 内压力降不大于 0.05MPa，然后降至工作压力下检查，不渗不漏。

11.3.2 管道试压合格后，应进行冲洗。

检验方法：现场观察，以水色不浑浊为合格。

11.3.3 管道冲洗完毕应通水、加热，进行试运行和调试。当不具备加热条件时，应延期进行。

检验方法：测量各建筑物热力入口处供回水温度及压力。

11.3.4 供热管道作水压试验时，试验管道上的阀门应开启，试验管道与非试验管道应隔断。

检验方法：开启和关闭阀门检查。

12 建筑中水系统及游泳池水系统安装

12.1 一 般 规 定

12.1.1 中水系统中的原水管道管材及配件要求按本规范第 5 章执行。

12.1.2 中水系统给水管道及排水管道检验标准按本规范第 4、5 两章规定执行。

12.1.3 游泳池排水系统安装、检验标准等按本规范第 5 章相关规定执行。

12.1.4 游泳池水加热系统安装、检验标准等均按本规范第 6 章相关规定执行。

12.2 建筑中水系统管道及辅助设备安装

主控项目

12.2.1 中水高位水箱应与生活高位水箱分设在不同的房间内，如条件不允许只能设在同一房间时，与生活高位水箱的净距离应大于 2m。

检验方法：观察和尺量检查。

12.2.2 中水给水管道不得装设取水水嘴。便器冲洗宜采用密闭型设备和器具。绿化、浇洒、汽车冲洗宜采用壁式或地下式的给水栓。

检验方法：观察检查。

12.2.3 中水供水管道严禁与生活饮用水给水管道连接，并应采取下列措施：

1 中水管道外壁应涂浅绿色标志；
2 中水池（箱）、阀门、水表及给水栓均应有"中水"标志。

检验方法：观察检查。

12.2.4 中水管道不宜暗装于墙体和楼板内。如必须暗装于墙槽内时，必须在管道上有明显且不会脱落的标志。

检验方法：观察检查。

一 般 项 目

12.2.5 中水给水管道管材及配件应采用耐腐蚀的给水管管材及附件。

检验方法：观察检查。

12.2.6 中水管道与生活饮用水管道、排水管道平行埋设时，其水平净距离不得小于0.5m；交叉埋设时，中水管道应位于生活饮用水管道下面，排水管道的上面，其净距离不应小于0.15m。

检验方法：观察和尺量检查。

12.3 游泳池水系统安装

主 控 项 目

12.3.1 游泳池的给水口、回水口、泄水口应采用耐腐蚀的铜、不锈钢、塑料等材料制造。溢流槽、格栅应为耐腐蚀材料制造，并为组装型。安装时其外表面应与池壁或池底面相平。

检验方法：观察检查。

12.3.2 游泳池的毛发聚集器应采用铜或不锈钢等耐腐蚀材料制造，过滤筒（网）的孔径应不大于3mm，其面积应为连接管截面积的1.5~2倍。

检验方法：观察和尺量计算方法。

12.3.3 游泳池地面，应采取有效措施防止冲洗排水流入池内。

检验方法：观察检查。

一 般 项 目

12.3.4 游泳池循环水系统加药（混凝剂）的药品溶解池、溶液池及定量投加设备应采用耐腐蚀材料制作。输送溶液的管道应采用塑料管、胶管或铜管。

检验方法：观察检查。

12.3.5 游泳池的浸脚、浸腰消毒池的给水管、投药管、溢流管、循环管和泄空管应采用耐腐蚀材料制成。

检验方法：观察检查。

13 供热锅炉及辅助设备安装

13.1 一 般 规 定

13.1.1 本章适用于建筑供热和生活热水供应的额定工作压力不大于1.25MPa、热水温度不超过130℃的整装蒸汽和热水锅炉及辅助设备安装工程的质量检验与验收。

13.1.2 适用于本章的整装锅炉及辅助设备安装工程的质量检验与验收，除应按本规范规定执行外，尚应符合现行国家有关规范、规程和标准的规定。

13.1.3 管道、设备和容器的保温，应在防腐和水压试验合格后进行。

13.1.4 保温的设备和容器，应采用粘接保温钉固定保温层，其间距一般为200mm。当需采用焊接勾钉固定保温层时，其间距一般为250mm。

13.2 锅 炉 安 装

主 控 项 目

13.2.1 锅炉设备基础的混凝土强度必须达到设计要求，基础的坐标、标高、几何尺寸和螺栓孔位置应符合表13.2.1的规定。

表13.2.1 锅炉及辅助设备基础的允许偏差和检验方法

项次	项 目		允许偏差(mm)	检验方法
1	基础坐标位置		20	经纬仪、拉线和尺量
2	基础各不同平面的标高		0，-20	水准仪、拉线尺量
3	基础平面外形尺寸		20	尺量检查
4	凸台上平面尺寸		0，-20	
5	凹穴尺寸		+20，0	
6	基础上平面水平度	每米	5	水平仪(水平尺)和楔形塞尺检查
		全长	10	
7	坚向偏差	每米	5	经纬仪或吊线和尺量
		全高	10	
8	预埋地脚螺栓	标高(顶端)	+20，0	水准仪、拉线和尺量
		中心距(根部)	2	
9	预留地脚螺栓孔	中心位置	10	尺量
		深度	-20，0	
		孔壁垂直度	10	吊线和尺量
10	预埋活动地脚螺栓锚板	中心位置	5	拉线和尺量
		标高	+20，0	
		水平度(带槽锚板)	5	水平尺和楔形塞尺检查
		水平度(带螺纹孔锚板)	2	

13.2.2 非承压锅炉,应严格按设计或产品说明书的要求施工。锅筒顶部必须敞口或装设大气连通管,连通管上不得安装阀门。

检验方法:对照设计图纸或产品说明书检查。

13.2.3 以天然气为燃料的锅炉的天然气释放管或大气排放管不得直接通向大气,应通向贮存或处理装置。

检验方法:对照设计图纸检查。

13.2.4 两台或两台以上燃油锅炉共用一个烟囱时,每一台锅炉的烟道上均应配备风阀或挡板装置,并应具有操作调节和闭锁功能。

检验方法:观察和手扳检查。

13.2.5 锅炉的锅筒和水冷壁的下集箱及后棚管的后集箱的最低处排污阀及排污管道不得采用螺纹连接。

检验方法:观察检查。

13.2.6 锅炉的汽、水系统安装完毕后,必须进行水压试验。水压试验的压力应符合表13.2.6的规定。

表13.2.6 水压试验压力规定

项次	设备名称	工作压力 P(MPa)	试验压力(MPa)
1	锅炉本体	$P<0.59$	$1.5P$ 但不小于 0.2
		$0.59 \leqslant P \leqslant 1.18$	$P+0.3$
		$P>1.18$	$1.25P$
2	可分式省煤器	P	$1.25P+0.5$
3	非承压锅炉	大气压力	0.2

注:1. 工作压力 P 对蒸汽锅炉指锅筒工作压力,对热水锅炉指锅炉额定出水压力;
    2. 铸铁锅炉水压试验同热水锅炉;
    3. 非承压锅炉水压试验压力为 0.2MPa,试验期间压力应保持不变。

检验方法:

1 在试验压力下 10min 内压力降不超过 0.02MPa;然后降至工作压力进行检查,压力不降,不渗、不漏;

2 观察检查,不得有残余变形,受压元件金属壁和焊缝上不得有水珠和水雾。

13.2.7 机械炉排安装完毕后应做冷态运转试验,连续运转时间不应少于 8h。

检验方法:观察运转试验全过程。

13.2.8 锅炉本体管道及管件焊接的焊缝质量应符合下列规定:

1 焊缝表面质量应符合本规范第 11.2.10 条的规定。

2 管道焊口尺寸的允许偏差应符合本规范表 5.3.8 的规定。

3 无损探伤的检测结果应符合锅炉本体设计的相关要求。

检验方法:观察和检验无损探伤检测报告。

一 般 项 目

13.2.9 锅炉安装的坐标、标高、中心线和垂直度的允许偏差应符合表13.2.9的规定。

表 13.2.9 锅炉安装的允许偏差和检验方法

项次	项目		允许偏差(mm)	检验方法
1	坐标		10	经纬仪、拉线和尺量
2	标高		±5	水准仪、拉线和尺量
3	中心线垂直度	卧式锅炉炉体全高	3	吊线和尺量
		立式锅炉炉体全高	4	吊线和尺量

13.2.10 组装链条炉排安装的允许偏差应符合表 13.2.10 的规定。

表 13.2.10 组装链条炉排安装的允许偏差和检验方法

项次	项目		允许偏差(mm)	检验方法
1	炉排中心位置		2	经纬仪、拉线和尺量
2	墙板的标高		±5	水准仪、拉线和尺量
3	墙板的垂直度,全高		3	吊线和尺量
4	墙板间两对角线的长度之差		5	钢丝线和尺量
5	墙板框的纵向位置		5	经纬仪、拉线和尺量
6	墙板顶面的纵向水平度		长度 1/1000,且≯5	拉线、水平尺和尺量
7	墙板间的距离	跨距≤2m	+3 0	钢丝线和尺量
		跨距>2m	+5 0	
8	两墙板的顶面在同一水平面上相对高差		5	水准仪、吊线和尺量
9	前轴、后轴的水平度		长度 1/1000	拉线、水平尺和尺量
10	前轴和后轴和轴心线相对标高差		5	水准仪、吊线和尺量
11	各轨道在同一水平面上的相对高差		5	水准仪、拉线和尺量
12	相邻两轨道间的距离		±2	钢丝线和尺量

13.2.11 往复炉排安装的允许偏差应符合表 13.2.11 的规定。

表 13.2.11 往复炉排安装的允许偏差和检验方法

项次	项目		允许偏差(mm)	检验方法
1	两侧板的相对标高		3	水准仪、吊线和尺量
2	两侧板间距离	跨距≤2m	+3 0	钢丝线和尺量
		跨距>2m	+4 0	
3	两侧板的垂直度,全高		3	吊线和尺量
4	两侧板间对角线的长度之差		5	钢丝线和尺量
5	炉排片的纵向间隙		1	钢板尺量
6	炉排两侧的间隙		2	

13.2.12 铸铁省煤器破损的肋片数不应大于总肋片数的5%，有破损肋片的根数不应大于总根数的10%。

铸铁省煤器支承架安装的允许偏差应符合表13.2.12的规定。

表 13.2.12 铸铁省煤器支承架安装的允许偏差和检验方法

项次	项 目	允许偏差(mm)	检 验 方 法
1	支承架的位置	3	经纬仪、拉线和尺量
2	支承架的标高	0 −5	水准仪、吊线和尺量
3	支承架的纵、横向水平度(每米)	1	水平尺和塞尺检查

13.2.13 锅炉本体安装应按设计或产品说明书要求布置坡度并坡向排污阀。

检验方法：用水平尺或水准仪检查。

13.2.14 锅炉由炉底送风的风室及锅炉底座与基础之间必须封、堵严密。

检验方法：观察检查。

13.2.15 省煤器的出口处(或入口处)应按设计或锅炉图纸要求安装阀门和管道。

检验方法：对照设计图纸检查。

13.2.16 电动调节阀门的调节机构与电动执行机构的转臂应在同一平面内动作，传动部分应灵活、无空行程及卡阻现象，其行程及伺服时间应满足使用要求。

检验方法：操作时观察检查。

13.3 辅助设备及管道安装

主 控 项 目

13.3.1 辅助设备基础的混凝土强度必须达到设计要求，基础的坐标、标高、几何尺寸和螺栓孔位置必须符合本规范表13.2.1的规定。

13.3.2 风机试运转，轴承温升应符合下列规定：

1 滑动轴承温度最高不得超过60℃。

2 滚动轴承温度最高不得超过80℃。

检验方法：用温度计检查。

轴承径向单振幅应符合下列规定：

1 风机转速小于1000r/min时，不应超过0.10mm；

2 风机转速为1000～1450r/min时，不应超过0.08mm。

检验方法：用测振仪表检查。

13.3.3 分汽缸(分水器、集水器)安装前应进行水压试验，试验压力为工作压力的1.5倍，但不得小于0.6MPa。

检验方法：试验压力下10min内无压降、无渗漏。

13.3.4 敞口箱、罐安装前应做满水试验；密闭箱、罐应以工作压力的1.5倍作水压试验，但不得小于0.4MPa。

检验方法：满水试验满水后静置24h不渗不漏；水压试验在试验压力下10min内无压降，不渗不漏。

13.3.5 地下直埋油罐在埋地前应做气密性试验,试验压力降不应小于0.03MPa。
　　检验方法:试验压力下观察30min不渗、不漏,无压降。

13.3.6 连接锅炉及辅助设备的工艺管道安装完毕后,必须进行系统的水压试验,试验压力为系统中最大工作压力的1.5倍。
　　检验方法:在试验压力10min内压力降不超过0.05MPa,然后降至工作压力进行检查,不渗不漏。

13.3.7 各种设备的主要操作通道的净距如设计不明确时不应小于1.5m,辅助的操作通道净距不应小于0.8m。
　　检验方法:尺量检查。

13.3.8 管道连接的法兰、焊缝和连接管件以及管道上的仪表、阀门的安装位置应便于检修,并不得紧贴墙壁、楼板或管架。
　　检验方法:观察检查。

13.3.9 管道焊接质量应符合本规范第11.2.10条的要求和表5.3.8的规定。

一 般 项 目

13.3.10 锅炉辅助设备安装的允许偏差应符合表13.3.10的规定。

表13.3.10　锅炉辅助设备安装的允许偏差和检验方法

项次	项目		允许偏差(mm)	检验方法
1	送、引风机	坐标	10	经纬仪、拉线和尺量
		标高	±5	水准仪、拉线和尺量
2	各种静置设备(各种容器、箱、罐等)	坐标	15	经纬仪、拉线和尺量
		标高	±5	水准仪、拉线和尺量
		垂直度(1m)	2	吊线和尺量
3	离心式水泵	泵体水平度(1m)	0.1	水平尺和塞尺检查
		联轴器同心度 轴向倾斜(1m)	0.8	水准仪、百分表(测微螺钉)和塞尺检查
		联轴器同心度 径向位移	0.1	

13.3.11 连接锅炉及辅助设备的工艺管道安装的允许偏差应符合表13.3.11的规定。

表13.3.11　工艺管道安装的允许偏差和检验方法

项次	项目		允许偏差(mm)	检验方法
1	坐标	架空	15	水准仪、拉线和尺量
		地沟	10	
2	标高	架空	±15	水准仪、拉线和尺量
		地沟	±10	
3	水平管道纵、横方向弯曲	DN≤100mm	2‰,最大50	直尺和拉线检查
		DN>100mm	3‰,最大70	
4	立管垂直		2‰,最大15	吊线和尺量
5	成排管道间距		3	直尺尺量
6	交叉管的外壁或绝热层间距		10	

13.3.12 单斗式提升机安装应符合下列规定：
  1 导轨的间距偏差不大于 2mm。
  2 垂直式导轨的垂直度偏差不大于 1‰；倾斜式导轨的倾斜度偏差不大于 2‰。
  3 料斗的吊点与料斗垂心在同一垂线上，重合度偏差不大于 10mm。
  4 行程开关位置应准确，料斗运行平稳，翻转灵活。
  检验方法：吊线坠、拉线及尺量检查。

13.3.13 安装锅炉送、引风机，转动应灵活无卡碰等现象；送、引风机的传动部位，应设置安全防护装置。
  检验方法：观察和启动检查。

13.3.14 水泵安装的外观质量检查：泵壳不应有裂纹、砂眼及凹凸不平等缺陷；多级泵的平衡管路应无损伤或折陷现象；蒸汽往复泵的主要部件、活塞及活动轴必须灵活。
  检验方法：观察和启动检查。

13.3.15 手摇泵应垂直安装。安装高度如设计无要求时，泵中心距地面为 800mm。
  检验方法：吊线和尺量检查。

13.3.16 水泵试运转，叶轮与泵壳不应相碰，进、出口部位的阀门应灵活。轴承温升应符合产品说明书的要求。
  检验方法：通电、操作和测温检查。

13.3.17 注水器安装高度，如设计无要求时，中心距地面为 1.0～1.2m。
  检验方法：尺量检查。

13.3.18 除尘器安装应平稳牢固，位置和进、出口方向应正确。烟管与引风机连接时应采用软接头，不得将烟管重量压在风机上。
  检验方法：观察检查。

13.3.19 热力除氧器和真空除氧器的排汽管应通向室外，直接排入大气。
  检验方法：观察检查。

13.3.20 软化水设备罐体的视镜应布置在便于观察的方向。树脂装填的高度应按设备说明书要求进行。
  检验方法：对照说明书，观察检查。

13.3.21 管道及设备保温层的厚度和平整度的允计偏差应符合本规范表 4.4.8 的规定。

13.3.22 在涂刷油漆前，必须清除管道及设备表面的灰尘、污垢、锈斑、焊渣等物。涂漆的厚度应均匀，不得有脱皮、起泡、流淌和漏涂等缺陷。
  检验方法：现场观察检查。

13.4 安全附件安装

主控项目

13.4.1 锅炉和省煤器安全阀的定压和调整应符合表 13.4.1 的规定。锅炉上装有两个安全阀时，其中的一个按表中较高值定压，另一个按较低值定压。装有一个安全阀时，应按较低值定压。

表 13.4.1 安全阀定压规定

项次	工作设备	安全阀开启压力(MPa)
1	蒸汽锅炉	工作压力+0.02MPa
		工作压力+0.04MPa
2	热水锅炉	1.12倍工作压力,但不少于工作压力+0.07MPa
		1.14倍工作压力,但不少于工作压力+0.10MPa
3	省煤器	1.1倍工作压力

检验方法：检查定压合格证书。

13.4.2 压力表的刻度极限值,应大于或等于工作压力的1.5倍,表盘直径不得小于100mm。

检验方法：现场观察和尺量检查。

13.4.3 安装水位表应符合下列规定：

1 水位表应有指示最高、最低安全水位的明显标志,玻璃板(管)的最低可见边缘应比最低安全水位低25mm；最高可见边缘应比最高安全水位高25mm。

2 玻璃管式水位表应有防护装置。

3 电接点式水位表的零点应与锅筒正常水位重合。

4 采用双色水位表时,每台锅炉只能装设一个,另一个装设普通水位表。

5 水位表应有放水旋塞(或阀门)和接到安全地点的放水管。

检验方法：现场观察和尺量检查。

13.4.4 锅炉的高、低水位报警器和超温、超压报警器及联锁保护装置必须按设计要求安装齐全和有效。

检验方法：启动、联动试验并作好试验记录。

13.4.5 蒸汽锅炉安全阀应安装通向室外的排汽管。热水锅炉安全阀泄水管应接到安全地点。在排汽管和泄水管上不得装设阀门。

检验方法：观察检查。

一 般 项 目

13.4.6 安装压力表必须符合下列规定：

1 压力表必须安装在便于观察和吹洗的位置,并防止受高温、冰冻和振动的影响,同时要有足够的照明。

2 压力表必须设有存水弯管。存水弯管采用钢管煨制时,内径不应小于10mm；采用铜管煨制时,内径不应小于6mm。

3 压力表与存水弯管之间应安装三通旋塞。

检验方法：观察和尺量检查。

13.4.7 测压仪表取源部件在水平工艺管道上安装时,取压口的方位应符合下列规定：

1 测量液体压力的,在工艺管道的下半部与管道的水平中心线成0°～45°夹角范围内。

2 测量蒸汽压力的,在工艺管道的上半部或下半部与管道水平中心线成0°～45°夹角范围内。

3 测量气体压力的，在工艺管道的上半部。
　　检验方法：观察和尺量检查。

13.4.8 安装温度计应符合下列规定：
1 安装在管道和设备上的套管温度计，底部应插入流动介质内，不得装在引出的管段上或死角处。
2 压力式温度计的毛细管应固定好并有保护措施，其转弯处的弯曲半径不应小于50mm，温包必须全部浸入介质内。
3 热电偶温度计的保护套管应保证规定的插入深度。
　　检验方法：观察和尺量检查。

13.4.9 温度计与压力表在同一管道上安装时，按介质流动方向温度计应在压力表下游处安装，如温度计需在压力表的上游安装时，其间距不应小于300mm。
　　检验方法：观察和尺量检查。

13.5 烘炉、煮炉和试运行

主 控 项 目

13.5.1 锅炉火焰烘炉应符合下列规定：
1 火焰应在炉膛中央燃烧，不应直接烧烤炉墙及炉拱。
2 烘炉时间一般不少于4d，升温应缓慢，后期烟温不应高于160℃，且持续时间不应少于24h。
3 链条炉排在烘炉过程中应定期转动。
4 烘炉的中、后期应根据锅炉水水质情况排污。
　　检验方法：计时测温、操作观察检查。

13.5.2 烘炉结束后应符合下列规定：
1 炉墙经烘烤后没有变形、裂纹及塌落现象。
2 炉墙砌筑砂浆含水率达到7%以下。
　　检验方法：测试及观察检查。

13.5.3 锅炉在烘炉、煮炉合格后，应进行48h的带负荷连续试运行，同时应进行安全阀的热状态定压检验和调整。
　　检验方法：检查烘炉、煮炉及试运行全过程。

一 般 项 目

13.5.4 煮炉时间一般应为2～3d，如蒸汽压力较低，可适当延长煮炉时间。非砌筑或浇注保温材料保温的锅炉，安装后可直接进行煮炉。煮炉结束后，锅筒和集箱内壁应无油垢，擦去附着物后金属表面应无锈斑。
　　检验方法：打开锅筒和集箱检查孔检查。

13.6 换热站安装

主 控 项 目

13.6.1 热交换器应以最大工作压力的1.5倍作水压试验，蒸汽部分应不低于蒸汽供汽压力加 0.3MPa；热水部分应不低于 0.4MPa。

检验方法：在试验压力下，保持 10min 压力不降。

13.6.2 高温水系统中，循环水泵和换热器的相对安装位置应按设计文件施工。

检验方法：对照设计图纸检查。

13.6.3 壳管式热交换器的安装，如设计无要求时，其封头与墙壁或屋顶的距离不得小于换热管的长度。

检验方法：观察和尺量检查。

一 般 项 目

13.6.4 换热站内设备安装的允许偏差应符合本规范表 13.3.10 的规定。

13.6.5 换热站内的循环泵、调节阀、减压器、疏水器、除污器、流量计等安装应符合本规范的相关规定。

13.6.6 换热站内管道安装的允许偏差应符合本规范表 13.3.11 的规定。

13.6.7 管道及设备保温层的厚度和平整度的允许偏差应符合本规范表 4.4.8 的规定。

14 分部(子分部)工程质量验收

14.0.1 检验批、分项工程、分部(或子分部)工程质量的验收，均应在施工单位自检合格的基础上进行。并应按检验批、分项、分部(或子分部)、单位(或子单位)工程的程序进行验收，同时做好记录。

1 检验批、分项工程的质量验收应全部合格。

检验批质量验收见附录 B。

分项工程质量验收见附录 C。

2 分部(子分部)工程的验收，必须在分项工程验收通过的基础上，对涉及安全、卫生和使用功能的重要部位进行抽样检验和检测。

子分部工程质量验收见附录 D。

建筑给水、排水及采暖(分部)工程质量验收见附录 E。

14.0.2 建筑给水、排水及采暖工程的检验和检测应包括下列主要内容：

1 承压管道系统和设备及阀门水压试验。

2 排水管道灌水、通球及通水试验。

3 雨水管道灌水及通水试验。

4 给水管道通水试验及冲洗、消毒检测。

5 卫生器具通水试验，具有溢流功能的器具满水试验。

6 地漏及地面清扫口排水试验。

7 消火栓系统测试。

8 采暖系统冲洗及测试。

9 安全阀及报警联动系统动作测试。

10 锅炉 48h 负荷试运行。

14.0.3 工程质量验收文件和记录中应包括下列主要内容：

1 开工报告。

2 图纸会审记录、设计变更及洽商记录。
3 施工组织设计或施工方案。
4 主要材料、成品、半成品、配件、器具和设备出厂合格证及进场验收单。
5 隐蔽工程验收及中间试验记录。
6 设备试运转记录。
7 安全、卫生和使用功能检验和检测记录。
8 检验批、分项、子分部、分部工程质量验收记录。
9 竣工图。

中华人民共和国国家标准

通风与空调工程施工质量验收规范(摘录)

Code of acceptance for construction quality of
ventilation and air conditioning works

GB 50243—2002

主编部门：中华人民共和国建设部
批准部门：中华人民共和国建设部
施行日期：2002 年 4 月 1 日

目 次

1 总则 …………………………………………………………… 496
2 术语 …………………………………………………………… 496
3 基本规定 ……………………………………………………… 497
4 风管制作 ……………………………………………………… 499
    4.1 一般规定 ………………………………………………… 499
    4.2 主控项目 ………………………………………………… 500
    4.3 一般项目 ………………………………………………… 505
5 风管部件与消声器制作 ……………………………………… 512
    5.1 一般规定 ………………………………………………… 512
    5.2 主控项目 ………………………………………………… 512
    5.3 一般项目 ………………………………………………… 513
6 风管系统安装 ………………………………………………… 515
    6.1 一般规定 ………………………………………………… 515
    6.2 主控项目 ………………………………………………… 515
    6.3 一般项目 ………………………………………………… 517
7 通风与空调设备安装 ………………………………………… 520
    7.1 一般规定 ………………………………………………… 520
    7.2 主控项目 ………………………………………………… 520
    7.3 一般项目 ………………………………………………… 521
8 空调制冷系统安装 …………………………………………… 526
    8.1 一般规定 ………………………………………………… 526
    8.2 主控项目 ………………………………………………… 526
    8.3 一般项目 ………………………………………………… 528
9 空调水系统管道与设备安装 ………………………………… 530
    9.1 一般规定 ………………………………………………… 530
    9.2 主控项目 ………………………………………………… 530
    9.3 一般项目 ………………………………………………… 532
10 防腐与绝热 …………………………………………………… 537
    10.1 一般规定 ……………………………………………… 537
    10.2 主控项目 ……………………………………………… 537
    10.3 一般项目 ……………………………………………… 538
11 系统调试 ……………………………………………………… 540
    11.1 一般规定 ……………………………………………… 540
    11.2 主控项目 ……………………………………………… 540

  11.3 一般项目 ·· 541
12 竣工验收 ·· 542
13 综合效能的测定与调整 ·· 544
附录 A 漏光法检测与漏风量测试 ·· 545
  A.1 漏光法检测 ·· 545
  A.2 测试装置 ·· 545
  A.3 漏风量测试 ·· 549
附录 B 洁净室测试方法 ·· 549
  B.1 风量或风速的检测 ·· 549
  B.2 静压差的检测 ·· 550
  B.3 空气过滤器泄漏测试 ·· 550
  B.4 室内空气洁净度等级的检测 ··· 550
  B.5 室内浮游菌和沉降菌的检测 ··· 553
  B.6 室内空气温度和相对湿度的检测 ··· 553
  B.7 单向流洁净室截面平均速度，速度不均匀度的检测 ················ 554
  B.8 室内噪声的检测 ·· 554

1 总　则

1.0.1 为了加强建筑工程质量管理，统一通风与空调工程施工质量的验收，保证工程质量，制定本规范。

1.0.2 本规范适用于建筑工程通风与空调工程施工质量的验收。

1.0.3 本规范应与现行国家标准《建筑工程施工质量验收统一标准》GB 50300—2001 配套使用。

1.0.4 通风与空调工程施工中采用的工程技术文件、承包合同文件对施工质量的要求不得低于本规范的规定。

1.0.5 通风与空调工程施工质量的验收除应执行本规范的规定外，尚应符合国家现行有关标准规范的规定。

2 术　语

2.0.1 风管　air duct
  采用金属、非金属薄板或其他材料制作而成，用于空气流通的管道。

2.0.2 风道　air channel
  采用混凝土、砖等建筑材料砌筑而成，用于空气流通的通道。

2.0.3 通风工程　ventilation works
  送风、排风、除尘、气力输送以及防、排烟系统工程的统称。

2.0.4 空调工程　air conditioning works
  空气调节、空气净化与洁净室空调系统的总称。

2.0.5 风管配件　duct fittings
  风管系统中的弯管、三通、四通、各类变径及异形管、导流叶片和法兰等。

2.0.6 风管部件　duct accessory
  通风、空调风管系统中的各类风口、阀门、排气罩、风帽、检查门和测定孔等。

2.0.7 咬口　seam
  金属薄板边缘弯曲成一定形状，用于相互固定连接的构造。

2.0.8 漏风量　air leakage rate
  风管系统中，在某一静压下通过风管本体结构及其接口，单位时间内泄出或渗入的空气体积量。

2.0.9 系统风管允许漏风量　air system permissible leakage rate
  按风管系统类别所规定平均单位面积、单位时间内的最大允许漏风量。

2.0.10 漏风率　air system leakage ratio
  空调设备、除尘器等，在工作压力下空气渗入或泄漏量与其额定风量的比值。

2.0.11 净化空调系统　air cleaning system
  用于洁净空间的空气调节、空气净化系统。

2.0.12 漏光检测　air leak check with lighting

用强光源对风管的咬口、接缝、法兰及其他连接处进行透光检查，确定孔洞、缝隙等渗漏部位及数量的方法。

2.0.13 整体式制冷设备 packaged refrigerating unit

制冷机、冷凝器、蒸发器及系统辅助部件组装在同一机座上，而构成整体形式的制冷设备。

2.0.14 组装式制冷设备 assembling refrigerating unit

制冷机、冷凝器、蒸发器及辅助设备采用部分集中、部分分开安装形式的制冷设备。

2.0.15 风管系统的工作压力 design working pressure

指系统风管总风管处设计的最大的工作压力。

2.0.16 空气洁净度等级 air cleanliness class

洁净空间单位体积空气中，以大于或等于被考虑粒径的粒子最大浓度限值进行划分的等级标准。

2.0.17 角件 corner pieces

用于金属薄钢板法兰风管四角连接的直角型专用构件。

2.0.18 风机过滤器单元(FFU、FMU) fan filter(module)unit

由风机箱和高效过滤器等组成的用于洁净空间的单元式送风机组。

2.0.19 空态 as-built

洁净室的设施已经建成，所有动力接通并运行，但无生产设备、材料及人员在场。

2.0.20 静态 at-rest

洁净室的设施已经建成，生产设备已经安装，并按业主及供应商同意的方式运行，但无生产人员。

2.0.21 动态 operational

洁净室的设施以规定的方式运行及规定的人员数量在场，生产设备按业主及供应商双方商定的状态下进行工作。

2.0.22 非金属材料风管 nonmetallic duct

采用硬聚氯乙烯、有机玻璃钢、无机玻璃钢等非金属无机材料制成的风管。

2.0.23 复合材料风管 foil-insulant composite duct

采用不燃材料面层复合绝热材料板制成的风管。

2.0.24 防火风管 refractory duct

采用不燃、耐火材料制成，能满足一定耐火极限的风管。

3 基本规定

3.0.1 通风与空调工程施工质量的验收，除应符合本规范的规定外，还应按照被批准的设计图纸、合同约定的内容和相关技术标准的规定进行。施工图纸修改必须有设计单位的设计变更通知书或技术核定签证。

3.0.2 承担通风与空调工程项目的施工企业，应具有相应工程施工承包的资质等级及相应质量管理体系。

3.0.3 施工企业承担通风与空调工程施工图纸深化设计及施工时，还必须具有相应的设计资质及其质量管理体系，并应取得原设计单位的书面同意或签字认可。

3.0.4 通风与空调工程施工现场的质量管理应符合《建筑工程施工质量验收统一标准》GB 50300—2001 第 3.0.1 条的规定。

3.0.5 通风与空调工程所使用的主要原材料、成品、半成品和设备的进场，必须对其进行验收。验收应经监理工程师认可，并应形成相应的质量记录。

3.0.6 通风与空调工程的施工，应把每一个分项施工工序作为工序交接检验点，并形成相应的质量记录。

3.0.7 通风与空调工程施工过程中发现设计文件有差错的，应及时提出修改意见或更正建议，并形成书面文件及归档。

3.0.8 当通风与空调工程作为建筑工程的分部工程施工时，其子分部与分项工程的划分应按表 3.0.8 的规定执行。当通风与空调工程作为单位工程独立验收时，子分部上升为分部，分项工程的划分同上。

表 3.0.8 通风与空调分部工程的子分部划分

子分部工程	分 项 工 程	
送、排风系统	风管与配件制作 部件制作 风管系统安装 风管与设备防腐 风机安装 系统调试	通风设备安装，消声设备制作与安装
防、排烟系统		排烟风口、常闭正压风口与设备安装
除尘系统		除尘器与排污设备安装
空调系统		空调设备安装，消声设备制作与安装，风管与设备绝热
净化空调系统		空调设备安装，消声设备制作与安装，风管与设备绝热，高效过滤器安装，净化设备安装
制冷系统	制冷机组安装，制冷剂管道及配件安装，制冷附属设备安装，管道及设备的防腐与绝热，系统调试	
空调水系统	冷热水管道系统安装，冷却水管道系统安装，冷凝水管道系统安装，阀门及部件安装，冷却塔安装，水泵及附属设备安装，管道与设备的防腐与绝热，系统调试	

3.0.9 通风与空调工程的施工应按规定的程序进行，并与土建及其他专业工种互相配合；与通风与空调系统有关的土建工程施工完毕后，应由建设或总承包、监理、设计及施工单位共同会检。会检的组织宜由建设、监理或总承包单位负责。

3.0.10 通风与空调工程分项工程施工质量的验收，应按本规范对应分项的具体条文规定执行。子分部中的各个分项，可根据施工工程的实际情况一次验收或数次验收。

3.0.11 通风与空调工程中的隐蔽工程，在隐蔽前必须经监理人员验收及认可签证。

3.0.12 通风与空调工程中从事管道焊接施工的焊工，必须具备操作资格证书和相应类别管道焊接的考核合格证书。

3.0.13 通风与空调工程竣工的系统调试，应在建设和监理单位的共同参与下进行，施工企业应具有专业检测人员和符合有关标准规定的测试仪器。

3.0.14 通风与空调工程施工质量的保修期限，自竣工验收合格日起计算为二个采暖期、供冷期。在保修期内发生施工质量问题的，施工企业应履行保修职责，责任方承担相应的经济责任。

3.0.15 净化空调系统洁净室（区域）的洁净度等级应符合设计的要求。洁净度等级的检测应按本规范附录 B 第 B.4 条的规定,洁净度等级与空气中悬浮粒子的最大浓度限值(C_n)的规定,见本规范附录 B 表 B.4.6-1。

3.0.16 分项工程检验批验收合格质量应符合下列规定:
1 具有施工单位相应分项合格质量的验收记录;
2 主控项目的质量抽样检验应全数合格;
3 一般项目的质量抽样检验,除有特殊要求外,计数合格率不应小于 80%,且不得有严重缺陷。

4 风 管 制 作

4.1 一 般 规 定

4.1.1 本章适用于建筑工程通风与空调工程中,使用的金属、非金属风管与复合材料风管或风道的加工、制作质量的检验与验收。

4.1.2 对风管制作质量的验收,应按其材料、系统类别和使用场所的不同分别进行,主要包括风管的材质、规格、强度、严密性与成品外观质量等项内容。

4.1.3 风管制作质量的验收,按设计图纸与本规范的规定执行。工程中所选用的外购风管,还必须提供相应的产品合格证明文件或进行强度和严密性的验证,符合要求的方可使用。

4.1.4 通风管道规格的验收,风管以外径或外边长为准,风道以内径或内边长为准。通风管道的规格宜按照表 4.1.4-1、表 4.1.4-2 的规定。圆形风管应优先采用基本系列。非规则椭圆型风管参照矩形风管,并以长径平面边长及短径尺寸为准。

表 4.1.4-1 圆形风管规格(mm)

风管直径 D			
基本系列	辅助系列	基本系列	辅助系列
100	80	250	240
	90	280	260
120	110	320	300
140	130	360	340
160	150	400	380
180	170	450	420
200	190	500	480
220	210	560	530
630	600	1250	1180
700	670	1400	1320
800	750	1600	1500
900	850	1800	1700
1000	950	2000	1900
1120	1060		

表 4.1.4-2 矩形风管规格(mm)

风管边长				
120	320	800	2000	4000
160	400	1000	2500	—
200	500	1250	3000	—
250	630	1600	3500	—

4.1.5 风管系统按其系统的工作压力划分为三个类别,其类别划分应符合表 4.1.5 的规定。

表 4.1.5 风管系统类别划分

系统类别	系统工作压力 P(Pa)	密 封 要 求
低压系统	$P \leqslant 500$	接缝和接管连接处严密
中压系统	$500 < P \leqslant 1500$	接缝和接管连接处增加密封措施
高压系统	$P > 1500$	所有的拼接缝和接管连接处,均应采取密封措施

4.1.6 镀锌钢板及各类含有复合保护层的钢板,应采用咬口连接或铆接,不得采用影响其保护层防腐性能的焊接连接方法。

4.1.7 风管的密封,应以板材连接的密封为主,可采用密封胶嵌缝和其他方法密封。密封胶性能应符合使用环境的要求,密封面宜设在风管的正压侧。

4.2 主 控 项 目

4.2.1 金属风管的材料品种、规格、性能与厚度等应符合设计和现行国家产品标准的规定。当设计无规定时,应按本规范执行。钢板或镀锌钢板的厚度不得小于表 4.2.1-1 的规定;不锈钢板的厚度不得小于表 4.2.1-2 的规定;铝板的厚度不得小于表 4.2.1-3 的规定。

表 4.2.1-1 钢板风管板材厚度(mm)

风管直径D或长边尺寸b \ 类别	圆形风管	矩形风管		除尘系统风管
		中、低压系统	高压系统	
$D(b) \leqslant 320$	0.5	0.5	0.75	1.5
$320 < D(b) \leqslant 450$	0.6	0.6	0.75	1.5
$450 < D(b) \leqslant 630$	0.75	0.6	0.75	2.0
$630 < D(b) \leqslant 1000$	0.75	0.75	1.0	2.0
$1000 < D(b) \leqslant 1250$	1.0	1.0	1.0	2.0
$1250 < D(b) \leqslant 2000$	1.2	1.0	1.2	按设计
$2000 < D(b) \leqslant 4000$	按设计	1.2	按设计	按设计

注:1. 螺旋风管的钢板厚度可适当减小 10%～15%。
2. 排烟系统风管钢板厚度可按高压系统。
3. 特殊除尘系统风管钢板厚度应符合设计要求。
4. 不适用于地下人防与防火隔墙的预埋管。

表 4.2.1-2 高、中、低压系统不锈钢板风管板材厚度(mm)

风管直径或长边尺寸 b	不锈钢板厚度
b≤500	0.5
500<b≤1120	0.75
1120<b≤2000	1.0
2000<b≤4000	1.2

表 4.2.1-3 中、低压系统铝板风管板材厚度(mm)

风管直径或长边尺寸 b	铝板厚度
b≤320	1.0
320<b≤630	1.5
630<b≤2000	2.0
2000<b≤4000	按设计

检查数量：按材料与风管加工批数量抽查10%，不得少于5件。

检查方法：查验材料质量合格证明文件、性能检测报告，尺量、观察检查。

4.2.2 非金属风管的材料品种、规格、性能与厚度等应符合设计和现行国家产品标准的规定。当设计无规定时，应按本规范执行。硬聚氯乙烯风管板材的厚度，不得小于表 4.2.2-1 或表 4.2.2-2 的规定；有机玻璃钢风管板材的厚度，不得小于表 4.2.2-3 的规定；无机玻璃钢风管板材的厚度应符合表 4.2.2-4 的规定，相应的玻璃布层数不应少于表 4.2.2-5 的规定，其表面不得出现返卤或严重泛霜。

用于高压风管系统的非金属风管厚度应按设计规定。

表 4.2.2-1 中、低压系统硬聚氯乙烯圆形风管板材厚度(mm)

风管直径 D	板材厚度
D≤320	3.0
320<D≤630	4.0
630<D≤1000	5.0
1000<D≤2000	6.0

表 4.2.2-2 中、低压系统硬聚氯乙烯矩形风管板材厚度(mm)

风管长边尺寸 b	板材厚度
b≤320	3.0
320<b≤500	4.0
500<b≤800	5.0
800<b≤1250	6.0
1250<b≤2000	8.0

表 4.2.2-3 中、低压系统有机玻璃钢风管板材厚度(mm)

圆形风管直径 D 或短形风管长边尺寸 b	壁 厚
$D(b) \leqslant 200$	2.5
$200 < D(b) \leqslant 400$	3.2
$400 < D(b) \leqslant 630$	4.0
$630 < D(b) \leqslant 1000$	4.8
$1000 < D(b) \leqslant 2000$	6.2

表 4.2.2-4 中、低压系统无机玻璃钢风管板材厚度(mm)

圆形风管直径 D 或短形风管长边尺寸 b	壁 厚
$D(b) \leqslant 300$	2.5~3.5
$300 < D(b) \leqslant 500$	3.5~4.5
$500 < D(b) \leqslant 1000$	4.5~5.5
$1000 < D(b) \leqslant 1500$	5.5~6.5
$1500 < D(b) \leqslant 2000$	6.5~7.5
$D(b) > 2000$	7.5~8.5

表 4.2.2-5 中、低压系统无机玻璃钢风管玻璃纤维布厚度与层数(mm)

圆形风管直径 D 或矩形风管长边 b	风管管体玻璃纤维布厚度		风管法兰玻璃纤维布厚度	
	0.3	0.4	0.3	0.4
	玻 璃 布 层 数			
$D(b) \leqslant 300$	5	4	8	7
$300 < D(b) \leqslant 500$	7	5	10	8
$500 < D(b) \leqslant 1000$	8	6	13	9
$1000 < D(b) \leqslant 1500$	9	7	14	10
$1500 < D(b) \leqslant 2000$	12	8	16	14
$D(b) > 2000$	14	9	20	16

检查数量：按材料与风管加工批数量抽查10%，不得少于5件。

检查方法：查验材料质量合格证明文件、性能检测报告，尺量、观察检查。

4.2.3 防火风管的本体、框架与固定材料、密封垫料必须为不燃材料，其耐火等级应符合设计的规定。

检查数量：按材料与风管加工批数量抽查10%，不应少于5件。

检查方法：查验材料质量合格证明文件、性能检测报告，观察检查与点燃试验。

4.2.4 复合材料风管的覆面材料必须为不燃材料，内部的绝热材料应为不燃或难燃 B1 级，且对人体无害的材料。

检查数量：按材料与风管加工批数量抽查10%，不应少于5件。

检查方法：查验材料质量合格证明文件、性能检测报告，观察检查与点燃试验。

4.2.5 风管必须通过工艺性的检测或验证，其强度和严密性要求应符合设计或下列规定：

1 风管的强度应能满足在1.5倍工作压力下接缝处无开裂；

2 矩形风管的允许漏风量应符合以下规定：

低压系统风管 $Q_L \leqslant 0.1056 P^{0.65}$

中压系统风管 $Q_M \leqslant 0.0352P^{0.65}$
高压系统风管 $Q_H \leqslant 0.0117P^{0.65}$

式中 Q_L、Q_M、Q_H——系统风管在相应工作压力下,单位面积风管单位时间内的允许漏风量[m³/(h·m²)];

P——指风管系统的工作压力(Pa)。

3 低压、中压圆形金属风管、复合材料风管以及采用非法兰形式的非金属风管的允许漏风量,应为矩形风管规定值的50%;

4 砖、混凝土风道的允许漏风量不应大于矩形低压系统风管规定值的1.5倍;

5 排烟、除尘、低温送风系统按中压系统风管的规定,1～5级净化空调系统按高压系统风管的规定。

检查数量:按风管系统的类别和材质分别抽查,不得少于3件及15m²。

检查方法:检查产品合格证明文件和测试报告,或进行风管强度和漏风量测试(见本规范附录A)。

4.2.6 金属风管的连接应符合下列规定:

1 风管板材拼接的咬口缝应错开,不得有十字型拼接缝。

2 金属风管法兰材料规格不应小于表4.2.6-1或表4.2.6-2的规定。中、低压系统风管法兰的螺栓及铆钉孔的孔距不得大于150mm;高压系统风管不得大于100mm。矩形风管法兰的四角部位应设有螺孔。

当采用加固方法提高了风管法兰部位的强度时,其法兰材料规格相应的使用条件可适当放宽。

无法兰连接风管的薄钢板法兰高度应参照金属法兰风管的规定执行。

表4.2.6-1 金属圆形风管法兰及螺栓规格(mm)

风管直径 D	法兰材料规格		螺栓规格
	扁钢	角钢	
$D \leqslant 140$	20×4	—	M6
140<$D \leqslant 280$	25×4	—	M6
280<$D \leqslant 630$	—	25×3	M6
630<$D \leqslant 1250$	—	30×4	M8
1250<$D \leqslant 2000$	—	40×4	M8

表4.2.6-2 金属矩形风管法兰及螺栓规格(mm)

风管长边尺寸 b	法兰材料规格(角钢)	螺栓规格
$b \leqslant 630$	25×3	M6
630<$b \leqslant 1500$	30×3	M8
1500<$b \leqslant 2500$	40×4	M8
2500<$b \leqslant 4000$	50×5	M10

检查数量:按加工批数量抽查5%,不得少于5件。

检查方法:尺量、观察检查。

4.2.7 非金属(硬聚氯乙烯、有机、无机玻璃钢)风管的连接还应符合下列规定:

1 法兰的规格应分别符合表 4.2.7-1、表 4.2.7-2、表 4.2.7-3 的规定,其螺栓孔的间距不得大于 120mm;矩形风管法兰的四角处,应设有螺孔;

表 4.2.7-1　硬聚氯乙烯圆形风管法兰规格(mm)

风管直径 D	材料规格 (宽×厚)	连接螺栓	风管直径 D	材料规格 (宽×厚)	连接螺栓
$D \leqslant 180$	35×6	M6	$800 < D \leqslant 1400$	45×12	
$180 < D \leqslant 400$	35×8		$1400 < D \leqslant 1600$	50×15	M10
$400 < D \leqslant 500$	35×10	M8	$1600 < D \leqslant 2000$	60×15	
$500 < D \leqslant 800$	40×10		$D > 2000$	按设计	

表 4.2.7-2　硬聚氯乙烯矩形风管法兰规格(mm)

风管边长 b	材料规格 (宽×厚)	连接螺栓	风管边长 b	材料规格 (宽×厚)	连接螺栓
$b \leqslant 160$	35×6	M6	$800 < b \leqslant 1250$	45×12	
$160 < b \leqslant 400$	35×8		$1250 < b \leqslant 1600$	50×15	M10
$400 < b \leqslant 500$	35×10	M8	$1600 < D \leqslant 2000$	60×18	
$500 < b \leqslant 800$	40×10	M10	$b > 2000$	按设计	

表 4.2.7-3　有机、无机玻璃钢风管法兰规格(mm)

风管直径 D 或风管边长 b	材料规格(宽×厚)	连接螺栓
$D(b) \leqslant 400$	30×4	M8
$400 < D(b) \leqslant 1000$	40×6	
$1000 < D(b) \leqslant 2000$	50×8	M10

2 采用套管连接时,套管厚度不得小于风管板材厚度。

检查数量:按加工批数量抽查 5%,不得少于 5 件。

检查方法:尺量、观察检查。

4.2.8 复合材料风管采用法兰连接时,法兰与风管板材的连接应可靠,其绝热层不得外露,不得采用降低板材强度和绝热性能的连接方法。

检查数量:按加工批数量抽查 5%,不得少于 5 件。

检查方法:尺量、观察检查。

4.2.9 砖、混凝土风道的变形缝,应符合设计要求,不应渗水和漏风。

检查数量:全数检查。

检查方法:观察检查。

4.2.10 金属风管的加固应符合下列规定:

1 圆形风管(不包括螺旋风管)直径大于等于 800mm,且其管段长度大于 1250mm 或总表面积大于 4m² 均应采取加固措施;

2 矩形风管边长大于 630mm、保温风管边长大于 800mm,管段长度大于 1250mm 或低压风管单边平面积大于 1.2m²、中、高压风管大于 1.0m²,均应采取加固措施;

3 非规则椭圆风管的加固,应参照矩形风管执行。

检查数量：按加工批抽查5%，不得少于5件。
检查方法：尺量、观察检查。

4.2.11 非金属风管的加固，除应符合本规范第4.2.10条的规定外还应符合下列规定：

1 硬聚氯乙烯风管的直径或边长大于500mm时，其风管与法兰的连接处应设加强板，且间距不得大于450mm；

2 有机及无机玻璃钢风管的加固，应为本体材料或防腐性能相同的材料，并与风管成一整体。

检查数量：按加工批抽查5%，不得少于5件。
检查方法：尺量、观察检查。

4.2.12 矩形风管弯管的制作，一般应采用曲率半径为一个平面边长的内外同心弧形弯管。当采用其他形式的弯管，平面边长大于500mm时，必须设置弯管导流片。

检查数量：其他形式的弯管抽查20%，不得少于2件。
检查方法：观察检查。

4.2.13 净化空调系统风管还应符合下列规定：

1 矩形风管边长小于或等于900mm时，底面板不应有拼接缝；大于900mm时，不应有横向拼接缝；

2 风管所用的螺栓、螺母、垫圈和铆钉均应采用与管材性能相匹配、不会产生电化学腐蚀的材料，或采取镀锌或其他防腐措施，并不得采用抽芯铆钉；

3 不应在风管内设加固框及加固筋，风管无法兰连接不得使用S形插条、直角形插条及立联合角形插条等形式；

4 空气洁净度等级为1～5级的净化空调系统风管不得采用按扣式咬口；

5 风管的清洗不得用对人体和材质有危害的清洁剂；

6 镀锌钢板风管不得有镀锌层严重损坏的现象，如表层大面积白花、锌层粉化等。

检查数量：按风管数抽查20%，每个系统不得少于5个。
检查方法：查阅材料质量合格证明文件和观察检查，白绸布擦拭。

4.3 一 般 项 目

4.3.1 金属风管的制作应符合下列规定：

1 圆形弯管的曲率半径（以中心线计）和最少分节数量应符合表4.3.1的规定。圆形弯管的弯曲角度及圆形三通、四通支管与总管夹角的制作偏差不应大于3°；

表4.3.1 圆形弯管曲率半径和最少节数

弯管直径 D(mm)	曲率半径 R	弯管角度和最少节数							
		90°		60°		45°		30°	
		中节	端节	中节	端节	中节	端节	中节	端节
80～220	≥1.5D	2	2	1	2	1	2	—	2
220～450	D～1.5D	3	2	2	2	1	2	—	2
450～800	D～1.5D	4	2	2	2	2	2	1	2
800～1400	D	5	2	3	2	2	2	1	2
1400～2000	D	8	2	5	2	3	2	2	2

2 风管与配件的咬口缝应紧密、宽度应一致；折角应平直，圆弧应均匀；两端面平行。风管无明显扭曲与翘角；表面应平整，凹凸不大于10mm；

3 风管外径或外边长的允许偏差：当小于或等于300mm时，为2mm；当大于300mm时，为3mm。管口平面度的允许偏差为2mm，矩形风管两条对角线长度之差不应大于3mm；圆形法兰任意正交两直径之差不应大于2mm；

4 焊接风管的焊缝应平整，不应有裂缝、凸瘤、穿透的夹渣、气孔及其他缺陷等，焊接后板材的变形应矫正，并将焊渣及飞溅物清除干净。

检查数量：通风与空调工程按制作数量10%抽查，不得少于5件；净化空调工程按制作数量抽查20%，不得少于5件。

检查方法：查验测试记录，进行装配试验，尺量、观察检查。

4.3.2 金属法兰连接风管的制作还应符合下列规定：

1 风管法兰的焊缝应熔合良好、饱满，无假焊和孔洞；法兰平面度的允许偏差为2mm，同一批量加工的相同规格法兰的螺孔排列应一致，并具有互换性。

2 风管与法兰采用铆接连接时，铆接应牢固、不应有脱铆和漏铆现象；翻边应平整、紧贴法兰，其宽度应一致，且不应小于6mm；咬缝与四角处不应有开裂与孔洞。

3 风管与法兰采用焊接连接时，风管端面不得高于法兰接口平面。除尘系统的风管，宜采用内侧满焊、外侧间断焊形式，风管端面距法兰接口平面不应小于5mm。

当风管与法兰采用点焊固定连接时，焊点应融合良好，间距不应大于100mm；法兰与风管应紧贴，不应有穿透的缝隙或孔洞。

4 当不锈钢板或铝板风管的法兰采用碳素钢时，其规格应符合本规范表4.2.6-1、表4.2.6-2的规定，并应根据设计要求做防腐处理；铆钉应采用与风管材质相同或不产生电化学腐蚀的材料。

检查数量：通风与空调工程按制作数量抽查10%，不得少于5件；净化空调工程按制作数量抽查20%，不得少于5件。

检查方法：查验测试记录，进行装配试验，尺量、观察检查。

4.3.3 无法兰连接风管的制作还应符合下列规定：

1 无法兰连接风管的接口及连接件，应符合表4.3.3-1、表4.3.3-2的要求。圆形风管的芯管连接应符合表4.3.3-3的要求；

2 薄钢板法兰矩形风管的接口及附件，其尺寸应准确，形状应规则，接口处应严密；薄钢板法兰的折边（或法兰条）应平直，弯曲度不应大于5/1000；弹性插条或弹簧夹应与薄钢板法兰相匹配；角件与风管薄钢板法兰四角接口的固定应稳固、紧贴，端面应平整、相连处不应有缝隙大于2mm的连续穿透缝；

3 采用C、S形插条连接的矩形风管，其边长不应大于630mm；插条与风管加工插口的宽度应匹配一致，其允许偏差为2mm；连接应平整、严密，插条两端压倒长度不应小于20mm；

4 采用立咬口、包边立咬口连接的矩形风管，其立筋的高度应大于或等于同规格风管的角钢法兰宽度。同一规格风管的立咬口、包边立咬口的高度应一致，折角应倾角、直线度允许偏差为5/1000；咬口连接铆钉的间距不应大于150mm，间隔应均匀；立咬口四角连接处的铆固，应紧密、无孔洞。

表 4.3.3-1　圆形风管无法兰连接形式

无法兰连接形式		附件板厚（mm）	接口要求	使用范围
承插连接		—	插入深度≥30mm，有密封要求	低压风管　直径＜700mm
带加强筋承插		—	插入深度≥20mm，有密封要求	中、低压风管
角钢加固承插		—	插入深度≥20mm，有密封要求	中、低压风管
芯管连接		≥管板厚	插入深度≥20mm，有密封要求	中、低压风管
立筋抱箍连接		≥管板厚	翻边与楞筋匹配一致，紧固严密	中、低压风管
抱箍连接		≥管板厚	对口尽量靠近不重叠，抱箍应居中	中、低压风管宽度≥100mm

表 4.3.3-2　矩形风管无法兰连接形式

无法兰连接形式		附件板厚（mm）	使用范围
S形插条		≥0.7	低压风管单独使用连接处必须有固定措施
C形插条		≥0.7	中、低压风管
立插条		≥0.7	中、低压风管
立咬口		≥0.7	中、低压风管
包边立咬口		≥0.7	中、低压风管
薄钢板法兰插条		≥1.0	中、低压风管
薄钢板法兰弹簧夹		≥1.0	中、低压风管

续表

无法兰连接形式		附件板厚（mm）	使 用 范 围
直角形平插条		≥0.7	低压风管
立联合角形插条		≥0.8	低压风管

注：薄钢板法兰风管也可采用铆接法兰条连接的方法。

表 4.3.3-3 圆形风管的芯管连接

风管直径 D(mm)	芯管长度 l(mm)	自攻螺丝或抽芯铆钉数量（个）	外径允许偏差(mm)	
			圆 管	芯 管
120	120	3×2	−1～0	−3～−4
300	160	4×2		
400	200	4×2		
700	200	6×2	−2～0	−4～−5
900	200	8×2		
1000	200	8×2		

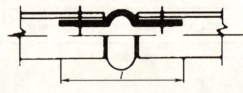

检查数量：按制作数量抽查10%，不得少于5件；净化空调工程抽查20%，均不得少于5件。

检查方法：查验测试记录，进行装配试验，尺量、观察检查。

4.3.4 风管的加固应符合下列规定：

1 风管的加固可采用楞筋、立筋、角钢（内、外加固）、扁钢、加固筋和管内支撑等形式，如图4.3.4；

2 楞筋或楞线的加固，排列应规则，间隔应均匀，板面不应有明显的变形；

3 角钢、加固筋的加固，应排列整齐、均匀对称，其高度应小于或等于风管的法兰宽度。角钢、加固筋与风管的铆接应牢固、间隔应均匀，不应大于220mm；两相交处应连接成一体；

4 管内支撑与风管的固定应牢固，各支撑点之间或与风管的边沿或法兰的间距应均匀，不应大于950mm；

5 中压和高压系统风管的管段，其长度大于1250mm时，还应有加固框补强。高压系统金属风管的单咬口缝，还应有防止咬口缝胀裂的加固或补强措施。

检查数量：按制作数量抽查10%，净化空调系统抽查20%，均不得少于5件。

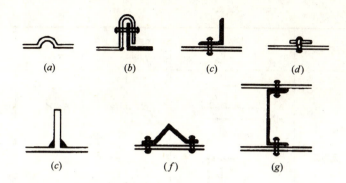

图 4.3.4 风管的加固形式
(a)楞筋；(b)立筋；(c)角钢加固；(d)扁钢平加固；
(e)扁钢立加固；(f)加固筋；(g)管内支撑

检查方法：查验测试记录，进行装配试验，观察和尺量检查。

4.3.5 硬聚氯乙烯风管除应执行本规范第4.3.1条第1、3款和第4.3.2条第1款外，还应符合下列规定：

1 风管的两端面平行，无明显扭曲，外径或外边长的允许偏差为2mm；表面平整、圆弧均匀，凹凸不应大于5mm；

2 焊缝的坡口形式和角度应符合表4.3.5的规定；

表 4.3.5 焊缝形式及坡口

焊缝形式	焊缝名称	图 形	焊缝高度(mm)	板材厚度(mm)	焊缝坡口张角α(°)
对接焊缝	V形单面焊		2～3	3～5	70～90
对接焊缝	V形双面焊		2～3	5～8	70～90
对接焊缝	X形双面焊		2～3	≥8	70～90
搭接焊缝	搭接焊		≥最小板厚	3～10	—

续表

焊缝形式	焊缝名称	图 形	焊缝高度（mm）	板材厚度（mm）	焊缝坡口张角α（°）
填角焊缝	填角焊无坡角		≥最小板厚	6~18	—
			≥最小板厚	≥3	—
对角焊缝	V形对角焊		≥最小板厚	3~5	70~90
	V形对角焊		≥最小板厚	5~8	70~90
	V形对角焊		≥最小板厚	6~15	70~90

3 焊缝应饱满，焊条排列应整齐，无焦黄、断裂现象；

4 用于洁净室时，还应按本规范第4.3.11条的有关规定执行。

检查数量：按风管总数抽查10%，法兰数抽查5%，不得少于5件。

检查方法：尺量、观察检查。

4.3.6 有机玻璃钢风管除应执行本规范第4.3.1条第1~3款和第4.3.2条第1款外，还应符合下列规定：

1 风管不应有明显扭曲、内表面应平整光滑，外表面应整齐美观，厚度应均匀，且边缘无毛刺，并无气泡及分层现象；

2 风管的外径或外边长尺寸的允许偏差为3mm，圆形风管的任意正交两直径之差不应大于5mm；矩形风管的两对角线之差不应大于5mm；

3 法兰应与风管成一整体，并应有过渡圆弧，并与风管轴线成直角，管口平面度的允许偏差为3mm；螺孔的排列应均匀，至管壁的距离应一致，允许偏差为2mm；

4 矩形风管的边长大于900mm，且管段长度大于1250mm时，应加固。加固筋的分布应均匀、整齐。

检查数量：按风管总数抽查10%，法兰数抽查5%，不得少于5件。

检查方法：尺量、观察检查。

4.3.7 无机玻璃钢风管除应执行本规范第4.3.1条第1~3款和第4.3.2条第1款外，还应符合下列规定：

 1 风管的表面应光洁、无裂纹、无明显泛霜和分层现象；

 2 风管的外形尺寸的允许偏差应符合表4.3.7的规定；

 3 风管法兰的规定与有机玻璃钢法兰相同。

 检查数量：按风管总数抽查10%，法兰数抽查5%，不得少于5件。

 检查方法：尺量、观察检查。

表4.3.7 无机玻璃钢风管外形尺寸(mm)

直径或大边长	矩形风管外表平面度	矩形风管管口对角线之差	法兰平面度	圆形风管两直径之差
≤300	≤3	≤3	≤2	≤3
301~500	≤3	≤4	≤2	≤3
501~1000	≤4	≤5	≤2	≤4
1001~1500	≤4	≤6	≤3	≤5
1501~2000	≤5	≤7	≤3	≤5
>2000	≤6	≤8	≤3	≤5

4.3.8 砖、混凝土风道内表面水泥砂浆应抹平整、无裂缝，不渗水。

 检查数量：按风道总数抽查10%，不得少于一段。

 检查方法：观察检查。

4.3.9 双面铝箔绝热板风管除应执行本规范第4.3.1条第2、3款和第4.3.2条第2款外，还应符合下列规定：

 1 板材拼接宜采用专用的连接构件，连接后板面平面度的允许偏差为5mm；

 2 风管的折角应平直，拼缝粘接应牢固、平整，风管的粘结材料宜为难燃材料；

 3 风管采用法兰连接时，其连接应牢固，法兰平面度的允许偏差为2mm；

 4 风管的加固，应根据系统工作压力及产品技术标准的规定执行。

 检查数量：按风管总数抽查10%，法兰数抽查5%，不得少于5件。

 检查方法：尺量、观察检查。

4.3.10 铝箔玻璃纤维板风管除应执行本规范第4.3.1条第2、3款和第4.3.2条第2款外，还应符合下列规定：

 1 风管的离心玻璃纤维板材应干燥、平整；板外表面的铝箔隔气保护层应与内芯玻璃纤维材料粘合牢固；内表面应有防纤维脱落的保护层，并应对人体无危害。

 2 当风管连接采用插入接口形式时，接缝处的粘接应严密、牢固，外表面铝箔胶带密封的每一边粘贴宽度不应小于25mm，并应有辅助的连接固定措施。

 当风管的连接采用法兰形式时，法兰与风管的连接应牢固，并应能防止板材纤维逸出和冷桥。

 3 风管表面应平整、两端面平行，无明显凹穴、变形、起泡，铝箔无破损等。

 4 风管的加固，应根据系统工作压力及产品技术标准的规定执行。

检查数量：按风管总数抽查10%，不得少于5件。
检查方法：尺量、观察检查。

4.3.11 净化空调系统风管还应符合以下规定：

1 现场应保持清洁，存放时应避免积尘和受潮。风管的咬口缝、折边和铆接等处有损坏时，应做防腐处理；

2 风管法兰铆钉孔的间距，当系统洁净度的等级为1～5级时，不应大于65mm；为6～9级时，不应大于100mm；

3 静压箱本体、箱内固定高效过滤器的框架及固定件应做镀锌、镀镍等防腐处理；

4 制作完成的风管，应进行第二次清洗，经检查达到清洁要求后应及时封口。

检查数量：按风管总数抽查20%，法兰数抽查10%，不得少于5件。
检查方法：观察检查，查阅风管清洗记录，用白绸布擦拭。

5 风管部件与消声器制作

5.1 一般规定

5.1.1 本章适用于通风与空调工程中风口、风阀、排风罩等其他部件及消声器的加工制作或产成品质量的验收。

5.1.2 一般风量调节阀按设计文件和风阀制作的要求进行验收，其他风阀按外购产品质量进行验收。

5.2 主控项目

5.2.1 手动单叶片或多叶片调节风阀的手轮或扳手，应以顺时针方向转动为关闭，其调节范围及开启角度指示应与叶片开启角度相一致。

用于除尘系统间歇工作点的风阀，关闭时应能密封。

检查数量：按批抽查10%，不得少于1个。
检查方法：手动操作、观察检查。

5.2.2 电动、气动调节风阀的驱动装置，动作应可靠，在最大工作压力下工作正常。

检查数量：按批抽查10%，不得少于1个。
检查方法：核对产品的合格证明文件、性能检测报告，观察或测试。

5.2.3 防火阀和排烟阀（排烟口）必须符合有关消防产品标准的规定，并具有相应的产品合格证明文件。

检查数量：按种类、批抽查10%，不得少于2个。
检查方法：核对产品的合格证明文件、性能检测报告。

5.2.4 防爆风阀的制作材料必须符合设计规定，不得自行替换。

检查数量：全数检查。
检查方法：核对材料品种、规格，观察检查。

5.2.5 净化空调系统的风阀，其活动件、固定件以及紧固件均应采取镀锌或作其他防腐处理（如喷塑或烤漆）；阀体与外界相通的缝隙处，应有可靠的密封措施。

检查数量：按批抽查10%，不得少于1个。

检查方法：核对产品的材料，手动操作、观察。

5.2.6 工作压力大于1000Pa的调节风阀，生产厂应提供(在1.5倍工作压力下能自由开关)强度测试合格的证书(或试验报告)。

检查数量：按批抽查10%，不得少于1个。

检查方法：核对产品的合格证明文件、性能检测报告。

5.2.7 防排烟系统柔性短管的制作材料必须为不燃材料。

检查数量：全数检查。

检查方法：核对材料品种的合格证明文件。

5.2.8 消声弯管的平面边长大于800mm时，应加设吸声导流片；消声器内直接迎风面的布质覆面层应有保护措施；净化空调系统消声器内的覆面应为不易产尘的材料。

检查数量：全数检查。

检查方法：观察检查、核对产品的合格证明文件。

5.3 一 般 项 目

5.3.1 手动单叶片或多叶片调节风阀应符合下列规定：

1 结构应牢固，启闭应灵活，法兰应与相应材质风管的相一致；
2 叶片的搭接应贴合一致，与阀体缝隙小于2mm；
3 截面积大于1.2m²的风阀应实施分组调节。

检查数量：按类别、批抽查10%，不得少于1个。

检查方法：手动操作，尺量、观察检查。

5.3.2 止回风阀应符合下列规定：

1 启闭灵活，关闭时应严密；
2 阀叶的转轴、铰链应采用不易锈蚀的材料制作，保证转动灵活、耐用；
3 阀片的强度应保证在最大负荷压力下不弯曲变形；
4 水平安装的止回风阀应有可靠的平衡调节机构。

检查数量：按类别、批抽查10%，不得少于1个。

检查方法：观察、尺量，手动操作试验与核对产品的合格证明文件。

5.3.3 插板风阀应符合下列规定：

1 壳体应严密，内壁应作防腐处理；
2 插板应平整，启闭灵活，并有可靠的定位固定装置；
3 斜插板风阀的上下接管应成一直线。

检查数量：按类别、批抽查10%，不得少于1个。

检查方法：手动操作，尺量、观察检查。

5.3.4 三通调节风阀应符合下列规定：

1 拉杆或手柄的转轴与风管的结合处应严密；
2 拉杆可在任意位置上固定，手柄开关应标明调节的角度；
3 阀板调节方便，并不与风管相碰擦。

检查数量：按类别、批分别抽查10%，不得少于1个。

检查方法：观察、尺量，手动操作试验。

5.3.5 风量平衡阀应符合产品技术文件的规定。

检查数量：按类别、批分别抽查10%，不得少于1个。

检查方法：观察、尺量，核对产品的合格证明文件。

5.3.6 风罩的制作应符合下列规定：

1 尺寸正确、连接牢固、形状规则、表面平整光滑，其外壳不应有尖锐边角；

2 槽边侧吸罩、条缝抽风罩尺寸应正确，转角处弧度均匀、形状规则，吸入口平整，罩口加强板分隔间距应一致；

3 厨房锅灶排烟罩应采用不易锈蚀材料制作，其下部集水槽应严密不漏水，并坡向排放口，罩内油烟过滤器应便于拆卸和清洗。

检查数量：每批抽查10%，不得少于1个。

检查方法：尺量、观察检查。

5.3.7 风帽的制作应符合下列规定：

1 尺寸应正确，结构牢靠，风帽接管尺寸的允许偏差同风管的规定一致；

2 伞形风帽伞盖的边缘应有加固措施，支撑高度尺寸应一致；

3 锥形风帽内外锥体的中心应同心，锥体组合的连接缝应顺水，下部排水应畅通；

4 筒形风帽的形状应规则、外筒体的上下沿口应加固，其不圆度不应大于直径的2%。伞盖边缘与外筒体的距离应一致，挡风圈的位置应正确；

5 三叉形风帽三个支管的夹角应一致，与主管的连接应严密。主管与支管的锥度应为3°~4°。

检查数量：按批抽查10%，不得少于1个。

检查方法：尺量、观察检查。

5.3.8 矩形弯管导流叶片的迎风侧边缘应圆滑，固定应牢固。导流片的弧度应与弯管的角度相一致。导流片的分布应符合设计规定。当导流叶片的长度超过1250mm时，应有加强措施。

检查数量：按批抽查10%，不得少于1个。

检查方法：核对材料，尺量、观察检查。

5.3.9 柔性短管应符合下列规定：

1 应选用防腐、防潮、不透气、不易霉变的柔性材料。用于空调系统的应采取防止结露的措施；用于净化空调系统的还应是内壁光滑、不易产生尘埃的材料；

2 柔性短管的长度，一般宜为150~300mm，其连接处应严密、牢固可靠；

3 柔性短管不宜作为找正、找平的异径连接管；

4 设于结构变形缝的柔性短管，其长度宜为变形缝的宽度加100mm及以上。

检查数量：按数量抽查10%，不得少于1个。

检查方法：尺量、观察检查。

5.3.10 消声器的制作应符合下列规定：

1 所选用的材料，应符合设计的规定，如防火、防腐、防潮和卫生性能等要求；

2 外壳应牢固、严密，其漏风量应符合本规范第4.2.5条的规定；

3 充填的消声材料，应按规定的密度均匀铺设，并应有防止下沉的措施。消声材料

的覆面层不得破损,搭接应顺气流,且应拉紧,界面无毛边;

4 隔板与壁板结合处应紧贴、严密;穿孔板应平整、无毛刺,其孔径和穿孔率应符合设计要求。

检查数量:按批抽查10%,不得少于1个。

检查方法:尺量、观察检查,核对材料合格的证明文件。

5.3.11 检查门应平整、启闭灵活、关闭严密,其与风管或空气处理室的连接处应采取密封措施,无明显渗漏。

净化空调系统风管检查门的密封垫料,宜采用成型密封胶带或软橡胶条制作。

检查数量:按数量抽查20%,不得少于1个。

检查方法:观察检查。

5.3.12 风口的验收,规格以颈部外径与外边长为准,其尺寸的允许偏差值应符合表5.3.12的规定。风口的外表装饰面应平整、叶片或扩散环的分布应匀称、颜色应一致、无明显的划伤和压痕;调节装置转动应灵活、可靠,定位后应无明显自由松动。

检查数量:按类别、批分别抽查5%,不得少于1个。

检查方法:尺量、观察检查,核对材料合格的证明文件与手动操作检查。

表5.3.12 风口尺寸允许偏差(mm)

圆 形 风 口		
直　　径	≤250	>250
允　许　偏　差	0～-2	0～-3
矩 形 风 口		
边　　长	<300	300～800	>800
允　许　偏　差	0～-1	0～-2	0～-3
对角线长度	<300	300～500	>500
对角线长度之差	≤1	≤2	≤3

6 风管系统安装

6.1 一 般 规 定

6.1.1 本章适用于通风与空调工程中的金属和非金属风管系统安装质量的检验和验收。

6.1.2 风管系统安装后,必须进行严密性检验,合格后方能交付下道工序。风管系统严密性检验以主、干管为主。在加工工艺得到保证的前提下,低压风管系统可采用漏光法检测。

6.1.3 风管系统吊、支架采用膨胀螺栓等胀锚方法固定时,必须符合其相应技术文件的规定。

6.2 主 控 项 目

6.2.1 在风管穿过需要封闭的防火、防爆的墙体或楼板时,应设预埋管或防护套管,其钢板厚度不应小于1.6mm。风管与防护套管之间，应用不燃且对人体无危害的柔性材料封堵。

检查数量：按数量抽查20％，不得少于1个系统。

检查方法：尺量、观察检查。

6.2.2 风管安装必须符合下列规定：

1 风管内严禁其他管线穿越；

2 输送含有易燃、易爆气体或安装在易燃、易爆环境的风管系统应有良好的接地，通过生活区或其他辅助生产房间时必须严密，并不得设置接口；

3 室外立管的固定拉索严禁拉在避雷针或避雷网上。

检查数量：按数量抽查20％，不得少于1个系统。

检查方法：手扳、尺量、观察检查。

6.2.3 输送空气温度高于80℃的风管，应按设计规定采取防护措施。

检查数量：按数量抽查20％，不得少于1个系统。

检查方法：观察检查。

6.2.4 风管部件安装必须符合下列规定：

1 各类风管部件及操作机构的安装，应能保证其正常的使用功能，并便于操作；

2 斜插板风阀的安装，阀板必须为向上拉启；水平安装时，阀板还应为顺气流方向插入；

3 止回风阀、自动排气活门的安装方向应正确。

检查数量：按数量抽查20％，不得少于5件。

检查方法：尺量、观察检查，动作试验。

6.2.5 防火阀、排烟阀（口）的安装方向、位置应正确。防火分区隔墙两侧的防火阀，距墙表面不应大于200mm。

检查数量：按数量抽查20％，不得少于5件。

检查方法：尺量、观察检查，动作试验。

6.2.6 净化空调系统风管的安装还应符合下列规定：

1 风管、静压箱及其他部件，必须擦拭干净，做到无油污和浮尘，当施工停顿或完毕时，端口应封好；

2 法兰垫料应为不产尘、不易老化和具有一定强度和弹性的材料，厚度为5～8mm，不得采用乳胶海绵；法兰垫片应尽量减少拼接，并不允许直缝对接连接，严禁在垫料表面涂涂料；

3 风管与洁净室吊顶、隔墙等围护结构的接缝处应严密。

检查数量：按数量抽查20％，不得少于1个系统。

检查方法：观察、用白绸布擦拭。

6.2.7 集中式真空吸尘系统的安装应符合下列规定：

1 真空吸尘系统弯管的曲率半径不应小于4倍管径，弯管的内壁面应光滑，不得采用褶皱弯管；

2 真空吸尘系统三通的夹角不得大于45°；四通制作应采用两个斜三通的做法。

检查数量：按数量抽查20％，不得少于2件。

检查方法：尺量、观察检查。

6.2.8 风管系统安装完毕后，应按系统类别进行严密性检验，漏风量应符合设计与本规范第4.2.5条的规定。风管系统的严密性检验，应符合下列规定：

1 低压系统风管的严密性检验应采用抽检，抽检率为5%，且不得少于1个系统。在加工工艺得到保证的前提下，采用漏光法检测。检测不合格时，应按规定的抽检率做漏风量测试。

中压系统风管的严密性检验，应在漏光法检测合格后，对系统漏风量测试进行抽检，抽检率为20%，且不得少于1个系统。

高压系统风管的严密性检验，为全数进行漏风量测试。

系统风管严密性检验的被抽检系统，应全数合格，则视为通过；如有不合格时，则应再加倍抽检，直至全数合格。

2 净化空调系统风管的严密性检验，1～5级的系统按高压系统风管的规定执行；6～9级的系统按本规范第4.2.5条的规定执行。

检查数量：按条文中的规定。

检查方法：按本规范附录A的规定进行严密性测试。

6.2.9 手动密闭阀安装，阀门上标志的箭头方向必须与受冲击波方向一致。

检查数量：全数检查。

检查方法：观察、核对检查。

6.3 一 般 项 目

6.3.1 风管的安装应符合下列规定：

1 风管安装前，应清除内、外杂物，并做好清洁和保护工作；

2 风管安装的位置、标高、走向，应符合设计要求。现场风管接口的配置，不得缩小其有效截面；

3 连接法兰的螺栓应均匀拧紧，其螺母宜在同一侧；

4 风管接口的连接应严密、牢固。风管法兰的垫片材质应符合系统功能的要求，厚度不应小于3mm。垫片不应凸入管内，亦不宜突出法兰外；

5 柔性短管的安装，应松紧适度，无明显扭曲；

6 可伸缩性金属或非金属软风管的长度不宜超过2m，并不应有死弯或塌凹；

7 风管与砖、混凝土风道的连接接口，应顺着气流方向插入，并应采取密封措施。风管穿出屋面处应设有防雨装置；

8 不锈钢板、铝板风管与碳素钢支架的接触处，应有隔绝或防腐绝缘措施。

检查数量：按数量抽查10%，不得少于1个系统。

检查方法：尺量、观察检查。

6.3.2 无法兰连接风管的安装还应符合下列规定：

1 风管的连接处，应完整无缺损、表面应平整，无明显扭曲；

2 承插式风管的四周缝隙应一致，无明显的弯曲或褶皱；内涂的密封胶应完整，外粘的密封胶带，应粘贴牢固、完整无缺损；

3 薄钢板法兰形式风管的连接，弹性插条、弹簧夹或紧固螺栓的间隔不应大于

150mm，且分布均匀，无松动现象；

　　4　插条连接的矩形风管，连接后的板面应平整、无明显弯曲。

　　检查数量：按数量抽查10%，不得少于1个系统。

　　检查方法：尺量、观察检查。

6.3.3　风管的连接应平直、不扭曲。明装风管水平安装，水平度的允许偏差为3/1000，总偏差不应大于20mm。明装风管垂直安装，垂直度的允许偏差为2/1000，总偏差不应大于20mm。暗装风管的位置，应正确、无明显偏差。

　　除尘系统的风管，宜垂直或倾斜敷设，与水平夹角宜大于或等于45°，小坡度和水平管应尽量短。

　　对含有凝结水或其他液体的风管，坡度应符合设计要求，并在最低处设排液装置。

　　检查数量：按数量抽查10%，但不得少于1个系统。

　　检查方法：尺量、观察检查。

6.3.4　风管支、吊架的安装应符合下列规定：

　　1　风管水平安装，直径或长边尺寸小于等于400mm，间距不应大于4m；大于400mm，不应大于3m。螺旋风管的支、吊架间距可分别延长至5m和3.75m；对于薄钢板法兰的风管，其支、吊架间距不应大于3m。

　　2　风管垂直安装，间距不应大于4m，单根直管至少应有2个固定点。

　　3　风管支、吊架宜按国标图集与规范选用强度和刚度相适应的形式和规格。对于直径或边长大于2500mm的超宽、超重等特殊风管的支、吊架应按设计规定。

　　4　支、吊架不宜设置在风口、阀门、检查门及自控机构处，离风口或插接管的距离不宜小于200mm。

　　5　当水平悬吊的主、干风管长度超过20m时，应设置防止摆动的固定点，每个系统不应少于1个。

　　6　吊架的螺孔应采用机械加工。吊杆应平直，螺纹完整、光洁。安装后各副支、吊架的受力应均匀，无明显变形。

　　风管或空调设备使用的可调隔振支、吊架的拉伸或压缩量应按设计的要求进行调整。

　　7　抱箍支架，折角应平直，抱箍应紧贴并箍紧风管。安装在支架上的圆形风管应设托座和抱箍，其圆弧应均匀，且与风管外径相一致。

　　检查数量：按数量抽查10%，不得少于1个系统。

　　检查方法：尺量、观察检查。

6.3.5　非金属风管的安装还应符合下列的规定：

　　1　风管连接两法兰端面应平行、严密，法兰螺栓两侧应加镀锌垫圈；

　　2　应适当增加支、吊架与水平风管的接触面积；

　　3　硬聚氯乙烯风管的直段连续长度大于20m，应按设计要求设置伸缩节；支管的重量不得由干管来承受，必须自行设置支、吊架；

　　4　风管垂直安装，支架间距不应大于3m。

　　检查数量：按数量抽查10%，不得少于1个系统。

　　检查方法：尺量、观察检查。

6.3.6　复合材料风管的安装还应符合下列规定：

1 复合材料风管的连接处，接缝应牢固，无孔洞和开裂。当采用插接连接时，接口应匹配、无松动，端口缝隙不应大于5mm；
2 采用法兰连接时，应有防冷桥的措施；
3 支、吊架的安装宜按产品标准的规定执行。
检查数量：按数量抽查10%，但不得少于1个系统。
检查方法：尺量、观察检查。

6.3.7 集中式真空吸尘系统的安装应符合下列规定：
1 吸尘管道的坡度宜为5/1000，并坡向立管或吸尘点；
2 吸尘嘴与管道的连接，应牢固、严密。
检查数量：按数量抽查20%，不得少于5件。
检查方法：尺量、观察检查。

6.3.8 各类风阀应安装在便于操作及检修的部位，安装后的手动或电动操作装置应灵活、可靠，阀板关闭应保持严密。

防火阀直径或长边尺寸大于等于630mm时，宜设独立支、吊架。

排烟阀（排烟口）及手控装置（包括预埋套管）的位置应符合设计要求。预埋套管不得有死弯及瘪陷。

除尘系统吸入管段的调节阀，宜安装在垂直管段上。
检查数量：按数量抽查10%，不得少于5件。
检查方法：尺量、观察检查。

6.3.9 风帽安装必须牢固，连接风管与屋面或墙面的交接处不应渗水。
检查数量：按数量抽查10%，不得少于5件。
检查方法：尺量、观察检查。

6.3.10 排、吸风罩的安装位置应正确，排列整齐，牢固可靠。
检查数量：按数量抽查10%，不得少于5件。
检查方法：尺量、观察检查。

6.3.11 风口与风管的连接应严密、牢固，与装饰面相紧贴；表面平整、不变形，调节灵活、可靠。条形风口的安装，接缝处应衔接自然，无明显缝隙。同一厅室、房间内的相同风口的安装高度应一致，排列应整齐。

明装无吊顶的风口，安装位置和标高偏差不应大于10mm。

风口水平安装，水平度的偏差不应大于3/1000。

风口垂直安装，垂直度的偏差不应大于2/1000。
检查数量：按数量抽查10%，不得少于1个系统或不少于5件和2个房间的风口。
检查方法：尺量、观察检查。

6.3.12 净化空调系统风口安装还应符合下列规定：
1 风口安装前应清扫干净，其边框与建筑顶棚或墙面间的接缝处应加设密封垫料或密封胶，不应漏风；
2 带高效过滤器的送风口，应采用可分别调节高度的吊杆。
检查数量：按数量抽查20%，不得少于1个系统或不少于5件和2个房间的风口。
检查方法：尺量、观察检查。

7 通风与空调设备安装

7.1 一 般 规 定

7.1.1 本章适用于工作压力不大于 5kPa 的通风机与空调设备安装质量的检验与验收。

7.1.2 通风与空调设备应有装箱清单、设备说明书、产品质量合格证书和产品性能检测报告等随机文件，进口设备还应具有商检合格的证明文件。

7.1.3 设备安装前，应进行开箱检查，并形成验收文字记录。参加人员为建设、监理、施工和厂商等方单位的代表。

7.1.4 设备就位前应对其基础进行验收，合格后方能安装。

7.1.5 设备的搬运和吊装必须符合产品说明书的有关规定，并应做好设备的保护工作，防止因搬运或吊装而造成设备损伤。

7.2 主 控 项 目

7.2.1 通风机的安装应符合下列规定：
　　1 型号、规格应符合设计规定，其出口方向应正确；
　　2 叶轮旋转应平稳，停转后不应每次停留在同一位置上；
　　3 固定通风机的地脚螺栓应拧紧，并有防松动措施。
　　检查数量：全数检查。
　　检查方法：依据设计图核对、观察检查。

7.2.2 通风机传动装置的外露部位以及直通大气的进、出口，必须装设防护罩（网）或采取其他安全设施。
　　检查数量：全数检查。
　　检查方法：依据设计图核对、观察检查。

7.2.3 空调机组的安装应符合下列规定：
　　1 型号、规格、方向和技术参数应符合设计要求；
　　2 现场组装的组合式空气调节机组应做漏风量的检测，其漏风量必须符合现行国家标准《组合式空调机组》GB/T 14294 的规定。
　　检查数量：按总数抽检 20%，不得少于 1 台。净化空调系统的机组，1～5 级全数检查，6～9 级抽查 50%。
　　检查方法：依据设计图核对，检查测试记录。

7.2.4 除尘器的安装应符合下列规定：
　　1 型号、规格、进出口方向必须符合设计要求；
　　2 现场组装的除尘器壳体应做漏风量检测，在设计工作压力下允许漏风率为 5%，其中离心式除尘器为 3%；
　　3 布袋除尘器、电除尘器的壳体及辅助设备接地应可靠。
　　检查数量：按总数抽查 20%，不得少于 1 台；接地全数检查。
　　检查方法：按图核对、检查测试记录和观察检查。

7.2.5 高效过滤器应在洁净室及净化空调系统进行全面清扫和系统连续试车 12h 以上后,在现场拆开包装并进行安装。

安装前需进行外观检查和仪器检漏。目测不得有变形、脱落、断裂等破损现象;仪器抽检检漏应符合产品质量文件的规定。

合格后立即安装,其方向必须正确,安装后的高效过滤器四周及接口,应严密不漏;在调试前应进行扫描检漏。

检查数量:高效过滤器的仪器抽检检漏按批抽 5%,不得少于 1 台。

检查方法:观察检查、按本规范附录 B 规定扫描检测或查看检测记录。

7.2.6 净化空调设备的安装还应符合下列规定:

1 净化空调设备与洁净室围护结构相连的接缝必须密封;

2 风机过滤器单元(FFU 与 FMU 空气净化装置)应在清洁的现场进行外观检查,目测不得有变形、锈蚀、漆膜脱落、拼接板破损等现象;在系统试运转时,必须在进风口处加装临时中效过滤器作为保护。

检查数量:全数检查。

检查方法:按设计图核对、观察检查。

7.2.7 静电空气过滤器金属外壳接地必须良好。

检查数量:按总数抽查 20%,不得少于 1 台。

检查方法:核对材料、观察检查或电阻测定。

7.2.8 电加热器的安装必须符合下列规定:

1 电加热器与钢构架间的绝热层必须为不燃材料;接线柱外露的应加设安全防护罩;

2 电加热器的金属外壳接地必须良好;

3 连接电加热器的风管的法兰垫片,应采用耐热不燃材料。

检查数量:按总数抽查 20%,不得少于 1 台。

检查方法:核对材料、观察检查或电阻测定。

7.2.9 干蒸汽加湿器的安装,蒸汽喷管不应朝下。

检查数量:全数检查。

检查方法:观察检查。

7.2.10 过滤吸收器的安装方向必须正确,并应设独立支架,与室外的连接管段不得泄漏。

检查数量:全数检查。

检查方法:观察或检测。

7.3 一 般 项 目

7.3.1 通风机的安装应符合下列规定:

1 通风机的安装,应符合表 7.3.1 的规定,叶轮转子与机壳的组装位置应正确;叶轮进风口插入风机机壳进风口或密封圈的深度,应符合设备技术文件的规定,或为叶轮外径值的 1/100;

表 7.3.1 通风机安装的允许偏差

项次	项 目		允许偏差	检 验 方 法
1	中心线的平面位移		10mm	经纬仪或拉线和尺量检查
2	标高		±10mm	水准仪或水平仪、直尺、拉线和尺量检查
3	皮带轮轮宽中心平面偏移		1mm	在主、从动皮带轮端面拉线和尺量检查
4	传动轴水平度		纵向 0.2/1000 横向 0.3/1000	在轴或皮带轮 0°和 180°的两个位置上,用水平仪检查
5	联轴器	两轴芯径向位移	0.05mm	在联轴器互相垂直的四个位置上,用百分表检查
		两轴线倾斜	0.2/1000	

　　2 现场组装的轴流风机叶片安装角度应一致,达到在同一平面内运转,叶轮与筒体之间的间隙应均匀,水平度允许偏差为 1/1000;

　　3 安装隔振器的地面应平整,各组隔振器承受荷载的压缩量应均匀,高度误差应小于 2mm;

　　4 安装风机的隔振钢支、吊架,其结构形式和外形尺寸应符合设计或设备技术文件的规定;焊接应牢固,焊缝应饱满、均匀。

　　检查数量：按总数抽查 20%,不得少于 1 台。

　　检查方法：尺量、观察或检查施工记录。

7.3.2 组合式空调机组及柜式空调机组的安装应符合下列规定：

　　1 组合式空调机组各功能段的组装,应符合设计规定的顺序和要求;各功能段之间的连接应严密,整体应平直;

　　2 机组与供回水管的连接应正确,机组下部冷凝水排放管的水封高度应符合设计要求;

　　3 机组应清扫干净,箱体内应无杂物、垃圾和积尘;

　　4 机组内空气过滤器(网)和空气热交换器翅片应清洁、完好。

　　检查数量：按总数抽查 20%,不得少于 1 台。

　　检查方法：观察检查。

7.3.3 空气处理室的安装应符合下列规定：

　　1 金属空气处理室壁板及各段的组装位置应正确,表面平整,连接严密、牢固;

　　2 喷水段的本体及其检查门不得漏水,喷水管和喷嘴的排列、规格应符合设计的规定;

　　3 表面式换热器的散热面应保持清洁、完好。当用于冷却空气时,在下部应设有排水装置,冷凝水的引流管或槽应畅通,冷凝水不外溢;

　　4 表面式换热器与围护结构间的缝隙,以及表面式热交换器之间的缝隙,应封堵严密;

　　5 换热器与系统供回水管的连接应正确,且严密不漏。

　　检查数量：按总数抽查 20%,不得少于 1 台。

检查方法：观察检查。

7.3.4 单元式空调机组的安装应符合下列规定：

1 分体式空调机组的室外机和风冷整体式空调机组的安装，固定应牢固、可靠；除应满足冷却风循环空间的要求外，还应符合环境卫生保护有关法规的规定；

2 分体式空调机组的室内机的位置应正确、并保持水平，冷凝水排放应畅通。管道穿墙处必须密封，不得有雨水渗入；

3 整体式空调机组管道的连接应严密、无渗漏，四周应留有相应的维修空间。

检查数量：按总数抽查20%，不得少于1台。

检查方法：观察检查。

7.3.5 除尘设备的安装应符合下列规定：

1 除尘器的安装位置应正确、牢固平稳，允许误差应符合表7.3.5的规定；

表7.3.5 除尘器安装允许偏差和检验方法

项次	项目		允许偏差(mm)	检验方法
1	平面位移		≤10	用经纬仪或拉线、尺量检查
2	标高		±10	用水准仪、直尺、拉线和尺量检查
3	垂直度	每米	≤2	吊线和尺量检查
		总偏差	≤10	

2 除尘器的活动或转动部件的动作应灵活、可靠，并应符合设计要求；

3 除尘器的排灰阀、卸料阀、排泥阀的安装应严密，并便于操作与维护修理。

检查数量：按总数抽查20%，不得少于1台。

检查方法：尺量、观察检查及检查施工记录。

7.3.6 现场组装的静电除尘器的安装，还应符合设备技术文件及下列规定：

1 阳极板组合后的阳极排平面度允许偏差为5mm，其对角线允许偏差为10mm；

2 阴极小框架组合后主平面的平面度允许偏差为5mm，其对角线允许偏差为10mm；

3 阴极大框架的整体平面度允许偏差为15mm，整体对角线允许偏差为10mm；

4 阳极板高度小于或等于7m的电除尘器，阴、阳极间距允许偏差为5mm。阳极板高度大于7m的电除尘器，阴、阳极间距允许偏差为10mm；

5 振打锤装置的固定，应可靠；振打锤的转动，应灵活。锤头方向应正确；振打锤头与振打砧之间应保持良好的线接触状态，接触长度应大于锤头厚度的0.7倍。

检查数量：按总数抽查20%，不得少于1组。

检查方法：尺量、观察检查及检查施工记录。

7.3.7 现场组装布袋除尘器的安装，还应符合下列规定：

1 外壳应严密、不漏，布袋接口应牢固；

2 分室反吹袋式除尘器的滤袋安装，必须平直。每条滤袋的拉紧力应保持在25～35N/m；与滤袋连接接触的短管和袋帽，应无毛刺；

3 机械回转扁袋袋式除尘器的旋臂，转动应灵活可靠，净气室上部的顶盖，应密封不漏气，旋转应灵活，无卡阻现象；

4 脉冲袋式除尘器的喷吹孔，应对准文氏管的中心，同心度允许偏差为2mm。

检查数量：按总数抽查20%，不得少于1台。

检查方法：尺量、观察检查及检查施工记录。

7.3.8 洁净室空气净化设备的安装，应符合下列规定：

　　1 带有通风机的气闸室、吹淋室与地面间应有隔振垫；

　　2 机械式余压阀的安装，阀体、阀板的转轴均应水平，允许偏差为2/1000。余压阀的安装位置应在室内气流的下风侧，并不应在工作面高度范围内；

　　3 传递窗的安装，应牢固、垂直，与墙体的连接处应密封。

检查数量：按总数抽查20%，不得少于1件。

检查方法：尺量、观察检查。

7.3.9 装配式洁净室的安装应符合下列规定：

　　1 洁净室的顶板和壁板（包括夹芯材料）应为不燃材料；

　　2 洁净室的地面应干燥、平整，平整度允许偏差为1/1000；

　　3 壁板的构配件和辅助材料的开箱，应在清洁的室内进行，安装前应严格检查其规格和质量。壁板应垂直安装，底部宜采用圆弧或钝角交接；安装后的壁板之间、壁板与顶板间的拼缝，应平整严密，墙板的垂直允许偏差为2/1000，顶板水平度的允许偏差与每个单间的几何尺寸的允许偏差均为2/1000；

　　4 洁净室吊顶在受荷载后应保持平直，压条全部紧贴。洁净室壁板若为上、下槽形板时，其接头应平整、严密；组装完毕的洁净室所有拼接缝，包括与建筑的接缝，均应采取密封措施，做到不脱落，密封良好。

检查数量：按总数抽查20%，不得少于5处。

检查方法：尺量、观察检查及检查施工记录。

7.3.10 洁净层流罩的安装应符合下列规定：

　　1 应设独立的吊杆，并有防晃动的固定措施；

　　2 层流罩安装的水平度允许偏差为1/1000，高度的允许偏差为±1mm；

　　3 层流罩安装在吊顶上，其四周与顶板之间应设有密封及隔振措施。

检查数量：按总数抽查20%，且不得少于5件。

检查方法：尺量、观察检查及检查施工记录。

7.3.11 风机过滤器单元(FFU、FMU)的安装应符合下列规定：

　　1 风机过滤器单元的高效过滤器安装前应按本规范第7.2.5条的规定检漏，合格后进行安装，方向必须正确；安装后的FFU或FMU机组应便于检修；

　　2 安装后的FFU风机过滤器单元，应保持整体平整，与吊顶衔接良好。风机箱与过滤器之间的连接，过滤器单元与吊顶框架间应有可靠的密封措施。

检查数量：按总数抽查20%，且不得少于2个。

检查方法：尺量、观察检查及检查施工记录。

7.3.12 高效过滤器的安装应符合下列规定：

　　1 高效过滤器采用机械密封时，须采用密封垫料，其厚度为6~8mm，并定位贴在过滤器边框上，安装后垫料的压缩应均匀，压缩率为25%~50%；

　　2 采用液槽密封时，槽架安装应水平，不得有渗漏现象，槽内无污物和水分，槽内密封液高度宜为2/3槽深。密封液的熔点宜高于50℃。

检查数量：按总数抽查20%，且不得少于5个。
检查方法：尺量、观察检查。

7.3.13 消声器的安装应符合下列规定：

1 消声器安装前应保持干净，做到无油污和浮尘；

2 消声器安装的位置、方向应正确，与风管的连接应严密，不得有损坏与受潮。两组同类型消声器不宜直接串联；

3 现场安装的组合式消声器，消声组件的排列、方向和位置应符合设计要求。单个消声器组件的固定应牢固；

4 消声器、消声弯管均应设独立支、吊架。

检查数量：整体安装的消声器，按总数抽查10%，且不得少于5台。现场组装的消声器全数检查。

检查方法：手扳和观察检查、核对安装记录。

7.3.14 空气过滤器的安装应符合下列规定：

1 安装平整、牢固，方向正确。过滤器与框架、框架与围护结构之间应严密无穿透缝；

2 框架式或粗效、中效袋式空气过滤器的安装，过滤器四周与框架应均匀压紧，无可见缝隙，并应便于拆卸和更换滤料；

3 卷绕式过滤器的安装，框架应平整、展开的滤料，应松紧适度、上下筒体应平行。

检查数量：按总数抽查10%，且不得少于1台。

检查方法：观察检查。

7.3.15 风机盘管机组的安装应符合下列规定：

1 机组安装前宜进行单机三速试运转及水压检漏试验。试验压力为系统工作压力的1.5倍，试验观察时间为2min，不渗漏为合格；

2 机组应设独立支、吊架，安装的位置、高度及坡度应正确、固定牢固；

3 机组与风管、回风箱或风口的连接，应严密、可靠。

检查数量：按总数抽查10%，且不得少于1台。

检查方法：观察检查、查阅检查试验记录。

7.3.16 转轮式换热器安装的位置、转轮旋转方向及接管应正确，运转应平稳。

检查数量：按总数抽查20%，且不得少于1台。

检查方法：观察检查。

7.3.17 转轮去湿机安装应牢固，转轮及传动部件应灵活、可靠，方向正确；处理空气与再生空气接管应正确；排风水平管须保持一定的坡度，并坡向排出方向。

检查数量：按总数抽查20%，且不得少于1台。

检查方法：观察检查。

7.3.18 蒸汽加湿器的安装应设置独立支架，并固定牢固；接管尺寸正确、无渗漏。

检查数量：全数检查。

检查方法：观察检查。

7.3.19 空气风幕机的安装，位置方向应正确、牢固可靠，纵向垂直度与横向水平度的偏差均不应大于2/1000。

检查数量：按总数10%的比例抽查，且不得少于1台。
检查方法：观察检查。

7.3.20 变风量末端装置的安装，应设单独支、吊架，与风管连接前宜做动作试验。

检查数量：按总数抽查10%，且不得少于1台。

检查方法：观察检查、查阅检查试验记录。

8 空调制冷系统安装

8.1 一般规定

8.1.1 本章适用于空调工程中工作压力不高于2.5MPa，工作温度在-20～150℃的整体式、组装式及单元式制冷设备(包括热泵)、制冷附属设备、其他配套设备和管路系统安装工程施工质量的检验和验收。

8.1.2 制冷设备、制冷附属设备、管道、管件及阀门的型号、规格、性能及技术参数等必须符合设计要求。设备机组的外表应无损伤、密封应良好，随机文件和配件应齐全。

8.1.3 与制冷机组配套的蒸汽、燃油、燃气供应系统和蓄冷系统的安装，还应符合设计文件、有关消防规范与产品技术文件的规定。

8.1.4 空调用制冷设备的搬运和吊装，应符合产品技术文件和本规范第7.1.5条的规定。

8.1.5 制冷机组本体的安装、试验、试运转及验收还应符合现行国家标准《制冷设备、空气分离设备安装工程施工及验收规范》GB 50274有关条文的规定。

8.2 主控项目

8.2.1 制冷设备与制冷附属设备的安装应符合下列规定：

1 制冷设备、制冷附属设备的型号、规格和技术参数必须符合设计要求，并具有产品合格证书、产品性能检验报告；

2 设备的混凝土基础必须进行质量交接验收，合格后方可安装；

3 设备安装的位置、标高和管口方向必须符合设计要求。用地脚螺栓固定的制冷设备或制冷附属设备，其垫铁的放置位置应正确、接触紧密；螺栓必须拧紧，并有防松动措施。

检查数量：全数检查。

检查方法：查阅图纸核对设备型号、规格；产品质量合格证书和性能检验报告。

8.2.2 直接膨胀表面式冷却器的外表应保持清洁、完整，空气与制冷剂应呈逆向流动；表面式冷却器与外壳四周的缝隙应堵严，冷凝水排放应畅通。

检查数量：全数检查。

检查方法：观察检查。

8.2.3 燃油系统的设备与管道，以及储油罐及日用油箱的安装，位置和连接方法应符合设计与消防要求。

燃气系统设备的安装应符合设计和消防要求。调压装置、过滤器的安装和调节应符合设备技术文件的规定，且应可靠接地。

检查数量：全数检查。

检查方法：按图纸核对、观察、查阅接地测试记录。

8.2.4 制冷设备的各项严密性试验和试运行的技术数据，均应符合设备技术文件的规定。对组装式的制冷机组和现场充注制冷剂的机组，必须进行吹污、气密性试验、真空试验和充注制冷剂检漏试验，其相应的技术数据必须符合产品技术文件和有关现行国家标准、规范的规定。

检查数量：全数检查。

检查方法：旁站观察、检查和查阅试运行记录。

8.2.5 制冷系统管道、管件和阀门的安装应符合下列规定：

1 制冷系统的管道、管件和阀门的型号、材质及工作压力等必须符合设计要求，并应具有出厂合格证、质量证明书；

2 法兰、螺纹等处的密封材料应与管内的介质性能相适应；

3 制冷剂液体管不得向上装成"Ω"形。气体管道不得向下装成"■"形（特殊回油管除外）；液体支管引出时，必须从干管底部或侧面接出；气体支管引出时，必须从干管顶部或侧面接出；有两根以上的支管从干管引出时，连接部位应错开，间距不应小于2倍支管直径，且不小于200mm；

4 制冷机与附属设备之间制冷剂管道的连接，其坡度与坡向应符合设计及设备技术文件要求。当设计无规定时，应符合表8.2.5的规定；

表8.2.5 制冷剂管道坡度、坡向

管道名称	坡 向	坡 度
压缩机吸气水平管（氟）	压缩机	≥10/1000
压缩机吸气水平管（氨）	蒸发器	≥3/1000
压缩机排气水平管	油分离器	≥10/1000
冷凝器水平供液管	贮液器	(1~3)/1000
油分离器至冷凝器水平管	油分离器	(3~5)/1000

5 制冷系统投入运行前，应对安全阀进行调试校核，其开启和回座压力应符合设备技术文件的要求。

检查数量：按总数抽检20%，且不得少于5件。第5款全数检查。

检查方法：核查合格证明文件、观察、水平仪测量、查阅调校记录。

8.2.6 燃油管道系统必须设置可靠的防静电接地装置，其管道法兰应采用镀锌螺栓连接或在法兰处用铜导线进行跨接，且接合良好。

检查数量：系统全数检查。

检查方法：观察检查、查阅试验记录。

8.2.7 燃气系统管道与机组的连接不得使用非金属软管。燃气管道的吹扫和压力试验应为压缩空气或氮气，严禁用水。当燃气供气管道压力大于0.005MPa时，焊缝的无损检测的执行标准应按设计规定。当设计无规定，且采用超声波探伤时，应全数检测，以质量不低于Ⅱ级为合格。

检查数量：系统全数检查。

检查方法：观察检查、查阅探伤报告和试验记录。

8.2.8 氨制冷剂系统管道、附件、阀门及填料不得采用铜或铜合金材料(磷青铜除外)，管内不得镀锌。氨系统的管道焊缝应进行射线照相检验，抽检率为10%，以质量不低于Ⅲ级为合格。在不易进行射线照相检验操作的场合，可用超声波检验代替，以不低于Ⅱ级为合格。

　　检查数量：系统全数检查。

　　检查方法：观察检查、查阅探伤报告和试验记录。

8.2.9 输送乙二醇溶液的管道系统，不得使用内镀锌管道及配件。

　　检查数量：按系统的管段抽查20%，且不得少于5件。

　　检查方法：观察检查、查阅安装记录。

8.2.10 制冷管道系统应进行强度、气密性试验及真空试验，且必须合格。

　　检查数量：系统全数检查。

　　检查方法：旁站、观察检查和查阅试验记录。

8.3 一 般 项 目

8.3.1 制冷机组与制冷附属设备的安装应符合下列规定：

　1 制冷设备及制冷附属设备安装位置、标高的允许偏差，应符合表8.3.1的规定；

表8.3.1 制冷设备与制冷附属设备安装允许偏差和检验方法

项　次	项　　目	允许偏差(mm)	检　验　方　法
1	平面位移	10	经纬仪或拉线和尺量检查
2	标　　高	±10	水准仪或经纬仪、拉线和尺量检查

　2 整体安装的制冷机组，其机身纵、横向水平度的允许偏差为1/1000，并应符合设备技术文件的规定；

　3 制冷附属设备安装的水平度或垂直度允许偏差为1/1000，并应符合设备技术文件的规定；

　4 采用隔振措施的制冷设备或制冷附属设备，其隔振器安装位置应正确；各个隔振器的压缩量，应均匀一致，偏差不应大于2mm；

　5 设置弹簧隔振的制冷机组，应设有防止机组运行时水平位移的定位装置。

　　检查数量：全数检查。

　　检查方法：在机座或指定的基准面上用水平仪、水准仪等检测、尺量与观察检查。

8.3.2 模块式冷水机组单元多台并联组合时，接口应牢固，且严密不漏。连接后机组的外表，应平整、完好，无明显的扭曲。

　　检查数量：全数检查。

　　检查方法：尺量、观察检查。

8.3.3 燃油系统油泵和蓄冷系统载冷剂泵的安装，纵、横向水平度允许偏差为1/1000，联轴器两轴芯轴向倾斜允许偏差为0.2/1000，径向位移为0.05mm。

　　检查数量：全数检查。

　　检查方法：在机座或指定的基准面上，用水平仪、水准仪等检测，尺量、观察检查。

8.3.4 制冷系统管道、管件的安装应符合下列规定：

1 管道、管件的内外壁应清洁、干燥；铜管管道支吊架的型式、位置、间距及管道安装标高应符合设计要求，连接制冷机的吸、排气管道应设单独支架；管径小于等于20mm的铜管道，在阀门处应设置支架；管道上下平行敷设时，吸气管应在下方；

2 制冷剂管道弯管的弯曲半径不应小于3.5D（管道直径），其最大外径与最小外径之差不应大于0.08D，且不应使用焊接弯管及皱褶弯管；

3 制冷剂管道分支管应按介质流向弯成90°弧度与主管连接，不宜使用弯曲半径小于1.5D的压制弯管；

4 铜管切口应平整、不得有毛刺、凹凸等缺陷，切口允许倾斜偏差为管径的1‰，管口翻边后应保持同心，不得有开裂及皱褶，并应有良好的密封面；

5 采用承插钎焊焊接连接的铜管，其插接深度应符合表8.3.4的规定，承插的扩口方向应迎介质流向。当采用套接钎焊焊接连接时，其插接深度应不小于承插连接的规定。

采用对接焊缝组对管道的内壁应齐平，错边量不大于0.1倍壁厚，且不大于1mm。

表8.3.4 承插式焊接的铜管承口的扩口深度表（mm）

铜管规格	≤DN15	DN20	DN25	DN32	DN40	DN50	DN65
承插口的扩口深度	9～12	12～15	15～18	17～20	21～24	24～26	26～30

6 管道穿越墙体或楼板时，管道的支吊架和钢管的焊接应按本规范第9章的有关规定执行。

检查数量：按系统抽查20%，且不得少于5件。

检查方法：尺量、观察检查。

8.3.5 制冷系统阀门的安装应符合下列规定：

1 制冷剂阀门安装前应进行强度和严密性试验。强度试验压力为阀门公称压力的1.5倍，时间不得少于5min；严密性试验压力为阀门公称压力的1.1倍，持续时间30s不漏为合格。合格后应保持阀体内干燥。如阀门进、出口封闭破损或阀体锈蚀的还应进行解体清洗；

2 位置、方向和高度应符合设计要求；

3 水平管道上的阀门的手柄不应朝下；垂直管道上的阀门手柄应朝向便于操作的地方；

4 自控阀门安装的位置应符合设计要求。电磁阀、调节阀、热力膨胀阀、升降式止回阀等的阀头均应向上；热力膨胀阀的安装位置应高于感温包，感温包应装在蒸发器末端的回气管上，与管道接触良好，绑扎紧密；

5 安全阀应垂直安装在便于检修的位置，其排气管的出口应朝向安全地带，排液管应装在泄水管上。

检查数量：按系统抽查20%，且不得少于5件。

检查方法：尺量、观察检查、旁站或查阅试验记录。

8.3.6 制冷系统的吹扫排污应采用压力为0.6MPa的干燥压缩空气或氮气，以浅色布检查5min，无污物为合格。系统吹扫干净后，应将系统中阀门的阀芯拆下清洗干净。

检查数量：全数检查。

检查方法：观察、旁站或查阅试验记录。

9 空调水系统管道与设备安装

9.1 一 般 规 定

9.1.1 本章适用于空调工程水系统安装子分部工程，包括冷(热)水、冷却水、凝结水系统的设备(不包括末端设备)、管道及附件施工质量的检验及验收。

9.1.2 镀锌钢管应采用螺纹连接。当管径大于 DN100 时，可采用卡箍式、法兰或焊接连接，但应对焊缝及热影响区的表面进行防腐处理。

9.1.3 从事金属管道焊接的企业，应具有相应项目的焊接工艺评定，焊工应持有相应类别焊接的焊工合格证书。

9.1.4 空调用蒸汽管道的安装，应按现行国家标准《建筑给水、排水及采暖工程施工质量验收规范》GB 50242—2002 的规定执行。

9.2 主 控 项 目

9.2.1 空调工程水系统的设备与附属设备、管道、管配件及阀门的型号、规格、材质及连接形式应符合设计规定。

  检查数量：按总数抽查 10%，且不得少于 5 件。
  检查方法：观察检查外观质量并检查产品质量证明文件、材料进场验收记录。

9.2.2 管道安装应符合下列规定：
  1 隐蔽管道必须按本规范第 3.0.11 条的规定执行；
  2 焊接钢管、镀锌钢管不得采用热煨弯；
  3 管道与设备的连接，应在设备安装完毕后进行，与水泵、制冷机组的接管必须为柔性接口。柔性短管不得强行对口连接，与其连接的管道应设置独立支架；
  4 冷热水及冷却水系统应在系统冲洗、排污合格(目测：以排出口的水色和透明度与入水口对比相近，无可见杂物)，再循环试运行 2h 以上，且水质正常后才能与制冷机组、空调设备相贯通；
  5 固定在建筑结构上的管道支、吊架，不得影响结构的安全。管道穿越墙体或楼板处应设钢制套管，管道接口不得置于套管内，钢制套管应与墙体饰面或楼板底部平齐，上部应高出楼层地面 20～50mm，并不得将套管作为管道支撑。
  保温管道与套管四周间隙应使用不燃绝热材料填塞紧密。
  检查数量：系统全数检查。每个系统管道、部件数量抽查 10%，且不得少于 5 件。
  检查方法：尺量、观察检查，旁站或查阅试验记录、隐蔽工程记录。

9.2.3 管道系统安装完毕，外观检查合格后，应按设计要求进行水压试验。当设计无规定时，应符合下列规定：
  1 冷热水、冷却水系统的试验压力，当工作压力小于等于 1.0MPa 时，为 1.5 倍工作压力，但最低不小于 0.6MPa；当工作压力大于 1.0MPa 时，为工作压力加 0.5MPa。
  2 对于大型或高层建筑垂直位差较大的冷(热)媒水、冷却水管道系统宜采用分区、分层试压和系统试压相结合的方法。一般建筑可采用系统试压方法。

分区、分层试压：对相对独立的局部区域的管道进行试压。在试验压力下，稳压10min，压力不得下降，再将系统压力降至工作压力，在60min内压力不得下降、外观检查无渗漏为合格。

系统试压：在各分区管道与系统主、干管全部连通后，对整个系统的管道进行系统的试压。试验压力以最低点的压力为准，但最低点的压力不得超过管道与组成件的承受压力。压力试验升至试验压力后，稳压10min，压力下降不得大于0.02MPa，再将系统压力降至工作压力，外观检查无渗漏为合格。

3 各类耐压塑料管的强度试验压力为1.5倍工作压力，严密性工作压力为1.15倍的设计工作压力。

4 凝结水系统采用充水试验，应以不渗漏为合格。

检查数量：系统全数检查。

检查方法：旁站观察或查阅试验记录。

9.2.4 阀门的安装应符合下列规定：

1 阀门的安装位置、高度、进出口方向必须符合设计要求，连接应牢固紧密；

2 安装在保温管道上的各类手动阀门，手柄均不得向下；

3 阀门安装前必须进行外观检查，阀门的铭牌应符合现行国家标准《通用阀门标志》GB 12220的规定。对于工作压力大于1.0MPa及在主干管上起到切断作用的阀门，应进行强度和严密性试验，合格后方准使用。其他阀门可不单独进行试验，待在系统试压中检验。

强度试验时，试验压力为公称压力的1.5倍，持续时间不少于5min，阀门的壳体、填料应无渗漏。

严密性试验时，试验压力为公称压力的1.1倍；试验压力在试验持续的时间内应保持不变，时间应符合表9.2.4的规定，以阀瓣密封面无渗漏为合格。

表9.2.4 阀门压力持续时间

公称直径 DN(mm)	最短试验持续时间(s)	
	严密性试验	
	金属密封	非金属密封
≤50	15	15
65～200	30	15
250～450	60	30
≥500	120	60

检查数量：1、2款抽查5%，且不得少于1个。水压试验以每批（同牌号、同规格、同型号）数量中抽查20%，且不得少于1个。对于安装在主干管上起切断作用的闭路阀门，全数检查。

检查方法：按设计图核对、观察检查；旁站或查阅试验记录。

9.2.5 补偿器的补偿量和安装位置必须符合设计及产品技术文件的要求，并应根据设计计算的补偿量进行预拉伸或预压缩。

设有补偿器（膨胀节）的管道应设置固定支架，其结构形式和固定位置应符合设计要求，并应在补偿器的预拉伸（或预压缩）前固定；导向支架的设置应符合所安装产品技术文件的要求。

　　检查数量：抽查20%，且不得少于1个。

　　检查方法：观察检查，旁站或查阅补偿器的预拉伸或预压缩记录。

9.2.6 冷却塔的型号、规格、技术参数必须符合设计要求。对含有易燃材料冷却塔的安装，必须严格执行施工防火安全的规定。

　　检查数量：全数检查。

　　检查方法：按图纸核对，监督执行防火规定。

9.2.7 水泵的规格、型号、技术参数应符合设计要求和产品性能指标。水泵正常连续试运行的时间，不应少于2h。

　　检查数量：全数检查。

　　检查方法：按图纸核对，实测或查阅水泵试运行记录。

9.2.8 水箱、集水缸、分水缸、储冷罐的满水试验或水压试验必须符合设计要求。储冷罐内壁防腐涂层的材质、涂抹质量、厚度必须符合设计或产品技术文件要求，储冷罐与底座必须进行绝热处理。

　　检查数量：全数检查。

　　检查方法：尺量、观察检查，查阅试验记录。

9.3　一　般　项　目

9.3.1 当空调水系统的管道，采用建筑用硬聚氯乙烯(PVC-U)、聚丙烯(PP-R)、聚丁烯(PB)与交联聚乙烯(PEX)等有机材料管道时，其连接方法应符合设计和产品技术要求的规定。

　　检查数量：按总数抽查20%，且不得少于2处。

　　检查方法：尺量、观察检查，验证产品合格证书和试验记录。

9.3.2 金属管道的焊接应符合下列规定：

　　1 管道焊接材料的品种、规格、性能应符合设计要求。管道对接焊口的组对和坡口形式等应符合表9.3.2的规定；对口的平直度为1/100，全长不大于10mm。管道的固定焊口应远离设备，且不宜与设备接口中心线相重合。管道对接焊缝与支、吊架的距离应大于50mm；

表9.3.2　管道焊接坡口形式和尺寸

项次	厚度 T(mm)	坡口名称	坡口形式	坡口尺寸 间隙 C(mm)	坡口尺寸 钝边 P(mm)	坡口尺寸 坡口角度 α(°)	备　注
1	1～3	I型坡口		0～1.5	—	—	内壁错边量≤0.1T，且≤2mm；外壁≤3mm
1	3～6	I型坡口		1～2.5	—	—	内壁错边量≤0.1T，且≤2mm；外壁≤3mm
2	6～9	V型坡口		0～2.0	0～2	65～75	内壁错边量≤0.1T，且≤2mm；外壁≤3mm
2	9～26	V型坡口		0～3.0	0～3	55～65	内壁错边量≤0.1T，且≤2mm；外壁≤3mm

续表

项次	厚度 T(mm)	坡口名称	坡口形式	坡口尺寸			备注
				间隙 C(mm)	钝边 P(mm)	坡口角度 α(°)	
3	2～30	T型坡口		0～2.0	—	—	

2 管道焊缝表面应清理干净,并进行外观质量的检查。焊缝外观质量不得低于现行国家标准《现场设备、工业管道焊接工程施工及验收规范》GB 50236中第11.3.3条的Ⅳ级规定(氨管为Ⅲ级)。

检查数量：按总数抽查20%,且不得少于1处。

检查方法：尺量、观察检查。

9.3.3 螺纹连接的管道,螺纹应清洁、规整,断丝或缺丝不大于螺纹全扣数的10%;连接牢固;接口处根部外露螺纹为2～3扣,无外露填料;镀锌管道的镀锌层应注意保护,对局部的破损处,应做防腐处理。

检查数量：按总数抽查5%,且不得少于5处。

检查方法：尺量、观察检查。

9.3.4 法兰连接的管道,法兰面应与管道中心线垂直,并同心。法兰对接应平行,其偏差不应大于其外径的1.5/1000,且不得大于2mm;连接螺栓长度应一致、螺母在同侧、均匀拧紧。螺栓紧固后不应低于螺母平面。法兰的衬垫规格、品种与厚度应符合设计的要求。

检查数量：按总数抽查5%,且不得少于5处。

检查方法：尺量、观察检查。

9.3.5 钢制管道的安装应符合下列规定：

1 管道和管件在安装前,应将其内、外壁的污物和锈蚀清除干净。当管道安装间断时,应及时封闭敞开的管口;

2 管道弯制弯管的弯曲半径,热弯不应小于管道外径的3.5倍、冷弯不应小于4倍;焊接弯管不应小于1.5倍,冲压弯管不应小于1倍。弯管的最大外径与最小外径的差不应大于管道外径的8/100,管壁减薄率不应大于15%;

3 冷凝水排水管坡度,应符合设计文件的规定。当设计无规定时,其坡度宜大于或等于8‰;软管连接的长度,不宜大于150mm;

4 冷热水管道与支、吊架之间,应有绝热衬垫(承压强度能满足管道重量的不燃、难燃硬质绝热材料或经防腐处理的木衬垫),其厚度不应小于绝热层厚度,宽度应大于支、吊架支承面的宽度。衬垫的表面应平整、衬垫接合面的空隙应填实;

5 管道安装的坐标、标高和纵、横向的弯曲度应符合表9.3.5的规定。在吊顶内等暗装管道的位置应正确,无明显偏差。

检查数量：按总数抽查10%,且不得少于5处。

检查方法：尺量、观察检查。

表 9.3.5 管道安装的允许偏差和检验方法

项　目			允许偏差(mm)	检查方法
坐标	架空及地沟	室　外	25	按系统检查管道的起点、终点、分支点和变向点及各点之间的直管 用经纬仪、水准仪、液体连通器、水平仪、拉线和尺量检查
		室　内	15	
	埋　地		60	
标高	架空及地沟	室　外	±20	
		室　内	±15	
	埋　地		±25	
水平管道平直度	$DN \leqslant 100mm$		$2L‰$，最大 40	用直尺、拉线和尺量检查
	$DN > 100mm$		$3L‰$，最大 60	
立管垂直度			$5L‰$，最大 25	用直尺、线锤、拉线和尺量检查
成排管段间距			15	用直尺尺量检查
成排管段或成排阀门在同一平面上			3	用直尺、拉线和尺量检查

注：L——管道的有效长度(mm)。

9.3.6 钢塑复合管道的安装，当系统工作压力不大于 1.0MPa 时，可采用涂(衬)塑焊接钢管螺纹连接，与管道配件的连接深度和扭矩应符合表 9.3.6-1 的规定；当系统工作压力为 1.0~2.5MPa 时，可采用涂(衬)塑无缝钢管法兰连接或沟槽式连接，管道配件均为无缝钢管涂(衬)塑管件。

沟槽式连接的管道，其沟槽与橡胶密封圈和卡箍套必须为配套合格产品；支、吊架的间距应符合表 9.3.6-2 的规定。

表 9.3.6-1 钢塑复合管螺纹连接深度及紧固扭矩

公称直径(mm)		15	20	25	32	40	50	65	80	100
螺纹连接	深度(mm)	11	13	15	17	18	20	23	27	33
	牙数	6.0	6.5	7.0	7.5	8.0	9.0	10.0	11.5	13.5
扭矩(N·m)		40	60	100	120	150	200	250	300	400

表 9.3.6-2 沟槽式连接管道的沟槽及支、吊架的间距

公称直径(mm)	沟槽深度(mm)	允许偏差(mm)	支、吊架的间距(m)	端面垂直度允许偏差(mm)
65~100	2.20	0~+0.3	3.5	1.0
125~150	2.20	0~+0.3	4.2	
200	2.50	0~+0.3	4.2	1.5
225~250	2.50	0~+0.3	5.0	
300	3.0	0~+0.5	5.0	

注：1. 连接管端面应平整光滑、无毛刺；沟槽过深，应作为废品，不得使用。
    2. 支、吊架不得支承在连接头上，水平管的任意两个连接头之间必须有支、吊架。

检查数量：按总数抽查10%，且不得少于5处。
　　检查方法：尺量、观察检查、查阅产品合格证明文件。

9.3.7 风机盘管机组及其他空调设备与管道的连接，宜采用弹性接管或软接管（金属或非金属软管），其耐压值应大于等于1.5倍的工作压力。软管的连接应牢固、不应有强扭和瘪管。
　　检查数量：按总数抽查10%，且不得少于5处。
　　检查方法：观察、查阅产品合格证明文件。

9.3.8 金属管道的支、吊架的型式、位置、间距、标高应符合设计或有关技术标准的要求。设计无规定时，应符合下列规定：
　　1 支、吊架的安装应平整牢固，与管道接触紧密。管道与设备连接处，应设独立支、吊架；
　　2 冷(热)媒水、冷却水系统管道机房内总、干管的支、吊架，应采用承重防晃管架；与设备连接的管道管架宜有减振措施。当水平支管的管架采用单杆吊架时，应在管道起始点、阀门、三通、弯头及长度每隔15m设置承重防晃支、吊架；
　　3 无热位移的管道吊架，其吊杆应垂直安装；有热位移的，其吊杆应向热膨胀(或冷收缩)的反方向偏移安装，偏移量按计算确定；
　　4 滑动支架的滑动面应清洁、平整，其安装位置应从支承面中心向位移反方向偏移1/2位移值或符合设计文件规定；
　　5 竖井内的立管，每隔2～3层应设导向支架。在建筑结构负重允许的情况下，水平安装管道支、吊架的间距应符合表9.3.8的规定；

表9.3.8　钢管道支、吊架的最大间距

公称直径(mm)		15	20	25	32	40	50	70	80	100	125	150	200	250	300
支架的最大间距(m)	L_1	1.5	2.0	2.5	2.5	3.0	3.5	4.0	5.0	5.0	5.5	6.5	7.5	8.5	9.5
	L_2	2.5	3.0	3.5	4.0	4.5	5.0	6.0	6.5	6.5	7.5	7.5	9.0	9.5	10.5
		对大于300mm的管道可参考300mm管道													

　　注：1. 适用于工作压力不大于2.0MPa，不保温或保温材料密度不大于200kg/m³的管道系统。
　　　　2. L_1用于保温管道，L_2用于不保温管道。

　　6 管道支、吊架的焊接应由合格持证焊工施焊，并不得有漏焊、欠焊或焊接裂纹等缺陷。支架与管道焊接时，管道侧的咬边量，应小于0.1管壁厚。
　　检查数量：按系统支架数量抽查5%，且不得少于5个。
　　检查方法：尺量、观察检查。

9.3.9 采用建筑用硬聚氯乙烯(PVC-U)、聚丙烯(PP-R)与交联聚乙烯(PEX)等管道时，管道与金属支、吊架之间应有隔绝措施，不可直接接触。当为热水管道时，还应加宽其接触的面积。支、吊架的间距应符合设计和产品技术要求的规定。
　　检查数量：按系统支架数量抽查5%，且不得少于5个。
　　检查方法：观察检查。

9.3.10 阀门、集气罐、自动排气装置、除污器(水过滤器)等管道部件的安装应符合设计要求，并应符合下列规定：
   1 阀门安装的位置、进出口方向应正确，并便于操作；连接应牢固紧密，启闭灵活；成排阀门的排列应整齐美观，在同一平面上的允许偏差为3mm；
   2 电动、气动等自控阀门在安装前应进行单体的调试，包括开启、关闭等动作试验；
   3 冷冻水和冷却水的除污器（水过滤器）应安装在进机组前的管道上，方向正确且便于清污；与管道连接牢固、严密，其安装位置应便于滤网的拆装和清洗。过滤器滤网的材质、规格和包扎方法应符合设计要求；
   4 闭式系统管路应在系统最高处及所有可能积聚空气的高点设置排气阀，在管路最低点应设置排水管及排水阀。
   检查数量：按规格、型号抽查10％，且不得少于2个。
   检查方法：对照设计文件尺量、观察和操作检查。

9.3.11 冷却塔安装应符合下列规定：
   1 基础标高应符合设计的规定，允许误差为±20mm。冷却塔地脚螺栓与预埋件的连接或固定应牢固，各连接部件应采用热镀锌或不锈钢螺栓，其紧固力应一致、均匀；
   2 冷却塔安装应水平，单台冷却塔安装水平度和垂直度允许偏差均为2/1000。同一冷却水系统的多台冷却塔安装时，各台冷却塔的水面高度应一致，高差不应大于30mm；
   3 冷却塔的出水口及喷嘴的方向和位置应正确，积水盘应严密无渗漏；分水器布水均匀。带转动布水器的冷却塔，其转动部分应灵活，喷水出口按设计或产品要求，方向应一致；
   4 冷却塔风机叶片端部与塔体四周的径向间隙应均匀。对于可调整角度的叶片，角度应一致。
   检查数量：全数检查。
   检查方法：尺量、观察检查，积水盘做充水试验或查阅试验记录。

9.3.12 水泵及附属设备的安装应符合下列规定：
   1 水泵的平面位置和标高允许偏差为±10mm，安装的地脚螺栓应垂直、拧紧，且与设备底座接触紧密；
   2 垫铁组放置位置正确、平稳，接触紧密，每组不超过3块；
   3 整体安装的泵，纵向水平偏差不应大于0.1/1000，横向水平偏差不应大于0.20/1000；解体安装的泵纵、横向安装水平偏差均不应大于0.05/1000；
   水泵与电机采用联轴器连接时，联轴器两轴芯的允许偏差，轴向倾斜不应大于0.2/1000，径向位移不应大于0.05mm；
   小型整体安装的管道水泵不应有明显偏斜。
   4 减震器与水泵及水泵基础连接牢固、平稳、接触紧密。
   检查数量：全数检查。
   检查方法：扳手试拧、观察检查，用水平仪和塞尺测量或查阅设备安装记录。

9.3.13 水箱、集水器、分水器、储冷罐等设备的安装，支架或底座的尺寸、位置符合设计要求。设备与支架或底座接触紧密，安装平正、牢固。平面位置允许偏差为15mm，标高允许偏差为±5mm，垂直度允许偏差为1/1000。

膨胀水箱安装的位置及接管的连接，应符合设计文件的要求。

检查数量：全数检查。

检查方法：尺量、观察检查，旁站或查阅试验记录。

10 防腐与绝热

10.1 一般规定

10.1.1 风管与部件及空调设备绝热工程施工应在风管系统严密性检验合格后进行。

10.1.2 空调工程的制冷系统管道，包括制冷剂和空调水系统绝热工程的施工，应在管路系统强度与严密性检验合格和防腐处理结束后进行。

10.1.3 普通薄钢板在制作风管前，宜预涂防锈漆一遍。

10.1.4 支、吊架的防腐处理应与风管或管道相一致，其明装部分必须涂面漆。

10.1.5 油漆施工时，应采取防火、防冻、防雨等措施，并不应在低温或潮湿环境下作业。明装部分的最后一遍色漆，宜在安装完毕后进行。

10.2 主控项目

10.2.1 风管和管道的绝热，应采用不燃或难燃材料，其材质、密度、规格与厚度应符合设计要求。如采用难燃材料时，应对其难燃性进行检查，合格后方可使用。

检查数量：按批随机抽查1件。

检查方法：观察检查、检查材料合格证，并做点燃试验。

10.2.2 防腐涂料和油漆，必须是在有效保质期限内的合格产品。

检查数量：按批检查。

检查方法：观察、检查材料合格证。

10.2.3 在下列场合必须使用不燃绝热材料：

1 电加热器前后800mm的风管和绝热层；

2 穿越防火隔墙两侧2m范围内风管、管道和绝热层。

检查数量：全数检查。

检查方法：观察、检查材料合格证与做点燃试验。

10.2.4 输送介质温度低于周围空气露点温度的管道，当采用非闭孔性绝热材料时，隔汽层(防潮层)必须完整，且封闭良好。

检查数量：按数量抽查10%，且不得少于5段。

检查方法：观察检查。

10.2.5 位于洁净室内的风管及管道的绝热，不应采用易产尘的材料(如玻璃纤维、短纤维矿棉等)。

检查数量：全数检查。

检查方法：观察检查。

10.3 一 般 项 目

10.3.1 喷、涂油漆的漆膜,应均匀、无堆积、皱纹、气泡、掺杂、混色与漏涂等缺陷。

　　检查数量:按面积抽查10%。

　　检查方法:观察检查。

10.3.2 各类空调设备、部件的油漆喷、涂,不得遮盖铭牌标志和影响部件的功能使用。

　　检查数量:按数量抽查10%,且不得少于2个。

　　检查方法:观察检查。

10.3.3 风管系统部件的绝热,不得影响其操作功能。

　　检查数量:按数量抽查10%,且不得少于2个。

　　检查方法:观察检查。

10.3.4 绝热材料层应密实,无裂缝、空隙等缺陷。表面应平整,当采用卷材或板材时,允许偏差为5mm;采用涂抹或其他方式时,允许偏差为10mm。防潮层(包括绝热层的端部)应完整,且封闭良好;其搭接缝应顺水。

　　检查数量:管道按轴线长度抽查10%;部件、阀门抽查10%,且不得少于2个。

　　检查方法:观察检查、用钢丝刺入保温层、尺量。

10.3.5 风管绝热层采用粘结方法固定时,施工应符合下列规定:

　　1 粘结剂的性能应符合使用温度和环境卫生的要求,并与绝热材料相匹配;

　　2 粘结材料宜均匀地涂在风管、部件或设备的外表面上,绝热材料与风管、部件及设备表面应紧密贴合,无空隙;

　　3 绝热层纵、横向的接缝,应错开;

　　4 绝热层粘贴后,如进行包扎或捆扎,包扎的搭接处应均匀、贴紧;捆扎的应松紧适度,不得损坏绝热层。

　　检查数量:按数量抽查10%。

　　检查方法:观察检查和检查材料合格证。

10.3.6 风管绝热层采用保温钉连接固定时,应符合下列规定:

　　1 保温钉与风管、部件及设备表面的连接,可采用粘接或焊接,结合应牢固,不得脱落;焊接后应保持风管的平整,并不应影响镀锌钢板的防腐性能;

　　2 矩形风管或设备保温钉的分布应均匀,其数量底面每平方米不应少于16个,侧面不应少于10个,顶面不应少于8个。首行保温钉至风管或保温材料边沿的距离应小于120mm;

　　3 风管法兰部位的绝热层的厚度,不应低于风管绝热层的0.8倍;

　　4 带有防潮隔汽层绝热材料的拼缝处,应用粘胶带封严。粘胶带的宽度不应小于50mm。粘胶带应牢固地粘贴在防潮面层上,不得有胀裂和脱落。

　　检查数量:按数量抽查10%,且不得少于5处。

　　检查方法:观察检查。

10.3.7 绝热涂料作绝热层时,应分层涂抹,厚度均匀,不得有气泡和漏涂等缺陷,表面固化层应光滑,牢固无缝隙。

　　检查数量:按数量抽查10%。

检查方法：观察检查。

10.3.8 当采用玻璃纤维布作绝热保护层时，搭接的宽度应均匀，宜为30～50mm，且松紧适度。

检查数量：按数量抽查10%，且不得少于10m²。

检查方法：尺量、观察检查。

10.3.9 管道阀门、过滤器及法兰部位的绝热结构应能单独拆卸。

检查数量：按数量抽查10%，且不得少于5个。

检查方法：观察检查。

10.3.10 管道绝热层的施工，应符合下列规定：

1 绝热产品的材质和规格，应符合设计要求，管壳的粘贴应牢固、铺设应平整；绑扎应紧密，无滑动、松弛与断裂现象；

2 硬质或半硬质绝热管壳的拼接缝隙，保温时不应大于5mm、保冷时不应大于2mm，并用粘结材料勾缝填满；纵缝应错开，外层的水平接缝应设在侧下方。当绝热层的厚度大于100mm时，应分层铺设，层间应压缝；

3 硬质或半硬质绝热管壳应用金属丝或难腐织带捆扎，其间距为300～350mm，且每节至少捆扎2道；

4 松散或软质绝热材料应按规定的密度压缩其体积，疏密应均匀。毡类材料在管道上包扎时，搭接处不应有空隙。

检查数量：按数量抽查10%，且不得少于10段。

检查方法：尺量、观察检查及查阅施工记录。

10.3.11 管道防潮层的施工应符合下列规定：

1 防潮层应紧密粘贴在绝热层上，封闭良好，不得有虚粘、气泡、褶皱、裂缝等缺陷；

2 立管的防潮层，应由管道的低端向高端敷设，环向搭接的缝口应朝向低端；纵向的搭接缝应位于管道的侧面，并顺水；

3 卷材防潮层采用螺旋形缠绕的方式施工时，卷材的搭接宽度宜为30～50mm。

检查数量：按数量抽查10%，且不得少于10m。

检查方法：尺量、观察检查。

10.3.12 金属保护壳的施工，应符合下列规定：

1 应紧贴绝热层，不得有脱壳、褶皱、强行接口等现象。接口的搭接应顺水，并有凸筋加强，搭接尺寸为20～25mm。采用自攻螺丝固定时，螺钉间距应匀称，并不得刺破防潮层。

2 户外金属保护壳的纵、横向接缝，应顺水；其纵向接缝应位于管道的侧面。金属保护壳与外墙面或屋顶的交接处应加设泛水。

检查数量：按数量抽查10%。

检查方法：观察检查。

10.3.13 冷热源机房内制冷系统管道的外表面，应做色标。

检查数量：按数量抽查10%。

检查方法：观察检查。

11 系 统 调 试

11.1 一 般 规 定

11.1.1 系统调试所使用的测试仪器和仪表，性能应稳定可靠，其精度等级及最小分度值应能满足测定的要求，并应符合国家有关计量法规及检定规程的规定。

11.1.2 通风与空调工程的系统调试，应由施工单位负责、监理单位监督，设计单位与建设单位参与和配合。系统调试的实施可以是施工企业本身或委托给具有调试能力的其他单位。

11.1.3 系统调试前，承包单位应编制调试方案，报送专业监理工程师审核批准；调试结束后，必须提供完整的调试资料和报告。

11.1.4 通风与空调工程系统无生产负荷的联合试运转及调试，应在制冷设备和通风与空调设备单机试运转合格后进行。空调系统带冷（热）源的正常联合试运转不应少于 8h，当竣工季节与设计条件相差较大时，仅做不带冷（热）源试运转。通风、除尘系统的连续试运转不应少于 2h。

11.1.5 净化空调系统运行前应在回风、新风的吸入口处和粗、中效过滤器前设置临时用过滤器（如无纺布等），实行对系统的保护。净化空调系统的检测和调整，应在系统进行全面清扫，且已运行 24h 及以上达到稳定后进行。

洁净室洁净度的检测，应在空态或静态下进行或按合约规定。室内洁净度检测时，人员不宜多于 3 人，均必须穿与洁净室洁净度等级相适应的洁净工作服。

11.2 主 控 项 目

11.2.1 通风与空调工程安装完毕，必须进行系统的测定和调整（简称调试）。系统调试应包括下列项目：

1 设备单机试运转及调试；
2 系统无生产负荷下的联合试运转及调试。

检查数量：全数。
检查方法：观察、旁站、查阅调试记录。

11.2.2 设备单机试运转及调试应符合下列规定：

1 通风机、空调机组中的风机，叶轮旋转方向正确、运转平稳、无异常振动与声响，其电机运行功率应符合设备技术文件的规定。在额定转速下连续运转 2h 后，滑动轴承外壳最高温度不得超过 70℃；滚动轴承不得超过 80℃；

2 水泵叶轮旋转方向正确，无异常振动和声响，紧固连接部位无松动，其电机运行功率值符合设备技术文件的规定。水泵连续运转 2h 后，滑动轴承外壳最高温度不得超过 70℃；滚动轴承不得超过 75℃；

3 冷却塔本体应稳固、无异常振动，其噪声应符合设备技术文件的规定。风机试运转按本条第 1 款的规定；

冷却塔风机与冷却水系统循环试运行不少于 2h，运行应无异常情况；

4 制冷机组、单元式空调机组的试运转，应符合设备技术文件和现行国家标准《制

冷设备、空气分离设备安装工程施工及验收规范》GB 50274 的有关规定,正常运转不应少于 8h;

5 电控防火、防排烟风阀(口)的手动、电动操作应灵活、可靠,信号输出正确。

检查数量:第 1 款按风机数量抽查 10%,且不得少于 1 台;第 2、3、4 款全数检查;第 5 款按系统中风阀的数量抽查 20%,且不得少于 5 件。

检查方法:观察、旁站、用声级计测定、查阅试运转记录及有关文件。

11.2.3 系统无生产负荷的联合试运转及调试应符合下列规定:

1 系统总风量调试结果与设计风量的偏差不应大于 10%;

2 空调冷热水、冷却水总流量测试结果与设计流量的偏差不应大于 10%;

3 舒适空调的温度、相对湿度应符合设计的要求。恒温、恒湿房间室内空气温度、相对湿度及波动范围应符合设计规定。

检查数量:按风管系统数量抽查 10%,且不得少于 1 个系统。

检查方法:观察、旁站、查阅调试记录。

11.2.4 防排烟系统联合试运行与调试的结果(风量及正压),必须符合设计与消防的规定。

检查数量:按总数抽查 10%,且不得少于 2 个楼层。

检查方法:观察、旁站、查阅调试记录。

11.2.5 净化空调系统还应符合下列规定:

1 单向流洁净室系统的系统总风量调试结果与设计风量的允许偏差为 0~20%,室内各风口风量与设计风量的允许偏差为 15%。

新风量与设计新风量的允许偏差为 10%。

2 单向流洁净室系统的室内截面平均风速的允许偏差为 0~20%,且截面风速不均匀度不应大于 0.25。

新风量和设计新风量的允许偏差为 10%。

3 相邻不同级别洁净室之间和洁净室与非洁净室之间的静压差不应小于 5Pa,洁净室与室外的静压差不应小于 10Pa。

4 室内空气洁净度等级必须符合设计规定的等级或在商定验收状态下的等级要求。

高于等于 5 级的单向流洁净室,在门开启的状态下,测定距离门 0.6m 室内侧工作高度处空气的含尘浓度,亦不应超过室内洁净度等级上限的规定。

检查数量:调试记录全数检查,测点抽查 5%,且不得少于 1 点。

检查方法:检查、验证调试记录,按本规范附录 B 进行测试校核。

11.3 一 般 项 目

11.3.1 设备单机试运转及调试应符合下列规定:

1 水泵运行时不应有异常振动和声响、壳体密封处不得渗漏、紧固连接部位不应松动、轴封的温升应正常;在无特殊要求的情况下,普通填料泄漏量不应大于 60mL/h,机械密封的不应大于 5mL/h;

2 风机、空调机组、风冷热泵等设备运行时,产生的噪声不宜超过产品性能说明书的规定值;

3 风机盘管机组的三速、温控开关的动作应正确，并与机组运行状态一一对应。

检查数量：第1、2款抽查20%，且不得少于1台；第3款抽查10%，且不得少于5台。

检查方法：观察、旁站、查阅试运转记录。

11.3.2 通风工程系统无生产负荷联动试运转及调试应符合下列规定：

1 系统联动试运转中，设备及主要部件的联动必须符合设计要求，动作协调、正确，无异常现象；

2 系统经过平衡调整，各风口或吸风罩的风量与设计风量的允许偏差不应大于15%；

3 湿式除尘器的供水与排水系统运行应正常。

11.3.3 空调工程系统无生产负荷联动试运转及调试还应符合下列规定：

1 空调工程水系统应冲洗干净、不含杂物，并排除管道系统中的空气；系统连续运行应达到正常、平稳；水泵的压力和水泵电机的电流不应出现大幅波动。系统平衡调整后，各空调机组的水流量应符合设计要求，允许偏差为20%；

2 各种自动计量检测元件和执行机构的工作应正常，满足建筑设备自动化(BA、FA等)系统对被测定参数进行检测和控制的要求；

3 多台冷却塔并联运行时，各冷却塔的进、出水量应达到均衡一致；

4 空调室内噪声应符合设计规定要求；

5 有压差要求的房间、厅堂与其他相邻房间之间的压差，舒适性空调正压为0~25Pa；工艺性的空调应符合设计的规定；

6 有环境噪声要求的场所，制冷、空调机组应按现行国家标准《采暖通风与空气调节设备噪声声功率级的测定——工程法》GB 9068的规定进行测定。洁净室内的噪声应符合设计的规定。

检查数量：按系统数量抽查10%，且不得少于1个系统或1间。

检查方法：观察、用仪表测量检查及查阅调试记录。

11.3.4 通风与空调工程的控制和监测设备，应能与系统的检测元件和执行机构正常沟通，系统的状态参数应能正确显示，设备联锁、自动调节、自动保护应能正确动作。

检查数量：按系统或监测系统总数抽查30%，且不得少于1个系统。

检查方法：旁站观察，查阅调试记录。

12 竣 工 验 收

12.0.1 通风与空调工程的竣工验收，是在工程施工质量得到有效监控的前提下，施工单位通过整个分部工程的无生产负荷系统联合试运转与调试和观感质量的检查，按本规范要求将质量合格的分部工程移交建设单位的验收过程。

12.0.2 通风与空调工程的竣工验收，应由建设单位负责，组织施工、设计、监理等单位共同进行，合格后即应办理竣工验收手续。

12.0.3 通风与空调工程竣工验收时，应检查竣工验收的资料，一般包括下列文件及记录：

1 图纸会审记录、设计变更通知书和竣工图；

2 主要材料、设备、成品、半成品和仪表的出厂合格证明及进场检(试)验报告;
   3 隐蔽工程检查验收记录;
   4 工程设备、风管系统、管道系统安装及检验记录;
   5 管道试验记录;
   6 设备单机试运转记录;
   7 系统无生产负荷联合试运转与调试记录;
   8 分部(子分部)工程质量验收记录;
   9 观感质量综合检查记录;
   10 安全和功能检验资料的核查记录。

12.0.4 观感质量检查应包括以下项目:
   1 风管表面应平整、无损坏;接管合理,风管的连接以及风管与设备或调节装置的连接,无明显缺陷;
   2 风口表面应平整,颜色一致,安装位置正确,风口可调节部件应能正常动作;
   3 各类调节装置的制作和安装应正确牢固,调节灵活,操作方便。防火及排烟阀等关闭严密,动作可靠;
   4 制冷及水管系统的管道、阀门及仪表安装位置正确,系统无渗漏;
   5 风管、部件及管道的支、吊架型式、位置及间距应符合本规范要求;
   6 风管、管道的软性接管位置应符合设计要求,接管正确、牢固,自然无强扭;
   7 通风机、制冷机、水泵、风机盘管机组的安装应正确牢固;
   8 组合式空气调节机组外表平整光滑、接缝严密、组装顺序正确,喷水室外表面无渗漏;
   9 除尘器、积尘室安装应牢固、接口严密;
   10 消声器安装方向正确,外表面应平整无损坏;
   11 风管、部件、管道及支架的油漆应附着牢固,漆膜厚度均匀,油漆颜色与标志符合设计要求;
   12 绝热层的材质、厚度应符合设计要求;表面平整、无断裂和脱落;室外防潮层或保护壳应顺水搭接、无渗漏。

   检查数量:风管、管道各按系统抽查10%,且不得少于1个系统。各类部件、阀门及仪表抽检5%,且不得少于10件。

   检查方法:尺量、观察检查。

12.0.5 净化空调系统的观感质量检查还应包括下列项目:
   1 空调机组、风机、净化空调机组、风机过滤器单元和空气吹淋室等的安装位置应正确、固定牢固、连接严密,其偏差应符合本规范有关条文的规定;
   2 高效过滤器与风管、风管与设备的连接处应有可靠密封;
   3 净化空调机组、静压箱、风管及送回风口清洁无积尘;
   4 装配式洁净室的内墙面、吊顶和地面应光滑、平整、色泽均匀、不起灰尘,地板静电值应低于设计规定;
   5 送回风口、各类末端装置以及各类管道等与洁净室内表面的连接处密封处理应可靠、严密。

检查数量：按数量抽查20%，且不得少于1个。

检查方法：尺量、观察检查。

13 综合效能的测定与调整

13.0.1 通风与空调工程交工前，应进行系统生产负荷的综合效能试验的测定与调整。

13.0.2 通风与空调工程带生产负荷的综合效能试验与调整，应在已具备生产试运行的条件下进行，由建设单位负责，设计、施工单位配合。

13.0.3 通风、空调系统带生产负荷的综合效能试验测定与调整的项目，应由建设单位根据工程性质、工艺和设计的要求进行确定。

13.0.4 通风、除尘系统综合效能试验可包括下列项目：

    1 室内空气中含尘浓度或有害气体浓度与排放浓度的测定；

    2 吸气罩罩口气流特性的测定；

    3 除尘器阻力和除尘效率的测定；

    4 空气油烟、酸雾过滤装置净化效率的测定。

13.0.5 空调系统综合效能试验可包括下列项目：

    1 送回风口空气状态参数的测定与调整；

    2 空气调节机组性能参数的测定与调整；

    3 室内噪声的测定；

    4 室内空气温度和相对湿度的测定与调整；

    5 对气流有特殊要求的空调区域做气流速度的测定。

13.0.6 恒温恒湿空调系统除应包括空调系统综合效能试验项目外，尚可增加下列项目：

    1 室内静压的测定和调整；

    2 空调机组各功能段性能的测定和调整；

    3 室内温度、相对湿度场的测定和调整；

    4 室内气流组织的测定。

13.0.7 净化空调系统除应包括恒温恒湿空调系统综合效能试验项目外，尚可增加下列项目：

    1 生产负荷状态下室内空气洁净度等级的测定；

    2 室内浮游菌和沉降菌的测定；

    3 室内自净时间的测定；

    4 空气洁净度高于5级的洁净室，除应进行净化空调系统综合效能试验项目外，尚应增加设备泄漏控制、防止污染扩散等特定项目的测定；

    5 洁净度等级高于等于5级的洁净室，可进行单向气流流线平行度的检测，在工作区内气流流向偏离规定方向的角度不大于15°。

13.0.8 防排烟系统综合效能试验的测定项目，为模拟状态下安全区正压变化测定及烟雾扩散试验等。

13.0.9 净化空调系统的综合效能检测单位和检测状态，宜由建设、设计和施工单位三方协商确定。

附录 A 漏光法检测与漏风量测试

A.1 漏光法检测

A.1.1 漏光法检测是利用光线对小孔的强穿透力,对系统风管严密程度进行检测的方法。

A.1.2 检测应采用具有一定强度的安全光源。手持移动光源可采用不低于100W带保护罩的低压照明灯,或其他低压光源。

A.1.3 系统风管漏光检测时,光源可置于风管内侧或外侧,但其相对侧应为暗黑环境。检测光源应沿着被检测接口部位与接缝作缓慢移动,在另一侧进行观察,当发现有光线射出,则说明查到明显漏风处,并应做好记录。

A.1.4 对系统风管的检测,宜采用分段检测、汇总分析的方法。在严格安装质量管理的基础上,系统风管的检测以总管和干管为主。当采用漏光法检测系统的严密性时,低压系统风管以每10m接缝,漏光点不大于2处,且100m接缝平均不大于16处为合格;中压系统风管每10m接缝,漏光点不大于1处,且100m接缝平均不大于8处为合格。

A.1.5 漏光检测中对发现的条缝形漏光,应作密封处理。

A.2 测试装置

A.2.1 漏风量测试应采用经检验合格的专用测量仪器,或采用符合现行国家标准《流量测量节流装置》规定的计量元件搭设的测量装置。

A.2.2 漏风量测试装置可采用风管式或风室式。风管式测试装置采用孔板做计量元件;风室式测试装置采用喷嘴做计量元件。

A.2.3 漏风量测试装置的风机,其风压和风量应选择分别大于被测定系统或设备的规定试验压力及最大允许漏风量的1.2倍。

A.2.4 漏风量测试装置试验压力的调节,可采用调整风机转速的方法,也可采用控制节流装置开度的方法。漏风量值必须在系统经调整后,保持稳压的条件下测得。

A.2.5 漏风量测试装置的压差测定应采用微压计,其最小读数分格不应大于2.0Pa。

A.2.6 风管式漏风量测试装置:

1 风管式漏风量测试装置由风机、连接风管、测压仪器、整流栅、节流器和标准孔板等组成(图A.2.6-1)。

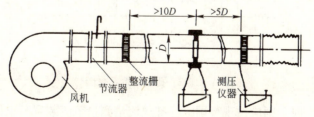

图 A.2.6-1 正压风管式漏风量测试装置

2 本装置采用角接取压的标准孔板。孔板 β 值范围为 $0.22\sim0.7$($\beta=d/D$);孔板至前、后整流栅及整流栅外直管段距离,应分别符合大于 10 倍和 5 倍圆管直径 D 的规定。

3 本装置的连接风管均为光滑圆管。孔板至上游 $2D$ 范围内其圆度允许偏差为 0.3%;下游为 2%。

4 孔板与风管连接,其前端与管道轴线垂直度允许偏差为 $1°$;孔板与风管同心度允许偏差为 $0.015D$。

5 在第一整流栅后,所有连接部分应该严密不漏。

6 用下列公式计算漏风量:

$$Q=3600\varepsilon \cdot \alpha \cdot A_n \sqrt{\frac{2}{\rho}\Delta P} \qquad (A.2.6)$$

式中　　Q——漏风量(m^3/h);
　　　　ε——空气流速膨胀系数;
　　　　α——孔板的流量系数;
　　　A_n——孔板开口面积(m^2);
　　　　ρ——空气密度(kg/m^3);
　　　ΔP——孔板差压(Pa)。

7 孔板的流量系数与 β 值的关系根据图 A.2.6-2 确定,其适用范围应满足下列条件,在此范围内,不计管道粗糙度对流量系数的影响。

$$10^5 < Re < 2.0 \times 10^6$$
$$0.05 < \beta^2 \leqslant 0.49$$
$$50mm < D \leqslant 1000mm$$

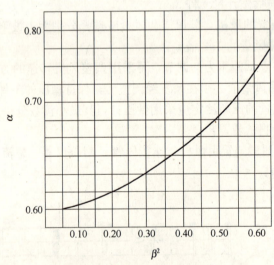

图 A.2.6-2　孔板流量系数图

雷诺数小于 10^5 时,则应按现行国家标准《流量测量节流装置》求得流量系数 α。

8 孔板的空气流速膨胀系数 ε 值可根据表 A.2.6 查得。

9 当测试系统或设备负压条件下的漏风量时,装置连接应符合图 A.2.6-3 的规定。

表 A.2.6 采用角接取压标准孔板流速膨胀系数 ε 值（k=1.4）

β^4 \ P_2/P_1	1.0	0.98	0.96	0.94	0.92	0.90	0.85	0.80	0.75
0.08	1.0000	0.9930	0.9866	0.9803	0.9742	0.9681	0.9531	0.9381	0.9232
0.1	1.0000	0.9924	0.9854	0.9787	0.9720	0.9654	0.9491	0.9328	0.9166
0.2	1.0000	0.9918	0.9843	0.9770	0.9698	0.9627	0.9450	0.9275	0.9100
0.3	1.0000	0.9912	0.9831	0.9753	0.9676	0.9599	0.9410	0.9222	0.9034

注：1. 本表允许内插，不允许外延。
   2. P_2/P_1 为孔板后与孔板前的全压值之比。

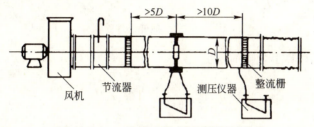

图 A.2.6-3 负压风管式漏风量测试装置

A.2.7 风室式漏风量测试装置：

1 风室式漏风量测试装置由风机、连接风管、测压仪器、均流板、节流器、风室、隔板和喷嘴等组成，如图 A.2.7-1 所示。

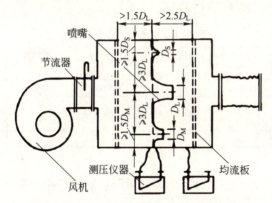

图 A.2.7-1 正压风室式漏风量测试装置
D_S—小号喷嘴直径；D_M—中号喷嘴直径；D_L—大号喷嘴直径

2 测试装置采用标准长颈喷嘴（图 A.2.7-2）。喷嘴必须按图 A.2.7-1 的要求安装在隔板上，数量可为单个或多个。两个喷嘴之间的中心距离不得小于较大喷嘴喉部直径的 3 倍；任一喷嘴中心到风室最近侧壁的距离不得小于其喷嘴喉部直径的 1.5 倍。

3 风室的断面面积不应小于被测定风量按断面平均速度小于 0.75m/s 时的断面积。风室内均流板（多孔板）安装位置应符合图 A.2.7-1 的规定。

4 风室中喷嘴两端的静压取压接口，应为多个且均布于四壁。静压取压接口至喷嘴隔板的距离不得大于最小喷嘴喉部直径的 1.5 倍。然后，并连成静压环，再与测压仪器相接。

5 采用本装置测定漏风量时，通过喷嘴喉部的流速应控制在 15～35m/s 范围内。

6 本装置要求风室中喷嘴隔板后的所有连接部分应严密不漏。

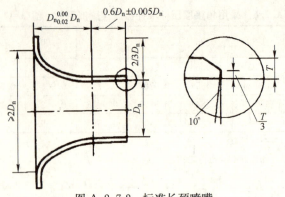

图 A.2.7-2 标准长颈喷嘴

7 用下列公式计算单个喷嘴风量：

$$Q_n = 3600 C_d \cdot A_d \sqrt{\frac{2}{\rho} \Delta P} \quad (A.2.7\text{-}1)$$

多个喷嘴风量：

$$Q = \Sigma Q_n \quad (A.2.7\text{-}2)$$

式中 Q_n——单个喷嘴漏风量（m³/h）；

C_d——喷嘴的流量系数（直径 127mm 以上取 0.99，小于 127mm 可按表 A.2.7 或图 A.2.7-3 查取）；

A_d——喷嘴的喉部面积（m²）；

ΔP——喷嘴前后的静压差（Pa）。

表 A.2.7 喷嘴流量系数表

R_e	流量系数 C_d	R_e	流量系数 C_d	R_e	流量系数 C_d	R_e	流量系数 C_d
12000	0.950	40000	0.973	80000	0.983	200000	0.991
16000	0.956	50000	0.977	90000	0.984	250000	0.993
20000	0.961	60000	0.979	100000	0.985	300000	0.994
30000	0.969	70000	0.981	150000	0.989	350000	0.994

注：不计温度系数。

8 当测试系统或设备负压条件下的漏风量时，装置连接应符合图 A.2.7-4 的规定。

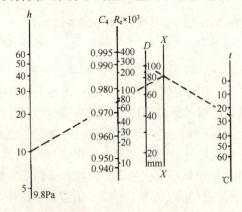

图 A.2.7-3 喷嘴流量系数推算图

注：先用直径与温度标尺在指数标尺（X）上求点，再将指数与压力标尺点相连，可求取流量系数值。

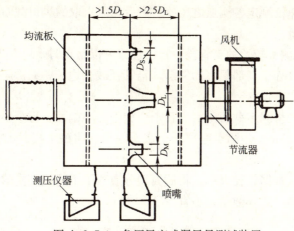

图 A.2.7-4 负压风室式漏风量测试装置

A.3 漏风量测试

A.3.1 正压或负压系统风管与设备的漏风量测试,分正压试验和负压试验两类。一般可采用正压条件下的测试来检验。

A.3.2 系统漏风量测试可以整体或分段进行。测试时,被测系统的所有开口均应封闭,不应漏风。

A.3.3 被测系统的漏风量超过设计和本规范的规定时,应查出漏风部位(可用听、摸、观察、水或烟检漏),做好标记;修补完工后,重新测试,直至合格。

A.3.4 漏风量测定值一般应为规定测试压力下的实测数值。特殊条件下,也可用相近或大于规定压力下的测试代替,其漏风量可按下式换算:

$$Q_0 = Q(P_0/P)^{0.65} \qquad (A.3.4)$$

式中 P_0——规定试验压力,500Pa;

Q_0——规定试验压力下的漏风量 [$m^3/(h \cdot m^2)$];

P——风管工作压力(Pa);

Q——工作压力下的漏风量 [$m^3/(h \cdot m^2)$]。

附录 B 洁净室测试方法

B.1 风量或风速的检测

B.1.1 对于单向流洁净室,采用室截面平均风速和截面积乘积的方法确定送风量。离高效过滤器 0.3m,垂直于气流的截面作为采样测试截面,截面上测点间距不宜大于 0.6m,测点数不应少于 5 个,以所有测点风速读数的算术平均值作为平均风速。

B.1.2 对于非单向流洁净室,采用风口法或风管法确定送风量,做法如下:

1 风口法是在安装有高效过滤器的风口处,根据风口形状连接辅助风管进行测量。即用镀锌钢板或其他不产尘材料做成与风口形状及内截面相同,长度等于 2 倍风口长边长的直管段,连接于风口外部。在辅助风管出口平面上,按最少测点数不少于 6 点均匀布置，使用热球式风速仪测定各测点之风速。然后，以求取的风口截面平均风速乘以风口净截面积求取测定风量。

2 对于风口上风侧有较长的支管段，且已经或可以钻孔时，可以用风管法确定风量。测量断面应位于大于或等于局部阻力部件前3倍管径或长边长，局部阻力部件后5倍管径或长边长的部位。

对于矩形风管，是将测定截面分割成若干个相等的小截面。每个小截面尽可能接近正方形，边长不应大于200mm，测点应位于小截面中心，但整个截面上的测点数不宜少于3个。

对于圆形风管，应根据管径大小，将截面划分成若干个面积相同的同心圆环，每个圆环测4点。根据管径确定圆环数量，不宜少于3个。

B.2 静压差的检测

B.2.1 静压差的测定应在所有的门关闭的条件下，由高压向低压，由平面布置上与外界最远的里间房间开始，依次向外测定。

B.2.2 采用的微差压力计，其灵敏度不应低于2.0Pa。

B.2.3 有孔洞相通的不同等级相邻的洁净室，其洞口处应有合理的气流流向。洞口的平均风速大于等于0.2m/s时，可用热球风速仪检测。

B.3 空气过滤器泄漏测试

B.3.1 高效过滤器的检漏，应使用采样速率大于1L/min的光学粒子计数器。D类高效过滤器宜使用激光粒子计数器或凝结核计数器。

B.3.2 采用粒子计数器检漏高效过滤器，其上风侧应引入均匀浓度的大气尘或含其他气溶胶尘的空气。对大于等于$0.5\mu m$尘粒，浓度应大于或等于$3.5\times10^5 pc/m^3$；或对大于或等于$0.1\mu m$尘粒，浓度应大于或等于$3.5\times10^7 pc/m^3$；若检测D类高效过滤器，对大于或等于$0.1\mu m$尘粒，浓度应大于或等于$3.5\times10^9 pc/m^3$。

B.3.3 高效过滤器的检测采用扫描法，即在过滤器下风侧用粒子计数器的等动力采样头，放在距离被检部位表面20~30mm处，以5~20mm/s的速度，对过滤器的表面、边框和封头胶处进行移动扫描检查。

B.3.4 泄漏率的检测应在接近设计风速的条件下进行。将受检高效过滤器下风侧测得的泄漏浓度换算成透过率，高效过滤器不得大于出厂合格透过率的2倍；D类高效过滤器不得大于出厂合格透过率的3倍。

B.3.5 在移动扫描检测工程中，应对计数突然递增的部位进行定点检验。

B.4 室内空气洁净度等级的检测

B.4.1 空气洁净度等级的检测应在设计指定的占用状态（空态、静态、动态）下进行。

B.4.2 检测仪器的选用：应使用采样速率大于1L/min的光学粒子计数器，在仪器选用时应考虑粒径鉴别能力，粒子浓度适用范围和计数效率。仪表应有有效的标定合格证书。

B.4.3 采样点的规定：

1 最低限度的采样点数N_L，见表B.4.3；

表 B.4.3 最低限度的采样点数 N_L 表

测点数 N_L	2	3	4	5	6	7	8	9	10
洁净区面积 $A(m^2)$	2.1~6.0	6.1~12.0	12.1~20.0	20.1~30.0	30.1~42.0	42.1~56.0	56.1~72.0	72.1~90.0	90.1~110.0

注：1. 在水平单向流时，面积 A 为与气流方向呈垂直的流动空气截面的面积。
2. 最低限度的采样点数 N_L 按公式 $N_L = A^{0.5}$ 计算（四舍五入取整数）。

2 采样点应均匀分布于整个面积内，并位于工作区的高度（距地坪 0.8m 的水平面），或设计单位、业主特指的位置。

B.4.4 采样量的确定：

1 每次采样的最少采样量见表 B.4.4；

表 B.4.4 每次采样的最少采样量 $V_s(L)$ 表

洁净度等级	粒 径(μm)					
	0.1	0.2	0.3	0.5	1.0	5.0
1	2000	8400	—	—	—	—
2	200	840	1960	5680	—	—
3	20	84	196	568	2400	—
4	2	8	20	57	240	—
5	2	2	2	6	24	680
6	2	2	2	2	2	68
7	—	—	—	2	2	7
8	—	—	—	2	2	2
9	—	—	—	2	2	2

2 每个采样点的最少采样时间为 1min，采样量至少为 2L；

3 每个洁净室（区）最少采样次数为 3 次。当洁净区仅有一个采样点时，则在该点至少采样 3 次；

4 对预期空气洁净度等级达到 4 级或更洁净的环境，采样量很大，可采用 ISO 14644—1 附录 F 规定的顺序采样法。

B.4.5 检测采样的规定：

1 采样时采样口处的气流速度，应尽可能接近室内的设计气流速度；

2 对单向流洁净室，其粒子计数器的采样管口应迎着气流方向；对于非单向流洁净室，采样管口宜向上；

3 采样管必须干净，连接处不得有渗漏。采样管的长度应根据允许长度确定，如果无规定时，不宜大于 1.5m；

4 室内的测定人员必须穿洁净工作服，且不宜超过 3 名，并应远离或位于采样点的下风侧静止不动或微动。

B.4.6 记录数据评价。空气洁净度测试中，当全室（区）测点为 2~9 点时，必须计算每个采样点的平均粒子浓度 C_i 值、全部采样点的平均粒子浓度 N 及其标准差，导出 95% 置信上限值；采样点超过 9 点时，可采用算术平均值 N 作为置信上限值。

1 每个采样点的平均粒子浓度 C_i 应小于或等于洁净度等级规定的限值,见表B.4.6-1。

表 B.4.6-1 洁净度等级及悬浮粒子浓度限值

洁净度等级	大于或等于表中粒径 D 的最大浓度 C_n(pc/m³)					
	0.1μm	0.2μm	0.3μm	0.5μm	1.0μm	5.0μm
1	10	2	—	—	—	—
2	100	24	10	4	—	—
3	1000	237	102	35	8	—
4	10000	2370	1020	352	83	—
5	100000	23700	10200	3520	832	29
6	1000000	237000	102000	35200	8320	293
7	—	—	—	352000	83200	2930
8	—	—	—	3520000	832000	29300
9	—	—	—	35200000	8320000	293000

注: 1. 本表仅表示了整数值的洁净度等级(N)悬浮粒子最大浓度的限值。
  2. 对于非整数洁净度等级,其对应于粒子粒径 D(μm)的最大浓度限值(C_n),应按下列公式计算求取。

$$C_n = 10^N \times \left(\frac{0.1}{D}\right)^{2.08}$$

  3. 洁净度等级定级的粒径范围为 0.1~5.0μm,用于定级的粒径数不应大于 3 个,且其粒径的顺序级差不应小于 1.5 倍。

2 全部采样点的平均粒子浓度 N 的 95% 置信上限值,应小于或等于洁净度等级规定的限值。即:

$$(N + t \times s/\sqrt{n}) \leqslant 级别规定的限值$$

式中 N——室内各测点平均含尘浓度,$N = \Sigma C_i / n$;

  n——测点数;

  s——室内各测点平均含尘浓度 N 的标准差:$s = \sqrt{\dfrac{(C_i - N)^2}{n-1}}$

  t——置信度上限为 95% 时,单侧 t 分布的系数,见表 B.4.6-2。

表 B.4.6-2 t 系 数

点 数	2	3	4	5	6	7~9
t	6.3	2.9	2.4	2.1	2.0	1.9

B.4.7 每次测试应做记录,并提交性能合格或不合格的测试报告。测试报告应包括以下内容:

 1 测试机构的名称、地址;

 2 测试日期和测试者签名;

 3 执行标准的编号及标准实施日期;

 4 被测试的洁净室或洁净区的地址、采样点的特定编号及坐标图;

 5 被测洁净室或洁净区的空气洁净度等级、被测粒径(或沉降菌、浮游菌)、被测洁净室所处的状态、气流流型和静压差；

　　6 测量用的仪器的编号和标定证书；测试方法细则及测试中的特殊情况；

　　7 测试结果包括在全部采样点坐标图上注明所测的粒子浓度(或沉降菌、浮游菌的菌落数)；

　　8 对异常测试值进行说明及数据处理。

B.5 室内浮游菌和沉降菌的检测

B.5.1 微生物检测方法有空气悬浮微生物法和沉降微生物法两种，采样后的基片(或平皿)经过恒温箱内37℃、48h的培养生成菌落后进行计数。使用的采样器皿和培养液必须进行消毒灭菌处理。采样点可均匀布置或取代表性地域布置。

B.5.2 悬浮微生物法应采用离心式、狭缝式和针孔式等碰击式采样器，采样时间应根据空气中微生物浓度来决定，采样点数可与测定空气洁净度测点数相同。各种采样器应按仪器说明书规定的方法使用。

　　沉降微生物法，应采用直径为90mm培养皿，在采样点上沉降30min后进行采样，培养皿最少采样数应符合表B.5.2的规定。

表 B.5.2　最少培养皿数

空气洁净度级别	培 养 皿 数
＜5	44
5	14
6	5
≥7	2

B.5.3 制药厂洁净室(包括生物洁净室)室内浮游菌和沉降菌测试，也可采用按协议确定的采样方案。

B.5.4 用培养皿测定沉降菌，用碰撞式采样器或过滤采样器测定浮游菌，还应遵守以下规定：

　　1 采样装置采样前的准备及采样后的处理，均应在设有高效空气过滤器排风的负压实验室进行操作，该实验室的温度应为22±2℃；相对湿度应为50%±10%；

　　2 采样仪器应消毒灭菌；

　　3 采样器选择应审核其精度和效率，并有合格证书；

　　4 采样装置的排气不应污染洁净室；

　　5 沉降皿个数及采样点、培养基及培养温度、培养时间应按有关规范的规定执行；

　　6 浮游菌采样器的采样率宜大于100L/min；

　　7 碰撞培养基的空气速度应小于20m/s。

B.6 室内空气温度和相对湿度的检测

B.6.1 根据温度和相对湿度波动范围，应选择相应的具有足够精度的仪表进行测定。每次测定间隔不应大于30min。

B.6.2 室内测点布置：

1 送回风口处；
2 恒温工作区具有代表性的地点(如沿着工艺设备周围布置或等距离布置)；
3 没有恒温要求的洁净室中心；
4 测点一般应布置在距外墙表面大于0.5m，离地面0.8m的同一高度上；也可以根据恒温区的大小，分别布置在离地不同高度的几个平面上。

B.6.3 测点数应符合表B.6.3的规定。

表B.6.3 温、湿度测点数

波动范围	室面积≤50m²	每增加20~50m²
$\Delta t=\pm 0.5\sim\pm 2℃$	5个	增加3~5个
$\Delta RH=\pm 5\%\sim\pm 10\%$		
$\Delta t\leqslant\pm 0.5℃$	点间距不应大于2m，点数不应少于5个	
$\Delta RH\leqslant\pm 5\%$		

B.6.4 有恒温恒湿要求的洁净室。室温波动范围按各测点的各次温度中偏差控制点温度的最大值，占测点总数的百分比整理成累积统计曲线。如90%以上测点偏差值在室温波动范围内，为符合设计要求。反之，为不合格。

区域温度以各测点中最低的一次测试温度为基准，各测点平均温度与超偏差值的点数，占测点总数的百分比整理成累计统计曲线，90%以上测点所达到的偏差值为区域温差，应符合设计要求。相对湿度波动范围可按室温波动范围的规定执行。

B.7 单向流洁净室截面平均速度，速度不均匀度的检测

B.7.1 洁净室垂直单向流和非单向流应选择距墙或围护结构内表面大于0.5m，离地面高度0.5~1.5m作为工作区。水平单向流以距送风墙或围护结构内表面0.5m处的纵断面为第一工作面。

B.7.2 测定截面的测点数和测定仪器应符合本规范第B.6.3条的规定。

B.7.3 测定风速应用测定架固定风速仪，以避免人体干扰。不得不用手持风速仪测定时，手臂应伸至最长位置，尽量使人体远离测头。

B.7.4 室内气流流形的测定，宜采用发烟或悬挂丝线的方法，进行观察测量与记录。然后，标在记录的送风平面的气流流形图上。一般每台过滤器至少对应1个观察点。

风速的不均匀度 β_0 按下列公式计算，一般 β_0 值不应大于0.25。

$$\beta_0=\frac{s}{v}$$

式中 v——各测点风速的平均值；
    s——标准差。

B.8 室内噪声的检测

B.8.1 测噪声仪器应采用带倍频程分析的声级计。
B.8.2 测点布置应按洁净室面积均分，每50m²设一点。测点位于其中心，距地面1.1~1.5m高度处或按工艺要求设定。

中华人民共和国国家标准

建筑电气工程施工质量验收规范

Code of acceptance of construction quality
of electrical installation in building

GB 50303—2002

主编部门：浙江省建设厅
批准部门：中华人民共和国建设部
施行日期：2002年6月1日

目　　次

1 总则 …………………………………………………………… 559
2 术语 …………………………………………………………… 559
3 基本规定 ……………………………………………………… 560
　3.1 一般规定 ………………………………………………… 560
　3.2 主要设备、材料、成品和半成品进场验收 ……………… 561
　3.3 工序交接确认 …………………………………………… 563
4 架空线路及杆上电气设备安装 ……………………………… 567
　4.1 主控项目 ………………………………………………… 567
　4.2 一般项目 ………………………………………………… 567
5 变压器、箱式变电所安装 …………………………………… 568
　5.1 主控项目 ………………………………………………… 568
　5.2 一般项目 ………………………………………………… 568
6 成套配电柜、控制柜(屏、台)和动力、照明配电箱(盘)安装 … 569
　6.1 主控项目 ………………………………………………… 569
　6.2 一般项目 ………………………………………………… 570
7 低压电动机、电加热器及电动执行机构检查接线 ………… 571
　7.1 主控项目 ………………………………………………… 571
　7.2 一般项目 ………………………………………………… 571
8 柴油发电机组安装 …………………………………………… 572
　8.1 主控项目 ………………………………………………… 572
　8.2 一般项目 ………………………………………………… 572
9 不间断电源安装 ……………………………………………… 572
　9.1 主控项目 ………………………………………………… 572
　9.2 一般项目 ………………………………………………… 573
10 低压电气动力设备试验和试运行 ………………………… 573
　10.1 主控项目 ……………………………………………… 573
　10.2 一般项目 ……………………………………………… 573
11 裸母线、封闭母线、插接式母线安装 ……………………… 573
　11.1 主控项目 ……………………………………………… 573
　11.2 一般项目 ……………………………………………… 574
12 电缆桥架安装和桥架内电缆敷设 ………………………… 575
　12.1 主控项目 ……………………………………………… 575
　12.2 一般项目 ……………………………………………… 575
13 电缆沟内和电缆竖井内电缆敷设 ………………………… 576

	13.1 主控项目 ……………………………………………………………… 576
	13.2 一般项目 ……………………………………………………………… 576

14 电线导管、电缆导管和线槽敷设 …………………………………… 577
  14.1 主控项目 ……………………………………………………………… 577
  14.2 一般项目 ……………………………………………………………… 578

15 电线、电缆穿管和线槽敷线 …………………………………………… 579
  15.1 主控项目 ……………………………………………………………… 579
  15.2 一般项目 ……………………………………………………………… 579

16 槽板配线 ………………………………………………………………… 580
  16.1 主控项目 ……………………………………………………………… 580
  16.2 一般项目 ……………………………………………………………… 580

17 钢索配线 ………………………………………………………………… 580
  17.1 主控项目 ……………………………………………………………… 580
  17.2 一般项目 ……………………………………………………………… 580

18 电缆头制作、接线和线路绝缘测试 …………………………………… 581
  18.1 主控项目 ……………………………………………………………… 581
  18.2 一般项目 ……………………………………………………………… 581

19 普通灯具安装 …………………………………………………………… 581
  19.1 主控项目 ……………………………………………………………… 581
  19.2 一般项目 ……………………………………………………………… 582

20 专用灯具安装 …………………………………………………………… 583
  20.1 主控项目 ……………………………………………………………… 583
  20.2 一般项目 ……………………………………………………………… 584

21 建筑物景观照明灯、航空障碍标志灯和庭院灯安装 ………………… 585
  21.1 主控项目 ……………………………………………………………… 585
  21.2 一般项目 ……………………………………………………………… 586

22 开关、插座、风扇安装 ………………………………………………… 586
  22.1 主控项目 ……………………………………………………………… 586
  22.2 一般项目 ……………………………………………………………… 587

23 建筑物照明通电试运行 ………………………………………………… 588
  23.1 主控项目 ……………………………………………………………… 588

24 接地装置安装 …………………………………………………………… 588
  24.1 主控项目 ……………………………………………………………… 588
  24.2 一般项目 ……………………………………………………………… 588

25 避雷引下线和变配电室接地干线敷设 ………………………………… 589
  25.1 主控项目 ……………………………………………………………… 589
  25.2 一般项目 ……………………………………………………………… 589

26 接闪器安装 ……………………………………………………………… 590
  26.1 主控项目 ……………………………………………………………… 590

26.2	一般项目	590
27	**建筑物等电位联结**	**590**
27.1	主控项目	590
27.2	一般项目	591
28	**分部(子分部)工程验收**	**591**
附录A	发电机交接试验	593
附录B	低压电器交接试验	594
附录C	母线螺栓搭接尺寸	594
附录D	母线搭接螺栓的拧紧力矩	595
附录E	室内裸母线最小安全净距	596

1 总 则

1.0.1 为了加强建筑工程质量管理，统一建筑电气工程施工质量的验收，保证工程质量，制定本规范。

1.0.2 本规范适用于满足建筑物预期使用功能要求的电气安装工程施工质量验收。适用电压等级为10kV及以下。

1.0.3 本规范应与国家标准《建筑工程施工质量验收统一标准》GB 50300—2001和相应的设计规范配套使用。

1.0.4 建筑电气工程施工中采用的工程技术文件、承包合同文件对施工质量验收的要求不得低于本规范的规定。

1.0.5 建筑电气工程施工质量验收除应执行本规范外，尚应符合国家现行有关标准、规范的规定。

2 术 语

2.0.1 布线系统 wiring system
一根电缆(电线)、多根电缆(电线)或母线以及固定它们的部件的组合。如果需要，布线系统还包括封装电缆(电线)或母线的部件。

2.0.2 电气设备 electrical equipment
发电、变电、输电、配电或用电的任何物件，诸如电机、变压器、电器、测量仪表、保护装置、布线系统的设备、电气用具。

2.0.3 用电设备 current-using equipment
将电能转换成其他形式能量(例如光能、热能、机械能)的设备。

2.0.4 电气装置 electrical installation
为实现一个或几个具体目的且特性相配合的电气设备的组合。

2.0.5 建筑电气工程(装置) electrical installation in building
为实现一个或几个具体目的且特性相配合的，由电气装置、布线系统和用电设备电气部分的组合。这种组合能满足建筑物预期的使用功能和安全要求，也能满足使用建筑物的人的安全需要。

2.0.6 导管 conduit
在电气安装中用来保护电线或电缆的圆型或非圆型的布线系统的一部分，导管有足够的密封性，使电线电缆只能从纵向引入，而不能从横向引入。

2.0.7 金属导管 metal conduit
由金属材料制成的导管。

2.0.8 绝缘导管 insulating conduit
没有任何导电部分(不管是内部金属衬套或是外部金属网、金属涂层等均不存在)，由绝缘材料制成的导管。

2.0.9 保护导体(PE) protective conductor(PE)

为防止发生电击危险而与下列部件进行电气连接的一种导体：

——裸露导电部件；

——外部导电部件；

——主接地端子；

——接地电极（接地装置）；

——电源的接地点或人为的中性接点。

2.0.10 中性保护导体(PEN) PEN conductor

一种同时具有中性导体和保护导体功能的接地导体。

2.0.11 可接近的 accessible

（用于配线方式）在不损坏建筑物结构或装修的情况下就能移出或暴露的，或者不是永久性地封装在建筑物的结构或装修中的。

（用于设备）因为没有锁住的门、抬高或其他有效方法用来防护，而许可十分靠近者。

2.0.12 景观照明 landscape lighting

为表现建筑物造型特色、艺术特点、功能特征和周围环境布置的照明工程，这种工程通常在夜间使用。

3 基 本 规 定

3.1 一 般 规 定

3.1.1 建筑电气工程施工现场的质量管理，除应符合现行国家标准《建筑工程施工质量验收统一标准》GB 50300—2001 的 3.0.1 规定外，尚应符合下列规定：

1 安装电工、焊工、起重吊装工和电气调试人员等，按有关要求持证上岗；

2 安装和调试用各类计量器具，应检定合格，使用时在有效期内。

3.1.2 除设计要求外，承力建筑钢结构构件上，不得采用熔焊连接固定电气线路、设备和器具的支架、螺栓等部件；且严禁热加工开孔。

3.1.3 额定电压交流 1kV 及以下直流 1.5kV 及以下的应为低压电器设备、器具和材料；额定电压大于交流 1kV、直流 1.5kV 的应为高压电器设备、器具和材料。

3.1.4 电气设备上计量仪表和与电气保护有关的仪表应检定合格，当投入试运行时，应在有效期内。

3.1.5 建筑电气动力工程的空载试运行和建筑电气照明工程的负荷试运行，应按本规范规定执行；建筑电气动力工程的负荷试运行，依据电气设备及相关建筑设备的种类、特性，编制试运行方案或作业指导书，并应经施工单位审查批准、监理单位确认后执行。

3.1.6 动力和照明工程的漏电保护装置应做模拟动作试验。

3.1.7 接地(PE)或接零(PEN)支线必须单独与接地(PE)或接零(PEN)干线相连接，不得串联连接。

3.1.8 高压的电气设备和布线系统及继电保护系统的交接试验，必须符合现行国家标准《电气装置安装工程电气设备交接试验标准》GB 50150 的规定。

3.1.9 低压的电气设备和布线系统的交接试验，应符合本规范的规定。

3.1.10 送至建筑智能化工程变送器的电量信号精度等级应符合设计要求，状态信号应正确；接收建筑智能化工程的指令应使建筑电气工程的自动开关动作符合指令要求，且手动、自动切换功能正常。

3.2 主要设备、材料、成品和半成品进场验收

3.2.1 主要设备、材料、成品和半成品进场检验结论应有记录，确认符合本规范规定，才能在施工中应用。

3.2.2 因有异议送有资质试验室进行抽样检测，试验室应出具检测报告，确认符合本规范和相关技术标准规定，才能在施工中应用。

3.2.3 依法定程序批准进入市场的新电气设备、器具和材料进场验收，除符合本规范规定外，尚应提供安装、使用、维修和试验要求等技术文件。

3.2.4 进口电气设备、器具和材料进场验收，除符合本规范规定外，尚应提供商检证明和中文的质量合格证明文件、规格、型号、性能检测报告以及中文的安装、使用、维修和试验要求等技术文件。

3.2.5 经批准的免检产品或认定的名牌产品，当进场验收时，宜不做抽样检测。

3.2.6 变压器、箱式变电所、高压电器及电瓷制品应符合下列规定：
 1 查验合格证和随带技术文件，变压器有出厂试验记录；
 2 外观检查：有铭牌，附件齐全，绝缘件无缺损、裂纹，充油部分不渗漏，充气高压设备气压指示正常，涂层完整。

3.2.7 高低压成套配电柜、蓄电池柜、不间断电源柜、控制柜(屏、台)及动力、照明配电箱(盘)应符合下列规定：
 1 查验合格证和随带技术文件，实行生产许可证和安全认证制度的产品，有许可证编号和安全认证标志。不间断电源柜有出厂试验记录；
 2 外观检查：有铭牌，柜内元器件无损坏丢失、接线无脱落脱焊，蓄电池柜内电池壳体无碎裂、漏液，充油、充气设备无泄漏，涂层完整，无明显碰撞凹陷。

3.2.8 柴油发电机组应符合下列规定：
 1 依据装箱单，核对主机、附件、专用工具、备品备件和随带技术文件，查验合格证和出厂试运行记录，发电机及其控制柜有出厂试验记录；
 2 外观检查：有铭牌，机身无缺件，涂层完整。

3.2.9 电动机、电加热器、电动执行机构和低压开关设备等应符合下列规定：
 1 查验合格证和随带技术文件，实行生产许可证和安全认证制度的产品，有许可证编号和安全认证标志；
 2 外观检查：有铭牌，附件齐全，电气接线端子完好，设备器件无缺损，涂层完整。

3.2.10 照明灯具及附件应符合下列规定：
 1 查验合格证，新型气体放电灯具有随带技术文件；
 2 外观检查：灯具涂层完整，无损伤，附件齐全。防爆灯具铭牌上有防爆标志和防爆合格证号，普通灯具有安全认证标志；
 3 对成套灯具的绝缘电阻、内部接线等性能进行现场抽样检测。灯具的绝缘电阻值

不小于2MΩ，内部接线为铜芯绝缘电线，芯线截面积不小于0.5mm²，橡胶或聚氯乙烯(PVC)绝缘电线的绝缘层厚度不小于0.6mm。对游泳池和类似场所灯具(水下灯及防水灯具)的密闭和绝缘性能有异议时，按批抽样送有资质的试验室检测。

3.2.11 开关、插座、接线盒和风扇及其附件应符合下列规定：

　　1 查验合格证，防爆产品有防爆标志和防爆合格证号，实行安全认证制度的产品有安全认证标志；

　　2 外观检查：开关、插座的面板及接线盒盒体完整、无碎裂、零件齐全，风扇无损坏、涂层完整、调速器等附件适配；

　　3 对开关、插座的电气和机械性能进行现场抽样检测。检测规定如下：

　　　　1) 不同极性带电部件间的电气间隙和爬电距离不小于3mm；

　　　　2) 绝缘电阻值不小于5MΩ；

　　　　3) 用自攻锁紧螺钉或自切螺钉安装的，螺钉与软塑固定件旋合长度不小于8mm，软塑固定件在经受10次拧紧退出试验后，无松动或掉渣，螺钉及螺纹无损坏现象；

　　　　4) 金属间相旋合的螺钉螺母，拧紧后完全退出，反复5次仍能正常使用。

　　4 对开关、插座、接线盒及其面板等塑料绝缘材料阻燃性能有异议时，按批抽样送有资质的试验室检测。

3.2.12 电线、电缆应符合下列规定：

　　1 按批查验合格证，合格证有生产许可证编号，按《额定电压450/750V及以下聚氯乙烯绝缘电缆》GB 5023.1～5023.7标准生产的产品有安全认证标志；

　　2 外观检查：包装完好，抽检的电线绝缘层完整无损，厚度均匀。电缆无压扁、扭曲，铠装不松卷。耐热、阻燃的电线、电缆外护层有明显标识和制造厂标；

　　3 按制造标准，现场抽样检测绝缘层厚度和圆形线芯的直径；线芯直径误差不大于标称直径的1%；常用的BV型绝缘电线的绝缘层厚度不小于表3.2.12的规定；

表3.2.12 BV型绝缘电线的绝缘层厚度

序　号	1	2	3	4	5	6	7	8	9	10	11	12	13	14	15	16	17
电线芯线标称截面积(mm²)	1.5	2.5	4	6	10	16	25	35	50	70	95	120	150	185	240	300	400
绝缘层厚度规定值(mm)	0.7	0.8	0.8	0.8	1.0	1.0	1.2	1.2	1.4	1.4	1.6	1.6	1.8	2.0	2.2	2.4	2.6

　　4 对电线、电缆绝缘性能、导电性能和阻燃性能有异议时，按批抽样送有资质的试验室检测。

3.2.13 导管应符合下列规定：

　　1 按批查验合格证；

　　2 外观检查：钢导管无压扁、内壁光滑。非镀锌钢导管无严重锈蚀，按制造标准油漆出厂的油漆完整；镀锌钢导管镀层覆盖完整、表面无锈斑；绝缘导管及配件不碎裂、表面有阻燃标记和制造厂标；

　　3 按制造标准现场抽样检测导管的管径、壁厚及均匀度。对绝缘导管及配件的阻燃性能有异议时，按批抽样送有资质的试验室检测。

3.2.14 型钢和电焊条应符合下列规定：
  1 按批查验合格证和材质证明书；有异议时，按批抽样送有资质的试验室检测；
  2 外观检查：型钢表面无严重锈蚀，无过度扭曲、弯折变形；电焊条包装完整，拆包抽检，焊条尾部无锈斑。

3.2.15 镀锌制品（支架、横担、接地极、避雷用型钢等）和外线金具应符合下列规定：
  1 按批查验合格证或镀锌厂出具的镀锌质量证明书；
  2 外观检查：镀锌层覆盖完整、表面无锈斑，金具配件齐全，无砂眼；
  3 对镀锌质量有异议时，按批抽样送有资质的试验室检测。

3.2.16 电缆桥架、线槽应符合下列规定：
  1 查验合格证；
  2 外观检查：部件齐全，表面光滑、不变形；钢制桥架涂层完整、无锈蚀；玻璃钢制桥架色泽均匀，无破损碎裂；铝合金桥架涂层完整，无扭曲变形，不压扁，表面不划伤。

3.2.17 封闭母线、插接母线应符合下列规定：
  1 查验合格证和随带安装技术文件；
  2 外观检查：防潮密封良好，各段编号标志清晰，附件齐全，外壳不变形，母线螺栓搭接面平整、镀层覆盖完整、无起皮和麻面；插接母线上的静触头无缺损、表面光滑、镀层完整。

3.2.18 裸母线、裸导线应符合下列规定：
  1 查验合格证；
  2 外观检查：包装完好，裸母线平直，表面无明显划痕，测量厚度和宽度符合制造标准；裸导线表面无明显损伤，不松股、扭折和断股(线)，测量线径符合制造标准。

3.2.19 电缆头部件及接线端子应符合下列规定：
  1 查验合格证；
  2 外观检查：部件齐全，表面无裂纹和气孔，随带的袋装涂料或填料不泄漏。

3.2.20 钢制灯柱应符合下列规定：
  1 按批查验合格证；
  2 外观检查：涂层完整，根部接线盒盒盖紧固件和内置熔断器、开关等器件齐全，盒盖密封垫片完整。钢柱内设有专用接地螺栓，地脚螺孔位置按提供的附图尺寸，允许偏差为+2mm。

3.2.21 钢筋混凝土电杆和其他混凝土制品应符合下列规定：
  1 按批查验合格证；
  2 外观检查：表面平整，无缺角露筋，每个制品表面有合格印记；钢筋混凝土电杆表面光滑、无纵向、横向裂纹、杆身平直，弯曲不大于杆长的1/1000。

3.3 工序交接确认

3.3.1 架空线路及杆上电气设备安装应按以下程序进行：
  1 线路方向和杆位及拉线坑位测量埋桩后，经检查确认，才能挖掘杆坑和拉线坑；
  2 杆坑、拉线坑的深度和坑型，经检查确认，才能立杆和埋设拉线盘；

3 杆上高压电气设备交接试验合格，才能通电；

　　4 架空线路做绝缘检查，且经单相冲击试验合格，才能通电；

　　5 架空线路的相位经检查确认，才能与接户线连接。

3.3.2 变压器、箱式变电所安装应按以下程序进行：

　　1 变压器、箱式变电所的基础验收合格，且对埋入基础的电线导管、电缆导管和变压器进、出线预留孔及相关预埋件进行检查，才能安装变压器、箱式变电所；

　　2 杆上变压器的支架紧固检查后，才能吊装变压器且就位固定；

　　3 变压器及接地装置交接试验合格，才能通电。

3.3.3 成套配电柜、控制柜(屏、台)和动力、照明配电箱(盘)安装应按以下程序进行：

　　1 埋设的基础型钢和柜、屏、台下的电缆沟等相关建筑物检查合格，才能安装柜、屏、台；

　　2 室内外落地动力配电箱的基础验收合格，且对埋入基础的电线导管、电缆导管进行检查，才能安装箱体；

　　3 墙上明装的动力、照明配电箱(盘)的预埋件(金属埋件、螺栓)，在抹灰前预留和预埋；暗装的动力、照明配电箱的预留孔和动力、照明配线的线盒及电线导管等，经检查确认到位，才能安装配电箱(盘)；

　　4 接地(PE)或接零(PEN)连接完成后，核对柜、屏、台、箱、盘内的元件规格、型号，且交接试验合格，才能投入试运行。

3.3.4 低压电动机、电加热器及电动执行机构应与机械设备完成连接，绝缘电阻测试合格，经手动操作符合工艺要求，才能接线。

3.3.5 柴油发电机组安装应按以下程序进行：

　　1 基础验收合格，才能安装机组；

　　2 地脚螺栓固定的机组经初平、螺栓孔灌浆、精平、紧固地脚螺栓、二次灌浆等机械安装程序；安放式的机组将底部垫平、垫实；

　　3 油、气、水冷、风冷、烟气排放等系统和隔振防噪声设施安装完成；按设计要求配置的消防器材齐全到位；发电机静态试验、随机配电盘控制柜接线检查合格，才能空载试运行；

　　4 发电机空载试运行和试验调整合格，才能负荷试运行；

　　5 在规定时间内，连续无故障负荷试运行合格，才能投入备用状态。

3.3.6 不间断电源按产品技术要求试验调整，应检查确认，才能接至馈电网路。

3.3.7 低压电气动力设备试验和试运行应按以下程序进行：

　　1 设备的可接近裸露导体接地(PE)或接零(PEN)连接完成，经检查合格，才能进行试验；

　　2 动力成套配电(控制)柜、屏、台、箱、盘的交流工频耐压试验、保护装置的动作试验合格，才能通电；

　　3 控制回路模拟动作试验合格，盘车或手动操作，电气部分与机械部分的转动或动作协调一致，经检查确认，才能空载试运行。

3.3.8 裸母线、封闭母线、插接式母线安装应按以下程序进行：

　　1 变压器、高低压成套配电柜、穿墙套管及绝缘子等安装就位，经检查合格，才能安装变压器和高低压成套配电柜的母线；

　　2 封闭、插接式母线安装，在结构封顶、室内底层地面施工完成或已确定地面标高、场地清理、层间距离复核后，才能确定支架设置位置；

　　3 与封闭、插接式母线安装位置有关的管道、空调及建筑装修工程施工基本结束，确认扫尾施工不会影响已安装的母线，才能安装母线；

　　4 封闭、插接式母线每段母线组对接续前，绝缘电阻测试合格，绝缘电阻值大于20MΩ，才能安装组对；

　　5 母线支架和封闭、插接式母线的外壳接地(PE)或接零(PEN)连接完成，母线绝缘电阻测试和交流工频耐压试验合格，才能通电。

3.3.9 电缆桥架安装和桥架内电缆敷设应按以下程序进行：

　　1 测量定位，安装桥架的支架，经检查确认，才能安装桥架；

　　2 桥架安装检查合格，才能敷设电缆；

　　3 电缆敷设前绝缘测试合格，才能敷设；

　　4 电缆电气交接试验合格，且对接线去向、相位和防火隔堵措施等检查确认，才能通电。

3.3.10 电缆在沟内、竖井内支架上敷设应按以下程序进行：

　　1 电缆沟、电缆竖井内的施工临时设施、模板及建筑废料等清除，测量定位后，才能安装支架；

　　2 电缆沟、电缆竖井内支架安装及电缆导管敷设结束，接地(PE)或接零(PEN)连接完成，经检查确认，才能敷设电缆；

　　3 电缆敷设前绝缘测试合格，才能敷设；

　　4 电缆交接试验合格，且对接线去向、相位和防火隔堵措施等检查确认，才能通电。

3.3.11 电线导管、电缆导管和线槽敷设应按以下程序进行：

　　1 除埋入混凝土中的非镀锌钢导管外壁不做防腐处理外，其他场所的非镀锌钢导管内外壁均做防腐处理，经检查确认，才能配管；

　　2 室外直埋导管的路径、沟槽深度、宽度及垫层处理经检查确认，才能埋设导管；

　　3 现浇混凝土板内配管在底层钢筋绑扎完成，上层钢筋未绑扎前敷设，且检查确认，才能绑扎上层钢筋和浇捣混凝土；

　　4 现浇混凝土墙体内的钢筋网片绑扎完成，门、窗等位置已放线，经检查确认，才能在墙体内配管；

　　5 被隐蔽的接线盒和导管在隐蔽前检查合格，才能隐蔽；

　　6 在梁、板、柱等部位明配管的导管套管、埋件、支架等检查合格，才能配管；

　　7 吊顶上的灯位及电气器具位置先放样，且与土建及各专业施工单位商定，才能在吊顶内配管；

　　8 顶棚和墙面的喷浆、油漆或壁纸等基本完成，才能敷设线槽、槽板。

3.3.12 电线、电缆穿管及线槽敷线应按以下程序进行：

　　1 接地(PE)或接零(PEN)及其他焊接施工完成，经检查确认，才能穿入电线或电缆以及线槽内敷线；

　　2 与导管连接的柜、屏、台、箱、盘安装完成，管内积水及杂物清理干净，经检查确认，才能穿入电线、电缆；

　　3　电缆穿管前绝缘测试合格，才能穿入导管；

　　4　电线、电缆交接试验合格，且对接线去向和相位等检查确认，才能通电。

3.3.13　钢索配管的预埋件及预留孔，应预埋、预留完成；装修工程除地面外基本结束，才能吊装钢索及敷设线路。

3.3.14　电缆头制作和接线应按以下程序进行：

　　1　电缆连接位置、连接长度和绝缘测试经检查确认，才能制作电缆头；

　　2　控制电缆绝缘电阻测试和校线合格，才能接线；

　　3　电线、电缆交接试验和相位核对合格，才能接线。

3.3.15　照明灯具安装应按以下程序进行：

　　1　安装灯具的预埋螺栓、吊杆和吊顶上嵌入式灯具安装专用骨架等完成，按设计要求做承载试验合格，才能安装灯具；

　　2　影响灯具安装的模板、脚手架拆除；顶棚和墙面喷浆、油漆或壁纸等及地面清理工作基本完成后，才能安装灯具；

　　3　导线绝缘测试合格，才能灯具接线；

　　4　高空安装的灯具，地面通断电试验合格，才能安装。

3.3.16　照明开关、插座、风扇安装：吊扇的吊钩预埋完成；电线绝缘测试应合格，顶棚和墙面的喷浆、油漆或壁纸等基本完成，才能安装开关、插座和风扇。

3.3.17　照明系统的测试和通电试运行应按以下程序进行：

　　1　电线绝缘电阻测试前电线的连续完成；

　　2　照明箱（盘）、灯具、开关、插座的绝缘电阻测试在就位前或接线前完成；

　　3　备用电源或事故照明电源作空载自动投切试验前拆除负荷，空载自动投切实验合格，才能做有载自动投切试验；

　　4　电气器具及线路绝缘电阻测试合格，才能通电试验；

　　5　照明全负荷试验必须在本条的1、2、4完成后进行。

3.3.18　接地装置安装应按以下程序进行：

　　1　建筑物基础接地体：底板钢筋敷设完成，按设计要求做接地施工，经检查确认，才能支模或浇捣混凝土；

　　2　人工接地体：按设计要求位置开挖沟槽，经检查确认，才能打入接地极和敷设地下接地干线；

　　3　接地模块：按设计位置开挖模块坑，并将地下接地干线引到模块上，经检查确认，才能相互焊接；

　　4　装置隐蔽：检查验收合格，才能覆土回填。

3.3.19　引下线安装应按以下程序进行：

　　1　利用建筑物柱内主筋作引下线，在柱内主筋绑扎后，按设计要求施工，经检查确认，才能支模；

　　2　直接从基础接地体或人工接地体暗敷埋入粉刷层内的引下线，经检查确认不外露，才能贴面砖或刷涂料等；

　　3　直接从基础接地体或人工接地体引出明敷的引下线，先埋设或安装支架，经检查确认，才能敷设引下线。

3.3.20 等电位联结应按以下程序进行：

1 总等电位联结：对可作导电接地体的金属管道入户处和供总等电位联结的接地干线的位置检查确认，才能安装焊接总等电位联结端子扳，按设计要求做总等电位联结；

2 辅助等电位联结：对供辅助等电位联结的接地母线位置检查确认，才能安装焊接辅助等电位联结端子板，按设计要求做辅助等电位联结；

3 对特殊要求的建筑金属屏蔽网箱，网箱施工完成，经检查确认，才能与接地线连接。

3.3.21 接闪器安装：接地装置和引下线应施工完成，才能安装接闪器，且与引下线连接。

3.3.22 防雷接地系统测试：接地装置施工完成测试应合格；避雷接闪器安装完成，整个防雷接地系统连成回路，才能系统测试。

4 架空线路及杆上电气设备安装

4.1 主 控 项 目

4.1.1 电杆坑、拉线坑的深度允许偏差，应不深于设计坑深 100mm、不浅于设计坑深 50mm。

4.1.2 架空导线的弧垂值，允许偏差为设计弧垂值的±5%，水平排列的同档导线间弧垂值偏差为±50mm。

4.1.3 变压器中性点应与接地装置引出干线直接连接，接地装置的接地电阻值必须符合设计要求。

4.1.4 杆上变压器和高压绝缘子、高压隔离开关、跌落式熔断器、避雷器等必须按本规范第3.1.8条的规定交接试验合格。

4.1.5 杆上低压配电箱的电气装置和馈电线路交接试验应符合下列规定：

1 每路配电开关及保护装置的规格、型号，应符合设计要求；

2 相间和相对地间的绝缘电阻值应大于 0.5MΩ；

3 电气装置的交流工频耐压试验电压为 1kV，当绝缘电阻值大于 10MΩ 时，可采用 2500V 兆欧表摇测替代，试验持续时间 1min，无击穿闪络现象。

4.2 一 般 项 目

4.2.1 拉线的绝缘子及金具应齐全，位置正确，承力拉线应与线路中心线方向一致，转角拉线应与线路分角线方向一致。拉线应收紧，收紧程度与杆上导线数量规格及弧垂值相适配。

4.2.2 电杆组立应正直，直线杆横向位移不应大于 50mm，杆梢偏移不应大于梢径的 1/2，转角杆紧线后不向内角倾斜，向外角倾斜不应大于 1 个梢径。

4.2.3 直线杆单横担应装于受电侧，终端杆、转角杆的单横担应装于拉线侧。横担的上下歪斜和左右扭斜，从横担端部测量不应大于 20mm。横担等镀锌制品应热浸镀锌。

4.2.4 导线无断股、扭绞和死弯，与绝缘子固定可靠，金具规格应与导线规格适配。

4.2.5 线路的跳线、过引线、接户线的线间和线对地间的安全距离，电压等级为6～10kV的，应大于300mm；电压等级为1kV及以下的，应大于150mm。用绝缘导线架设的线路，绝缘破口处应修补完整。

4.2.6 杆上电气设备安装应符合下列规定：

  1 固定电气设备的支架、紧固件为热浸镀锌制品，紧固件及防松零件齐全；

  2 变压器油位正常、附件齐全、无渗油现象、外壳涂层完整；

  3 跌落式熔断器安装的相间距离不小于500mm；熔管试操动能自然打开旋下；

  4 杆上隔离开关分、合操动灵活，操动机构机械锁定可靠，分合时三相同期性好，分闸后，刀片与静触头间空气间隙距离不小于200mm；地面操作杆的接地（PE）可靠，且有标识；

  5 杆上避雷器排列整齐，相间距离不小于350mm，电源侧引线铜线截面积不小于16mm²、铝线截面积不小于25mm²，接地侧引线铜线截面积不小于25mm²，铝线截面积不小于35mm²。与接地装置引出线连接可靠。

5 变压器、箱式变电所安装

5.1 主控项目

5.1.1 变电器安装应位置正确，附件齐全，油浸变压器油位正常，无渗油现象。

5.1.2 接地装置引出的接地干线与变压器的低压侧中性点直接连接；接地干线与箱式变电所的N母线和PE母线直接连接；变压器箱体、干式变压器的支架或外壳应接地（PE）。所有连接应可靠，紧固件及防松零件齐全。

5.1.3 变压器必须按本规范第3.1.8条的规定交接试验合格。

5.1.4 箱式变电所及落地式配电箱的基础应高于室外地坪，周围排水通畅。用地脚螺栓固定的螺帽齐全，拧紧牢固；自由安放的应垫平放正。金属箱式变电所及落地式配电箱，箱体应接地（PE）或接零（PEN）可靠，且有标识。

5.1.5 箱式变电所的交接试验，必须符合下列规定：

  1 由高压成套开关柜、低压成套开关柜和变压器三个独立单元组合成的箱式变电所高压电气设备部分，按本规范3.1.8的规定交接试验合格；

  2 高压开关、熔断器等与变压器组合在同一个密闭油箱内的箱式变电所，交接试验按产品提供的技术文件要求执行；

  3 低压成套配电柜交接试验符合本规范第4.1.5条的规定。

5.2 一般项目

5.2.1 有载调压开关的传动部分润滑应良好，动作灵活，点动给定位置与开关实际位置一致，自动调节符合产品的技术文件要求。

5.2.2 绝缘件应无裂纹、缺损和瓷件瓷釉损坏等缺陷，外表清洁，测温仪表指示准确。

5.2.3 装有滚轮的变压器就位后，应将滚轮用能拆卸的制动部件固定。

5.2.4 变压器应按产品技术文件要求进行检查器身，当满足下列条件之一时，可不检查器身。

1 制造厂规定不检查器身者；

2 就地生产仅做短途运输的变压器，且在运输过程中有效监督，无紧急制动、剧烈振动、冲撞或严重颠簸等异常情况者。

5.2.5 箱式变电所内外涂层完整、无损伤，有通风口的风口防护网完好。

5.2.6 箱式变电所的高低压柜内部接线完整、低压每个输出回路标记清晰，回路名称准确。

5.2.7 装有气体继电器的变压器顶盖，沿气体继电器的气流方向有 1.0%～1.5% 的升高坡度。

6 成套配电柜、控制柜(屏、台)和动力、照明配电箱(盘)安装

6.1 主 控 项 目

6.1.1 柜、屏、台、箱、盘的金属框架及基础型钢必须接地(PE)或接零(PEN)可靠；装有电器的可开启门，门和框架的接地端子间应用裸编织铜线连接，且有标识。

6.1.2 低压成套配电柜、控制柜(屏、台)和动力、照明配电箱(盘)应有可靠的电击保护。柜(屏、台、箱、盘)内保护导体应有裸露的连接外部保护导体的端子，当设计无要求时，柜(屏、台、箱、盘)内保护导体最小截面积 S_p 不应小于表 6.1.2 的规定。

表 6.1.2 保护导体的截面积

相线的截面积 S(mm²)	相应保护导体的最小截面积 S_p(mm²)	相线的截面积 S(mm²)	相应保护导体的最小截面积 S_p(mm²)
$S \leqslant 16$	S	$400 < S \leqslant 800$	200
$16 < S \leqslant 35$	16	$S > 800$	$S/4$
$35 < S \leqslant 400$	$S/2$		

注：S 指柜(屏、台、箱、盘)电源进线相线截面积，且两者(S、S_p)材质相同。

6.1.3 手车、抽出式成套配电柜推拉应灵活，无卡阻碰撞现象。动触头与静触头的中心线应一致，且触头接触紧密，投入时，接地触头先于主触头接触；退出时，接地触头后于主触头脱开。

6.1.4 高压成套配电柜必须按本规范第 3.1.8 条的规定交接试验合格，且应符合下列规定：

1 继电保护元器件、逻辑元件、变送器和控制用计算机等单体校验合格，整组试验动作正确，整定参数符合设计要求；

2 凡经法定程序批准，进入市场投入使用的新高压电气设备和继电保护装置，按产品技术文件要求交接试验。

6.1.5 低压成套配电柜交接试验，必须符合本规范第 4.1.5 条的规定。

6.1.6 柜、屏、台、箱、盘间线路的线间和线对地间绝缘电阻值，馈电线路必须大于 0.5MΩ；二次回路必须大于 1MΩ。

6.1.7 柜、屏、台、箱、盘间二次回路交流工频耐压试验，当绝缘电阻值大于10MΩ时，用2500V兆欧表摇测1min，应无闪络击穿现象；当绝缘电阻值在1～10MΩ时，做1000V交流工频耐压试验，时间1min，应无闪络击穿现象。

6.1.8 直流屏试验，应将屏内电子器件从线路上退出，检测主回路线间和线对地间绝缘电阻值应大于0.5MΩ，直流屏所附蓄电池组的充、放电应符合产品技术文件要求；整流器的控制调整和输出特性试验应符合产品技术文件要求。

6.1.9 照明配电箱(盘)安装应符合下列规定：

　　1 箱(盘)内配线整齐，无绞接现象。导线连接紧密，不伤芯线，不断股。垫圈下螺丝两侧压的导线截面积相同，同一端子上导线连接不多于2根，防松垫圈等零件齐全；

　　2 箱(盘)内开关动作灵活可靠，带有漏电保护的回路，漏电保护装置动作电流不大于30mA，动作时间不大于0.1s；

　　3 照明箱(盘)内，分别设置零线(N)和保护地线(PE线)汇流排，零线和保护地线经汇流排配出。

6.2 一般项目

6.2.1 基础型钢安装应符合表6.2.1的规定。

表6.2.1 基础型钢安装允许偏差

项　目	允许偏差	
	(mm/m)	(mm/全长)
不直度	1	5
水平度	1	5
不平行度	/	5

6.2.2 柜、屏、台、箱、盘相互间或与基础型钢应用镀锌螺栓连接，且防松零件齐全。

6.2.3 柜、屏、台、箱、盘安装垂直度允许偏差为1.5‰，相互间接缝不应大于2mm，成列盘面偏差不应大于5mm。

6.2.4 柜、屏、台、箱、盘内检查试验应符合下列规定：

　　1 控制开关及保护装置的规格、型号符合设计要求；

　　2 闭锁装置动作准确、可靠；

　　3 主开关的辅助开关切换动作与主开关动作一致；

　　4 柜、屏、台、箱、盘上的标识器件标明被控设备编号及名称，或操作位置，接线端子有编号，且清晰、工整、不易脱色；

　　5 回路中的电子元件不应参加交流工频耐压试验；48V及以下回路可不做交流工频耐压试验。

6.2.5 低压电器组合应符合下列规定：

　　1 发热元件安装在散热良好的位置；

　　2 熔断器的熔体规格、自动开关的整定值符合设计要求；

　　3 切换压板接触良好，相邻压板间有安全距离，切换时，不触及相邻的压板；

　　4 信号回路的信号灯、按钮、光字牌、电铃、电笛、事故电钟等动作和信号显示准确；

 5 外壳需接地(PE)或接零(PEN)的，连接可靠；

 6 端子排安装牢固，端子有序号，强电、弱电端子隔离布置，端子规格与芯线截面积大小适配。

6.2.6 柜、屏、台、箱、盘间配线：电流回路应采用额定电压不低于750V、芯线截面积不小于2.5mm²的铜芯绝缘电线或电缆；除电子元件回路或类似回路外，其他回路的电线应采用额定电压不低于750V、芯线截面不小于1.5mm²的铜芯绝缘电线或电缆。

 二次回路连线应成束绑扎，不同电压等级、交流、直流线路及计算机控制线路应分别绑扎，且有标识；固定后不应妨碍手车开关或抽出式部件的拉出或推入。

6.2.7 连接柜、屏、台、箱、盘面板上的电器及控制台、板等可动部位的电线应符合下列规定：

 1 采用多股铜芯软电线，敷设长度留有适当裕量；

 2 线束有外套塑料管等加强绝缘保护层；

 3 与电器连接时，端部绞紧，且有不开口的终端端子或搪锡，不松散、断股；

 4 可转动部位的两端用卡子固定。

6.2.8 照明配电箱(盘)安装应符合下列规定：

 1 位置正确，部件齐全，箱体开孔与导管管径适配，暗装配电箱箱盖紧贴墙面，箱(盘)涂层完整；

 2 箱(盘)内接线整齐，回路编号齐全，标识正确；

 3 箱(盘)不采用可燃材料制作；

 4 箱(盘)安装牢固，垂直度允许偏差为1.5‰；底边距地面为1.5m，照明配电板底边距地面不小于1.8m。

7 低压电动机、电加热器及电动执行机构检查接线

7.1 主控项目

7.1.1 电动机、电加热器及电动执行机构的可接近裸露导体必须接地(PE)或接零(PEN)。

7.1.2 电动机、电加热器及电动执行机构绝缘电阻值应大于0.5MΩ。

7.1.3 100kW以上的电动机，应测量各相直流电阻值，相互差不应大于最小值的2%；无中性点引出的电动机，测量线间直流电阻值，相互差不应大于最小值的1%。

7.2 一般项目

7.2.1 电气设备安装应牢固，螺栓及防松零件齐全，不松动。防水防潮电气设备的接线入口及接线盒盖等应做密封处理。

7.2.2 除电动机随带技术文件说明不允许在施工现场抽芯检查外，有下列情况之一的电动机，应抽芯检查：

 1 出厂时间已超过制造厂保证期限，无保证期限的已超过出厂时间一年以上；

2 外观检查、电气试验、手动盘转和试运转,有异常情况。
7.2.3 电动机抽芯检查应符合下列规定:
　　1 线圈绝缘层完好、无伤痕,端部绑线不松动,槽楔固定、无断裂,引线焊接饱满,内部清洁,通风孔道无堵塞;
　　2 轴承无锈斑,注油(脂)的型号、规格和数量正确,转子平衡块紧固,平衡螺丝锁紧,风扇叶片无裂纹;
　　3 连接用紧固件的防松零件齐全完整;
　　4 其他指标符合产品技术文件的特有要求。
7.2.4 在设备接线盒内裸露的不同相导线间和导线对地间最小距离应大于8mm,否则应采取绝缘防护措施。

8 柴油发电机组安装

8.1 主控项目

8.1.1 发电机的试验必须符合本规范附录A的规定。
8.1.2 发电机组至低压配电柜馈电线路的相间、相对地间的绝缘电阻值应大于0.5MΩ;塑料绝缘电缆馈电线路直流耐压试验为2.4kV,时间15min,泄漏电流稳定,无击穿现象。
8.1.3 柴油发电机馈电线路连接后,两端的相序必须与原供电系统的相序一致。
8.1.4 发电机中性线(工作零线)应与接地干线直接连接,螺栓防松零件齐全,且有标识。

8.2 一般项目

8.2.1 发电机组随带的控制柜接线应正确,紧固件紧固状态良好,无遗漏脱落。开关、保护装置的型号、规格正确,验证出厂试验的锁定标记应无位移,有位移应重新按制造厂要求试验标定。
8.2.2 发电机本体和机械部分的可接近裸露导体应接地(PE)或接零(PEN)可靠,且有标识。
8.2.3 受电侧低压配电柜的开关设备、自动或手动切换装置和保护装置等试验合格,应按设计的自备电源使用分配预案进行负荷试验,机组连续运行12h无故障。

9 不间断电源安装

9.1 主控项目

9.1.1 不间断电源的整流装置、逆变装置和静态开关装置的规格、型号必须符合设计要求。内部结线连接正确,紧固件齐全,可靠不松动,焊接连接无脱落现象。
9.1.2 不间断电源的输入、输出各级保护系统和输出的电压稳定性、波形畸变系数、频率、相位、静态开关的动作等各项技术性能指标试验调整必须符合产品技术文件要求,且符合设计文件要求。

9.1.3 不间断电源装置间连线的线间、线对地间绝缘电阻值应大于 0.5MΩ。

9.1.4 不间断电源输出端的中性线(N极)，必须与由接地装置直接引来的接地干线相连接，做重复接地。

9.2 一 般 项 目

9.2.1 安放不间断电源的机架组装应横平竖直，水平度、垂直度允许偏差不应大于 1.5‰，紧固件齐全。

9.2.2 引入或引出不间断电源装置的主回路电线、电缆和控制电线、电缆应分别穿保护管敷设，在电缆支架上平行敷设应保持 150mm 的距离；电线、电缆的屏蔽护套接地连接可靠，与接地干线就近连接，紧固件齐全。

9.2.3 不间断电源装置的可接近裸露导体应接地(PE)或接零(PEN)可靠，且有标识。

9.2.4 不间断电源正常运行时产生的 A 声级噪声，不应大于 45dB；输出额定电流为 5A 及以下的小型不间断电源噪声，不应大于 30dB。

10 低压电气动力设备试验和试运行

10.1 主 控 项 目

10.1.1 试运行前，相关电气设备和线路应按本规范的规定试验合格。

10.1.2 现场单独安装的低压电器交接试验项目应符合本规范附录 B 的规定。

10.2 一 般 项 目

10.2.1 成套配电(控制)柜、台、箱、盘的运行电压、电流应正常，各种仪表指示正常。

10.2.2 电动机应试通电，检查转向和机械转动有无异常情况；可空载试运行的电动机，时间一般为 2h，记录空载电流，且检查机身和轴承的温升。

10.2.3 交流电动机在空载状态下(不投料)可启动次数及间隔时间应符合产品技术条件的要求；无要求时，连续启动 2 次的时间间隔不应小于 5min，再次启动应在电动机冷却至常温下。空载状态(不投料)运行，应记录电流、电压、温度、运行时间等有关数据，且应符合建筑设备或工艺装置的空载状态运行(不投料)要求。

10.2.4 大容量(630A 及以上)导线或母线连接处，在设计计算负荷运行情况下应做温度抽测记录，温升值稳定且不大于设计值。

10.2.5 电动执行机构的动作方向及指示，应与工艺装置的设计要求保持一致。

11 裸母线、封闭母线、插接式母线安装

11.1 主 控 项 目

11.1.1 绝缘子的底座、套管的法兰、保护网(罩)及母线支架等可接近裸露导体应接地

(PE)或接零(PEN)可靠。不应作为接地(PE)或接零(PEN)的接续导体。

11.1.2 母线与母线或母线与电器接线端子，当采用螺栓搭接连接时，应符合下列规定：

　　1 母线的各类搭接连接的钻孔直径和搭接长度符合本规范附录C的规定，用力矩扳手拧紧钢制连接螺栓的力矩值符合本规范附录D的规定；

　　2 母线接触面保持清洁，涂电力复合脂，螺栓孔周边无毛刺；

　　3 连接螺栓两侧有平垫圈，相邻垫圈间有大于3mm的间隙，螺母侧装有弹簧垫圈或锁紧螺母；

　　4 螺栓受力均匀，不使电器的接线端子受额外应力。

11.1.3 封闭、插接式母线安装应符合下列规定：

　　1 母线与外壳同心，允许偏差为±5mm；

　　2 当段与段连接时，两相邻段母线及外壳对准，连接后不使母线及外壳受额外应力；

　　3 母线的连接方法符合产品技术文件要求。

11.1.4 室内裸母线的最小安全净距应符合本规范附录E的规定。

11.1.5 高压母线交流工频耐压试验必须按本规范第3.1.8条的规定交接试验合格。

11.1.6 低压母线交接试验应符合本规范第4.1.5条的规定。

11.2 一 般 项 目

11.2.1 母线的支架与预埋铁件采用焊接固定时，焊缝应饱满；采用膨胀螺栓固定时，选用的螺栓应适配，连接应牢固。

11.2.2 母线与母线、母线与电器接线端子搭接，搭接面的处理应符合下列规定：

　　1 铜与铜：室外、高温且潮湿的室内，搭接面搪锡；干燥的室内，不搪锡；

　　2 铝与铝：搭接面不做涂层处理；

　　3 钢与钢：搭接面搪锡或镀锌；

　　4 铜与铝：在干燥的室内，铜导体搭接面搪锡；在潮湿场所，铜导体搭接面搪锡，且采用铜铝过渡板与铝导体连接；

　　5 钢与铜或铝：钢搭接面搪锡。

11.2.3 母线的相序排列及涂色，当设计无要求时应符合下列规定：

　　1 上、下布置的交流母线，由上至下排列为A、B、C相；直流母线正极在上，负极在下；

　　2 水平布置的交流母线，由盘后向盘前排列为A、B、C相；直流母线正极在后，负极在前；

　　3 面对引下线的交流母线，由左至右排列为A、B、C相；直流母线正极在左，负极在右；

　　4 母线的涂色：交流，A相为黄色、B相为绿色、C相为红色；直流，正极为赭色、负极为蓝色；在连接处或支持件边缘两侧10mm以内不涂色。

11.2.4 母线在绝缘子上安装应符合下列规定：

　　1 金具与绝缘子间的固定平整牢固，不使母线受额外应力；

　　2 交流母线的固定金具或其他支持金具不形成闭合铁磁回路；

　　3 除固定点外，当母线平置时，母线支持夹板的上部压板与母线间有1~1.5mm的

间隙;当母线立置时,上部压板与母线间有1.5~2mm的间隙;
  4 母线的固定点,每段设置1个,设置于全长或两母线伸缩节的中点;
  5 母线采用螺栓搭接时,连接处距绝缘子的支持夹板边缘不小于50mm。
11.2.5 封闭、插接式母线组装和固定位置应正确,外壳与底座间、外壳各连接部位和母线的连接螺栓应按产品技术文件要求选择正确,连接紧固。

12 电缆桥架安装和桥架内电缆敷设

12.1 主控项目

12.1.1 金属电缆桥架及其支架和引入或引出的金属电缆导管必须接地(PE)或接零(PEN)可靠,且必须符合下列规定:
  1 金属电缆桥架及其支架全长应不少于2处与接地(PE)或接零(PEN)干线相连接;
  2 非镀锌电缆桥架间连接板的两端跨接铜芯接地线,接地线最小允许截面积不小于4mm²;
  3 镀锌电缆桥架间连接板的两端不跨接接地线,但连接板两端不少于2个有防松螺帽或防松垫圈的连接固定螺栓。
12.1.2 电缆敷设严禁有绞拧、铠装压扁、护层断裂和表面严重划伤等缺陷。

12.2 一般项目

12.2.1 电缆桥架安装应符合下列规定:
  1 直线段钢制电缆桥架长度超过30m、铝合金或玻璃钢制电缆桥架长度超过15m设有伸缩节;电缆桥架跨越建筑物变形缝处设置补偿装置;
  2 电缆桥架转弯处的弯曲半径,不小于桥架内电缆最小允许弯曲半径,电缆最小允许弯曲半径见表12.2.1-1;

表12.2.1-1 电缆最小允许弯曲半径

序 号	电缆种类	最小允许弯曲半径
1	无铅包钢铠护套的橡皮绝缘电力电缆	10D
2	有钢铠护套的橡皮绝缘电力电缆	20D
3	聚氯乙烯绝缘电力电缆	10D
4	交联聚氯乙烯绝缘电力电缆	15D
5	多芯控制电缆	10D

注:D为电缆外径。

  3 当设计无要求时,电缆桥架水平安装的支架间距为1.5~3m;垂直安装的支架间距不大于2m;
  4 桥架与支架间螺栓、桥架连接板螺栓固定紧固无遗漏,螺母位于桥架外侧;当铝合金桥架与钢支架固定时，有相互间绝缘的防电化腐蚀措施；

5 电缆桥架敷设在易燃易爆气体管道和热力管道的下方，当设计无要求时，与管道的最小净距，符合表12.2.1-2的规定；

表12.2.1-2 与管道的最小净距(m)

管道类别		平行净距	交叉净距
一般工艺管道		0.4	0.3
易燃易爆气体管道		0.5	0.5
热力管道	有保温层	0.5	0.3
	无保温层	1.0	0.5

6 敷设在竖井内和穿越不同防火区的桥架，按设计要求位置，有防火隔堵措施；

7 支架与预埋件焊接固定时，焊缝饱满；膨胀螺栓固定时，选用螺栓适配，连接紧固，防松零件齐全。

12.2.2 桥架内电缆敷设应符合下列规定：

1 大于45°倾斜敷设的电缆每隔2m处设固定点；

2 电缆出入电缆沟、竖井、建筑物、柜（盘）、台处以及管子管口处等做密封处理；

3 电缆敷设排列整齐，水平敷设的电缆，首尾两端、转弯两侧及每隔5～10m处设固定点；敷设于垂直桥架内的电缆固定点间距，不大于表12.2.2的规定。

表12.2.2 电缆固定点的间距(mm)

电缆种类		固定点的间距
电力电缆	全塑型	1000
	除全塑型外的电缆	1500
控制电缆		1000

12.2.3 电缆的首端、末端和分支处应设标志牌。

13 电缆沟内和电缆竖井内电缆敷设

13.1 主控项目

13.1.1 金属电缆支架、电缆导管必须接地(PE)或接零(PEN)可靠。

13.1.2 电缆敷设严禁有绞拧、铠装压扁、护层断裂和表面严重划伤等缺陷。

13.2 一般项目

13.2.1 电缆支架安装应符合下列规定：

1 当设计无要求时，电缆支架最上层至竖井顶部或楼板的距离不小于150～200mm；电缆支架最下层至沟底或地面的距离不小于50～100mm；

2 当设计无要求时，电缆支架层间最小允许距离符合表13.2.1的规定；

表 13.2.1 电缆支架层间最小允许距离(mm)

电 缆 种 类	支架层间最小距离
控制电缆	120
10kV 及以下电力电缆	150～200

3 支架与预埋件焊接固定时，焊缝饱满；用膨胀螺栓固定时，选用螺栓适配，连接紧固，防松零件齐全。

13.2.2 电缆在支架上敷设，转弯处的最小允许弯曲半径应符合本规范表 12.2.1-1 的规定。

13.2.3 电缆敷设固定应符合下列规定：

1 垂直敷设或大于 45°倾斜敷设的电缆在每个支架上固定；

2 交流单芯电缆或分相后的每相电缆固定用的夹具和支架，不形成闭合铁磁回路；

3 电缆排列整齐，少交叉；当设计无要求时，电缆支持点间距，不大于表 13.2.3 的规定；

表 13.2.3 电缆支持点间距(mm)

电 缆 种 类		敷设方式	
		水平	垂直
电力电缆	全塑型	400	1000
	除全塑型外的电源	800	1500
控 制 电 缆		800	1000

4 当设计无要求时，电缆与管道的最小净距，符合本规范表 12.2.1-2 的规定，且敷设在易燃易爆气体管道和热力管道的下方；

5 敷设电缆的电缆沟和竖井，按设计要求位置，有防火隔墙措施。

13.2.4 电缆的首端、末端和分支处应设标志牌。

14 电线导管、电缆导管和线槽敷设

14.1 主 控 项 目

14.1.1 金属的导管和线槽必须接地(PE)或接零(PEN)可靠，并符合下列规定：

1 镀锌的钢导管、可挠性导管和金属线槽不得熔焊跨接接地线，以专用接地卡跨接的两卡间连线为铜芯软导线，截面积不小于 4mm²；

2 当非镀锌钢导管采用螺纹连接时，连接处的两端焊跨接接地线；当镀锌钢导管采用螺纹连接时，连接处的两端用专用接地卡固定跨接接地线；

3 金属线槽不作设备的接地导体，当设计无要求时，金属线槽全长不少于 2 处与接地(PE)或接零(PEN)干线连接；

4 非镀锌金属线槽间连接板的两端跨接铜芯接地线，镀锌线槽间连接板的两端不跨接接地线，但连接板两端不少于 2 个有防松螺帽或防松垫圈的连接固定螺栓。

14.1.2 金属导管严禁对口熔焊连接；镀锌和壁厚小于等于2mm的钢导管不得套管熔焊连接。

14.1.3 防爆导管不应采用倒扣连接；当连接有困难时，应采用防爆活接头，其接合面应严密。

14.1.4 当绝缘导管在砌体上剔槽埋设时，应采用强度等级不小于M10的水泥砂浆抹面保护，保护层厚度大于15mm。

14.2 一 般 项 目

14.2.1 室外埋地敷设的电缆导管，埋深不应小于0.7m。壁厚小于等于2mm的钢电线导管不应埋设于室外土壤内。

14.2.2 室外导管的管口应设置在盒、箱内。在落地式配电箱内的管口，箱底无封板的，管口应高出基础面50～80mm。所有管口在穿入电线、电缆后应做密封处理。由箱式变电所或落地式配电箱引向建筑物的导管，建筑物一侧的导管管口应设在建筑物内。

14.2.3 电缆导管的弯曲半径不应小于电缆最小允许弯曲半径，电缆最小允许弯曲半径应符合本规范表12.2.1-1的规定。

14.2.4 金属导管内外壁应防腐处理；埋设于混凝土内的导管内壁应防腐处理，外壁可不防腐处理。

14.2.5 室内进入落地式柜、台、箱、盘内的导管管口，应高出柜、台、箱、盘的基础面50～80mm。

14.2.6 暗配的导管，埋设深度与建筑物、构筑物表面的距离不应小于15mm；明配的导管应排列整齐，固定点间距均匀，安装牢固；在终端、弯头中点或柜、台、箱、盘等边缘的距离150～500mm范围内设有管卡，中间直线段管卡间的最大距离应符合表14.2.6的规定。

表14.2.6 管卡间最大距离

敷设方式	导管种类	导管直径(mm)				
		15～20	25～32	32～40	50～65	65以上
		管卡间最大距离(m)				
支架或沿墙明敷	壁厚＞2mm刚性钢导管	1.5	2.0	2.5	2.5	3.5
	壁厚≤2mm刚性钢导管	1.0	1.5	2.0	—	—
	刚性绝缘导管	1.0	1.5	1.5	2.0	2.0

14.2.7 线槽应安装牢固，无扭曲变形，紧固件的螺母应在线槽外侧。

14.2.8 防爆导管敷设应符合下列规定：

 1 导管间及与灯具、开关、线盒等的螺纹连接处紧密牢固，除设计有特殊要求外，连接处不跨接接地线，在螺纹上涂以电力复合酯或导电性防锈酯；

 2 安装牢固顺直，镀锌层锈蚀或剥落处做防腐处理。

14.2.9 绝缘导管敷设应符合下列规定：

1 管口平整光滑；管与管、管与盒（箱）等器件采用插入法连接时，连接处结合面涂专用胶合剂，接口牢固密封；

2 直埋于地下或楼板内的刚性绝缘导管，在穿出地面或楼板易受机械损伤的一段，采取保护措施；

3 当设计无要求时，埋设在墙内或混凝土内的绝缘导管，采用中型以上的导管；

4 沿建筑物、构筑物表面和在支架上敷设的刚性绝缘导管，按设计要求装设温度补偿装置。

14.2.10 金属、非金属柔性导管敷设应符合下列规定：

1 刚性导管经柔性导管与电气设备、器具连接，柔性导管的长度在动力工程中不大于0.8m，在照明工程中不大于1.2m；

2 可挠金属管或其他柔性导管与刚性导管或电气设置、器具间的连接采用专用接头；复合型可挠金属管或其他柔性导管的连接处密封良好，防液覆盖层完整无损；

3 可挠性金属导管和金属柔性导管不能做接地（PE）或接零（PEN）的连续导体。

14.2.11 导管和线槽，在建筑物变形缝处，应设补偿装置。

15 电线、电缆穿管和线槽敷线

15.1 主控项目

15.1.1 三相或单相的交流单芯电缆，不得单独穿于钢导管内。

15.1.2 不同回路、不同电压等级和交流与直流的电线，不应穿于同一导管内；同一交流回路的电线应穿于同一金属导管内，且管内电线不得有接头。

15.1.3 爆炸危险环境照明线路的电线和电缆额定电压不得低于750V，且电线必须穿于钢导管内。

15.2 一般项目

15.2.1 电线、电缆穿管前，应清除管内杂物和积水。管口应有保护措施，不进入接线盒（箱）的垂直管口穿入电线、电缆后，管口应密封。

15.2.2 当采用多相供电时，同一建筑物、构筑物的电线绝缘层颜色选择应一致，即保护地线（PE线）应是黄绿相间色，零线用淡蓝色；相线用；A相—黄色、B相—绿色、C相—红色。

15.2.3 线槽敷线应符合下列规定：

1 电线在线槽内有一定余量，不得有接头。电线按回路编号分段绑扎，绑扎点间距不应大于2m；

2 同一回路的相线和零线，敷设于同一金属线槽内；

3 同一电源的不同回路无抗干扰要求的线路可敷设于同一线槽内；敷设于同一线槽内有抗干扰要求的线路用隔板隔离，或采用屏蔽电线且屏蔽护套一端接地。

16 槽 板 配 线

16.1 主 控 项 目

16.1.1 槽板内电线无接头，电线连接设在器具处；槽板与各种器具连接时，电线应留有余量，器具底座应压住槽板端部。

16.1.2 槽板敷设应紧贴建筑物表面，且横平竖直、固定可靠，严禁用木楔固定；木槽板应经阻燃处理，塑料槽板表面应有阻燃标识。

16.2 一 般 项 目

16.2.1 木槽板无劈裂，塑料槽板无扭曲变形。槽板底板固定点间距应小于500mm；槽板盖板固定点间距应小于300mm；底板距终端50mm和盖板距终端30mm处应固定。

16.2.2 槽板的底板接口与盖板接口应错开20mm，盖板在直线段和90°转角处应成45°斜口对接，T形分支处应成三角叉接，盖板应无翘角，接口应严密整齐。

16.2.3 槽板穿过梁、墙和楼板处应有保护套管，跨越建筑物变形缝处槽板应设补偿装置，且与槽板结合严密。

17 钢 索 配 线

17.1 主 控 项 目

17.1.1 应采用镀锌钢索，不应采用含油芯的钢索。钢索的钢丝直径应小于0.5mm，钢索不应有扭曲和断股等缺陷。

17.1.2 钢索的终端拉环埋件应牢固可靠，钢索与终端拉环套接处应采用心形环，固定钢索的线卡不应少于2个，钢索端头应用镀锌铁线绑扎紧密，且应接地(PE)或接零(PEN)可靠。

17.1.3 当钢索长度在50m及以下时，应在钢索一端装设花篮螺栓紧固；当钢索长度大于50m时，应在钢索两端装设花篮螺栓紧固。

17.2 一 般 项 目

17.2.1 钢索中间吊架间距不应大于12m，吊架与钢索连接处的吊钩深度不应小于20mm，并应有防止钢索跳出的锁定零件。

17.2.2 电线和灯具在钢索上安装后，钢索应承受全部负载，且钢索表面应整洁、无锈蚀。

17.2.3 钢索配线的零件间和线间距离应符合表17.2.3的规定。

表17.2.3 钢索配线的零件间和线间距离(mm)

配线类别	支持件之间最大距离	支持件与灯头盒之间最大距离
钢 管	1500	200
刚性绝缘导管	1000	150
塑料护套线	200	100

18 电缆头制作、接线和线路绝缘测试

18.1 主控项目

18.1.1 高压电力电缆直流耐压试验必须按本规范第 3.1.8 条的规定交接试验合格。

18.1.2 低压电线和电缆,线间和线对地间的绝缘电阻值必须大于 0.5MΩ。

18.1.3 铠装电力电缆头的接地线应采用铜绞线或镀锡铜编织线,截面积不应小于表 18.1.3 的规定。

表 18.1.3 电缆芯线和接地线截面积(mm^2)

电缆芯线截面积	接地线截面积	电缆芯线截面积	接地线截面积
120 及以下	16	150 及以上	25

注:电缆芯线截面积在 $16mm^2$ 及以下,接地线截面积与电缆芯线截面积相等。

18.1.4 电线、电缆接线必须准确,并联运行电线或电缆的型号、规格、长度、相位应一致。

18.2 一般项目

18.2.1 芯线与电器设备的连接应符合下列规定:
 1 截面积在 $10mm^2$ 及以下的单股铜芯线和单股铝芯线直接与设备、器具的端子连接;
 2 截面积在 $2.5mm^2$ 及以下的多股铜芯线拧紧搪锡或接续端子后与设备、器具的端子连接;
 3 截面积大于 $2.5mm^2$ 的多股铜芯线,除设备自带插接式端子外,接续端子后与设备或器具的端子连接;多股铜芯线与插接式端子连接前,端部拧紧搪锡;
 4 多股铝芯线接续端子后与设备、器具的端子连接;
 5 每个设备和器具的端子接线不多于 2 根电线。

18.2.2 电线、电缆的芯线连接金具(连接管和端子),规格应与芯线的规格适配,且不得采用开口端子。

18.2.3 电线、电缆的回路标记应清晰,编号准确。

19 普通灯具安装

19.1 主控项目

19.1.1 灯具的固定应符合下列规定:
 1 灯具重量大于 3kg 时,固定在螺栓或预埋吊钩上;
 2 软线吊灯,灯具重量在 0.5kg 及以下时,采用软电线自身吊装;大于 0.5kg 的灯具采用吊链,且软电线编叉在吊链内,使电线不受力;

3 灯具固定牢固可靠，不使用木楔。每个灯具固定用螺钉或螺栓不少于2个；当绝缘台直径在75mm及以下时，采用1个螺钉或螺栓固定。

19.1.2 花灯吊钩圆钢直径不应小于灯具挂销直径，且不应小于6mm。大型花灯的固定及悬吊装置，应按灯具重量的2倍做过载试验。

19.1.3 当钢管做灯杆时，钢管内径不应小于10mm，钢管厚度不应小于1.5mm。

19.1.4 固定灯具带电部件的绝缘材料以及提供防触电保护的绝缘材料，应耐燃烧和防明火。

19.1.5 当设计无要求时，灯具的安装高度和使用电压等级应符合下列规定：

1 一般敞开式灯具，灯头对地面距离不小于下列数值（采用安全电压时除外）：
1) 室外：2.5m（室外墙上安装）；
2) 厂房：2.5m；
3) 室内：2m；
4) 软吊线带升降器的灯具在吊线展开后：0.8m。

2 危险性较大及特殊危险场所，当灯具距地面高度小于2.4m时，使用额定电压为36V及以下的照明灯具，或有专用保护措施。

19.1.6 当灯具距地面高度小于2.4m时，灯具的可接近裸露导体必须接地（PE）或接零（PEN）可靠，并应有专用接地螺栓，且有标识。

19.2 一 般 项 目

19.2.1 引向每个灯具的导线线芯最小截面积应符合表19.2.1的规定。

表19.2.1 导线线芯最小截面积（mm²）

灯具安装的场所及用途		线芯最小截面积		
		铜芯软线	铜线	铝线
灯头线	民用建筑室内	0.5	0.5	2.5
	工业建筑室内	0.5	1.0	2.5
	室外	1.0	1.0	2.5

19.2.2 灯具的外形、灯头及其接线应符合下列规定：

1 灯具及其配件齐全，无机械损伤、变形、涂层剥落和灯罩破裂等缺陷；

2 软线吊灯的软线两端做保护扣，两端芯线搪锡；当装升降器时，套塑料软管，采用安全灯头；

3 除敞开式灯具外，其他各类灯具灯泡容量在100W及以上者采用瓷质灯头；

4 连接灯具的软线盘扣、搪锡压线，当采用螺口灯头时，相线接于螺口灯头中间的端子上；

5 灯头的绝缘外壳不破损和漏电；带有开关的灯头，开关手柄无裸露的金属部分。

19.2.3 变电所内，高低压配电设备及裸母线的正上方不应安装灯具。

19.2.4 装有白炽灯泡的吸顶灯具，灯泡不应紧贴灯罩；当灯泡与绝缘台间距离小于5mm时，灯泡与绝缘台间应采取隔热措施。

19.2.5 安装在重要场所的大型灯具的玻璃罩，应采取防止玻璃罩碎裂后向下溅落的措施。

19.2.6 投光灯的底座及支架应固定牢固，枢轴应沿需要的光轴方向拧紧固定。

19.2.7 安装在室外的壁灯应有泄水孔，绝缘台与墙面之间应有防水措施。

20 专用灯具安装

20.1 主控项目

20.1.1 36V及以下行灯变压器和行灯安装必须符合下列规定：

1 行灯电压不大于36V，在特殊潮湿场所或导电良好的地面上以及工作地点狭窄、行动不便的场所行灯电压不大于12V；

2 变压器外壳、铁芯和低压侧的任意一端或中性点，接地（PE）或接零（PEN）可靠；

3 行灯变压器为双圈变压器，其电源侧和负荷侧有熔断器保护，熔丝额定电流分别不应大于变压器一次、二次的额定电流；

4 行灯灯体及手柄绝缘良好，坚固耐热耐潮湿；灯头与灯体结合紧固，灯头无开关，灯泡外部有金属保护网、反光罩及悬吊挂钩，挂钩固定在灯具的绝缘手柄上。

20.1.2 游泳池和类似场所灯具（水下灯及防止灯具）的等电位联结应可靠，且有明显标识，其电源的专用漏电保护装置应全部检测合格，自电源引入灯具的导管必须采用绝缘导管，严禁采用金属或有金属护层的导管。

20.1.3 手术台无影灯安装应符合下列规定：

1 固定灯座的螺栓数量不少于灯具法兰底座上的固定孔数，且螺栓直径与底座孔径相适配；螺栓采用双螺母锁固；

2 在混凝土结构上螺栓与主筋相焊接或将螺栓末端弯曲与主筋绑扎搪固；

3 配电箱内装有专用的总开关及分路开关，电源分别接在两条专用的回路上，开关至灯具的电线采用额定电压不低于750V的铜芯多股绝缘电线。

20.1.4 应急照明灯具安装应符合下列规定：

1 应急照明灯的电源除正常电源外，另有一路电源供电；或者是独立于正常电源的柴油发电机组供电；或由蓄电池柜供电或选用自带电源型应急灯具；

2 应急照明在正常电源断电台，电源转换时间为：疏散照明≤15s；备用照明≤15s（金融商店交易所≤1.5s）；安全照明≤0.5s；

3 疏散照明由安全出口标志灯和疏散标志灯组成。安全出口标志灯距地高度不低于2m，且安装在疏散出口和楼梯口里侧的上方；

4 疏散标志灯安装在安全出口的顶部，楼梯间、疏散走道及其转角处应安装在1m以下的墙面上，不易安装的部位可安装在上部。疏散通道上的标志灯间距不大于20m（人防工程不大于10m）；

5 疏散标志灯的设置，不影响正常通行，且不在其周围设置容易混同疏散标志灯的其他标志牌等；

6 应急照明灯具、运行中温度大于60℃的灯具，当靠近可燃物时，采取隔热、散热等防火措施。当采用白炽灯，卤钨灯等光源时，不直接安装在可燃装修材料或可燃物件上；

　　7　应急照明线路在每个防火分区有独立的应急照明回路，穿越不同防火分区的线路有防火隔堵措施；

　　8　疏散照明线路采用耐火电线、电缆，穿管明敷或在非燃烧体内穿刚性导管暗敷，暗敷保护层厚度不小于30mm，电线采用额定电压不低于750V的铜芯绝缘电线。

20.1.5　防爆灯具安装应符合下列规定：

　　1　灯具的防爆标志、外壳防护等级和温度组别与爆炸危险环境相适配。当设计无要求时，灯具种类和防爆结构的选型应符合表20.1.5的规定；

表20.1.5　灯具种类和防爆结构的选型

爆炸危险区域防爆结构 照明设备种类	Ⅰ 区		Ⅱ 区	
	隔爆型 d	增安型 e	隔爆型 d	增安型 e
固定式灯	○	×	○	○
移动式灯	△	—	○	—
携带式电池灯	○	—	○	—
镇流器	○	△	○	○

注：○为适用；△为慎用；×为不适用。

　　2　灯具配套齐全，不用非防爆零件替代灯具配件（金属护网、灯罩、接线盒等）；

　　3　灯具的安装位置离开释放源，且不在各种管道的泄压口及排放口上下方安装灯具；

　　4　灯具及开关安装牢固可靠，灯具吊管及开关与接线盒螺纹啮合扣数不小于5扣，螺纹加工光滑、完整、无锈蚀，并在螺纹上涂以电力复合酯或导电性防锈酯；

　　5　开关安装位置便于操作，安装高度1.3m。

20.2　一般项目

20.2.1　36V及以下行灯变压器和行灯安装应符合下列规定：

　　1　行灯变压器的固定支架牢固，油漆完整；

　　2　携带式局部照明灯电线采用橡套软线。

20.2.2　手术台无影灯安装应符合下列规定：

　　1　底座紧贴顶板，四周无缝隙；

　　2　表面保持整洁、无污染，灯具镀、涂层完整无划伤。

20.2.3　应急照明灯具安装应符合下列规定：

　　1　疏散照明采用荧光灯或白炽灯；安全照明采用卤钨灯，或采用瞬时可靠点燃的荧光灯；

　　2　安全出口标志灯和疏散标志灯装有玻璃或非燃材料的保护罩，面板亮度均匀度为1：10（最低：最高），保护罩应完整、无裂纹。

20.2.4　防爆灯具安装应符合下列规定：

　　1　灯具及开关的外壳完整，无损伤、无凹陷或沟槽，灯罩无裂纹，金属护网无扭曲变形，防爆标志清晰；

　　2　灯具及开关的紧固螺栓无松动、锈蚀，密封垫圈完好。

21 建筑物景观照明灯、航空障碍标志灯和庭院灯安装

21.1 主 控 项 目

21.1.1 建筑物彩灯安装应符合下列规定：
 1 建筑物顶部彩灯采用有防雨性能的专用灯具，灯罩要拧紧；
 2 彩灯配线管路按明配管敷设，且有防雨功能。管路间、管路与灯头盒间螺纹连接，金属导管及彩灯的构架、钢索等可接近裸露导体接地(PE)或接零(PEN)可靠；
 3 垂直彩灯悬挂挑臂采用不小于 10# 的槽钢。端部吊挂钢索用的吊钩螺栓直径不小于 10mm，螺栓在槽钢上固定，两侧有螺帽，且加平垫及弹簧垫圈紧固；
 4 悬挂钢丝绳直径不小于 4.5mm，底把圆钢直径不小于 16mm，地锚采用架空外线用拉线盘，埋设深度大于 1.5m；
 5 垂直彩灯采用防水吊线灯头，下端灯头距离地面高于 3m。

21.1.2 霓虹灯安装应符合下列规定：
 1 霓虹灯管完好，无破裂；
 2 灯管采用专用的绝缘支架固定，且牢固可靠。灯管固定后，与建筑物、构筑物表面的距离不小于 20mm；
 3 霓虹灯专用变压器采用双圈式，所供灯管长度不大于允许负载长度，露天安装的有防雨措施；
 4 霓虹灯专用变压器的二次电线和灯管间的连接线采用额定电压大于 15kV 的高压绝缘电线。二次电线与建筑物、构筑物表面的距离不小于 20mm。

21.1.3 建筑物景观照明灯具安装应符合下列规定：
 1 每套灯具的导电部分对地绝缘电阻值大于 2MΩ；
 2 在人行道等人员来往密集场所安装的落地式灯具，无围栏防护，安装高度距地面 2.5m 以上；
 3 金属构架和灯具的可接近裸露导体及金属软管的接地(PE)或接零(PEN)可靠，且有标识。

21.1.4 航空障碍标志灯安装应符合下列规定：
 1 灯具装设在建筑物或构筑物的最高部位。当最高部位平面面积较大或为建筑群时，除在最高端装设外，还在其外侧转角的顶端分别装设灯具；
 2 当灯具在烟囱顶上装设时，安装在低于烟囱口 1.5～3m 的部位且呈正三角形水平排列；
 3 灯具的选型根据安装高度决定；低光强的(距地面 60m 以下装设时采用)为红色光，其有效光强大于 1600cd。高光强的(距地面 150m 以上装设时采用)为白色光，有效光强随背景亮度而定；
 4 灯具的电源按主体建筑中最高负荷等级要求供电；
 5 灯具安装牢固可靠，且设置维修和更换光源的措施。

21.1.5 庭院灯安装应符合下列规定：

1 每套灯具的导电部分对地绝缘电阻值大于2MΩ；

2 立柱式路灯、落地式路灯、特种园艺灯等灯具与基础固定可靠，地脚螺栓备帽齐全。灯具的接线盒或熔断器盒，盒盖的防水密封垫完整；

3 金属立柱及灯具可接近裸露导体接地(PE)或接零(PEN)可靠。接地线单设干线，干线沿庭院灯布置位置形成环网状，且不少于2处与接地装置引出线连接。由干线引出支线与金属灯柱及灯具的接地端子连接，且有标识。

21.2 一般项目

21.2.1 建筑物彩灯安装应符合下列规定：

1 建筑物顶部彩灯灯罩完整，无碎裂；

2 彩灯电线导管防腐完好，敷设平整、顺直。

21.2.2 霓虹灯安装应符合下列规定：

1 当霓虹灯变压器明装时，高度不小于3m；低于3m采取防护措施；

2 霓虹灯变压器的安装位置方便检修，且隐蔽在不易被非检修人触及的场所，不装在吊平顶内；

3 当橱窗内装有霓虹灯时，橱窗门与霓虹灯变压器一次侧开关有联锁装置，确保开门不接通霓虹灯变压器的电源；

4 霓虹灯变压器二次侧的电线采用玻璃制品绝缘支持物固定，支持点距离不大于下列数值：

水平线段：0.5m；

垂直线段：0.75m。

21.2.3 建筑物景观照明灯具构架应固定可靠，地脚螺栓拧紧，备帽齐全；灯具的螺栓紧固、无遗漏。灯具外露的电线或电缆应有柔性金属导管保护。

21.2.4 航空障碍标志灯安装应符合下列规定：

1 同一建筑物或建筑群灯具间的水平、垂直距离不大于45m；

2 灯具的自动通、断电源控制装置动作准确。

21.2.5 庭院灯安装应符合下列规定：

1 灯具的自动通、断电源控制装置动作准确，每套灯具熔断器盒内熔丝齐全，规格与灯具适配；

2 架空线路电杆上的路灯，固定可靠，紧固件齐全、拧紧，灯位正确；每套灯具配有熔断器保护。

22 开关、插座、风扇安装

22.1 主控项目

22.1.1 当交流、直流或不同电压等级的插座安装在同一场所时，应有明显的区别，且必须选择不同结构、不同规格和不能互换的插座；配套的插头应按交流、直流或不同电压等级区别使用。

22.1.2 插座接线应符合下列规定：

1 单相两孔插座，面对插座的右孔或上孔与相线连接，左孔或下孔与零线连接；单相三孔插座，面对插座的右孔与相线连接，左孔与零线连接；

2 单相三孔、三相四孔及三相五孔插座的接地（PE）或接零（PEN）线接在上孔。插座的接地端子不与零线端子连接。同一场所的三相插座，接线的相序一致。

3 接地（PE）或接零（PEN）线在插座间不串联连接。

22.1.3 特殊情况下插座安装应符合下列规定：

1 当接插有触电危险家用电器的电源时，采用能断开电源的带开关插座，开关断开相线；

2 潮湿场所采用密封型并带保护地线触头的保护型插座，安装高度不低于1.5m。

22.1.4 照明开关安装应符合下列规定：

1 同一建筑物、构筑物的开关采用同一系列的产品，开关的通断位置一致，操作灵活、接触可靠；

2 相线经开关控制；民用住宅无软线引至床边的床头开关。

22.1.5 吊扇安装应符合下列规定：

1 吊扇挂钩安装牢固，吊扇挂钩的直径不小于吊扇挂销直径，且不小于8mm；有防振橡胶垫；挂销的防松零件齐全、可靠；

2 吊扇扇叶距地高度不小于2.5m；

3 吊扇组装不改变扇叶角度，扇叶固定螺栓防松零件齐全；

4 吊杆间、吊杆与电机间螺纹连接，啮合长度不小于20mm，且防松零件齐全紧固；

5 吊扇接线正确，当运转时扇叶无明显颤动和异常声响。

22.1.6 壁扇安装应符合下列规定：

1 壁扇底座采用尼龙塞或膨胀螺栓固定；尼龙塞或膨胀螺栓的数量不少于2个，且直径不小于8mm。固定牢固可靠；

2 壁扇防护罩扣紧，固定可靠，当运转时扇叶和防护罩无明显颤动和异常声响。

22.2 一 般 项 目

22.2.1 插座安装应符合下列规定：

1 当不采用安全型插座时，托儿所、幼儿园及小学等儿童活动场所安装高度不小于1.8m；

2 暗装的插座面板紧贴墙面，四周无缝隙，安装牢固，表面光滑整洁、无碎裂、划伤，装饰帽齐全；

3 车间及试（实）验室的插座安装高度距地面不小于0.3m；特殊场所暗装的插座不小于0.15m；同一室内插座安装高度一致；

4 地插座面板与地面齐平或紧贴地面，盖板固定牢固，密封良好。

22.2.2 照明开关安装应符合下列规定：

1 开关安装位置便于操作，开关边缘距门框边缘的距离0.15~0.2m，开关距地面高度1.3m；拉线开关距地面高度2~3m，层高小于3m时，拉线开关距顶板不小于100mm，拉线出口垂直向下；

2 相同型号并列安装及同一室内开关安装高度一致,且控制有序不错位。并列安装的拉线开关的相邻间距不小于20mm;

3 暗装的开关面板应紧贴墙面,四周无缝隙,安装牢固,表面光滑整洁、无碎裂、划伤,装饰帽齐全。

22.2.3 吊扇安装应符合下列规定:

1 涂层完整,表面无划痕、无污染,吊杆上下扣碗安装牢固到位;

2 同一室内并列安装的吊扇开关高度一致,且控制有序不错位。

22.2.4 壁扇安装应符合下列规定:

1 壁扇下侧边缘距地面高度不小于1.8m;

2 涂层完整,表面无划痕、无污染,防护罩无变形。

23 建筑物照明通电试运行

23.1 主控项目

23.1.1 照明系统通电,灯具回路控制应与照明配电箱及回路的标识一致;开关与灯具控制顺序相对应,风扇的转向及调速开关应正常。

23.1.2 公用建筑照明系统通电连续试运行时间应为24h,民用住宅照明系统通电连续试运行时间应为8h。所有照明灯具均应开启,且每2h记录运行状态1次,连续试运行时间内无故障。

24 接地装置安装

24.1 主控项目

24.1.1 人工接地装置或利用建筑物基础钢筋的接地装置必须在地面以上按设计要求位置设测试点。

24.1.2 测试接地装置的接地电阻值必须符合设计要求。

24.1.3 防雷接地的人工接地装置的接地干线埋设,经人行通道处理地深度不应小于1m,且应采取均压措施或在其上方铺设卵石或沥青地面。

24.1.4 接地模块顶面埋深不应小于0.6m,接地模块间距不应小于模块长度的3~5倍。接地模块埋设基坑,一般为模块外形尺寸的1.2~1.4倍,且在开挖深度内详细记录地层情况。

24.1.5 接地模块应垂直或水平就位,不应倾斜设置,保持与原土层接触良好。

24.2 一般项目

24.2.1 当设计无要求时,接地装置顶面埋设深度不应小于0.6m。圆钢、角钢及钢管接地极应垂直埋入地下,间距不应小于5m。接地装置的焊接应采用搭接焊,搭接长度应符合下列规定:

1 扁钢与扁钢搭接为扁钢宽度的 2 倍，不少于三面施焊；
2 圆钢与圆钢搭接为圆钢直径的 6 倍，双面施焊；
3 圆钢与扁钢搭接为圆钢直径的 6 倍，双面施焊；
4 扁钢与钢管，扁钢与角钢焊接，紧贴角钢外侧两面，或紧贴 3/4 钢管表面，上下两侧施焊；
5 除埋设在混凝土中的焊接接头外，有防腐措施。

24.2.2 当设计无要求时，接地装置的材料采用为钢材，热浸镀锌处理，最小允许规格、尺寸应符合表 24.2.2 的规定：

表 24.2.2 最小允许规格、尺寸

种类、规格及单位		敷设位置及使用类别			
		地 上		地 下	
		室 内	室 外	交流电流回路	直流电流回路
圆钢直径(mm)		6	8	10	12
扁钢	截面(mm²)	60	100	100	100
	厚度(mm)	3	4	4	6
角钢厚度(mm)		2	2.5	4	6
钢管管壁厚度(mm)		2.5	2.5	3.5	4.5

24.2.3 接地模块应集中引线，用干线把接地模块并联焊接成一个环路，干线的材质与接地模块焊接点的材质应相同，钢制的采用热浸镀锌扁钢，引出线不少于 2 处。

25 避雷引下线和变配电室接地干线敷设

25.1 主 控 项 目

25.1.1 暗敷在建筑物抹灰层内的引下线应有卡钉分段固定；明敷的引下线应平直、无急弯，与支架焊接处，油漆防腐，且无遗漏。

25.1.2 变压器室、高低压开关室内的接地干线应有不少于 2 处与接地装置引出干线连接。

25.1.3 当利用金属构件、金属管道做接地线时，应在构件或管道与接地干线间焊接金属跨接线。

25.2 一 般 项 目

25.2.1 钢制接地线的焊接连接应符合本规范第 24.2.1 条的规定，材料采用及最小允许规格、尺寸应符合本规范第 24.2.2 条的规定。

25.2.2 明敷接地引下线及室内接地干线的支持件间距应均匀，水平直线部分 0.5～1.5m；垂直直线部分 1.5～3m；弯曲部分 0.3～0.5m。

25.2.3 接地线在穿越墙壁、楼板和地坪处应加套钢管或其他坚固的保护套管，钢套管应与接地线做电气连通。

25.2.4 变配电室内明敷接地干线安装应符合下列规定：

1 便于检查，敷设位置不妨碍设备的拆卸与检修；

2 当沿建筑物墙壁水平敷设时，距地面高度250～300mm；与建筑物墙壁间的间隙10～15mm；

3 当接地线跨越建筑物变形缝时，设补偿装置；

4 接地线表面沿长度方向，每段为15～100mm，分别涂以黄色和绿色相间的条纹；

5 变压器室、高压配电室的接地干线上应设置不少于2个供临时接地用的接线柱或接地螺栓。

25.2.5 当电缆穿过零序电流互感器时，电缆头的接地线应通过零序电流互感器后接地；由电缆头至穿过零序电流互感器的一段电缆金属护层和接地线应对地绝缘。

25.2.6 配电间隔和静止补偿装置的栅栏门及变配电室金属门铰链处的接地连接，应采用编织铜线。变配电室的避雷器应用最短的接地线与接地干线连接。

25.2.7 设计要求接地的幕墙金属框架和建筑物的金属门窗，应就近与接地干线连接可靠，连接处不同金属间应有防电化腐蚀措施。

26 接闪器安装

26.1 主控项目

26.1.1 建筑物顶部的避雷针、避雷带等必须与顶部外露的其他金属物体连成一个整体的电气通路，且与避雷引下线连接可靠。

26.2 一般项目

26.2.1 避雷针、避雷带应位置正确，焊接固定的焊缝饱满无遗漏，螺栓固定的应备帽等防松零件齐全，焊接部分补刷的防腐油漆完整。

26.2.2 避雷带应平正顺直，固定点支持件间距均匀、固定可靠，每个支持件应能承受大于49N(5kg)的垂直拉力。当设计无要求时，支持件间距符合本规范第25.2.2条的规定。

27 建筑物等电位联结

27.1 主控项目

27.1.1 建筑物等电位联结干线应从与接地装置有不少于2处直接连接的接地干线或总等电位箱引出，等电位联结干线或局部等电位箱间的连接线形成环形网络，环形网络应就近与等电位联结干线或局部等电位箱连接。支线间不应串联连接。

27.1.2 等电位联结的线路最小允许截面应符合表27.1.2的规定：

表 27.1.2 线路最小允许截面(mm²)

材　料	截　面	
	干　线	支　线
铜	16	6
钢	50	16

27.2 一　般　项　目

27.2.1 等电位联结的可接近裸露导体或其他金属部件、构件与支线连接应可靠，熔焊、钎焊或机械紧固应导通正常。

27.2.2 需等电位联结的高级装修金属部件或零件，应有专用接线螺栓与等电位联结支线连接，且有标识；连接处螺帽紧固、防松零件齐全。

28 分部(子分部)工程验收

28.0.1 当建筑电气分部工程施工质量检验时，检验批的划分应符合下列规定：

　　1 室外电气安装工程中分项工程的检验批，依据庭院大小、投运时间先后、功能区块不同划分；

　　2 变配电室安装工程中分项工程的检验批，主变配电室为 1 个检验批；有数个分变配电室，且不属于子单位工程的子分部工程，各为 1 个检验批，其验收记录汇入所有变配电室有关分项工程的验收记录中，如各分变配电室属于各子单位工程的子分部工程，所属分项工程各为 1 个检验批，其验收记录应为一个分项工程验收记录，经子分部工程验收记录汇入分部工程验收记录中；

　　3 供电干线安装工程分项工程的检验批，依据供电区段和电气线缆竖井的编号划分；

　　4 电气动力和电气照明安装工程中分项工程及建筑物等电位联结分项工程的检验批，其划分的界区，应与建筑土建工程一致；

　　5 备用和不间断电源安装工程中分项工程各自成为 1 个检验批；

　　6 防雷及接地装置安装工程中分项工程检验批，人工接地装置和利用建筑物基础钢筋的接地体各为 1 个检验批，大型基础可按区块划分成几个检验批；避雷引下线安装 6 层以下的建筑为 1 个检验批，高层建筑依均压环设置间隔的层数为 1 个检验批；接闪器安装同一屋面为 1 个检验批。

28.0.2 当验收建筑电气工程时，应核查下列各项质量控制资料，且检查分项工程质量验收记录和分部(子分部)质量验收记录应正确，责任单位和责任人的签章齐全。

　　1 建筑电气工程施工图设计文件和图纸会审记录及洽商记录；

　　2 主要设备、器具、材料的合格证和进场验收记录；

　　3 隐蔽工程记录；

　　4 电气设备交接试验记录；

　　5 接地电阻、绝缘电阻测试记录；

  6 空载试运行和负荷试运行记录；
  7 建筑照明通电试运行记录；
  8 工序交接合格等施工安装记录。

28.0.3 根据单位工程实际情况，检查建筑电气分部(子分部)工程所含分项工程的质量验收记录应无遗漏缺项。

28.0.4 当单位工程质量验收时，建筑电气分部(子分部)工程实物质量的抽检部位如下，且抽检结果应符合本规范规定。
  1 大型公用建筑的变配电室，技术层的动力工程，供电干线的竖井，建筑顶部的防雷工程，重要的或大面积活动场所的照明工程，以及5%自然间的建筑电气动力、照明工程；
  2 一般民用建筑的配电室和5%自然间的建筑电气照明工程，以及建筑顶部的防雷工程；
  3 室外电气工程以变配电室为主，且抽检各类灯具的5%。

28.0.5 核查各类技术资料应齐全，且符合工序要求，有可追溯性；各责任人均应签章确认。

28.0.6 为方便检测验收，高低压配电装置的调整试验应提前通知监理和有关监督部门，实行旁站确认。变配电室通电后可抽测的项目主要是：各类电源自动切换或通断装置、馈电线路的绝缘电阻、接地(PE)或接零(PEN)的导通状态、开关插座的接线正确性、漏电保护装置的动作电流和时间、接地装置的接地电阻和由照明设计确定的照度等。抽测的结果应符合本规范规定和设计要求。

28.0.7 检验方法应符合下列规定：
  1 电气设备、电缆和继电保护系统的调整试验结果，查阅试验记录或试验时旁站；
  2 空载试运行和负荷试运行结果，查阅试运行记录或试运行时旁站；
  3 绝缘电阻、接地电阻和接地(PE)或接零(PEN)导通状态及插座接线正确性的测试结果，查阅测试记录或测试时旁站或用适配仪表进行抽测；
  4 漏电保护装置动作数据值，查阅测试记录或用适配仪表进行抽测；
  5 负荷试运行时大电流节点温升测量用红外线遥测温度仪抽测或查阅负荷试运行记录；
  6 螺栓紧固程度用适配工具做拧动试验；有最终拧紧力矩要求的螺栓用扭力扳手抽测；
  7 需吊芯、抽芯检查的变压器和大型电动机，吊芯、抽芯时旁站或查阅吊芯、抽芯记录；
  8 需做动作试验的电气装置，高压部分不应带电试验，低压部分无负荷试验；
  9 水平度用铁水平尺测量，垂直度用线锤吊线尺量，盘面平整度拉线尺量，各种距离的尺寸用塞尺、游标卡尺、钢尺、塔尺或采用其他仪器仪表等测量；
  10 外观质量情况目测检查；
  11 设备规格型号、标志及接线，对照工程设计图纸及其变更文件检查。

附录 A 发电机交接试验

表 A 发电机交接试验

序号	部位	内容	试验内容	试验结果
1	静态试验	定子电路	测量定子绕组的绝缘电阻和吸收比	绝缘电阻值大于 0.5MΩ 沥青浸胶及烘卷云母绝缘吸收比大于 1.3 环氧粉云母绝缘吸收比大于 1.6
2			在常温下,绕组表面温度与空气温度差在±3℃范围内测量各相直流电阻	各相直流电阻值相互间差值不大于最小值2%,与出厂值在同温度下比差值不大于2%
3			交流工频耐压试验 1min	试验电压为 $1.5U_n+750V$,无闪络击穿现象,U_n 为发电机额定电压
4		转子电路	用 1000V 兆欧表测量转子绝缘电阻	绝缘电阻值大于 0.5MΩ
5			在常温下,绕组表面温度与空气温度差在±3℃范围内测量绕组直流电阻	数值与出厂值在同温度下比差值不大于2%
6			交流工频耐压试验 1min	用 2500V 摇表测量绝缘电阻替代
7		励磁电路	退出励磁电路电子器件后,测量励磁电路的线路设备的绝缘电阻	绝缘电阻值大于 0.5MΩ
8			退出励磁电路电子器件后,进行交流工频耐压试验 1min	试验电压 1000V,无击穿闪络现象
9		其他	有绝缘轴承的用 1000V 兆欧表测量轴承绝缘电阻	绝缘电阻值大于 0.5MΩ
10			测量检温计(埋入式)绝缘电阻,校验检温计精度	用 250V 兆欧表检测不短路、精度符合出厂规定
11			测量灭磁电阻,自同步电阻器的直流电阻	与铭牌相比较,其差值为±10%
12	运转试验		发电机空载特性试验	按设备说明书比对,符合要求
13			测量相序	相序与出线标识相符
14			测量空载和负荷后轴电压	按设备说明书比对,符合要求

附录 B 低压电器交接试验

表 B 低压电器交接试验

序号	试验内容	试验标准或条件
1	绝缘电阻	用 500V 兆欧表摇测,绝缘电阻值大于等于 ≥1MΩ,潮湿场所,绝缘电阻值大于等于 ≥0.5MΩ
2	低压电器动作情况	除产品另有规定外,电压、液压或气压在额定值的 85%～110% 范围内能可靠动作
3	脱扣器的整定值	整定值误差不得超过产品技术条件的规定
4	电阻器和变阻器的直流电阻差值	符合产品技术条件规定

附录 C 母线螺栓搭接尺寸

表 C 母线螺栓搭接尺寸

搭接形式	类别	序号	连接尺寸(mm) b_1	b_2	a	钻孔要求 ϕ(mm)	个数	螺栓规格
	直线连接	1	125	125	b_1 或 b_2	21	4	M20
		2	100	100	b_1 或 b_2	17	4	M16
		3	80	80	b_1 或 b_2	13	4	M12
		4	63	63	b_1 或 b_2	11	4	M10
		5	50	50	b_1 或 b_2	9	4	M8
		6	45	45	b_1 或 b_2	9	4	M8
	直线连接	7	40	40	80	13	2	M12
		8	31.5	31.5	63	11	2	M10
		9	25	25	50	9	2	M8
	垂直连接	10	125	125	—	21	4	M20
		11	125	100～80	—	17	4	M16
		12	125	63	—	13	4	M12
		13	100	100～80	—	17	4	M16
		14	80	80～63	—	11	4	M12
		15	63	63～50	—	11	4	M10
		16	50	50	—	9	4	M8
		17	45	45	—	9	4	M8

续表

搭接形式	类别	序号	连接尺寸(mm)			钻孔要求		螺栓规格
			b_1	b_2	a	ϕ(mm)	个数	
	垂直连接	18	125	50～40	—	17	2	M16
		19	100	63～40	—	17	2	M16
		20	80	63～40	—	15	2	M14
		21	63	50～40	—	13	2	M12
		22	50	45～40	—	11	2	M10
		23	63	31.5～25	—	11	2	M10
		24	50	31.5～25	—	9	2	M8
	垂直连接	25	125	31.5～25	60	11	2	M10
		26	100	31.5～25	50	9	2	M8
		27	80	31.5～25	50	9	2	M8
	垂直连接	28	40	40～31.5	—	13	1	M12
		29	40	25	—	11	1	M10
		30	31.5	31.5～25	—	11	1	M10
		31	25	22	—	9	1	M8

附录 D 母线搭接螺栓的拧紧力矩

表 D 母线搭接螺栓的拧紧力矩

序 号	螺 栓 规 格	力矩值(N·m)
1	M8	8.8～10.8
2	M10	17.7～22.6
3	M12	31.4～39.2
4	M14	51.0～60.8
5	M16	78.5～98.1
6	M18	98.0～127.4
7	M20	156.9～196.2
8	M24	274.6～343.2

附录 E 室内裸母线最小安全净距

表 E 室内裸母线最小安全净距(mm)

符号	适用范围	图号	额定电压(kV)			
			0.4	1~3	6	10
A_1	1. 带电部分至接地部分之间 2. 网状和板状遮栏向上延伸线距地 2.3m 处与遮栏上方带电部分之间	图 E.1	20	75	100	125
A_2	1. 不同相的带电部分之间 2. 断路器和隔离开关的断口两侧带电部分之间	图 E.1	20	75	100	125
B_1	1. 栅状遮栏至带电部分之间 2. 交叉的不同时停电检修的无遮栏带电部分之间	图 E.1 图 E.2	800	825	850	875
B_2	网状遮栏至带电部分之间	图 E.1	100	175	200	225
C	无遮栏裸导体至地(楼)面之间	图 E.1	2300	2375	2400	2425
D	平行的不同时停电检修的无遮栏裸导体之间	图 E.1	1875	1875	1900	1925
E	通向室外的出线套管至室外通道的路面	图 E.2	3650	4000	4000	4000

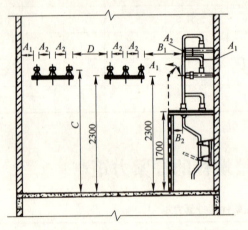

图 E.1 室内 A_1、A_2、B_1、B_2、C、D 值校验

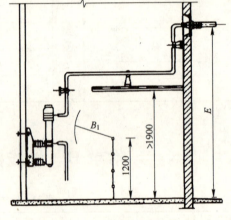

图 E.2 室内 B_1、E 值校验

中华人民共和国国家标准

智能建筑工程质量验收规范(摘录)

Code for acceptance of quality of intelligent building systems

GB 50339—2003

主编部门：中华人民共和国建设部
批准部门：中华人民共和国建设部
施行日期：2003 年 10 月 01 日

目 次

1 总则 ·· 600
2 术语和符号 ·· 600
  2.1 术语 ··· 600
  2.2 符号 ··· 601
3 基本规定 ·· 602
  3.1 一般规定 ·· 602
  3.2 产品质量检查 ··· 602
  3.3 工程实施及质量控制 ·· 603
  3.4 系统检测 ·· 604
  3.5 分部(子分部)工程竣工验收 ······································ 604
4 通信网络系统 ··· 605
  4.1 一般规定 ·· 605
  4.2 系统检测 ·· 605
  4.3 竣工验收 ·· 609
5 信息网络系统 ··· 609
  5.1 一般规定 ·· 609
  5.2 工程实施及质量控制 ·· 609
  5.3 计算机网络系统检测 ·· 610
  5.4 应用软件检测 ··· 610
  5.5 网络安全系统检测 ·· 611
  5.6 竣工验收 ·· 612
6 建筑设备监控系统 ··· 613
  6.1 一般规定 ·· 613
  6.2 工程实施及质量控制 ·· 613
  6.3 系统检测 ·· 614
  6.4 竣工验收 ·· 617
7 火灾自动报警及消防联动系统 ······································ 618
  7.1 一般规定 ·· 618
  7.2 系统检测 ·· 618
  7.3 竣工验收 ·· 619
8 安全防范系统 ··· 619
  8.1 一般规定 ·· 619
  8.2 工程实施及质量控制 ·· 619
  8.3 系统检测 ·· 620
  8.4 竣工验收 ·· 624
9 综合布线系统 ··· 624

    9.1 一般规定 ………………………………………………………………… 625
    9.2 系统安装质量检测 ……………………………………………………… 625
    9.3 系统性能检测 …………………………………………………………… 625
    9.4 竣工验收 ………………………………………………………………… 626
10 智能化系统集成 ……………………………………………………………… 626
    10.1 一般规定 ………………………………………………………………… 626
    10.2 工程实施及质量控制 …………………………………………………… 627
    10.3 系统检测 ………………………………………………………………… 627
    10.4 竣工验收 ………………………………………………………………… 628
11 电源与接地 …………………………………………………………………… 629
    11.1 一般规定 ………………………………………………………………… 629
    11.2 电源系统检测 …………………………………………………………… 629
    11.3 防雷及接地系统检测 …………………………………………………… 630
    11.4 竣工验收 ………………………………………………………………… 630
12 环境 …………………………………………………………………………… 630
    12.1 一般规定 ………………………………………………………………… 630
    12.2 系统检测 ………………………………………………………………… 631
    12.3 竣工验收 ………………………………………………………………… 631
13 住宅(小区)智能化 …………………………………………………………… 632
    13.1 一般规定 ………………………………………………………………… 632
    13.2 系统检测 ………………………………………………………………… 632
    13.3 火灾自动报警及消防联动系统检测 …………………………………… 633
    13.4 安全防范系统检测 ……………………………………………………… 633
    13.5 监控与管理系统检测 …………………………………………………… 633
    13.6 家庭控制器检测 ………………………………………………………… 634
    13.7 室外设备及管网 ………………………………………………………… 635
    13.8 竣工验收 ………………………………………………………………… 635

1 总 则

1.0.1 为了加强建筑工程质量管理,规范智能建筑工程质量验收,保证工程质量,制定本规范。

1.0.2 本规范适用于建筑工程的新建、扩建、改建工程中的智能建筑工程质量验收。

1.0.3 智能建筑工程实施中采用的工程技术文件、承包合同文件对工程质量验收的要求不得低于本规范的规定。

1.0.4 本规范是根据国家标准《建筑工程施工质量验收统一标准》GB 50300 规定的原则编制的,执行本规范时应与之配套使用。

1.0.5 智能建筑工程质量的验收除应执行本规范外,尚应符合国家现行有关标准、规范的规定。

2 术语和符号

2.1 术 语

2.0.1 建筑设备自动化系统(BAS) building automation system

将建筑物或建筑群内的空调与通风、变配电、照明、给排水、热源与热交换、冷冻和冷却及电梯和自动扶梯等系统,以集中监视、控制和管理为目的构成的综合系统。本规范所用建筑设备监控系统与此条通用。

2.0.2 通信网络系统(CNS) communication network system

通信网络系统是建筑物内语音、数据、图像传输的基础设施。通过通信网络系统,可实现与外部通信网络(如公用电话网、综合业务数字网、互联网、数据通信网及卫星通信网等)相联,确保信息畅通和实现信息共享。

2.0.3 信息网络系统(INS) information network system

信息网络系统是应用计算机技术、通信技术、多媒体技术、信息安全技术和行为科学等先进技术和设备构成的信息网络平台。借助于这一平台实现信息共享、资源共享和信息的传递与处理,并在此基础上开展各种应用业务。

2.0.4 智能化系统集成(ISI) intelligent system integrated

智能化系统集成应在建筑设备监控系统、安全防范系统、火灾自动报警及消防联动系统等各子分部工程的基础上,实现建筑物管理系统(BMS)集成。BMS可进一步与信息网络系统(INS)、通信网络系统(CNS)进行系统集成,实现智能建筑管理集成系统(IBMS),以满足建筑物的监控功能、管理功能和信息共享的需求,便于通过对建筑物和建筑设备的自动检测与优化控制,实现信息资源的优化管理和对使用者提供最佳的信息服务,使智能建筑达到投资合理、适应信息社会需要的目标,并具有安全、舒适、高效和环保的特点。

2.0.5 火灾报警系统(FAS) fire alarm system

由火灾探测系统、火灾自动报警及消防联动系统和自动灭火系统等部分组成,实现建筑物的火灾自动报警及消防联动。

2.0.6 安全防范系统(SAS) security protection & alarm system

根据建筑安全防范管理的需要，综合运用电子信息技术、计算机网络技术、视频安防监控技术和各种现代安全防范技术构成的用于维护公共安全、预防刑事犯罪及灾害事故为目的的，具有报警、视频安防监控、出入口控制、安全检查、停车场(库)管理的安全技术防范体系。

2.0.7 住宅(小区)智能化(CI) community intelligent

它是以住宅小区为平台，兼备安全防范系统、火灾自动报警及消防联动系统、信息网络系统和物业管理系统等功能系统以及这些系统集成的智能化系统，具有集建筑系统、服务和管理于一体，向用户提供节能、高效、舒适、便利、安全的人居环境等特点的智能化系统。

2.0.8 家庭控制器(HC) home controller

完成家庭内各种数据采集、控制、管理及通信的控制器或网络系统，一般应具备家庭安全防范、家庭消防、家用电器监控及信息服务等功能。

2.0.9 控制网络系统(CNS) control network system

用控制总线将控制设备、传感器及执行机构等装置连接在一起进行实时的信息交互，并完成管理和设备监控的网络系统。

2.2 符 号

符号	中文名	英文名
ATM	异步传输模式	asynchronous transfer mode
DDC	直接数字控制器	direct digital controller
DMZ	非军事化区或停火区	demilitarized zone
E-MAIL	电子邮件	electronic-mail
FTP	文件传输协议	file transfer protocol
FTTx	光纤到 x（x 表示路边、楼、户、桌面）	fiber to-the-x（x：C, B, H, D；C-curb, B-building, H-house, D-desk）
HFC	混合光纤同轴网	hybrid fiber coax
HTTP	超文本传输协议	hypertext transfer protocol
I/O	输入/输出	input/output
ISDN	综合业务数字网	integrated services digital network
B-ISDN	宽带综合业务数字网	broadband ISDN
N-ISDN	窄带综合业务数字网	narrowband ISDN
SDH	同步数字系列	synchronous digital hierarchy
UPS	不间断电源系统	uninterrupted power system
VSAT	甚小口径卫星地面站	very small aperture terminal
xDSL	数字用户环路（x：表示高速、非对称、单环路、甚高速）	x digital subscriber line（x：H, A, S, V；H-high data rate, A-asymmetrical, S-single line, V-very high data rate）

3 基本规定

3.1 一般规定

3.1.1 智能建筑工程质量验收应包括工程实施及质量控制、系统检测和竣工验收。

3.1.2 智能建筑分部工程应包括通信网络系统、信息网络系统、建筑设备监控系统、火灾自动报警及消防联动系统、安全防范系统、综合布线系统、智能化系统集成、电源与接地、环境和住宅(小区)智能化等子分部工程；子分部工程又分为若干个分项工程(子系统)。

3.1.3 智能建筑工程质量验收应按"先产品，后系统；先各系统，后系统集成"的顺序进行。

3.1.4 智能建筑工程的现场质量管理应符合本规范附录 A 中表 A.0.1 的要求。

3.1.5 火灾自动报警及消防联动系统、安全防范系统、通信网络系统的检测验收应按相关国家现行标准和国家及地方的相关法律法规执行；其他系统的检测应由省市级以上的建设行政主管部门或质量技术监督部门认可的专业检测机构组织实施。

3.2 产品质量检查

3.2.1 本规范所涉及的产品应包括智能建筑工程各智能化系统中使用的材料、硬件设备、软件产品和工程中应用的各种系统接口。

3.2.2 产品质量检查应包括列入《中华人民共和国实施强制性产品认证的产品目录》或实施生产许可证和上网许可证管理的产品，未列入强制性认证产品目录或未实施生产许可证和上网许可证管理的产品应按规定程序通过产品检测后方可使用。

3.2.3 产品功能、性能等项目的检测应按相应的现行国家产品标准进行；供需双方有特殊要求的产品，可按合同规定或设计要求进行。

3.2.4 对不具备现场检测条件的产品，可要求进行工厂检测并出具检测报告。

3.2.5 硬件设备及材料的质量检查重点应包括安全性、可靠性及电磁兼容性等项目，可靠性检测可参考生产厂家出具的可靠性检测报告。

3.2.6 软件产品质量应按下列内容检查：

1 商业化的软件，如操作系统、数据库管理系统、应用系统软件、信息安全软件和网管软件等应做好使用许可证及使用范围的检查；

2 由系统承包商编制的用户应用软件、用户组态软件及接口软件等应用软件，除进行功能测试和系统测试之外，还应根据需要进行容量、可靠性、安全性、可恢复性、兼容性、自诊断等多项功能测试，并保证软件的可维护性；

3 所有自编软件均应提供完整的文档(包括软件资料、程序结构说明、安装调试说明、使用和维护说明书等)。

3.2.7 系统接口的质量应按下列要求检查：

1 系统承包商应提交接口规范，接口规范应在合同签订时由合同签定机构负责审定；

2 系统承包商应根据接口规范制定接口测试方案，接口测试方案经检测机构批准后实施。系统接口测试应保证接口性能符合设计要求，实现接口规范中规定的各项功能，不发生兼容性及通信瓶颈问题，并保证系统接口的制造和安装质量。

3.3 工程实施及质量控制

3.3.1 工程实施及质量控制应包括与前期工程的交接和工程实施条件准备，进场设备和材料的验收、隐蔽工程检查验收和过程检查、工程安装质量检查、系统自检和试运行等。

3.3.2 工程实施前应进行工序交接，做好与建筑结构、建筑装饰装修、建筑给水排水及采暖、建筑电气、通风与空调和电梯等分部工程的接口确认。

3.3.3 工程实施前应做好如下条件准备：

1 检查工程设计文件及施工图的完备性，智能建筑工程必须按已审批的施工图设计文件实施；工程中出现的设计变更，应按本规范附录B中表B.0.3的要求填写设计变更审核表；

2 完善施工现场质量管理检查制度和施工技术措施。

3.3.4 必须按照合同技术文件和工程设计文件的要求，对设备、材料和软件进行进场验收。进场验收应有书面记录和参加人签字，并经监理工程师或建设单位验收人员签字。未经进场验收合格的设备、材料和软件不得在工程上使用和安装。经进场验收的设备和材料应按产品的技术要求妥善保管。

3.3.5 设备及材料的进场验收应填写本规范附录B中表B.0.1，具体要求如下：

1 保证外观完好，产品无损伤、无瑕疵，品种、数量、产地符合要求；

2 设备和软件产品的质量检查应执行本章第3.2节的规定；

3 依规定程序获得批准使用的新材料和新产品除符合本条规定外，尚应提供主管部门规定的相关证明文件；

4 进口产品除应符合本规范规定外，尚应提供原产地证明和商检证明，配套提供的质量合格证明、检测报告及安装、使用、维护说明书等文件资料应为中文文本（或附中文译文）。

3.3.6 应做好隐蔽工程检查验收和过程检查记录，并经监理工程师签字确认；未经监理工程师签字，不得实施隐蔽作业。

应按本规范附录B中表B.0.2填写隐蔽工程（过程检查）验收表。

3.3.7 采用现场观察、核对施工图、抽查测试等方法，对工程设备安装质量进行检查和观感质量验收。根据GB 50300第4.0.5和第5.0.5条的规定按检验批要求进行。

应按本规范附录B中表B.0.4的规定填写质量验收记录。

3.3.8 系统承包商在安装调试完成后，应对系统进行自检，自检时要求对检测项目逐项检测。

3.3.9 根据各系统的不同要求，应按本规范各章规定的合理周期对系统进行连续不中断试运行。

应按本规范附录B中表B.0.5填写试运行记录并提供试运行报告。

3.4 系统检测

3.4.1 系统检测时应具备的条件：
  1 系统安装调试完成后，已进行了规定时间的试运行；
  2 已提供了相应的技术文件和工程实施及质量控制记录。

3.4.2 建设单位应组织有关人员依据合同技术文件和设计文件，以及本规范规定的检测项目、检测数量和检测方法，制定系统检测方案并经检测机构批准实施。

3.4.3 检测机构应按系统检测方案所列检测项目进行检测。

3.4.4 检测结论与处理
  1 检测结论分为合格和不合格；
  2 主控项目有一项不合格，则系统检测不合格；一般项目两项或两项以上不合格，则系统检测不合格；
  3 系统检测不合格应限期整改，然后重新检测，直至检测合格，重新检测时抽检数量应加倍；系统检测合格，但存在不合格项，应对不合格项进行整改，直到整改合格，并应在竣工验收时提交整改结果报告。

3.4.5 检测机构应按本规范附录C中表C.0.1、表C.0.2、表C.0.3和表C.0.4填写系统检测记录和汇总表。

3.5 分部（子分部）工程竣工验收

3.5.1 各系统竣工验收应包括以下内容：
  1 工程实施及质量控制检查；
  2 系统检测合格；
  3 运行管理队伍组建完成，管理制度健全；
  4 运行管理人员已完成培训，并具备独立上岗能力；
  5 竣工验收文件资料完整；
  6 系统检测项目的抽检和复核应符合设计要求；
  7 观感质量验收应符合要求；
  8 根据《智能建筑设计标准》GB/T 50314的规定，智能建筑的等级符合设计的等级要求。

3.5.2 竣工验收结论与处理
  1 竣工验收结论分合格和不合格；
  2 本章第3.5.1条规定的各款全部符合要求，为各系统竣工验收合格，否则为不合格；
  3 各系统竣工验收合格，为智能建筑工程竣工验收合格；
  4 竣工验收发现不合格的系统或子系统时，建设单位应责成责任单位限期整改，直到重新验收合格；整改后仍无法满足安全使用要求的系统不得通过竣工验收。

3.5.3 竣工验收时应按本规范附录D中表D.0.1和表D.0.2的要求填写资料审查结果和验收结论。

4 通信网络系统

4.1 一般规定

4.1.1 本章适用于智能建筑工程中安装的通信网络系统及其与公用通信网之间的接口的系统检测和竣工验收。

4.1.2 本系统应包括通信系统、卫星数字电视及有线电视系统、公共广播及紧急广播系统等各子系统及相关设施。其中通信系统包括电话交换系统、会议电视系统及接入网设备。

4.1.3 通信网络系统的机房环境应符合本规范第12章的规定,机房安全、电源与接地应符合《通信电源设备安装工程验收规范》YD 5079和本规范第8章、第11章的有关规定。

4.1.4 通信网络系统缆线的敷设应按以下规定进行:

1 光缆及对绞电缆应符合本规范第9章的规定;

2 电话线缆应符合《城市住宅区和办公楼电话通信设施验收规范》YD 5048的有关规定;

3 同轴电缆应符合《有线电视系统技术规范》GY/T 106的有关规定。

4.2 系统检测

4.2.1 通信系统工程实施按规定的安装、移交和验收工作流程进行。

4.2.2 通信系统检测由系统检查测试、初验测试和试运行验收测试三个阶段组成。

4.2.3 通信系统的测试可包括以下内容:

1 系统检查测试

硬件通电测试;系统功能测试。

2 初验测试

可靠性;接通率;基本功能(如通信系统的业务呼叫与接续、计费、信令、系统负荷能力、传输指标、维护管理、故障诊断、环境条件适应能力等)。

3 试运行验收测试

联网运行(接入用户和电路);故障率。

4.2.4 通信系统试运行验收测试应从初验测试合格后开始,试运行周期可按合同规定执行,但不应少于3个月。

4.2.5 通信系统检测应按国家现行标准和规范、工程设计文件和产品技术要求进行,其测试方法、操作程序及步骤应根据国家现行标准的有关规定,经建设单位与生产厂商共同协商确定。

Ⅰ 主控项目

4.2.6 智能建筑通信系统安装工程的检测阶段、检测内容、检测方法及性能指标要求应符合《程控电话交换设备安装工程验收规范》YD 5077等有关国家现行标准的要求。

4.2.7 通信系统接入公用通信网信道的传输速率、信号方式、物理接口和接口协议应符合设计要求。

4.2.8 通信系统的工程实施及质量控制和系统检测的内容应符合表4.2.8的要求。

表4.2.8 通信系统工程检测项目表

序号	检测内容	序号	检测内容
	Ⅰ 程控电话交换设备安装工程		
1	安装验收检查	4	系统检测
1)	机房环境要求	1)	系统功能
2)	设备器材进场检验	2)	中继电路测试
3)	设备机柜加固安装检查	3)	用户连接性能测试
4)	设备模块配置检查	4)	基本业务与可选业务
5)	设备间及机架内缆线布放	5)	冗余设备切换
6)	电源及电力线布放检查	6)	路由选择
7)	设备至各类配线设备间缆线布放	7)	信号与接口
8)	缆线导通检查	8)	过负荷测试
9)	各种标签检查	9)	计费功能
10)	接地电阻值检查	5	系统维护管理
11)	接地引入线及接地装置检查	1)	软件版本符合合同规定
12)	机房内防火措施	2)	人机命令核实
13)	机房内安全措施	3)	告警系统
2	通电测试前硬件检查	4)	故障诊断
1)	按施工图设计要求检查设备安装情况	5)	数据生成
2)	设备接地良好,检测接地电阻值	6	网路支撑
3)	供电电源电压及极性	1)	网管功能
3	硬件测试	2)	同步功能
1)	设备供电正常	7	模拟测试
2)	告警指示工作正常	1)	呼叫接通率
3)	硬件通电无故障	2)	计费准确率
	Ⅱ 会议电视系统安装工程		
序号	检测内容	序号	检测内容
1	安装环境检查	3)	摄像机布置
1)	机房环境	4)	监视器及大屏幕布置
2)	会议室照明、音响及色调	3	系统测试
3)	电源供给	1)	单机测试
4)	接地电阻值	2)	信道测试
2	设备安装	3)	传输性能指标测试
1)	管线敷设	4)	画面显示效果与切换
2)	话筒、扬声器布置	5)	系统控制方式检查

续表

	Ⅱ 会议电视系统安装工程		
序号	检测内容	序号	检测内容
6)	时钟与同步	2)	系统实时显示功能
4	监测管理系统检测	5	计费功能
1)	系统故障检测与诊断		
	Ⅲ 接入网设备(非对称数字用户环路 ADSL)安装工程		
序号	检测内容	序号	检测内容
1	安装环境检查	a.	STM-1(155Mbit/s)光接口
1)	机房环境	b.	电信接口(34Mbit/s、155Mbit/s)
2)	电源供给	4)	分离器测试(包括局端和远端)
3)	接地电阻值	a.	直流电阻
2	设备安装验收检查	b.	交流阻抗特性
1)	管线敷设	c.	纵向转换损耗
2)	设备机柜及模块安装检查	d.	损耗/频率失真
3	系统检测	e.	时延失真
1)	收发器线路接口测试(功率谱密度,纵向平衡损耗,过压保护)	f.	脉冲噪声
		g.	话音频带插入损耗
2)	用户网络接口(UNI)测试	h.	频带信号衰减
a.	25.6Mbit/s 电接口	5)	传输性能测试
b.	10BASE-T 接口	6)	功能验证测试
c.	通用串行总线(USB)接口	a.	传递功能(具备同时传送 IP、POTS 或 ISDN 业务能力)
d.	PCI 总线接口	b.	管理功能(包括配置管理、性能管理和故障管理)
3)	业务节点接口(SNI)测试		

4.2.9 卫星数字电视及有线电视系统的系统检测应符合下列要求：

1 卫星数字电视及有线电视系统的安装质量检查应符合国家现行标准的有关规定。

2 在工程实施及质量控制阶段,应检查卫星天线的安装质量、高频头至室内单元的线距、功放器及接收站位置、缆线连接的可靠性。符合设计要求为合格。

3 卫星数字电视的输出电平应符合国家现行标准的有关规定。

4 采用主观评测检查有线电视系统的性能,主要技术指标应符合表 4.2.9-1 的规定。

表 4.2.9-1 有线电视主要技术指标

序号	项目名称	测试频道	主观评测标准
1	系统输出电平(dBμV)	系统内的所有频道	60～80
2	系统载噪比	系统总频道的 10%且不少于 5 个,不足 5 个全检,且分布于整个工作频段的高、中、低段	无噪波,即无"雪花干扰"
3	载波互调比	系统总频道的 10%且不少于 5 个,不足 5 个全检,且分布于整个工作频段的高、中、低段	图像中无垂直、倾斜或水平条纹

续表

序号	项目名称	测试频道	主观评测标准
4	交扰调制比	系统总频道的10%且不少于5个，不足5个全检，且分布于整个工作频段的高、中、低段	图像中无移动、垂直或斜图案，即无"窜台"
5	回波值	系统总频道的10%且不少于5个，不足5个全检，且分布于整个工作频段的高、中、低段	图像中无沿水平方向分布在右边一条或多条轮廓线，即无"重影"
6	色/亮度时延差	系统总频道的10%且不少于5个，不足5个全检，且分布于整个工作频段的高、中、低段	图像中色、亮信息对齐，即无"彩色鬼影"
7	载波交流声	系统总频道的10%且不少于5个，不足5个全检，且分布于整个工作频段的高、中、低段	图像中无上下移动的水平条纹，即无"滚道"现象
8	伴音和调频广播的声音	系统总频道的10%且不少于5个，不足5个全检，且分布于整个工作频段的高、中、低段	无背景噪声，如丝丝声、哼声、蜂鸣声和串音等

5 电视图像质量的主观评价应不低于4分。具体标准见表4.2.9-2。

表4.2.9-2 图像的主观评价标准

等级	图像质量损伤程度
5分	图像上不觉察有损伤或干扰存在
4分	图像上有稍可觉察的损伤或干扰，但不令人讨厌
3分	图像上有明显觉察的损伤或干扰，令人讨厌
2分	图像上损伤或干扰较严重，令人相当讨厌
1分	图像上损伤或干扰极严重，不能观看

6 HFC网络和双向数字电视系统正向测试的调制误差率和相位抖动，反向测试的侵入噪声、脉冲噪声和反向隔离度的参数指标应满足设计要求；并检测其数据通信、VOD、图文播放等功能；HFC用户分配网应采用中心分配结构，具有可寻址路权控制及上行信号汇集均衡等功能；应检测系统的频率配置、抗干扰性能，其用户输出电平应取62~68dBμV。

4.2.10 公共广播与紧急广播系统检测应符合下列要求：

1 系统的输入输出不平衡度、音频线的敷设、接地形式及安装质量应符合设计要求，设备之间阻抗匹配合理；

2 放声系统应分布合理，符合设计要求；

3 最高输出电平、输出信噪比、声压级和频宽的技术指标应符合设计要求；

4 通过对响度、音色和音质的主观评价，评定系统的音响效果；

5 功能检测应包括：

1）业务宣传、背景音乐和公共寻呼插播；

2）紧急广播与公共广播共用设备时，其紧急广播由消防分机控制，具有最高优先权，在火灾和突发事故发生时，应能强制切换为紧急广播并以最大音量播出；紧急广播功能检

测按本规范第 7 章的有关规定执行;
3) 功率放大器应冗余配置,并在主机故障时,按设计要求备用机自动投入运行;
4) 公共广播系统应分区控制,分区的划分不得与消防分区的划分产生矛盾。

4.3 竣 工 验 收

4.3.1 竣工验收文件和记录应包括以下内容:
  1 过程质量记录;
  2 设备检测记录及系统测试记录;
  3 竣工图纸及文件;
  4 安装设备明细表。

5 信 息 网 络 系 统

5.1 一 般 规 定

5.1.1 本章适用于智能建筑工程中信息网络系统的工程实施及质量控制、系统检测和竣工验收。
5.1.2 信息网络系统应包括计算机网络、应用软件及网络安全等。

5.2 工程实施及质量控制

5.2.1 信息网络系统工程实施前应具备下列条件:
  1 综合布线系统施工完毕,已通过系统检测并具备竣工验收的条件;
  2 设备机房施工完毕,机房环境、电源及接地安装已完成,具备安装条件。
5.2.2 信息网络系统的设备、材料进场验收要求除遵照本规范第 3.3.4 和第 3.3.5 条的规定执行外,还应进行:
  1 有序列号的设备必须登记设备的序列号;
  2 网络设备开箱后通电自检,查看设备状态指示灯的显示是否正常,检查设备启动是否正常;
  3 计算机系统、网管工作站、UPS 电源、服务器、数据存储设备、路由器、防火墙、交换机等产品按本规范第 3.2 节的规定执行。
5.2.3 网络设备应安装整齐、固定牢靠,便于维护和管理;高端设备的信息模块和相关部件应正确安装,空余槽位应安装空板;设备上的标签应标明设备的名称和网络地址;跳线连接应稳固,走向清楚明确,线缆上应正确标签。
5.2.4 信息网络系统的随工检查内容应包括:
  1 安装质量检查:机房环境是否满足要求;设备器材清点检查;设备机柜加固检查;设备模块配置检查;设备间及机架内缆线布放;电源检查;设备至各类配线设备间缆线布放;缆线导通检查;各种标签检查;接地电阻值检查;接地引入线及接地装置检查;机房内防火措施;机房内安全措施等。
  2 通电测试前设备检查:按施工图设计文件要求检查设备安装情况;设备接地应良

好；供电电源电压及极性符合要求。

  3 设备通电测试：设备供电正常；报警指示工作正常；设备通电后工作正常及故障检查。

5.2.5 信息网络系统在安装、调试完成后，应进行不少于1个月的试运行，有关系统自检和试运行应符合本规范第3.3.8和第3.3.9条的要求。

5.3 计算机网络系统检测

5.3.1 计算机网络系统的检测应包括连通性检测、路由检测、容错功能检测、网络管理功能检测。

5.3.2 连通性检测方法可采用相关测试命令进行测试，或根据设计要求使用网络测试仪测试网络的连通性。

Ⅰ 主 控 项 目

5.3.3 连通性检测应符合以下要求：

  1 根据网络设备的连通图，网管工作站应能够和任何一台网络设备通信；

  2 各子网（虚拟专网）内用户之间的通信功能检测：根据网络配置方案要求，允许通信的计算机之间可以进行资源共享和信息交换，不允许通信的计算机之间无法通信；并保证网络节点符合设计规定的通讯协议和适用标准；

  3 根据配置方案的要求，检测局域网内的用户与公用网之间的通信能力。

5.3.4 对计算机网络进行路由检测，路由检测方法可采用相关测试命令进行测试，或根据设计要求使用网络测试仪测试网络路由设置的正确性。

Ⅱ 一 般 项 目

5.3.5 容错功能的检测方法应采用人为设置网络故障，检测系统正确判断故障及故障排除后系统自动恢复的功能；切换时间应符合设计要求。检测内容应包括以下两个方面：

  1 对具备容错能力的网络系统，应具有错误恢复和故障隔离功能，主要部件应冗余设置，并在出现故障时可自动切换；

  2 对有链路冗余配置的网络系统，当其中的某条链路断开或有故障发生时，整个系统仍应保持正常工作，并在故障恢复后应能自动切换回主系统运行。

5.3.6 网络管理功能检测应符合下列要求：

  1 网管系统应能够搜索到整个网络系统的拓扑结构图和网络设备连接图；

  2 网络系统应具备自诊断功能，当某台网络设备或线路发生故障后，网管系统应能够及时报警和定位故障点；

  3 应能够对网络设备进行远程配置和网络性能检测，提供网络节点的流量、广播率和错误率等参数。

5.4 应用软件检测

5.4.1 智能建筑的应用软件应包括智能建筑办公自动化软件、物业管理软件和智能化系统集成等应用软件系统。应用软件的检测应从其涵盖的基本功能、界面操作的标准性、系统可扩展性和管理功能等方面进行检测，并根据设计要求检测其行业应用功能。满足设计要求时为合格，否则为不合格。不合格的应用软件修改后必须通过回归测试。

5.4.2 应先对软硬件配置进行核对，确认无误后方可进行系统检测。

Ⅰ 主 控 项 目

5.4.3 软件产品质量检查应按照本规范第3.2.6条的规定执行。应采用系统的实际数据和实际应用案例进行测试。

5.4.4 应用软件检测时，被测软件的功能、性能确认宜采用黑盒法进行，主要测试内容应包括：

  1 功能测试：在规定的时间内运行软件系统的所有功能，以验证系统是否符合功能需求；

  2 性能测试：检查软件是否满足设计文件中规定的性能，应对软件的响应时间、吞吐量、辅助存储区、处理精度进行检测；

  3 文档测试：检测用户文档的清晰性和准确性，用户文档中所列应用案例必须全部测试；

  4 可靠性测试：对比软件测试报告中可靠性的评价与实际试运行中出现的问题，进行可靠性验证；

  5 互连测试：应验证两个或多个不同系统之间的互连性；

  6 回归测试：软件修改后，应经回归测试验证是否因修改引出新的错误，即验证修改后的软件是否仍能满足系统的设计要求。

Ⅱ 一 般 项 目

5.4.5 应用软件的操作命令界面应为标准图形交互界面，要求风格统一、层次简洁，操作命令的命名不得具有二义性。

5.4.6 应用软件应具有可扩展性，系统应预留可升级空间以供纳入新功能，宜采用能适应最新版本的信息平台，并能适应信息系统管理功能的变动。

5.5 网络安全系统检测

5.5.1 网络安全系统宜从物理层安全、网络层安全、系统层安全、应用层安全等四个方面进行检测，以保证信息的保密性、真实性、完整性、可控性和可用性等信息安全性能符合设计要求。

Ⅰ 主 控 项 目

5.5.2 计算机信息系统安全专用产品必须具有公安部计算机管理监察部门审批颁发的"计算机信息系统安全专用产品销售许可证"；特殊行业有其他规定时，还应遵守行业的相关规定。

5.5.3 如果与因特网连接，智能建筑网络安全系统必须安装防火墙和防病毒系统。

5.5.4 网络层安全的安全性检测应符合以下要求：

  1 防攻击：信息网络应能抵御来自防火墙以外的网络攻击，使用流行的攻击手段进行模拟攻击，不能攻破判为合格；

  2 因特网访问控制：信息网络应根据需求控制内部终端机的因特网连接请求和内容，使用终端机用不同身份访问因特网的不同资源，符合设计要求判为合格；

3 信息网络与控制网络的安全隔离:测试方法应按本规范第5.3.2条的要求,保证做到未经授权,从信息网络不能进入控制网络;符合此要求者判为合格;

4 防病毒系统的有效性:将含有当前已知流行病毒的文件(病毒样本)通过文件传输、邮件附件、网上邻居等方式向各点传播,各点的防病毒软件应能正确地检测到该含病毒文件,并执行杀毒操作;符合本要求者判为合格;

5 入侵检测系统的有效性:如果安装了入侵检测系统,使用流行的攻击手段进行模拟攻击(如DoS拒绝服务攻击),这些攻击应被入侵检测系统发现和阻断;符合此要求判为合格;

6 内容过滤系统的有效性:如果安装了内容过滤系统,则尝试访问若干受限网址或者访问受限内容,这些尝试应该被阻断;然后,访问若干未受限的网址或者内容,应该可以正常访问;符合此要求者为合格。

5.5.5 系统层安全应满足以下要求:

1 操作系统应选用经过实践检验的具有一定安全强度的操作系统;

2 使用安全性较高的文件系统;

3 严格管理操作系统的用户账号,要求用户必须使用满足安全要求的口令;

4 服务器应只提供必须的服务,其他无关的服务应关闭,对可能存在漏洞的服务或操作系统,应更换或者升级相应的补丁程序;扫描服务器,无漏洞者为合格;

5 认真设置并正确利用审计系统,对一些非法的侵入尝试必须有记录;模拟非法尝试,审计日志中有正确记录者判为合格。

5.5.6 应用层安全应符合下列要求:

1 身份认证:用户口令应该加密传输,或者禁止在网络上传输;严格管理用户账号,要求用户必须使用满足安全要求的口令;

2 访问控制:必须在身份认证的基础上根据用户及资源对象实施访问控制;用户能正确访问其获得授权的对象资源,同时不能访问未获得授权的资源,符合此要求者判为合格。

Ⅱ 一 般 项 目

5.5.7 物理层安全应符合下列要求:

1 中心机房的电源与接地及环境要求应符合本规范第11章、第12章的规定;

2 对于涉及国家秘密的党政机关、企事业单位的信息网络工程,应按《涉密信息设备使用现场的电磁泄漏发射保护要求》BMB5、《涉及国家秘密的计算机信息系统保密技术要求》BMZ1和《涉及国家秘密的计算机信息系统安全保密评测指南》BMZ3等国家现行标准的相关规定进行检测和验收。

5.5.8 应用层安全应符合下列要求:

1 完整性:数据在存储、使用和网络传输过程中,不得被篡改、破坏;

2 保密性:数据在存储、使用和网络传输过程中,不应被非法用户获得;

3 安全审计:对应用系统的访问应有必要的审计记录。

5.6 竣 工 验 收

5.6.1 竣工验收除应符合本规范第3.5节的规定外,还应对信息安全管理制度进行检查，并作为竣工验收的必要条件。

5.6.2 竣工验收的文件资料包括设备的进场验收报告、产品检测报告、设备的配置方案和配置文档、计算机网络系统的检测记录和检测报告、应用软件的检测记录和用户使用报告、安全系统的检测记录和检测报告以及系统试运行记录。

6 建筑设备监控系统

6.1 一般规定

6.1.1 本章适用于智能建筑工程中建筑设备监控系统的工程实施及质量控制、系统检测和竣工验收。

6.1.2 建筑设备监控系统用于对智能建筑内各类机电设备进行监测、控制及自动化管理，达到安全、可靠、节能和集中管理的目的。

6.1.3 建筑设备监控系统的监控范围为空调与通风系统、变配电系统、公共照明系统、给排水系统、热源和热交换系统、冷冻和冷却水系统、电梯和自动扶梯系统等各子系统。

6.2 工程实施及质量控制

6.2.1 设备及材料的进场验收除按本规范第3.3.4和第3.3.5条的规定执行外，还应符合下列要求：

1 电气设备、材料、成品和半成品的进场验收应按《建筑电气安装工程施工质量验收规范》GB 50303中第3.2节的有关规定执行；

2 各类传感器、变送器、电动阀门及执行器、现场控制器等的进场验收要求：

1) 查验合格证和随带技术文件，实行产品许可证和强制性产品认证标志的产品应有产品许可证和强制性产品认证标志。

2) 外观检查：铭牌、附件齐全，电气接线端子完好，设备表面无缺损，涂层完整。

3 网络设备的进场验收按本规范第5.2.2条中的有关规定执行。

4 软件产品的进场验收按本规范第3.2.6条中的有关规定执行。

6.2.2 建筑设备监控系统安装前，建筑工程应具备下列条件：

1 已完成机房、弱电竖井的建筑施工；

2 预埋管及预留孔符合设计要求；

3 空调与通风设备、给排水设备、动力设备、照明控制箱、电梯等设备安装就位，并应预留好设计文件中要求的控制信号接入点。

6.2.3 施工中的安全技术管理，应符合《建设工程施工现场供用电安全规范》GB 50194和《施工现场临时用电安全技术规范》JGJ 46中的有关规定。

6.2.4 施工及施工质量检查除按本规范第3.3.6和第3.3.7条的规定执行外，还应符合下列要求：

1 电缆桥架安装和桥架内电缆敷设，电缆沟内和电缆竖井内电缆敷设，电线、电缆导管和线路敷设，电线、电缆穿管和线槽敷线的施工应按GB 50303中第12章至第15章的有关规定执行，在工程实施中有特殊要求时应按设计文件的要求执行；

2 传感器、电动阀门及执行器、控制柜和其他设备安装时应符合 GB 50303 第 6 章及第 7 章、设计文件和产品技术文件的要求。

6.2.5 工程调试完成后,系统承包商要对传感器、执行器、控制器及系统功能(含系统联动功能)进行现场测试,传感器可用高精度仪表现场校验,使用现场控制器改变给定值或用信号发生器对执行器进行检测,传感器和执行器要逐点测试;系统功能、通信接口功能要逐项测试;并填写系统自检表。

6.2.6 工程调试完成经与工程建设单位协商后可投入系统试运行,应由建设单位或物业管理单位派出的管理人员和操作人员进行试运行,认真作好值班运行记录;并应保存系统试运行的原始记录和全部历史数据。

6.3 系统检测

6.3.1 建筑设备监控系统的检测应以系统功能和性能检测为主,同时对现场安装质量、设备性能及工程实施过程中的质量记录进行抽查或复核。

6.3.2 建筑设备监控系统的检测应在系统试运行连续投运时间不少于 1 个月后进行。

6.3.3 建筑设备监控系统检测应依据工程合同技术文件、施工图设计文件、设计变更审核文件、设备及产品的技术文件进行。

6.3.4 建筑设备监控系统检测时应提供以下工程实施及质量控制记录:
1 设备材料进场检验记录;
2 隐蔽工程和过程检查验收记录;
3 工程安装质量检查及观感质量验收记录;
4 设备及系统自检测记录;
5 系统试运行记录。

Ⅰ 主 控 项 目

6.3.5 空调与通风系统功能检测

建筑设备监控系统应对空调系统进行温湿度及新风量自动控制、预定时间表自动启停、节能优化控制等控制功能进行检测。应着重检测系统测控点(温度、相对湿度、压差和压力等)与被控设备(风机、风阀、加湿器及电动阀门等)的控制稳定性、响应时间和控制效果,并检测设备连锁控制和故障报警的正确性。

检测数量为每类机组按总数的 20% 抽检,且不得少于 5 台,每类机组不足 5 台时全部检测。被检测机组全部符合设计要求为检测合格。

6.3.6 变配电系统功能检测

建筑设备监控系统应对变配电系统的电气参数和电气设备工作状态进行监测,检测时应利用工作站数据读取和现场测量的方法对电压、电流、有功(无功)功率、功率因数、用电量等各项参数的测量和记录进行准确性和真实性检查,显示的电力负荷及上述各参数的动态图形能比较准确地反映参数变化情况,并对报警信号进行验证。

检测方法为抽检,抽检数量按每类参数抽 20%,且数量不得少于 20 点,数量少于 20 点时全部检测。被检参数合格率 100% 时为检测合格。

对高低压配电柜的运行状态、电力变压器的温度、应急发电机组的工作状态、储油罐的液位、蓄电池组及充电设备的工作状态、不间断电源的工作状态等参数进行检测时,应全部检测，合格率100%时为检测合格。

6.3.7 公共照明系统功能检测

建筑设备监控系统应对公共照明设备(公共区域、过道、园区和景观)进行监控，应以光照度、时间表等为控制依据，设置程序控制灯组的开关，检测时应检查控制动作的正确性；并检查其手动开关功能。

检测方式为抽检，按照明回路总数的20%抽检，数量不得少于10路，总数少于10路时应全部检测。抽检数量合格率100%时为检测合格。

6.3.8 给排水系统功能检测

建筑设备监控系统应对给水系统、排水系统和中水系统进行液位、压力等参数检测及水泵运行状态的监控和报警进行验证。检测时应通过工作站参数设置或人为改变现场测控点状态，监视设备的运行状态，包括自动调节水泵转速、投运水泵切换及故障状态报警和保护等项是否满足设计要求。

检测方式为抽检，抽检数量按每类系统的50%，且不得少于5套，总数少于5套时全部检测。被检系统合格率100%时为检测合格。

6.3.9 热源和热交换系统功能检测

建筑设备监控系统应对热源和热交换系统进行系统负荷调节、预定时间表自动启停和节能优化控制。检测时应通过工作站或现场控制器对热源和热交换系统的设备运行状态、故障等的监视、记录与报警进行检测，并检测对设备的控制功能。

核实热源和热交换系统能耗计量与统计资料。

检测方式为全部检测，被检系统合格率100%时为检测合格。

6.3.10 冷冻和冷却水系统功能检测

建筑设备监控系统应对冷水机组、冷冻冷却水系统进行系统负荷调节、预定时间表自动启停和节能优化控制。检测时应通过工作站对冷水机组、冷冻冷却水系统设备控制和运行参数、状态、故障等的监视、记录与报警情况进行检查，并检查设备运行的联动情况。

核实冷冻水系统能耗计量与统计资料。

检测方式为全部检测，满足设计要求时为检测合格。

6.3.11 电梯和自动扶梯系统功能检测

建筑设备监控系统应对建筑物内电梯和自动扶梯系统进行监测。检测时应通过工作站对系统的运行状态与故障进行监视，并与电梯和自动扶梯系统的实际工作情况进行核实。

检测方式为全部检测，合格率100%时为检测合格。

6.3.12 建筑设备监控系统与子系统(设备)间的数据通信接口功能检测

建筑设备监控系统与带有通信接口的各子系统以数据通信的方式相联时，应在工作站监测子系统的运行参数(含工作状态参数和报警信息)，并和实际状态核实，确保准确性和响应时间符合设计要求；对可控的子系统，应检测系统对控制命令的响应情况。

数据通信接口应按本规范第3.2.7条的规定对接口进行全部检测，检测合格率100%时为检测合格。

6.3.13 中央管理工作站与操作分站功能检测

对建筑设备监控系统中央管理工作站与操作分站功能进行检测时，应主要检测其监控和管理功能，检测时应以中央管理工作站为主，对操作分站主要检测其监控和管理权限以及数据与中央管理工作站的一致性。

应检测中央管理工作站显示和记录的各种测量数据、运行状态、故障报警等信息的实时性和准确性，以及对设备进行控制和管理的功能，并检测中央站控制命令的有效性和参数设定的功能，保证中央管理工作站的控制命令被无冲突地执行。

应检测中央管理工作站数据的存储和统计（包括检测数据、运行数据）、历史数据趋势图显示、报警存储统计（包括各类参数报警、通讯报警和设备报警）情况，中央管理工作站存储的历史数据时间应大于3个月。

应检测中央管理工作站数据报表生成及打印功能，故障报警信息的打印功能。

应检测中央管理工作站操作的方便性，人机界面应符合友好、汉化、图形化要求，图形切换流程清楚易懂，便于操作。对报警信息的显示和处理应直观有效。

应检测操作权限，确保系统操作的安全性。

以上功能全部满足设计要求时为检测合格。

6.3.14 系统实时性检测

采样速度、系统响应时间应满足合同技术文件与设备工艺性能指标的要求；抽检10%且不少于10台，少于10台时全部检测，合格率90%及以上时为检测合格。

报警信号响应速度应满足合同技术文件与设备工艺性能指标的要求；抽检20%且不少于10台，少于10台时全部检测，合格率100%时为检测合格。

6.3.15 系统可维护功能检测

应检测应用软件的在线编程（组态）和修改功能，在中央站或现场进行控制器或控制模块应用软件的在线编程（组态）、参数修改及下载，全部功能得到验证为合格，否则为不合格。

设备、网络通讯故障的自检测功能，自检必须指示出相应设备的名称和位置，在现场设置设备故障和网络故障，在中央站观察结果显示和报警，输出结果正确且故障报警准确者为合格，否则为不合格。

6.3.16 系统可靠性检测

系统运行时，启动或停止现场设备，不应出现数据错误或产生干扰，影响系统正常工作。检测时采用远动或现场手动启/停现场设备，观察中央站数据显示和系统工作情况，工作正常的为合格，否则为不合格。

切断系统电网电源，转为UPS供电时，系统运行不得中断。电源转换时系统工作正常的为合格，否则为不合格。

中央站冗余主机自动投入时，系统运行不得中断；切换时系统工作正常的为合格，否则为不合格。

Ⅱ 一 般 项 目

6.3.17 现场设备安装质量检查

现场设备安装质量应符合GB 50303第6章及第7章、设计文件和产品技术文件的要求，检查合格率达到100%时为合格。

1 传感器：每种类型传感器抽检10%且不少于10台，传感器少于10台时全部检查；

2 执行器：每种类型执行器抽检10%且不少于10台，执行器少于10台时全部检查；

3 控制箱(柜)：各类控制箱(柜)抽检20%且不少于10台，少于10台时全部检查。

6.3.18 现场设备性能检测

1 传感器精度测试，检测传感器采样显示值与现场实际值的一致性；依据设计要求及产品技术条件，按照设计总数的10%进行抽测，且不得少于10个，总数少于10个时全部检测，合格率达到100%时为检测合格；

2 控制设备及执行器性能测试，包括控制器、电动风阀、电动水阀和变频器等，主要测定控制设备的有效性、正确性和稳定性；测试核对电动调节阀在零开度、50%和80%的行程处与控制指令的一致性及响应速度；测试结果应满足合同技术文件及控制工艺对设备性能的要求。

检测为20%抽测，但不得少于5个，设备数量少于5个时全部测试，检测合格率达到100%时为检测合格。

6.3.19 根据现场配置和运行情况对以下项目做出评测：

1 控制网络和数据库的标准化、开放性；

2 系统的冗余配置，主要指控制网络、工作站、服务器、数据库和电源等；

3 系统可扩展性，控制器I/O口的备用量应符合合同技术文件要求，但不应低于I/O口实际使用数的10%；机柜至少应留有10%的卡件安装空间和10%的备用接线端子；

4 节能措施评测，包括空调设备的优化控制、冷热源自动调节、照明设备自动控制、风机变频调速、VAV变风量控制等。根据合同技术文件的要求，通过对系统数据库记录分析、现场控制效果测试和数据计算后做出是否满足设计要求的评测。

结论为符合设计要求或不符合设计要求。

6.4 竣 工 验 收

6.4.1 竣工验收应在系统正常连续投运时间超过3个月后进行。

6.4.2 竣工验收文件资料应包括以下内容：

1 工程合同技术文件；

2 竣工图纸：

1) 设计说明；

2) 系统结构图；

3) 各子系统控制原理图；

4) 设备布置及管线平面图；

5) 控制系统配电箱电气原理图；

6) 相关监控设备电气接线图；

7) 中央控制室设备布置图；

8) 设备清单；

9) 监控点(I/O)表等。

3 系统设备产品说明书；

4 系统技术、操作和维护手册；

5 设备及系统测试记录：

1) 设备测试记录；

2) 系统功能检查及测试记录；

3) 系统联动功能测试记录。

6 其他文件：

1) 工程实施及质量控制记录；

2) 相关工程质量事故报告表。

6.4.3 必要时各子系统可分别进行验收，验收时应作好验收记录，签署验收意见。

7 火灾自动报警及消防联动系统

7.1 一般规定

7.1.1 本章适用于智能建筑工程中的火灾自动报警及消防联动系统的系统检测和竣工验收。

7.1.2 火灾自动报警及消防联动系统必须执行《工程建设标准强制性条文》的有关规定。

7.1.3 火灾自动报警及消防联动系统的监测内容应逐项实施，检测结果符合设计要求为合格，否则为不合格。

7.2 系统检测

Ⅰ 主控项目

7.2.1 在智能建筑工程中，火灾自动报警及消防联动系统的检测应按《火灾自动报警系统施工及验收规范》GB 50166 的规定执行。

7.2.2 火灾自动报警及消防联动系统应是独立的系统。

7.2.3 除 GB 50166 中规定的各种联动外，当火灾自动报警及消防联动系统还与其他系统具备联动关系时，其检测按本规范第 3.4.2 条规定拟定检测方案，并按检测方案进行，但检测程序不得与 GB 50166 的规定相抵触。

7.2.4 火灾自动报警系统的电磁兼容性防护功能，应符合《消防电子产品环境试验方法和严酷等级》GB 16838 的有关规定。

7.2.5 检测火灾报警控制器的汉化图形显示界面及中文屏幕菜单等功能，并进行操作试验。

7.2.6 检测消防控制室向建筑设备监控系统传输、显示火灾报警信息的一致性和可靠性，检测与建筑设备监控系统的接口、建筑设备监控系统对火灾报警的响应及其火灾运行模式，应采用在现场模拟发出火灾报警信号的方式进行。

7.2.7 检测消防控制室与安全防范系统等其他子系统的接口和通信功能。

7.2.8 检测智能型火灾探测器的数量、性能及安装位置，普通型火灾探测器的数量及安装位置。

7.2.9 新型消防设施的设置情况及功能检测应包括：
 1 早期烟雾探测火灾报警系统；
 2 大空间早期火灾智能检测系统、大空间红外图像矩阵火灾报警及灭火系统；
 3 可燃气体泄漏报警及联动控制系统。

7.2.10 公共广播与紧急广播系统共用时，应符合《火灾自动报警系统设计规范》GB 50116 的要求，并执行本规范第 4.2.10 条的规定。

7.2.11 安全防范系统中相应的视频安防监控(录像、录音)系统、门禁系统、停车场(库)管理系统等对火灾报警的响应及火灾模式操作等功能的检测，应采用在现场模拟发出火灾报警信号的方式进行。

7.2.12 当火灾自动报警及消防联动系统与其他系统合用控制室时，应满足 GB 50116 和《智能建筑设计标准》GB/T 50314 的相应规定，但消防控制系统应单独设置，其他系统也应合理布置。

7.3 竣 工 验 收

7.3.1 火灾自动报警及消防联动系统的竣工验收应按 GB 50166 关于竣工验收的规定及各地方的配套法规执行。

7.3.2 当火灾自动报警及消防联动系统与其他智能建筑子系统具备联动关系时，其验收按本规范第 10 章的有关规定执行，但验收程序不得与国家现行规范、法规相抵触。

8 安 全 防 范 系 统

8.1 一 般 规 定

8.1.1 本章适用于智能建筑工程中的安全防范系统的工程实施及质量控制、系统检测和竣工验收，在执行本章各项规定的同时，还须遵守国家公共安全行业的有关法规。

8.1.2 对银行、金融、证券、文博等高风险建筑除执行本规范的规定外，还必须执行公共安全行业对特殊行业的相关规定和标准。

8.1.3 安全防范系统的范围应包括视频安防监控系统、入侵报警系统、出入口控制(门禁)系统、巡更管理系统、停车场(库)管理系统等各子系统。

8.2 工程实施及质量控制

8.2.1 设备及器材的进场验收除按本规范第 3.3.4 和第 3.3.5 条的规定执行外，还应符合下列要求：
 1 安全技术防范产品必须经过国家或行业授权的认证机构(或检测机构)认证(检测)合格，并取得相应的认证证书(或检测报告)；
 2 产品质量检查应按本规范第 3.2 节的规定执行。

8.2.2 安全防范系统线缆敷设、设备安装前，建筑工程应具备下列条件：
 1 预埋管、预留件、桥架等的安装符合设计要求；
 2 机房、弱电竖井的施工已结束。

8.2.3 安全防范系统的电缆桥架、电缆沟、电缆竖井、电线导管的施工及线缆敷设，应遵照《建筑电气安装工程施工质量验收规范》GB 50303 第 12、13、14 15 章的内容执行。如有特殊要求应以设计施工图的要求为准。

8.2.4 安全防范系统施工质量检查和观感质量验收，应根据合同技术文件、设计施工图进行。

  1 对电(光)缆敷设与布线应检验管线的防水、防潮，电缆排列位置，布放、绑扎质量，桥架的架设质量，缆线在桥架内的安装质量，焊接及插接头安装质量和接线盒接线质量等；

  2 对接地线应检验接地材料、接地线焊接质量、接地电阻等；

  3 对系统的各类探测器、摄像机、云台、防护罩、控制器、辅助电源、电锁、对讲设备等的安装部位、安装质量和观感质量等进行检验；

  4 同轴电缆的敷设、摄像机、机架、监视器等的安装质量检验应符合《民用闭路监视电视系统工程技术规范》GB 50198 的有关规定；

  5 控制柜、箱与控制台等的安装质量检验应遵照 GB 50303 第 6 章有关规定执行。

8.2.5 系统承包商应对各类探测器、控制器、执行器等部件的电气性能和功能进行自检，自检采用逐点测试的形式进行。

8.2.6 在安全防范系统设备安装、施工测试完成后，经建设方同意可进入系统试运行，试运行周期应不少于 1 个月；系统试运行时应做好试运行记录。

8.3 系统检测

8.3.1 安全防范系统的系统检测应由国家或行业授权的检测机构进行检测，并出具检测报告，检测内容、合格判据应执行国家公共安全行业的相关标准。

8.3.2 安全防范系统检测应依据工程合同技术文件、施工图设计文件、工程设计变更说明和洽商记录、产品的技术文件进行。

8.3.3 安全防范系统进行系统检测时应提供：

  1 设备材料进场检验记录；

  2 隐蔽工程和过程检查验收记录；

  3 工程安装质量和观感质量验收记录；

  4 设备及系统自检测记录；

  5 系统试运行记录。

Ⅰ 主控项目

8.3.4 安全防范系统综合防范功能检测应包括：

  1 防范范围、重点防范部位和要害部门的设防情况、防范功能，以及安防设备的运行是否达到设计要求，有无防范盲区；

  2 各种防范子系统之间的联动是否达到设计要求；

  3 监控中心系统记录(包括监控的图像记录和报警记录)的质量和保存时间是否达到设计要求；

  4 安全防范系统与其他系统进行系统集成时，应按本规范第 3.2.7 条的规定检查系统的接口、通信功能和传输的信息等是否达到设计要求。

8.3.5 视频安防监控系统的检测

1 检测内容:

1) 系统功能检测:云台转动,镜头、光圈的调节,调焦、变倍,图像切换,防护罩功能的检测;

2) 图像质量检测:在摄像机的标准照度下进行图像的清晰度及抗干扰能力的检测;

检测方法:按本规范第4.2.9条的规定对图像质量进行主观评价,主观评价应不低于4分;抗干扰能力按《安防视频监控系统技术要求》GA/T 367进行检测;

3) 系统整体功能检测

功能检测应包括视频安防监控系统的监控范围、现场设备的接入率及完好率;矩阵监控主机的切换、控制、编程、巡检、记录等功能;

对数字视频录像式监控系统还应检查主机死机记录、图像显示和记录速度、图像质量、对前端设备的控制功能以及通信接口功能、远端联网功能等;

对数字硬盘录像监控系统除检测其记录速度外,还应检测记录的检索、回放等功能;

4) 系统联动功能检测

联动功能检测应包括与出入口管理系统、入侵报警系统、巡更管理系统、停车场(库)管理系统等的联动控制功能;

5) 视频安防监控系统的图像记录保存时间应满足管理要求。

2 摄像机抽检的数量应不低于20%且不少于3台,摄像机数量少于3台时应全部检测;被抽检设备的合格率100%时为合格;系统功能和联动功能全部检测,功能符合设计要求时为合格,合格率100%时为系统功能检测合格。

8.3.6 入侵报警系统(包括周界入侵报警系统)的检测

1 检测内容:

1) 探测器的盲区检测,防动物功能检测;

2) 探测器的防破坏功能检测应包括报警器的防拆报警功能,信号线开路、短路报警功能,电源线被剪的报警功能;

3) 探测器灵敏度检测;

4) 系统控制功能检测应包括系统的撤防、布防功能,关机报警功能,系统后备电源自动切换功能等;

5) 系统通信功能检测应包括报警信息传输、报警响应功能;

6) 现场设备的接入率及完好率测试;

7) 系统的联动功能检测应包括报警信号对相关报警现场照明系统的自动触发、对监控摄像机的自动启动、视频安防监视画面的自动调入,相关出入口的自动启闭,录像设备的自动启动等;

8) 报警系统管理软件(含电子地图)功能检测;

9) 报警信号联网上传功能的检测;

10) 报警系统报警事件存储记录的保存时间应满足管理要求。

2 探测器抽检的数量应不低于20%且不少于3台,探测器数量少于3台时应全部检测;被抽检设备的合格率100%时为合格;系统功能和联动功能全部检测,功能符合设计要求时为合格,合格率100%时为系统功能检测合格。

8.3.7 出入口控制(门禁)系统的检测

1 检测内容：

1) 出入口控制(门禁)系统的功能检测

a) 系统主机在离线的情况下，出入口(门禁)控制器独立工作的准确性、实时性和储存信息的功能；

b) 系统主机对出入口(门禁)控制器在线控制时，出入口(门禁)控制器工作的准确性、实时性和储存信息的功能，以及出入口(门禁)控制器和系统主机之间的信息传输功能；

c) 检测掉电后，系统启用备用电源应急工作的准确性、实时性和信息的存储和恢复能力；

d) 通过系统主机、出入口(门禁)控制器及其他控制终端，实时监控出入控制点的人员状况；

e) 系统对非法强行入侵及时报警的能力；

f) 检测本系统与消防系统报警时的联动功能；

g) 现场设备的接入率及完好率测试；

h) 出入口管理系统的数据存储记录保存时间应满足管理要求。

2) 系统的软件检测

a) 演示软件的所有功能，以证明软件功能与任务书或合同书要求一致；

b) 根据需求说明书中规定的性能要求，包括时间、适应性、稳定性等以及图形化界面友好程度，对软件逐项进行测试；对软件的检测按本规范第3.2.6条中的要求执行；

c) 对软件系统操作的安全性进行测试，如系统操作人员的分级授权、系统操作人员操作信息的存储记录等；

d) 在软件测试的基础上，对被验收的软件进行综合评审，给出综合评审结论，包括：软件设计与需求的一致性、程序与软件设计的一致性、文档(含软件培训、教材和说明书)描述与程序的一致性、完整性、准确性和标准化程度等。

2 出/入口控制器抽检的数量应不低于20%且不少于3台，数量少于3台时应全部检测；被抽检设备的合格率100%时为合格；系统功能和软件全部检测，功能符合设计要求为合格，合格率为100%时为系统功能检测合格。

8.3.8 巡更管理系统的检测

1 检测内容：

1) 按照巡更路线图检查系统的巡更终端、读卡机的响应功能；

2) 现场设备的接入率及完好率测试；

3) 检查巡更管理系统编程、修改功能以及撤防、布防功能；

4) 检查系统的运行状态、信息传输、故障报警和指示故障位置的功能；

5) 检查巡更管理系统对巡更人员的监督和记录情况、安全保障措施和对意外情况及时报警的处理手段；

6) 对在线联网式巡更管理系统还需要检查电子地图上的显示信息，遇有故障时的报警信号以及和视频安防监控系统等的联动功能；

7) 巡更系统的数据存储记录保存时间应满足管理要求。

2 巡更终端抽检的数量应不低于20%且不少于3台，探测器数量少于3台时应全部检测，被抽检设备的合格率为100%时为合格；系统功能全部检测，功能符合设计要求为合格，合格率100%时为系统功能检测合格。

8.3.9 停车场(库)管理系统的检测

1 检测内容：

停车场(库)管理系统功能检测应分别对入口管理系统、出口管理系统和管理中心的功能进行检测。

1）车辆探测器对出入车辆的探测灵敏度检测，抗干扰性能检测；

2）自动栅栏升降功能检测，防砸车功能检测；

3）读卡器功能检测，对无效卡的识别功能；对非接触IC卡读卡器还应检测读卡距离和灵敏度；

4）发卡(票)器功能检测，吐卡功能是否正常，入场日期、时间等记录是否正确；

5）满位显示器功能是否正常；

6）管理中心的计费、显示、收费、统计、信息储存等功能的检测；

7）出/入口管理监控站及与管理中心站的通信是否正常；

8）管理系统的其他功能，如"防折返"功能检测；

9）对具有图像对比功能的停车场(库)管理系统应分别检测出/入口车牌和车辆图像记录的清晰度、调用图像信息的符合情况；

10）检测停车场(库)管理系统与消防系统报警时的联动功能；电视监控系统摄像机对进出车库车辆的监视等；

11）空车位及收费显示；

12）管理中心监控站的车辆出入数据记录保存时间应满足管理要求。

2 停车场(库)管理系统功能应全部检测，功能符合设计要求为合格，合格率100%时为系统功能检测合格。

其中，车牌识别系统对车牌的识别率达98%时为合格。

8.3.10 安全防范综合管理系统的检测

综合管理系统完成安全防范系统中央监控室对各子系统的监控功能，具体内容按工程设计文件要求确定。

1 检测内容：

1）各子系统的数据通信接口：各子系统与综合管理系统以数据通信方式连接时，应能在综合管理监控站上观测到子系统的工作状态和报警信息，并和实际状态核实，确保准确性和实时性；对具有控制功能的子系统，应检测从综合管理监控站发送命令时，子系统响应的情况；

2）综合管理系统监控站：对综合管理系统监控站的软、硬件功能的检测，包括：

a）检测子系统监控站与综合管理系统监控站对系统状态和报警信息记录的一致性；

b）综合管理系统监控站对各类报警信息的显示、记录、统计等功能；

c）综合管理系统监控站的数据报表打印、报警打印功能；

d）综合管理系统监控站操作的方便性，人机界面应友好、汉化、图形化。

2 综合管理系统功能应全部检测，功能符合设计要求为合格，合格率为100%时为系统功能检测合格。

8.4 竣 工 验 收

8.4.1 智能建筑工程中的安全防范系统工程的验收应按照《安全防范系统验收规则》GA 308 的规定执行。

8.4.2 以管理为主的电视监控系统、出入口控制（门禁）系统、停车场（库）管理系统等系统的竣工验收按本规范第 3.5 节规定执行。

8.4.3 竣工验收应在系统正常连续投运时间 1 个月后进行。

8.4.4 系统验收的文件及记录应包括以下内容：

 1 工程设计说明，包括系统选型论证，系统监控方案和规模容量说明，系统功能说明和性能指标等；

 2 工程竣工图纸，包括系统结构图、各子系统原理图、施工平面图、设备电气端子接线图、中央控制室设备布置图、接线图、设备清单等；

 3 系统的产品说明书、操作手册和维护手册；

 4 工程实施及质量控制记录；

 5 设备及系统测试记录；

 6 相关工程质量事故报告、工程设计变更单等。

8.4.5 必要时各子系统可分别进行验收，验收时应作好验收记录，签署验收意见。

9 综合布线系统

9.1 一 般 规 定

9.1.1 本章适用于智能建筑工程中的综合布线系统的工程实施及质量控制、系统检测和竣工验收。综合布线系统的检测和验收，除执行本规范外，还应符合《建筑与建筑群综合布线系统工程验收规范》GB/T 50312 中的规定。

9.1.2 综合布线系统施工前应对交接间、设备间、工作区的建筑和环境条件进行检查，检查内容和要求应符合 GB/T 50312 中的有关规定。

9.1.3 设备材料的进场验收应执行 GB/T 50312 第 3 节及本规范第 3.3.4 和第 3.3.5 条的规定。

9.1.4 系统集成商在施工完成后，应对系统进行自检，自检时要求对工程安装质量、观感质量和系统性能检测项目全部进行检查，并填写系统自检表。

9.2 系统安装质量检测

Ⅰ 主 控 项 目

9.2.1 缆线敷设和终接的检测应符合 GB/T 50312 中第 5.1.1、6.0.2、6.0.3 条的规定，应对以下项目进行检测：

 1 缆线的弯曲半径；

 2 预埋线槽和暗管的敷设；

 3 电源线与综合布线系统缆线应分隔布放，缆线间的最小净距应符合设计要求；

4 建筑物内电、光缆暗管敷设及与其他管线之间的最小净距；

5 对绞电缆芯线终接；

6 光纤连接损耗值。

9.2.2 建筑群子系统采用架空、管道、直埋敷设电、光缆的检测要求应按照本地网通信线路工程验收的相关规定执行。

9.2.3 机柜、机架、配线架安装的检测，除应符合 GB/T 50312 第 4 节的规定外，还应符合以下要求：

1 卡入配线架连接模块内的单根线缆色标应和线缆的色标相一致，大对数电缆按标准色谱的组合规定进行排序；

2 端接于 RJ45 口的配线架的线序及排列方式按有关国际标准规定的两种端接标准（T568A 或 T568B）之一进行端接，但必须与信息插座模块的线序排列使用同一种标准。

9.2.4 信息插座安装在活动地板或地面上时，接线盒应严密防水、防尘。

Ⅱ 一 般 项 目

9.2.5 缆线终接应符合 GB/T 50312 中第 6.0.1 条的规定。

9.2.6 各类跳线的终接应符合 GB/T 50312 中第 6.0.4 条的规定。

9.2.7 机柜、机架、配线架安装，除应符合 GB/T 50312 第 4.0.1 条的规定外，还应符合以下要求：

1 机柜不应直接安装在活动地板上，应按设备的底平面尺寸制作底座，底座直接与地面固定，机柜固定在底座上，底座高度应与活动地板高度相同，然后铺设活动地板，底座水平误差每平方米不应大于 2mm；

2 安装机架面板，架前应预留有 800mm 空间，机架背面离墙距离应大于 600mm；

3 背板式跳线架应经配套的金属背板及接线管理架安装在墙壁上，金属背板与墙壁应紧固；

4 壁挂式机柜底面距地面不宜小于 300mm；

5 桥架或线槽应直接进入机架或机柜内；

6 接线端子各种标志应齐全。

9.2.8 信息插座的安装要求应执行 GB/T 50312 第 4.0.3 条的规定。

9.2.9 光缆芯线终端的连接盒面板应有标志。

9.3 系统性能检测

9.3.1 综合布线系统性能检测应采用专用测试仪器对系统的各条链路进行检测，并对系统的信号传输技术指标及工程质量进行评定。

9.3.2 综合布线系统性能检测时，光纤布线应全部检测，检测对绞电缆布线链路时，以不低于 10% 的比例进行随机抽样检测，抽样点必须包括最远布线点。

9.3.3 系统性能检测合格判定应包括单项合格判定和综合合格判定。

1 单项合格判定如下：

1) 对绞电缆布线某一个信息端口及其水平布线电缆（信息点）按 GB/T 50312 中附录 B 的指标要求，有一个项目不合格，则该信息点判为不合格；垂直布线电缆某线对按连通性、长度要求、衰减和串扰等进行检测，有一个项目不合格，则判该线对不合格；

2）光缆布线测试结果不满足 GB/T 50312 中附录 C 的指标要求，则该光纤链路判为不合格；

　　3）允许未通过检测的信息点、线对、光纤链路经修复后复检。

　2　综合合格判定如下：

　　1）光缆布线检测时，如果系统中有一条光纤链路无法修复，则判为不合格；

　　2）对绞电缆布线抽样检测时，被抽样检测点(线对)不合格比例不大于1%，则视为抽样检测通过；不合格点(线对)必须予以修复并复验。被抽样检测点(线对)不合格比例大于1%，则视为一次抽样检测不通过，应进行加倍抽样；加倍抽样不合格比例不大于1%，则视为抽样检测通过。如果不合格比例仍大于1%，则视为抽样检测不通过，应进行全部检测，并按全部检测的要求进行判定；

　　3）对绞电缆布线全部检测时，如果有下面两种情况之一时则判为不合格：无法修复的信息点数目超过信息点总数的1%；不合格线对数目超过线对总数的1%；

　　4）全部检测或抽样检测的结论为合格，则系统检测合格；否则为不合格。

Ⅰ　主　控　项　目

9.3.4　系统监测应包括工程电气性能检测和光纤特性检测，按 GB/T 50312 第8.0.2条的规定执行。

Ⅱ　一　般　项　目

9.3.5　采用计算机进行综合布线系统管理和维护时，应按下列内容进行检测：

　1　中文平台、系统管理软件；

　2　显示所有硬件设备及其楼层平面图；

　3　显示干线子系统和配线子系统的元件位置；

　4　实时显示和登录各种硬件设施的工作状态。

9.4　竣　工　验　收

9.4.1　综合布线系统竣工验收应按照本规范第3.5节和 GB/T 50312 中的有关规定进行。

9.4.2　竣工验收文件除 GB/T 50312 第8章要求的文件外，还应包括：

　1　综合布线系统图；

　2　综合布线系统信息端口分布图；

　3　综合布线系统各配线区布局图；

　4　信息端口与配线架端口位置的对应关系表；

　5　综合布线系统平面布置图；

　6　综合布线系统性能自检报告。

10　智能化系统集成

10.1　一　般　规　定

10.1.1　本章适用于智能建筑工程中的智能化系统集成的工程实施及质量控制、系统检测和竣工验收。

10.1.2 本章规定了智能化系统集成的检测和验收办法、步骤和内容。

10.1.3 系统集成检测验收的重点应为系统的集成功能、各子系统之间的协调控制能力、信息共享和综合管理能力、运行管理与系统维护的可实施性、使用的安全性和方便性等要素。

10.2 工程实施及质量控制

10.2.1 系统集成工程的实施必须按已批准的设计文件和施工图进行。

10.2.2 系统集成中使用的设备进场验收应参照本规范第 3.3.4 和 3.3.5 条的规定执行。产品的质量检查按本规范第 3.2 节的有关规定执行。

10.2.3 系统集成调试完成后,应进行系统自检,并填写系统自检报告。

10.2.4 系统集成调试完成,经与工程建设方协商后可投入系统试运行,投入试运行后应由建设单位或物业管理单位派出的管理人员和操作人员认真作好值班运行记录,并保存试运行的全部历史数据。

10.3 系 统 检 测

10.3.1 系统集成的检测应在建筑设备监控系统、安全防范系统、火灾自动报警及消防联动系统、通信网络系统、信息网络系统和综合布线系统检测完成,系统集成完成调试并经过 1 个月试运行后进行。

10.3.2 检测前应按本规范第 3.4.2 条的规定编写系统集成检测方案,检测方案应包括检测内容、检测方法、检测数量等。

10.3.3 系统集成检测的技术条件应依据合同技术文件、设计文件及相关产品技术文件。

10.3.4 系统集成检测时应提供以下过程质量记录:
  1 硬件和软件进场检验记录;
  2 系统测试记录;
  3 系统试运行记录。

10.3.5 系统集成的检测应包括接口检测、软件检测、系统功能及性能检测、安全检测等内容。

Ⅰ 主 控 项 目

10.3.6 子系统之间的硬线连接、串行通讯连接、专用网关(路由器)接口连接等应符合设计文件、产品标准和产品技术文件或接口规范的要求,检测时应全部检测,100%合格为检测合格。

计算机网卡、通用路由器和交换机的连接测试可按照本规范第 5.3.2 条有关内容进行。

10.3.7 检查系统数据集成功能时,应在服务器和客户端分别进行检查,各系统的数据应在服务器统一界面下显示,界面应汉化和图形化,数据显示应准确,响应时间等性能指标应符合设计要求。对各子系统应全部检测,100%合格为检测合格。

10.3.8 系统集成的整体指挥协调能力

系统的报警信息及处理、设备连锁控制功能应在服务器和有操作权限的客户端检测。

对各子系统应全部检测，每个子系统检测数量为子系统所含设备数量的20%，抽检项目100%合格为检测合格。

应急状态的联动逻辑的检测方法为：

  1 在现场模拟火灾信号，在操作员站观察报警和做出判断情况，记录视频安防监控系统、门禁系统、紧急广播系统、空调系统、通风系统和电梯及自动扶梯系统的联动逻辑是否符合设计文件要求；

  2 在现场模拟非法侵入（越界或入户），在操作员站观察报警和做出判断情况，记录视频安防监控系统、门禁系统、紧急广播系统和照明系统的联动逻辑是否符合设计文件要求；

  3 系统集成商与用户商定的其他方法。

以上联动情况应做到安全、正确、及时和无冲突。符合设计要求的为检测合格，否则为检测不合格。

10.3.9 系统集成的综合管理功能、信息管理和服务功能的检测应符合本规范第5.4节的规定，并根据合同技术文件的有关要求进行。检测的方法，应通过现场实际操作使用，运用案例验证满足功能需求的方法来进行。

10.3.10 视频图像接入时，显示应清晰，图像切换应正常，网络系统的视频传输应稳定、无拥塞。

10.3.11 系统集成的冗余和容错功能（包括双机备份及切换、数据库备份、备用电源及切换和通信链路冗余切换）、故障自诊断、事故情况下的安全保障措施的检测应符合设计文件要求。

10.3.12 系统集成不得影响火灾自动报警及消防联动系统的独立运行，应对其系统相关性进行连带测试。

Ⅱ 一 般 项 目

10.3.13 系统集成商应提供系统可靠性维护说明书，包括可靠性维护重点和预防性维护计划，故障查找及迅速排除故障的措施等内容。可靠性维护检测，应通过设定系统故障，检查系统的故障处理能力和可靠性维护性能。

10.3.14 系统集成安全性，包括安全隔离身份认证、访问控制、信息加密和解密、抗病毒攻击能力等内容的检测，按本规范第5.5节有关规定进行。

10.3.15 对工程实施及质量控制记录进行审查，要求真实、准确、完整。

10.4 竣 工 验 收

10.4.1 竣工验收应在系统集成正常连续投运时间1个月后进行。

10.4.2 竣工验收文件资料应包括以下内容：

  1 设计说明文件及图纸；

  2 设备及软件清单；

  3 软件及设备使用手册和维护手册，可靠性维护说明书；

  4 过程质量记录；

  5 系统集成检测记录；

  6 系统集成试运行记录。

11 电源与接地

11.1 一般规定

11.1.1 本章适用于智能建筑工程中的智能化系统电源、防雷及接地系统的系统检测和竣工验收。

11.1.2 本章规定了智能化系统电源、防雷及接地系统的检测和竣工验收的内容和要求。

11.1.3 在智能化系统电源、防雷及接地系统检测中除执行本规范外,还应执行国家强制性条文所要求的检测和验收项目,并应查验有关电气装置的质量检验、认证等相关文件。

11.1.4 智能化系统的供电装置和设备应包括:

    1 正常工作状态下的供电设备,包括建筑物内各智能化系统交、直流供电,以及供电传输、操作、保护和改善电能质量的全部设备和装置;

    2 应急工作状态下的供电设备,包括建筑物内各智能化系统配备的应急发电机组、各智能化子系统备用蓄电池组、充电设备和不间断供电设备等。

11.1.5 各智能化系统的电源、防雷及接地系统的检测,可作为分项工程,在各系统检测中进行;也可综合各系统电源与接地系统进行集中检测;并由相应的检测机构提供检测记录。

11.1.6 防雷及接地系统的检测和验收应包括建筑物内各智能化系统的防雷电入侵装置、等电位联结、防电磁干扰接地和防静电干扰接地等。

11.1.7 电源与接地系统必须保证建筑物内各智能化系统的正常运行和人身、设备安全。

11.1.8 电源、防雷及接地系统的工程实施及质量控制应执行本规范第3.3节的规定。

11.2 电源系统检测

Ⅰ 主控项目

11.2.1 智能化系统应引接依《建筑电气安装工程施工质量验收规范》GB 50303验收合格的公用电源。

11.2.2 智能化系统自主配置的稳流稳压、不间断电源装置的检测,应执行 GB 50303 中第9.1节的规定。

11.2.3 智能化系统自主配置的应急发电机组的检测,应执行 GB 50303 中第8.1节的规定。

11.2.4 智能化系统自主配置的蓄电池组及充电设备的检测,应执行 GB 50303 中第6.1.8条的规定。

11.2.5 智能化系统主机房集中供电专用电源设备、各楼层设置用户电源箱的安装质量检测,应执行 GB 50303 中第10.1.2条的规定。

11.2.6 智能化系统主机房集中供电专用电源线路的安装质量检测,应执行 GB 50303 中第12.1、13.1、14.1、15.1节的规定。

Ⅱ 一般项目

11.2.7 智能化系统自主配置的稳流稳压、不间断电源装置的检测,应执行 GB 50303 中

第 9.2 节的规定。

11.2.8 智能化系统自主配置的应急发电机组的检测，应执行 GB 50303 中第 8.2 节的规定。

11.2.9 智能化系统主机房集中供电专用电源设备、各楼层设置用户电源箱的安装检测，应执行 GB 50303 中第 10.2 节的规定。

11.2.10 智能化系统主机房集中供电专用电源线路的安装质量检测，应执行 GB 50303 中第 12.2、13.2、14.2、15.2 节的规定。

11.3 防雷及接地系统检测

Ⅰ 主 控 项 目

11.3.1 智能化系统的防雷及接地系统应引接依 GB 50303 验收合格的建筑物共用接地装置。采用建筑物金属体作为接地装置时，接地电阻不应大于 1Ω。

11.3.2 智能化系统的单独接地装置的检测，应执行 GB 50303 中第 24.1.1、24.1.2、24.1.4、24.1.5 条的规定，接地电阻应按设备要求的最小值确定。

11.3.3 智能化系统的防过流、过压元件的接地装置、防电磁干扰屏蔽的接地装置、防静电接地装置的检测，其设置应符合设计要求，连接可靠。

11.3.4 智能化系统与建筑物等电位联结的检测，应执行 GB 50303 中第 27.1 节的规定。

Ⅱ 一 般 项 目

11.3.5 智能化系统的单独接地装置，防过流和防过压元件的接地装置、防电磁干扰屏蔽的接地装置及防静电接地装置的检测，应执行 GB 50303 中第 24.2 节的规定。

11.3.6 智能化系统与建筑物等电位联结的检测，应执行 GB 50303 中第 27.2 节的规定。

11.4 竣 工 验 收

11.4.1 电源、防雷及接地系统的竣工验收应按本规范第 3.5 节的规定实施。

11.4.2 电源、防雷及接地系统的竣工验收应对系统检测结论进行复核，并做好与相关智能化系统的工程交接和接口检验，系统检测复核合格并获得相关智能化系统竣工验收确认后，电源、防雷及接地系统竣工验收合格。

12 环 境

12.1 一 般 规 定

12.1.1 本章适用于智能建筑内计算机房、通信控制室、监控室及重要办公区域环境的系统检测和验收。

12.1.2 本章中环境的检测验收内容包括：空间环境、室内空调环境、视觉照明环境、室内噪声及室内电磁环境。

12.1.3 室内噪声、温度、相对湿度、风速、照度、一氧化碳和二氧化碳含量等参数检测时，检测值应符合设计要求。

12.1.4 环境检测时,主控项目按20%进行抽样检测,合格率达到100%时为该项检测合格;一般项目按10%进行抽样检测,合格率达到90%时为该项检测合格。系统检测结论应符合本规范第3.4.4条的规定。

12.2 系 统 检 测

Ⅰ 主 控 项 目

12.2.1 空间环境的检测应符合下列要求:
 1 主要办公区域顶棚净高不小于2.7m;
 2 楼板满足预埋地下线槽(线管)的条件,架空地板、网络地板的铺设应满足设计要求;
 3 为网络布线留有足够的配线间。

12.2.2 室内空调环境检测应符合下列要求:
 1 实现对室内温度、湿度的自动控制,并符合设计要求;
 2 室内温度,冬季18~22℃,夏季24~28℃;
 3 室内相对湿度,冬季40%~60%,夏季40%~65%;
 4 舒适性空调的室内风速,冬季应不大于0.2m/s,夏季应不大于0.3m/s。

12.2.3 视觉照明环境检测应符合下列要求:
 1 工作面水平照度不小于500lx;
 2 灯具满足眩光控制要求;
 3 灯具布置应模数化,消除频闪。

12.2.4 环境电磁辐射的检测应执行《环境电磁波卫生标准》GB 9175和《电磁辐射防护规定》GB 8702的有关规定。

Ⅱ 一 般 项 目

12.2.5 空间环境检测应符合下列要求:
 1 室内装饰色彩合理组合,建筑装修用材应符合《建筑装修施工质量验收规范》GB 50305的有关规定;
 2 防静电、防尘地毯,静电泄漏电阻在$1.0×10^5$~$1.0×10^8Ω$之间;
 3 采取的降低噪声和隔声措施应恰当。

12.2.6 室内空调环境检测应符合下列要求:
 1 室内CO含量率小于$10×10^{-6}g/m^3$;
 2 室内CO_2含量率小于$1000×10^{-6}g/m^3$。

12.2.7 室内噪声测试推荐值:办公室40~45dBA,智能化子系统的监控室35~40dBA。

12.3 竣 工 验 收

12.3.1 环境的验收仅限于对系统的检测结果进行复核,本章第12.2节规定的各项指标符合要求,则环境竣工验收合格。

13 住宅(小区)智能化

13.1 一般规定

13.1.1 本章适用于建筑工程中的新建、扩建或改建的民用住宅和住宅小区智能化的工程实施及质量控制、系统检测和竣工验收。

13.1.2 住宅(小区)智能化应包括火灾自动报警及消防联动系统、安全防范系统、通信网络系统、信息网络系统、监控与管理系统、家庭控制器、综合布线系统、电源和接地、环境、室外设备及管网等。

13.1.3 火灾自动报警及消防联动系统包括的内容在本规范第7章规定的基础上,应增加家居可燃气体泄漏报警系统。

13.1.4 安全防范系统包括的内容在本规范第8章规定的基础上,应增加访客对讲系统。

13.1.5 通信网络系统应包括通信系统、卫星数字电视及有线电视系统等。

13.1.6 信息网络系统应包括计算机网络系统、控制网络系统等。

13.1.7 监控与管理系统应包括表具数据自动抄收及远传系统、建筑设备监控系统、公共广播与紧急广播系统、住宅(小区)物业管理系统等。

13.1.8 家庭控制器的功能应包括家庭报警、家庭紧急求助、家用电器监控、表具数据采集及处理、通信网络和信息网络接口等。

13.1.9 住宅(小区)智能化的工程实施及质量控制应执行本规范第3.3节的规定。

13.1.10 设备安装质量检查
  1 火灾自动报警及消防联动系统设备安装质量应符合《火灾自动报警系统施工及验收规范》GB 50166的要求。
  2 其他系统的设备安装质量应符合本规范第4、5、6、8、9章有关规定。

13.2 系统检测

13.2.1 住宅(小区)智能化的系统检测应在工程安装调试完成、经过不少于1个月的系统试运行、具备正常投运条件后进行。

13.2.2 住宅(小区)智能化的系统检测应以系统功能检测为主,结合设备安装质量检查、设备功能和性能检测及相关内容进行。

13.2.3 住宅(小区)智能化的系统检测应依据工程合同技术文件、施工图设计文件、设计变更审核文件、设备及相关产品技术文件进行。

13.2.4 住宅(小区)智能化进行系统检测时,应提供以下工程实施及质量控制记录:
  1 设备材料进场检验记录;
  2 隐蔽工程和随工检验记录;
  3 工程安装质量及观感质量验收记录;
  4 设备及系统自检记录;
  5 系统试运行记录。

13.2.5 通信网络系统、信息网络系统、综合布线系统、电源与接地、环境的系统检测应执行本规范第 4、5、9、11、12 章有关规定。

13.2.6 其他系统的系统检测应按本章第 13.3 至 13.7 节的规定进行。

13.3 火灾自动报警及消防联动系统检测

Ⅰ 主 控 项 目

13.3.1 火灾自动报警及消防联动系统功能检测除符合本规范第 7 章规定外，还应符合下列要求：
   1 可燃气体泄漏报警系统的可靠性检测。
   2 可燃气体泄漏报警时自动切断气源及打开排气装置的功能检测。
   3 已纳入火灾自动报警及消防联动系统的探测器不得重复接入家庭控制器。

13.4 安全防范系统检测

13.4.1 视频安防监控系统、入侵报警系统、出入口控制（门禁）系统、巡更管理系统和停车场（库）管理系统的检测应按本规范第 8 章有关规定执行。

Ⅰ 主 控 项 目

13.4.2 访客对讲系统的检测应符合下列要求：
   1 室内机门铃提示、访客通话及与管理员通话应清晰，通话保密功能与室内开启单元门的开锁功能应符合设计要求；
   2 门口机呼叫住户和管理员机的功能、CCD 红外夜视（可视对讲）功能、电控锁密码开锁功能、在火警等紧急情况下电控锁的自动释放功能应符合设计要求；
   3 管理员机与门口机的通信及联网管理功能，管理员机与门口机、室内机互相呼叫和通话的功能应符合设计要求；
   4 市电掉电后，备用电源应能保证系统正常工作 8 小时以上。

Ⅱ 一 般 项 目

13.4.3 访客对讲系统室内机应具有自动定时关机功能，可视访客图像应清晰；管理员机对门口机的图像可进行监视。

13.5 监控与管理系统检测

Ⅰ 主 控 项 目

13.5.1 表具数据自动抄收及远传系统的检测应符合下列要求：
   1 水、电、气、热（冷）能等表具应采用现场计量、数据远传，选用的表具应符合国家产品标准，表具应具有产品合格证书和计量检定证书；
   2 水、电、气、热（冷）能等表具远程传输的各种数据，通过系统可进行查询、统计、打印、费用计算等；
   3 电源断电时，系统不应出现误读数并有数据保存措施，数据保存至少四个月以上；电源恢复后，保存数据不应丢失；
   4 系统应具有时钟、故障报警、防破坏报警功能。

13.5.2 建筑设备监控系统除参照本规范第 6 章有关规定外，还应具备饮用水蓄水池过滤设备、消毒设备的故障报警的功能。

13.5.3 公共广播与紧急广播系统的检测应符合本规范第4.2.10条的要求。

13.5.4 住宅(小区)物业管理系统的检测除执行本规范第5.4节规定外，还应进行以下内容的检测，使用功能满足设计要求的为合格，否则为不合格。

 1 住宅(小区)物业管理系统应包括住户人员管理、住户房产维修、住户物业费等各项费用的查询及收取、住宅(小区)公共设施管理、住宅(小区)工程图纸管理等；

 2 信息服务项目可包括家政服务、电子商务、远程教育、远程医疗、电子银行、娱乐等；应按设计要求的内容进行检测；

 3 物业管理公司人事管理、企业管理和财务管理等内容的检测应根据设计要求进行；

 4 住宅(小区)物业管理系统的信息安全要求应符合本规范第5.5节的要求。

Ⅱ 一 般 项 目

13.5.5 表具现场采集的数据与远传的数据应一致，每类表具总数达到100个及以上的按10%抽检，少于100个的抽检10个。

13.5.6 建筑设备监控系统除执行本规范第6.3节有关规定外，还应进行以下内容的检测：

 1 室外园区艺术照明的开启、关闭时间设定、控制回路的开启设定和灯光场景的设定及照度调整；

 2 园林绿化浇灌水泵的控制、监视功能和中水设备的控制、监视功能。

13.5.7 住宅(小区)物业管理系统房产出租、房产二次装修管理、住户投诉处理、数据资料的记录、保存、查询等功能检测可按本规范第5.4节有关内容进行。

13.6 家庭控制器检测

13.6.1 家庭控制器检测应包括家庭报警、家庭紧急求助、家用电器监控、表具数据采集及处理、通信网络和信息网络接口等内容。家庭控制器与表具数据抄收及远传系统、通信网络和信息网络的接口的检测应按本章中第3.2.7条的规定执行。

Ⅰ 主 控 项 目

13.6.2 家庭报警功能的检测应符合下列要求：

 1 感烟探测器、感温探测器、燃气探测器的检测应符合国家现行产品标准的要求；

 2 入侵报警探测器的检测应执行本规范第8.3.7条的规定；

 3 家庭报警的撤防、布防转换及控制功能。

13.6.3 家庭紧急求助报警装置的检测应符合下列要求：

 1 可靠性：准确、及时地传输紧急求助信号；

 2 可操作性：老年人和未成年人在紧急情况下应能方便地发出求助信号；

 3 应具有防破坏和故障报警功能。

13.6.4 家用电器的监控功能的检测应符合设计要求。

13.6.5 家庭控制器应对误操作或出现故障报警时具有相应的处理能力。

13.6.6 无线报警的发射频率及功率的检测。

Ⅱ 一 般 项 目

13.6.7 家庭紧急求助报警装置的检测应符合下列要求：
1 每户宜安装一处以上的紧急求助报警装置（如：起居室、卧室等）；
2 紧急求助报警装置宜有一种以上的报警方式（如手动、遥控、感应等）；
3 报警信号宜区别求助内容；
4 紧急求助报警装置宜加夜间显示。

13.7 室外设备及管网

Ⅰ 主 控 项 目

13.7.1 安装在室外的设备箱应有防水、防潮、防晒、防锈等措施；设备浪涌过电压防护器设置、接地联结应符合国家现行标准及设计要求。

13.7.2 室外电缆导管及线路敷设，应执行《建筑电气安装工程施工质量验收规范》GB 50303中有关规定。

13.8 竣 工 验 收

13.8.1 住宅（小区）智能化的竣工验收应在系统正常连续投运时间不少于3个月后进行。

13.8.2 竣工验收文件和记录应包括以下内容：
1 工程实施及质量控制记录；
2 设备和系统检测记录；
3 竣工图纸和竣工技术文件；
4 技术、使用和维护手册；
5 其他文件包括：
1）工程合同及技术文件；
2）相关工程质量事故报告等。

13.8.3 各子系统可以分别验收，应作好验收记录，签署验收意见。

中华人民共和国行业标准

地面辐射供暖技术规程

Technical specification for floor radiant heating

JGJ 142—2004

批准部门：中华人民共和国建设部
实施日期：2004 年 10 月 1 日

目　次

1 总则 ··· 638
2 术语 ··· 638
3 设计 ··· 640
　3.1 一般规定 ··· 640
　3.2 地面构造 ··· 640
　3.3 热负荷的计算 ··· 641
　3.4 地面散热量的计算 ··· 641
　3.5 低温热水系统的加热管系统设计 ································ 642
　3.6 低温热水系统的分水器、集水器及附件设计 ················ 643
　3.7 低温热水系统的加热管水力计算 ······························· 643
　3.8 低温热水系统的热计量和室温控制 ···························· 644
　3.9 发热电缆系统的设计 ··· 644
　3.10 发热电缆系统的电气设计 ······································· 645
4 材料 ··· 645
　4.1 一般规定 ··· 645
　4.2 绝热材料 ··· 646
　4.3 低温热水系统的材料 ··· 646
　4.4 发热电缆系统的材料 ··· 647
5 施工 ··· 648
　5.1 一般规定 ··· 648
　5.2 绝热层的铺设 ··· 648
　5.3 低温热水系统加热管的安装 ····································· 648
　5.4 发热电缆系统的安装 ··· 649
　5.5 填充层施工 ·· 650
　5.6 面层施工 ··· 650
　5.7 卫生间施工 ·· 651
6 检验、调试及验收 ··· 651
　6.1 一般规定 ··· 651
　6.2 施工方案及材料、设备检查 ····································· 652
　6.3 施工安装质量验收 ·· 652
　6.4 低温热水系统的水压试验 ··· 653
　6.5 调试与试运行 ··· 654

1 总　　则

1.0.1 为规范地面辐射供暖工程的设计、施工和验收工作，做到技术先进、经济合理、安全适用和保证工程质量，制定本规程。

1.0.2 本规程适用于新建的工业与民用建筑物，以热水为热媒或以发热电缆为加热元件的地面辐射供暖工程的设计、施工和验收。

1.0.3 地面辐射供暖工程的设计、施工和验收，除应执行本规程外，尚应符合国家现行的有关强制性标准的规定。

2 术　　语

2.0.1 低温热水地面辐射供暖　low temperature hot water floor radiant heating

以温度不高于60℃的热水为热媒，在加热管内循环流动，加热整个地板，通过地面以辐射和对流的传热方式向室内供热的供暖方式。

2.0.2 分水器　manifold

水系统中，用于连接各路加热管供水管的配水装置。

2.0.3 集水器　manifold

水系统中，用于连接各路加热管回水管的汇水装置。

2.0.4 面层　surface course

建筑地面直接承受各种物理和化学作用的表面层。

2.0.5 找平层　toweling course

在垫层或楼板面上进行抹平找坡的构造层。

2.0.6 隔离层　isolating course

防止建筑地面上各种液体或地下水、潮气透过地面的构造层。

2.0.7 填充层　filler course

在绝热层或楼板基面上设置加热管或发热电缆用的构造层，用以保护加热设备并使地面温度均匀。

2.0.8 绝热层　insulating course

用以阻挡热量传递，减少无效热耗的构造层。

2.0.9 防潮层　moisture proofing course

防止建筑地基或楼层地面下潮气透过地面的构造层。

2.0.10 伸缩缝　expansion joint

补偿混凝土填充层、上部构造层和面层等膨胀或收缩用的构造缝。

2.0.11 铝塑复合管　polyethylene-aluminum compound pipe

内层和外层为交联聚乙烯或耐高温聚乙烯、中间层为增强铝管、层间采用专用热熔胶，通过挤出成型方法复合成一体的加热管。根据铝管焊接方法不同，分为搭接焊和对接焊两种形式，通常以XPAP或PAP标记。

2.0.12 聚丁烯管　polyebutylene pipe

由聚丁烯-1树脂添加适量助剂，经挤出成型的热塑性加热管，通常以PB标记。

2.0.13 交联聚乙烯管 cross linked polyethylene pipe

以密度大于等于 $0.94g/cm^3$ 的聚乙烯或乙烯共聚物，添加适量助剂，通过化学的或物理的方法，使其线型的大分子交联成三维网状的大分子结构的加热管，通常以PE-X标记。按照交联方式的不同，可分为过氧化物交联聚乙烯($PE-X_a$)、硅烷交联聚乙烯($PE-X_b$)、辐照交联聚乙烯($PE-X_c$)、偶氮交联聚乙烯($PE-X_d$)。

2.0.14 无规共聚聚丙烯管 polypropylene random copolymer pipe

以丙烯和适量乙烯的无规共聚物，添加适量助剂，经挤出成型的热塑性加热管。通常以PP-R标记。

2.0.15 嵌段共聚聚丙烯管 polypropylene block copolymer pipe

以丙烯和乙烯嵌段共聚物，添加适量助剂，经挤出成型的热塑性加热管。通常以PP-B标记。

2.0.16 耐热聚乙烯管 polyethylene of raised temperature resistance pipe

以乙烯和辛烯共聚制成的特殊的线型中密度乙烯共聚物，添加适量助剂，经挤出成型的一种热塑性加热管。通常以PE-RT标记。

2.0.17 黑球温度 black globe temperature

由黑球温度计指示的温度数值，习惯上也称实感温度。

2.0.18 发热电缆 heating cable

以供暖为目的、通电后能够发热的电缆，由冷线、热线和冷热线接头组成，其中热线由发热导线、绝缘层、接地屏蔽层和外护套等部分组成。

2.0.19 发热电缆地面辐射供暖 heating cable floor radiant heating

以预埋在地板的发热电缆为热源，以发热电缆温控器控制室温或地板温度，从而实现的地面辐射供暖方式。

2.0.20 发热导线 heating conductor

发热电缆中将电能转换为热能的金属线。

2.0.21 绝缘层 insulation of a cable

发热电缆内不同电导体之间的绝缘材料层。

2.0.22 接地屏蔽层 screen

包裹在发热导线外并与发热导线绝缘的金属层。其材质可以是编织成网或螺旋缠绕的金属丝，也可以是螺旋缠绕或沿发热电缆纵向围合的金属带。

2.0.23 外护套 sheath

保护发热电缆内部不受外界环境影响（如腐蚀、受潮等）的电缆外围结构层。

2.0.24 发热电缆温控器 thermostat for heating cable system

应用于发热电缆地面辐射供暖的系统中，能够感应温度并加以控制调节的自动控制装置，按照控制方法的不同主要分为室温型、地温型和双温型温控器。

3 设 计

3.1 一 般 规 定

3.1.1 低温热水地面辐射供暖系统的供、回水温度应由计算确定，供水温度不应超过60℃。民用建筑供水温度宜采用35～50℃，供回水温差不宜大于10℃。

3.1.2 地面的表面平均温度计算值应符合表3.1.2的规定。

表3.1.2 地面的表面平均温度(℃)

区域特征	适宜范围	最高限值
人员经常停留区	24～26	28
人员短期停留区	28～30	32
无人停留区	35～40	42

3.1.3 低温热水地面辐射供暖系统的工作压力，不应大于0.8MPa；当建筑物高度超过50m时，宜竖向分区设置。

3.1.4 无论采用何种热源，低温热水地面辐射供暖热媒的温度、流量和资用压差等参数，都应同热源系统相匹配，同时热源系统应设置相应的控制装置。

3.1.5 低温热水地面辐射供暖工程施工图设计文件的内容和深度，应符合下列要求：

  1 施工图设计文件应以施工图纸为主，包括图纸目录、设计说明、加热管布置平面图、分水器、集水器、地面构造示意图等内容；

  2 设计说明中应详细说明供暖室内、外计算温度、热源及热媒参数、加热管技术数据、加热管公称外径及壁厚；标明使用的具体条件如工作温度、工作压力以及绝热材料的导热系数、密度、规格及厚度等；

  3 平面图中应绘出加热管的具体布置形式，标明敷设间距、加热管的管径、计算长度和伸缩缝要求等。

3.1.6 采用发热电缆地面辐射供暖方式时，发热电缆的线功率不宜大于20W/m。

3.1.7 发热电缆地面辐射供暖工程施工图设计文件的内容和深度，应符合下列要求：

  1 施工图设计文件应以施工图纸为主，包括图纸目录、设计说明、发热电缆布置平面图、温控装置布置图、地面构造图等内容；

  2 设计说明中应详细说明供暖室内、外计算温度、配电方案、发热电缆技术数据、规格；标明使用的具体条件如工作温度、工作电压、电力负荷等以及绝热材料的导热系数、密度、规格及厚度等；

  3 平面图中应绘出发热电缆的布置形式，标明敷设间距、发热电缆的计算长度和伸缩缝要求等。

3.2 地 面 构 造

3.2.1 与土壤相邻的地面，必须设绝热层，且绝热层下部必须设置防潮层。直接与室外空气相邻的楼板，必须设绝热层。

3.2.2 地面构造由楼板或与土壤相邻的地面、绝热层、加热管、填充层、找平层和面层组成，并应符合下列规定：

    1 当工程允许地面按双向散热进行设计时，各楼层间的楼板上部可不设绝热层。

    2 对卫生间、洗衣间、浴室和游泳馆等潮湿房间，在填充层上部应设置隔离层。

3.2.3 面层宜优先采用热阻小于 $0.05m^2 \cdot K/W$ 的材料。

3.2.4 当面层采用带龙骨的架空木地板时，加热管或发热电缆应敷设在木地板下部、龙骨之间的绝热层上，可不设置豆石混凝土填充层。发热电缆的线功率不宜大于10W/m；绝热层与地板间净空不宜小于30mm。

3.2.5 地面辐射供暖系统绝热层采用聚苯乙烯泡沫塑料板时，其厚度不应小于表3.2.5规定值，若采用其他绝热材料时，可根据热阻相当的原则确定厚度。

表3.2.5 聚苯乙烯泡沫塑料板绝热层厚度(mm)

楼层之间楼板上的绝热层	20
与土壤或不采暖房间相邻的地板上的绝热层	30
与室外空气相邻的地板上的绝热层	40

3.2.6 填充层的材料宜采用C15豆石混凝土，豆石粒径宜为5～12mm。加热管的填充层厚度不宜小于50mm，发热电缆的填充层厚度不宜小于35mm。当地面荷载大于 $20kN/m^2$ 时，应会同结构设计人员采用加固措施。

3.3 热负荷的计算

3.3.1 地面辐射供暖系统热负荷，应按现行国家标准《采暖通风及空气调节设计规范》(GB 50019—2003)的有关规定进行计算。

3.3.2 计算全面地面辐射供暖系统的热负荷时，室内计算温度的取值应比对流采暖系统的室内计算温度低2℃，或取对流采暖系统计算总热负荷的90%～95%。

3.3.3 局部地面辐射供暖系统的热负荷，可按整个房间全面辐射供暖所算得的热负荷乘以该区域面积与所在房间面积的比值和表3.3.3中所规定的附加系数确定。

表3.3.3 局部辐射供暖系统热负荷的附加系数

供暖区面积与房间总面积比值	0.55	0.40	0.25
附 加 系 数	1.30	1.35	1.50

3.3.4 进深大于6m的房间，宜以距外墙6m为界分区，分别计算热负荷和进行管线布置。

3.3.5 敷设加热管或者发热电缆的建筑地面，不应计算地面的传热损失。

3.3.6 计算地面辐射供暖系统热负荷时，可不考虑高度附加。

3.3.7 分户热计量的地面辐射供暖系统的热负荷计算，应考虑间歇供暖和户间传热等因素。

3.4 地面散热量的计算

3.4.1 单位地面面积的散热量应按下式计算：

$$q = q_f + q_d \tag{3.4.1-1}$$

$$q_f = 5 \times 10^{-8} \left[(t_{fj} + 273)^4 - (AUST + 273)^4 \right] \tag{3.4.1-2}$$

$$q_d = 2.13(t_{pj} - t_n)^{1.31} \tag{3.4.1-3}$$

式中 q——单位地面面积的散热量(W/m²);

　　　q_f——单位地面面积辐射传热量(W/m²);

　　　q_d——单位地面面积对流传热量(W/m²);

　　　t_{pj}——地面的表面平均温度(℃);

　　AUST——室内非加热表面的面积加权平均温度(℃);

　　　t_n——室内计算温度(℃)。

3.4.2 单位地面面积的散热量和向下传热损失,均应通过计算确定。当加热管为PE-X管或PB管时,单位地面面积散热量及向下传热损失,可按附录A确定。

3.4.3 确定地面所需的散热量时,应将本章第3.3节计算的房间热负荷扣除来自上层地板向下的传热损失。

3.4.4 单位地面面积所需的散热量应按下式计算:

$$q_x = \frac{Q}{F} \tag{3.4.4}$$

式中 q_x——单位地面面积所需的散热量(W/m²);

　　　Q——房间所需的地面散热量(W);

　　　F——敷设加热管或发热电缆的地面面积(m²)。

3.4.5 确定地面散热量时,应校核地面的表面平均温度,确保其不高于本规程表3.1.2的最高限值;否则应改善建筑热工性能或设置其他辅助供暖设备,减少地面辐射供暖系统负担的热负荷。地面的表面平均温度与单位地面面积所需散热量之间,宜按下式计算:

$$t_{pj} = t_n + 9.82 \times \left(\frac{q_x}{100}\right)^{0.969} \tag{3.4.5}$$

式中 t_{pj}——地面的表面平均温度(℃);

　　　t_n——室内计算温度(℃);

　　　q_x——单位地面所需散热量(W/m²)。

3.4.6 热媒的供热量,应包括地面向上的散热量和向下层或向土壤的传热损失。

3.4.7 地面散热量应考虑家具及其他地面覆盖物的影响。

3.5 低温热水系统的加热管系统设计

3.5.1 在住宅建筑中,低温热水地面辐射供暖系统应按户划分系统,配置分水器、集水器;户内的各主要房间,宜分环路布置加热管。

3.5.2 连接在同一分水器、集水器上的同一管径的各环路,其加热管的长度宜接近,并不宜超过120m。

3.5.3 加热管的布置宜采用回折型(旋转型)或平行型(直列型)。

3.5.4 加热管的敷设管间距,应根据地面散热量、室内计算温度、平均水温及地面传热热阻等通过计算确定。也可按附录A确定。

3.5.5 加热管壁厚应按供暖系统实际工作条件确定,可按照附录B的规定选择。

3.5.6 加热管内水的流速不宜小于 0.25m/s。
3.5.7 地面的固定设备和卫生洁具下，不应布置加热管。

3.6 低温热水系统的分水器、集水器及附件设计

3.6.1 每个环路加热管的进、出水口，应分别与分水器、集水器相连接。分水器、集水器内径不应小于总供、回水管内径，且分水器、集水器最大断面流速不宜大于 0.8m/s。每个分水器、集水器分支环路不宜多于 8 路。每个分支环路供回水管上均应设置可关断阀门。
3.6.2 在分水器之前的供水连接管道上，顺水流方向应安装阀门、过滤器、阀门及泄水管。在集水器之后的回水连接管上，应安装泄水管并加装平衡阀或其他可关断调节阀。对有热计量要求的系统应设置热计量装置。
3.6.3 在分水器的总进水管与集水器的总出水管之间，宜设置旁通管，旁通管上应设置阀门。
3.6.4 分水器、集水器上均应设置手动或自动排气阀。

3.7 低温热水系统的加热管水力计算

3.7.1 加热管的压力损失，可按下式计算：

$$\Delta P = \Delta P_m + \Delta P_j \tag{3.7.1-1}$$

$$\Delta P_m = \lambda \frac{l}{d} \frac{\rho v^2}{2} \tag{3.7.1-2}$$

$$\Delta P_j = \zeta \frac{\rho v^2}{2} \tag{3.7.1-3}$$

式中 ΔP——加热管的压力损失(Pa)；
　　ΔP_m——摩擦压力损失(Pa)；
　　ΔP_j——局部压力损失(Pa)；
　　λ——摩擦阻力系数；
　　d——管道内径(m)；
　　l——管道长度(m)；
　　ρ——水的密度(kg/m³)；
　　v——水的流速(m/s)；
　　ζ——局部阻力系数。

3.7.2 铝塑复合管及塑料管的摩擦阻力系数，可近似统一按下式计算：

$$\lambda = \left\{ \frac{0.5\left[\dfrac{b}{2} + \dfrac{1.312(2-b)\lg 3.7\dfrac{d_n}{k_d}}{\lg Re_s - 1}\right]}{\lg\dfrac{3.7 d_n}{k_d}} \right\}^2 \tag{3.7.2-1}$$

$$b = 1 + \frac{\lg Re_s}{\lg Re_z} \tag{3.7.2-2}$$

$$Re_s = \frac{d_n v}{\mu_t} \tag{3.7.2-3}$$

$$Re_z = \frac{500 d_n}{k_d} \tag{3.7.2-4}$$

$$d_n = 0.5(2d_w + \Delta d_w - 4\delta - 2\Delta\delta) \tag{3.7.2-5}$$

式中 λ——摩擦阻力系数；

b——水的流动相似系数；

Re_s——实际雷诺数；

v——水的流速(m/s)；

μ_t——与温度有关的运动黏度(m²/s)；

Re_z——阻力平方区的临界雷诺数；

k_d——管子的当量粗糙度(m)，对铝塑复合管及塑料管，$k_d = 1 \times 10^{-5}$(m)；

d_n——管子的计算内径(m)；

d_w——管外径(m)；

Δd_w——管外径允许误差(m)；

δ——管壁厚(m)；

$\Delta\delta$——管壁厚允许误差(m)。

3.7.3 塑料及铝塑复合管单位摩擦压力损失可按本规程附录C中表C.0.1、表C.0.2选用。

3.7.4 塑料及铝塑复合管的局部压力损失应通过计算确定，其局部阻力系数可按本规程附录C中表C.0.3选用。

3.7.5 每套分水器、集水器环路的总压力损失不宜超过30kPa。

3.8 低温热水系统的热计量和室温控制

3.8.1 新建住宅低温热水地面辐射供暖系统，应设置分户热计量和温度控制装置。

3.8.2 分户热计量的集中低温热水地面辐射供暖系统，应符合下列要求：

1 应采用共用立管的分户独立系统形式；
2 热量表前应设置过滤器；
3 供暖系统的水质，应符合现行国家标准《工业锅炉水质》(GB 1576)的规定；
4 共用立管和入户装置，宜设置在管道井内；管道井宜邻楼梯间或户外公共空间；
5 每一对共用立管在每层连接的户数不宜超过3户。

3.8.3 低温热水地面辐射供暖系统室内温度控制，可根据需要选取下列任一种方式：

1 在加热管与分水器、集水器的接合处，分路设置调节性能好的阀门，通过手动调节来控制室内温度；
2 各个房间的加热管局部沿墙槽抬高至1.4m，在加热管上装置自力式恒温控制阀，控制室温保持恒定；
3 在加热管与分水器、集水器的接合处，分路设置远传型自力式或电动式恒温控制阀，通过各房间内的温控器控制相应回路上的调节阀，控制室内温度保持恒定。调节阀也可内置于集水器中。采用电动控制时，房间温控器与分水器、集水器之间应预埋电线。

3.9 发热电缆系统的设计

3.9.1 发热电缆布线间距应根据其线性功率和单位面积安装功率，按下式确定：

$$S = \frac{p_x}{q} \times 1000 \tag{3.9.1}$$

式中 S——发热电缆布线间距(mm);

p_x——发热电缆线性功率(W/m);

q——单位面积安装功率(W/m²)。

3.9.2 在靠近外窗、外墙等局部热负荷较大区域,发热电缆应铺设较密。

3.9.3 发热电缆热线之间的最大间距,不宜超过300mm,且不应小于50mm,距离外墙内表面不得小于100mm。

3.9.4 发热电缆的布置,可选择采用平行型(直列型)或回折型(旋转型)。

3.9.5 每个房间宜独立安装一根发热电缆,不同温度要求的房间不宜共用一根发热电缆;每个房间宜通过发热电缆温控器单独控制温度。

3.9.6 发热电缆温控器的工作电流不得超过其额定电流。

3.9.7 发热电缆地面辐射供暖系统可采用温控器与接触器等其他控制设备结合的形式实现控制功能,温控器的选用类型应符合以下要求:

 1 高大空间、浴室、卫生间、游泳池等区域,应采用地温型温控器;

 2 对需要同时控制室温和限制地表温度的场合应采用双温型温控器。

3.9.8 发热电缆温控器应设置在附近无散热体、周围无遮挡物、不受风直吹、不受阳光直晒、通风干燥、能正确反映室内温度的位置,不宜设在外墙上,设置高度宜距地面1.4米。地温传感器不应被家具等覆盖或遮挡,宜布置在人员经常停留的位置。

3.9.9 发热电缆温控器的选型,应考虑使用环境的潮湿情况。

3.9.10 发热电缆的布置应考虑地面家具的影响。

3.9.11 地面的固定设备和卫生洁具下面,不应布置发热电缆。

3.10 发热电缆系统的电气设计

3.10.1 发热电缆系统的供电方式,宜采用AC220V供电。当进户回路负载超过12kW时,可采用AC220V/380V三相四线制供电方式,多根发热电缆接入220V/380V三相系统时应使三相平衡。

3.10.2 供暖电耗要求单独计费时,发热电缆系统的电气回路宜单独设置。

3.10.3 配电箱应具备过流保护和漏电保护功能,每个供电回路应设带漏电保护装置的双极开关。

3.10.4 地温传感器穿线管应选用硬质套管。

3.10.5 发热电缆地面辐射供暖系统的电气设计应符合国家现行标准《民用建筑电气设计规范》(JGJ/T 16—92)和《建筑电气工程施工质量验收规范》(GB 50303)中的有关规定。

3.10.6 发热电缆的接地线必须与电源的地线连接。

4 材 料

4.1 一 般 规 定

4.1.1 地面辐射供暖系统中所用材料,应根据工作温度、工作压力、荷载、设计寿命、现场防水、防火等工程环境的要求，以及施工性能，经综合比较后确定。

4.1.2 所有材料均应按国家有关标准检验合格，有关强制性性能要求应由国家授权机构进行检测，并出具有效证明文件或检测报告。

4.2 绝 热 材 料

4.2.1 绝热材料应采用导热系数小、难燃或不燃，具有足够承载能力的材料，且不宜含有殖菌源，不得有散发异味及可能危害健康的挥发物。

4.2.2 地面辐射供暖工程中采用聚苯乙烯泡沫塑料板材，其质量应符合表4.2.2的规定。

表4.2.2 聚苯乙烯泡沫塑料主要技术指标

项 目	单 位	性能指标
表观密度	kg/m³	≥20.0
压缩强度(即在10%形变下的压缩应力)	kPa	≥100
导热系数	W/m·K	≤0.041
吸水率(体积分数)	%(v/v)	≤4
尺寸稳定性	%	≤3
水蒸气透过系数	ng/(Pa·m·s)	≤4.5
熔结性(弯曲变形)	mm	≥20
氧指数	%	≥30
燃烧分级	达到B_2级	

4.2.3 当采用其他绝热材料时，其技术指标应按照本规程表4.2.2的规定，选用同等效果绝热材料。

4.3 低温热水系统的材料

4.3.1 低温热水地面辐射供暖系统中使用的加热管、分水器、集水器及其连接件和隔热材料等，均应符合其相关规定。

4.3.2 加热管管材生产企业应向设计、安装和建设单位提供有关管材的下列文件资料：

    1 国家授权机构提供的有效期内的符合相关标准要求的检验报告；

    2 产品合格证；

    3 有特殊要求的管材，厂家应提供相应说明书。

4.3.3 低温热水系统的加热管应根据其工作温度、工作压力、使用寿命、施工和环保性能等因素，经综合考虑和技术经济比较后确定。

4.3.4 加热管质量必须符合国家相应标准中的各项规定与要求；加热管的物理性能应符合附录D的规定。

4.3.5 加热管外壁标识应按相关管材标准执行，有阻氧层的加热管宜注明。

4.3.6 与其他供暖系统共用同一集中热源的热水系统、且其他供暖系统采用钢制散热器等易腐蚀构件时，塑料管宜有阻氧层或在热水系统中添加除氧剂。

4.3.7 加热管的内外表面应光滑、平整、干净，不应有可能影响产品性能的明显划痕、凹陷、气泡等缺陷。

4.3.8 塑料管、铝塑复合管的公称外径、公称壁厚与偏差，应符合表4.3.8的要求。

表4.3.8 塑料管或铝塑复合管材公称外径、壁厚与偏差(mm)

塑料管材	公称外径	最小平均外径	最大平均外径
PE-X管、PB管、PE-RT管、PP-R管、PP-B管	16	16.0	16.3
	20	20.0	20.3
	25	25.0	25.3

铝塑复合管	公称外径	公称外径偏差	参考内径	壁厚最小值	壁厚偏差
搭接焊	16	+0.3	12.1	1.7	+0.5
	20		15.7	1.9	
	25		19.9	2.3	
对接焊	16	+0.3	10.9	2.3	+0.5
	20		14.5	2.5	
	25(26)		18.5(19.5)	3.0	

4.3.9 分水器、集水器应包括分、集水干管、排气及泄水试验装置、支路阀门和连接配件等。

4.3.10 分水器、集水器(含连接件等)的材料宜为铜质。

4.3.11 分水器、集水器(含连接件等)的表观，内外表面应光洁，不得有裂纹、砂眼、冷隔、夹渣、凹凸不平及其他缺陷。表面电镀的连接件，色泽应均匀，镀层牢固，不得有脱镀的缺陷。

4.3.12 金属连接件间的连接及过渡管件与金属连接件间的连接密封应符合《55°密封管螺纹》(GB/T 7306—2000)的规定。永久性的螺纹连接，可使用厌氧胶密封粘接；可拆卸的螺纹连接，可使用不超过0.25mm总厚的密封材料密封连接。

4.3.13 铜制金属连接件与管材之间的连接结构形式宜为卡套式或卡压式夹紧结构。

4.3.14 连接件的物理力学性能测试应采用管道系统适应性试验的方法，管道系统适应性试验条件及要求应符合相关标准的规定。

4.4 发热电缆系统的材料

4.4.1 发热电缆必须有接地屏蔽层。

4.4.2 发热电缆热线部分的结构在径向上从里到外应由发热导线、绝缘层、接地屏蔽层和外护套等组成，其外径不宜小于6mm。

4.4.3 发热电缆的发热导体宜使用纯金属或金属合金材料。

4.4.4 发热电缆的轴向上分别为发热用的热线和连接用的冷线，其冷热导线的接头应安全可靠，并应满足至少50年的非连续正常使用寿命。

4.4.5 发热电缆的型号和商标应有清晰标志，冷热线接头位置应有明显标志。

4.4.6 发热电缆应经国家电线电缆质量监督检验部门检验合格。产品的电气安全性能、机械性能应符合附录E的规定。

4.4.7 发热电缆系统用温控器应符合国家相关标准。

4.4.8 发热电缆系统的温控器外观不应有划痕，标记应清晰，面板扣合应严密、开关应灵活自如，温度调节部件应使用正常。

5 施 工

5.1 一 般 规 定

5.1.1 施工安装前应具备下列条件：
  1 设计施工图纸和有关技术文件齐全；
  2 有较完善的施工方案、施工组织设计，并已完成技术交底；
  3 施工现场具有供水或供电条件，有储放材料的临时设施；
  4 土建专业已完成墙面粉刷(不含面层)，外窗、外门已安装完毕，并已将地面清理干净；厨房、卫生间应做完闭水试验并经过验收；
  5 相关电气预埋等工程已完成。

5.1.2 所有进场材料、产品的技术文件应齐全，标志应清晰，外观检查应合格。必要时应抽样进行相关检测。

5.1.3 加热管和发热电缆应进行遮光包装后运输，不得裸露散装，在运输、装卸和搬运时，应小心轻放，不得抛、摔、滚、拖。不得曝晒雨淋，宜储存在温度不超过40℃，通风良好和干净的库房内；与热源距离应保持在1m以上。应避免因环境温度和物理压力受到损害。

5.1.4 施工过程中，应防止油漆、沥青或其他化学溶剂接触污染加热管和发热电缆的表面。

5.1.5 施工的环境温度不宜低于5℃；若在低于0℃的环境下施工时，现场应采取升温措施。

5.1.6 发热电缆间有搭接时，严禁电缆通电。

5.1.7 施工时不宜与其他工种交叉施工作业，所有地面留洞应在填充层施工前完成。

5.1.8 地面辐射供暖工程施工过程中，严禁人员踩踏加热管和发热电缆。

5.1.9 施工结束后应绘制竣工图，并准确标注加热管、发热电缆敷设位置与地温传感器埋设地点。

5.2 绝热层的铺设

5.2.1 铺设绝热层的地面应平整、干燥、无杂物。墙面根部应平直，且无积灰现象。

5.2.2 绝热层的铺设应平整，绝热层相互间接合应严密。直接与土壤接触或有潮湿气体侵入的地面，在铺放绝热层之前应先铺一层防潮层。

5.3 低温热水系统加热管的安装

5.3.1 加热管应按照设计图纸标定的管间距和走向敷设，加热管应保持平直，管间距的安装误差不应大于10mm。加热管敷设前，应对照施工图纸核定加热管的选型、管径、壁厚，并应检查加热管外观质量，管内部不得有杂质。加热管安装间断或完毕时，敞口处应随时封堵。

5.3.2 加热管切割，应采用专用工具；切口应平整，断口面应垂直管轴线。

5.3.3 加热管安装时应防止管道扭曲；弯曲管道时，圆弧的顶部应加以限制，并用管卡进行固定，不得出现"死折"；塑料及铝塑复合管的弯曲半径不宜小于6倍管外径，铜管的弯曲半径不宜小于5倍管外径。

5.3.4 埋设于填充层内的加热管不应有接头。

5.3.5 施工验收后，如发现加热管损坏，需要增设接头时，应先报建设单位或监理工程师，提出书面补救方案，经批准后方可实施。增设接头时，应根据加热管的材质，采用热熔或电熔插接式连接，或卡套式、卡压式铜制管接头连接，并应做好密封。铜管宜采用机械连接或焊接连接。无论采用何种接头，均应在竣工图上清晰表示，并记录归档。

5.3.6 加热管应设固定装置，可采用以下方法固定：

1 用固定卡将加热管直接固定在绝热板或设有复合面层的绝热板上；

2 用扎带将加热管固定在铺设于绝热层上的网格上；

3 直接卡在铺设于绝热层表面的专用管架或管卡上；

4 直接固定于绝热层表面凸起间形成的凹槽内。

5.3.7 加热管弯头两端宜设固定卡；加热管固定点的间距，直管段固定点间距宜为0.5～0.7m，弯曲管段固定点间距宜为0.2～0.3m。

5.3.8 在分水器、集水器附近以及其他局部加热管排列比较密集的部位，当管间距小于100mm时，加热管外部应设置柔性套管等措施。

5.3.9 加热管出地面至分水器、集水器连接处，弯管部分不宜露出地面装饰层。加热管出地面至分水器、集水器下部球阀接口之间的明装管段，外部应加装塑料套管。套管应高出装饰面150～200mm。

5.3.10 加热管与分水器、集水器连接，应采用卡套式、卡压式挤压夹紧连接；连接件材料宜为铜质；铜质连接件与PP-R或PP-B直接接触的表面必须镀镍。

5.3.11 加热管的环路布置不宜穿越填充层内的伸缩缝。必须穿越时，伸缩缝处应设长度不小于200mm的柔性套管。

5.3.12 分水器、集水器宜在开始铺设加热管之前进行安装。水平安装时，宜将分水器安装在上，集水器安装在下，中心距宜为200mm，集水器中心距地面不应小于300mm。

5.3.13 伸缩缝的设置应符合下列规定：

1 在与内外墙、柱等垂直构件交接处应留不间断的伸缩缝，伸缩缝填充材料应采用搭接方式连接，搭接宽度不应小于10mm；伸缩缝填充材料与墙、柱应有可靠的固定措施，与地面绝热层连接应紧密，伸缩缝宽度不宜小于10mm。伸缩缝填充材料宜采用高发泡聚乙烯泡沫塑料。

2 当地面面积超过30m^{2}或边长超过6m时，应按不大于6m间距设置伸缩缝，伸缩缝宽度不应小于8mm。伸缩缝宜采用高发泡聚乙烯泡沫塑料或内满填弹性膨胀膏。

3 伸缩缝应从绝热层的上边缘作到填充层的上边缘。

5.4 发热电缆系统的安装

5.4.1 发热电缆应按照施工图纸标定的电缆间距和走向敷设，发热电缆应保持平直，电缆间距的安装误差不应大于10mm。发热电缆敷设前，应对照施工图纸核定发热电缆的型号，并应检查电缆的外观质量。

5.4.2 发热电缆出厂后严禁剪裁和拼接，有外伤或破损的发热电缆严禁敷设。

5.4.3 发热电缆安装前应测量发热电缆的标称电阻和绝缘电阻，并做自检记录。

5.4.4 发热电缆施工前，应确认电缆冷线预留管、温控器接线盒、地温传感器预留管、供暖配电箱等预留、预埋工作已完毕。

5.4.5 电缆的弯曲半径不应小于生产企业规定的限值，且不得小于6倍电缆直径。

5.4.6 发热电缆下应铺设钢丝网或金属固定带，发热电缆不得被压入绝热材料中。

5.4.7 发热电缆应采用扎带固定在钢丝网上，或直接用金属固定带固定。

5.4.8 发热电缆的热线部分严禁进入冷线预留管。

5.4.9 发热电缆的冷热线接头应在填充层之下，不得设在地面之上。

5.4.10 发热电缆安装完毕，应检测发热电缆的标称电阻和绝缘电阻，并进行记录。

5.4.11 发热电缆温控器的温度传感器安装应按照相关技术要求进行。

5.4.12 发热电缆温控器应水平安装，并牢固固定，温控器应设在通风良好且不被风直吹处，不得被家具遮挡，温控器的四周不得有热源体。

5.4.13 发热电缆温控器安装时，应将发热电缆可靠接地。

5.4.14 伸缩缝的设置同第5.3.13条。

5.5 填充层施工

5.5.1 混凝土填充层施工应具备以下条件：
   1 发热电缆经电阻检测和绝缘性能检测合格；
   2 所有伸缩缝已安装完毕；
   3 加热管安装完毕且水压试验合格、加热管处于有压状态下；
   4 温控器的安装盒、发热电缆冷线穿管已经布置完毕；
   5 通过隐蔽工程验收。

5.5.2 混凝土填充层施工，应由有资质的土建施工方承担，供暖系统安装单位应密切配合。

5.5.3 混凝土填充层施工中，应保证加热管内的水压不低于0.6MPa，填充层养护过程中，系统水压应保持不低于0.4MPa。

5.5.4 混凝土填充层施工中，严禁使用机械震捣设备；施工人员应穿软底鞋，采用平头铁锹。

5.5.5 在加热管或发热电缆的铺设区内，严禁穿凿、钻孔或进行射钉作业。

5.5.6 系统初始加热前，混凝土填充层的养护期不应少于21天。施工中，应对地面采取保护措施，严禁在地面上加以重载、高温烘烤、直接放置高温物体和高温加热设备。

5.5.7 填充层施工完毕后，应进行发热电缆的标称电阻和绝缘电阻检测，验收并做好记录。

5.6 面层施工

5.6.1 装饰地面宜采用下列材料：

1 水泥砂浆、混凝土地面；

2 瓷砖、大理石、花岗石等地面；

3 符合国家标准的复合木地板、实木复合地板及耐热实木地板。

5.6.2 面层施工前，填充层应达到面层需要的干燥度。面层施工除应符合土建施工设计图纸的各项要求外，尚应符合下列规定：

1 施工面层时，不得剔、凿、割、钻和钉填充层，不得向填充层内楔入任何物件；

2 面层的施工，必须在填充层达到要求强度后才能进行；

3 石材、面砖在与内外墙、柱等垂直构件交接处，应留10mm宽伸缩缝；木地板铺设时，应留不小于14mm的伸缩缝。伸缩缝应从填充层的上边缘作到高出装饰层上表面10～20mm，装饰层敷设完毕后，应裁去多余部分。伸缩缝填充材料宜采用高发泡聚乙烯泡沫塑料。

5.6.3 以木地板作为面层时，木材必须经过干燥处理，且应在填充层和找平层完全干燥后，才能进行地板施工。

5.6.4 瓷砖、大理石、花岗岩面层施工时，在伸缩缝处宜采用干贴。

5.7 卫生间施工

5.7.1 卫生间应做两层隔离层。

5.7.2 卫生间过门处应设置止水墙，在止水墙内侧应配合土建专业作防水。加热管或发热电缆穿止水墙处应采取隔离措施。

6 检验、调试及验收

6.1 一般规定

6.1.1 检查、调试与验收应由施工单位提出书面报告，监理单位组织各相关专业进行检查和验收，并应做好记录。工程质量检验表可参照附录F制定。

6.1.2 施工图设计单位应具有相应的设计资质。工程设计文件经批准后方可施工，修改设计应有设计单位出具的设计变更文件。

6.1.3 专业施工单位应具有相应的施工资质，工程质量验收人员应具备相应的专业技术资格。

6.1.4 低温热水系统应对下列内容进行检查和验收：

1 管道、分水器、集水器、阀门、配件、绝热材料等的质量；

2 原始地面、填充层、面层等施工质量；

3 管道、阀门等安装质量；

4 隐蔽前、后水压试验；

5 管路冲洗；

6 系统试运行。

6.1.5 发热电缆系统应对下列内容进行检查和验收：

1 发热电缆、温控器、绝热材料等的质量；

2 原始地面、填充层、面层等施工质量；
3 隐蔽前、后发热电缆标称电阻、绝缘电阻检测；
4 发热电缆安装；
5 系统试运行。

6.2 施工方案及材料、设备检查

6.2.1 施工单位应按施工图和工程技术标准，编制施工组织设计或施工方案，经批准后方可施工。

6.2.2 施工组织设计或施工方案应包括下列主要内容：
1 工程概况；
2 施工节点图、原始地面至面层的剖面图、伸缩缝的位置等；
3 主要材料、设备的性能技术指标、规格、型号等及保管存放措施；
4 施工工艺流程及各专业施工时间计划；
5 施工、安装质量控制措施及验收标准，包括：绝热层铺设、加热管安装、填充层、面层施工质量，水压试验(电阻测试和绝缘测试)，隐蔽前、后综合检查，环路、系统试运行调试，竣工验收等；
6 施工进度计划、劳动力计划；
7 安全、环保、节能技术措施。

6.2.3 地面辐射供暖系统所使用的主要材料、设备组件、配件、绝热材料必须具有质量合格证明文件，规格、型号及性能技术指标应符合国家现行有关技术标准的规定。进场时应做检查验收，并经监理工程师核查确认。

6.2.4 阀门、分水器、集水器组件安装前，应作强度和严密性试验。试验应在每批数量中抽查10%，且不得少于一个。对安装在分水器进口、集水器出口及旁通管上的旁通阀门，应逐个作强度和严密性试验，合格后方可使用。

6.2.5 阀门的强度试验压力应为工作压力的1.5倍；严密性试验压力应为工作压力的1.1倍，公称直径不大于50mm的阀门强度和严密性试验持续时间为15s，其间压力应保持不变，且壳体、填料及密封面应无渗漏。

6.3 施工安装质量验收

6.3.1 加热管或电缆安装完毕后，在混凝土填充层施工前，应按隐蔽工程要求，由施工单位会同监理单位进行中间验收。

6.3.2 低温热水系统中间验收时，应对以下项目进行检验：
1 绝热层的厚度、材料的物理性能及铺设应符合要求；
2 加热管的材料、管外径、壁厚、管间距、弯曲半径应符合设计规定，并应可靠固定；
3 伸缩缝应按规定敷设完毕；
4 加热管与分水器、集水器的连接处应无渗漏；
5 填充层内加热管不应有接头。

6.3.3 发热电缆系统中间验收时，应对以下项目进行检验：
1 绝热层厚度、材料的物理性能及铺设应符合要求；

2 发热电缆的铺设间距、弯曲半径、型号等应符合设计的规定，并应可靠固定；
3 伸缩缝应按规定敷设完毕；
4 系统每个环路应无短路和断路现象。

6.3.4 分水器、集水器(含连接件等)安装后应有成品保护措施。

6.3.5 管道安装工程施工标准及允许偏差应符合表6.3.5-1的规定；原始地面、填充层、面层施工标准及允许偏差应符合表6.3.5-2的规定。

表6.3.5-1 管道安装工程施工标准及允许偏差

序号	项目	条件	标准	允许偏差(mm)
1	绝热层	接合	无缝隙	
		厚度		+10
2	加热管安装	间距	不宜大于300mm	±10
3	加热管弯曲半径	塑料及铝塑管	不小于6倍管外径	−5
		铜管	不小于5倍管外径	−5
4	加热管固定点间距	直管	不大于700mm	±10
		弯管	不大于300mm	
5	分水器、集水器安装	垂直间距	200mm	±10

表6.3.5-2 原始地面、填充层、面层施工标准及允许偏差

序号	项目	条件	标准	允许偏差(mm)
1	原始地面	铺绝热层前	平整	注
2	填充层	骨料	$\phi \leqslant 12mm$	−2
		厚度	不宜小于50mm	±4
		当面积>30m² 或长度>6m	留8mm伸缩缝	+2
		与内外墙、柱等垂直部件	留10mm伸缩缝	+2
3	面层	与内外墙、柱等垂直部件	留10mm伸缩缝	+2
			面层为木地板时，留≥14mm伸缩缝	+2

注：满足相应土建施工标准。

6.4 低温热水系统的水压试验

6.4.1 水压试验应在系统冲洗之后进行。冲洗应在分水器、集水器以外主供、回水管道冲洗合格后，再进行室内供暖系统的冲洗。

6.4.2 水压试验应进行两次，分别为浇捣混凝土填充层之前和填充层养护期满后；水压

试验应以每组分水器、集水器为单位，逐回路进行。

6.4.3 试验压力应为工作压力的1.5倍，且不应小于0.6MPa。

6.4.4 在试验压力下，稳压1h，其压力降不应大于0.05MPa。

6.4.5 水压试验宜采用手动泵缓慢升压，升压过程中应随时观察与检查不得有渗漏；不宜以气压试验代替水压试验。

6.4.6 在有冻结可能的情况下试压时，应采取防冻措施，试压完成后必须及时将管内的水吹净、吹干。

6.5 调试与试运行

6.5.1 地面辐射供暖系统未经调试，严禁运行使用。

6.5.2 地面辐射供暖系统的运行调试，应在具备正常供暖和供电的条件下进行。

6.5.3 地面辐射供暖系统的调试工作应由施工单位在建设单位配合下进行。

6.5.4 地面辐射供暖系统的调试与试运行，应在施工完毕且混凝土填充层养护期满后，正式采暖运行前进行。

6.5.5 初始加热时，热水升温应平缓，供水温度应控制在比当时环境温度高10℃左右，且不应高于32℃。并应连续运行48h；以后每隔24h水温升高3℃，直至达到设计供水温度。在此温度下应对每组分水器、集水器连接的加热管逐路进行调节，直至达到设计要求。

6.5.6 发热电缆地面辐射供暖系统初始通电加热时，应控制室温平缓上升，直至达到设计要求。

6.5.7 发热电缆温控器的调试应按照不同型号温控器安装调试说明书的要求进行。

6.5.8 地面辐射供暖系统的供暖效果，应以房间中央离地1.5m处黑球温度计指示的温度，作为评价和考核的依据。